A. A. Samarskij

Theorie der Differenzenverfahren

Mit 19 Abbildungen

Akademische Verlagsgesellschaft Geest & Portig K.-G.
Leipzig 1984

Prof. Dr. A. A. Samarskij
ordentliches Mitglied der Akademie der Wissenschaften der UdSSR

Titel der Originalausgabe:

А. А. Самарский,
Теория разностных схем.
Издательство „Наука“, Москва 1977

Deutsche Übersetzung: Dr. Giesbert Stoyan, Berlin
Wissenschaftliche Redaktion: Prof. Dr. Frieder Kuhnert, Karl-Marx-Stadt

1. Auflage
VLN 276-105/1/84 · LSV 1064
Lektor: Dorothea Ziegler
Printed in the German Democratic Republic
Gesamtherstellung: VEB Druckerei „Gottfried Wilhelm Leibniz“,
4450 Gräfenhainichen · 6210
Bestell-Nr. 669 649 6

06900

Vorwort

Angesichts der schnellen Entwicklung der numerischen Methoden zur Lösung von Aufgaben der Mathematischen Physik ist es notwendig, die Theorie der Differenzenverfahren auf ihrem gegenwärtigen Stand in einer Form darzulegen, die für einen großen Kreis von Lesern zugänglich ist.

Die vorliegende Arbeit, geschrieben als Lehrbuch, stellt die Grundlagen der Theorie der Differenzenschemata dar und zeigt die Anwendung dieser Theorie auf die Untersuchung numerischer Algorithmen zur Lösung typischer Aufgaben der Mathematischen Physik auf elektronischen Rechenanlagen. Die möglichst elementare und systematische Darlegung der wesentlichen Fragen der Theorie wird durch einfachste Beispiele von Aufgaben für gewöhnliche sowie partielle Differentialgleichungen parabolischen, elliptischen und hyperbolischen Typs illustriert. Es werden vor allem die Differenzenverfahren (oder ihre einfachsten Modelle) behandelt, die von unmittelbarem praktischem Interesse sind, d. h. die effektive Lösung konkreter Aufgaben auf elektronischen Rechenanlagen gewährleisten.

Unser Hauptaugenmerk gilt der Konstruktion von Differenzenverfahren und der theoretischen Untersuchung ihrer Eigenschaften (Approximationsfehler, Stabilität, Konvergenz und Genauigkeit), wie auch den numerischen Algorithmen zur Lösung der Gleichungssysteme, die als Ergebnis der Anwendung der Differenzenmethode entstehen. Wir formulieren konstruktive Prinzipien (wie Homogenität, Konservativität und summarische Approximation u. a.), die im linearen Fall theoretisch begründet sind und deren Brauchbarkeit bei nichtlinearen Aufgaben in der Praxis bestätigt wurde.

Die Effektivität der dargestellten Theorie der Differenzenverfahren, insbesondere der Stabilitätstheorie (s. Kapitel 6.), wird mit einer großen Zahl von Beispielen illustriert, wobei sich herausstellt, daß die allgemeine Theorie selbst im Fall der einfachsten Gleichungen mit konstanten Koeffizienten nichtzuverbessernde Resultate ergibt.

Wir betrachten nur Differentialgleichungen höchstens zweiter Ordnung, so daß die Lösung eines großen Teils der konstruierten Differenzenschemata mit der auf tridiagonale Matrizen spezialisierten („verkürzten") Gaußelimination erfolgen oder darauf zurückgeführt werden kann. Wir lenken die Aufmerksamkeit des Lesers häufig auf Fragen der praktischen Anwendung der besprochenen Algorithmen.

Bei der Konstruktion und Untersuchung der Differenzenverfahren machen wir im allgemeinen die Voraussetzung, daß die Lösung der zugehörigen Differentialgleichung existiert und die Anzahl von Ableitungen besitzt, durch die die maximale Approximationsordnung des Schemas garantiert wird. Mit der Aufzählung der Bedingungen, die die benötigte Glattheit der Lösung sichern, halten wir uns nicht auf.

Für den Leser dieses Buches ist es von Vorteil, wenn er mit den Grundlagen der Theorie partieller Differentialgleichungen und ihren typischen Aufgabenstellungen – wir verweisen z. B. auf das Buch [9] (s. Literaturverzeichnis S. 350) – sowie mit Elementen der linearen Funktionalanalysis (s. z. B. [5]) vertraut ist.

Bei der Abfassung des vorliegenden Buches benutzte der Autor die Monografie [30]. Der Übergang von der Monografie zum Lehrbuch erforderte eine wesentliche

Überarbeitung des Materials; außerdem war in der Zwischenzeit eine ganze Reihe neuer numerischer Methoden und theoretischer Arbeiten entstanden, die zu einer Neubewertung einiger früher populärer Verfahren führten. So wurden z. B. die Lösungsmethoden für diskrete elliptische Gleichungen (Kapitel 9.) völlig überarbeitet.

In den letzten Jahren erschienen viele Arbeiten zur Methode der finiten Elemente (FEM), einer Variante der Variations-Differenzenverfahren. Ihre Darstellung ist sehr aufwendig, so daß in das Buch lediglich als Beispiel die Herleitung eines Differenzenschemas mit Hilfe der FEM für eine eindimensionale Aufgabe aufgenommen wurde (Abschnitt 3.6.), wobei dieses Schema übrigens mit dem durch Anwendung der Integro-Interpolationsmethode gewonnenen Schema übereinstimmt. Wir wollen betonen, daß die FEM nur eine der Methoden zur Konstruktion von Differenzenverfahren darstellt und häufig nicht auf Standardverfahren führt.

Der Lehrbuchcharakter dieses Buches machte es erforderlich, von einem Literaturüberblick zu einzelnen Fragen der Theorie der Differenzenverfahren abzusehen. Dafür wurden kurze bibliografische Kommentare am Schluß des Buches gegeben; wir verweisen auch auf das ausführliche Literaturverzeichnis in [30].

Das Buch ist zu einem großen Teil aus Vorlesungen hervorgegangen, die der Autor in den Jahren von 1960 bis 1976 an der Moskauer Lomonossow-Universität vor Studenten der Fakultäten für Physik, Mechanik und Mathematik sowie der Fakultät für Numerische Mathematik und Kybernetik hielt. Es bereitet keine Schwierigkeiten, aus dem Buch Material für Vorlesungen zur Theorie der Differenzenverfahren auszuwählen, die auf ein, zwei oder drei Semester berechnet sind. So bildeten z. B. der Abschnitt 2.2., Teile von Kapitel 3., der Abschnitt 7.1.1. und Kapitel 9. (mit dem 3-Punkt-Schema für die Aufgabe $u''(x) = -f(x)$, $0 < x < 1$, $u(0) = u(1) = 0$ als Modellbeispiel) den größeren Teil der Vorlesung über numerische Methoden, die der Autor im Frühjahrssemester 1976 vor Studenten des 4. Semesters der Fakultät Numerische Mathematik und Kybernetik der Moskauer Universität hielt.

Dieses Buch ist als erstes in der Folge von Büchern zu betrachten, zu der auch die Arbeiten [37], [40], [36] und [39] gehören.

Es ist für den Autor eine angenehme Pflicht, seinem Lehrer Andrej Nikolajevič Tichonov seinen tiefen Dank auszusprechen. Die langjährige Zusammenarbeit mit A. N. Tichonov half bei der Konzipierung des Inhalts und der Darstellungsweise der Theorie der Differenzenverfahren.

Bei der Arbeit an diesem Buch berücksichtigte der Autor Hinweise von V. B. Andreev, A. V. Gulin, I. V. Frjasinov und anderen. Besonders große Hilfe leisteten A. V. Sacharov und W. M. Marčenko bei der Vorbereitung des Manuskripts zum Druck und J. S. Nikolaev bei der Arbeit an Kapitel 9. sowie R. A. Volkova und D. A. Goldina durch die Ausführung von Testrechnungen. Ihnen allen möchte ich meinen herzlichen Dank aussprechen.

Moskau, im Oktober 1976 A. A. Samarskij

Vorwort zur deutschsprachigen Ausgabe

Die Übersetzung des Buches ins Deutsche erfolgte nach einer Kürzung des Umfangs auf zwei Drittel, wie es der Vertrag mit dem Teubner-Verlag vorsah. Eine so erhebliche Kürzung war nur möglich bei gleichzeitiger Überarbeitung der verbleibenden Teile; sie führte auch zu einer Verringerung der Anzahl der Beispiele, die die Anwendung der Theorie der Differenzenschemata illustrieren. Dennoch konnte der wesentliche Inhalt der Theorie in gebührender Ausführlichkeit und Verständlichkeit dargestellt werden.

Der Autor möchte dem Übersetzer Dr. G. Stoyan und dem wissenschaftlichen Bearbeiter Prof. F. Kuhnert seinen tiefen Dank für die in kurzer Zeit und auf hohem Niveau fertiggestellte Übersetzung aussprechen.

Moskau, im September 1982 A. A. Samarskij

Inhalt

Grundlegende Bezeichnungen

$\omega_h = \{x_i = ih, h > 0, i = 1, ..., N-1, hN = l\}$ – äquidistantes Gitter auf dem Intervall $(0, l)$,

$\bar{\omega}_h = \{x_i = ih, \ h > 0, \ i = 0, ..., N, \ hN = l\}$ – äquidistantes Gitter auf dem abgeschlossenen Intervall $[0, l]$,

h heißt die Schrittweite des Gitters ω_h,

$x = x_i$ sind die Gitterpunkte,

$y = y_i = y(x_i)$ bezeichnen eine Funktion und ihre Werte auf ω_h,

$y_x = (y_{i+1} - y_i)/h$ ist die rechte (vorwärts genommene) Differenzenableitung im Punkt x_i,

$y_{\bar{x}} = (y_i - y_{i-1})/h$ ist die linke (rückwärtsgenommene) Differenzenableitung in x_i,

$y_{\bar{x}x} = (y_{i+1} - 2y_i + y_{i-1})/h^2$ – die (zentrale) zweite Differenzenableitung in x_i,

$\hat{\omega}_h = \{x_i \in (0, l), \ i = 1, ..., N-1\}$ – nichtäquidistantes Gitter auf dem Intervall $(0, l)$,

$\bar{\hat{\omega}}_h = \{x_i \in [0, l], \ i = 0, ..., N, \ x_0 = 0, \ x_N = l\}$ – nichtäquidistantes Gitter auf $[0, l]$,

$h_i = x_i - x_{i-1}$ ist die Schrittweite des Gitters $\hat{\omega}_h$,

$\hbar_i = 0{,}5(h_i + h_{i+1})$,

$y_x = (y_{i+1} - y_i)/h_{i+1}, \quad y_{\bar{x}} = (y_i - y_{i-1})/h_i$,

$y_{\hat{x}} = (y_{i+1} - y_i)/\hbar_i$,

$$y_{\bar{x}\hat{x}} = \frac{1}{\hbar_i}\left(\frac{y_{i+1} - y_i}{h_{i+1}} - \frac{y_i - y_{i-1}}{h_i}\right).$$

Skalarprodukte und Normen von Gitterfunktionen:

$$(y, v) = \sum_{i=1}^{N-1} y_i v_i h, \quad \|y\| = \sqrt{(y, y)},$$

$$(y, v] = \sum_{i=1}^{N} y_i v_i h, \quad \|y]| = \sqrt{(y, y]},$$

$$\|y\|_C = \max_{x_i \in \bar{\omega}_h} |y(x_i)|,$$

$$\|\varphi\|_{(-1)} = \left(\sum_{i=1}^{N-1} h \left(\sum_{k=1}^{i} h\varphi_k\right)^2\right)^{1/2},$$

$\omega_\tau = \{t_j = j\tau, \quad \tau > 0, \quad j = 0, 1, ...\}$ – das Zeitgitter,

τ der Zeitschritt,

$y = y^j = y(t_j)$ bezeichnen eine Funktion und ihre Werte auf ω_τ,

$\hat{y} = y^{j+1} = y(t_{j+1}), \quad \check{y} = y^{j-1} = y(t_{j-1})$,

$y_t = (\hat{y} - y)/\tau, \quad y_{\bar{t}} = (y - \check{y})/\tau$,

$y_{\overset{\circ}{t}} = (\hat{y} - \check{y})/(2\tau)$,

$y_{\bar{t}t} = (\hat{y} - 2y + \check{y})/\tau^2$,

$x = x_i = (x_1^{(i_1)}, ..., x_\alpha^{(i_\alpha)}, ..., x_p^{(i_p)})$ ist ein Gitterpunkt im p-dimensionalen rechteckigen Gitternetz ω_h,

$x_\alpha^{(i_\alpha)} = h_\alpha i_\alpha$,

h_α ist die Schrittweite im Gitternetz ω_h in der Richtung x_α,

$x_i^{(\pm 1_\alpha)} = (x_1^{(i_1)}, ..., x_\alpha^{(i_\alpha)} \pm h_\alpha, ..., x_p^{(i_p)})$,

$y = y(x_i), \quad y^{(\pm 1_\alpha)} = y(x_i^{(\pm 1_\alpha)})$,

$y_{x_\alpha} = (y^{(+1_\alpha)} - y)/h_\alpha$,

$y_{\bar{x}_\alpha} = (y - y^{(-1_\alpha)})/h_\alpha$,

$y_{\bar{x}_\alpha x_\alpha} = (y^{(+1_\alpha)} - 2y + y^{(-1_\alpha)})/h_\alpha^2$.

Mit $\overset{\circ}{\Omega}$ bezeichnen wir eine Menge von Funktionen, die auf einem Gitter ω_h gegeben sind und auf dessen Rand den Wert 0 haben,

H ist ein Hilbertraum,

(y, v) das Skalarprodukt und $\|y\| = \sqrt{(y, y)}$ die Norm in H,

$\mathfrak{D}(A)$ bezeichnet das Definitionsgebiet eines Operators A und

$\mathfrak{R}(A)$ dessen Wertebereich,

E ist der Einheitsoperator,

$A: H \to H$ heißt, daß für den Operator A $\mathfrak{D}(A) = H$ und $\mathfrak{R}(A) \subseteq H$ ist,

A^* bezeichnet den zu A adjungierten Operator und

A^{-1} den inversen Operator,

S ist der Übergangsoperator (von einer Zeitschicht zur nächsten),

T ist der Lösungsoperator,

$A > 0$ bezeichnet einen (im Sinne eines Skalarprodukts) positiven Operator,

$A \geqq 0$ ist ein nichtnegativer Operator,

$A \geqq \delta E$ mit $\delta > 0$ ein positiv definiter Operator,

$\|y\|_A = \sqrt{(Ay, y)}, \ y \in H$, ist die energetische Norm, die durch A induziert wird und

$\|y\|_{A^{-1}} = \sqrt{(A^{-1}\varphi, \varphi)}, \quad \varphi \in H$, die durch A^{-1} induzierte energetische Norm.

Einleitung

Die stürmische Entwicklung numerischer Methoden und die Entstehung eines neuen Zweiges der Mathematik, der numerischen Mathematik, in den letzten drei Jahrzehnten ist mit der Notwendigkeit der Lösung großer wissenschaftlich-technischer Aufgaben und der Verbreitung elektronischer Rechenanlagen verbunden.

Es genügt, folgende Probleme zu nennen: die Nutzbarmachung der Kernenergie, die Konstruktion von Flugapparaten (Flugzeugen und Raketen), der Vorstoß in den Kosmos, die gesteuerte Kernfusion und weitere Probleme.

Die Lösung all dieser Aufgaben ist ohne Anwendung numerischer Methoden nicht möglich. Die Erfolge auf dem Gebiet der numerischen Mathematik und ihrer Anwendungen haben in bedeutendem Maße zu einem erhöhten Interesse an der Mathematik überhaupt beigetragen und führten auch zur Schaffung neuer Gebiete in der Mathematik.

Man kann heute davon sprechen, daß mit dem numerischen Experiment eine neue Methode zur theoretischen Untersuchung komplizierter Prozesse entstanden ist, die eine mathematische Beschreibung gestatten. Es handelt sich dabei um die Untersuchung von Prozessen in Natur und Technik mit Hilfe der numerischen Mathematik.

Wir beschreiben als Beispiel den Verlauf eines numerischen Experiments bei der Untersuchung eines physikalischen Vorgangs. Die Arbeit beginnt mit der Auswahl der physikalischen Näherung (was das Privileg der Physiker ist), also der Entscheidung darüber, welche Faktoren zu berücksichtigen sind und welche vernachlässigt werden können.

Die erste Etappe des numerischen Experiments besteht in der mathematischen Formulierung der Aufgabe, also in der Auswahl des mathematischen Modells.

Was gehört zum mathematischen Modell? Es umfaßt neben den gesuchten physikalischen Größen die vorgegebenen Größen und die Verbindungen zwischen beiden in Form von Gleichungen einschließlich aller notwendigen Informationen über die Koeffizienten der Gleichungen, aber auch die Anfangs- und Randbedingungen.

Die mathematischen Modelle physikalischer Erscheinungen sind Gegenstand der Mathematischen Physik. Die darin auftretenden Gleichungen sind vor allem partielle Differentialgleichungen, aber auch Integral- und Integro-Differentialgleichungen. Sie drücken die Erhaltungssätze der wesentlichen physikalischen Größen (Energie, Impuls, Masse usw.) aus und sind in der Regel nichtlinear.

Nachdem das Gleichungssystem aufgeschrieben ist, das den Prozeß beschreibt, wird es mit den Methoden der allgemeinen Theorie der Differential- und Integralgleichungen untersucht. Es muß festgestellt werden, ob die Aufgabe richtig gestellt ist, ob die Gleichungen einander nicht widersprechen, es sind die Bedingungen zu klären, unter denen die Aufgabe lösbar ist und eine eindeutige Lösung besitzt. Weiter wird versucht, die Lösung in expliziter Gestalt anzugeben, und sei es in Spezialfällen. Solche speziellen Lösungen sind sowohl zur Gewinnung einer vorläufigen Vorstellung über den Charakter des physikalischen Prozesses als auch als Testbeispiele zur Einschätzung der Qualität der numerischen Methoden von Bedeutung.

Die zweite Etappe des numerischen Experiments besteht in der Konstruktion der Näherungsmethode und des numerischen Algorithmus zur Lösung der Gleichungen des mathematischen Modells.

Die dritte Etappe ist die Programmierung des Algorithmus für die EDVA.

Die vierte Etappe ist die Durchführung der Rechnungen.

Die fünfte Etappe besteht in der Analyse der erhaltenen numerischen Ergebnisse und einer daraus meist folgenden Präzisierung des mathematischen Modells.

Es ist möglich, daß das mathematische Modell zu grob ist und deshalb die Rechenergebnisse nicht mit den physikalischen Experimenten in Einklang zu bringen sind oder daß das Modell zu kompliziert ist und die gesuchten Größen mit ausreichender Genauigkeit auch aus einfacheren Modellen berechnet werden können. Dann beginnt man wieder von vorn und durchläuft alle Etappen erneut, so daß ein numerisches Experiment ein zyklischer Prozeß ist, wobei sich auch die einzelnen Etappen in Zyklen aufgliedern lassen.

In der ersten Etappe werden die klassischen Methoden der Mathematischen Physik benutzt. Hier ist zu bemerken, daß viele Aufgaben aus der Physik zu mathematischen Modellen führen, für die die Entwicklung der Theorie noch in den Kinderschuhen steckt. In der Praxis muß man oft solche nichtlinearen Aufgaben der Mathematischen Physik lösen, für die noch nicht einmal Existenz- und Eindeutigkeitssätze bewiesen sind.

Dieses Buch ist der zweiten Etappe des numerischen Experiments gewidmet. Unter einem numerischen Algorithmus versteht man im allgemeinen die Folge von arithmetischen und logischen Operationen, mit deren Hilfe die Lösung einer Aufgabe gefunden wird. Als allgemeine Forderung verlangt man, daß der numerische Algorithmus die Lösung mit beliebig vorgebbarer Genauigkeit $\varepsilon > 0$ und nach einer endlichen Anzahl $Q(\varepsilon)$ von Operationen liefert. Schon diese Forderung ruft eine Reihe von Fragen mathematischen Charakters hervor: Es ist prinzipiell nachzuweisen, daß die Lösung mit beliebiger Genauigkeit berechnet werden kann. Dabei ist aber der Fall nicht ausgeschlossen, daß bei einem gewissen ε die Operationszahl $Q(\varepsilon)$ zwar endlich, aber so groß wird, daß es praktisch irreal ist, die Lösung mit dieser Genauigkeit berechnen zu wollen. Weiter kann man zu einer beliebigen Aufgabe eine unendliche Menge von numerischen Algorithmen konstruieren, die sogar gleiche asymptotische Eigenschaften haben können, für die also $Q(\varepsilon)$ bei $\varepsilon \to 0$ von gleicher Ordnung in ε ist. Unter solchen Algorithmen sind nur die von Interesse, die sich zur Abarbeitung auf EDVA eignen, woraus man wiederum diejenigen auszuwählen sucht, für die die Lösung einer Aufgabe bei vorgegebener Genauigkeit eine minimale Rechenzeit erfordert. Die Rechenzeit muß dabei von vernünftiger Größenordnung sein, sich über einige Minuten oder – bei Einzelrechnungen – höchstens über einige Stunden erstrecken, d. h., die Rechenkosten sollen also möglichst gering sein.

Die Lösungszeit für eine Aufgabe hängt sowohl vom Algorithmus als auch von der konkreten EDVA und von der Qualität des Programms ab. Die Verbindung zwischen diesen Faktoren ist schwer in eine a-priori-Einschätzung der Qualität eines Algorithmus einzubeziehen. Auch die Anzahl der benötigten logischen Operationen ist kaum unabhängig von der Rechenanlage abzuschätzen. Daher vergleicht man numerische Algorithmen theoretisch meist nach der Zahl der erforderlichen arithmetischen Operationen $Q_0(\varepsilon)$. In der Klasse der zulässigen Algorithmen (z. B. der Algorithmen mit gleicher Asymptotik von $Q_0(\varepsilon)$ bei $\varepsilon \to 0$) wird dann der ökonomischste Algorithmus gesucht, also der mit der minimalen Operationszahl. Darin besteht eine der Grundaufgaben der Theorie der numerischen Methoden.

Bei der theoretischen Untersuchung von Algorithmen setzt man zunächst voraus, daß der Rechenprozeß ideal ist, d. h. eine unendliche Stellenzahl benutzt. Natürlich werden aber die Rechenoperationen in der EDVA nur mit endlicher Stellenzahl und mit endlicher Geschwindigkeit ausgeführt, es gibt nur endlich viele Zahlen, eine Maschinen-Null und ein Maschinen-Unendlich. Tritt als Rechenergebnis eine Zahl größer als Maschinen-Unendlich auf, so hält der Rechner wegen Überlauf an. Ein Rechenprozeß kann instabil sein, d. h. es kann zu einem unbeschränkten Anwachsen der Rundungsfehler kommen, was den Algorithmus für die Lösung von Aufgaben unbrauchbar macht (Beispiele für solche Algorithmen werden in den Abschnitten 2.2.1. und 9.2.7. angegeben). Ein realer (für die Abarbeitung auf EDVA brauchbarer) numerischer Algorithmus muß stabil sein und darf keine sehr großen (zum Überlauf führenden) Zwischenergebnisse enthalten.

Nach dem Gesagten ist klar, daß ein idealer numerischer Algorithmus optimal bezüglich der Operationszahl $Q_0(\varepsilon)$ sein kann, aber völlig unbrauchbar für die Maschinenrechnung. Gesucht werden daher reale numerische Algorithmen, die bezüglich $Q_0(\varepsilon)$ optimal sind.

Ein numerisches Experiment besteht nicht aus einer einmaligen, nach Standardformeln verlaufenden Rechnung. Vielmehr handelt es sich dabei um Serienrechnungen, bei denen auch das mathematische Modell geändert wird. Es seien beispielsweise die optimalen Bedingungen für den Ablauf einer chemischen Reaktion zu bestimmen. Diese Aufgabe hängt von einer ganzen Reihe von Parametern ab (z. B. der Temperatur, dem Druck, von der Zusammensetzung des Reaktionsgemisches usw.). Um den optimalen Ablauf zu finden, müssen Rechnungen für verschiedene Werte dieser Parameter durchgeführt werden.

Es können andererseits auch Situationen auftreten, wo ein Algorithmus nur für eine einmalige Rechnung gebraucht wird.

Ob ein Algorithmus optimal ist, hängt auch davon ab, wofür er benutzt werden soll: für eine einmalige Rechnung oder für Serienrechnungen.

Wir gehen hier nicht auf Fragen der Programmierung, der Organisation und Durchführung von Rechnungen auf elektronischen Rechenanlagen ein. Es sei aber bemerkt, daß die Programmierung von Algorithmen eng mit ihrer Konstruktion verbunden sein muß. Die Aufgaben der Mathematischen Physik sind kompliziert und die Algorithmen zu ihrer Lösung sehr umfangreich. Sie sind i. allg. in Blöcke, in sog. Moduln, zu unterteilen. Ferner werden häufig verschiedene physikalische Prozesse durch ein und dieselben Gleichungen beschrieben (so z. B. die Prozesse Diffusion, Wärmeleitung und Magnetisierung); verschiedene physikalische Aufgaben können also dasselbe mathematische Modell besitzen, obwohl jede Aufgabe ihre physikalische Spezifik hat. Andererseits kann sich das mathematische Modell im Laufe der Durchführung eines numerischen Experiments wiederholt wesentlich ändern, was eine Abänderung des Algorithmus (genauer: einzelner Teile desselben) und folglich auch des Programms erfordert. Damit ergibt sich die Notwendigkeit, Programmkomplexe (auch: Programmpakete) zu schaffen, die nach dem Modularprinzip aufgebaut sind und die operative Durchführung eines numerischen Experiments, die Lösung von Klassen physikalisch verschiedener Aufgaben ermöglichen. Das ist eine aktuelle Richtung der Programmierung und der Lösung umfangreicher Aufgaben der Mathematischen Physik, die ihre Auswirkung auf die Entwicklung neuer numerischer Methoden hat.

Das vorliegende Buch ist der Theorie der Differenzenverfahren (oder: Differenzenschemata) und ihrer Anwendung auf typische Aufgaben der Mathematischen Physik gewidmet.

Mit Hilfe von Differenzenverfahren kann man die Lösung von Differentialgleichungen auf die Lösung von Systemen algebraischer Gleichungen zurückführen. Für die Theorie entstehen dabei zwei wichtige Fragen:

1. Konstruktion von Differenzenapproximationen für die Gleichungen der Mathematischen Physik und a-priori-Untersuchung der Eigenschaften dieser Approximationen. Dazu gehören vor allem die Untersuchung des Approximationsfehlers, der Stabilität und der mit beiden verbundenen Genauigkeit des konstruierten Differenzenschemas.

2. Die Lösung der Differenzengleichungen mit direkten oder iterativen Methoden. Dabei ist deren Auswahl so zu treffen, daß die Gesamtzahl $Q_0(\varepsilon)$ der benötigten Rechenoperationen minimal wird.

Ein charakteristischer Zug auch der Differenzenverfahren ist ihre Vielfalt. Jeder Gleichung kann man eine unendliche Menge von Differenzenapproximationen mit gleichen asymptotischen Eigenschaften zuordnen, die also bezüglich der Schrittweite h des Differenzengitters gleiche Genauigkeitsordnung und gleichen Rechenaufwand usw. haben. Hierin liegt der Hauptgrund für das Vorhandensein einer großen Zahl verschiedener Schemata für die Grundgleichungen der Mathematischen Physik.

Zur Auswahl eines optimalen Schemas aus dieser Menge, das also die Lösung von Aufgaben einer gegebenen Klasse bei vorgegebener Genauigkeit in minimaler Rechenzeit ermöglicht, zieht man nacheinander die Forderungen nach Approximation, Stabilität, Ökonomie usw. heran, schränkt damit Schritt für Schritt die Menge der zugelassenen Verfahren ein. Eine wichtige Rolle spielt die allgemeine Forderung, daß das Differenzenschema ein diskretes Modell der ursprünglichen Differentialgleichung, des zugrundeliegenden physikalischen Prozesses sein soll.

Für die Praxis ist die Formulierung allgemeiner Prinzipien und heuristischer Ansätze zur Konstruktion von Differenzenverfahren mit vorgegebenen Eigenschaften notwendig. Zu solchen Prinzipien gehören vor allem die Homogenität und Konservativität eines Schemas. Unter Homogenität verstehen wir die Einheitlichkeit der das Schema definierenden Formeln; Konservativität bedeutet, daß das Schema auf dem Gitter einen Erhaltungssatz ausdrückt. Die Konservativität von homogenen Differenzenverfahren ist eine notwendige Bedingung für deren Konvergenz in der Klasse stückweise glatter Koeffizienten bei stationären und instationären Aufgaben der Mathematischen Physik.

Für lineare Aufgaben ist die Eigenschaft der Konservativität meist der Selbstadjungiertheit des Differenzenoperators äquivalent (s. Kapitel 3. und 4.). Für nichtlineare Gleichungen, z. B. die Gleichungen der Gasdynamik, ist die Eigenschaft der vollständigen Konservativität ein effektives Konstruktionsprinzip (s. Abschnitt 7.2.).

Die Grundbegriffe der Theorie der Differenzenverfahren – Approximationsfehler, Stabilität, Konvergenz und Genauigkeit – werden in Kapitel 2. definiert und durch Beispiele von Differenzenverfahren für gewöhnliche Differentialgleichungen illustriert. Schon hier gehen wir zu allgemeinen Formulierungen über, in denen keine Information über die konkrete Gestalt eines Differenzenoperators benutzt wird. Die wesentliche Eigenschaft der Genauigkeit eines Schemas führen wir auf den Approximationsfehler und die Stabilität zurück. Zur Stabilitätsuntersuchung aber sind a-priori-Abschätzungen zu gewinnen, mit deren Hilfe die Lösung des Differenzenverfahrens durch die Eingangsdaten (Anfangs- und Randbedingungen, rechte Seiten) abgeschätzt werden kann, was ein großes selbständiges Problem darstellt, welches besondere Aufmerksamkeit erfordert.

Andererseits ist aber auch die Frage nach dem Approximationsfehler eines Verfahrens nicht trivial. Schon das einfache Beispiel eines auf einem nichtäquidistanten Gitter definierten Schemas für eine Gleichung zweiter Ordnung zeigt, daß es vorteilhaft ist, den Approximationsfehler nicht in der Maximumnorm abzuschätzen, sondern in einer speziellen schwächeren, einer negativen Norm. Daraus ergibt sich die Notwendigkeit, a-priori-Abschätzungen der Lösung einer Differenzenaufgabe durch die rechte Seite in negativen Normen herzuleiten. Das tun wir in Kapitel 3., wo diese Abschätzungen dann beim Konvergenzbeweis der homogenen Schemata in der Klasse stückweise stetiger Koeffizienten verwendet werden.

Mit der Notwendigkeit einer Neuformulierung des Begriffs Approximationsfehler, und folglich des Begriffs Differenzenschema, werden wir in Kapitel 8. im Zusammenhang mit der Entwicklung ökonomischer Verfahren für die mehrdimensionalen instationären Aufgaben der Mathematischen Physik konfrontiert. Der in Abschnitt 8.3. eingeführte Begriff der (bezüglich t) summarischen Approximation ist konstruktiv und erleichtert wesentlich die Herleitung ökonomischer Schemata für unterschiedliche Aufgaben.

Wir geben auch Hinweise auf andere Auffassungen zum Begriff der Stabilität von Differenzenverfahren. So wird im Kapitel 5., das den Verfahren für instationäre Gleichungen mit konstanten Koeffizienten gewidmet ist, die asymptotische Stabilität von Differenzenschemata für die Wärmeleitungsgleichung untersucht – eine Eigenschaft, die die Differentialgleichung besitzt.

Eine Reihe theoretischer Fragen tritt in den Kapiteln 2. bis 5. im Zusammenhang mit der Analyse konkreter Schemata für Gleichungen elliptischen, parabolischen und hyperbolischen Typs auf. In Kapitel 3. wird bei der Konstruktion homogener Verfahren eine typische Aufgabe der Theorie der Differenzenschemata formuliert: Gegeben ist eine Ausgangsfamilie von Verfahren (die wir dort durch gewisse Gitterfunktionale festlegen), gesucht wird ein dieser Familie angehörendes Verfahren mit vorgeschriebenen Eigenschaften. Die Lösung dieser Aufgabe führt uns (unter Ausnutzung der speziellen Eigenschaften der Ausgangsfamilie) auf die konservativen homogenen Differenzenschemata.

Einen zentralen Platz innerhalb der Theorie der Differenzenverfahren nimmt die Stabilitätstheorie ein, der Kapitel 6. gewidmet ist. Dort wird eine große Zahl von a-priori-Abschätzungen für 2- und 3-Schicht-Verfahren hergeleitet, die in den folgenden Teilen des Buches eine weite Anwendung finden. Dabei befreien wir uns von Voraussetzungen über die unmittelbare Struktur, die explizite Darstellung der Differenzenoperatoren. Das führt uns zur Definition von Differenzenverfahren als Operatorgleichungen (im Falle der Approximation von elliptischen oder auch von Integralgleichungen) und zu Operator-Differenzengleichungen (nämlich in t diskreten Gleichungen mit Operatorkoeffizienten) – im Falle der Differenzenschemata für die instationären Gleichungen der Mathematischen Physik, also beispielsweise der parabolischen und hyperbolischen Gleichungen. Die hier auftretenden Operatoren sind linear und in einem abstrakten linearen normierten Raum H_h definiert, der von dem Parametervektor h (dem Analogon der Schrittweite des Differenzengitters im mehrdimensionalen Raum) mit der Norm $|h|$ abhängt, wobei wir den Fall $|h| \to 0$ im Auge haben.

Wir betrachten also zwei Arten solcher Operatorgleichungen: Einmal das Operator-Differenzenverfahren, das eine Folge von Operatorgleichungen erster Art

$$Ay = f$$

mit von h abhängigem Operator A ist, $A: H_h \to H_h$, wobei f und y die gegebenen bzw. gesuchten (von h abhängigen) Vektoren aus H_h sind, zum anderen das zweischichtige Operator-Differenzenverfahren mit der Normalform

$$B \frac{y^{j+1} - y^j}{\tau} + Ay^j = \varphi^j, \quad j = 0, 1, \ldots, \quad y^0 \in H_h.$$

Hier ist τ die Schrittweite in t: $t_j = \tau j$; die Operatoren A und B hängen von h, τ und im allgemeinen auch von t_j ab, A, B: $H_h \to H_h$; die gegebenen bzw. gesuchten Größen φ^j und y^j sind Funktionen von $t = t_j$ mit Werten in H_h.

Mehrschicht-Schemata (d. h. Differenzenverfahren, die die Werte von y auf mehreren Zeitschichten t_j verknüpfen) können auf das obige zweischichtige Operator-Schema zurückgeführt werden, wobei A und B dann Matrizen mit Operatoren als Elementen sind.

Der Stabilitätsuntersuchung von Differenzenverfahren ist eine große Anzahl von Arbeiten gewidmet, von denen ein beträchtlicher Teil Spektralmethoden benutzt und schwervergleichbare, wenig effektive Ergebnisse enthält und von Voraussetzungen über die konkrete Struktur der Differenzenoperatoren ausgeht. Im Falle von Verfahren mit nichtselbstadjungierten Operatoren ergeben sich mit Hilfe der Spektraltheorie notwendige Stabilitätsbedingungen, während von wesentlichem Interesse gerade hinreichende Stabilitätsbedingungen und a-priori-Abschätzungen sind.

Wir benutzen dagegen die energetische Methode, gehen von der angegebenen Definition eines Operator-Differenzenschemas aus und können eine erschöpfende Stabilitätsuntersuchung von Verfahren mit Operatoren im Hilbertraum H_h durchführen. Da die Stabilität eine innere Eigenschaft eines Schemas ist, die nicht von der Approximation und Verbindung des Schemas mit irgendeiner Differentialgleichung abhängt, muß sich die Stabilitätsbedingung als Zusammenhang zwischen den Operatoren A und B sowie der Schrittweite τ formulieren lassen.

Wir stellen die Aufgabe so:

Für das obige Operator-Differenzenschema wird durch folgende Bedingungen eine Ausgangsfamilie angegeben:

$$A = A^* > 0, \quad B > 0,$$

d. h., es gelte $(Ay, v) = (y, Av)$, $(Ay, y) > 0$ und $(By, y) > 0$ für beliebige y und v aus H_h, wobei $(\cdot, \cdot)$ das Skalarprodukt in H_h ist. (Der Operator B braucht nicht selbstadjungiert zu sein; falls die Bedingungen bezüglich A nicht erfüllt sind, aber A^{-1} existiert, kann man das Operator-Differenzenschema vorher mit A^{-1} multiplizieren und damit von A zum identischen Operator übergehen.) In dieser Ausgangsfamilie ist die Menge der bezüglich der Anfangsbedingungen stabilen Verfahren auszuzeichnen, d. h. derjenigen Operator-Differenzenverfahren, für die bei $\varphi^j \equiv 0$ die Ungleichung

$$\|y^j\|_A \leq \|y^0\|_A \quad \text{mit} \quad \|y\|_A = \sqrt{(Ay, y)}$$

erfüllt ist.

In Kapitel 6. wird darauf folgende Antwort gegeben: Die notwendige und hinreichende Bedingung für Stabilität in bezug auf die Anfangsbedingungen ist die Gültigkeit der Operatorungleichung

$$B \geqq \frac{\tau}{2} A ,$$

oder auch: $(By, y) \geqq \frac{\tau}{2} (Ay, y)$ für alle y aus H_h.

Diese Bedingung ist für konkrete Differenzenverfahren bequem zu überprüfen; sie zeichnet die Menge der stabilen Verfahren aus, in der man dann das hinsichtlich Genauigkeit und Rechenaufwand geeignete Schema auswählen kann. Dieser Auswahl dient das Regularisierungsprinzip (Abschnitt 6.5.), das auf dem angeführten Stabilitätsergebnis aufbaut und dessen wir uns in den Kapiteln 8. und 9. bei der Konstruktion ökonomischer Differenzen- bzw. Iterationsverfahren bedienen. Man kann nämlich auch die Gleichung für den Fehler eines Iterationsverfahrens zur Lösung der Operatorgleichung $Au = f$ in der obigen Normalform eines zweischichtigen Operator-Differenzenschemas schreiben (mit $\varphi^j \equiv 0$), und dann reicht die strenge Ungleichung $B > \frac{\tau}{2} A$ aus, um die Konvergenz des Iterationsverfahrens mit der Geschwindigkeit einer geometrischen Folge zu beweisen.

1. Einführung

In diesem Kapitel vermitteln wir einige für das weitere grundlegende Kenntnisse: In 1.1. geben wir einen Überblick über typische stationäre und instationäre Aufgaben der Mathematischen Physik, in 1.2. untersuchen wir die einfachsten Differenzengleichungen: die Gleichungen erster und zweiter Ordnung. Davon stellen die Differenzengleichungen zweiter Ordnung einen Grundbaustein der später betrachteten Algorithmen zur Lösung ein- und mehrdimensionaler Probleme der Mathematischen Physik dar.

1.1. Typische Aufgabenstellungen der Mathematischen Physik

1.1.1. Stationäre Aufgaben. In diesem Buch wollen wir uns vor allem mit numerischen Methoden zur Lösung von Gleichungen der Mathematischen Physik befassen. Um die Verbindung mit dem üblichen Hochschulstoff zu diesem Gebiet herzustellen, nennen wir zunächst einige typische Gleichungen und formulieren für sie Randwertaufgaben. Wir haben hier nicht die Möglichkeit, den physikalischen Hintergrund oder die mathematische Theorie solcher Randwertaufgaben darzustellen, und verweisen dafür auf [12], [20] und [9]. Wir werden uns auf lineare Gleichungen zweiter Ordnung beschränken.

Man unterscheidet zwei Arten physikalischer Prozesse: instationäre (also zeitlich veränderliche) und stationäre (zeitunabhängige). Dabei werden die instationären Prozesse vor allem durch Gleichungen parabolischen und hyperbolischen Typs beschrieben und die stationären Prozesse durch elliptische Gleichungen.

Wir beginnen mit stationären Aufgaben.

Die einfachste elliptische Gleichung ist die *Laplace-Gleichung*

$$\Delta u = \sum_{\alpha=1}^{p} \frac{\partial^2 u}{\partial x_\alpha^2} = 0, \quad u = u(x), \quad x = (x_1, x_2, \ldots x_p),$$

in der $p = 1, 2, 3, \ldots$ die Dimension angibt.

Die inhomogene Gleichung

$$\Delta u = -f(x)$$

heißt *Poisson-Gleichung*.

Auf die Laplace- bzw. Poisson-Gleichung führen beispielsweise stationäre Wärmeleitungs- und Diffusionsprobleme sowie Aufgaben der Elektrostatik:

Die stationäre Temperaturverteilung $u = u(x_1, x_2, x_3)$ in einem homogenen Medium genügt der Poissongleichung

$$\Delta u = -f, \quad f = F/k,$$

wo $F = F(x)$ die Dichte der Wärmequellen und $k = \text{const} > 0$ die Wärmeleitzahl sind.

Im inhomogenen Medium hängt k vom Ort ab, und anstelle der Poissongleichung erhalten wir

$$\operatorname{div}(k \operatorname{grad} u) = \sum_{\alpha=1}^{p} \frac{\partial}{\partial x_\alpha}\left(k(x) \frac{\partial u}{\partial x_\alpha}\right) = -F(x), \quad k(x) > 0. \tag{1}$$

In einem anisotropen Medium genügt die Temperatur $u = u(x)$ der Gleichung

$$Lu = \sum_{\alpha=1}^{p} \sum_{\beta=1}^{p} \frac{\partial}{\partial x_\alpha}\left(k_{\alpha\beta} \frac{\partial u}{\partial x_\beta}\right) = -F(x). \tag{2}$$

Diese Gleichung ist elliptisch unter der Bedingung, daß

$$\sum_{\alpha,\beta=1}^{p} k_{\alpha\beta}(x)\,\xi_\alpha\xi_\beta > 0$$

für alle Punkte $x=(x_1, ..., x_p)$ und alle Vektoren $\xi=(\xi_1, ..., \xi_p) \neq (0, ..., 0)$ gilt. Bei

$$\sum_{\alpha,\beta=1}^{p} k_{\alpha\beta}(x)\,\xi_\alpha\xi_\beta \geqq c_1 \sum_{\alpha=1}^{p} \xi_\alpha^2, \quad c_1=\text{const}>0,$$

heißt die Gleichung (2) *stark elliptisch.*

Wenn die Wärmequellen oder -senken der Temperatur proportional sind, so nimmt die stationäre Wärmeleitungsgleichung die Gestalt

$$\operatorname{div}(k \operatorname{grad} u) - q(x)\,u = -F(x)$$

an, und bei $q(x)<0$ handelt es sich um eine Wärmequelle, bei $q(x)>0$ um eine Senke.

Bei hohen Temperaturen hängt der Wärmeleitkoeffizient von der Temperatur ab, $k=k(u, x)$, und wir erhalten eine quasilineare Gleichung, z. B.

$$\operatorname{div}(k(u, x) \operatorname{grad} u) = -F(x, u),$$

wenn die Intensität der Wärmequellen ebenfalls von der Temperatur abhängt. (Das tritt beispielsweise bei einer exothermen chemischen Reaktion ein.) Noch allgemeiner können der Wärmeleitkoeffizient k und die Quelle F sowohl von der Temperatur als auch vom Gradienten der Temperatur abhängen:

$$k = k(x, u, \operatorname{grad} u) = k\left(x, u, \frac{\partial u}{\partial x_1}, ..., \frac{\partial u}{\partial x_p}\right),$$

$$F = F(x, u, \operatorname{grad} u) = F\left(x, u, \frac{\partial u}{\partial x_1}, ..., \frac{\partial u}{\partial x_p}\right).$$

Dann wird die Temperatur $u(x)$ durch eine nichtlineare Gleichung bestimmt.

Wenn der Wärmeleitungsprozeß von einem konvektiven Wärmetransport begleitet ist (strömendes Medium), so hat die stationäre Wärmeleitungsgleichung die Form

$$\operatorname{div}(k \operatorname{grad} u) + \mathbf{v} \operatorname{grad} u - qu = \sum_{\alpha=1}^{p}\left[\frac{\partial}{\partial x_\alpha}\left(k\frac{\partial u}{\partial x_\alpha}\right) + v_\alpha \frac{\partial u}{\partial x_\alpha}\right] - qu = -F(x),$$

wobei $\mathbf{v}=(v_1, ..., v_p)$ der Geschwindigkeitsvektor des Mediums ist.

Das elektrostatische Feld wird durch die Maxwellschen Gleichungen

$$\operatorname{rot} \mathbf{E} = 0, \quad \operatorname{div} \mathbf{D} = 4\pi\varrho, \quad \mathbf{D} = \varepsilon\mathbf{E},$$

beschrieben, in denen $\mathbf{E}$ den Vektor der elektrischen Feldstärke, $\mathbf{D}$ den Induktionsvektor, $\varepsilon>0$ die Dielektrizitätskonstante (die von x und – bei sehr starken Feldern – auch von $\mathbf{E}$ abhängen kann) und ϱ die Raumladungsdichte bezeichnet. Aus der Gleichung $\operatorname{rot} \mathbf{E}=0$ folgt die Existenz eines Potentials u mit

$$\mathbf{E} = -\operatorname{grad} u.$$

Hieraus und aus $\operatorname{div} \mathbf{D} = 4\pi\varrho$ ergibt sich weiter

$$\operatorname{div}(\varepsilon \operatorname{grad} u) = -4\pi\varrho.$$

Für ein homogenes Medium gilt daher

$$\Delta u = -4\pi\varrho/\varepsilon.$$

Wenn in einem leitfähigen Medium ein Strom der Dichte $\mathbf{j}=\mathbf{j}(x)$ fließt und keine Volumenquellen vorhanden sind, so ist

$$\operatorname{div} \mathbf{j}=0 .$$

Wegen $\operatorname{rot} \mathbf{E}=0$ und $\mathbf{E}=-\operatorname{grad} u$ erhalten wir für das Potential $u=u(x)$ unter Benutzung des Ohmschen Gesetzes $\mathbf{j}=\sigma\mathbf{E}$ die Gleichung

$$\operatorname{div}(\sigma \operatorname{grad} u)=0 ,$$

in der σ die Leitfähigkeit angibt. In einem homogenen Medium ist $\sigma=\text{const}>0$ und damit $\Delta u=0$.

1.1.2. Formulierung von Randwertaufgaben. Am Beispiel der Poisson-Gleichung betrachten wir nun einige typische Randwertaufgaben. Dabei sei G ein beschränktes Gebiet des p-dimensionalen euklidischen Raumes und habe den Rand Γ.

Meist werden folgende Randwertaufgaben gestellt:

Zu bestimmen ist die im abgeschlossenen Gebiet $G+\Gamma$ stetige Lösung der Gleichung

$$\Delta u=-f(x), \quad x\in G ,$$

die auf Γ einer der folgenden Bedingungen genügt:

a) $u=\mu_1(x)$ für $x\in\Gamma$ (erste Randwertaufgabe), (3)

b) $\dfrac{\partial u}{\partial n}=\mu_2(x)$ für $x\in\Gamma$ (zweite Randwertaufgabe), (4)

c) $\dfrac{\partial u}{\partial n}+\sigma(u-\mu_3(x))=0$ für $x\in\Gamma$ (dritte Randwertaufgabe), (5)

und hier sind $\mu_1(x)$, $\mu_2(x)$, $\mu_3(x)$ und $\sigma=\sigma(x)\geqq 0$ gegebene Funktionen von $x\in\Gamma$, $\partial u/\partial n$ ist die Ableitung nach der äußeren Normalen an Γ.

Im Falle der Gleichung (1) ist $\partial u/\partial n$ in (4) und (5) durch $k\, \partial u/\partial n$ zu ersetzen.

Wir gehen hier nicht auf die Bedingungen ein, unter denen Lösungen der Randwertaufgaben existieren und eindeutig sind. Wir setzen im gesamten Buch immer voraus, daß diese Bedingungen erfüllt sind und die Lösungen der betrachteten Probleme nicht nur existieren und eindeutig sind, sondern auch alle für unsere Konstruktionen benötigten Ableitungen besitzen.

Die Bedingungen (3) bis (5) haben folgenden physikalischen Sinn: Durch (3) ist die Temperatur auf dem Rande festgelegt, durch (4) der Wärmestrom, und (5) bedeutet, daß ein Wärmeaustausch nach dem Newtonschen Gesetz mit dem äußeren Medium stattfindet, dessen Temperatur $\mu_3(x)$ ist.

Bei der zweiten (oder Neumannschen) Randwertaufgabe muß die Lösbarkeitsbedingung

$$\int_\Gamma \mu_2(x)\, d\sigma+\int_G f(x)\, dx=0$$

erfüllt sein, in der $d\sigma$ das Oberflächenelement ist und $dx=dx_1 dx_2 \dots dx_p$ das Volumenelement. Diese Bedingung bedeutet, daß über den Rand Γ soviel Wärme hinausfließt, wie im Gebiet G entsteht.

Die Gleichung (1) ist äquivalent zu der folgenden Integralidentität (dem Erhaltungssatz für die Wärme):

$$\int_{\Gamma'} k\frac{\partial u}{\partial n}\, d\sigma+\int_{G'} F\, dx=0 .$$

Hier ist G' ein beliebiges Teilgebiet (mit dem Rand Γ') von G. Nehmen wir zum Beispiel im Fall von zwei Dimensionen das Teilgebiet $G' = \{a_1 < x_1 < b_1, a_2 < x_2 < b_2\}$, so haben wir als Erhaltungssatz

$$\left(\int_{a_2}^{b_2} k \frac{\partial u}{\partial x_1} \mathrm{d}x_2\right)\Bigg|_{x_1=a_1}^{x_1=b_1} + \left(\int_{a_1}^{b_1} k \frac{\partial u}{\partial x_2} \mathrm{d}x_1\right)\Bigg|_{x_2=a_2}^{x_2=b_2} + \int_{a_2}^{b_2} \mathrm{d}x_2 \int_{a_1}^{b_1} F(x_1, x_2)\, \mathrm{d}x_1 = 0 .$$

Randwertaufgaben kann man in Minimumprobleme (über Klassen hinreichend glatter Funktionen) für geeignete Funktionale überführen. So hat beispielsweise für die Randwertaufgabe

$$Lu = \operatorname{div}(k \operatorname{grad} u) - qu = -f(x), \quad x \in G, \quad u\,|_\Gamma = 0 ,$$

das zu minimierende Funktional das Aussehen

$$I[u] = \frac{1}{2} \sum_{\alpha=1}^{p} \int_G k \left(\frac{\partial u}{\partial x_\alpha}\right)^2 \mathrm{d}x + \int_G qu^2\, \mathrm{d}x - \int_G fu\, \mathrm{d}x, \quad \mathrm{d}x = \mathrm{d}x_1\, \mathrm{d}x_2 \dots \mathrm{d}x_p .$$

Im eindimensionalen Fall (also bei $p=1$) sind die elliptischen Gleichungen gewöhnliche Differentialgleichungen, G ist das Intervall $0<x<l$, Γ umfaßt die zwei Punkte $x=0$ und $x=l$, und damit ist $\bar{G} = G + \Gamma = \{0 \leqq x \leqq l\}$. Die Differentialgleichung nimmt dann folgende Gestalt an:

$$\frac{\mathrm{d}}{\mathrm{d}x}\left(k(x) \frac{\mathrm{d}u}{\mathrm{d}x}\right) - q(x)\, u = -F(x), \quad 0 < x < l .$$

Dazu werden Randbedingungen bei $x=0$ und $x=l$ gestellt:

a) $u(0) = \mu_1, \quad u(l) = \mu_2 ,$

b) $k \dfrac{\mathrm{d}u}{\mathrm{d}x} = \mu_1$ bei $x=0$, $\quad -k \dfrac{\mathrm{d}u}{\mathrm{d}x} = \mu_2$ bei $x=l$,

c) $k \dfrac{\mathrm{d}u}{\mathrm{d}x} - \sigma_1 u = -\mu_1$ bei $x=0$, $\quad -k \dfrac{\mathrm{d}u}{\mathrm{d}x} - \sigma_2 u = -\mu_2$ bei $x=l$.

Diese Randbedingungen können auch beliebig kombiniert werden.

1.1.3. Gleichungen parabolischen Typs. Ein typischer Vertreter solcher Gleichungen ist die Wärmeleitungsgleichung. In einem isotropen Medium hat sie folgendes Aussehen:

$$c \frac{\partial u}{\partial t} = Lu + f(x, t), \quad x \in G, \quad t > 0 , \tag{6}$$

mit

$$Lu = \operatorname{div}(k \operatorname{grad} u) = \sum_{\alpha=1}^{p} \frac{\partial}{\partial x_\alpha}\left((k(x, t) \frac{\partial u}{\partial x_\alpha}\right), \tag{7}$$

wobei $k = k(x, t) > 0$ der Wärmeleitkoeffizient und $c = c(x, t) > 0$ die Wärmekapazität (bezogen auf die Volumeneinheit) sind.

Bei $t=0$ gibt man die Anfangsbedingung

$$u(x, 0) = u_0(x), \quad x \in \bar{G} ,$$

und auf dem Rand Γ eine der Randbedingungen (3)–(5) vor. Für den Rest dieses Punktes nehmen wir an, daß erste Randbedingungen gestellt sind:

$$u=\mu(x,t) \quad \text{für} \quad x\in\Gamma, \quad t\geqq 0 .$$

Für ein homogenes, isotropes Medium wird $k(x,t)=k=\text{const}$, $c(x,t)=c=\text{const}$, so daß die Wärmeleitungsgleichung die Gestalt

$$\frac{\partial u}{\partial t}=a^2\Delta u+\bar{f}(x,t), \quad a^2=\frac{k}{c}, \quad \bar{f}=\frac{f}{c}, \tag{8}$$

erhält, wo a^2 Koeffizient der Temperaturleitfähigkeit heißt. Durch Maßstabsänderung von t und x_α, $\alpha=1,\ldots,p$, können wir immer erreichen, daß dieser Koeffizient gleich 1 wird. So führen wir z. B. im eindimensionalen Fall in

$$\frac{\partial u}{\partial \bar{t}}=a^2\frac{\partial^2 u}{\partial \bar{x}^2}+\bar{f}(\bar{x},\bar{t}), \quad 0<\bar{x}<l ,$$

die neuen unabhängigen Veränderlichen $x=\bar{x}/l$ und $t=a^2\bar{t}/l^2$ ein und erhalten für $u=u(x,t)$ die Gleichung

$$\frac{\partial u}{\partial t}=\frac{\partial^2 u}{\partial x^2}+f(x,t), \quad 0<x<1 ,$$

in der $f(x,t)=\dfrac{l^2}{a^2}\bar{f}\left(lx,\dfrac{l^2}{a^2}t\right)$ gesetzt wurde.

Daher kann man ohne Einschränkung der Allgemeinheit statt (8) die Gleichung

$$\frac{\partial u}{\partial t}=\Delta u+f(x,t), \quad x\in G ,$$

betrachten und stellt dazu die Anfangs- und Randbedingungen

$$u(x,0)=u_0(x), \quad x\in\bar{G}, \quad u\,|_\Gamma=\mu(x,t), \quad x\in\Gamma, \quad t\geqq 0 .$$

Wenn das Medium inhomogen und anisotrop ist, so ändert sich nur der Differentialoperator L:

$$Lu=\sum_{\alpha,\beta=1}^{p}\frac{\partial}{\partial x_\alpha}\left(k_{\alpha\beta}(x,t)\frac{\partial u}{\partial x_\beta}\right), \tag{9}$$

wobei die Matrix $(k_{\alpha\beta})$ für alle x und t der Elliptizitätsbedingung genügt.

Falls die Koeffizienten c und k von der Temperatur u abhängen, geht die Wärmeleitungsgleichung (6) für ein isotropes Medium über in

$$c(u,x,t)\frac{\partial u}{\partial t}=\sum_{\alpha=1}^{p}\frac{\partial}{\partial x_\alpha}\left(k(u,x,t)\frac{\partial u}{\partial x_\alpha}\right)+f(x,t,u) . \tag{10}$$

In vielen Aufgaben hängen c und k nur von der Temperatur ab: $c=c(u)>0$, $k=k(u)>0$. Dann kann man eine neue Veränderliche v einführen,

$$v=\int_0^u k(u')\,du'+\text{const} ,$$

und die Gleichung (10) auf die Form

$$\varphi(v)\frac{\partial v}{\partial t}=\Delta v+f(x,t), \quad \varphi(v)=\frac{c(u(v))}{k(u(v))}$$

bringen. Für $k=k_0u^n$, $c=c_0u^m$ finden wir insbesondere

$$v=\frac{k_0}{n+1}u^{n+1}, \quad \varphi(v)=\frac{c_0}{k_0}u^{m-n}=\frac{c_0}{k_0}\left(\frac{n+1}{k_0}\right)^{\frac{m-n}{n+1}} v^{\frac{m-n}{n+1}}.$$

Auch eine andere Transformation ist möglich:

$$v=\int_0^u c(u')\,\mathrm{d}u', \quad k(u)\frac{\partial u}{\partial x_\alpha}=\frac{k(u)}{c(u)}\frac{\partial v}{\partial x_\alpha}.$$

Auf diesem Wege erhalten wir

$$\frac{\partial v}{\partial t}=\sum_{\alpha=1}^{p}\frac{\partial}{\partial x_\alpha}\left(\bar{k}(v)\frac{\partial v}{\partial x_\alpha}\right)+f, \quad \bar{k}(v)=\frac{k(u(v))}{c(u(v))}.$$

Derartige Variablenwechsel werden in der numerischen Praxis häufig angewendet.

Der Gleichung

$$\frac{\partial u}{\partial t}=\operatorname{div}\,(k\operatorname{grad}u)+f$$

entspricht im Gebiet $G'\subset G$ mit dem Rand Γ' der folgende Erhaltungssatz für die Wärme:

$$\int_{G'} u\,\mathrm{d}x\,\Big|_{t_1}^{t_2}=\int_{t_1}^{t_2}\mathrm{d}t\int_{\Gamma'}k\frac{\partial u}{\partial n}\,\mathrm{d}\sigma+\int_{t_1}^{t_2}\mathrm{d}t\int_{G'}f\,\mathrm{d}x\,.$$

Hier sind t_1 und $t_2>t_1$ beliebige Zahlen, und $w=-k\,\partial u/\partial n$ ist der Wärmestrom in Richtung der Normalen an die Oberfläche Γ'. Im eindimensionalen Fall erhalten wir

$$\int_a^b[u(x,t_2)-u(x,t_1)]\mathrm{d}x=\int_{t_1}^{t_2}k\frac{\mathrm{d}u}{\mathrm{d}x}\Big|_{x=a}^{x=b}\,\mathrm{d}t+\int_{t_1}^{t_2}\mathrm{d}t\int_a^b f\,\mathrm{d}x\,.$$

1.1.4. Hyperbolische Gleichungen. Wir werden hier Gleichungen zweiter Ordnung und Systeme von Gleichungen erster Ordnung betrachten. Die Gleichung zweiter Ordnung hat die Gestalt

$$\varrho\frac{\partial^2 u}{\partial t^2}=Lu+f(x,t), \quad x\in G, \quad t>0, \quad \varrho>0\,, \tag{11}$$

wobei Lu einer der elliptischen Operatoren (7) oder (9) mit orts- und zeitveränderlichen Koeffizienten ist, oder $Lu=\Delta u$. Für ein homogenes Medium gilt

$$\varrho\frac{\partial^2 u}{\partial t^2}=k\Delta u+f(x,t), \quad \varrho>0, \quad k>0$$

(und wenn dadurch die Schwingungen einer Membran beschrieben werden, so ist ϱ die Dichte und k die Spannung der Membran), und nach einer Substitution der unabhängigen Veränderlichen erhalten wir

$$\frac{\partial^2 u}{\partial t^2}=\Delta u+f(x,t)\,.$$

Auf dem Gebietsrand Γ wird eine der Bedingungen (3)–(5) gestellt, zum Beispiel

$$u=\mu(x,t), \quad x\in\Gamma, \quad t\geqq 0\,,$$

und bei $t=0$ sind zwei Anfangsbedingungen vorzugeben:

$$u(x,0)=u_0(x), \quad \partial u/\partial t(x,0)=\bar{u}_0(x), \quad x\in\bar{G}.$$

Im eindimensionalen Fall haben wir als einfachste hyperbolische Gleichung die der Schwingungen einer Saite,

$$\frac{\partial^2 u}{\partial t^2}=a^2\frac{\partial^2 u}{\partial x^2}+f(x,t), \quad 0<x<l$$

(in der a die Ausbreitungsgeschwindigkeit der Schwingungen angibt), die wir nach einer Maßstabsänderung wie folgt schreiben können:

$$\begin{aligned} &\frac{\partial^2 u}{\partial t^2}=\frac{\partial^2 u}{\partial x^2}+f(x,t), && 0<x<1, && t>0, \qquad (12)\\ &u(0,t)=\mu_1(t), && u(1,t)=\mu_2(t), && t\geq 0,\\ &u(x,0)=u_0(x), && \frac{\partial u}{\partial t}(x,0)=\bar{u}_0(x), && 0\leq x\leq 1. \end{aligned}$$

Dieser Gleichung entspricht die Integralbeziehung (der Erhaltungssatz)

$$\int_{\Gamma'}\left(\frac{\partial u}{\partial t}\,dx+\frac{\partial u}{\partial x}\,dt\right)=\iint_{S'} f(x,t)\,dx\,dt,$$

in der Γ' eine beliebige geschlossene Kurve ist, die das Gebiet S' in der x, t-Ebene begrenzt. Bei Stetigkeit der zweiten Ableitungen folgt aus dieser Integralbeziehung die Differentialgleichung (12): Als Gebiet S' wählt man ein Rechteck mit den Seitenlängen Δt und Δx, das parallel zu den Koordinatenachsen liegt, teilt die Integralbeziehung durch $\Delta t\,\Delta x$ und läßt Δt und Δx gegen null gehen.

Die homogene Gleichung

$$\frac{\partial^2 u}{\partial t^2}=\frac{\partial^2 u}{\partial x^2}$$

ist dem System

$$\frac{\partial u}{\partial t}=\frac{\partial v}{\partial x}, \quad \frac{\partial v}{\partial t}=\frac{\partial u}{\partial x}$$

zweier Gleichungen erster Ordnung äquivalent, dem die Erhaltungssätze

$$\int_{\Gamma'}(u\,dx+v\,dt)=0, \quad \int_{\Gamma'}(v\,dx+u\,dt)=0$$

entsprechen.

Als weiteres Beispiel für ein hyperbolisches Gleichungssystem nennen wir das Laméсhe Gleichungssystem aus der dynamischen Elastizitätstheorie,

$$\frac{\partial^2 \mathbf{u}}{\partial t^2}=\mu\Delta\mathbf{u}+(\lambda+\mu)\,\mathrm{grad}\,\mathrm{div}\,\mathbf{u}+\mathbf{f},$$

in dem λ und μ die (positiven) Laméschen Konstanten und $\mathbf{u}$ der Verschiebungsvektor sind. Zur besseren Veranschaulichung schreiben wir das Lamésche Gleichungssystem im zweidimensionalen Fall aus:

$$\begin{aligned} \frac{\partial^2 u_1}{\partial t^2}&=(\lambda+2\mu)\frac{\partial^2 u_1}{\partial x_1^2}+\mu\frac{\partial^2 u_1}{\partial x_2^2}+(\lambda+\mu)\frac{\partial^2 u_2}{\partial x_1\partial x_2}+f_1,\\ \frac{\partial^2 u_2}{\partial t^2}&=(\lambda+\mu)\frac{\partial^2 u_1}{\partial x_1\partial x_2}+\mu\frac{\partial^2 u_2}{\partial x_1^2}+(\lambda+2\mu)\frac{\partial^2 u_2}{\partial x_2^2}+f_2. \end{aligned}$$

Hier sind $u_1 = u_1(x, t)$ und $u_2 = u_2(x, t)$ die Komponenten des Verschiebungsvektors $\mathfrak{u}$ und f_1 und f_2 die Komponenten der äußeren Kraft $\mathfrak{f}$.

1.1.5. Unstetige Koeffizienten, konzentrierte Quellen

a) Stückweise stetige Koeffizienten. Die in die Differentialgleichungen eingehenden Koeffizienten k und c können Sprungstellen erster Art haben.

So hat z. B. der Wärmeleitkoeffizient Sprünge, wenn das Medium inhomogen ist und aus mehreren Teilen mit unterschiedlichen Materialeigenschaften besteht. Ein Sprung dieses Koeffizienten $k(x)$ in (6) oder (11) führt zu einer schwachen Unstetigkeitsstelle in der Lösung $u(x)$: Die Funktion $u = u(x)$ ist dort stetig, aber ihre ersten Ableitungen nach $x_1, \ldots, x_p$ haben einen Sprung erster Art. Wir erläutern das am Beispiel der (in x) eindimensionalen Wärmeleitungsgleichung

$$\frac{\partial u}{\partial t} = \frac{\partial}{\partial x}\left(k(x, t)\frac{\partial u}{\partial x}\right) + f(x, t), \quad 0 < x < 1 .$$

Angenommen, die Funktion $k(x, t)$ hat bei $x = \xi$ einen Sprung erster Art, d. h.

$$[k] = k(\xi + 0, t) - k(\xi - 0, t) \neq 0 .$$

Dann sind bei $x = \xi$ sowohl die Temperatur u als auch der Wärmestrom $-k\dfrac{\partial u}{\partial x}$ stetig, es gelten also die Übergangsbedingungen

$$[u] = 0, \quad \left[k\frac{\partial u}{\partial x}\right] = 0, \quad x = \xi, \quad t \geqq 0 .$$

Da $k \neq 0$ ist, muß die Ableitung $\dfrac{\partial u}{\partial x}$ bei $x = \xi$ einen Sprung haben: $\left[\dfrac{\partial u}{\partial x}\right] \neq 0$. Die Bedingung $\left[k\dfrac{\partial u}{\partial x}\right] = 0$ der Stetigkeit des Wärmestroms kann man aus dem Erhaltungssatz für die Wärme auf dem Intervall $\xi - \varepsilon \leqq x \leqq \xi + \varepsilon$, $\varepsilon > 0$, herleiten:

$$\int_{\xi-\varepsilon}^{\xi+\varepsilon} \frac{\partial u}{\partial t}(x, t)\,\mathrm{d}x = k\frac{\partial u}{\partial x}\Bigg|_{\xi-\varepsilon}^{\xi+\varepsilon} + \int_{\xi-\varepsilon}^{\xi+\varepsilon} f(x, t)\,\mathrm{d}x . \tag{13}$$

Indem wir ε in (12) gegen null gehen lassen, erhalten wir wegen der Beschränktheit von $\partial u/\partial t$ und f gerade $[ku'] = 0$ bei $x = \xi$.

Im mehrdimensionalen Fall kann k einen Sprung an einer Fläche Γ' haben. Dann müssen dort die Übergangsbedingungen

$$[u] = 0, \quad \left[k\frac{\partial u}{\partial n'}\right] = 0 \quad \text{für} \quad x \in \Gamma'$$

erfüllt sein, in denen n' die Normale an Γ' ist.

Für stationäre Aufgaben (also bei $\partial u/\partial t \equiv 0$) sehen die Übergangsbedingungen genauso aus.

b) Konzentrierte Wärmequellen. Die Lösung der Wärmeleitungsgleichung hat auch dann eine schwache Unstetigkeitsstelle, wenn in einem Punkt $x = \xi$ eine Wärmequelle der Intensität Q wirkt (d. h. pro Zeit- und Volumeneinheit die Wärmemenge Q freigesetzt wird). Dann hat bei $x = \xi$ der Wärmestrom einen Sprung von der Größe Q:

$$[u] = 0, \quad \left[k\frac{\partial u}{\partial x}\right] = -Q, \quad x = \xi . \tag{14}$$

Um uns davon zu überzeugen, verteilen wir die Quelle mit der Dichte $f_\varepsilon(x, t)$ auf das Intervall $\xi-\varepsilon \leqq x \leqq \xi+\varepsilon$, $\varepsilon > 0$, wobei $f_\varepsilon(x, t)$ der Normierungsbedingung

$$\int_{\xi-\varepsilon}^{\xi+\varepsilon} f_\varepsilon(x, t)\, dx = Q$$

genügt. Man kann beispielsweise $f = Q/2\varepsilon$ für $x \in [\xi-\varepsilon, \xi+\varepsilon]$ setzen und $f_\varepsilon = 0$ sonst. Wir integrieren nun die Gleichung

$$\frac{\partial u_\varepsilon}{\partial t} = \frac{\partial t}{\partial x}\left(k \frac{\partial u_\varepsilon}{\partial x}\right) + f_\varepsilon(x, t)$$

über x von $\xi-\varepsilon$ bis $\xi+\varepsilon$ und erhalten

$$\int_{\xi-\varepsilon}^{\xi+\varepsilon} \frac{\partial u_\varepsilon}{\partial t}\, dx = k \frac{\partial u_\varepsilon}{\partial x}\Bigg|_{\xi-\varepsilon}^{\xi+\varepsilon} + Q\,.$$

Hier gehen wir mit ε zur Grenze über und kommen gerade auf (14), wenn wir die Lösung der Ausgangsaufgabe als Grenzwert der Funktion $u_\varepsilon(x, t)$ bei $\varepsilon \to 0$ definieren.

Wenn die Wärmequelle in einem Randpunkt konzentriert ist, so stellt man dort eine inhomogene Randbedingung zweiter Art.

Falls in der mehrdimensionalen Aufgabe die Quelle mit der Dichte q auf einer Fläche Γ' verteilt ist, stellt man die Bedingungen

$$[u] = 0, \quad \left[k \frac{\partial u}{\partial n'}\right] = -q, \quad x \in \Gamma'\,.$$

c) Konzentrierte Wärmekapazität. Nun sei in $x = \xi$ eine Wärmekapazität der Größe C konzentriert. Dann müssen dort folgende Übergangsbedingungen erfüllt sein:

$$[u] = 0, \quad C \frac{\partial u}{\partial t} = \left[k \frac{\partial u}{\partial x}\right], \quad x = \xi\,. \tag{15}$$

Falls die Wärmekapazität C im Randpunkt $x = 0$ konzentriert ist, so stellen wir dort die Randbedingung

$$C \frac{\partial u}{\partial t} = k \frac{\partial u}{\partial x}, \quad x = 0\,. \tag{16}$$

Die Bedingungen (15) und (16) kann man so wie (14) herleiten.

Der Leser schreibe zur Übung die Randbedingung in $x = 0$ auf, die sich ergibt, wenn in diesem Punkt eine Wärmekapazität C und eine Quelle der Intensität Q konzentriert sind.

d) Konzentrierte Kraft. Wir betrachten hier die Schwingung einer inhomogenen Saite, die durch die Gleichung

$$\varrho \frac{\partial^2 u}{\partial t^2} = \frac{\partial}{\partial x}\left(k \frac{\partial u}{\partial x}\right) \tag{17}$$

beschrieben wird, in der ϱ die Dichte der Saite und k die Spannung sind. Wir nehmen an, daß im Punkt $x = \xi$ eine Kraft von der Größe F_0 angreift. Mit Überlegungen, die analog zu denen sind, die uns auf (14) führten, finden wir die Übergangsbedingungen

$$[u] = 0, \quad \left[k \frac{\partial u}{\partial x}\right] = -F_0 \quad \text{bei } x = \xi\,.$$

e) Konzentrierte Masse. Im Punkt $x=\xi$ der inhomogenen Saite sei eine Last der Masse M befestigt. Dann werden dort die Übergangsbedingungen

$$[u]=0, \quad M\frac{d^2u}{dt^2}=\left[k\frac{\partial u}{\partial x}\right], \quad x=\xi,$$

gestellt (vgl. (15)). Bei $x\neq\xi$ gilt die Gleichung (17). Wenn sich die Masse M im Randpunkt $x=0$ befindet, so entspricht dem die Randbedingung

$$M\frac{d^2u}{dt^2}=k\frac{\partial u}{\partial x}, \quad x=0.$$

In allen betrachteten Fällen hat die Ableitung $\partial u/\partial x$ bei $x=\xi$ eine Sprungstelle erster Art (und die Lösung u eine schwache Unstetigkeitsstelle).

1.2. Differenzengleichungen

1.2.1. Einführende Bemerkungen. Die Lösung von Differentialgleichungen mit Hilfe von Diskretisierungsmethoden führt auf Systeme linearer algebraischer Gleichungen

$$A\mathbf{u}=\mathbf{f},$$

wobei $A=(a_{ij})$ eine quadratische Matrix der Ordnung N, $\mathbf{u}=(u_1, \ldots, u_N)$ der gesuchte Vektor und $\mathbf{f}=(f_1, \ldots, f_N)$ der gegebene Vektor sind.

Es gibt zwei Arten von Lösungsmethoden für lineare algebraische Gleichungssysteme:

a) direkte (mit anderen Worten: exakte) und

b) Iterations- (oder anders: Näherungs-)Methoden.

Mit Lösungsmethoden – vor allem iterativen – für solche lineare Gleichungssysteme werden wir uns in Kapitel 9. befassen.

Hier beginnen wir mit der Untersuchung der einfachsten Differenzengleichungen, für die die Matrix ein recht spezielles Aussehen hat, z. B. tridiagonal ist. Dabei wollen wir gleich darauf hinwiesen, daß die in der Praxis auftretenden Gleichungssysteme sehr groß sein können:

Bei den zu untersuchenden Differenzengleichungen zur Approximation von Differentialgleichungen der Mathematischen Physik sind zum Beispiel Funktionen von zwei oder drei Argumenten auf einer diskreten Punktmenge zu bestimmen, die einige zehn- oder auch hunderttausend Punkte umfaßt.

Weiterhin ist für die die Gitterfunktionen definierenden linearen algebraischen Gleichungssysteme (die Differenzengleichungen) charakteristisch, daß deren Matrix A von spezieller Gestalt ist und viele Nullelemente enthält.

Im Abschnitt 1.2. werden wir Differenzengleichungen zweiter Ordnung betrachten, und zwar unabhängig von den Differentialgleichungen, von denen sie herrühren. Unter anderem werden wir eine direkte Methode zur Lösung von Randwertaufgaben für Differenzengleichungen zweiter Ordnung behandeln.

1.2.2. Beispiele für Differenzengleichungen. Der Leser hat sicher schon mit Differenzengleichungen zu tun gehabt – vielleicht auch ohne das zu bemerken. Wir nennen z. B. die Formeln $a_{k+1}=a_k+d$ und $a_{k+1}-2a_k+a_{k-1}=0$ für die Glieder einer arithmetischen und $a_{k+1}=qa_k$ für die Glieder einer geometrischen Zahlenfolge. Hier ist a_k als Funktion von k aufzufassen, und das Argument k nimmt die ganzzahligen Werte 1, 2, ... an.

Wir betrachten also eine Funktion ganzzahligen Arguments

$$y(i), \quad i=0, \pm 1, \pm 2, \ldots .$$

Nun bilden wir im „Punkt" i folgende Differenzen:

die rechte: $\Delta y_i = y(i+1) - y(i)$,

und die linke: $\nabla y_i = y(i) - y(i-1)$.

Benutzen wir die übliche Schreibweise $y_i = y(i)$, so gilt

$$\Delta y_i = y_{i+1} - y_i, \quad \nabla y_i = y_i - y_{i-1}.$$

Diese Ausdrücke kann man auch als formale Analoga der ersten Ableitung ansehen. Wir betrachten noch die zweite Differenz

$$\Delta^2 y_i = \Delta(\Delta y_i) = \Delta(y_{i+1} - y_i) = (y_{i+2} - y_{i+1}) - (y_{i+1} - y_i) = y_{i+2} - 2y_{i+1} + y_i .$$

Wir weisen darauf hin, daß $\Delta y_{i-1} = \nabla y_i$ gilt, denn hier steht links und rechts $y_i - y_{i-1}$. Die Anwendung des Operators der linken Differenz ist äquivalent zur Anwendung des Operators der rechten Differenz in dem um eine Einheit nach links verschobenen Punkt. Hieraus folgt

$$\Delta\nabla y_i = \Delta^2 y_{i-1} = y_{i+1} - 2y_i + y_{i-1} .$$

Analog zu Δ^2 wird auch

$$\Delta^m y_i = \Delta(\Delta^{m-1} y_i)$$

definiert. Bei jeder Anwendung von Δ wird noch ein weiterer Punkt rechts erfaßt, so daß nach m-maliger Anwendung, im Ausdruck für $\Delta^m y_i$, die Werte $y_i, y_{i+1}, \ldots, y_{i+m}$ in den Punkten i bis $i+m$ gebraucht werden.

Mit diesen Definitionen können wir nun folgende Gleichung aufschreiben:

$$\alpha_0 \Delta^m y_i + \alpha_1 \Delta^{m-1} y_i + \ldots + \alpha_{m-1} \Delta y_i + \alpha_m y_i = f_i .$$

Sie heißt *Differenzengleichung m-ter Ordnung* (bezüglich y_i der gesuchten Funktion des ganzzahligen Arguments i), wenn darin die Faktoren bei y_i und y_{i+m} von null verschieden sind, also

$$\alpha_0 \neq 0 , \quad \sum_{k=0}^{m} (-1)^k \alpha_{m-k} \neq 0$$

gilt. Diese Differenzengleichung ist ein formales Analogon einer Differentialgleichung m-ter Ordnung,

$$\alpha_0 \frac{\mathrm{d}^m u}{\mathrm{d}x^m} + \alpha_1 \frac{\mathrm{d}^{m-1} u}{\mathrm{d}x^{m-1}} + \ldots + \alpha_{m-1} \frac{\mathrm{d}u}{\mathrm{d}x} + \alpha_m u = f, \quad \alpha_0 \neq 0 .$$

Ähnlich wie hier die Koeffizienten Funktionen von x sein können, können die Koeffizienten der Differenzengleichung von i abhängen: $\alpha_k = \alpha_k(i)$.

Woher kommen die Differenzengleichungen? Es gibt einige mathematische und technische Aufgaben, die unmittelbar auf solche Gleichungen führen, die wichtigste Quelle aber sind Diskretisierungsmethoden zur Lösung der Differentialgleichungen der Mathematischen Physik.

Betrachten wir das einfachste Beispiel einer gewöhnlichen Differentialgleichung:

Es sei die Gleichung

$$\frac{du}{dx} = f(x)$$

zu lösen.

Dazu kann man die Ableitung du/dx näherungsweise wie folgt durch einen Differenzenausdruck ersetzen:

$$\left(\frac{du}{dx}\right)_{x=x_i} \sim \frac{u(x_i+h)-u(x_i)}{h} ,$$

wo $h > 0$ der Abstand zwischen den Punkten x_i und x_i+h ist. Mit den Bezeichnungen $x_i+h=x_{i+1}$, $u(x_i)=u_i$, $u(x_{i+1})=u_{i+1}$ erhalten wir

$$\left(\frac{du}{dx}\right)_{x=x_i} \sim \frac{\Delta u_i}{h} = \frac{u_{i+1}-u_i}{h} .$$

Bei $h \to 0$ strebt dieser Differenzenausdruck gegen du/dx. Statt der rechten Differenz könnten wir natürlich auch die linke,

$$\left(\frac{du}{dx}\right)_{x=x_i} \sim \frac{u_i-u_{i-1}}{h} = \frac{\nabla u_i}{h} ,$$

oder das arithmetische Mittel beider, die zentrale Differenz, nehmen:

$$\left(\frac{du}{dx}\right)_{x=x_i} \sim \frac{u_{i+1}-u_{i-1}}{2h} = \frac{\Delta u_i + \nabla u_i}{2h} .$$

Die durch die Approximation geschaffene Zuordnung zwischen zwei Größen haben wir hier mit $\sim$ bezeichnet.

Wir betrachten also die Gleichung

$$\frac{\Delta y_i}{h} = f_i \quad \text{mit} \quad f_i = f(x_i) .$$

Nach unserer Definition ist das eine Differenzengleichung erster Ordnung, die wir auch als

$$\Delta y_i = h f_i \quad \text{oder} \quad y_{i+1} = y_i + h f_i$$

schreiben können und deren Lösung selbstverständlich keine Schwierigkeiten bereitet.

Wir weisen darauf hin, daß man bei der Ersetzung der Differentialgleichung erster Ordnung durch eine Differenzengleichung auch auf eine Differenzengleichung zweiter Ordnung kommen kann, zum Beispiel so:

$$u(x_{i+1}) = u(x_i) + h u'(x_i) + \frac{1}{2} h^2 u''(x_i) + \frac{h^3}{6} u''' + O(h^4) ,$$

$$u(x_{i-1}) = u(x_i) - h u'(x_i) + \frac{1}{2} h^2 u''(x_i) - \frac{h^3}{6} u''' + O(h^4) .$$

Durch Addition dieser Gleichungen erhalten wir

$$\frac{u_{i+1} - 2u_i + u_{i-1}}{h^2} = u_i'' + O(h^2) .$$

Lassen wir hier $O(h^2)$ fort, so ergibt sich eine Approximation für u'':

$$\left(\frac{d^2u}{dx^2}\right)_{x=x_i} \sim \frac{u_{i+1}-2u_i+u_{i-1}}{h^2} = \frac{\Delta^2 u_{i-1}}{h^2} = \frac{\Delta\nabla u_i}{h^2}.$$

Ersetzen wir u'' durch diese zweite Differenzenableitung in der Taylorentwicklung $u_{i+1}=u_i+hu_i'+\frac{1}{2}h^2u_i''+O(h^3)$, so finden wir

$$u_i' = \frac{u_{i+1}-u_i}{h} - \frac{h}{2}\,\frac{u_{i+1}-2u_i+u_{i-1}}{h^2} + O(h^2). \tag{1}$$

In (1) lassen wir $O(h^2)$ fort, ersetzen u_i' durch f_i und multiplizieren das Ergebnis mit $2h$. Damit haben wir statt der Differentialgleichung erster Ordnung $du/dx=f$ eine Differenzengleichung zweiter Ordnung erhalten:

$$\Delta\nabla y_i - 2\Delta y_i = 2hf_i.$$

Nun untersuchen wir die Eigenschaften der Lösungen von Differenzengleichungen.

1.2.3. Differenzengleichungen und -ungleichungen erster Ordnung. Wir betrachten folgende Differenzengleichung erster Ordnung:

$$b\Delta y_i + ay_i = f_i. \tag{2}$$

Formal entspricht sie der Differentialgleichung erster Ordnung

$$b\frac{du}{dt} + au = f.$$

Gleichung (2) kann man auch so aufschreiben:

$$b(y_{i+1}-y_i)+ay_i=f_i \quad \text{oder} \quad by_{i+1}=cy_i+f_i, \quad c=b-a.$$

Im allgemeinen sind b, a und c gegebene Funktionen des Arguments i. Setzen wir $b_i \neq 0$ voraus, so ist

$$y_{i+1}=q_iy_i+\varphi_i$$

mit $q_i=c_i/b_i$, $\varphi_i=f_i/b_i$. Daraus folgt, daß die Lösung y für alle $i \geqq i_0$ eindeutig bestimmt ist, wenn ihr Wert für ein i_0 vorgegeben wird. Zum Beispiel sei $q_i=q=$ $=\mathrm{const}$ und bei $i_0=0$ der Wert y_0 vorgegeben. Wenn $\varphi_i=0$ ist, so stellen die Werte y_i einfach die geometrische Zahlenfolge dar. Sonst können wir

$$y_{i+1}=qy_i+\varphi_i=q(qy_{i-1}+\varphi_{i-1})+\varphi_i=q^2y_{i-1}+\varphi_i+q\varphi_{i-1}$$

schreiben und finden durch Fortsetzung dieses Prozesses die Formel

$$y_{i+1}=q^{i+1}y_0+\varphi_i+q\varphi_{i-1}+\dots+q^{i-1}\varphi_1+q^i\varphi_0=q^{i+1}y_0+\sum_{k=0}^{i}q^{i-k}\varphi_k. \tag{3}$$

Es bereitet auch keine Mühe, die Lösung der Gleichung

$$y_{i+1}=q_iy_i+\varphi_i, \quad i=0, 1, 2, \dots,$$

zu bestimmen, wenn $q_i \neq \mathrm{const}$ ist.

Manchmal treten auch Ungleichungen erster Ordnung auf:

$$y_{i+1} \leqq qy_i+f_i, \quad i=0, 1, 2, \dots. \tag{4}$$

Hier sind $q \geqq 0$ und f_i bekannt, y_0 ist vorgegeben. Wie kann man diese Ungleichung lösen? Die Gleichung

$$v_{i+1}=qv_i+f_i, \quad v_0=y_0, \tag{5}$$

können wir schon lösen. Nun zeigen wir, daß $y_i \leqq v_i$ gilt. Dazu ziehen wir die Gleichung (5) von der Ungleichung (4) ab:

$$y_{i+1} - v_{i+1} \leqq q(y_i - v_i) \leqq q^2 (y_{i-1} - v_{i-1}) \leqq \ldots \leqq q^{i+1}(y_0 - v_0) = 0 .$$

Also ist $y_{i+1} \leqq v_{i+1}$ für beliebiges nichtnegatives q, und v_i können wir mit Hilfe einer zu (3) analogen Formel durch q, v_0 und f_j ausdrücken.

1.2.4. Differenzengleichungen zweiter Ordnung. Anfangs- und Randwertaufgaben. Nun betrachten wir Differenzengleichungen zweiter Ordnung. Dabei werden wir folgende vorteilhafte Schreibweise benutzen:

$$A_i y_{i-1} - C_i y_i + B_i y_{i+1} = -F_i , \quad i = 1, 2, \ldots, A_i \neq 0, B_i \neq 0 . \tag{6}$$

Wir zeigen zunächst, daß das tatsächlich eine Gleichung zweiter Ordnung ist. Dazu bedienen wir uns wieder der Bezeichnung

$$\Delta y_i = y_{i+1} - y_i .$$

Mit deren Hilfe schreiben wir (6) um in

$$B_i \Delta y_i - A_i \Delta y_{i-1} - (C_i - B_i - A_i)\, y_i = -F_i . \tag{7}$$

Unter Beachtung der Identitäten

$$\Delta y_i - \nabla y_i = \Delta y_i - \Delta y_{i-1} = \Delta^2 y_{i-1} = y_{i+1} - 2y_i + y_{i-1} ,$$
$$\Delta y_{i-1} = -\Delta^2 y_{i-1} + \Delta y_i$$

können wir die Gleichung (7) umformen in

$$A_i \Delta^2 y_{i-1} + (B_i - A_i) \Delta y_i - (C_i - A_i - B_i)\, y_i = -F_i , \quad A_i \neq 0 .$$

Durch ähnliche identische Umformungen kann man von (6) auch zu der Gleichung

$$B_i \Delta^2 y_{i-1} + (B_i - A_i) \Delta y_{i-1} - (C_i - A_i - B_i)\, y_i = -F_i$$

übergehen, die ebenso wie die vorherige Form zeigt, daß (6) das Analogon einer Differentialgleichung zweiter Ordnung und, wegen $A_i \neq 0$, $B_i \neq 0$, eine Differenzengleichung zweiter Ordnung ist.

Zu deren Lösung sind noch zwei Zusatzbedingungen zu stellen. Zum Beispiel kann man je einen Wert der Funktion y und ihrer ersten Differenz Δy vorgeben. Beziehen sich beide Werte auf denselben Punkt oder auf Nachbarpunkte, so sprechen wir von einer *Anfangswertaufgabe* bzw. einem Cauchy-Problem. Sind die Zusatzbedingungen in zwei verschiedenen, nicht benachbarten Punkten gestellt, so nennen wir das ein *Randwertproblem*.

Zunächst sei eine Anfangswertaufgabe zu lösen, und in $i = 0$ seien die Werte y_0 und $\Delta y_0 = y_1 - y_0$ vorgegeben.

Wir kennen dann y_0 und y_1 und können nacheinander die Werte y_i bei $i = 2, 3, \ldots$ bestimmen:

$$y_{i+1} = \frac{C_i y_i - A_i y_{i-1} - F_i}{B_i} , \quad B_i \neq 0 .$$

Wenn also y_0 und y_1 gegeben sind, so ist die Gleichung (6) in eindeutiger Weise lösbar.

Für die Mathematische Physik sind aber bei Gleichungen zweiter Ordnung die Randwertaufgaben wichtiger.

Beispielsweise sei für $i = 0$ der Wert von y_0, für $i = N \geqq 2$ der Wert von y_N vorgegeben. Dann ist also die Lösung y_i von (6) für $0 < i < N$ unter den Zusatzbedingungen

$$y_0 = \mu_1, \quad y_N = \mu_2 \tag{8}$$

mit gegebenen Zahlen μ_1 und μ_2 zu finden.

Die Menge der Punkte $i = 0, 1, \ldots, N$ nennen wir *Gitter*. In den Randpunkten des Gitters, $i = 0$ und $i = N$, können nicht nur die Werte der Funktion oder ihrer ersten Differenz, sondern allgemeiner auch eine Linearkombination beider Werte gegeben sein, die wir in folgender Gestalt schreiben:

$$y_0 = \varkappa_1 y_1 + \mu_1, \quad y_N = \varkappa_2 y_{N-1} + \mu_2 \,. \tag{8'}$$

Setzen wir

$$y_1 = y_0 + \Delta y_0$$

in die erste Bedingung (8′) ein, so erhalten wir

$$\varkappa_1 \Delta y_0 - (1 - \varkappa_1) y_0 = \mu_1 \,.$$

Der Fall $\varkappa_1 = 0$ bedeutet, daß im Randpunkt $i = 0$ der Funktionswert y_0 gegeben ist, und wir sprechen dann von einer *Randbedingung erster Art*. Bei $\varkappa_1 = 1$ ist der Wert von Δy_0 gegeben (*Randbedingung zweiter Art*), und die im Falle $\varkappa_1 \neq 0$, $\varkappa_1 \neq 1$ im Punkt $i = 0$ vorgegebene Linearkombination aus dem Wert der Funktion und ihrer ersten Differenz nennen wir *Randbedingung dritter Art*.

Diese Differenzen-Randwertaufgaben sind von grundlegendem Interesse.

Eine große Errungenschaft der numerischen Mathematik besteht darin, daß für viele Probleme der Mathematischen Physik der Rechengang so geführt werden kann, daß in jedem Schritt Gleichungen der Art (6), die drei benachbarte Gitterpunkte erfassen, mit Randbedingungen (8′) zu lösen sind. Das ist eine klassische Aufgabe, auf die viele komplizierte Probleme der Theorie numerischer Methoden zurückgeführt werden können.

Die Matrix eines solchen Gleichungssystems ist tridiagonal, sie hat die Gestalt

$$\begin{bmatrix} 1 & -\varkappa_1 & 0 & \ldots & 0 & 0 & 0 & \ldots & 0 & 0 & 0 \\ A_1 & -C_1 & B_1 & \ldots & 0 & 0 & 0 & \ldots & 0 & 0 & 0 \\ \cdot & \cdot & \cdot & \cdot & \cdot & \cdot & \cdot & \cdot & \cdot & \cdot & \cdot \\ 0 & 0 & 0 & \ldots & A_i & -C_i & B_i & \ldots & 0 & 0 & 0 \\ \cdot & \cdot & \cdot & \cdot & \cdot & \cdot & \cdot & \cdot & \cdot & \cdot & \cdot \\ 0 & 0 & 0 & \ldots & 0 & 0 & 0 & \ldots & A_{N-1} & -C_{N-1} & B_{N-1} \\ 0 & 0 & 0 & \ldots & 0 & 0 & 0 & \ldots & 0 & -\varkappa_2 & 1 \end{bmatrix} .$$

Die Ordnung dieser Matrix ist $N + 1$, während wir für das Gleichungssystem (6), (8) von einer Matrix der Ordnung $N - 1$ ausgehen können. Beide Matrizen haben von null verschiedene Elemente nur auf drei Diagonalen, der Hauptdiagonale und den zwei benachbarten.

Für lineare Gleichungssysteme mit Matrizen dieser Art stellt die Gaußelimination ein effektives Lösungsverfahren dar. Läßt man aus dem Gaußschen Eliminationsverfahren alle Operationen mit den Nullelementen der obigen dreidiagonalen Matrix fort, so erhält man gerade die im folgenden Abschnitt aufgeführten Formeln.

1.2.5. Die verkürzte Gaußelimination[1]. Wir betrachten die Aufgabe

$$A_i y_{i-1} - C_i y_i + B_i y_{i+1} = -F_i, \quad i = 1, 2, \ldots, N-1 \,, \tag{9}$$
$$y_0 = \varkappa_1 y_1 + \mu_1, \quad y_N = \varkappa_2 y_{N-1} + \mu_2 \,,$$

in der $A_i \neq 0$, $B_i \neq 0$ für $i = 1, 2, \ldots, N-1$ gilt.

---

[1]) Im Original метод прогонки. Außer dem hier benutzten Namen sind für dasselbe Verfahren noch üblich: „Faktorisierungsmethode“, „schnelle Gaußelimination“, „double sweep method“, „passage method“ „Thomas-Algorithmus“ u. a. (Anmerkung d. Übers. und Bearbeiters).

Für dieses Gleichungssystem soll ein einfaches Lösungsverfahren gefunden werden. Die Idee dazu besteht in der Überführung der Differenzengleichung zweiter Ordnung in drei Differenzengleichungen erster Ordnung, die zum Teil nichtlinear sind. Wir nehmen an, daß die Rekursionsbeziehung

$$y_i = \alpha_{i+1} y_{i+1} + \beta_{i+1} \tag{10}$$

mit unbestimmten Koeffizienten α_i und β_i besteht und setzen den Ausdruck $y_{i-1} = \alpha_i y_i + \beta_i$ in (9) ein:

$$(A_i \alpha_i - C_i) y_i + A_i \beta_i + B_i y_{i+1} = -F_i .$$

Jetzt benutzen wir (10):

$$[(A_i \alpha_i - C_i) \alpha_{i+1} + B_i] y_{i+1} + A_i \beta_i + (A_i \alpha_i - C_i) \beta_{i+1} = -F_i .$$

Diese Gleichung ist bei

$$(A_i \alpha_i - C_i) \alpha_{i+1} + B_i = 0, \quad A_i \beta_i + (A_i \alpha_i - C_i) \beta_{i+1} + F_i = 0$$

für beliebige Werte von y_{i+1} erfüllt. Daraus folgt sowohl eine Rekursionsformel für α_{i+1},

$$\alpha_{i+1} = \frac{B_i}{C_i - \alpha_i A_i}, \quad i = 1, 2, \ldots, N-1 \tag{11}$$

(hier nehmen wir zunächst erst einmal an, daß der Nenner von null verschieden ist; wann das eintritt, klären wir später), als auch eine Rekursionsformel für β_{i+1}:

$$\beta_{i+1} = \frac{A_i \beta_i + F_i}{C_i - \alpha_i A_i}, \quad i = 1, 2, \ldots, N-1 . \tag{12}$$

Bis hierher haben wir nur die Beziehung (10) benutzt.

Wenn nun die Koeffizienten α_i und β_i sowie der Wert y_N bekannt sind, so können wir, von rechts nach links (von größeren zu kleineren i) vorwärtsschreitend, nacheinander alle y_i bestimmen. Die Gleichungen für α und β sind nichtlinear, und sie verbinden die Werte dieser Funktionen in zwei benachbarten Punkten. Für α und β läuft die Rechnung von links nach rechts, für y entgegengesetzt. Für jede der Funktionen α, β und y sind Anfangswertaufgaben zu lösen. Die Anfangswerte der Funktionen fehlen uns noch; wir finden sie mit Hilfe der Randbedingungen für y. Die Formel (10) sollte für $i = 0, 1, \ldots, N-1$ gelten. Also haben wir bei $i = 0$ einerseits

$$y_0 = \alpha_1 y_1 + \beta_1$$

und andererseits

$$y_0 = \varkappa_1 y_1 + \mu_1 .$$

Mithin ist

$$\alpha_1 = \varkappa_1 , \tag{13}$$

$$\beta_1 = \mu_1 . \tag{14}$$

Damit werden die Funktionen α und β aus den Anfangswertaufgaben (11), (13) bzw. (12), (14) bestimmt.

Nachdem die Funktionswerte α_i und β_i für $i = 1, 2, \ldots, N$ gefunden sind, muß der Randwert y_N bestimmt werden. Dafür haben wir das Gleichungssystem

$$y_N = \varkappa_2 y_{N-1} + \mu_2, \quad y_{N-1} = \alpha_N y_N + \beta_N ,$$

aus dem bei $1-\alpha_N\varkappa_2 \neq 0$ (s. dazu den nächsten Abschnitt)

$$y_N = \frac{\mu_2 + \varkappa_2\beta_N}{1-\alpha_N\varkappa_2} \tag{15}$$

folgt. Also wird y aus der Anfangswertaufgabe (10), (15) bestimmt.

Die dargestellte Methode nennen wir die *(rechtsläufige) verkürzte Gaußelimination.* Deren Formeln fassen wir nun noch einmal zusammen und schreiben sie in der Reihenfolge auf, in der sie benutzt werden:

$$\overset{(\rightarrow)}{\alpha_{i+1}} = \frac{B_i}{C_i - \alpha_i A_i}, \qquad i = 1, 2, \ldots, N-1, \quad \alpha_1 = \varkappa_1,$$

$$\overset{(\rightarrow)}{\beta_{i+1}} = \frac{A_i\beta_i + F_i}{C_i - \alpha_i A_i}, \qquad i = 1, 2, \ldots, N-1, \quad \beta_1 = \mu_1,$$

$$y_N = \frac{\mu_2 + \varkappa_2\beta_N}{1-\alpha_N\varkappa_2},$$

$$\overset{(\leftarrow)}{y_i} = \alpha_{i+1}y_{i+1} + \beta_{i+1}, \quad i = N-1, N-2, \ldots, 1, 0.$$

Zur Verdeutlichung haben wir durch einen Pfeil über den Größen die Rechenrichtung angezeigt: $(\rightarrow)$ für den Übergang von i zu $i+1$, $(\leftarrow)$ für den von $i+1$ zu i.

1.2.6. Zur Stabilität der verkürzten Gaußelimination. Im vorigen Abschnitt haben wir die Rechenformeln rein formal hergeleitet und dabei durch die Ausdrücke $C_i - \alpha_i A_i$ und $1-\alpha_N\varkappa_2$ geteilt, ohne zu wissen, ob das möglich ist.

Wir geben nun hinreichende Bedingungen an, unter denen die Formeln (10)–(12), (15) sinnvoll sind:

$$|C_i| \geqq |A_i| + |B_i|, \quad i = 1, 2, \ldots, N-1, \tag{16}$$
$$|\varkappa_\alpha| \leqq 1, \quad \alpha = 1, 2, \quad |\varkappa_1| + |\varkappa_2| < 2.$$

Wir zeigen, daß

$$|\alpha_i| \leqq 1 \quad \text{für} \quad i = 1, \ldots, N$$

gilt, wenn die Bedingungen (16) erfüllt sind.

Dazu nehmen wir $|\alpha_i| \leqq 1$ an und beweisen, daß dann $|\alpha_{i+1}| \leqq 1$ ist. Wegen $|\alpha_1| = |\varkappa_1| \leqq 1$ folgt daraus die Behauptung.

Wir beginnen mit der Ungleichungskette $|C_i - \alpha_i A_i| - |B_i| \geqq |C_i| - |\alpha_i| \cdot |A_i| - |B_i| \geqq$ $\geqq |A_i| \cdot (1-|\alpha_i|) \geqq 0$, in der wir $|C_i| \geqq |A_i| + |B_i|$ benutzt haben. Mit $B_i \neq 0$ ergibt sich nun $|C_i - \alpha_i A_i| > 0$ und weiter

$$|\alpha_{i+1}| = \frac{|B_i|}{|C_i - A_i\alpha_i|} \leqq 1.$$

Wir sehen auch, daß sogar $|\alpha_{i+1}| < 1$ wird, wenn $|\alpha_i| < 1$ war; also sind alle $|\alpha_i|$ kleiner 1, falls $|\alpha_1| = |\varkappa_1| < 1$ gilt.

Als nächstes schätzen wir den Nenner in (15) nach unten ab:

$$|1-\alpha_N\varkappa_2| \geqq 1 - |\alpha_N| \cdot |\varkappa_2| \geqq 1 - |\varkappa_2| \geqq 0.$$

Weil aber entweder $|\varkappa_2| < 1$ ist oder $|\varkappa_1| < 1$ und dann $|\alpha_N| < 1$, so gilt in jedem Fall sogar die strenge Ungleichung $|1-\alpha_N\varkappa_2| > 0$.

Folglich sind alle Nenner in den Formeln (11), (12) und (15) von null verschieden, wenn die Bedingungen (16) gelten.

Wir weisen darauf hin, daß bei $|C_{i_0}|>|A_{i_0}|+|B_{i_0}|$ für nur ein i_0 sofort $|\alpha_i|<1$ wird für alle $i>i_0$, insbesondere auch für $i=N$: $|\alpha_N|<1$. In diesem Fall ist die Bedingung $|\varkappa_1|+|\varkappa_2|<2$ überflüssig, da nun $|1-\alpha_N\varkappa_2|\geqq 1-|\alpha_N|\cdot|\varkappa_2|>0$ auch bei $|\varkappa_1|=|\varkappa_2|=1$ gilt.

Sind die Bedingungen (16) erfüllt, so hat mithin die Aufgabe (9) eine eindeutige Lösung, und diese ist durch die Formeln (10)–(15) gegeben.

In der Rechenmaschine verläuft die Rechnung mit einer endlichen Stellenzahl und damit nur näherungsweise. Durch die Rundungsfehler wird faktisch nicht die Lösung y von (9), sondern die Lösung $\tilde{y}$ der gleichen Aufgabe mit gestörten Koeffizienten $\tilde{A}_i$, $\tilde{B}_i$, $\tilde{C}_i$, $\tilde{\varkappa}_1$, $\tilde{\varkappa}_2$ und gestörten rechten Seiten $\tilde{F}_i$, $\tilde{\mu}_1$, $\tilde{\mu}_2$ bestimmt.

Deshalb stellt sich natürlich die Frage, ob die Rundungsfehler nicht im Laufe der Rechnung anwachsen, was zu einem Genauigkeitsverlust oder auch dazu führen könnte, daß die Rechnung wegen eines schnellen Anwachsens der erhaltenen Größen nicht weitergeführt werden kann.

Als Beispiel dafür betrachten wir die Bestimmung von y_i aus $y_{i+1}=qy_i$ mit $q>1$. Dann ist $y_n=q^n y_0$, und für beliebiges $y_0\neq 0$ kann man ein n_0 angeben, so daß y_{n_0} die größte Zahl der Rechenmaschine überschreitet und daher Überlauf eintritt. Bei diesem Beispiel wird durch Rundungsfehler nicht y_i, sondern $\tilde{y}_i$ aus

$$\tilde{y}_{i+1}=q\tilde{y}_i+\eta$$

berechnet, wo η die Rundungsfehler angibt. Für den Fehler $\delta y_i=\tilde{y}_i-y_i$ folgt daraus die Gleichung

$$\delta y_{i+1}=q\delta y_i+\eta,\quad \delta y_0=\eta\,.$$

Die Formel

$$\delta y_i=q^i\eta+\frac{q^i-1}{q-1}\,\eta$$

zeigt, daß der Fehler δy_i bei $q>1$ mit i exponentiell anwächst.

Nach dieser Abschweifung kehren wir zur verkürzten Gaußelimination zurück und weisen nach, daß bei $|\alpha_i|\leqq 1$ der Rechenfehler δy beim Übergang von y_{i+1} zu y_i nicht anwächst. Aus

$$y_i=\alpha_{i+1}y_{i+1}+\beta_{i+1}\,,\quad \tilde{y}_i=\alpha_{i+1}\tilde{y}_{i+1}+\beta_{i+1}$$

folgt

$$\delta y_i=\alpha_{i+1}\delta y_{i+1}\,,\quad |\delta y_i|\leqq|\alpha_{i+1}|\cdot|\delta y_{i+1}|\,,$$

also ist $|\delta y_i|\leqq|\delta y_{i+1}|$ wegen $|\alpha_{i+1}|\leqq 1$.

Berücksichtigt man, daß durch die Rundungsfehler auch die Koeffizienten α_i und β_i gestört werden, so läßt sich zeigen, daß der Fehler bei der Bestimmung der Lösung y_i unserer Aufgabe (9) dem Quadrat der Gitterpunktzahl proportional ist:

$$\max_{1\leqq i\leqq N}|\delta y_i|\approx\varepsilon_0 N^2\,.$$

Hier ist ε_0 der maschineninterne Rundungsfehler. Wie wir sehen, besteht eine Verbindung zwischen der Genauigkeit ε, mit der die Lösung der Aufgabe gefunden wird, der Anzahl der Gleichungen N und der Maschinengenauigkeit, weil $\varepsilon_0 N^2\approx\varepsilon$ gilt. (Dabei bedeutet $\approx$ die ungefähre Gleichheit, und zwar der Größenordnung nach gleich bis auf einen von ε unabhängigen Faktor $M_0=\text{const.}$)

1.2.7. Die linksläufige und die zweiseitige Gaußelimination. In Analogie zu den Formeln (10)–(15) finden wir die Formeln der linksläufigen Gaußelimination:

$$y_{i+1}=\xi_{i+1}y_i+\eta_{i+1}\,,\quad i=0,\,1,\,\ldots,\,N-1\,, \tag{17}$$

$$\xi_i = \frac{A_i}{C_i - \xi_{i+1} B_i}, \quad i = N-1, N-2, \ldots, 2, 1, \tag{18}$$

$$\xi_N = \varkappa_2 ;$$

$$\eta_i = \frac{B_i \eta_{i+1} + F_i}{C_i - \xi_{i+1} B_i}, \quad i = N-1, N-2, \ldots, 2, 1, \tag{19}$$

$$\eta_N = \mu_2 ;$$

$$y_0 = \frac{\mu_1 + \varkappa_1 \eta_1}{1 - \xi_1 \varkappa_1} . \tag{20}$$

Durch Kombination der rechts- und linksläufigen Gaußelimination erhalten wir die zweiseitige:

Es sei i_0 ein Punkt mit $0 < i_0 < N$. Dann berechnen wir für $0 \leqq i \leqq i_0 + 1$ nach (10)–(15) die Koeffizienten α_i und β_i,

$$\alpha_{i+1} = \frac{B_i}{C_i - \alpha_i A_i}, \quad i = 1, 2, \ldots, i_0, \quad \alpha_1 = \varkappa_1 ,$$

$$\beta_{i+1} = \frac{A_i \beta_i + F_i}{C_i - \alpha_i A_i}, \quad i = 1, 2, \ldots, i_0, \quad \beta_1 = \mu_1 ,$$

und für $i_0 \leqq i \leqq N$ nach (17)–(20) die Koeffizienten ξ_i und η_i,

$$\xi_i = \frac{A_i}{C_i - \xi_{i+1} B_i}, \quad i = N-1, N-2, \ldots, i_0, \quad \xi_N = \varkappa_2 ,$$

$$\eta_i = \frac{B_i \eta_{i+1} + F_i}{C_i - \xi_{i+1} B_i}, \quad i = N-1, N-2, \ldots, i_0, \quad \eta_N = \mu_2 .$$

Bei $i = i_0$ verbinden wir die Lösungsdarstellungen (10) und (17),

$$y_{i_0} = \alpha_{i_0+1} y_{i_0+1} + \beta_{i_0+1}, \quad y_{i_0+1} = \xi_{i_0+1} y_{i_0} + \eta_{i_0+1} ,$$

und finden daraus

$$y_{i_0} = \frac{\beta_{i_0+1} + \alpha_{i_0+1} \eta_{i_0+1}}{1 - \alpha_{i_0+1} \eta_{i_0+1}} .$$

Diese Formel hat einen Sinn, da wegen (16) wenigstens eine der Größen $|\alpha_{i_0+1}|$, $|\eta_{i_0+1}|$ kleiner als eins und deshalb $1 - \alpha_{i_0+1} \eta_{i_0+1} > 0$ ist.

Kennen wir nun y_{i_0}, so finden wir alle y_i mit $i < i_0$ aus (10) und die mit $i > i_0$ aus (17).

Die Formeln der zweiseitigen Gaußelimination sind von Nutzen, wenn z. B. y_i nur in einem Punkt $i = i_0$ zu bestimmen ist.

1.2.8. Die „Stromvariante" der verkürzten Gaußelimination. Bei der Lösung von Gleichungen mit stark veränderlichen Koeffizienten der Form

$$a_i y_{i-1} - c_i y_i + a_{i+1} y_{i+1} = -f_i , \quad i = 1, \ldots, N-1 ,$$

$$y_0 = \varkappa_1 y_1 + \nu_1, \quad y_N = \varkappa_2 y_{N-1} + \nu_2 ,$$

$$c_i = a_i + a_{i+1} + d_i , \quad d_i > 0, \quad 0 \leqq \varkappa_1, \varkappa_2 \leqq 1, \quad \varkappa_1 + \varkappa_2 < 2, \quad 0 \leqq a_i < \infty ,$$

ist es zur Vermeidung von Genauigkeitsverlusten zweckmäßig, die folgenden Formeln einer Variante der Gaußelimination zu benutzen, bei der nicht nur die

Funktion y_i, sondern auch der „Strom" w_i bestimmt werden. Die Berechnung des Stroms aus $w_i = a_i\,(y_{i-1} - y_i)$ wird nämlich insbesondere für große a_i sehr ungenau.

Der Algorithmus der Stromvariante besteht aus folgenden vier Schritten:

1) Berechne die Anfangswerte $\alpha_1 = a_1(1 - \varkappa_1)$, $\gamma_1 = a_1\nu_1$.

2) Bestimme die Koeffizienten α_{i+1}, γ_{i+1} für $i = 1, \ldots, N-1$ aus

$$\alpha_{i+1} = \frac{\alpha_i + d_i}{1 + (\alpha_i + d_i)/a_{i+1}} \quad \text{bei} \quad a_{i+1} \geqq 1\,, \quad \alpha_{i+1} = \frac{a_{i+1}(\alpha_i + d_i)}{a_{i+1} + \alpha_i + d_i} \quad \text{sonst},$$

$$\gamma_{i+1} = \frac{\gamma_i + f_i}{1 + (\alpha_i + d_i)/a_{i+1}} \quad \text{bei} \quad a_{i+1} \geqq 1\,, \quad \gamma_{i+1} = \frac{a_{i+1}(\gamma_i + f_i)}{a_{i+1} + \alpha_i + d_i} \quad \text{sonst}.$$

3) Berechne die rechten Randwerte y_N, w_N aus

$$y_N = \frac{\nu_2 + \gamma_N \varkappa_2/a_N}{1 - \varkappa_2 + \varkappa_2\alpha_N/a_N} \quad \text{bei} \quad a_N \geqq 1\,, \quad y_N = \frac{a_N\nu_2 + \gamma_N\varkappa_2}{a_N(1 - \varkappa_2) + \varkappa_2\alpha_N} \quad \text{sonst},$$

$$w_N = \frac{\gamma_N(1 - \varkappa_2) - \alpha_N\nu_2}{1 - \varkappa_2 + \varkappa_2\alpha_N/a_N} \quad \text{bei} \quad a_N \geqq 1\,, \quad w_N = \frac{\gamma_N(1 - \varkappa_2)\,a_N - \alpha_N\nu_2 a_N}{a_N(1 - \varkappa_2) + \varkappa_2\alpha_N} \quad \text{sonst}.$$

4) Bestimme die Funktionswerte y_i, w_i für $i = N-1, N-2, \ldots, 0$ aus

$$w_i = \frac{\alpha_i}{\alpha_i + d_i}\, w_{i+1} + \frac{d_i\gamma_i - \alpha_i f_i}{\alpha_i + d_i}\,,$$

$$y_i = \left(1 - \frac{\alpha_{i+1}}{a_{i+1}}\right) y_{i+1} + \frac{\gamma_{i+1}}{a_{i+1}} \quad \text{bei} \quad a_{i+1} \geqq 1\,,$$

$$y_i = \frac{a_{i+1}}{a_{i+1} + \alpha_i + d_i}\, y_{i+1} + \frac{\gamma_i + f_i}{a_{i+1} + \alpha_i + d_i} \quad \text{sonst}.$$

1.2.9. Die Faktorisierungsmethode für 3-Punkt-Differenzengleichungen. Die Formeln der verkürzten Gaußelimination kann man auch mit der Faktorisierungsmethode herleiten. Wir betrachten die Differenzen-Randwertaufgabe

$$Ly_i = A_i y_{i-1} - C_i y_i + B_i y_{i+1} = -F_i\,, \quad i = 1, \ldots, N-1\,,$$
$$y_0 = \varkappa_1 y_1 + \nu_1, \quad y_N = \varkappa_2 y_{N-1} + \nu_2\,.$$

Nun führen wir den identischen Operator E und den Verschiebungsoperator T ein, $Ey_i = y_i$, $Ty_i = y_{i+1}$, und stellen mit deren Hilfe den Operator L in Produktform dar:

$$Ly_i = (b_i T - A_i)(\alpha_i T - E)\, y_{i-1} = (b_i T - A_i)(\alpha_i y_i - y_{i-1})$$
$$= b_i\alpha_{i+1} y_{i+1} - (A_i\alpha_i + b_i)\, y_i + A_i y_{i-1}\,.$$

Durch Vergleich mit der ursprünglichen Definition finden wir

$$\alpha_{i+1} b_i = B_i\,, \quad A_i\alpha_i + b_i = C_i\,.$$

Eliminieren wir hier b_i, $b_i = C_i - A_i\alpha_i$, so ergibt sich

$$\alpha_{i+1} = \frac{B_i}{C_i - A_i\alpha_i}\,, \quad i = 1, \ldots, N-1\,.$$

Die Lösung der faktorisierten Gleichung $(b_i T - A_i)(\alpha_i y_i - y_{i-1}) = -F_i$ bestimmen wir so: Aus der Gleichung $(b_i T - A_i)\beta_i = b_i\,\beta_{i+1} - A_i\beta_i = F_i$ berechnen wir als erstes den Koeffizienten β,

$$\beta_{i+1} = \frac{A_i\beta_i + F_i}{C_i - A_i\alpha_i}\,, \quad i = 1, \ldots, N-1\,,$$

anschließend finden wir y_i aus $\alpha_i y_i - y_{i-1} = -\beta_i$, d. h. aus

$$y_i = \alpha_{i+1} y_{i+1} + \beta_{i+1}, \quad i = N-1, N-2, \ldots, 0 .$$

Damit haben wir wieder die Formeln (10)–(12) der Gaußelimination erhalten, zu denen noch die Anfangsbedingungen (13)–(15) hinzuzufügen sind.

Man kann auch die Operatoren der rechten und linken Differenz $\Delta y_i = v_{i+1} - v_i$, $\nabla v_i = v_i - v_{i-1}$ benutzen, um L zu faktorisieren: $L = L_1 L_2$, $L_1 = b_i \Delta + \gamma_i$, $L_2 = \nabla + (\alpha_i - 1)$.

Durch Vergleich mit der Definition von L finden wir

$$\gamma_i = b_i - A_i, \quad \alpha_{i+1} b_i = B_i, \quad A_i \alpha_i + B_i/\alpha_{i+1} = C_i ,$$

und kommen nach Elimination von γ_i und b_i wiederum zu den Formeln der rechtsläufigen Gaußelimination.

1.2.10. Das Maximumprinzip. Zur Abschätzung der Lösung der Randwertaufgabe (9) durch die gegebenen rechten Seiten F_i, μ_1 und μ_2 (also durch die „Eingangsdaten") kann man das sogenannte *Maximumprinzip* benutzen. Es gilt für speziellere Gleichungen (9), nämlich unter Voraussetzungen wie A_i, B_i, $C_i > 0$.

Zur Vereinfachung der Darstellung betrachten wir hier nur die erste Randwertaufgabe (also den Fall $\varkappa_1 = \varkappa_2 = 0$):

$$\mathfrak{L}[y_i] = A_i y_{i-1} - C_i y_i + B_i y_{i+1} = -F_i, \quad i = 1, 2, \ldots, N-1, \tag{21}$$
$$y_0 = \mu_1, \quad y_N = \mu_2 .$$

Satz 1 (Maximumprinzip). *Für $i = 1, 2, \ldots, N-1$ seien die Bedingungen*

$$A_i > 0, \quad B_i > 0, \quad D_i = C_i - A_i - B_i \geqq 0 \tag{22}$$

erfüllt. Gelten dann die Ungleichungen

$$\mathfrak{L}[y_i] \geqq 0 \quad (\mathfrak{L}[y_i] \leqq 0)$$

für $i = 1, \ldots, N-1$ (also in den inneren Punkten) für eine nichtkonstante Funktion y, so kann diese ihren größten positiven (ihren kleinsten negativen) Wert nicht in den inneren Punkten $i = 1, \ldots, N-1$ annehmen.

Folgerung 1. *Sind die Bedingungen* (22) *erfüllt und gilt*

$$\mathfrak{L}[y_i] \leqq 0, \quad i = 1, 2, \ldots, N-1, \quad y_0 \geqq 0, y_N \geqq 0 ,$$

so ist die Funktion y nichtnegativ: $y_i \geqq 0$, $i = 0, \ldots, N$. Wenn dagegen $\mathfrak{L}[y_i] \geqq 0$, $y_0 \leqq 0$, $y_N \leqq 0$ ist, so gilt $y_i \leqq 0$, $i = 1, \ldots, N-1$.

Folgerung 2. *Unter den Bedingungen* (22) *hat die Aufgabe*

$$\mathfrak{L}[y_i] = 0, \quad i = 1, 2, \ldots, N-1, y_0 = 0, y_N = 0 ,$$

die eindeutige Lösung $y_i = 0$. Folglich ist das Randwertproblem (21) *für beliebige F_i, μ_1 und μ_2 eindeutig lösbar.*

Satz 2 (Vergleichssatz). *Die Bedingungen* (22) *seien erfüllt, y_i sei Lösung der Aufgabe* (21), *$\bar{y}_i$ Lösung von*

$$\mathfrak{L}[\bar{y}_i] = -\bar{F}_i, \quad i = 1, 2, \ldots, N-1, \quad \bar{y}_0 = \bar{\mu}_1, \quad \bar{y}_N = \bar{\mu}_2 ,$$

wobei

$$|F_i| \leqq \bar{F}_i, \qquad i = 1, 2, \ldots, N-1, \quad |\mu_1| \leqq \bar{\mu}_1, \quad |\mu_2| < \bar{\mu}_2 ,$$

gelte. Dann folgt für y die Abschätzung

$$|y_i| \leqq \bar{y}_i .$$

Die zur Abschätzung herangezogene Hilfsfunktion $\bar{y}_i$ nennen wir eine *Majorante* für die Lösung der Aufgabe (21).

Gelingt es also, eine Majorante $\bar{y}_i$ zu konstruieren, so erhalten wir aus Satz 2 die Abschätzung

$$\|y\|_C \leqq \|\bar{y}\|_C$$

für die Lösung y von (21).

Folgerung 3. *Die Lösung der Aufgabe*

$$\mathfrak{L}[y_i] = 0, \quad 0 < i < N, \quad y_0 = \mu_1, \quad y_N = \mu_2 ,$$

genügt der Abschätzung

$$\|y\|_C = \max_{0 \leqq i \leqq N} |y_i| \leqq \max(|\mu_1|, |\mu_2|) .$$

Satz 3. *Unter den Bedingungen*

$$|A_i| > 0, \quad |B_i| > 0, \quad \bar{D}_i = |C_i| - |A_i| - |B_i| > 0 ,$$
$$i = 1, 2, \ldots, N-1 ,$$

gilt für die Lösung der Aufgabe

$$\mathfrak{L}[y_i] = -F_i , \quad i = 1, 2, \ldots, N-1, \quad y_0 = 0, y_N = 0 ,$$

die Abschätzung

$$\|y\|_C \leqq \left\| \frac{F}{\bar{D}} \right\|_C .$$

Zum Beweis des Satzes schreiben wir die Gleichung (21) in der Form

$$C_i y_i = A_i y_{i-1} + B_i y_{i+1} + F_i . \tag{23}$$

Nun nehme $|y_i|$ seinen größten Wert $|y_{i_0}| > 0$ bei $i = i_0$ an. Dann ist $0 < i_0 < N$, und aus (23) folgt für $i = i_0$

$$|C_{i_0} y_{i_0}| = |C_{i_0}| \, |y_{i_0}| = |A_{i_0} y_{i_0-1} + B_{i_0} y_{i_0+1} + F_{i_0}| \leqq |A_{i_0}| \, |y_{i_0-1}|$$
$$+ |B_{i_0}| \, |y_{i_0+1}| + |F_{i_0}| \leqq (|A_{i_0}| + |B_{i_0}|) \, |y_{i_0}| + |F_{i_0}| .$$

Daraus erhalten wir

$$(|C_{i_0}| - |A_{i_0}| - |B_{i_0}|) \, |y_{i_0}| = \bar{D}_{i_0} |y_{i_0}| \leqq |F_{i_0}| ,$$

also

$$|y_{i_0}| = \max_{0 \leqq i \leqq N} |y_i| \leqq \frac{|F_{i_0}|}{\bar{D}_{i_0}} \leqq \left\| \frac{F}{\bar{D}} \right\|_C ,$$

was zu beweisen war.

1.2.11. Abschätzung der Lösung der Differenzen-Randwertaufgabe mit Hilfe der Formeln der verkürzten Gaußelimination. Die Randwertaufgabe (21) hat eine tridiagonale Matrix der Ordnung $N-1$, die bei

$$B_i = A_{i+1}$$

symmetrisch ist. Wie wir in Kapitel 2. zeigen werden, ist diese Bedingung notwendig und hinreichend für die Selbstadjungiertheit der Operators $\mathfrak{L}[y_i]$.

Man kann jede Differenzengleichung (21) auf die symmetrische Gestalt

$$\Lambda y_i = a_{i+1}(y_{i+1} - y_i) - a_i(y_i - y_{i-1}) - d_i y_i = -\varphi_i, \quad 0 < i < N,$$

bringen, indem man (21) mit $\eta_{i+1} = B_i \eta_i / A_{i+1} = \eta_1 \prod_{k=1}^{i} \frac{B_k}{A_{k+1}}$ durchmultipliziert. Dann wird $A_i \eta_i = a_i$ und $B_i \eta_i = a_{i+1}$.

In Kapitel 3. werden wir folgendes Ergebnis benötigen:

Lemma. *Für die Lösung der Randwertaufgabe*

$$\Lambda y_i = a_i y_{i-1} - c_i y_i + a_{i+1} y_{i+1} = -\varphi_i, \quad 0 < i < N, \quad y_0 = y_N = 0,$$

gilt bei

$$a_i \neq 0, \quad |c_i| \geqq |a_i| + |a_{i+1}| \tag{24}$$

die Abschätzung

$$\|y\|_C \leqq \sum_{i=1}^{N-1} \frac{1}{|a_{i+1}|} \sum_{k=1}^{i} |\varphi_k| . \tag{25}$$

Beweis. Wir bedienen uns der Formeln (10)–(15) der Gaußelimination und setzen dort $A_i = a_i$, $B_i = a_{i+1}$, $C_i = c_i$, $F_i = \varphi_i$. Wegen (24) wird $|\alpha_{i+1}| \leqq 1$, und damit folgt aus (10)

$$|y_i| \leqq |\alpha_{i+1}| \, |y_{i+1}| + |\beta_{i+1}| \leqq |y_{i+1}| + |\beta_{i+1}| \leqq |y_N| + \sum_{k=i+1}^{N} |\beta_k| .$$

Also ist

$$|y_i| \leqq \sum_{k=i+1}^{N} |\beta_k| , \tag{26}$$

denn es war $y_N = 0$. Führen wir nun die Bezeichnung $\gamma_i = a_i \beta_i$ ein, so erhalten wir $\gamma_{i+1} = \alpha_{i+1}(\gamma_i + \varphi_i)$ und daraus

$$|\gamma_{i+1}| \leqq |\gamma_i| + |\varphi_i| \leqq |\gamma_1| + \sum_{k=1}^{i} |\varphi_k| = \sum_{k=1}^{k} |\varphi_k|, \quad |\beta_i| \leqq \frac{1}{|a_i|} \sum_{k=1}^{i-1} |\varphi_k| .$$

Setzen wir diese Ungleichung in (26) ein, so ergibt sich (25).

1.2.12. Differenzengleichungen zweiter Ordnung mit konstanten Koeffizienten. Für den Fall, daß die Koeffizienten der Differenzengleichung

$$\mathfrak{L}[y_i] = A_i y_{i-1} - C_i y_i + B_i y_{i+1} = 0 \tag{27}$$

nicht von i abhängen, schreiben wir $A_i = a$, $C_i = c$, $B_i = b$ und leiten einen expliziten Ausdruck für die Lösung der Gleichung

$$b y_{i+1} - c y_i + a y_{i-1} = 0, \quad b \neq 0, \; a \neq 0 , \tag{28}$$

her. Zunächst aber seien $y_i^{(1)}$ und $y_i^{(2)}$ zwei Lösungen der Differenzengleichung (27). Sie sind linear unabhängig, wenn die Gleichungen

$$C_1 y_i^{(1)} + C_2 y_i^{(2)} = 0 , \quad i = 0, 1, 2, \ldots,$$

mit Konstanten C_1 und C_2 nur für $C_1 = C_2 = 0$ gelten. Diese Eigenschaft ist äquivalent damit, daß für alle i und m die Determinanten der Systeme

$$C_1 y_i^{(1)} + C_2 y_i^{(2)} = 0 ,$$
$$C_1 y_{i+m}^{(1)} + C_2 y_{i+m}^{(2)} = 0 , \quad m = 1, 2, \ldots,$$

von null verschieden sind:

$$\Delta_{i,i+m} = \begin{vmatrix} y_i^{(1)} & y_i^{(2)} \\ y_{i+m}^{(1)} & y_{i+m}^{(2)} \end{vmatrix} \neq 0 .$$

Wir weisen darauf hin, daß insbesondere die Bedingung

$$\Delta_{i,i+1} = \begin{vmatrix} y_i^{(1)} & y_i^{(2)} \\ y_{i+1}^{(1)} & y_{i+1}^{(2)} \end{vmatrix} = \begin{vmatrix} y_i^{(1)} & y_i^{(2)} \\ \Delta y_i^{(1)} & \Delta y_i^{(2)} \end{vmatrix} \neq 0$$

analog zur Bedingung

$$\begin{vmatrix} \bar{u}(x) & \bar{\bar{u}}(x) \\ \bar{u}'(x) & \bar{\bar{u}}'(x) \end{vmatrix} \neq 0$$

der linearen Unabhängigkeit zweier Lösungen $\bar{u}(x)$ und $\bar{\bar{u}}(x)$ einer Differentialgleichung zweiter Ordnung ist.

Schließen wir mit Hilfe der Gleichung (27) $y_{i+1}^{(1)}$ und $y_{i+1}^{(2)}$ aus, so finden wir

$$\Delta_{i,i+1} = \frac{1}{B_i} (B_i y_{i+1}^{(2)} y_i^{(1)} - B_i y_{i+1}^{(1)} y_i^{(2)}) = -\frac{A_i}{B_i} (y_i^{(1)} y_{i-1}^{(2)} - y_{i-1}^{(1)} y_i^{(2)}) ,$$

also

$$\Delta_{i,i+1} = -\frac{A_i}{B_i} \Delta_{i,i-1} .$$

Hieraus sehen wir, daß $\Delta_{i_1,i_1+1} \neq 0$ für irgendein i_1 sofort $\Delta_{i,i+1} \neq 0$ für alle vorhandenen i nach sich zieht.

Mit Hilfe der Gleichung (27) kann man weiterhin $\Delta_{i,i+m}$ für beliebiges $m > 1$ durch $\Delta_{i,i+1}$ ausdrücken, so daß aus der Bedingung $\Delta_{i,i+1} \neq 0$ auch $\Delta_{i,i+m} \neq 0$ folgt.

Sind $y_i^{(1)}$ und $y_i^{(2)}$ zwei linear unabhängige Lösungen von (27), so hat die allgemeine Lösung dieser Gleichung offensichtlich die Gestalt

$$y_i = C_1 y_i^{(1)} + C_2 y_i^{(2)} ,$$

wo C_1 und C_2 beliebige Konstanten sind. Wegen $\Delta_{i,i+m} \neq 0$ für alle i und m werden sie durch die Anfangs- oder Randbedingungen festgelegt.

Die allgemeine Lösung der inhomogenen Gleichung $\mathfrak{L}[y_i] = -F_i$ hat die Darstellung

$$y_i = C_1 y_i^{(1)} + C_2 y_i^{(2)} + \tilde{y}_i ,$$

worin $\tilde{y}_i$ eine spezielle Lösung von $\mathfrak{L}[\tilde{y}_i] = -F_i$ ist.

Die willkürlichen Konstanten C_1 und C_2 kann man z. B. (für eine Anfangswertaufgabe) aus Bedingungen bei $i=0$ und $i=1$ bestimmen,

$$y_0 = C_1 y_0^{(1)} + C_2 y_0^{(2)} ,$$
$$y_1 = C_1 y_1^{(1)} + C_2 y_1^{(2)} ,$$

wenn y_0 und y_1 bekannt sind: Aus der linearen Unabhängigkeit von $y_i^{(1)}$ und $y_i^{(2)}$ folgt ja $\Delta_{0,1} \neq 0$.

Bei einer Randwertaufgabe mit $y_0 = \mu_1$, $y_N = \mu_2$ sind die Konstanten C_1 und C_2 wegen $\Delta_{0,N} \neq 0$ eindeutig bestimmt.

Nun kommen wir zur Gleichung mit konstanten Koeffizienten (28), für die wir linear unabhängige Lösungen in expliziter Form angeben. Wir suchen eine spezielle Lösung von (28) in der Gestalt $y_k = q^k$ mit $q \neq 0$. Durch Einsetzen dieses Ansatzes in (28) erhalten wir für q die quadratische Gleichung

$$bq^2 - cq + a = 0\,. \tag{29}$$

Sie hat die zwei Wurzeln

$$q_{1,2} = \frac{c \pm \sqrt{c^2 - 4ab}}{2b}\,.$$

Dabei unterscheiden wir in Abhängigkeit vom Vorzeichen der Diskriminante $D = c^2 - 4ab$ drei Fälle:

1) $D = c^2 - 4ab > 0$. Dann sind die Wurzeln reell und verschieden,

$$q_1 = \frac{c + \sqrt{D}}{2b}\,, \quad q_2 = \frac{c - \sqrt{D}}{2b}\,,$$

und ihnen entsprechen die Partiallösungen

$$y_k^{(1)} = q_1^k, \quad y_k^{(2)} = q_2^k$$

von (28). Da die Determinante $\Delta_{k,k+1}$ ungleich null ist,

$$\Delta_{k,k+1} = \begin{vmatrix} q_1^k & q_2^k \\ q_1^{k+1} & q_2^{k+1} \end{vmatrix} = (q_2 - q_1)\, q_1^k q_2^k \neq 0\,,$$

sind $y_k^{(1)}$ und $y_k^{(2)}$ linear unabhängig. Die allgemeine Lösung von (28) hat nun die Gestalt

$$y_k = C_1 q_1^k + C_2 q_2^k$$

mit willkürlichen Konstanten C_1, C_2.

2) $D = c^2 - 4ab = 0$. Dann fallen die Wurzeln zusammen: $q_1 = q_2 = c/(2b) = q_0$. Als linear unabhängige Partiallösungen können wir

$$y_k^{(1)} = q_0^k, \quad y_k^{(2)} = k q_0^k$$

nehmen. Dabei ist $y_k^{(2)} = k q_0^k$ tatsächlich eine Lösung der Gleichung (28):

$$\begin{aligned} by_{k+1}^{(2)} - cy_k^{(2)} + ay_{k-1}^{(2)} &= [b(k+1)\, q_0^2 - ckq_0 + a(k-1)]\, q_0^{k-1} \\ &= q_0^{k-1} k(bq_0^2 - cq_0 + a) + q_0^{k-1}(bq_0^2 - a) = q_0^{k-1}(bq_0^2 - a) = 0 \end{aligned}$$

wegen $bq_0^k - a = b(c/(2b))^2 - a = D/4b = 0$. Nun berechnen wir die Determinante

$$\Delta_{k,k+1} = \begin{vmatrix} q_0^k & kq_0^k \\ q_0^{k+1} & (k+1)q_0^{k+1} \end{vmatrix} = q_0^{2k+1} \neq 0$$

und stellen damit die lineare Unabhängigkeit von q_0^k und kq_0^k fest. Im betrachteten Fall hat die allgemeine Lösung von (28) also die Gestalt

$$y_k = (C_1 + kC_2) q_0^k, \quad q_0 = c/(2b)\,.$$

3) $D = c^2 - 4ab < 0$. Jetzt besitzt die quadratische Gleichung (29) die konjugiert komplexen Wurzeln

$$q_1 = \frac{c + \sqrt{|D|}\,\mathrm{i}}{2b} = \varrho(\cos\varphi + \mathrm{i}\sin\varphi) = \varrho e^{\mathrm{i}\varphi}$$

$$q_2 = \frac{c - \sqrt{|D|}\,\mathrm{i}}{2b} = \varrho(\cos\varphi - \mathrm{i}\sin\varphi) = \varrho e^{-\mathrm{i}\varphi}$$

mit

$$\varrho=\sqrt{\frac{a}{b}}, \quad \varphi=\arctan\frac{\sqrt{|D|}}{c}, \quad \mathrm{i}=\sqrt{-1}\,.$$

Partiallösungen sind daher die Funktionen

$$q_1^k=\varrho^k e^{\mathrm{i}k\varphi}=\varrho^k(\cos(k\varphi)+\mathrm{i}\sin(k\varphi))\,,$$
$$q_2^k=\varrho^k e^{-\mathrm{i}k\varphi}=\varrho^k(\cos(k\varphi)-\mathrm{i}\sin(k\varphi))$$

oder auch die Funktionen

$$y_k^{(1)}=\varrho^k\cos(k\varphi), \quad y_k^{(2)}=\varrho^k\sin(k\varphi)\,.$$

Diese sind linear unabhängig, denn wegen der linearen Unabhängigkeit von $\sin(k\varphi)$ und $\cos(k\varphi)$ gilt $\Delta_{k,k+1}\neq 0$.

Als allgemeine Lösung haben wir nun

$$y_k=(C_1\cos(k\varphi)+C_2\sin(k\varphi))\varrho^k\,.$$

2. Grundbegriffe der Theorie der Differenzenverfahren

An einfachsten Beispielen erklären wir in diesem Kapitel die Grundbegriffe der Theorie der Differenzenverfahren: Approximation, Stabilität und Konvergenz. Wir stellen auch einige Methoden zur Untersuchung von Stabilität und Konvergenz vor, indem wir die Verwendung von Entwicklungen nach Eigenfunktionen und von energetischen Ungleichungen zur Gewinnung von a-priori-Abschätzungen zeigen. In Abschnitt 2.4. schließlich interpretieren wir Differenzengleichungen als Operatorgleichungen in einem Funktionalraum.

2.1. Differenzenapproximationen der einfachsten Differentialoperatoren

2.1.1. Gitter und Gitterfunktionen. Um ein Differenzenverfahren zu konstruieren, das näherungsweise eine gegebene Differentialgleichung wiedergibt, sind folgende zwei Schritte auszuführen:

Erstens müssen wir das kontinuierliche Gebiet der unabhängigen Variablen durch ein diskretes Gebiet ersetzen.

Zweitens müssen wir den Differentialoperator durch einen Differenzenoperator ersetzen und diskrete Analoga der Rand- und Anfangsbedingungen formulieren.

Durch diese Schritte kommen wir zu einem algebraischen Gleichungssystem, und die Aufgabe der numerischen Lösung der gegebenen (linearen) Differentialgleichung wird damit auf das Problem der Lösung des erhaltenen (linearen) algebraischen Gleichungssystems zurückgeführt.

Wir stellen nun diese Fragen etwas ausführlicher dar. Bei der numerischen Lösung einer Randwertaufgabe können wir die Näherungslösung offensichtlich nicht für alle Werte der unabhängigen Variablen finden, die das Gebiet im euklidischen Raum durchlaufen, in dem die Aufgabe betrachtet wird.

Es ist daher natürlich, in diesem Gebiet eine endliche Punktmenge auszuwählen und die Näherungslösung nur in den Punkten dieser Menge zu bestimmen, die wir das *Gitter* nennen. Die zugehörigen Punkte heißen dementsprechend *Gitterpunkte*.

Bei den Funktionen, die auf dem Gitter erklärt sind, sprechen wir von *Gitterfunktionen*.

Das Gebiet der stetigen Änderung des Arguments der Funktionen haben wir damit auch durch ein Gebiet diskreter Argumentswerte ersetzt; mit anderen Worten, wir haben den Funktionalraum der Lösungen der Differentialgleichung durch einen Raum von Gitterfunktionen approximiert.

Die Eigenschaften der Differenzenlösung, darunter deren Nähe zur exakten Lösung, hängen von der Auswahl des Gitters ab. Wir betrachten nun einige Beispiele von Gittern.

Beispiel 1. Das äquidistante Gitter auf dem abgeschlossenen Intervall. Wir unterteilen das Einheitsintervall [0, 1] in N gleichgroße Teile. Die Entfernung zwischen benachbarten Teilungspunkten, $x_i - x_{i-1} = h = 1/N$, nennen wir die *Schrittweite* oder den (Orts-)Schritt. Die Punkte der Unterteilung, $x_i = ih$, sind die Gitterpunkte, und die Punktmenge $\omega_h = \{x_i = ih,\ i = 1, \ldots, N-1\}$ ist das auf dem Intervall eingeführte Gitter, s. Abb. 2.1.

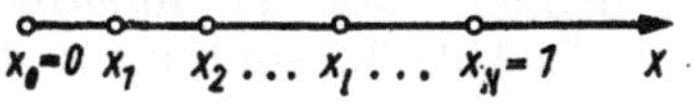

Abb. 2.1

Fügen wir zum Gitter die Randpunkte $x_0=0$ und $x_N=1$ hinzu, so erhalten wir das (abgeschlossene) Gitter $\bar{\omega}_h=\{x_i=ih,\ i=0, \ldots, N\}$.

Auf dem abgeschlossenen Intervall [0, 1] können wir nun anstelle der Funktion kontinuierlichen Arguments $y(x)$ die Funktion diskreten Arguments $y_h(x_i)$ betrachten. Diese Funktion ist in den Gitterpunkten x_i definiert und hängt außerdem vom Parameter h ab.

Beispiel 2. Das äquidistante Gitter in der Ebene. Wir betrachten die Menge der Funktionen $u(x, t)$ zweier Argumente mit dem Rechteck $\bar{\mathfrak{D}}=\{0 \leqq x \leqq 1,\ 0 \leqq t \leqq T\}$ als Definitionsgebiet. Wir unterteilen die Intervalle [0, 1] der x-Achse bzw. $[0, T]$ der t-Achse in N_1 bzw. N_2 Teile. Dabei sei $h=1/N_1$ und $\tau=T/N_2$. Die Schnittpunkte (x_i, t_j) der zwei achsenparallelen Geradenscharen durch die Teilungspunkte bilden das Gitter $\bar{\omega}_{h\tau}=\{(x_i, t_j) \in \bar{\mathfrak{D}}\}$, s. Abb. 2.2.

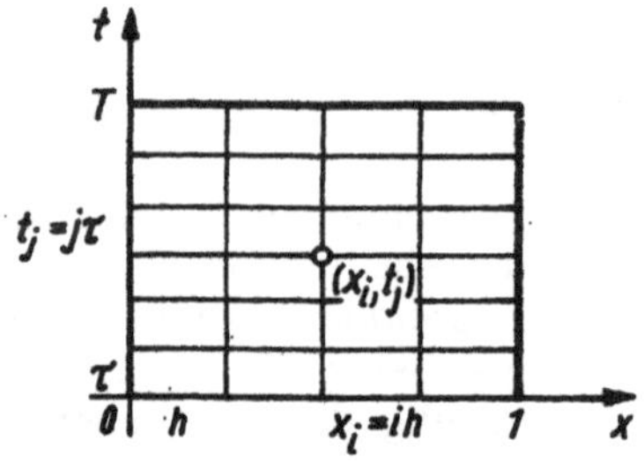

Abb. 2.2

Bei diesem Gitter sind also h und τ die Schrittweiten in x- bzw. t-Richtung. Nachbarpunkte nennen wir solche Gitterpunkte, die auf derselben (horizontalen oder vertikalen) Gerade liegen und den Abstand h oder τ voneinander haben.

Beispiel 3. Das nichtäquidistante Gitter auf einem Intervall. Wir betrachten das Intervall [0, 1] und unterteilen es durch $N-1$ beliebige Punkte x_i mit $0<x_1<x_2<\ldots<x_{N-1}<1$ in N Teile. Die Punktmenge x_i, $i=0, \ldots, N$, $x_N=1$ bildet das nichtäquidistante Gitter $\bar{\omega}_h[0, 1]$. Der Abstand zwischen benachbarten Punkten, die Schrittweite, ist $h_i=x_i-x_{i-1}$ und hängt von der Nummer i des Gitterpunktes ab. Die Schrittweite ist also eine Gitterfunktion. Dabei ist folgende Normierungsbedingung erfüllt:

$$\sum_{i=1}^{N} h_i=1 .$$

Beispiel 4. Ein Gitter in einem allgemeinen ebenen Gebiet. In der x_1, x_2-Ebene sei das Gebiet G mit dem Rand Γ gegeben. Durch $x_1^{(i_1)}=i_1h_1$, $i_1=0, \pm 1, \pm 2, \ldots$ und $x_2^{(i_2)}=i_2h_2$, $i_2=0, \pm 1, \pm 2, \ldots$ mit $h_1, h_2>0$ führen wir zwei achsenparallele Geradenscharen ein. Damit erhalten wir zunächst ein Gitter in der Ebene, mit den Gitterpunkten (i_1h_1, i_2h_2), $i_1, i_2=0, \pm 1, \pm 2, \ldots$. In den Richtungen Ox_1 und Ox_2 ist das Gitter äquidistant. Uns interessieren nur die Gitterpunkte, die im abgeschlossenen Gebiet $\bar{G}=G+\Gamma$ liegen. Die zu G gehörigen Punkte (i_1h_1, i_2h_2) nennen wir *innere Punkte*, ihre Menge bezeichnen wir mit ω_h, s. Abb. 2.3. Wir betrachten außerdem die Schnittpunkte der achsenparallelen Geradenscharen $x_1^{(i_1)}=i_1h_1$, $x_2^{(i_2)}=i_2h_2$ mit dem Rand Γ und nennen diese die *Randpunkte*. Die Menge aller Randpunkte bezeichnen wir mit γ_h. In Abb. 2.3 sind mit $\times$ die Randpunkte, mit ∘ die inneren Punkte gekennzeichnet. Wie man dort sieht, gibt es Randpunkte mit einem Abstand kleiner als h_1 bzw. h_2 von den nächsten inneren Punkten. Obwohl also das Gitter in der Ebene äquidistant bezüglich x_1 und x_2 ist, erweist sich das Gitter $\bar{\omega}_h = \omega_h + \gamma_h$ im Gebiet $\bar{G}$ in der Nähe des Randes als nichtäquidistant. Etwas ausführlicher betrachten wir dieses Gitter noch einmal im Kapitel 4.

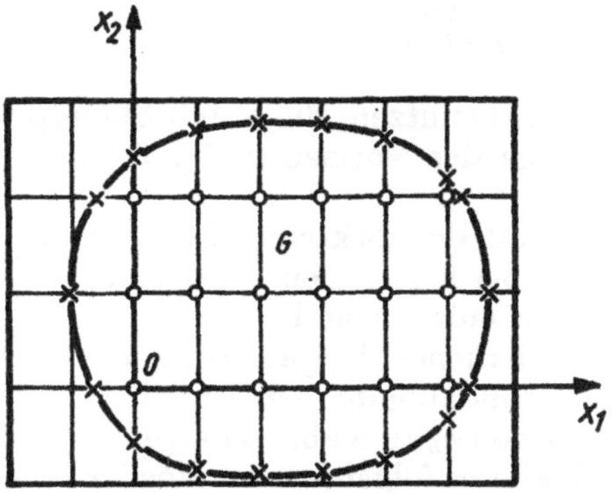

Abb. 2.3

So ersetzen wir das Gebiet $\bar{G}$, das vom Argument x durchlaufen wird, durch ein Gitter $\bar{\omega}_h$, also durch eine endliche Menge von Punkten x_i, die zu $\bar{G}$ gehören. Entsprechend betrachten wir anstelle von Funktionen $y(x)$ des stetigen Arguments $x \in \bar{G}$ Gitterfunktionen $y(x_i)$ des diskreten Arguments $x_i \in \bar{\omega}_h$. Wenn wir alle Gitterpunkte in einer bestimmten Reihenfolge von 1 bis N durchnumerieren, so können wir die Werte einer Gitterfunktion in diesen Punkten, auch als Komponenten des Vektors

$$Y = (y_1, \ldots, y_i, \ldots, y_N)$$

auffassen.

Ist das Gebiet G, in dem wir das Gitter konstruiert haben, endlich, so ist auch der Vektor Y von endlicher Dimension N. Im Falle eines unendlichen Gebiets G besteht das Gitter aus unendlich vielen Punkten und der Vektor Y ist unendlichdimensional.

Meist betrachtet man Folgen von Gittern $\{\omega_h\}$, die von der Schrittweite h als Parameter abhängen. Dann hängen auch die Gitterfunktionen $y_h(x)$ vom Parameter h ab (oder von der Zahl N im Falle eines äquidistanten Gitters). Ist das Gitter ω_h nichtäquidistant, so verstehen wir hier unter h den Vektor mit den Komponenten $h_1, \ldots, h_N$. Diese Bemerkung bezieht sich auch auf den Fall, daß das Gebiet G mehrdimensional ist, $x = (x_1, \ldots, x_p)$; dann ist h der Vektor $(h_1, \ldots, h_p)$, wenn das Gitter ω_h bezüglich jedes einzelnen Arguments x_1 bis x_p äquidistant ist.

Die Funktionen $u(x)$ des stetigen Arguments x sind Elemente eines gewissen Funktionalraumes H_0. Die Menge der Gitterfunktionen $y_h(x)$ bildet den Raum H_h. Durch die Differenzenmethode haben wir also den Raum H_0 durch den Raum H_h der Gitterfunktionen ersetzt.

Indem wir eine Folge von Gittern $\{\omega_h\}$ betrachten, erhalten wir auch eine Folge $\{H_h\}$ von Räumen von Gitterfunktionen, die vom Parameter h abhängen. Im linearen Raum H_h wird eine Norm $\|\cdot\|_h$ eingeführt, die ein diskretes Analogon der Norm $\|\cdot\|_0$ des Ausgangsraumes H_0 darstellt.

Wir geben nun zwei der einfachsten Normen in H_h für den Fall des Gitters $\omega_h = \{x_i = ih\}$ auf dem Intervall [0, 1] an (den Index h von y_h lassen wir fort).

1) Diskretes Analogon der C-Norm:

$$\|y\|_C = \max_{x \in \omega_h} |y(x)| \quad \text{oder auch} \quad \|y\|_C = \max_{0 \leq i \leq N} |y_i| .$$

2) Diskrete Analoga der L_2-Norm:

$$\|y\| = \left(\sum_{i=1}^{N-1} y_i^2 h\right)^{1/2} \quad \text{oder} \quad \|y]| = \left(\sum_{i=1}^{N} y_i^2 h\right)^{1/2} .$$

Im weiteren werden wir meist Normen benutzen, die durch Skalarprodukte in H_h induziert sind (die diskreten Analoga der Normen in L_2, W_2^1 und andere, s. „Grundlegende Bezeichnungen", S. 13).

Den Raum der Gitterfunktionen H_h mit der diskreten C-, L_2- bzw. W_2^1-Norm werden wir mit $C(\omega_h)$, $L_2(\omega_h)$ bzw. $W_2^1(\omega_h)$ bezeichnen – oder auch einfach mit C, L_2, W_2^1 usw., wo keine Verwechslungen möglich sind.

Es sei $u(x) \in H_0$ die Lösung der kontinuierlichen Ausgangsaufgabe und $y_h \in H_h$ die Lösung der Differenzenaufgabe. Eine Grundaufgabe der Theorie der Näherungsmethoden besteht darin, die Entfernung von y_h zu u abzuschätzen. Da aber y_h und u Elemente verschiedener Räume sind, gibt es folgende zwei Möglichkeiten:

1. Die in den Punkten von $\bar{\omega}_h(\bar{G})$ gegebene Gitterfunktion y_h wird (zum Beispiel durch lineare Interpolation) auf das ganze Gebiet $\bar{G}$ fortgesetzt. Dadurch erhalten wir die Funktion $y(x, h)$ des kontinuierlichen Arguments $x \in \bar{G}$, die in H_0 liegt. Nun können wir die Entfernung von y_h zu u durch die Zahl $\|y(x, h) - u(x)\|_0$ charakterisieren, wobei $\|\cdot\|_0$ die Norm in H_0 ist.

2. Der Raum H_0 wird auf den Raum H_h abgebildet: Jeder Funktion $u(x) \in H_0$ ordnen wir eine Gitterfunktion $u_h(x)$ mit $x \in \bar{\omega}_h$ zu, so daß $u_h = \mathcal{P}_h u \in H_h$ mit einer linearen Abbildung $\mathcal{P}_h$ von H_0 in H_h ist. Dazu gibt es verschiedene Möglichkeiten (die sich durch die Wahl der Abbildung $\mathcal{P}_h$ unterscheiden). Wenn $u(x)$ stetig ist, werden wir $u_h(x) = u(x)$ für $x \in \bar{\omega}_h$ setzen. Manchmal definiert man $u_h(x_i)$ im Gitterpunkt x_i als integralen Mittelwert von $u(x)$ in einer gewissen Umgebung (z. B. vom Durchmesser $O(h)$) dieses Punktes x_i. Wir werden im weiteren immer annehmen, daß $u(x)$ stetig und $u_h(x_i) = u(x_i)$ für alle $x_i \in \bar{\omega}_h$ ist.

Haben wir nun die Gitterfunktion u_h, so bilden wir die Differenz $y_h - u_h$ (das ist ein Vektor aus H_h) und können sie mit Hilfe der Norm $\|\cdot\|_h$ von H_h durch die Zahl $\|y_h - u_h\|_h$ charakterisieren. Dabei fordern wir natürlich, daß die Norm $\|\cdot\|_h$ die Norm $\|\cdot\|_0$ in folgendem Sinne approximiert: Für jede Funktion u aus H_0 gelte

$$\lim_{h \to 0} \|u_h\|_h = \|u\|_0 .$$

Wir sagen dann, daß die Normen in H_h und H_0 aufeinander abgestimmt sind.

Wir werden immer den zweiten Weg benutzen und den Fehler der Differenzenverfahren im Raum der Gitterfunktionen untersuchen. Dieser Raum wird in den meisten Fällen endlichdimensional sein.

Wie im weiteren gezeigt wird, können wir die wesentlichen Probleme der Theorie der Differenzenverfahren darstellen, ohne uns in der Dimension der H_h festlegen zu müssen, die wir als abstrakte lineare Räume auffassen.

Nachdem wir uns nun an den einfachsten Beispielen mit Gittern und den zugehörigen Räumen von Gitterfunktionen bekannt gemacht haben, gehen wir zum Problem der Differenzenapproximation von Differentialoperatoren über.

2.1.2. Differenzenapproximationen der einfachsten Differentialoperatoren. Es sei ein linearer Differentialoperator L gegeben, der auf die Funktion $v=v(x)$ angewendet wird. Indem wir die in Lv auftretenden Ableitungen durch endliche Differenzen ersetzen, erhalten wir aus Lv den Differenzenausdruck $L_h v_h$. Diesen können wir als Linearkombination der Werte der Gitterfunktion v_h auf einer Gitterpunktmenge darstellen, die wir den (Gitterpunkt-)*Stern* nennen:

$$L_h v_h(x) = \sum_{\xi \in S(x)} A_h(x, \xi) v_h(\xi)$$

oder auch

$$(L_h v_h)_i = \sum_{x_j \in S(x_i)} A_h(x_i, x_j)\, v_h(x_j)\,,$$

worin $A_h(x, \xi)$ Koeffizienten sind, h die Schrittweite und $S(x)$ der Stern im Punkt $x \in \omega_h$.

Solch ein näherungsweises Ersetzen von Lv durch $L_h v_h$ heißt *Approximation des Differentialoperators durch einen Differenzenoperator* (oder *Differenzenapproximation des Operators* L).

Üblicherweise untersucht man die Differenzenapproximation eines Operators L zunächst lokal, d. h. in einem beliebigen fixierten Punkt x des Raumes. Wir erinnern daran, daß wir $v_h(x)=v(x)$ für stetige Funktionen $v(x)$ vereinbart hatten. Bei der Konstruktion der Differenzenapproximation eines Operators L müssen wir als erstes den Stern auswählen, also die aus dem Punkt x und seinen Nachbarpunkten bestehende Menge angeben, für die die zugehörigen Werte der Gitterfunktion $v_h(x)$ bei der Approximation des Operators L benutzt werden sollen.

In diesem Punkt betrachten wir einige Beispiele für Differenzenapproximationen der einfachsten Differentialoperatoren.

Beispiel 1. $Lv = \mathrm{d}v/\mathrm{d}x$.

Wir fixieren einen Punkt x der Achse Ox und nehmen die Punkte $x-h$ und $x+h$ hinzu, wobei $h>0$ ist. Zur Approximation von Lv können wir dann jeden der beiden Ausdrücke

$$L_h^+ v \equiv \frac{v(x+h)-v(x)}{h} \equiv v_x\,, \tag{1}$$

$$L_h^- v \equiv \frac{v(x)-v(x-h)}{h} \equiv v_{\bar{x}} \tag{2}$$

verwenden.

Ausdruck (1) ist die *rechte Differenzenableitung* (die wir im weiteren immer mit v_x bezeichnen werden), (2) die *linke Differenzenableitung* (mit der Bezeichnung $v_{\bar{x}}$). Beide Differenzenausdrücke benutzen zwei Punkte: Sie sind auf den 2-Punkt-Sternen $\{x, x+h\}$ bzw. $\{x, x-h\}$ definiert.

Als Differenzenapproximation der Ableitung $\mathrm{d}v/\mathrm{d}x$ kann man auch die Linearkombination der Ausdrücke (1) und (2),

$$L_h^{(\sigma)} v \equiv \sigma v_x + (1-\sigma)\, v_{\bar{x}}\,, \tag{3}$$

nehmen. Hier ist σ zunächst eine beliebige reelle Zahl. Bei $\sigma = \frac{1}{2}$ erhalten wir insbesondere die *zentrale Differenzenableitung*

$$v_{\mathring{x}} = \frac{1}{2}\,(v_x + v_{\bar{x}}) = \frac{v(x+h)-v(x-h)}{2h}\,. \tag{4}$$

Wie wir sehen, kann man schon für $Lv = v'$ unendlich viele Differenzenapproximationen angeben. Damit entsteht die Frage, welchen Fehler wir begehen, wenn wir diese oder jene Differenzenapproximation wählen. *Fehler der Differenzenapproximation im Punkt x* nennen wir die Größe $\psi(x) = L_h v(x) - Lv(x)$.

Nun ersetzen wir $v(x \pm h)$ in (1), (2) und (4) durch den Anfang der Taylorreihe,

$$v(x \pm h) = v(x) \pm hv'(x) + \frac{h^2}{2} v''(x) + O(h^3)$$

(dabei setzen wir – in Übereinstimmung mit dem in 1.1.2. Gesagten – voraus, daß die Funktion $v(x)$ in einer gewissen Umgebung $(x - h_0, x + h_0)$ von x hinreichend glatt ist und $h < h_0$ gilt für ein fixiertes h_0). Dann erhalten wir

$$\begin{aligned} v_x &= \frac{v(x+h) - v(x)}{h} = v'(x) + \frac{h}{2} v''(x) + O(h^2), \\ v_{\bar{x}} &= \frac{v(x) - v(x-h)}{h} = v'(x) - \frac{h}{2} v''(x) + O(h^2), \\ v_{\overset{\circ}{x}} &= \frac{v(x+h) - v(x-h)}{2h} = v'(x) + O(h^2). \end{aligned} \tag{5}$$

Es ist also

$$\begin{aligned} \psi &= v_x - v'(x) = O(h), \\ \psi &= v_{\bar{x}} - v'(x) = O(h), \\ \psi &= v_{\overset{\circ}{x}} - v'(x) = O(h^2). \end{aligned}$$

Jetzt sei V die Klasse der hinreichend glatten Funktionen $v(x)$, die in einer Umgebung $U(x, h_0)$ des Punktes x definiert sind, welche bei $h_0 > h$ den Stern $S(x, h)$ des Differenzenoperators L_h enthält. Wir sagen, daß *L_h den Differentialoperator L im Punkt x mit der Ordnung $m(>0)$ approximiert*, wenn

$$\psi(x) = L_h v(x) - Lv(x) = O(h^m), \quad v \in V,$$

gilt. Die linke und rechte Differenzenableitung approximieren $Lv = v'$ also mit erster Ordnung und die zentrale Differenzenableitung approximiert diesen Operator mit zweiter Ordnung.

Beispiel 2. $Lv = v'' = \mathrm{d}^2 v/\mathrm{d}x^2$.

Um die zweite Ableitung zu approximieren, müssen wir die drei Punkte $x - h$, x, $x + h$ verwenden, also einen 3-Punkt-Stern:

$$L_h v = \frac{v(x+h) - 2v(x) + v(x-h)}{h^2}. \tag{6}$$

Beachten wir, daß die rechte Differenzenableitung im Punkt x identisch mit der linken Differenzenableitung im Punkt $x + h$ ist, $v_x(x) \equiv v_{\bar{x}}(x+h)$, so können wir (6) umformen zu

$$L_h v = \frac{v_x(x) - v_{\bar{x}}(x)}{h} = \frac{1}{h} [v_{\bar{x}}(x+h) - v_{\bar{x}}(x)] = v_{\bar{x}x}(x). \tag{7}$$

Mit Hilfe der Taylorentwicklung kann man sofort zeigen, daß die Approximationsordnung in diesem Falle zwei ist, also

$$v_{\bar{x}x} - v''(x) = O(h^2),$$

da nämlich

$$v_{\bar{x}x} = v'' + \frac{h^2}{12} v^{(4)} + O(h^4) \tag{8}$$

gilt.

Beispiel 3. $Lv = v^{(4)}$.
Wir wählen einen 5-Punkt-Stern, bestehend aus den Punkten

$$\{x-2h,\ x-h,\ x,\ x+h,\ x+2h\},$$

und setzen $L_h v = v_{\bar{x}x\bar{x}x}$. Unter Benutzung von (6) ergibt sich folgender Ausdruck für $v_{\bar{x}x\bar{x}x}$:

$$L_h v = v_{\bar{x}x\bar{x}x} = \frac{1}{h^2}\left[v_{\bar{x}x}(x+h) - 2v_{\bar{x}x}(x) + v_{\bar{x}x}(x-h)\right]$$

$$= \frac{1}{h^4}\left[v(x+2h) - 4v(x+h) + 6v(x) - 4v(x-h) + v(x-2h)\right].$$

Wie leicht nachzuprüfen ist, approximiert L_h den Operator L mit zweiter Ordnung,

$$v_{\bar{x}x\bar{x}x} - v^{(4)} = \frac{h^2}{6} v^{(6)} + O(h^4).$$

Diese Beziehung erhalten wir, indem wir von der Taylorentwicklung

$$v(x \pm kh) = v(x) + \sum_{s=1}^{7} \frac{(\pm 1)^s k^s h^s}{s!} \frac{d^s v(x)}{dx^s} + O(h^8)$$

für $k=1$ und 2 ausgehen und berücksichtigen, daß die Summen $v(x+kh)+v(x-kh)$ nur gerade Potenzen von h enthalten.

Die Entwicklung des Approximationsfehlers $\psi = L_h v - Lv$ nach Potenzen von h kann man zur Erhöhung der Approximationsordnung ausnutzen. So gilt zum Beispiel

$$v_{\bar{x}x} - v'' = \frac{h^2}{12} v^{(4)} + O(h^4) = \frac{h^2}{12} v_{\bar{x}x\bar{x}x} + O(h^4).$$

Daraus folgt, daß der Operator

$$L_h' v = v_{\bar{x}x} - \frac{h^2}{12} v_{\bar{x}x\bar{x}x},$$

der auf dem Stern $\{x-2h,\ x-h,\ x,\ x+h,\ x+2h\}$ definiert ist, den Operator $Lv = v''$ mit vierter Ordnung approximiert.

Diesen Prozeß der Erhöhung der Approximationsordnung kann man im Prinzip immer weiter fortsetzen und damit in der Klasse V der hinreichend glatten Funktionen jede beliebige Approximationsordnung erreichen. Dabei wächst natürlich die Zahl der Punkte im Gitterpunktstern auch immer weiter an.

Zur praktischen Anwendung kann man den hier gezeigten Weg der Erhöhung der Approximationsordnung nicht immer empfehlen, da sich dadurch die Eigenschaften der erhaltenen Differenzenoperatoren verschlechtern (nämlich der Umfang an Rechenarbeit, die Stabilität und die Bedingungen der Existenz des inversen Operators).

Beispiel 4. $Lv = \dfrac{\partial v}{\partial t} - \dfrac{\partial^2 v}{\partial x^2}, \quad v = v(x, t).$

Es sei (x, t) ein fixierter Punkt in der x, t-Ebene, $h > 0$ und $\tau > 0$ seien zwei Zahlen, die Gitterschrittweiten. Bevor wir eine Differenzenapproximation L_h des Operators L aufschreiben können, müssen wir den Stern festlegen.

Wir beginnen mit der einfachsten Approximation. Der Stern bestehe aus vier Punkten, s. Abb. 2.4a.

Wir definieren L_h wie folgt:

$$L_{h\tau}^{(0)} v = \frac{v(x, t+\tau) - v(x, t)}{\tau} - \frac{v(x+h, t) - 2v(x, t) + v(x-h, t)}{h^2} . \tag{9}$$

Für eine Vereinfachung der Schreibweise von Differenzenausdrücken ist die Einführung einer rationellen Symbolik sehr wesentlich. Wir werden folgende Bezeichnungen benutzen:

$$v = v(x, t), \quad \hat{v} = v(x, t+\tau), \quad \check{v} = v(x, t-\tau) .$$

Mit diesen Bezeichnungen kann man die Differenzenableitung nach der Zeit zum Beispiel so schreiben:

$$v_t = \frac{v(x, t+\tau) - v(x, t)}{\tau} = \frac{\hat{v} - v}{\tau} , \tag{10}$$

und mit (7) und (10) erhält (9) die Gestalt

$$L_{h\tau}^{(0)} v = v_t - v_{\bar{x}x} . \tag{9'}$$

Durch den Operator $L_{h\tau}^{(0)}$ wird von $v_{\bar{x}x}$ der Wert im Moment t (auf der alten Zeitschicht) genommen.

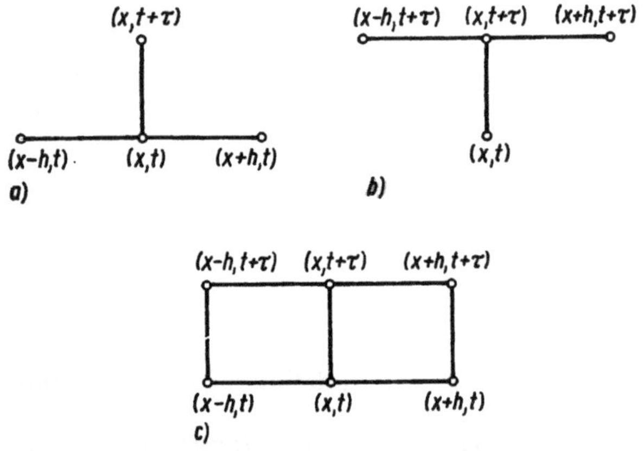

Abb. 2.4

Verwendet man den Stern von Abb. 2.4b., so benutzt man von $v_{\bar{x}x}$ den Wert im Moment $t+\tau$ (auf der neuen Zeitschicht) und hat damit

$$L_{h\tau}^{(1)} v = v_t - \hat{v}_{\bar{x}x} . \tag{11}$$

Durch Linearkombination von (9') und (11) finden wir die einparametrige Familie von Differenzenoperatoren

$$L_{h\tau}^{(\sigma)} v = v_t - (\sigma \hat{v}_{\bar{x}x} + (1-\sigma) v_{\bar{x}x}) , \tag{12}$$

die bei $\sigma \neq 0$, $\sigma \neq 1$ auf dem 6-Punkt-Stern von Abb. 2.4c definiert sind.

Zur Bestimmung der Ordnung der Differenzenapproximationen gehen wir von folgenden Beziehungen aus:

$$v_t = \frac{\partial v(x,t)}{\partial t} + \frac{\tau}{2}\frac{\partial^2 v(x,t)}{\partial t^2} + O(\tau^2) = \frac{\partial v(x,t+\tau/2)}{\partial t} + O(\tau^2)\,,$$

$$v_{\bar{x}x} = \frac{\partial^2 v(x,t)}{\partial x^2} + \frac{h^2}{12}\frac{\partial^4 v(x,t)}{\partial x^4} + O(h^4)$$

$$= \frac{\partial^2 v(x,t+\tau/2)}{\partial x^2} - \frac{\tau}{2}\frac{\partial^3 v(x,t+\tau/2)}{\partial x^2 \partial t} + O(h^2+\tau^2),$$

$$\hat{v}_{\bar{x}x} = \frac{\partial^2 v(x,t+\tau/2)}{\partial x^2} + \frac{\tau}{2}\frac{\partial^3 v(x,t+\tau/2)}{\partial x^2 \partial t} + O(h^2+\tau^2)\,.$$

Setzen wir diese Ausdrücke in die Formeln für $L^{(0)}_{h\tau}v$, $L^{(1)}_{h\tau}v$ und $L^{(\sigma)}_{h\tau}v$ ein, so erhalten wir

$$1)\quad L^{(0)}_{h\tau}v = \frac{\partial v(x,t)}{\partial t} - \frac{\partial^2 v(x,t)}{\partial x^2} + O(h^2+\tau) = Lv(x,t) + O(h^2+\tau)\,,$$

also

$$\psi^{(0)} = L^{(0)}_{h\tau}v - Lv(x,t) = O(h^2+\tau)\,,$$

$$2)\quad L^{(1)}_{h\tau}v = \frac{\partial v(x,t+\tau)}{\partial t} - \frac{\partial^2 v(x,t+\tau)}{\partial x^2} + O(h^2+\tau) = Lv(x,t+\tau) = O(h^2+\tau)\,,$$

d. h.

$$\psi^{(1)} = L^{(1)}_{h\tau}v - Lv(x,t+\tau) = O(h^2+\tau)\,,$$

$$3)\quad L^{(0,5)}_{h\tau}v = \frac{\partial v(x,t+\tau/2)}{\partial t} - \frac{\partial^2 v(x,t+\tau/2)}{\partial x^2} + O(h^2+\tau^2)$$

$$= Lv(x,t+\tau/2) + O(h^2+\tau^2)\,,$$

und damit

$$\psi^{(0,5)} = L^{(0,5)}_{h\tau}v - Lv(x,t+\tau/2) = O(h^2+\tau^2)\,.$$

Der Operator $L^{(\sigma)}_{h\tau}$ approximiert also L mit zweiter Ordnung in h für beliebiges σ, mit erster Ordnung in τ für $\sigma=0$, $\sigma=1$ und mit zweiter Ordnung in τ für $\sigma=\frac{1}{2}$.

Beispiel 5. $Lv = \frac{\partial^2 v}{\partial t^2} - \frac{\partial^2 v}{\partial x^2}$.

In diesem Fall werden für $L_{h\tau}v$ die Werte von v in drei Zeitmomenten $t-\tau$, t $t+\tau$ gebraucht. Der kleinstmögliche Stern umfaßt fünf Punkte, s. Abb. 2.5a), b), c).

Eine der Approximationen (auf dem Stern von Abb. 2.5c)) benutzt den Wert $v_{\bar{x}x}$ auf der mittleren Schicht t:

$$L_{h\tau}v = v_{\bar{t}t} - v_{\bar{x}x} \tag{13}$$

mit der Bezeichnung

$$v_{\bar{t}t}(x,t) = (v(x,t+\tau) - 2v(x,t) + v(x,t-\tau))/\tau^2\,.$$

Analog kann man auch den Operator

$$L_{h\tau}v = v_{\bar{t}t} - \hat{v}_{\bar{x}x} \tag{14}$$

aufschreiben (s. den Stern von Abb. 2.5a)).

Auf dem 9-Punkt-Stern (Abb. 2.5 d)) schließlich können wir die zweiparametrige

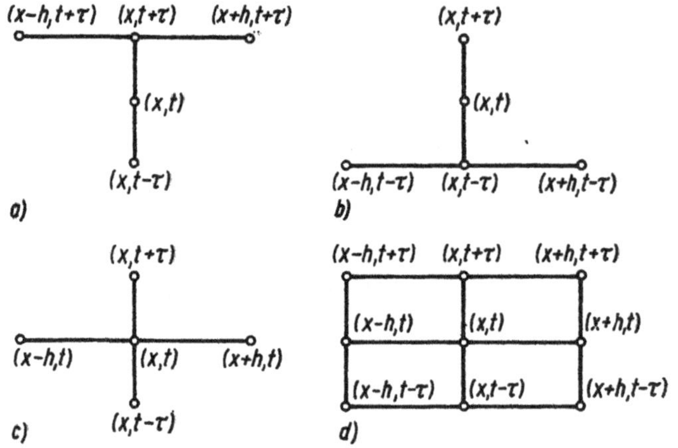

Abb. 2.5

Familie von Differenzenoperatoren

$$L^{(\sigma_1,\sigma_2)}_{h\tau} v = v_{\bar t t} - (\sigma_1 \hat v_{\bar x x} + (1-\sigma_1-\sigma_2)\, v_{\bar x x} + \sigma_2 \check v_{\bar x x}) \tag{15}$$

definieren. Sie enthält bei $\sigma_1 = \sigma_2 = 0$ die Approximation (13) und bei $\sigma_2 = 0$, $\sigma_1 = 1$ die Approximation (14). Unter Benutzung von

$$v_{\bar t t} = \frac{\partial^2 v(x, t)}{\partial t^2} + O(\tau^2) \quad \text{und} \quad v_{\bar x x} = \frac{\partial^2 v(x, t)}{\partial x^2} + O(h^2)$$

finden wir, daß der Operator (13) die Approximationsordnung 2 besitzt, und dieselbe Ordnung hat auch der Operator (15) bei $\sigma_1 = \sigma_2 = \sigma$ für einen beliebigen Parameterwert σ.

Wir weisen darauf hin, daß die Parameter σ_1 und σ_2, wie auch der Parameter σ aus Beispiel 4, nicht nur die Approximationsordnung wesentlich beeinflussen, sondern auch die wichtige Eigenschaft der Stabilität des zugehörigen Differenzenschemas, wie wir im Abschnitt 5.1. zeigen werden.

Beispiel 6. $Lv = v''$. Irregulärer Gitterpunktstern (nichtäquidistantes Gitter).

Es seien $h_- > 0$ und $h_+ > 0$ zwei Werte, die den 3-Punkt-Stern $(x - h_-, x, x + h_+)$ bestimmen. Ist $h_- \neq h_+$, so sprechen wir von einem *irregulären Stern* (das aus solchen Sternen aufgebaute Gitter wird nichtäquidistant). Wir benutzen die Bezeichnungen

$$v_{\bar x} = \frac{v(x) - v(x - h_-)}{h_-}, \quad v_x = \frac{v(x + h_+) - v(x)}{h_+}, \quad \hbar = \frac{1}{2}(h_- + h_+)$$

und definieren $L_h v$ durch

$$L_h v = \frac{1}{\hbar}\left[\frac{v(x+h_+) - v(x)}{h_+} - \frac{v(x) - v(x - h_-)}{h_-}\right] = \frac{v_x - v_{\bar x}}{\hbar}. \tag{16}$$

Für $h_- = h_+ = h$ ist $L_h v$ mit dem Ausdruck (7) identisch (s. Beispiel 2). Nun berechnen wir den lokalen Approximationsfehler

$$\psi(x) = L_h v(x) - Lv(x).$$

Mit Hilfe der folgenden Entwicklungen, die für eine hinreichend glatte Funktion $v(x)$ in einer Umgebung des Gitterpunktes x gelten,

$$v(x+h_+)=v(x)+h_+v'(x)+\frac{h_+^2}{2}v''(x)+\frac{h_+^3}{6}v'''(x)+O(h_+^4)\,,$$

$$v(x-h_-)=v(x)-h_-v'(x)+\frac{h_-^2}{2}v''(x)-\frac{h_-^3}{6}v'''(x)+O(h_-^4)\,,$$

erhalten wir

$$v_x=v'(x)+\frac{h_+}{2}v''(x)+\frac{h_+^2}{6}v'''(x)+O(h_+^3)\,,$$

$$v_{\bar{x}}=v'(x)-\frac{h_-}{2}v''(x)+\frac{h_-^2}{6}v'''(x)+O(h_-^3)\,,$$

$$L_hv=\frac{v_x-v_{\bar{x}}}{\hbar}=v''(x)+\frac{h_+^2-h_-^2}{6\hbar}v'''(x)+O(\hbar^2)$$

(dabei haben wir $h_\pm<2\hbar$ benutzt). Also hat $\psi(x)$ die Gestalt

$$\psi=L_hv-Lv=\frac{h_+-h_-}{3}v'''+O(\hbar^2)=O(\hbar)\,. \tag{17}$$

Mithin besitzt der Operator (16) auf dem irregulären Stern ($h_-\neq h_+$) lokal die erste Approximationsordnung.

2.1.3. Der Approximationsfehler auf dem ganzen Gitter. Bisher haben wir die lokale Differenzenapproximation (die Approximation in einem Punkt) betrachtet, und in diesem Sinne war im vorhergehenden Punkt auch von Approximationsordnung die Rede. Meist wird aber eine Abschätzung der Approximationsordnung auf dem ganzen Gitter gebraucht.

Es sei ω_h ein Gitter in einem Gebiet des euklidischen Raumes $\{x=(x_1,\ldots,x_p)\}$, H_h sei der lineare Raum der auf ω_h definierten Gitterfunktionen, H_0 der Raum der glatten Funktionen $v(x)$, und $\|\cdot\|_0$ bzw. $\|\cdot\|_h$ seien die Normen in H_0 bzw. H_h. Wir setzen erstens voraus, daß ein Operator $\mathcal{P}_h$ mit $\mathcal{P}_hu=u_h\in H_h$ für alle $u\in H_0$ existiert, zweitens, daß die Normen $\|\cdot\|_h$ und $\|\cdot\|_0$ aufeinander abgestimmt sind:

$$\lim_{|h|\to 0}\|\mathcal{P}_hu\|_h=\|u\|_0\,,$$

wo $|h|$ eine Norm des Vektors h ist.

Wir betrachten einen in H_0 gegebenen Operator L und den H_h in sich abbildenden Operator L_h, der die Gitterfunktion v_h in die Gitterfunktion L_hv_h überführt.

Die Gitterfunktion

$$\psi_h=L_hv_h-(Lv)_h$$

nennen wir den *Fehler der Approximation* von L durch L_h. Hier ist $v_h=\mathcal{P}_hv$ und $(Lv)_h=\mathcal{P}_h(Lv)$ für eine beliebige Funktion v aus H_0.

Falls $\|\psi_h\|_h\to 0$ bei $|h|\to 0$ eintritt, so sagen wir, daß der Differenzenoperator L_h den Differentialoperator L approximiert.

Der Differenzenoperator L_h *approximiert* den Differentialoperator L *mit der Ordnung* m (>0), wenn

$$\|\psi_h\|_h=\|L_hv_h-(Lv)_h\|_h=O(|h|^m) \tag{18}$$

gilt, d. h. $\|L_h v_h - (Lv)_h\|_h \leqq M|h|^m$ mit einer positiven Konstante M erfüllt ist, die nicht von $|h|$ abhängt.

Bemerkungen. 1. Wir geben zwei Beispiele für den Operator $\mathcal{P}_h$ der Projektion in den Raum der Gitterfunktionen an:

1) Falls $v(x)$ eine stetige Funktion ist, so setzen wir

$$v_h = \mathcal{P}_h v(x) = v(x), \quad x \in \omega_h ;$$

2) für eine integrierbare Funktion $v(x)$ nehmen wir

$$v_h = \mathcal{P}_h v = \frac{1}{2h} \int_{x-h}^{x+h} v(t)\mathrm{d}t = \frac{1}{2} \int_{-1}^{1} v(x+sh)\mathrm{d}s .$$

2. Ist h der Vektor mit den Komponenten $h_1, \ldots, h_p$, so kann man unter $|h|$ die euklidische Länge $(h_1^2 + \ldots + h_p^2)^{1/2}$ verstehen. Es kann vorkommen, daß die Approximation bezüglich h_α $(\alpha = 1, \ldots, p)$ von verschiedener Ordnung ist. Anstelle von (18) haben wir dann zunächst

$$\|L_h v_h - (Lv)_h\|_h \leqq M \sum_{\alpha=1}^{p} h_\alpha^{m_\alpha} \quad \text{mit} \quad m_\alpha > 0 .$$

Dann sei m die kleinste der Zahlen $m_1, \ldots, m_p$; für diese liegt die Beziehung (18) vor.

3. Wenn das Gitter ω_h nichtäquidistant ist, so gilt $h = (h_1, \ldots, h_N)$ mit der Gitterpunktzahl N, und für $|h|$ nehmen wir beispielsweise den quadratischen Mittelwert oder setzen $|h| = \max_{1 \leqq i \leqq N} h_i$.

Nun betrachten wir einige Beispiele.

Beispiel 1. Eine Differenzenapproximation auf dem nichtäquidistanten Gitter. Wir approximieren den Operator $Lv = \mathrm{d}^2v/\mathrm{d}x^2$, der im Raum $H_0 = C^{(4)}[0, 1]$ definiert sei. Auf dem Intervall $0 \leqq x \leqq 1$ wählen wir ein beliebiges nichtäquidistantes Gitter

$$\hat{\bar{\omega}}_h = \{x_i, \quad i = 0, 1, \ldots, N, \ x_0 = 0, \ x_N = 1\} .$$

Wie am Beispiel 6 des vorhergehenden Abschnitts ordnen wir L den Differenzenoperator L_h zu, der durch

$$(L_h v)_i = \frac{1}{\hbar_i} \left[\frac{v_{i+1} - v_i}{h_{i+1}} - \frac{v_i - v_{i-1}}{h_i} \right], \quad v_i = v(x_i), \quad \hbar_i = \frac{1}{2}(h_i + h_{i+1}) ,$$

im Gitterpunkt x_i definiert ist und den irregulären 3-Punkt-Stern $\{x_{i-1}, x_i, x_{i+1}\}$ benutzt.

Mit den Bezeichnungen

$$v_{\bar{x},i} = \frac{v_i - v_{i-1}}{h_i}, \quad v_{x,i} = v_{\bar{x},i+1} = \frac{v_{i+1} - v_i}{h_{i+1}}, \quad v_{\hat{x},i} = \frac{v_{i+1} - v_i}{\hbar_i}$$

können wir den Operator $L_h v$ umschreiben in

$$(L_h v)_i = v_{\bar{x}\hat{x},i} = v_{\bar{x}\hat{x}} .$$

In Abschnitt 2.1.2. hatten wir folgenden Ausdruck für den lokalen Approximationsfehler gefunden:

$$\psi_i = (L_h v)_i - (Lv)_i = \frac{h_{i+1} - h_i}{3} v_i''' + O(\hbar_i^2), \quad i = 1, 2, \ldots, N-1 .$$

Daraus sehen wir, daß der Operator $L_h v$ in der diskreten C-Norm von erster Approximationsordnung ist,

$$\|\psi\|_C = \max_{1\leq i\leq N-1} |\psi_i| = O(h), \quad h = \max_{1\leq i\leq N} h_i .$$

Auch in der diskreten L_2-Norm erhalten wir die erste Ordnung:

$$\|\psi\| = \left(\sum_{i=1}^{N-1} \hbar_i \psi_i^2\right)^{1/2} = O(h) .$$

Wie man zeigen kann, besitzt ψ jedoch in der Norm

$$\|\psi\|_{(-1)} = \left[\sum_{i=1}^{N-1} h_i \left(\sum_{k=1}^{i} \hbar_k \psi_k\right)^2\right]^{1/2} \tag{19}$$

die Ordnung 2,

$$\|\psi\|_{(-1)} = O(h^2) \quad \text{mit} \quad h = \max_{1\leq i\leq N} h_i .$$

Wir weisen darauf hin, daß diese Norm $\|\cdot\|_{(-1)}$ auf die Norm

$$\|u\|_* = \left[\int_0^1 \mathrm{d}x \left(\int_0^x u(\xi)\,\mathrm{d}\xi\right)^2\right]^{1/2}$$

abgestimmt ist, d. h. $\|u_h\|_{(-1)} \to \|u\|_*$ bei $h \to 0$ gilt.

Beispiel 1 zeigt, daß die Untersuchung der lokalen Approximation unzulänglich für eine Aussage über die Ordnung der Differenzenapproximation und damit über die Qualität eines Differenzenoperators sein kann.

Es ist mit der Struktur des jeweiligen Operators verbunden, was eine geeignete Norm für die Abschätzung des Approximationsfehlers ist, und diese Frage muß in jedem konkreten Fall untersucht werden. Der Zusammenhang zwischen einem Operator und der Norm zur Abschätzung des Approximationsfehlers wird für den allgemeinen Fall weiter unten, in 2.4., formuliert. Die Anwendung auf das betrachtete Beispiel führt gerade auf die „negative“ Norm $\|\cdot\|_{(-1)}$.

Eine analoge Situation treffen wir später in Kapitel 3. bei der Untersuchung der Differenzenapproximation für den Operator $Lu = (ku')'$ mit einer stückweise stetigen Funktion $k(x)$ an.

Sucht man die Lösung $u(x, t)$ einer instationären Gleichung (z. B. der Wärmeleitungsgleichung), so spielt die Variable t (also die Zeit) eine Sonderrolle. Als Funktion der Variablen x gehört $u(x, t)$ dem Raum H_0 an. Es seien ω_h das Gitter im Gebiet G des Raumes $\{x = (x_1, \ldots, x_p)\}$ und ω_τ das Gitter auf dem Intervall $0 \leq t \leq t_0$. Die Gitterfunktion $y(x, t) = y_{h\tau}(x, t)$ ist auf dem Gitter

$$\omega_{h\tau} = \omega_h \times \omega_\tau = \{(x, t),\ x \in \omega_h,\ t \in \omega_\tau\}$$

definiert. Als Funktion von $x \in \omega_h$ liegt sie im Raum H_h. Zur Abschätzung von $y(x, t)$ auf dem Gitter $\omega_{h\tau}$ nimmt man meist die Norm

$$\|y\|_{h\tau} = \max_{t\in\omega_\tau} \|y(t)\|_h , \tag{20}$$

wo $\|\cdot\|_h$ die Norm von H_h ist, oder eine der Normen

$$\|y_{h\tau}\| = \sum_{t\in\omega_\tau} \tau \|y(t)\|_h , \quad \|y\|_{h\tau} = \left[\sum_{t\in\omega_\tau} \tau \|y(t)\|_h^2\right]^{1/2} . \tag{21}$$

Jetzt sei $L_{h\tau} v_{h\tau}$ eine Differenzenapproximation des Operators Lv. Der Operator $L_{h\tau}$ ist also für Gitterfunktionen $v_{h\tau}$ definiert, die auf $\omega_{h\tau}$ gegeben sind.

Die Funktion $v(x, t)$ liegt als Funktion von x im Raum H_0. Dann ist $v_h(x, t) = \mathcal{S}_h v(x, t)$ für beliebiges $t \in [0, t_0]$ ein Element von H_h. Falls $v(x, t)$ in t stetig ist, so können wir $v_{h\tau}(x, t) = v_h(x, t)$ für alle $t \in \omega_\tau$ setzen. Damit ist $v_{h\tau}(x, t)$ auf dem Gitter $\omega_{h\tau}$ definiert, und wir können den Approximationsfehler

$$\psi_{h\tau}(x, t) = L_{h\tau} v_{h\tau}(x, t) - (Lv)_{h\tau}(x, t), \quad (x, t) \in \omega_{h\tau},$$

bilden. Wenn in der Klasse der hinreichend glatten Funktionen $v(x, t)$ die Ungleichung

$$\|\psi_{h\tau}(x, t)\|_{h\tau} = O(|h|^m + \tau^n), \quad \text{d. h.} \quad \|\psi_{h\tau}\|_{h\tau} \leqq M(|h|^m + \tau^n),$$

mit einer von $|h|$ und τ unabhängigen positiven Konstanten M erfüllt ist, so sagen wir, daß $L_{h\tau}$ den Operator L *in x mit der Ordnung $m > 0$ und in t mit der Ordnung $n > 0$ approximiert.*

Beispiel 2. $Lv = \dfrac{\partial v}{\partial t} - \dfrac{\partial^2 v}{\partial x^2}$, $0 < x < 1$, $0 < t \leqq t_0$,

Der Operator $L_{h\tau} v = v_t - v_{\bar{x}x}$ ist in allen Punkten des Gitters

$$\omega_{h\tau} = \{(x_i, t_j), x_i = ih, t_j = j\tau, 0 < i < N, 0 < j < j_0, j_0 = t_0/\tau\}$$

erklärt. Hat $v(x, t)$ zwei Ableitungen nach t und vier Ableitungen nach x, die im Rechteck

$$0 \leqq x \leqq 1, \quad 0 \leqq t \leqq t_0$$

stetig sind, so haben wir in allen Punkten von $\omega_{h\tau}$ nach Abschnitt 2.1.2. die Beziehung

$$\psi_{h\tau}(x, t) = L_{h\tau} v_{h\tau} - (Lv)_{h\tau} = O(h^2 + \tau).$$

Daraus folgt, daß $L_{h\tau}$ den Operator L in x mit zweiter und in t mit erster Ordnung approximiert, und zwar unabhängig davon, in welcher der Normen (20) oder (21) wir ψ abschätzen, wobei

$$\|\psi\|_h = \max_{x \in \omega_h} |\psi| \quad \text{oder} \quad \|\psi\|_h = \left(\sum_{i=1}^{N-1} \psi_i^2 h\right)^{1/2}$$

ist. In diesem Falle stimmt also die lokale Approximationsordnung mit der Approximationsordnung auf dem ganzen Gitter überein.

Bisher haben wir den Approximationsfehler auf Funktionen v betrachtet, die einer allgemeinen Funktionenklasse V angehören (in unseren Beispielen war V die Klasse der hinreichend glatten Funktionen).

Nun sei v die Lösung einer Differentialgleichung, z. B. $v = u$,

$$Lu = u'' = -f.$$

Als Differenzenapproximation für $Lv = v''$ nehmen wir $L_h v = v_{\bar{x}x}$. Auf dem äquidistanten Gitter gilt dann zunächst

$$L_h v = v'' + \frac{h^2}{12} v^{(4)} + O(h^4).$$

Hier setzen wir jetzt $v = u$ ein, $u'' = -f$, $u^{(4)} = -f''$. Nehmen wir speziell an, daß $f'' \equiv 0$ gilt, also $f^{(k)} \equiv 0$ für $k \geqq 2$, so folgt $L_h u = u'' = Lu$, d. h., in der Klasse der Lösungen von $Lu = -f$, f eine lineare Funktion, ist der Approximationsfehler identisch null, $\psi \equiv 0$. In diesem Fall nennt man den Differenzenoperator exakt. Wenn jedoch $f'' \not\equiv 0$ gilt, so kann man die Differenzenapproximation dadurch verbessern, daß man den Operator

$$\tilde{L}_h v = L_h v + \frac{h^2}{12} f''$$

einführt. Für diesen Operator haben wir $\tilde{\psi} = \tilde{L}_h u - Lu = O(h^4)$.

Wie wir sehen, kann man durch Betrachtung des Approximationsfehlers auf der Lösung der jeweiligen Differentialgleichung die Approximationsordnung erhöhen.

2.1.4. Formulierung von Differenzenaufgaben. Bis jetzt haben wir uns mit der Approximation von Differentialoperatoren durch Differenzenoperatoren befaßt. Zu einer Aufgabe der Mathematischen Physik gehören neben der Differentialgleichung aber noch zusätzliche Bedingungen, nämlich Rand- und Anfangsbedingungen, die in der Menge aller möglichen Lösungen eine einzige auszeichnen.

Zur Formulierung einer Differenzenaufgabe brauchen wir daher außer der Approximation der Differentialgleichung auch eine effektive Diskretisierung dieser Zusatzbedingungen. Die Gesamtheit der Differenzengleichungen, die die gegebene Differentialgleichung und die Rand- und Anfangsbedingungen approximieren, nennen wir das Differenzenschema.

Zur Illustration des Gesagten führen wir zunächst einige Beispiele an.

Beispiel 1. Die Anfangswertaufgabe für eine gewöhnliche Differentialgleichung

$$u' = f(x), \quad x > 0, \quad u(0) = u_0. \tag{22}$$

Einfachheitshalber wählen wir das äquidistante Gitter

$$\omega_h = \{x_i = ih,\ i = 1, 2, \ldots\}$$

und ordnen (22) folgende Differenzenaufgabe zu:

$$\left.\begin{array}{l} y_x = \varphi, \\ y_0 = u_0 \end{array}\right\} \quad \text{oder auch} \quad \frac{y_{i+1} - y_i}{h} = \varphi_i, \quad i = 0, 1, \ldots; \quad y_0 = u_0.$$

Dabei kann man die rechte Seite φ auf verschiedene Arten bestimmen, z. B. aus

$$\varphi_i = f(x_i), \quad \varphi_i = \frac{1}{2}\left(f(x_i) + f(x_{i+1})\right),$$

wobei wir die Bedingung $\varphi_i - f_i = O(h)$ als erfüllt voraussetzen.

Zur Berechnung der Lösung erhalten wir die Rekursionsformel

$$y_{i+1} = y_i + h\varphi_i, \quad i = 0, 1, 2, \ldots, \quad \text{mit} \quad y_0 = u_0.$$

Beispiel 2. Die Anfangswertaufgabe für ein System von Differentialgleichungen erster Ordnung.

$$\frac{du}{dt} + Au = 0, \quad t > 0, \ u(0) = u_0,$$

wobei $A = (a_{ik})$ eine $n \times n$-Matrix und u der n-dimensionale Vektor $(u_1, \ldots, u_n)$ sind.

Wir führen das Gitter $\omega_\tau = \{t_j = j\tau,\ j = 0, 1, 2, \ldots\}$ mit der Schrittweite τ ein und nehmen als Differenzenschema das Eulerverfahren

$$\frac{y^{j+1} - y^j}{\tau} + Ay^j = 0, \quad j = 0, 1, 2, \ldots, \quad y^j = (y_1^j, y_2^j, \ldots, y_n^j).$$

Zur vollständigen Formulierung der Differenzenaufgabe gehört noch die Vorgabe der Anfangsbedingung für den Vektor y^j bei $j=0$:

$$y^0=u_0 .$$

Für den Vektor y^{j+1} erhalten wir die explizite Formel

$$y^{j+1}=y^j-\tau A y^j .$$

Beispiel 3. Eine Randwertaufgabe

$$u''(x)=-f(x),\quad 0<x<1,\quad u(0)=\mu_1,\quad u(1)=\mu_2 . \tag{23}$$

Wir wählen wieder das äquidistante Gitter

$$\bar{\omega}_h=\{x_i=ih,\ i=0,1,\ldots,N,\ hN=1\} .$$

Die Differenzenaufgabe schreiben wir in der Form

$$y_{\bar{x}x}=-\varphi \quad \text{oder} \quad \frac{1}{h^2}(y_{i+1}-2y_i+y_{i-1})=-\varphi_i ,\quad i=1,\ldots,N-1, \tag{23$_\text{h}$}$$

$$y_0=\mu_1,\quad y_N=\mu_2 .$$

Damit sind wir auf ein lineares Gleichungssystem mit tridiagonaler Matrix gekommen, das wir beispielsweise mit der verkürzten Gaußelimination lösen können (s. 1.2.5.).

Beispiel 4. Die erste Rand-Anfangswertaufgabe für die Wärmeleitungsgleichung

$$Lu=\frac{\partial u}{\partial t}-\frac{\partial^2 u}{\partial x^2}=f(x,t),\quad 0<x<1,\quad 0<t\leqq t_0 , \tag{24}$$

$$u(0,t)=\mu_1(t),\quad u(1,t)=\mu_2(t) ,$$
$$u(x,0)=u_0(x) .$$

Wir wählen das äquidistante Gitter

$$\omega_{h\tau}=\{(x_i=ih,\ t_j=j\tau),\quad i=0,1,\ldots,N_1,\quad j=0,1,\ldots,N_2\}$$

und den einfachsten 4-Punkt-Stern (vgl. 2.1.2., Beispiel 4). Das ergibt folgende Differenzenaufgabe:

$$y_t=y_{\bar{x}x}+\varphi \quad \text{oder} \quad \frac{y_i^{j+1}-y_i^j}{\tau}=\frac{y_{i-1}^j-2y_i^j+y_{i+1}^j}{h^2}+\varphi_i^j ,$$

$$1\leqq i\leqq N_1-1,\quad 0\leqq j\leqq N_2-1 , \tag{24$_\text{h}$}$$

$$y_0^j=\mu_1(t_j),\quad y_{N_1}^j=\mu_2(t_j),\quad y_i^0=u_0(x_i) .$$

Die rechte Seite φ kann man auf verschiedene Arten berechnen:

$$\varphi_i^j=f(x_i,t_j),\quad \varphi_i^j=f(x_i,t_{j+1/2}) \quad \text{usw.}$$

Das Differenzenverfahren (24$_\text{h}$) ist ein Beispiel für ein sogenanntes *explizites Schema*: Die Werte der Lösung auf der neuen Zeitschicht werden hier aus den Werten auf der alten Zeitschicht nach den expliziten Formeln

$$y^{j+1}=y^j+\tau(y^j_{\bar{x}x}+\varphi^j)$$

bestimmt. Das folgende Schema heißt *(rein) implizites Schema:*

$$y_t=\hat{y}_{\bar{x}x}+\varphi,\quad y(x,0)=u_0(x),\quad y(0,t)=\mu_1(t),\quad y(1,t)=\mu_2(t),\quad t\in\omega_\tau,\quad x\in\omega_h .$$

Für die Werte $y = y^{j+1}$ auf der Zeitschicht $t = t_{j+1}$ erhalten wir das lineare Gleichungssystem

$$y^{j+1}/\tau - y^{j+1}_{\bar{x}x} = F^j, \quad F^j = y^j/\tau + \varphi^j$$

oder das dazu äquivalente System

$$y^{j+1}_{i-1} - (2 + h^2/\tau)y^{j+1}_i + y^{j+1}_{i+1} = -h^2 F^j_i, \quad 0 < i < N,$$
$$y^{j+1}_0 = \mu_1(t_{j+1}), \quad y^{j+1}_N = \mu_2(t_{j+1}).$$

Die Matrix des Gleichungssystems ist wieder tridiagonal, so daß wir es mit der verkürzten Gaußelimination lösen können.

Bisher haben wir nur Randbedingungen erster Art betrachtet, die auf dem Gitter exakt wiedergegeben werden. Die Approximation von Randbedingungen dritter Art ist etwas komplizierter. Wir kommen darauf später (in 2.1.7.) zurück.

2.1.5. Zur Konvergenz und Genauigkeit von Differenzenverfahren. Bei der Lösung einer Aufgabe mit einer Näherungsmethode muß man eine Vorstellung davon haben, mit welcher Genauigkeit sich die exakte Lösung durch diese Methode approximieren läßt. Darum ist es notwendig, die Frage der Konvergenz und Genauigkeit von Differenzenschemata zu untersuchen.

Im Gebiet G mit dem Rand Γ sei die Lösung der linearen Differentialgleichung

$$Lu = f(x), \quad x \in G, \tag{25}$$

zu bestimmen, die den zusätzlichen (Rand- oder Anfangs-)Bedingungen

$$lu = \mu(x), \quad x \in \Gamma, \tag{26}$$

genügt, wo $f(x)$ und $\mu(x)$ gegebene Funktionen (die Eingangsinformation der Aufgabe) und l ein linearer Differentialoperator sind. Wir setzen voraus, daß die Lösung von (25), (26) existiert und eindeutig ist.

Das Gebiet $G + \Gamma$, das die kontinuierliche unabhänige Variable durchläuft, wird nun durch eine diskrete Punktmenge, das Gitter, ersetzt. Dabei sei h der Vektor der Schrittweiten des Gitters, ω_h sei die Menge der inneren Gitterpunkte und γ_h die Menge der auf dem Rand liegenden Gitterpunkte. Der Aufgabe (25), (26) ordnen wir die Differenzenaufgabe

$$L_h y_h = \varphi_h, \quad x \in \omega_h; \quad l_h y_h = \chi_h \quad \text{mit} \quad x \in \gamma_h \tag{27}$$

zu, in der $\varphi_h(x)$ und $\chi_h(x)$ bekannte Gitterfunktionen und L_h, l_h Operatoren sind, die auf Gitterfunktionen angewendet werden, welche über $\bar{\omega}_h = \omega_h + \gamma_h$ definiert sind. Eine solche Funktion ist auch die Lösung y_h von (27).

Durch Variation von h, d. h. durch Auswahl verschiedener Gitter $\bar{\omega}_h$, erhalten wir eine Folge von Lösungen $\{y_h\}$, die von h als Parameter abhängen. Damit kommen wir zur Betrachtung der Familie der Differenzenaufgaben (27), die verschiedenen Werten des Parameters h entsprechen. Diese Familie von Differenzenaufgaben (27) nennen wir nun *Differenzenschema.*

Das grundlegende Ziel einer jeden Näherungsmethode besteht darin, die Lösung der (kontinuierlichen) Ausgangsaufgabe mit einer vorgegebenen Genauigkeit $\varepsilon > 0$ und einer endlichen Anzahl von Rechenoperationen zu finden. Um die prinzipielle Möglichkeit der Annäherung der Lösung u von (25), (26) durch die Lösung y_h von (27) mit jeder beliebigen Genauigkeit $\varepsilon > 0$ in Abhängigkeit von der Wahl der Schrittweite $h(\varepsilon)$ zu klären, müssen wir y_h und $u(x)$ vergleichen.

Diesen Vergleich werden wir im Raum der Gitterfunktionen H_h durchführen.

Es sei also u_h die $u(x)$ zugeordnete Gitterfunktion aus H_h. Wir betrachten den Fehler des Differenzenschemas (27):

$$z_h = y_h - u_h .$$

Indem wir $y_h = z_h + u_h$ in (27) einsetzen, finden wir, daß z_h Lösung einer Differenzenaufgabe gleichen Typs wie (27) ist:

$$L_h z_h = \psi_h, \quad x \in \omega_h, \quad l_h z_h = \nu_h, \quad x \in \gamma_h \tag{28}$$

mit

$$\psi_h = \varphi_h - L_h u_h, \quad \nu_h = \chi_h - l_h u_h .$$

Die rechten Seiten ψ_h und ν_h von (28) heißen auch die *Defekte* von u_h in der Differenzengleichung bzw. in der Zusatzbedingung (27). Wir nennen hier ψ_h den *Approximationsfehler der Gleichung* $L_h y_h = \varphi_h$ *auf der Lösung u von* (25), ν_h ist der *Approximationsfehler der Zusatzbedingung* $l_h y_h = \chi_h$ *auf u.*

Zur Abschätzung des Fehlers z_h des Differenzenschemas und der Approximationsfehler ψ_h und ν_h führen wir auf der Menge der Gitterfunktionen die Normen $\|\cdot\|_{(1_h)}$, $\|\cdot\|_{(2_h)}$ bzw. $\|\cdot\|_{(3_h)}$ ein.

Wir sagen, daß *die Lösung der Differenzenaufgabe* (27) *gegen die Lösung von* (25), (26) *konvergiert* (oder auch: *das Differenzenschema* (27) *konvergiert*), falls

$$\|z_h\|_{(1_h)} = \|y_h - u_h\|_{(1_h)} \to 0 \quad \text{bei} \quad |h| \to 0$$

gilt oder $\|z_h\|_{(1_h)} = \varrho(|h|)$ ist mit $\varrho(|h|) \to 0$ für $h \to 0$.

Das Differenzenschema (27) konvergiert *mit der Geschwindigkeit* $O(|h|^n)$, d. h., es hat die Genauigkeit $O(|h|^n)$ oder die *Genauigkeitsordnung n,* wenn für hinreichend kleine h, $|h| \leqq h_0$, die Ungleichung

$$\|z_h\|_{(1_h)} = \|y_h - u_h\|_{(1_h)} \leqq M|h|^n$$

mit $n > 0$ und $M > 0$ erfüllt ist, wobei die Zahl M nicht von $|h|$ abhängt. Wir sagen, daß das Differenzenschema (27) die Approximationsordnung n besitzt, falls

$$\|\psi_h\|_{(2_h)} = O(|h|^n), \quad \|\nu_h\|_{(3_h)} = O(|h|^n)$$

gilt.

Benutzen wir die Werte f_h und $(Lu)_h$ von $f(x)$ bzw. $Lu(x)$ auf dem Gitter ω_h und die Gleichung $(f - Lu)_h = 0$, so können wir ψ_h wie folgt darstellen:

$$\psi_h = (\varphi_h - L_h u_h) - (f_h - (Lu)_h) = (\varphi_h - f_h) + ((Lu)_h - L_h u_h) = \psi_h^{(1)} + \psi_h^{(2)} .$$

Hieraus sehen wir, daß sich der Approximationsfehler ψ_h aus dem Approximationsfehler $\psi_h^{(1)} = \varphi_h - f_h$ der rechten Seite und aus dem Approximationsfehler $\psi_h^{(2)} = (Lu)_h - L_h u_h$ des Differentialoperators zusammensetzt.

Da ψ_h der Approximationsfehler in der Klasse der Lösungen der Differentialgleichung ist, kann die Bedingung $\|\psi_h\|_{(2_h)} = O(|h|^n)$ erfüllt sein, ohne daß $\psi_h^{(1)}$ und $\psi_h^{(2)}$ einzeln von n-ter Ordnung in $|h|$ sind. Ein Beispiel zur Illustration dieser Behauptung hatten wir in 2.1.3. betrachtet.

Eine wichtige Frage ist, wie die Genauigkeitsordnung eines Schemas von der Approximationsordnung auf der Lösung der Ausgangsaufgabe abhängt. Diese Frage kann man auf das Problem der Abhängigkeit der Lösung der Differenzenaufgabe von den rechten Seiten zurückführen, denn der Fehler $z_h = y_h - u_h$ war die Lösung derselben Aufgabe, nur mit den rechten Seiten ψ_h und ν_h. Wenn z_h stetig (und zwar gleichmäßig in h) von ψ_h und ν_h abhängt, so heißt das Schema *stabil*, und die Genauigkeitsordnung fällt mit der Approximationsordnung zusammen.

Bevor wir den Stabilitätsbegriff für Differenzenverfahren in 2.2. genauer darstellen, wenden wir uns noch einmal dem Problem der Erhöhung der Approximationsordnung eines Schemas auf der Lösung der Differentialgleichung zu.

2.1.6. Zur Erhöhung der Approximationsordnung eines Differenzenschemas. In 2.1.3. hatten wir darauf hingewiesen, daß man den Fehler der Approximation eines Differentialoperators auf der Lösung der Differentialgleichung verringern kann, ohne den Gitterpunktstern vergrößern zu müssen. Wir betrachten jetzt noch zwei Beispiele für diese Art der Approximationsverbesserung.

Als erstes untersuchen wir das Differenzenverfahren

$$y_x = \varphi, \quad y_0 = u_0$$

zur Lösung der Aufgabe (22): $u' = f(x)$, $u(0) = u_0$. Der Defekt auf der Lösung $u(x)$ von $u' = f(x)$ ist

$$\psi = u_x - \varphi .$$

Wir benutzen die Taylorentwicklung

$$u(x+h) = u(x) + hu' + \frac{h^2}{2} u'' + \frac{h^3}{6} u''' + O(h^4)$$

und beachten, daß $u' = f$, $u'' = f'$ usw. gilt. Dann finden wir

$$\psi = u' + \frac{h}{2} u'' + \frac{h^2}{6} u''' - \varphi + O(h^3) = f(x) - \varphi(x) + \frac{h}{2} u'' + \frac{h^2}{6} u''' + O(h^3)$$

$$= f(x) - \varphi(x) + \frac{h}{2} f'(x) + \frac{h^2}{6} u''' + O(h^3) .$$

Wählen wir also $\varphi = f(x) + \frac{h}{2} f'$ oder $\varphi_i = \left(f + \frac{h}{2} f_x\right)_i$, so erhalten wir ein Schema, das auf der Lösung $u(x)$ die Approximationsordnung 2 hat: $\psi = O(h^2)$.

Berücksichtigen wir noch $u''' = f'' = f_{\bar{x}x} + O(h^2)$ und $f' = f_x - \frac{h}{2} f_{\bar{x}x} + O(h^2)$, so folgt

$$\psi = f + \frac{h}{2} f_x - \frac{h^2}{12} f_{\bar{x}x} + O(h^3) - \varphi ,$$

also ist das Schema $y_x = \varphi$ mit der rechten Seite

$$\varphi = f + \frac{h}{2} f_x - \frac{h^2}{12} f_{\bar{x}x}$$

auf der Lösung $u(x)$ von dritter Approximationsordnung, $\psi = O(h^3)$.

Nun betrachten wir zur Lösung der Randwertaufgabe

$$u'' - qu = -f(x), \quad 0 < x < 1, \quad u(0) = 0, \quad u(1) = 0, \quad q = \text{const} ,$$

das 3-Punkt-Schema

$$y_{\bar{x}x} - dy = -\varphi(x), \quad x = ih, \quad i = 1, 2, \ldots, N-1, \quad y_0 = y_N = 0 .$$

Setzen wir hier

$$d = q - \frac{q^2 h^2}{12}, \quad \varphi = f + \frac{h^2}{12} (f_{\bar{x}x} + qf) ,$$

so besitzt das Schema die erhöhte Approximationsordnung $O(h^4)$.

Wir kommen schließlich zu dem mit der Formulierung von Differenzenaufgaben verbundenen Problem der Approximation der Rand- und Anfangsbedingungen auf der Lösung der Ausgangsaufgabe.

2.1.7. Die Approximation von Rand- und Anfangsbedingungen. Wie wir in 2.1.5. gesehen haben, hängt die Genauigkeit eines Schemas sowohl von der Ordnung ab, mit der die Gleichung approximiert wird, als auch von der Ordnung, mit der die zusätzlichen Bedingungen approximiert werden.

In diesem Punkt betrachten wir an einigen Beispielen die Erhöhung der Approximationsordnung bei Rand- und Anfangsbedingungen ohne Vergrößerung des Gitterpunktsterns.

Beispiel 1. Die Approximation der dritten Randbedingung bei einer gewöhnlichen Differentialgleichung zweiter Ordnung:

$$\begin{aligned} &\frac{d^2u}{dx^2}-qu=-f(x), \qquad q=\text{const},\ 0<x<1\,, \\ &\frac{du(0)}{dx}=\sigma u(0)-\mu_1, \quad u(1)=\mu_2\,. \end{aligned} \tag{29}$$

Wir gehen vom äquidistanten Gitter $\bar{\omega}_h=\{x_i=ih,\ 0\leqq i\leqq N\}$ und von der Differenzengleichung

$$y_{\bar{x}x}-qy=-\varphi \tag{30}$$

aus und setzen $\varphi_i=f(x_i)$, wenn $f(x)$ eine stetige Funktion ist. Die Randbedingung bei $x=1$ wird exakt erfüllt:

$$y(1)=y_N=\mu_2\,. \tag{31}$$

Wir ersetzen die erste Ableitung $u'(0)$ durch die rechte Differenzenableitung $y_{x,0}=(y_1-y_0)/h$ und nehmen als Randbedingung bei $x=0$

$$y_{x,0}=\sigma y_0-\mu_1 \quad \text{oder} \quad l_h y=\mu_1\,, \tag{32}$$

wobei der Operator l_h auf dem 2-Punkt-Stern $\{0, h\}$ definiert ist. Setzen wir hier $y=z+u$ ein, wobei u die Lösung der Aufgabe (29) bezeichnet, so finden wir für den Fehler z die Bedingung

$$z_{x,0}=\sigma z_0-\nu_1\,,$$

in der ν_1 der Approximationsfehler der Randbedingung auf der Lösung ist, $\nu_1=\mu_1+$ $+u_{x,0}-\sigma u_0$.

Mit Hilfe der Taylorentwicklung

$$u_1=u_0+hu_0'+\frac{h^2}{2}u_0''+O(h^3)$$

erhalten wir

$$u_{x,0}=u_0'+\frac{1}{2}hu_0''+O(h^2),$$

$$\nu_1=[\mu_1+u'(0)-\sigma u(0)]+\frac{1}{2}hu''(0)+O(h^2)=\frac{1}{2}hu''(0)+O(h^2) \tag{33}$$

wegen $\mu_1+u'(0)-\sigma u(0)=0$. Daraus folgt $\nu_1=O(h)$. Die Randbedingung (33) verbessern wir nun so, daß die Approximationsordnung $O(h^2)$ wird. Dazu benutzen wir die Differentialgleichung (29), der $u(x)$ genügt, und drücken $u''(0)$ durch $u(0)$ aus:

$$u''(0) = qu(0) - f(0)\,. \tag{34}$$

Dieses Resultat setzen wir in (33) ein, was auf

$$u_{x,0} - \frac{1}{2}\,h(qu(0) - f(0)) = u'(0) + O(h^2) \tag{35}$$

führt. Der Ausdruck links in (35) approximiert also $u'(0)$ auf der Lösung von (29) mit zweiter Ordnung. Setzen wir ihn in (32) ein, so ergibt sich die Randbedingung

$$y_{x,0} = \bar{\sigma} y_0 - \bar{\mu}_1, \quad \bar{\sigma} = \sigma + \frac{1}{2}\,hq, \quad \bar{\mu}_1 = \mu_1 + \frac{1}{2}\,hf(0)\,, \tag{36}$$

die auf der Lösung der Aufgabe (29) die Approximationsordnung 2 hat.

Wir konnten also wieder die Approximationsordnung erhöhen, ohne die Anzahl der benutzten Gitterpunkte zu vergrößern.

Beispiel 2. Die dritte Rand-Anfangswertaufgabe für die Wärmeleitungsgleichung:

$$\frac{\partial u}{\partial t} = \frac{\partial^2 u}{\partial x^2} + f(x, t), \quad 0 < x < 1, \quad 0 < t \leq t_0, \quad u(x, 0) = u_0(x)\,, \tag{37}$$

$$\frac{\partial u(0, t)}{\partial x} = \sigma u(0, t) - \mu_1(t), \quad u(1, t) = \mu_2(t)\,.$$

Auf dem Gitter $\omega_{h\tau}$, das wir in 2.1.1. beschrieben haben (s. Abb. 2.2), betrachten wir das explizite Schema

$$y_t = y_{\bar{x}x} + \varphi, \quad y(x, 0) = u_0(x), \quad y(1, t) = \mu_2(t)\,, \tag{38}$$

wobei $\varphi = \varphi_i^j = f(x_i, t_j)$ ist.

Dieses Schema besitzt die Approximationsordnung $O(h^2 + \tau)$. Wir konstruieren dazu eine Differenzenrandbedingung bei $x = 0$, die die gleiche Approximationsordnung besitzt.

Zunächst gilt

$$u_{x,0} = \frac{\partial u(0, t)}{\partial x} + \frac{h}{2}\,\frac{\partial^2 u(0, t)}{\partial x^2} + O(h^2)\,.$$

Mit Hilfe der Wärmeleitungsgleichung bei $x = 0$ ersetzen wir die zweite Ortsableitung durch $\frac{\partial}{\partial t}\,u(0, t) - f(0, t)$ und erhalten

$$u_x(0, t) - \frac{h}{2}\left(\frac{\partial u(0, t)}{\partial t} - f(0, t)\right) = \frac{\partial u(0, t)}{\partial x} + O(h^2)\,.$$

Der linksstehende Ausdruck approximiert also die Ableitung $\frac{\partial u}{\partial x}$ bei $x = 0$ mit zweiter Ordnung in h. Nun brauchen wir nur noch die Zeitableitung bei $x = 0$ durch $u_{t,0} = (u(0, t + \tau) - u(0, t))/\tau$ zu ersetzen, um die Differenzenrandbedingung

$$y_{x,0} = \frac{1}{2}\,hy_{t,0} + \sigma y_0 - \bar{\mu}_1, \quad \bar{\mu}_1 = \mu_1 + \frac{1}{2}hf(0, t) \tag{39}$$

zu finden, deren Approximation auf der Lösung von (37) tatsächlich $O(h^2 + \tau)$ ist.

Im Falle des rein impliziten Schemas $y_t = \hat{y}_{\bar{x}x} + \varphi$ verwenden wir statt (39) die Randbedingung

$$\hat{y}_{x,0} = \frac{1}{2} h y_{t,0} + \sigma \hat{y}_0 - \hat{\bar{\mu}}_1, \quad \bar{\mu}_1 = \mu_1 + \frac{1}{2} h f(0, t). \tag{40}$$

Beispiel 3. Eine hyperbolische Gleichung zweiter Ordnung:

$$\frac{\partial^2 u}{\partial t^2} = \frac{\partial^2 u}{\partial x^2} + f(x, t), \quad 0 < x < 1, \quad 0 < t \leqq t_0, \tag{41}$$

$$u(0, t) = u_1(t), \quad u(1, t) = u_2(t), \quad u(x, 0) = u_0(x), \quad \frac{\partial u(x, 0)}{\partial t} = \bar{u}_0(x).$$

Bei dieser Aufgabe betrachten wir besonders die Approximation der Anfangsbedingung für die Ableitung $\partial u/\partial t$.

Wie in Beispiel 2 gehen wir vom Gitter $\omega_{h\tau}$ aus und beginnen mit der einfachsten Approximation $u_t(x, 0) = \bar{u}_0(x)$, deren Fehler $O(\tau)$ ist. Für $u_t(x, 0)$ benutzen wir die Taylorentwicklung

$$u_t(x, 0) = \frac{u(x, \tau) - u(x, 0)}{\tau} = \frac{\partial u(x, 0)}{\partial t} + \frac{\tau}{2} \frac{\partial^2 u(x, 0)}{\partial t^2} + O(\tau^2).$$

Nehmen wir wieder die gegebene Differentialgleichung zu Hilfe, so erhalten wir

$$\frac{\partial^2 u(x, 0)}{\partial t^2} = \frac{\partial^2 u(x, 0)}{\partial x^2} + f(x, 0) = L u_0(x) + f(x, 0), \quad L u_0 = \frac{d^2 u_0}{dx^2}$$

wegen $\dfrac{\partial^2 u(x, 0)}{\partial x^2} = \dfrac{d^2 u_0(x)}{dx^2}$. Daraus folgt

$$u_t(x, 0) - \frac{1}{2} \tau (L u_0 + f(x, 0)) = \frac{\partial u(x, 0)}{\partial t} + O(\tau^2).$$

Also approximiert die Anfangsbedingung $y_t(x, 0) = u_0(x)$, wobei $u_0(x) = \bar{u}_0(x) + \frac{\tau}{2} (L u_0 + f(x, 0))$ ist, die gegebene Bedingung $\partial u(x, 0)/\partial t = \bar{u}_0(x)$ auf der Lösung u von (41) mit zweiter Ordnung in τ.

Die Bedingung $u(x, 0) = u_0(x)$ und die Randbedingungen werden hier exakt auf das Gitter übernommen. Die Differentialgleichung kann man mit einem der in 2.1.2. betrachteten Differenzenschemata approximieren.

Wie aus der obigen Darstellung zu sehen ist, benötigen wir zur Konstruktion der diskreten Rand- und Anfangsbedingungen erhöhter Approximationsordnung sowohl die Existenz und Stetigkeit der in die Gleichung eingehenden Ableitungen auf dem Gebietsrand (einschließlich $t = 0$), als auch die Existenz und Beschränktheit der dritten Ableitungen der Lösung.

Beispiel 4. Ein 3-Schicht-Schema für die Wärmeleitungsgleichung. Wir betrachten die erste Randwertaufgabe

$$\frac{\partial u}{\partial t} = \frac{\partial^2 u}{\partial x^2} + f(x, t), \quad 0 < x < 1, \quad 0 < t \leqq t_0, \tag{42}$$

$$u(x, 0) = u_0(x),$$

$$u(0, t) = u_1(t), \quad u(1, t) = u_2(t).$$

Zur Lösung der Wärmeleitungsgleichung werden oft sog. 3-Schicht-Schemata benutzt, also Differenzenverfahren, die Werte der Gitterfunktion $y(x)$ in den drei Zeitschichten t_{j-1}, t_j und t_{j+1} verwenden.

Das symmetrische 3-Schicht-Schema auf dem äquidistanten Gitter $\omega_{h\tau}$ mit den Schrittweiten h und τ sieht z. B. wie folgt aus:

$$\frac{y^{j+1}-y^{j-1}}{2\tau}=\Lambda(\sigma y^{j+1}+(1-2\sigma)y^j+\sigma y^{j-1})+\varphi^j\,, \tag{43}$$
$$y_i^0=u_0(x_i),\quad y_0^j=u_1^j,\quad y_N^j=u_2^j\,,$$

wobei $\Lambda y=y_{\bar{x}x}$ ist, σ ein reeller Parameter und $\varphi^j=f(x_i,t_j)$.

Da die zentrale Differenzenableitung nach t die Ableitung $\frac{\partial}{\partial t}u(x,t_j)$ mit zweiter Ordnung in τ approximiert und $\Lambda u=\frac{\partial^2 u}{\partial x^2}+O(h^2)$ ist, hat das Schema (43) zur Lösung von (42) die Approximation $O(h^2+\tau^2)$. Mit (43) ist aber die Differenzenaufgabe offensichtlich noch nicht vollständig formuliert. Zur Anwendung des 3-Schicht-Schemas muß noch eine Anfangsbedingung, beispielsweise die Werte von $y(x,t)$ auf der ersten Zeitschicht, vorgegeben werden. Dabei verlangen wir natürlich, daß diese zusätzliche Bedingung die bisherige Approximation $O(h^2+\tau^2)$ erhält.

Wir geben zwei Möglichkeiten an, $y(x,\tau)$ vorzugeben. Die erste besteht darin, daß wir einen Schritt mit einem symmetrischen 2-Schicht-Schema

$$\frac{y^1-y^0}{\tau}=\frac{1}{2}\Lambda(y^1+y^0)+\varphi^0$$

machen, wonach dieWerte $y(x,\tau)$ mit der Genauigkeit $O(h^2+\tau^2)$ vorliegen.

Zweitens machen wir den Ansatz

$$y(x,\tau)=u_0(x)+\tau\mu(x)$$

und wählen μ so, daß $y(x,\tau)-u(x,\tau)=O(h^2+\tau^2)$ wird. Dazu gehen wir von der Entwicklung

$$u(x,\tau)-u_0(x)=\tau\left.\frac{\partial u}{\partial t}\right|_{t=0}+\frac{\tau^2}{2}\left.\frac{\partial^2 u}{\partial t^2}\right|_{t=0}+O(\tau^3)$$

aus und ersetzen den Ausdruck $\frac{\partial}{\partial t}u(x,0)$ mit Hilfe der Differentialgleichung,

$$\left.\frac{\partial u}{\partial t}\right|_{t=0}=Lu_0+f(x,0),\quad Lu_0=\frac{\mathrm{d}^2u_0}{\mathrm{d}x^2}\,.$$

Dann erhalten wir

$$\mu=Lu_0+f(x,0)$$

und damit

$$y(x,\tau)=u_0(x)+\tau(u_0''(x)+f(x,0))\,.$$

2.2. Die Stabilität von Differenzenverfahren

2.2.1. Beispiele für stabile und instabile Differenzenschemata. Mit Hilfe der Differenzenmethode können wir die Lösung einer Aufgabe für eine Differentialgleichung auf die Lösung eines linearen algebraischen Gleichungssystems zurückführen. Dabei werden die rechten Seiten und die Rand- und Anfangswerte des Differenzenschemas (diese Größen fassen wir im folgenden unter der Bezeichnung *Eingangsdaten* zusammen) mit einem gewissen Fehler berechnet. Bei der eigentlichen numerischen Lösung des Gleichungssystems sind weitere Fehler unvermeidlich, nämlich die Rundungsfehler. Deshalb muß man natürlich von einem Differenzenschema verlangen, daß kleine Fehler in den Eingangsdaten im Laufe der Rechnung nicht anwachsen und die Lösung verfälschen.

Schemata, die die Eingangsfehler im Laufe der Rechnung vergrößern, heißen instabil und sind unbrauchbar.

Bevor wir eine Definition des Begriffs der Stabilität eines Differenzenverfahrens geben, zu dem wir hier intuitiv gekommen sind, führen wir einige Beispiele an.

Beispiel 1. Ein stabiles Verfahren. Wir betrachten die Aufgabe

$$u' = -\alpha u, \quad x > 0, \quad u(0) = u_0, \quad \alpha > 0\,. \tag{1}$$

Die exakte Lösung von (1) ist offensichtlich die Funktion $u(x) = u_0 e^{-\alpha x}$, welche mit wachsendem x fällt: $|u(x)| < |u_0|$ wegen $\alpha > 0$. Diese Ungleichung zeigt auch, daß $u(x)$ stetig von u_0 abhängt.

Die Aufgabe (1) wird auf dem äquidistanten Gitter $\omega_h = \{x_i = ih, i = 0, 1, \ldots\}$ durch das Differenzenschema

$$(y_i - y_{i-1})/h + \alpha y_i = 0, \quad y_0 = u_0, \quad i = 1, 2, \ldots\,, \tag{2}$$

approximiert. Schreiben wir (2) um in

$$y_i = s y_{i-1}, \quad s = 1/(1 + \alpha h), \quad i = 1, 2, \ldots, \quad y_0 = u_0\,,$$

so folgt $y_i = s^i y_0$.

Nun betrachten wir einen fixierten Punkt $\bar{x}$ und wählen eine solche Folge von Schrittweiten h, daß $\bar{x}$ immer Gitterpunkt bleibt, $\bar{x} = i_0 h$. Die Nummer i_0 unseres Punktes $\bar{x}$ wächst dann unbegrenzt mit $h \to 0$. Dabei gilt $y(\bar{x}) = s^{i_0} y_0$, und wegen $|s| < 1$ für $\alpha > 0$ und beliebiges h folgt $|y(\bar{x})| \leqq |s|^{i_0} |y_0| < y(0)$ unabhängig von h.

Diese Ungleichung zeigt, in Analogie zur entsprechenden Ungleichung für die kontinuierliche Lösung, die stetige Abhängigkeit der Differenzenlösung von den Anfangswerten. In solchen Fällen sagen wir, daß das Differenzenschema stabil in bezug auf die Anfangswerte ist.

Beispiel 2. Ein instabiles Verfahren. Für dieselbe Aufgabe (1) betrachten wir nun das Schema

$$\sigma \frac{y_i - y_{i-1}}{h} + (1 - \sigma) \frac{y_{i+1} - y_i}{h} + \alpha y_i = 0, \quad y_0 = u_0, \quad y_1 = \bar{u}_0\,, \quad i = 1, 2, \ldots, \tag{3}$$

mit dem Parameter $\sigma > 1$. Da es sich um ein 3-Punkt-Schema handelt (die Differenzengleichung ist von zweiter Ordnung), muß außer y_0 auch y_1 vorgegeben werden. Für beliebiges σ hat das Verfahren (3) mindestens erste Approximationsordnung. Setzen wir $\bar{u}_0 = (1 - \alpha h) u_0$, so wird $\bar{u}_0 - u(h) = O(h^2)$. Zur Bestimmung von Partiallösungen machen wir den Ansatz $y_i = s^i$. Setzen wir das in (3) ein, so erhalten wir für s die quadratische Gleichung

$$(\sigma-1)s^2-(2\sigma-1+\alpha h)s+\sigma=0 \tag{4}$$

mit den Wurzeln

$$s_{1,2}=\frac{2\sigma-1+\alpha h\pm\sqrt{1+2(2\sigma-1)\alpha h+\alpha^2h^2}}{2(\sigma-1)}.$$

Dann ist

$$y_i=As_1^i+Bs_2^i \tag{5}$$

die allgemeine Lösung von (3). Aus den Gleichungen $y_0=u_0$ und $y_1=\bar{u}_0$ für $i=0$ und $i=1$ finden wir die Konstanten A und B:

$$A=\frac{\bar{u}_0-s_2u_0}{s_1-s_2},\quad B=\frac{s_1u_0-\bar{u}_0}{s_1-s_2}.$$

Die Wurzeln s_1 und s_2 sind verschieden: Aus $\sigma>\sigma-1>0$ folgt zunächst $s_1s_2>1$. Wir zeigen weiter, daß $s_2<1$ für beliebige αh gilt: Es ist

$$2(\sigma-1)-(2\sigma-1+\alpha h-\sqrt{1+2(2\sigma-1)\,\alpha h+\alpha^2h^2})$$
$$=\sqrt{(1+\alpha h)^2+4(\sigma-1)\,\alpha h}-(1+\alpha h)>0$$

bei $\sigma>1$. Aus $s_1s_2>1$ ergibt sich abschließend noch $s_1>1$ für beliebiges αh.

Wie (5) zeigt, gilt $|y_i|\to\infty$ bei $i\to\infty$, falls $A\neq0$ ist. Man kann zwar durch Wahl von $\bar{u}_0$ erreichen, daß $A=0$ wird: Es genügt dazu, $\bar{u}_0=u_0s_2$ zu nehmen. Dann stellt sich aber die Partiallösung s_1^i im Laufe der Rechnung durch Rundungsfehler dennoch wieder ein, und das führt zur Instabilität: Bei fixiertem h wächst die Differenzenlösung mit $x_i=ih$, und bei Verfeinerung des Gitters (Verkleinerung von h) wächst der Fehler in jedem fixierten Punkt $\bar{x}=i_0h$, da $i_0=\bar{x}/h$ mit Verringerung von h wächst. Kleine Veränderungen der Anfangswerte führen zu einem Fehler in der Differenzenlösung, der in jedem fixierten Punkt $\bar{x}$ mit $h\to0$ unbeschränkt anwächst.

Aufgrund der analysierten Beispiele können wir schlußfolgern, daß der Begriff der Stabilität in bezug auf die Eingangsdaten mit dem Begriff der stetigen Abhängigkeit der Lösung des Differenzenverfahrens von den Eingangsdaten zusammenfällt.

2.2.2. Die Korrektheit einer Differenzenaufgabe. Von Problemen der Mathematischen Physik sagt man, daß sie korrekt gestellt sind, wenn folgende Eigenschaften vorliegen:

1) Die Aufgabe ist für beliebige Eingangsdaten aus einer vorgegebenen Klasse eindeutig lösbar.

2) Die Lösung der Aufgabe hängt stetig von den Eingangsdaten ab.

Analog definiert man den Begriff der Korrektheit einer Differenzenaufgabe. Es seien y_h die Lösung und φ_h die Eingangsdaten einer Differenzenaufgabe. Beide hängen von h (der Schrittweite) als Parameter ab. Variieren wir h, so erhalten wir Folgen von Lösungen $\{y_h\}$ bzw. von Eingangsdaten $\{\varphi_h\}$. Wir betrachten also nicht eine Differenzenaufgabe, sondern eine vom Parameter h abhängige Familie von Aufgaben, und der Begriff der Korrektheit wird für solche Familien von Differenzenaufgaben (d. h. für Differenzenverfahren) mit $|h|\to0$ eingeführt.

Wir sagen, daß eine *Differenzenaufgabe* (*ein Differenzenschema*) *korrekt* ist, wenn folgende Bedingungen für alle hinreichend kleinen h, $|h|\leq h_0$, erfüllt sind:

1) Die Lösung y_h der Differenzenaufgabe existiert und ist eindeutig bestimmt für alle Eingangsdaten aus einer bestimmten Menge.

2) Die Lösung y_h hängt stetig von φ_h ab, und diese Abhängigkeit ist gleichmäßig in h:

Es existiert eine positive Konstante M, die von h nicht abhängt, so daß für $|h| \leq h_0$ die Ungleichung

$$\|\tilde{y}_h - y_h\|_{(1_h)} \leq M \|\tilde{\varphi}_h - \varphi_h\|_{(2_h)} \tag{6}$$

erfüllt ist, in der $\tilde{y}_h$ die Lösung der Aufgabe mit den Eingangsdaten $\tilde{\varphi}_h$ bedeutet und $\|\cdot\|_{(1_h)}$ und $\|\cdot\|_{(2_h)}$ Normen auf der Menge der auf ω_h definierten Gitterfunktionen sind.

Die Eigenschaft der stetigen Abhängigkeit der Lösung der Differenzenaufgabe von den Eingangsdaten, die durch die Ungleichung (6) ausgedrückt wird, heißt Stabilität des Schemas in bezug auf die Eingangsdaten oder einfach *Stabilität*.

2.2.3. Stabilität, Approximation und Konvergenz. Gegeben sei die kontinuierliche Randwertaufgabe

$$Lu = f(x) \quad \text{für} \quad x \in G, \quad lu = \mu(x) \quad \text{für} \quad x \in \Gamma, \tag{7}$$

die auf dem Gitter $\bar{\omega}_h = \omega_h + \gamma_h$ durch die Differenzen-Randwertaufgabe

$$L_h y_h = \varphi_h \quad \text{für} \quad x \in \omega_h, \quad l_h y_h = \bar{\mu}_h \quad \text{für} \quad x \in \gamma_h \tag{8}$$

approximiert werde. Als Differenzenaufgabe für den Fehler $z_h = y_h - u_h$ erhalten wir

$$L_h z_h = \psi_h \quad \text{für} \quad x \in \omega_h, \quad l_h z_h = \nu_h \quad \text{für} \quad x \in \gamma_h, \tag{9}$$

wo u_h die Gitterfunktion (die Projektion) zur Lösung u von (8) auf dem Gitter ω_h ist und ψ_h und ν_h die Approximationsfehler der Gleichung bzw. der Zusatzbedingung sind. Anstelle von (9) schreiben wir auch zusammenfassend $\bar{L}_h z_h = \tilde{\psi}_h$. Falls der Operator $\bar{L}_h$ linear und das Differenzenschema korrekt ist, so haben wir nach (6)

$$\|z_h\|_{(1_h)} \leq M \|\tilde{\psi}_h\|_{(2_h)} \quad \text{oder} \quad \|z_h\|_{(1_h)} \leq M(\|\psi_h\|_{(2_h)} + \|\nu_h\|_{(3_h)}). \tag{10}$$

Daraus sehen wir, daß das Differenzenverfahren konvergiert, wenn es stabil ist und die kontinuierliche Aufgabe approximiert (oder, wie oft formuliert wird: „Aus Approximation und Stabilität folgt Konvergenz“), wobei sich die Genauigkeitsordnung (die Konvergenzgeschwindigkeit) aus der Approximationsordnung ergibt.

Damit sind Konvergenz- und Genauigkeitsuntersuchungen für Differenzenverfahren auf die Untersuchung des Approximationsfehlers und der Stabilität zurückgeführt, d. h. auf die Gewinnung von Abschätzungen der Gestalt (10), die wir *a-priori-Abschätzungen* nennen.

Wir weisen darauf hin, daß die Lösung z_h und die rechte Seite ψ_h der Differenzenaufgabe (9) im allgemeinen in verschiedenen Normen abgeschätzt werden (also Elemente verschiedener Räume sind).

Beispiele für auf dem Gitter ω_h definierte Normen hatten wir schon früher kennengelernt. Dennoch können wir jetzt noch nicht an die Herleitung von Stabilitätsabschätzungen für konkrete Differenzenschemata gehen, weil uns dazu vorerst die mathematischen Hilfsmittel fehlen wie Summationsformeln, diskrete Analoga der Greenschen Formeln und der Einbettungssätze. Mit diesen einfachen Mitteln werden wir die Lösungen von Differenzenaufgaben abschätzen, welche Randwertprobleme für Differentialgleichungen zweiter Ordnung approximieren, und uns dabei mit typischen Situationen vertraut machen, die auch in wesentlich komplizierteren Aufgaben bei der Untersuchung von Stabilität, Approximation und Genauigkeit von Differenzenschemata auftreten.

2.3. Einführung in mathematische Techniken zur Untersuchung von Differenzenverfahren

2.3.1. Einige Differenzenformeln. Zur Umformung verschiedener Differenzenausdrücke werden wir Formeln zur Bildung der Differenzenableitung von Produkten und zur partiellen Summation sowie diskrete Analoga der Greenschen Formeln brauchen. In diesem Abschnitt leiten wir die genannten Formeln her und zeigen dabei immer den Zusammenhang zu den entsprechenden Formeln der Analysis für Funktionen einer kontinuierlichen Variablen.

1) Die Bildung der Differenzenableitung eines Produkts. Aus der Differentialrechnung kennen wir folgende Formel für die Ableitung des Produkts aus den Funktionen $u(x)$ und $v(x)$:

$$(uv)' = u'v + uv' .$$

In 2.1.2. hatten wir zwei Differenzenableitungen einer Gitterfunktion eingeführt, die linke und die rechte. Dementsprechend erhalten wir auch zwei Formeln für die Differenzenableitung eines Produkts:

$$(uv)_x = u_x v + u^{(+1)} v_x = u_x v^{(+1)} + u v_x , \tag{1}$$

$$(uv)_{\bar{x}} = u_{\bar{x}} v + u^{(-1)} v_{\bar{x}} = u_{\bar{x}} v^{(-1)} + u v_{\bar{x}} . \tag{2}$$

Hier haben wir die Bezeichnungen

$$f^{(\pm 1)} = f(x \pm h), \quad f_x = \frac{f^{(+1)} - f}{h}, \quad f_{\bar{x}} = \frac{f - f^{(-1)}}{h}$$

benutzt. Wir weisen darauf hin, daß in den Formeln (1) und (2) eine Indexverschiebung eingetreten ist. Um z. B. die Identität (1) zu beweisen, brauchen wir sie nur mit allen Indizes aufzuschreiben:

$$\frac{u_{i+1}v_{i+1} - u_i v_i}{h} = \frac{u_{i+1}v_{i+1} - u_i v_{i+1}}{h} + \frac{u_i v_{i+1} - u_i v_i}{h} .$$

2) Partielle Summierung. Wir kennen die Formel der partiellen Integration

$$\int_0^1 uv' \, dx = uv \,|_0^1 - \int_0^1 u'v \, dx .$$

Für Gitterfunktionen gibt es wie oben zwei analoge Formeln:

$$(u, v_x) = u_N v_N - u_0 v_1 - (u_{\bar{x}}, v] , \tag{3}$$

$$(u, v_{\bar{x}}) = u_N v_{N-1} - u_0 v_0 - [u_x, v) . \tag{4}$$

Dabei haben wir folgende Bezeichnungen eingeführt:

$$(u, v) = \sum_{i=1}^{N-1} u_i v_i h, \quad (u, v] = \sum_{i=1}^{N} u_i v_i h, \quad [u, v) = \sum_{i=0}^{N-1} u_i v_i h . \tag{5}$$

Wir leiten als Beispiel (3) her: Nach (1) gilt

$$\begin{aligned}\sum_{i=1}^{N-1}(uv_x)_i h &= \sum_{i=1}^{N-1}(uv)_{x,i}h - \sum_{i=1}^{N-1}(u_x v^{(+1)})_i h \\ &= (uv)_N - (uv)_1 - \sum_{i=2}^{N}(u_{\bar{x}}v)_i h \\ &= (uv)_N - u_1 v_1 - \sum_{i=1}^{N} u_{\bar{x},i} v_i h + (u_{\bar{x}}v)_1 h\,.\end{aligned} \tag{6}$$

Ferner haben wir die Identität $h(u_{\bar{x}}v)_1 = u_1 v_1 - u_0 v_1$. Setzen wir sie in (6) ein, so erhalten wir mit (5) gerade (3).

Später werden wir oft auch das nichtäquidistante Gitter benutzen (das wir nach 2.1.1. im Unterschied zum äquidistanten mit $\hat{\omega}_h$ bezeichnen). Auf diesem Gitter sehen die Skalarprodukte und die Formeln der partiellen Summation etwas anders aus:

$$(u,v)_* = \sum_{i=1}^{N-1} u_i v_i \hbar_i, \quad (u,v) = \sum_{i=1}^{N-1} u_i v_i h_{i+1}, \quad (u,v] = \sum_{i=1}^{N} u_i v_i h_i\,, \tag{7}$$

$$(u, v_{\hat{x}})_* = u_N v_N - u_0 v_1 - (v, u_{\bar{x}}]\,,$$

wo $\hbar_i = \frac{1}{2}(h_i + h_{i+1})$ ist und außerdem die Bezeichnungen

$$v_{\hat{x},i} = (v_{i+1} - v_i)/\hbar_i$$

und $(\cdot,\cdot)_*$ für die Differenzenableitung bzw. das Skalarprodukt auf dem nichtäquidistanten Gitter eingeführt worden sind. Setzen wir zum Beweis von (7) die Ausdrücke

$$v_{\hat{x}} = \frac{h_{i+1}}{\hbar_i} v_x\,, \quad v_x = \frac{v_{i+1} - v_i}{h_{i+1}}$$

in das Skalarprodukt $(u, v_x)_*$ ein, so folgt

$$(u, v_{\hat{x}})_* = (u, v_x)$$

und durch eine Wiederholung des Beweises von (3) kommen wir zu (7).

3) Die erste Greensche Formel. Die Gleichung

$$\int_0^1 u(kv')'\,dx = -\int_0^1 ku'v'\,dx + kuv'\,|_0^1$$

heißt *erste Greensche Formel*. Ein diskretes Analogon erhalten wir unter Verwendung der partiellen Summation. Dazu setzen wir $u = z$, $v = ay_{\bar{x}}$ in (3) ein und finden die *erste Greensche Differenzenformel*

$$(z, (ay_{\bar{x}})_x) = -(ay_{\bar{x}}, z_{\bar{x}}] + azy_{\bar{x}}\,|_N - a_1 y_{x,0} z_0\,. \tag{8}$$

Für $z_0 = z_N = 0$ fallen die Summationsreste fort und es bleibt

$$(z, \Lambda y) = -(ay_{\bar{x}}, z_{\bar{x}}], \quad \Lambda y = (ay_{\bar{x}})_x\,. \tag{8'}$$

Hieraus ergibt sich bei $z = y$ die Formel

$$(\Lambda y, y) = -(a, (y_{\bar{x}})^2], \quad y_0 = y_N = 0\,. \tag{8''}$$

Die entsprechenden Formeln auf dem nichtäquidistanten Gitter lauten:

$$(z, (ay_{\bar{x}})_{\hat{x}})_* = -(ay_{\bar{x}}, z_{\bar{x}}] + azy_{\bar{x}}|_N - a_1 y_{x,0} z_0 ,$$
$$(z, (ay_{\bar{x}})_{\hat{x}})_* = -(ay_{\bar{x}}, z_x] \quad \text{für} \quad z_0 = z_N = 0 .$$

4) Die zweite Greensche Formel. Die zweite Greensche Formel der Integralrechnung hat die Gestalt

$$\int_0^1 u(kv')' \, dx - \int_0^1 v(ku')' \, dx = k(uv' - vu')\,|_0^1 .$$

Schreiben wir (3) für $u = y$, $v = az_{\bar{x}}$ auf, so erhalten wir

$$(y, (az_{\bar{x}})_x) = -(ay_{\bar{x}}, z_{\bar{x}}] + ayz_x|_N - a_1 y_0 z_{x,0} . \tag{9}$$

Ziehen wir nun (9) von (8) ab, so ergibt sich die *zweite Greensche Differenzenformel*

$$(z, (ay_{\bar{x}})_x) - (y, (az_{\bar{x}})_x) = a_N(zy_{\bar{x}} - z_{\bar{x}}y)_N - a_1(y_x z - z_x y)_0 . \tag{10}$$

Genauso folgt für das nichtäquidistante Gitter

$$(z, (ay_{\bar{x}})_{\hat{x}})_* - (y, (az_{\bar{x}})_{\hat{x}})_* = a_N(zy_{\bar{x}} - yz_{\bar{x}})_N - a_1(y_x z - z_x y)_0 . \tag{11}$$

Sind sowohl y als auch z gleich null bei $x = 0$ und $x = 1$, so verschwinden wieder die Summationsreste,

$$(\Lambda y, z) = (y, \Lambda z), \qquad \Lambda y = (ay_{\bar{x}})_x , \tag{10'}$$
$$(\Lambda y, z)_* = (y, \Lambda z)_*, \qquad \Lambda y = (ay_{\bar{x}})_{\hat{x}} . \tag{11'}$$

Diese Gleichungen bedeuten, daß der Operator Λ selbstadjungiert ist.

5) Die Schwarzsche Ungleichung und die ε-Ungleichung. Wir werden die bekannte Schwarzsche Ungleichung

$$|(u, v)| \leqq \|u\| \cdot \|v\|$$

benötigen, in der $\|u\| = \sqrt{(u, u)}$ die vom Skalarprodukt (.,.) in einem linearen Raum erzeugte Norm ist. Insbesondere kann (.,.) eins der oben eingeführten Skalarprodukte sein.

Außerdem werden wir auch oft die elementare Ungleichung

$$|ab| \leqq \varepsilon a^2 + \frac{b^2}{4\varepsilon} \quad (\varepsilon > 0 \text{ eine beliebige positive Zahl})$$

benutzen, die wir ε-Ungleichung nennen. In Verbindung mit der Schwarzschen Ungleichung folgt aus ihr beispielsweise

$$|(u, v)| \leqq \|u\| \, \|v\| \leqq \varepsilon \|u\|^2 + \frac{1}{4\varepsilon} \|v\|^2 . \tag{12}$$

2.3.2. Die Bestimmung von Eigenfunktionen und Eigenwerten, illustriert am Beispiel der einfachsten Differenzenaufgabe. Die aus der Mathematischen Physik bekannte Methode der Trennung der Variablen wird auch zur Untersuchung von Differenzenaufgaben verwendet. Man kann damit eine von mehreren unabhängigen Veränderlichen abhängige Aufgabe in einfachere Aufgaben zerlegen, die eine geringere Anzahl von Variablen enthalten. Für die einzelnen Veränderlichen entstehen dabei in der Regel Eigenwertaufgaben, und dasselbe tritt auch im diskreten Fall ein.

In diesem Punkt betrachten wir eine Eigenwertaufgabe für den einfachsten Differenzenoperator. Die hierbei erworbenen Kenntnisse kommen uns dann später bei der Anwendung der Methode der Trennung der Variablen zugute: Die folgenden Kapitel enthalten Beispiele für den Einsatz dieser Methode zur Analyse von Stabilität und Konvergenz konkreter Differenzenverfahren.

Zunächst erinnern wir an drei grundlegende Eigenschaften der Eigenfunktionen und Eigenwerte der Randwertaufgabe

$$u''(x)+\lambda u(x)=0, \quad 0<x<l, \quad u(0)=u(l)=0\,. \tag{13}$$

1. Die nichttrivialen Lösungen dieser Aufgabe, die Eigenfunktionen $u_k(x)$ und die zugehörigen Eigenwerte λ_k, besitzen folgende Darstellung:

$$u_k(x)=\sqrt{\frac{2}{l}}\sin\frac{k\pi x}{l}, \quad \lambda_k=k^2\pi^2/l^2, \quad k=1,2,\ldots$$

2. Die Eigenfunktionen u_k bilden ein Orthonormalsystem:

$$\int_0^l u_k(x)\,u_m(x)\,\mathrm{d}x=\delta_{km} \quad \text{mit} \quad \delta_{km}=\begin{cases}0, & k\neq m\,,\\ 1, & k=m\,.\end{cases}$$

3. Wenn $f(x)$ eine zweimal differenzierbare Funktion ist, die den homogenen Randbedingungen $f(0)=f(1)=0$ genügt, so kann man sie in die gleichmäßig konvergente Reihe

$$f(x)=\sum_{k=1}^{\infty} f_k u_k(x) \quad \text{mit} \quad f_k=\int_0^l f(x)\,u_k(x)\,\mathrm{d}x$$

entwickeln, und es gilt

$$\|f\|^2=\int_0^l f^2(x)\,\mathrm{d}x=\sum_{k=1}^{\infty} f_k^2\,.$$

Nun ordnen wir dem Randwertproblem (13) die Differenzenaufgabe

$$y_{\bar{x}x}+\lambda y=0, \quad x=ih, \quad 0<i<N, \quad h=l/N, \quad y(0)=y(l)=0, \quad y(x)\not\equiv 0 \tag{14}$$

zu, in der nichttriviale Lösungen, d. h. die Eigenfunktionen und die zugehörigen Eigenwerte, gesucht sind. Von der Differenzengleichung (14) können wir zu

$$y_{i+1}-2(1-h^2\lambda/2)\,y_i+y_{i-1}=0, \quad i=1,2,\ldots,N-1\,, \tag{15}$$

übergehen. Für die Lösung der Aufgabe (14) machen wir den Ansatz $y(x)=\sin\alpha x$, in dem wir α später geeignet wählen. Dann gilt

$$y_{i+1}+y_{i-1}=\sin\alpha(x+h)+\sin\alpha(x-h)=2\sin\alpha x\cos\alpha h\,.$$

Setzen wir diesen Ausdruck in (15) ein, so finden wir

$$2\sin\alpha x\cos\alpha h=2(1-h^2\lambda/2)\sin\alpha x\,.$$

Da wir nichttriviale Lösungen suchen, nehmen wir $\sin\alpha x\not\equiv 0$ an und erhalten aus der letzten Gleichung $1-h^2\lambda/2=\cos\alpha h$, d. h.

$$\lambda=\frac{2}{h^2}(1-\cos\alpha h)=\frac{4}{h^2}\sin^2\frac{\alpha h}{2}\,.$$

Den Parameter α wählen wir nun so, daß die Funktion $y(x)=\sin\alpha x$ den Randbedingungen $y(0)=y(l)=0$ genügt. Die Randbedingung bei $x=0$ haben wir schon durch den Ansatz berücksichtigt. Bei $x=l$ muß $\sin \alpha l=0$ sein, und daraus folgt

$$\alpha=\alpha_k=k\pi/l, \quad k=1, 2, \ldots, N-1 .$$

Damit haben wir die Eigenfunktionen und Eigenwerte der Differenzenaufgabe (14) gefunden. Wir zählen ihre Eigenschaften auf:

$$1. \quad y^{(k)}(x)=\sin\frac{k\pi x}{l}, \quad \lambda_k=\frac{4}{h^2}\sin^2\frac{k\pi h}{2l}, \quad k=1, 2, \ldots, N-1 . \tag{16}$$

2. Die Eigenwerte λ_k sind der Größe nach durchnumeriert und genügen folgenden Ungleichungen:

$$0<\lambda_1=\frac{4}{h^2}\sin^2\frac{\pi h}{2l}<\lambda_2<\ldots<\lambda_{N-1} \tag{17}$$
$$=\frac{4}{h^2}\sin^2\frac{\pi h(N-1)}{2l}=\frac{4}{h^2}\cos^2\frac{\pi h}{2l}<\frac{4}{h^2}.$$

Insbesondere sind also alle Eigenwerte positiv.

3. Die Eigenfunktionen $y^{(k)}$ und $y^{(m)}$ der Aufgabe (14), die verschiedenen Eigenwerten entsprechen, sind orthogonal im Sinne des durch (5) definierten Skalarprodukts $(.,.)$:

$$(y^{(k)}, y^{(m)})=0, \quad k\neq m . \tag{18}$$

Das beweisen wir mit Hilfe der zweiten Greenschen Differenzenformel für Funktionen, die auf dem Rand verschwinden, (10′):

$$0=(y^{(k)}_{\bar{x}x}, y^{(m)})-(y^{(k)}, y^{(m)}_{\bar{x}x})=(\lambda_m-\lambda_k)\,(y^{(k)}, y^{(m)}) .$$

Nach Voraussetzung war $\lambda_k\neq\lambda_m$, also gilt (18).

4. Wir zeigen $\|y^{(k)}\|=\sqrt{l/2}$ für die Norm, die durch das Skalarprodukt (5) erzeugt wird,

$$\|y\|^2=(y, y)=\sum_{i=1}^{N-1} y_i^2 h .$$

Dazu führen wir eine elementare Umformung durch:

$$\|y^{(k)}\|^2=\sum_{s=1}^{N-1}(y^{(k)}(x_s))^2 h=\sum_{s=1}^{N-1} h\sin^2\frac{\pi k x_s}{l}=\sum_{s=1}^{N-1}\frac{h}{2}\left(1-\cos\frac{2\pi k x_s}{l}\right). \tag{19}$$

Mit der Bezeichnung $q_k=\exp\left(i\,\frac{2k\pi h}{l}\right)$ gilt $q_k^s=\exp\left(i\,\frac{2k\pi}{l}\,x_s\right)$, $q_k^N=1$, und wir erhalten

$$\sum_{s=1}^{N-1} h\cos\frac{2k\pi}{l}\,x_s=\operatorname{Re}\sum_{s=1}^{N-1} hq_k^s=\operatorname{Re} h\,\frac{q_k^N-q_k}{q_k-1}=\operatorname{Re} h\,\frac{1-q_k}{q_k^{-1}}=-h .$$

Hiermit gehen wir in (19) ein und finden

$$\|y^{(k)}\|^2=\frac{h(N-1)}{2}+\frac{h}{2}=\frac{hN}{2}=\frac{l}{2},$$

was zu beweisen war. Also bilden die Gitterfunktionen

$$\mu^{(k)}(x)=\sqrt{2/l}\,y^{(k)}(x), \quad k=1, 2, \ldots, N-1 , \tag{20}$$

ein Orthonormalsystem im Sinne des Skalarprodukts $(.,.)$, $(\mu^{(k)}, \mu^{(m)})=\delta_{km}$.

5. Auf dem Gitter $\bar{\omega}_h$ sei eine Funktion $f(x)$ mit $f_0 = f_N = 0$ gegeben. Da $f(x)$ durch die Werte in den $N-1$ inneren Gitterpunkten festgelegt ist und die Eigenfunktionen $\mu^{(k)}$ der Aufgabe (14) ein Orthonormalsystem aus $N-1$ Elementen bilden, können wir f als Linearkombination der $\mu^{(k)}$ darstellen,

$$f(x) = \sum_{k=1}^{N-1} f_k \mu^{(k)}(x) , \tag{21}$$

wobei sich die Koeffizienten f_k aus $f_k = (f, \mu^{(k)})$ bestimmen. Schließlich gilt die Beziehung

$$\|f\|^2 = \sum_{k=1}^{N-1} f_k^2 . \tag{22}$$

Wir haben nämlich

$$\|f\|^2 = \sum_{i=1}^{N-1} h f^2(x_i) = (f^2, 1) = \left(\sum_{k=1}^{N-1} f_k \mu^{(k)}, \sum_{k=1}^{N-1} f_k \mu^{(k)} \right)$$
$$= \left(\sum_{k,m=1}^{N-1} f_k f_m \mu^{(k)} \mu^{(m)} , 1 \right) = \sum_{k,m=1}^{N-1} f_k f_m \, (\mu^{(k)}, \mu^{(m)}) = \sum_{k=1}^{N-1} f_k^2$$

wegen $(\mu^{(k)}, \mu^{(m)}) = \delta_{km}$.

2.3.3. Einige Abschätzungen. Bei der Untersuchung solcher Eigenschaften von Differenzenverfahren wie Stabilität, Konvergenz usw. benötigen wir im weiteren einige Ungleichungen zwischen verschiedenen Normen für Gitterfunktionen, die diskrete Analoga zu Einbettungssätzen darstellen.

Wir betrachten die Gitterfunktion $y(x)$ auf dem äquidistanten Gitter $\bar{\omega}_h = \{x_i = ih, \ 0 \leq i \leq N, \ x_0 = 0, \ x_N = l, \ h = l/N\}$ und benutzen die Skalarprodukte (5) und die Normen

$$\|y\| = \sqrt{(y, y)} , \quad \|y]| = \sqrt{(y, y]} , \quad \|y\|_C = \max_{0 \leq i \leq N} |y_i| .$$

Lemma. *Genügt die auf $\bar{\omega}_h \subset [0, l]$ definierte Gitterfunktion y den Randbedingungen $y_0 = y_N = 0$, so gelten die Ungleichungen*

$$\|y\|_C \leq \frac{\sqrt{l}}{2} \|y_{\bar{x}}]| , \tag{23}$$

$$\|y\|^2 \leq \frac{l^2}{8} \|y_{\bar{x}}]|^2 . \tag{24}$$

Beweis. 1. Aus den Identitäten

$$l y_i^2 = (l - x_i) y_i^2 + x_i y_i^2 ,$$
$$y_i^2 = \left(\sum_{s=1}^{i} y_{\bar{x},s} h \right)^2 \quad \text{und} \quad y_i^2 = \left(\sum_{s=i+1}^{N} y_{\bar{x},s} h \right)^2$$

folgt

$$l y_i^2 = (l - x_i) \left(\sum_{s=1}^{i} y_{\bar{x},s} h \right)^2 + x_i \left(\sum_{s=i+1}^{N} y_{\bar{x},s} h \right)^2$$
$$\leq (l - x_i) \sum_{s=1}^{i} h \sum_{s=1}^{i} y_{\bar{x},s}^2 h + x_i \sum_{s=i+1}^{N} h \sum_{s=i+1}^{N} y_{\bar{x},s}^2 h = x_i \, (l - x_i) \sum_{s=1}^{N} y_{\bar{x},s}^2 h$$
$$= x_i \, (l - x_i) \|y_{\bar{x}}]|^2 \leq \frac{l^2}{4} \|y_{\bar{x}}]|^2 ,$$

weil $\max\limits_{0 \leq i \leq N} x_i (l - x_i) \leq \dfrac{l^2}{4}$ ist. Damit haben wir (23) erhalten.

2. Wir entwickeln $y(x)$ nach den Eigenfunktionen $\mu^{(k)}$ der Aufgabe (14),

$$y(x)=\sum_{k=1}^{N-1} c_k\mu^{(k)}(x), \quad \text{so daß} \quad \|y\|^2=\sum_{k=1}^{N-1} c_k^2 \text{ wird, s. (22)}.$$

Weiterhin finden wir

$$\Lambda y=y_{\bar{x}x}=\sum_{k=1}^{N-1} c_k\Lambda\mu^{(k)}=-\sum_{k=1}^{N-1}\lambda_k c_k\mu^{(k)} \quad \text{und} \quad (-\Lambda y, y)=\sum_{k=1}^{N-1}\lambda_k c_k^2 .$$

Daher gilt

$$\lambda_1\|y\|^2\leqq\sum_{k=1}^{N-1}\lambda_k c_k^2=(-\Lambda y, y)\leqq\lambda_{N-1}\|y\|^2 . \tag{25}$$

Für λ_{N-1} haben wir nach (17) schon $\lambda_{N-1}<4/h^2$, und $\lambda_1=\frac{4}{h^2}\sin^2\frac{\pi h}{2l}$ schätzen wir wie folgt ab: Wegen $h\leqq l/2$ wird $\sin\alpha\geqq\frac{2\sqrt{2}}{\pi}\alpha$ mit $\alpha=\frac{\pi h}{2l}\in\left(0, \frac{\pi}{4}\right]$, also ist $\lambda_1\geqq 8/l^2$.

Die Greensche Formel $(-\Lambda y, y)=\|y_{\bar{x}}]|^2$ und (25) ergeben nun (24).

2.3.4. Die Methode der energetischen Ungleichungen. Ein recht allgemeines und sehr effektives Hilfsmittel zur Gewinnung von a-priori-Abschätzungen ist die Methode der energetischen Ungleichungen. Mit zwei Beispielen illustrieren wir die Anwendung dieser Methode bei der Herleitung von a-priori-Abschätzungen für Differenzenverfahren und zeigen, wie man aufgrund dieser Abschätzungen z. B. die Konvergenzgeschwindigkeit eines Differenzenschemas bestimmen kann.

Alle Betrachtungen beziehen sich auf folgende einfache Modellaufgabe:

$$u''(x)+f(x)=0, \quad 0<x<1, \quad u(0)=u(1)=0 . \tag{26}$$

Beispiel 1. Auf dem Intervall [0, 1] liege das äquidistante Gitter $\bar{\omega}_h$ vor. Wir approximieren das Randwertproblem (26) mit dem Schema

$$y_{\bar{x}x}+f(x)=0, \quad x\in\omega_h, \quad y_0=y_N=0 . \tag{27}$$

Wir multiplizieren die Differenzengleichung (27) mit hy und summieren die erhaltenen Beziehungen über alle inneren Gitterpunkte:

$$\sum_{i=1}^{N-1}(y_{\bar{x}x})_i y_i h+\sum_{i=1}^{N-1} f_i y_i h=0 . \tag{28}$$

Mit Hilfe des Skalarprodukts (5) können wir (28) überführen in

$$(y_{\bar{x}x}, y)+(f, y)=0 . \tag{29}$$

Wenden wir die Greensche Formel (8″) auf den ersten Summanden in (29) an, so ergibt sich

$$-(y_{\bar{x}}, y_{\bar{x}}]+(f, y)=0 \quad \text{oder} \quad \|y_{\bar{x}}]|^2=(f, y) . \tag{30}$$

Das Skalarprodukt (f, y) schätzen wir mit der Schwarzschen Ungleichung ab, $|(f, y)|\leqq\|f\|\,\|y\|$, und benutzen anschließend die Ungleichung (24), $\|y\|\leqq\|y_{\bar{x}}\|/\sqrt{8}$. Dann folgt aus (30)

$$\|y_{\bar{x}}]|\leqq\|f\|/\sqrt{8} .$$

Mit der Beziehung (23) aus dem Lemma finden wir schließlich folgende a-priori-Abschätzung für die Lösung der Aufgabe (27):

$$\|y\|_C\leqq\|f\|/(4\sqrt{2}) . \tag{31}$$

Aus dieser einen Abschätzung folgt, daß das Schema (27) eine Reihe wichtiger Eigenschaften besitzt:

Die homogene Aufgabe ($f\equiv 0$) hat wegen (31) offenbar nur die triviale Lösung $y\equiv 0$, folglich ist das (27) entsprechende Gleichungssystem für beliebige Vektoren f eindeutig lösbar (und zwar mit Hilfe der verkürzten Gaußelimination, vgl. 1.2.5./6.). Zugleich hängt nach (31) die Lösung y auch stetig von den Eingangsdaten (d. h. von f) ab, also ist das Schema (27) stabil (s. 2.2.2.: wir können $\mathrm{M}=\frac{1}{4}\sqrt{2}$ und $\mathrm{h}_0=\frac{1}{2}$ setzen) und damit schließlich auch korrekt.

Die Ungleichung (31) benutzen wir nun zur Abschätzung der Konvergenzgeschwindigkeit des Schemas (27). Zunächst schreiben wir die Differenzenaufgabe für den Fehler des Schemas $z=y-u$ auf, wo u die Lösung der Ausgangsaufgabe ist und y die Lösung von (27). Setzen wir $y=z+u$ in (27) ein, so erhalten wir

$$z_{\bar{x}x}+\psi(x)=0, \quad x\in\omega_h, \quad z_0=z_N=0\,. \tag{32}$$

Hier ist $\psi(x)=u_{\bar{x}x}+f(x)$ der Approximationsfehler des Schemas (27), der bei hinreichender Glattheit von $u(x)$ die Größenordnung $O(h^2)$ hat, wie wir aus 2.1.2., Beispiel 2, wissen. Die z und y definierenden Aufgaben unterscheiden sich nur in der rechten Seite. Daher haben wir statt (31) für $z(x)$ die Abschätzung

$$|z|_C\leqq\|\psi\|/(4\sqrt{2})\,.$$

Nun ist hier $\psi=O(h^2)$, folglich gilt

$$\|z\|_C=\|y-u\|_C\leqq Mh^2 \tag{33}$$

mit einer positiven Konstanten M, die nicht von der Schrittweite h abhängt.

Nach unserer Definition in 2.1.5. bedeutet die Abschätzung (33), daß die Lösung der Differenzenaufgabe (27) mit der Geschwindigkeit $O(h^2)$ gegen die Lösung des Randwertproblems (26) konvergiert.

Damit haben wir eine Abschätzung der Konvergenzgeschwindigkeit für eine recht einfache Aufgabe gefunden. Wir hätten das Ergebnis (33) auch mit einer Reihe anderer Methoden herleiten können. Der Wert der hier vorgeführten Methode der energetischen Ungleichungen besteht aber darin, daß sie ohne wesentliche Änderungen auf den mehrdimensionalen Fall und auf den Fall veränderlicher Koeffizienten übertragen werden kann sowie auch auf Differenzenverfahren für parabolische und hyperbolische Gleichungen usw.

Wir zeigen als nächstes, daß diese Methode auch für die auf einem nichtäquidistanten Gitter gestellte Aufgabe ohne irgendwelche Schwierigkeiten zu dem gewünschten Ergebnis führt.

Beispiel 2. Auf dem Intervall [0, 1] sei ein nichtäquidistantes Gitter $\bar{\hat{\omega}}_h$ gegeben. Auf diesem Gitter kann man das Problem (26) wie folgt approximieren:

$$y_{\bar{x}\hat{x}}+f(x)=0, \quad x\in\hat{\omega}_h, \quad y_0=y_N=0\,. \tag{34}$$

(Für die Bezeichnungen s. 2.1.3., Beispiel 1, oder Seite 13.)

Für die Differenzenaufgabe (34) läßt sich eine a-priori-Abschätzung von der Art der Abschätzung (31) für die Aufgabe (27) beweisen; dann erhalten wir aber eine unrichtige Vorstellung von der Konvergenzgeschwindigkeit des Schemas (34). In 2.1.3. hatten wir nämlich gesehen, daß der lokale Approximationsfehler $\psi=u_{\bar{x}x}+f$ von (34) die Größenordnung $O(\hbar_i)$ hat und deshalb

$$\|\psi\|_C\leqq Mh_{\max} \tag{35}$$

wird. Die Abschätzung (35) weist für das Schema (34) auf dem nichtäquidistanten Gitter eine geringere Konvergenzgeschwindigkeit aus als die Abschätzung (33) für das Schema (27) auf dem äquidistanten Gitter. Wenn man aber den Approximationsfehler nicht in der diskreten C- oder L_2-Norm abschätzt, sondern in der speziellen „negativen" Norm (19) aus 2.1.3., so hat darin auch der Approximationsfehler für das nichtäquidistante Gitter die Größenordnung $O(h^2)$:

$$\|\psi\|_{(-1)} = \left[\sum_{i=1}^{N-1} h_i \left(\sum_{k=i}^{N-1} \hbar_k \psi_k\right)^2\right]^{1/2} = O(h^2)\,.$$

Wir müssen also eine a-priori-Abschätzung für die Aufgabe (34) finden, bei der die rechte Seite in der Norm $\|\cdot\|_{(-1)}$ berechnet wird. So eine Abschätzung werden wir nun herleiten. Dazu multiplizieren wir die Differenzengleichung (34) mit $y_i \hbar_i$ und summieren die erhaltenen Beziehungen über alle Punkte von $\hat{\omega}_h$. Mit dem Skalarprodukt $(\cdot,\cdot)_*$ geschrieben ergibt sich dann

$$(y_{\bar{x}\hat{x}}, y)_* + (f, y)_* = 0\,. \tag{36}$$

Hier formen wir den ersten Summanden mit Hilfe der Greenschen Formel (8) um und erhalten

$$(y_{\bar{x}}, y_{\bar{x}}] = (f, y)_*\,. \tag{37}$$

Jetzt führen wir wie folgt eine Hilfsfunktion $\eta(x)$ ein:

$$\eta_{\hat{x},i} = f_i, \quad i = 1, 2, \ldots, N-1, \quad \eta_N = 0\,. \tag{38}$$

Lösen wir diese Anfangswertaufgabe, so finden wir

$$-\eta(x_i) = \sum_{k=i}^{N-1} f_k \hbar_k\,.$$

Das Skalarprodukt auf der rechten Seite von (37) formen wir durch partielle Summation (7) um:

$$(f, y)_* = (\eta_{\hat{x}}, y)_* = -(\eta, y_{\bar{x}}]\,.$$

Die Schwarzsche Ungleichung ergibt dann

$$|(f, y)_*| = |(\eta, y_{\bar{x}}]| \leq \|\eta\| \cdot \|y_{\bar{x}}]|\,.$$

Setzen wir diese Abschätzung in (37) ein und teilen durch $\|y_{\bar{x}}]|$, so folgt

$$\|y_{\bar{x}}]| \leq \|\eta\| = \left[\sum_{i=1}^{N-1} h_i \left(\sum_{k=i}^{N-1} \hbar_k f_k\right)^2\right]^{1/2} = \|f\|_{(-1)}\,.$$

Nach der Ungleichung (23) des Lemmas gilt $\|y\|_C \leq \|y_{\bar{x}}]|/2$, also

$$\|y\|_C \leq \frac{1}{2} \|f\|_{(-1)}\,. \tag{39}$$

Damit haben wir die gewünschte Abschätzung erhalten.

Nun betrachten wir wieder den Fehler $z = y - u$, wo y und u die Lösungen der Differenzenaufgabe (34) bzw. des Randwertproblems (26) sind. Wir setzen $y = z + u$ in (34) ein und finden für z die Aufgabe

$$z_{\bar{x}\hat{x}} + \psi = 0, \quad x \in \hat{\omega}_h, \quad z_0 = z_N = 0\,. \tag{40}$$

Wenden wir auf (40) unser Ergebnis (39) an, so folgt

$$\|z\|_C \leq \frac{1}{2} \|\psi\|_{(-1)}\,.$$

Es war aber

$$\|\psi\|_{-1} \leqq Mh^2 \quad \text{mit} \quad h = \max_{1 \leqq i \leqq N} h_i ,$$

folglich konvergiert das Schema (34) für beliebige nichtäquidistante Gitter $\hat{\omega}_h$ im Raum C mit der Geschwindigkeit $O(h^2)$.

2.4. Differenzenschemata als Operatorgleichungen. Allgemeine Formulierungen

In den vorangehenden Abschnitten haben wir Differenzenschemata für die einfachsten Differentialgleichungen betrachtet und für sie die Grundbegriffe der Theorie der Differenzenverfahren eingeführt und einige Methoden zur Untersuchung von Stabilität und Konvergenz dargestellt.

Jetzt werden wir in systematischer Weise die Differenzengleichungen als Operatorgleichungen in einem abstrakten Funktionalraum behandeln und dementsprechend die Begriffe Approximation, Stabilität und Konvergenz definieren. Mit dem hier vorgestellten Zugang können wir stationäre Aufgaben der Mathematischen Physik untersuchen.

2.4.1. Differenzengleichungen als Operatorgleichungen. Bei der Ersetzung einer Differentialgleichung durch Differenzengleichungen auf einem Gitter ω_h erhalten wir ein System linearer algebraischer Gleichungen, das wir in Matrizenform als

$$\mathcal{A} Y = \Phi \tag{1}$$

schreiben können. Hier ist $\mathcal{A}$ eine $N \times N$-Matrix, $Y = (y_1, \ldots, y_N)$ der gesuchte Vektor und $\Phi = (\varphi_1, \ldots, \varphi_N)$ die bekannte rechte Seite, zu deren Komponenten auch die rechten Seiten der Randbedingungen gehören.

Jeder Matrix $\mathcal{A}$ kann man einen linearen Operator A zuordnen, der den Raum R^N in sich abbildet. Die Gleichung (1) geht dann in

$$Ay = \varphi \tag{2}$$

über, wo y der gesuchte und φ ein gegebener Vektor aus R^N ist. Der Operator A bildet den Raum der auf ω_h definierten Gitterfunktionen, die homogenen Randbedingungen genügen, in sich ab.

Zur Illustration des Gesagten bringen wir einige Beispiele.

Beispiel 1. Eine Randwertaufgabe erster Art. Auf dem Intervall $[0, 1]$ sei das übliche äquidistante Gitter $\bar{\omega}_h$ eingeführt. Wir suchen die Lösung der ersten Randwertaufgabe

$$\Lambda y = y_{\bar{x}x} = -f(x), \quad 0 < x = ih < 1, \quad y_0 = u_1, \quad y_N = u_2 \tag{3}$$

oder auch

$$\frac{1}{h^2}(y_{i-1} - 2y_i + y_{i+1}) = -f_i, \quad i = 1, 2, \ldots, N-1,$$

$$y_0 = u_1, \quad y_N = u_2 . \tag{3'}$$

Mit der Bezeichnung $Y = (y_1, y_2, \ldots, y_{N-1})$ stellen wir (3) in der Form (1) dar, wo $\mathcal{A}$ die $(N-1) \times (N-1)$-Matrix

$$\mathcal{A} = \frac{1}{h^2} \begin{pmatrix} 2 & -1 & 0 & \ldots & 0 & 0 \\ -1 & 2 & -1 & & 0 & 0 \\ 0 & -1 & 2 & \ldots & 0 & 0 \\ \cdot & \cdot & \cdot & \cdot & \cdot & \cdot \\ 0 & 0 & 0 & \ldots & -1 & 2 \end{pmatrix}$$

ist. Im gegebenen Vektor $\Phi=(\varphi_1, \dots, \varphi_{N-1})$ sind auch die rechten Seiten der Randbedingungen (3) enthalten:

$$\varphi_i = f_i, \quad i=2, \dots, N-2, \quad \varphi_1 = f_1 + \frac{u_1}{h^2}, \quad \varphi_{N-1} = f_{N-1} + \frac{u_2}{h^2},$$

so daß sich also φ_i nur in den randnahen Punkten $i=1$ und $i=N-1$ von f_i unterscheidet.

Die Matrix $\mathcal{A}$ definiert den Operator $A=-\tilde{\Lambda}$, der die Gitterfunktion $y(x_i)$, d. h. einen Vektor des $(N-1)$-dimensionalen Raums, auf die Gitterfunktion $-(\tilde{\Lambda}y)_i$ abbildet, also auf einen Vektor desselben Raums. Für Gitterfunktionen, die auf dem Rand (bei $i=0$ und $i=N$) verschwinden, stimmt der Operator $\tilde{\Lambda}$ mit dem Operator Λ von (3) überein, so daß also $(\tilde{\Lambda}y)_i=(\Lambda y)_i$ für $i=2, \dots, N-2$ ist, und es gilt

$$(\tilde{\Lambda}y)_1 = \frac{-2y_1+y_2}{h^2}, \quad (\tilde{\Lambda}y)_{N-1} = \frac{y_{N-2}-2y_{N-1}}{h^2}. \tag{4}$$

Nun sei Ω_h die (lineare) Menge der in den inneren Punkten von $\bar{\omega}_h$ definierten Gitterfunktionen. Indem wir in Ω_h das Skalarprodukt $(y, v)=\sum_{i=1}^{N-1} y_i v_i h$ und die Norm $\|y\|=\sqrt{(y, y)}$ einführen, erhalten wir den linearen normierten Raum Ω_h. Der oben definierte Operator A ist linear und bildet Ω_h auf sich ab (Definitionsgebiet und Wertebereich von A sind der ganze Raum Ω_h):

Wie wir in 2.3.4. gesehen hatten, ist die Aufgabe (3) für alle f (d. h. alle Vektoren φ) eindeutig lösbar.

$\mathring{\Omega}_h$ sei der Raum der Gitterfunktionen, die in allen Punkten von $\bar{\omega}_h$ definiert sind und in den Randpunkten verschwinden, also für $x \in \gamma_h$. Dann kann man A auch als Operator betrachten, der $\mathring{\Omega}_h$ auf Ω_h abbildet.

Da offensichtlich $A=A_h$, $y=y_h$ und $\varphi=\varphi_h$ von der Schrittweite h des Gitters abhängen, betrachten wir nicht eine Gleichung (2), sondern eine Familie von Gleichungen, die vom Parameter h abhängen. *Eine Familie solcher Gleichungen heißt Operatorschema* (s. auch 2.4.2.).

Bei der Untersuchung der Operatorgleichungen (2) ist es wichtig, grundlegende Eigenschaften des Operators A wie Selbstadjungiertheit, positive Definitheit sowie auch einige mit A verbundene Zahlenwerte (die Norm, die Definitheitskonstante) zu kennen.

Der in Beispiel 1 betrachtete Operator A wird im weiteren häufig auftreten, weshalb wir jetzt seine wesentlichen Eigenschaften angeben.

Der Operator A ist selbstadjungiert: Es gilt

$$(Ay, v)=(y, Av) \text{ für beliebige } y \text{ und } v \text{ aus } \mathring{\Omega}_h.$$

Zunächst haben wir nämlich $(Ay, v)=(-\tilde{\Lambda}y, v)$. Benutzen wir nun die zweite Greensche Formel (s. 2.3.1.) und die Tatsache, daß $\tilde{\Lambda}$ auf $\mathring{\Omega}_h$ mit Λ übereinstimmt, so finden wir $(\tilde{\Lambda}y, v)=(y, \tilde{\Lambda}v)$ und damit $A=A^*$.

Weiter ist der Operator A positiv definit: Aus der Ungleichung (24) des Lemmas folgt

$$(Ay, y) \geqq 8\|y\|^2.$$

Die Norm von A ist gleich

$$\|A\| = \frac{4}{h^2}\cos^2\frac{\pi h}{2} < \frac{4}{h^2}. \tag{5}$$

Die Norm eines selbstadjungierten positiv definiten Operators im endlichdimensionalen Raum $\mathring{\Omega}_h$ ist nämlich gleich seinem größten Eigenwert, $\|A\| = \lambda_{N-1}$. Da in unserem Falle nach 2.3.2. gerade $\lambda_{N-1} = \frac{4}{h^2} \cos^2 \frac{\pi h}{2}$ ist, so ergibt sich die Beziehung (5). Wie immer gilt auch

$$(Ay; y) \leqq \|A\| \, \|y\|^2 .$$

Nun betrachten wir den Operator

$$Ay = -(ay_{\bar{x}})_x - dy, \quad 0 < c_1 \leqq a \leqq c_2, \quad 0 \leqq d \leqq \bar{c}_3 . \tag{6}$$

Die zweite Greensche Formel zeigt, daß er selbstadjungiert ist. Die erste Greensche Formel ergibt

$$(Ay, y) = (a, y_{\bar{x}}^2] + (dy, y) , \tag{7}$$

wo $y_{\bar{x}}^2 = (y_{\bar{x}})^2$ ist. Aus (7) folgt

$$(Ay, y) \geqq c_1(1, y_{\bar{x}}^2] = c_1 \|y_{\bar{x}}]|^2 \geqq 8c_1 \|y\|^2 , \tag{8}$$

also ist A positiv definit. Wie (5) und (7) zeigen, gilt

$$\|A\| < 4c_2/h^2 + \bar{c}_3 .$$

Bemerkung. Die betrachteten Operatoren hängen von der Schrittweite h als Parameter ab, $A = A_h$. Im Falle des nichtäquidistanten Gitters $\hat{\bar{\omega}}_h$ ist die Schrittweite $h = x_i - x_{i-1}$ eine Gitterfunktion, mit anderen Worten: ein Vektor der Dimension N mit den Komponenten $h_1, h_2, \ldots, h_N$, und diese erfüllen die Normierungsbedingung $h_1 + \ldots + h_N = 1$. Für das nichtäquidistante Gitter hat der Operator A die Gestalt $A = -\Lambda$ mit

$$\Lambda y_i = \frac{1}{\hbar_i}\left(\frac{y_{i+1} - y_i}{h_{i+1}} - \frac{y_i - y_{i-1}}{h_i}\right) = y_{\bar{x}\hat{x},i}, \quad \hbar_i = \frac{1}{2}\,(h_i + h_{i+1}) .$$

Auch in diesem Falle schreiben wir $A = A_h$ und verstehen dabei unter h den obengenannten Vektor.

Beispiel 2. Eine Randwertaufgabe dritter Art. Wie in Beispiel 1 gehen wir vom äquidistanten Gitter $\bar{\omega}_h$ aus und betrachten nun die Differenzen-Randwertaufgabe dritter Art

$$\Lambda y = y_{\bar{x}x} = -f(x), \quad 0 < x = ih < 1 , \tag{9}$$
$$y_{x,0} = \sigma_1 y_0 - \mu_1, \quad -y_{\bar{x},N} = \sigma_2 y_N - \mu_2 .$$

Es sei $\bar{\Omega}_h$ die Menge der auf $\bar{\omega}_h$ definierten Gitterfunktionen. Den Operator $\bar{\Lambda}$ erklären wir so:

$$(\bar{\Lambda} y)_i = \begin{cases} \dfrac{1}{h/2}\,(y_{x,0} - \sigma_1 y_0) = \Lambda^- y, & i = 0 , \\ \Lambda y = y_{\bar{x}x}, & i = 1, 2, \ldots, N-1 , \\ -\dfrac{1}{h/2}\,(y_{\bar{x},N} + \sigma_2 y_N) = \Lambda^+ y, & i = N . \end{cases}$$

Wir setzen $A = -\bar{\Lambda}$ und schreiben die Aufgabe (9) als

$$Ay = \varphi \tag{10}$$

mit

$$\varphi_i = \begin{cases} \dfrac{1}{h/2}\,\mu_1, & i=0\,, \\ f_i, & i=1, 2, \ldots, N-1\,, \\ \dfrac{1}{h/2}\,\mu_2, & i=N\,. \end{cases}$$

Der lineare Operator A bildet $\bar{\Omega}_h$ auf $\bar{\Omega}_h$ ab. Jetzt führen wir das Skalarprodukt

$$[y, v] = \sum_{i=1}^{N-1} y_i v_i h + \frac{1}{2}\,h(y_0 v_0 + y_N v_N)$$

und die Norm $\|[y]\| = \sqrt{[y, y]}$ ein. Bezüglich dieses Skalarprodukts ist der Operator A selbstadjungiert: $[y, Av] = [Ay, v]$ mit

$$[y, Av] = -(y, \Lambda v) - \frac{1}{2}\,h(y_0\Lambda^- v + y_N \Lambda^+ v), \quad (y, w) = \sum_{i=1}^{N-1} y_i w_i h\,. \tag{11}$$

Zum Beweis benutzen wir die zweite Greensche Formel (s. 2.3.1.), und nach Einsetzen der Ausdrücke für $\Lambda^- v$ und $\Lambda^+ v$ erhalten wir

$$[y, Av] = -(\Lambda y, v) - \frac{1}{2}\,h(v_0 \Lambda^- y + v_N \Lambda^+ y) = [Ay, v]\,.$$

Bei $\sigma_1 \geqq c_1 > 0$, $\sigma_2 \geqq c_1 > 0$ ist der Operator A positiv definit:

$$[Ay, y] \geqq \frac{2c_1}{1+c_1}\,\|[y]\|^2\,. \tag{12}$$

Für die Norm von A finden wir

$$\|A\| \leqq \frac{4}{h^2}\left(1 + \frac{1}{2}\,c_2 h\right) \quad \text{mit} \quad c_2 = \max\,(\sigma_1, \sigma_2)\,. \tag{13}$$

Beispiel 3. Nichtselbstadjungierte Operatoren. Wir nehmen wieder das äquidistante Gitter $\bar{\omega}_h$ und untersuchen die Operatoren

$$\Lambda^- y = y_{\bar{x}}, \quad \Lambda^+ y = -y_x\,, \tag{14}$$

die die Menge $\mathring{\Omega}_h$ der auf $\bar{\omega}_h$ definierten und bei $i=0$ und $i=N$ verschwindenden Gitterfunktionen auf Ω_h abbilden:

$$(\Lambda^- y)_i = \begin{cases} y_1/h, & i=1\,, \\ (y_i - y_{i-1})/h, & i=2, 3, \ldots, N-1, \end{cases}$$

$$(\Lambda^+ y)_i = \begin{cases} -(y_{i+1} - y_i)/h, & i=1, 2, \ldots, N-2\,, \\ y_{N-1}/h, & i=N-1. \end{cases}$$

Aus diesen Formeln ist zu sehen, daß man Λ^- und Λ^+ auch als Operatoren von Ω_h in Ω_h auffassen kann.

Nun sei $(y, v) = \sum_{i=1}^{N-1} y_i v_i h$ das Skalarprodukt in $\mathring{\Omega}_h$ und Ω_h.

Wir zeigen, daß Λ^- und Λ^+ einander adjungierte Operatoren sind:

$$(\Lambda^- y, v) = (y, \Lambda^+ v) \quad \text{für beliebige} \quad y, v \in \Omega_h. \tag{15}$$

Partielle Summierung ergibt nämlich $-(y, v_x) = (y_{\bar{x}}, v)$, falls $y_i = v_i = 0$ ist für $i=0, N$, und daraus folgt die Adjungiertheit von Λ^- und Λ^+.

Wie man sofort sieht, ist $\Lambda^- y + \Lambda^+ y = -(y_x - y_{\bar{x}}) = -h\Lambda y$ mit $\Lambda y = y_{\bar{x}x}$, also $\Lambda^- + \Lambda^+ = -h\Lambda$. Wir benutzen diesen Zusammenhang und Ungleichung (24) aus dem Lemma in 2.3.3., um die positive Definitheit der Operatoren Λ^- und Λ^+ zu zeigen:

$$(\Lambda^- y, y) = (\Lambda^+ y, y) = \frac{h}{2}(-\Lambda y, y) = \frac{h}{2} \|y_{\bar{x}}]|^2 \geqq 4h\|y\|^2 .$$

In Kapitel 9. werden wir die folgenden Operatoren benötigen,

$$R_1 y = \frac{1}{h} y_{\bar{x}} , \quad R_2 y = \frac{1}{h}(-y_x), \quad R_1 = \frac{1}{h} \Lambda^-, \quad R_2 = \frac{1}{h} \Lambda^+ , \tag{16}$$

die Ω_h in Ω_h abbilden. Sie sind einander adjungiert, $R_1 = R_2^*$, und positiv definit:

$$(R_1 y, y) = (R_2 y, y) = \frac{1}{2} \|y_{\bar{x}}]|^2 \geqq 4\|y\|^2 .$$

Aus der Beziehung

$$\|R_1 y\|^2 = \frac{1}{h^2} \sum_{i=1}^{N-1} y_{\bar{x}}^2 h \leqq \frac{4}{h^4} \|y\|^2$$

folgt

$$\|R_1\| \leqq 2/h^2, \quad \|R_2\| \leqq 2/h^2 . \tag{17}$$

Weiterhin ist

$$(R_1 R_2 y, y) = \|R_2 y\|^2 = \frac{1}{h^2} \sum_{i=1}^{N-1} y_{x,i}^2 h \leqq \frac{1}{h^2} \sum_{i=1}^{N} y_{\bar{x},i}^2 h = \frac{1}{h^2} \|y_{\bar{x}}]|^2$$

und damit

$$\|R_2 y\|^2 \leqq \frac{1}{h^2}(Ry, y), \quad R = R_1 + R_2 . \tag{18}$$

Der Differenzenoperator $R_3 y = \frac{1}{h} y_{\mathring{x}} = \frac{1}{2}(R_1 - R_2)y$ ist in $\mathring{\Omega}_h$ offensichtlich schiefsymmetrisch,

$$R_3^* = \frac{1}{2}(R_1^* - R_2^*) = \frac{1}{2}(R_2 - R_1) = -R_3 ,$$

und deshalb haben wir $(R_3 y, y) = 0$. Aus $h^2\|R_3 y\|^2 = \|y_{\mathring{x}}\|^2$ und

$$\|y_{\mathring{x}}\|^2 = \frac{1}{4h^2} \sum_{i=1}^{N-1} (y_{i+1} - y_{i-1})^2 h \leqq \frac{1}{2h^2} \sum_{i=1}^{N-1} (y_{i+1}^2 + y_{i-1}^2)\, h \leqq \|y\|^2/h^2$$

finden wir die Abschätzung $\|R_3\| \leqq 1/h^2$.

Nichtselbstadjungierte Differenzenoperatoren ergeben sich z. B. bei der Approximation von elliptischen Operatoren zweiter Ordnung, die erste Ableitungen enthalten. So approximieren wir den Operator

$$Lu = u''(x) + bu'(x), \quad x \in [0, 1], \quad b = \text{const} ,$$

durch die Differenzenoperatoren $\Lambda_1 y = y_{\bar{x}x} + b y_x$ bei $b > 0$ und $\Lambda_2 y = y_{\bar{x}x} + b y_{\bar{x}}$ bei $b < 0$ für $y \in \mathring{\Omega}_h$.

Nun sei $\mathring{\Lambda} y$ wieder der in Ω_h definierte Operator, der mit Λy zusammenfällt, wenn y aus $\mathring{\Omega}_h$ ist. Dann sind die Operatoren $A_1 = -\mathring{\Lambda}_1$ und $A_2 = -\mathring{\Lambda}_2$ in Ω_h (für beliebiges h) positiv definit:

$$(A_1 y, y) = (-y_{\bar{x}x}, y) - b(y_x, y) = \left(1 + \frac{1}{2}\, hb\right) \|y_{\bar{x}}]|^2 , \tag{19}$$

$$(A_2 y, y) = \left(1 - \frac{1}{2}\, hb\right) \|y_{\bar{x}}]|^2 = \left(1 + \frac{1}{2}\, h|b|\right) \|y_{\bar{x}}]|^2 ,$$

woraus

$$(A_\alpha y, y) \geqq 8\left(1 + \frac{1}{2}\, h\, |b|\right) \|y\|^2, \quad \alpha = 1, 2 ,$$

folgt. Wegen $A_1 = A + b\Lambda^+$, $A_2 = A + |b|\Lambda^-$ mit $A = -\Lambda$, $\Lambda y = y_{\bar{x}x}$, sowie $\|\Lambda^\pm\| \leqq 2/h$, $\|A\| \leqq 4/h^2$ erhalten wir unter Benutzung der Dreiecksungleichung

$$\|A_1\| \leqq \|A\| + b\|\Lambda^+\| < \frac{4}{h^2}\left(1 + \frac{1}{2}\, hb\right), \qquad b > 0 , \tag{20}$$

$$\|A_2\| \leqq \|A\| + |b|\, \|\Lambda^-\| < \frac{4}{h^2}\left(1 + \frac{1}{2}\, h\, |b|\right), \quad b < 0 .$$

Bei Approximation von $Lu = u'' + bu'$ durch $\Lambda y = y_{\bar{x}x} + by_{\bar{x}}$ für $b > 0$ erhalten wir $1 - \frac{h}{2}\, b$ statt $1 + \frac{h}{2}\, b$ in (19), und der Operator $-\Lambda$ ist nur bei $h < 2/b$ positiv definit.

Approximieren wir $u'(x)$ bei beliebigem Vorzeichen von b durch die zentrale Differenzenableitung $u_{\mathring{x}}$, so erhalten wir den Operator $A_3 y = -\mathring{\Lambda}_3 y$, $\Lambda_3 y = y_{\bar{x}x} + by_{\mathring{x}}$. Dieser Operator $A_3 y = -y_{\bar{x}x} - hbR_3 y$ ist von zweiter Approximationsordnung und genügt den Beziehungen

$$(A_3 y, y) = (-y_{\bar{x}x}, y) - hb(R_3 y, y) = \|y_{\bar{x}}]|^2 ,$$

$$\|A_3\| \leqq \|A\| + h\, |b| \cdot \|R_3\| < \frac{4}{h^2}\, (1 + h\, |b|) .$$

Wir haben uns hier auf die einfachsten Beispiele beschränkt. Später untersuchen wir mit ähnlichen Mitteln Differenzenoperatoren, die in Rechtecksgebieten definierte elliptische Operatoren approximieren, wie z. B. den Laplaceoperator.

Ist der gegebene Differentialoperator selbstadjungiert und positiv definit, so sollte man natürlich auch den Differenzenoperator so konstruieren, daß er diese Eigenschaften (im Raum der Gitterfunktionen) besitzt. Das kann man erreichen, indem man vom Erhaltungssatz ausgeht (s. die Integro-Interpolationsmethode in Kapitel 3.), oder über die Methode der Finiten Elemente zur Konstruktion von Differenzenschemata.

Aus den oben angeführten Beispielen sehen wir, daß man Differenzengleichungen als Operatorgleichungen mit Operatoren in einem linearen normierten endlichdimensionalen Raum auffassen kann. Für diese Operatoren ist charakteristisch, daß sie den ganzen Raum in sich abbilden.

Nun kommen wir zur Darstellung der wesentlichen Begriffe der Theorie der Differenzenverfahren in der Interpretation der Differenzengleichungen als Operatorgleichungen.

2.4.2. Die Stabilität von Differenzenverfahren. Es seien zwei lineare normierte Räume $\mathfrak{B}_h^{(1)}$ und $\mathfrak{B}_h^{(2)}$ gegeben, die vom Parameter h abhängen, der ein Vektor eines anderen normierten Raumes ist. Die Norm $|h|$ des Vektors h sei größer als null. Wir gehen von dem linearen Operator A_h mit dem Definitionsgebiet $\mathfrak{D}(A_h) = \mathfrak{B}_h^{(1)}$ und dem Wertebereich $\mathfrak{R}(A_h) \subseteqq \mathfrak{B}_h^{(2)}$ aus.

Wir betrachten die Gleichung

$$A_h y_h = \varphi_h, \quad y_h \in \mathfrak{B}_h^{(1)}, \quad \varphi_h \in \mathfrak{B}_h^{(2)}, \tag{21}$$

in der φ_h ein gegebener Vektor ist.

Indem wir den Parameter h ändern, erhalten wir eine Familie von Lösungen $\{y_h\}$ der Gleichung (21). Die vom Parameter h abhängende Operatorgleichung (21) werden wir *Differenzenschema* nennen.

Nun seien $\|\cdot\|_{(1_h)}$ und $\|\cdot\|_{(2_h)}$ die Normen in $\mathfrak{B}_h^{(1)}$ bzw. $\mathfrak{B}_h^{(2)}$. Wir sagen, daß das Schema (21) *korrekt* (oder die Aufgabe (21) *korrekt gestellt*) ist, wenn für alle hinreichend kleinen $|h| \leqq h_0$

1. die Lösung y_h von (21) existiert und eindeutig ist für beliebige φ_h aus $\mathfrak{B}_h^{(2)}$ (das Schema (21) ist *eindeutig lösbar*),

2. die Lösung y_h stetig von φ_h abhängt und diese Abhängigkeit gleichmäßig in h ist (*das Schema* (21) *ist stabil*) – mit anderen Worten, wenn eine positive Konstante M existiert, die nicht von h oder φ_h abhängt, so daß für die Lösung der Gleichung (21) bei beliebigem φ_h aus $\mathfrak{B}_h^{(2)}$ die Abschätzung

$$\|y_h\|_{(1_h)} \leqq M \|\varphi_h\|_{(2_h)} \tag{22}$$

gilt. Die Lösbarkeit des Differenzenverfahrens (21) bedeutet, daß der inverse Operator A_h^{-1} existiert,

$$y_h = A_h^{-1} \varphi_h . \tag{23}$$

Die Stabilität des Verfahrens heißt, daß der inverse Operator A_h^{-1} von $\mathfrak{B}_h^{(2)}$ in $\mathfrak{B}_h^{(1)}$ gleichmäßig in h beschränkt ist:

$$\|A_h^{-1}\| \leqq M, \quad \text{wobei} \quad M > 0 \quad \text{nicht von } h \text{ abhängt.} \tag{24}$$

Aus (23) und (24) folgt umgekehrt die Abschätzung (22):

$$\|y_h\|_{(1_h)} \leqq \|A_h^{-1}\| \, \|\varphi_h\|_{(2_h)} \leqq M \, \|\varphi_h\|_{(2_h)} .$$

Diese zeigt auch, daß kleinen Änderungen der rechten Seite kleine Änderungen der Lösung entsprechen.

Wenn das Schema lösbar und stabil ist, so ist es auch korrekt: Die Eindeutigkeit der Lösung der Aufgabe (21) ergibt sich aus der Lösbarkeit und der Stabilität, weshalb wir die Forderung der Eindeutigkeit aus der obigen 1. Bedingung auch fortlassen können. Nehmen wir nämlich an, daß (21) die zwei Lösungen $\bar{y}_h$ und $\bar{\bar{y}}_h \neq \bar{y}_h$ hat, so genügt deren Differenz $z_h = \bar{\bar{y}}_h - \bar{y}_h$ wegen der Linearität von A_h der homogenen Gleichung: $A_h z_h = A_h(\bar{\bar{y}}_h - \bar{y}_h) = A_h \bar{\bar{y}}_h - A_h \bar{y}_h = \varphi_h - \varphi_h = 0$. Da das Schema (21) stabil ist, gilt die Ungleichung (22) und damit $\|z_h\|_{(1_h)} = \|\bar{\bar{y}}_h - \bar{y}_h\|_{(1_h)} \leqq M\|0\|_{(2_h)} = 0$, also folgt $\bar{y}_h = \bar{\bar{y}}_h$.

Zum Beweis der Stabilität des Differenzenverfahrens (21) wird eine a-priori-Abschätzung der Form (22) benötigt. Einige solche Abschätzungen für (21) werden wir in 2.4.4. herleiten.

Das Schema $A_h y_h = \varphi_h$ heißt *inkorrekt* (gestellt), wenn nicht beide obigen Bedingungen 1. und 2. erfüllt sind. Angenommen, die Lösung y_h von (21) existiert für beliebige φ_h aus $\mathfrak{B}_h^{(2)}$. Dann ist $y_h = A_h^{-1} \varphi_h$, und weil $\mathfrak{B}_h^{(1)}$ und $\mathfrak{B}_h^{(2)}$ endlichdimensionale Räume sind, so ist der aus $\mathfrak{B}_h^{(2)}$ in $\mathfrak{B}_h^{(1)}$ abbildende Operator A_h^{-1} beschränkt und hat die Norm

$$\|A_h^{-1}\| = M_h \,.$$

Hier ist M_h eine positive Zahl, die vom Parameter h abhängen kann. Für ein stabiles Verfahren existiert eine Konstante $M > 0$, die nicht von h abhängt, so daß $M_h \leqq M$ für alle $|h| \leqq h_0$ wird. Die Instabilität des Schemas (21) (und damit seine Inkorrektheit) bedeutet, daß $M_h \to \infty$ bei $|h| \to 0$ gilt, also keine Konstante M mit der genannten Eigenschaft existiert. Für ein inkorrektes Schema kann dann nur eine Abschätzung der Gestalt

$$\|y_h\|_{(1_h)} \leqq M_h \|\varphi_h\|_{(2_h)} \tag{25}$$

gelten. Mit Blick auf die Erfüllung der Bedingung (22) können wir hier von *schwacher Stabilität* sprechen. Faktisch heißt das, daß ein Bereich von Werten $|h|$ existiert, z. B. $0 < h_* \leqq |h| < h_0$, in dem die Abschätzung (22) vorliegt, aber darin M von h_* abhängt.

Die Eigenschaften Korrektheit und Inkorrektheit eines Differenzenverfahrens sind eng mit der Auswahl der Normen $\|\cdot\|_{(1_h)}$ und $\|\cdot\|_{(2_h)}$ verbunden. Es kann eintreten, daß für ein Paar von Normen die Abschätzung (22) erfüllt ist, für ein anderes Paar aber nur (25).

Wir erinnern daran, daß wir für das Schema

$$Ay = -y_{\bar{x}x} = \varphi \quad \text{mit} \quad y \in \mathring{\Omega}_h$$

in 2.3.4. eine Stabilitätsabschätzung der Gestalt (22) mit $M = \frac{1}{2}$ und mit den Normen

$$\|y_h\|_{(1_h)} = \|y_h\|_C = \max_{1 \leqq i \leqq N-1} |y_h(x_i)| \,,$$

$$\|\varphi_h\|_{(2_h)} = \left[\sum_{i=1}^{N-1} h \left(\sum_{k=i}^{N-1} h\varphi_k\right)^2\right]^{1/2}$$

bewiesen hatten.

2.4.3. Konvergenz und Approximation. Es seien $\mathfrak{B}^{(1)}$ und $\mathfrak{B}^{(2)}$ zwei lineare normierte Räume mit den Normen $\|\cdot\|_{(1)}$ und $\|\cdot\|_{(2)}$. Wir nehmen an, daß

1. lineare (Projektions-)Operatoren $\mathcal{P}_h^{(1)}$ und $\mathcal{P}_h^{(2)}$ existieren, die $\mathfrak{B}^{(1)}$ bzw. $\mathfrak{B}^{(2)}$ in $\mathfrak{B}_h^{(1)}$ bzw. $\mathfrak{B}_h^{(2)}$ abbilden:

$$\mathcal{P}_h^{(1)} u = u_h \in \mathfrak{B}_h^{(1)} \quad \text{für} \quad u \in \mathfrak{B}^{(1)} \,,$$
$$\mathcal{P}_h^{(2)} f = f_h \in \mathfrak{B}_h^{(2)} \quad \text{für} \quad f \in \mathfrak{B}^{(2)} \,,$$

2. die Normen aufeinander abgestimmt sind:

$$\lim_{|h| \to 0} \|\mathcal{P}_h^{(1)} u\|_{(1_h)} = \|u\|_{(1)}, \quad \lim_{|h| \to 0} \|\mathcal{P}_h^{(2)} f\|_{(2_h)} = \|f\|_{(2)} \,. \tag{26}$$

Nun sei y_h ein Element von $\mathfrak{B}_h^{(1)}$. Wir interessieren uns für die Konvergenz mit $|h| \to 0$ gegen ein bestimmtes Element u von $\mathfrak{B}^{(1)}$. Wir sagen, daß

1. die Familie $\{y_h\}$ mit $y_h \in \mathfrak{B}_h^{(1)}$ *gegen das Element* $u \in \mathfrak{B}^{(1)}$ *konvergiert*, wenn

$$\lim_{|h| \to 0} \|y_h - \mathcal{P}_h^{(1)} u\|_{(1_h)} = 0 \tag{27}$$

erfüllt ist,

2. $\{y_h\}$ *gegen* $u \in \mathfrak{B}^{(1)}$ *mit der Geschwindigkeit* $O(|h|^n)$, $n > 0$, *konvergiert* (oder u mit der Genauigkeit $O(|h|^n)$ approximiert), wenn für alle hinreichend kleinen $|h| \leqq h_0$ die

Abschätzung

$$\|y_h - u_h\|_{(1_h)} \leqq M|h|^n, \quad u_h = \mathcal{P}_h^{(1)} u\,, \tag{28}$$

mit einer Konstanten $M > 0$ erfüllt ist, die nicht von h abhängt.

Bemerkungen. 1. Aus der Konvergenzbedingung (27) folgt

$$\lim_{|h| \to 0} \|y_h\|_{(1_h)} = \|u\|_{(1)}\,. \tag{29}$$

Die Dreiecksungleichung ergibt nämlich

$$\|y_h\|_{(1_h)} = \|(y_h - u_h) + u_h\|_{(1_h)} \leqq \|y_h - u_h\|_{(1_h)} + \|u_h\|_{(1_h)}$$
$$\leqq \|y_h - u_h\|_{(1_h)} + \|\mathcal{P}_h^{(1)} u\|_{(1_h)}$$

wegen $u_h = \mathcal{P}_h^{(1)} u$. Für den Grenzwert bei $|h| \to 0$ erhalten wir mit (26) und (27) deshalb $\lim\limits_{|h| \to 0} \|y_h\|_{(1_h)} \leqq \|u\|_{(1)}$. Ganz analog finden wir auch $\|u\|_{(1)} \leqq \lim\limits_{|h| \to 0} \|y_h\|_{(1_h)}$, also gilt (29).

2. Die Familie $\{y_h\}$ kann nur gegen ein Element u von $\mathcal{B}^{(1)}$ konvergieren. Es seien nämlich $\bar{u}$ und $\bar{\bar{u}}$ zwei Elemente aus $\mathcal{B}^{(1)}$ mit

$$\lim_{|h| \to 0} \|y_h - \bar{u}_h\|_{(1_h)} = \lim_{|h| \to 0} \|y_h - \bar{\bar{u}}_h\|_{(1_h)} = 0\,.$$

Wir zeigen, daß $\bar{u} = \bar{\bar{u}}$ ist. Dazu betrachten wir die Differenz $\bar{u}_h - \bar{\bar{u}}_h = (\bar{u}_h - y_h) + (y_h - \bar{\bar{u}}_h)$ und benutzen wieder die Dreiecksungleichung:

$$\|\bar{u}_h - \bar{\bar{u}}_h\|_{(1_h)} \leqq \|y_h - \bar{u}_h\|_{(1_h)} + \|y_h - \bar{\bar{u}}_h\|_{(1_h)}\,.$$

Gehen wir mit h zur Grenze über und berücksichtigen, daß $\{y_h\}$ gegen $\bar{u}$ und $\bar{\bar{u}}$ konvergiert und nach (26) die Normen abgestimmt sind, so finden wir $\|\bar{u} - \bar{\bar{u}}\|_{(1)} = 0$, also $\bar{u} = \bar{\bar{u}}$.

Es sei y_h die Lösung von (21). Wir sagen, daß

1. *das Schema* (21) *konvergiert*, wenn ein Element $u \in \mathcal{B}^{(1)}$ existiert, so daß (27) erfüllt ist,

2. *das Schema die Genauigkeit* $O(|h|^n)$ *besitzt*, wenn ein Element $u \in \mathcal{B}^{(1)}$ existiert, so daß bei $|h| \leqq h_0$ die Beziehung (28) gilt.

Wir führen ferner den Begriff Approximationsfehler auf dem Element $u \in \mathcal{B}^{(1)}$ ein. Dazu gehen wir von der Gleichung für den Fehler $z_h = y_h - u_h$ aus, die wir durch Einsetzen von $y_h = z_h + u_h$ in (21) erhalten:

$$A_h z_h = \psi_h, \quad \psi_h = \varphi_h - A_h u_h, \quad \psi_h \in \mathcal{B}_h^{(2)}\,. \tag{30}$$

Die rechte Seite $\psi_h = \psi_h(u)$, die von dem ausgewählten Element u aus $\mathcal{B}^{(1)}$ abhängt, nennen wir den *Approximationsfehler des Schemas* (21) *auf dem Element* $u \in \mathcal{B}^{(1)}$. Die Größe $\psi_h(u)$ heißt auch Defekt der Gleichung (21) auf dem Element $u_h = \mathcal{P}_h^{(1)} u$.

Wir sagen, daß

1. *das Schema* (21) *auf dem Element* $u \in \mathcal{B}^{(1)}$ *approximiert*, wenn die Beziehung

$$\lim_{|h| \to 0} \|\psi_h(u)\|_{(2_h)} = \lim_{|h| \to 0} \|\varphi_h - A_h u_h\|_{(2_h)} = 0 \tag{31}$$

gilt,

2. *das Schema* (21) *auf dem Element* $u \in \mathcal{B}^{(1)}$ *die Approximationsordnung* n *besitzt*, falls für alle hinreichend kleinen $|h| \leqq h_0$

$$\|\psi_h(u)\|_{(2_h)} \leqq M|h|^n \quad \text{oder} \quad \|\psi_h(u)\|_{(2_h)} = O(|h|^n) \tag{32}$$

ist, wobei die positiven Konstanten M und n nicht von h abhängen.

Schließlich stellen wir die Verbindung zwischen Stabilität und Approximation auf dem Element u von $\mathcal{B}^{(1)}$ und der Konvergenz des Verfahrens (21) gegen dieses Element her:

Wenn das Differenzenverfahren (21) korrekt ist, so ist auch die Aufgabe (30) für z_h korrekt, womit z_h der Abschätzung

$$\|z_h\|_{(1_h)} \leqq M \|\psi_h\|_{(2_h)} \tag{33}$$

genügt. Daraus ergibt sich

Satz 1. *Wenn das Schema (21) korrekt ist und auf einem Element $u \in \mathcal{B}^{(1)}$ approximiert, so konvergiert es: Die Lösung y_h von (21) konvergiert bei $|h| \to 0$ gegen dieses Element u, wobei die Genauigkeitsordnung des Schemas nicht niedriger als seine Approximationsordnung ist (d. h. aus der Approximation und Korrektheit (Stabilität) eines Schemas folgt seine Konvergenz).*

Bisher war nur von Konvergenz und Approximationsfehler auf einem fixierten Element u von $\mathcal{B}^{(1)}$ die Rede. Wenn dabei u dem Definitionsgebiet eines linearen Operators $\mathcal{A}$ angehört, der $\mathcal{B}^{(1)}$ in $\mathcal{B}^{(2)}$ abbildet, so ist $\mathcal{A}u = f \in \mathcal{B}^{(2)}$. Mit anderen Worten, u ist Lösung der Gleichung

$$\mathcal{A}u = f, \quad u \in \mathcal{B}^{(1)}, \quad f \in \mathcal{B}^{(2)}, \tag{34}$$

und folglich können wir sagen, daß diese Gleichung durch das Differenzenschema approximiert wird. Wir haben die Gleichung (34) nur deshalb nicht eingeführt, weil in keiner unserer Definitionen Annahmen über $\mathcal{A}$ gemacht werden. Wir haben überall nur das Element $u \in \mathcal{B}^{(1)}$ gebraucht.

Ist aber u Lösung einer gegebenen Gleichung (34), so können wir, wie das üblicherweise getan wird, von der Approximation der Gleichung (34) durch das Schema (21) auf der Lösung von (34) sprechen, von der Konvergenz gegen die Lösung der Gleichung (34).

Weiter können wir den Begriff der Konvergenz einer Familie $\{\varphi_h\}$ aus $\mathcal{B}_h^{(2)}$ gegen ein Element f aus $\mathcal{B}^{(2)}$ in Analogie zu der obigen Definition für die Familie $\{y_h\}$ aus $\mathcal{B}_h^{(1)}$ einführen und danach auch von der Approximation von f durch Elemente φ_h sowie von der Approximation des Operators $\mathcal{A}$ durch den Operator A_h sprechen:

1. φ_h approximiert f mit der Ordnung n, wenn

$$\|\varphi_h - \mathcal{P}_h^{(2)} f\|_{(2_h)} = O(|h|^n) \tag{35}$$

gilt,

2. der Operator A_h approximiert den Operator $\mathcal{A}$ mit der Ordnung n, wenn für beliebige $u \in \mathcal{B}^{(1)}$ die Abschätzung

$$\|A_h u_h - \mathcal{P}_h^{(2)}(\mathcal{A}u)\|_{(2_h)} = \|A_h(\mathcal{P}_h^{(1)}u) - \mathcal{P}_h^{(2)}(\mathcal{A}u)\|_{(2_h)} = O(|h|^n) \tag{36}$$

erfüllt ist.

Wie man sofort sieht, hat das Schema (21) unter den Bedingungen (35) und (36) auf der Lösung u von (34) die n-te Approximationsordnung. Da nämlich $\mathcal{P}_h^{(2)}(f - \mathcal{A}u) = 0$ ist, so wird

$$\psi_h(u) = \varphi_h - A_h u_h = (\varphi_h - \mathcal{P}_h^{(2)} f) - (A_h(\mathcal{P}_h^{(1)}u) - \mathcal{P}_h^{(2)}(\mathcal{A}u))$$

und

$$\|\psi_h(u)\|_{(2_h)} \leqq \|\varphi_h - \mathcal{P}_h^{(2)} f\|_{(2_h)} + \|A_h(\mathcal{P}_h^{(1)}u) - \mathcal{P}_h^{(2)}(\mathcal{A}u)\|_{(2_h)} \leqq M|h|^n,$$

falls die Bedingungen (35) und (36) erfüllt sind.

Offensichtlich ist aber die umgekehrte Behauptung im allgemeinen nicht richtig: Aus (32) folgen nicht (35) und (36).

Wir betonen noch einmal, daß zur Abschätzung der Genauigkeitsordnung eines Schemas dessen Approximationsordnung nur auf der Lösung der Ausgangsaufgabe abgeschätzt werden muß.

Bisher hatten wir vorausgesetzt, daß der Operator A_h linear ist (und damit auch das Schema (21)). Falls A_h und daher das Schema (21) nichtlinear sind, so ist in den obigen Betrachtungen nur die Stabilitätsdefinition des Differenzenverfahrens abzuändern: Es sei das nichtlineare Schema

$$A_h y_h = \varphi_h, \quad \varphi_h \in \mathfrak{B}_h^{(2)}, \tag{21*}$$

mit der Lösung y_h gegeben, und $\bar{y}_h$ sei die Lösung zur rechten Seite $\bar{\varphi}_h \in \mathfrak{B}_h^{(2)}$. Das Schema (21*) heißt stabil, wenn solche positiven Konstanten h_0 und M existieren, die nicht vom Parameter h und der Auswahl von φ_h und $\bar{\varphi}_h$ abhängen, daß die Ungleichung

$$\|\bar{y}_h - y_h\|_{(1_h)} \leqq M \|\bar{\varphi}_h - \varphi_h\|_{(2_h)} \tag{22*}$$

für $|h| \leqq h_0$ und beliebige $\varphi_h, \bar{\varphi}_h \in \mathfrak{B}_h^{(2)}$ erfüllt ist. (Für ein lineares Schema ergibt sich hieraus (22) bei $\bar{\varphi}_h = 0$, $\bar{y}_h = 0$). Die Approximations- und Konvergenzdefinitionen können wir vom linearen Schema übernehmen, es gilt auch der Satz 1, nur verläuft dessen Beweis etwas anders: Anstelle von (30) schreiben wir

$$A_h u_h = \bar{\varphi}_h, \quad \bar{\varphi}_h = \varphi_h - \psi_h, \quad \psi_h = \varphi_h - A_h u_h,$$

wobei ψ_h der Approximationsfehler (der Defekt) auf dem Element $u \in \mathfrak{B}^{(1)}$ ist. Es sei y_h die Lösung von (21*); wir setzen $\bar{y}_h = u_h$ und benutzen die Stabilitätsbedingung (22*). Dann erhalten wir wieder die Abschätzung (33),

$$\|z_h\|_{(1_h)} = \|y_h - u_h\|_{(1_h)} \leqq M \|\psi_h\|_{(2_h)},$$

und damit ist Satz 1 auch für das nichtlineare Schema bewiesen.

2.4.4. Einige a-priori-Abschätzungen. In Abhängigkeit von der Information über den Operator des Schemas (21) leiten wir dafür nun eine Reihe einfachster a-priori-Abschätzungen her, die für Differenzenverfahren typisch sind.

Zur Vereinfachung der Schreibweise werden wir dabei den Index h fortlassen, wo das keine Mißverständnisse hervorruft.

Wir betrachten also die Gleichung

$$Ay = \varphi, \tag{37}$$

in der A ein linearer beschränkter Operator im endlichdimensionalen reellen Hilbertraum H ist, φ ein gegebenes und y das gesuchte Element von H sind.

Wir setzen voraus, daß die Aufgabe (37) für beliebige rechte Seiten $\varphi \in H$ lösbar ist (d. h. der inverse Operator A^{-1} mit dem Definitionsgebiet $\mathfrak{D}(A^{-1}) = H$ existiert). Alle im folgenden auftretenden Konstanten sollen nicht von h abhängen.

Es seien $(.,.)$ das Skalarprodukt und $\|x\| = \sqrt{(x, x)}$ die Norm in H. Ist A ein selbstadjungierter und positiver Operator, so schreiben wir $A = A^* > 0$. Schließlich führen wir die Bezeichnungen

$$\|\varphi\|_{A^{-1}} = \sqrt{(A^{-1}\varphi, \varphi)}, \quad \|y\|_A = \sqrt{(Ay, y)}, \quad A = A^* > 0$$

ein. Die a-priori-Abschätzungen hängen von der Art der über A zur Verfügung stehenden Information ab.

1. Wir beginnen mit dem Fall, daß A ein nichtselbstadjungierter, positiv definiter Operator ist:

$$A \geqq \delta E, \quad \delta > 0, \quad \text{d. h.} \quad (Ay, y) \geqq \delta \|y\|^2 \quad \text{für beliebige} \quad y \in H, \tag{38}$$

wobei E der Einheitsoperator ist. Die Norm von A^{-1} ist dann durch die Konstante $1/\delta$ beschränkt:

$$\|A^{-1}\| \leqq 1/\delta\,. \tag{39}$$

In der Tat, es gilt

$$0 \leqq (Ay, y) - \delta\|y\|^2 = (A^{-1}x, x) - \delta\|A^{-1}x\|^2 \leqq \|A^{-1}x\| \cdot \|x\| - \delta\|A^{-1}x\|^2$$
$$= \delta\|A^{-1}x\|\left(\frac{1}{\delta}\|x\| - \|A^{-1}x\|\right), \quad x = Ay\,,$$

also $\|A^{-1}x\| \leqq \frac{1}{\delta}\|x\|$ oder $\|A^{-1}\| \leqq \frac{1}{\delta}$.

Wegen $y = A^{-1}x$ und $\|y\| \leqq \|A^{-1}\| \cdot \|\varphi\|$ folgt für die Lösung der Gleichung (37) die Abschätzung

$$\|y\| \leqq \frac{1}{\delta}\|\varphi\| \quad \text{bei} \quad A \geqq \delta E, \quad \delta > 0\,. \tag{40}$$

2. Bei $A = A^* > 0$ gilt die Beziehung $\|y\|_A = \|\varphi\|_{A^{-1}}$, die wir als exakte Abschätzung auffassen können:

Nach Multiplikation von (37) mit $y = A^{-1}\varphi$ erhalten wir nämlich

$$(Ay, y) = (\varphi, y) = (\varphi, A^{-1}\varphi) \quad \text{oder} \quad \|y\|_A^2 = \|\varphi\|_{A^{-1}}^2\,.$$

3. Im Falle $A > 0$ genügt y der Abschätzung

$$\|y\|_{A_0} \leqq \|\varphi\|_{A_0^{-1}}, \quad A_0 = \frac{A + A^*}{2}\,. \tag{41}$$

Wir multiplizieren (37) mit y:

$$(Ay, y) = (\varphi, y)\,, \tag{42}$$

und schreiben A als $A = A_0 + A_1$, wo $A_0 = \frac{1}{2}(A + A^*)$ der symmetrische und $A_1 = \frac{1}{2}(A - A^*)$ der schiefsymmetrische Anteil von A sind. Wegen $(A_1 y, y) = 0$ folgt dann $(Ay, y) = (A_0 y, y)$. Mit A ist auch A_0 positiv, so daß A_0^{-1} existiert[1]) und wir mit Hilfe der verallgemeinerten Schwarzschen Ungleichung $(\varphi, y) = (A_0^{-1}\varphi, A_0 y) \leqq \|\varphi\|_{A_0^{-1}} \|y\|_{A_0}$ finden. Setzen wir diese Ungleichung in (42) ein, so erhalten wir $(A_0 y, y) = \|y\|_{A_0}^2 \leqq \|y\|_{A_0} \|\varphi\|_{A_0^{-1}}$ und daraus die gesuchte Abschätzung (41).

4. Bei $A \geqq \delta E$, $\delta > 0$, gilt

$$\|y\|_{A_0} \leqq \frac{1}{\sqrt{\delta}}\|\varphi\|\,. \tag{43}$$

Zum Beweis gehen wir von (41) und der Ungleichung $\|\varphi\|_{A_0^{-1}} \leqq \frac{1}{\sqrt{\delta}}\|\varphi\|$ aus, die ihrerseits aus

$$A_0 \geqq \delta E \quad \text{und} \quad \|\varphi\|_{A_0^{-1}}^2 = (A_0^{-1}\varphi, \varphi) \leqq \|A_0^{-1}\| \cdot \|\varphi\|^2 \leqq \frac{1}{\delta}\|\varphi\|^2$$

folgt.

---

[1]) H war als endlichdimensional vorausgesetzt. Im Falle eines unendlichdimensionalen Raumes muß statt $A > 0$ gefordert werden, daß $A \geqq \delta E$ für ein $\delta > 0$ gilt.

5. Nun sei A ein nicht selbstadjungierter Operator, der der Ungleichung $A \geqq \gamma \mathring{A}$ genügt mit $\gamma > 0$, $\mathring{A}^* = \mathring{A} > 0$.

Dann erfüllt die Lösung der Gleichung (37) die Abschätzung

$$\|y\|_{\mathring{A}} \leqq \frac{1}{\gamma} \|\varphi\|_{\mathring{A}^{-1}} . \tag{44}$$

Aus der Identität $(Ay, y) = (\varphi, y)$ erhalten wir $\gamma(\mathring{A}y, y) \leqq (Ay, y) = (\varphi, y) \leqq \|\varphi\|_{\mathring{A}^{-1}} \|y\|_{\mathring{A}}$ und hieraus (44).

6. Die Lösung der Gleichung (37) genügt der Abschätzung

$$\|\mathring{A}y\| \leqq \frac{1}{\gamma} \|\varphi\| , \tag{45}$$

wenn die folgenden Bedingungen erfüllt sind:

$$A^* = A \geqq \gamma \mathring{A}, \quad \mathring{A} = \mathring{A}^* > 0, \quad A\mathring{A} = \mathring{A}A, \quad \gamma > 0 .$$

Dazu werden wir $\|Ay\| \geqq \gamma \|\mathring{A}y\|$ zeigen; danach folgt (45), weil wegen (37) $\|Ay\| = \|\varphi\|$ ist.

Aus den Bedingungen $A \geqq \gamma \mathring{A}$ und $A\mathring{A} = \mathring{A}A$ erhalten wir

$$\begin{aligned} \|Ay\|^2 &= (Ay, Ay) = (A(A^{1/2}y), (A^{1/2}y)) \geqq \gamma(\mathring{A}(A^{1/2}y), (A^{1/2}y)) = \gamma(A\mathring{A}y, y) \\ &= \gamma(A(\mathring{A}^{1/2}y), (\mathring{A}^{1/2}y)) \geqq \gamma^2(\mathring{A}(\mathring{A}^{1/2}y), (\mathring{A}^{1/2}y)) = \gamma^2 \|\mathring{A}y\|^2, \end{aligned}$$

also insgesamt $\|Ay\| \geqq \gamma \|\mathring{A}y\|$. Hier haben wir sowohl die Vertauschbarkeit von A und $A^{1/2}$ als auch die von $\mathring{A}$ und $\mathring{A}^{1/2}$ benutzt.

2.4.5. Negative Normen. Die a-priori-Abschätzungen (41) und (44) enthalten negative Normen der Art $\|\varphi\|_{A^{-1}}$. Bevor wir nun eine explizite Darstellung für die negative Norm finden, die von einem einfachen Operator erzeugt wird, bemerken wir zunächst, daß

$$\|\varphi\|_{A^{-1}} \leqq \frac{1}{\sqrt{\gamma}} \|\varphi\|_{\mathring{A}^{-1}} \quad \text{bei} \quad A \geqq \gamma \mathring{A} \tag{46}$$

gilt, falls A und $\mathring{A}$ positive selbstadjungierte Operatoren sind. Das folgt daraus, daß die Operatorungleichungen

$$A \geqq \gamma \mathring{A} \quad \text{und} \quad \mathring{A}^{-1} \geqq \gamma A^{-1} \tag{47}$$

äquivalent sind. Wir beweisen zuerst die Äquivalenz der Ungleichungen

$$Q \geqq 0, \quad L^*QL \geqq 0 ,$$

wo Q und L den Hilbertraum H in sich abbilden und L^{-1} existiert:

$$(L^*QLy, y) = (QLy, Ly) = (Qv, v) \quad \text{mit} \quad v = Ly, \quad y = L^{-1}v .$$

Es sei $A \geqq \gamma \mathring{A}$ und $Q = A - \gamma \mathring{A} \geqq 0$. Setzen wir $L = L^* = \mathring{A}^{-1/2}$, so wird $C - \gamma E \geqq 0$ mit $C = \mathring{A}^{-1/2} A \mathring{A}^{-1/2} = C^* \geqq 0$. Deshalb existiert der Operrato $C^{-1/2} = (C^{-1/2})^* \geqq 0$, so daß $C - \gamma E \geqq 0$ äquivalent zu $C^{-1/2}(C - \gamma E)C^{-1/2} = E - \gamma C^{-1} = E - \gamma \mathring{A}^{1/2} A^{-1} \mathring{A}^{1/2} \geqq 0$ ist. Nehmen wir jetzt $L = L^* = \mathring{A}^{-1/2}$, so erhalten wir schließlich $\mathring{A}^{-1} - \gamma A^{-1} \geqq 0$, womit wir die Äquivalenz der Ungleichungen (47) gezeigt haben.

Wir betrachten nun ein weiteres Beispiel eines Operators, zu dem wir dann die negative Norm berechnen.

Beispiel 4. Gegeben sei die erste Randwertaufgabe

$$\begin{aligned} &Ay = (ay_{\bar{x}})_x = -\varphi(x_i), \quad x_i = ih, \quad i = 1, 2, \ldots N-1, \quad hN = 1, \\ &y_0 = y_N = 0, \quad a_i \geqq c_1 > 0, \quad i = 1, 2, \ldots, N . \end{aligned} \tag{48}$$

Wie üblich sei $H_h = \mathring{\Omega}_h$ der Raum der Gitterfunktionen, die auf dem äquidistanten Gitter $\bar{\omega}_h$ definiert sind und bei $i=0$ und $i=N$ verschwinden; das Skalarprodukt in H_h ist

$$(y, v) = \sum_{i=1}^{N-1} y_i v_i h .$$

Durch $Ay = -\Lambda y$ führen wir den Operator A ein, wobei $\Lambda y = \Lambda y$ für $y \in \mathring{\Omega}_h$ ist, so daß

$$(Ay)_i = -(a y_{\bar{x}})_{x,i} \quad \text{für} \quad i=1, \ldots, N-1 \quad \text{und} \quad y_0 = y_N = 0 \tag{49}$$

wird. Mit dem Vektor $\varphi = (\varphi_1, \ldots, \varphi_{N-1})$ schreiben wir die Aufgabe als Operatorgleichung

$$Ay = \varphi . \tag{37}$$

Aus den Greenschen Formeln $(y, (a y_{\bar{x}})_x) = -(a, (y_{\bar{x}})^2]$, $(v, (a y_{\bar{x}})_x) = (y, (a v_{\bar{x}})_x)$ für $y, v \in \mathring{\Omega}_h$ sehen wir, daß A ein positiver und selbstadjungierter Operator ist,

$$A \geqq \delta E, \quad \delta = 8 c_1 ,$$

nämlich

$$(Ay, y) = (a, (y_{\bar{x}})^2] \geqq c_1 (1, (y_{\bar{x}})^2] \geqq 8 c_1 \|y\|^2 ,$$

vgl. (24) in 2.3.3.

Hieraus folgen die Existenz von A^{-1} und $(A^{-1})^* = A^{-1} > 0$ oder genauer

$$\frac{1}{\|A\|} E \leqq A^{-1} \leqq \frac{1}{\delta} E . \tag{50}$$

Wir zeigen jetzt, daß die negative Norm $\|\varphi\|_{A^{-1}}$ zum Operator (49) die Darstellung

$$\|\varphi\|_{A^{-1}}^2 = \sum_{i=1}^{N} \frac{h}{a_i} S_i^2 - \left(\sum_{i=1}^{N} \frac{h}{a_i} S_i \right)^2 \Bigg/ \sum_{i=1}^{N} \frac{h}{a_i} , \tag{51}$$

$$S_i = \sum_{k=1}^{i-1} h \varphi_k, \quad i = 2, 3, \ldots, N, \quad S_1 = 0 , \tag{52}$$

hat und daß die Abschätzung

$$\|\varphi\|_{A^{-1}} \leqq \frac{1}{\sqrt{c_1}} \left\| \sum_{k=1}^{i-1} h \varphi_k \right\| \tag{53}$$

gilt. Zum Beweis schreiben wir die rechte Seite der Gleichung (48) als $\varphi_i = S_{x,i}$, $i = 1, \ldots, N-1$, wobei S_i durch (52) definiert ist. Aus der Gleichung $(a y_{\bar{x}})_x + \varphi = (a y_{\bar{x}} + S)_x = 0$ erhalten wir dann $a_i y_{\bar{x},i} + S_i = c = \text{const}$, $i = 1, \ldots, N$. Deshalb ist $y_i - y_{i-1} = (c - S_i) h / a_i$. Summieren wir diese Beziehung für $i = 1, \ldots, N$ und beachten, daß $y_0 = y_N = 0$ war, so finden wir

$$c = \left(\sum_{i=1}^{N} \frac{h}{a_i} S_i \right) \Bigg/ \sum_{i=1}^{N} \frac{h}{a_i} .$$

Andererseits gilt $\|\varphi\|^2_{A^{-1}} = (A^{-1}\varphi, \varphi) = (y, \varphi) = (y, S_x) = -(S, y_{\bar{x}}] = -\sum_{i=1}^{N} h y_{\bar{x},i} S_i$. Hier setzen wir $y_{\bar{x},i} = (c - S_i)/a_i$ ein:

$$\|\varphi\|^2_{A^{-1}} = -c\sum_{i=1}^{N} \frac{hS_i}{a_i} + \sum_{i=1}^{N} \frac{h}{a_i} S_i^2 = \sum_{i=1}^{N} \frac{h}{a_i} S_i^2 - \left(\sum_{i=1}^{N} \frac{hS_i}{a_i}\right)^2 \Big/ \sum_{i=1}^{N} \frac{h}{a_i}.$$

Damit hat sich die behauptete Darstellung ergeben. Die Abschätzung folgt daraus sofort:

$$\|\varphi\|^2_{A^{-1}} \leq \sum_{i=1}^{N} \frac{h}{a_i} S_i^2 \leq \frac{1}{c_1} \sum_{i=1}^{N} hS_i^2 = \frac{1}{c_1} \sum_{i=1}^{N-1} hS_{i+1}^2 = \frac{1}{c_1} \left\| \sum_{k=1}^{i} h\varphi_k \right\|^2.$$

3. Homogene Differenzenverfahren

Dieses Kapitel ist der Theorie der homogenen Differenzenverfahren für die Differentialgleichung mit veränderlichen Koeffizienten

$$Lu+f(x)=0, \quad Lu=\frac{d}{dx}\left(k(x)\frac{du}{dx}\right)-q(x)\,u$$

gewidmet. Das Hauptaugenmerk richten wir dabei auf Methoden zur Konstruktion homogener Differenzenschemata und zur Untersuchung von Approximation und Konvergenz dieser Verfahren im Falle von nur stückweise stetigen k, q, f sowie auf nichtäquidistanten Gittern.

3.1. Homogene Schemata für Gleichungen zweiter Ordnung mit veränderlichen Koeffizienten

3.1.1. Einführung. Im Zusammenhang mit dem breiten Einsatz von Rechenmaschinen ist klar geworden, daß die Verwendung von Differenzenverfahren und entsprechenden Programmen, die nur der Lösung einzelner Aufgaben spezieller Gestalt dienen, nicht zweckmäßig ist. Gebraucht werden Verfahren zur Lösung ganzer Klassen von Aufgaben, welche durch die Angabe der Gestalt der Differentialgleichung, der Klasse der Rand- und Anfangsbedingungen sowie des Funktionalraums der Koeffizienten der Gleichung bestimmt sind.

Solche universellen Differenzenschemata sollen natürlich Konvergenz- und Stabilitätsforderungen für beliebige Folgen von Gittern und für alle Aufgaben der jeweiligen Klasse erfüllen. Die Forderung der Gleichartigkeit des numerischen Algorithmus für alle Aufgaben einer Klasse führt uns zum Begriff der homogenen Differenzenverfahren: Unter einem *homogenen Differenzenschema* verstehen wir ein solches Verfahren, dessen Gestalt weder von der Auswahl der konkreten Aufgabe aus der gegebenen Klasse, noch von der Wahl des Gitters abhängt; in allen Gitterpunkten sind die Differenzengleichungen für eine beliebige Aufgabe der Klasse von gleicher Struktur. Dabei sind die Koeffizienten eines homogenen Differenzenschemas Funktionale der Koeffizienten der Differentialgleichung.

Von großem Interesse ist zum Beispiel das Auffinden von homogenen Schemata mit spezieller „fortlaufender" bzw. „stetiger" Berechnungsvorschrift, die sich zur Lösung der Wärmeleitungs- (oder Diffusions-)Gleichung mit stückweise stetigem Wärmeleit- (Diffusions-)Koeffizienten eignen und überall dieselben Formeln benutzen, ohne die Sprungpunkte oder -linien der Koeffizienten direkt zu beachten. Das Schema ändert sich also in der Umgebung von Unstetigkeitsstellen nicht, die Rechnung verläuft in allen Gitterpunkten unabhängig davon, ob der Wärmeleitkoeffizient stetig ist oder nicht.

Die Verwendung homogener Schemata der genannten Struktur ist besonders wichtig in den Fällen, wo sich der Wärmeleitkoeffizient durch näherungsweise Lösung weiterer Gleichungen ergibt. Das ist beispielsweise der Fall bei der Lösung der Gleichungen der Gasdynamik in einem wärmeleitenden Gas: Hier hängt der Wärmeleitkoeffizient von der Dichte ab und wird unstetig an Stoßwellen.

Bei der Untersuchung von Differenzenschemata werden wir uns auf eine *Ausgangsfamilie* von Verfahren beziehen. Die Koeffizienten eines homogenen Differenzenschemas drücken sich durch die Koeffizienten der gegebenen Differentialgleichung mit Hilfe sogenannter *Gitterfunktionale* aus. Dabei ist die Willkür in der Auswahl dieser Funktionale durch Forderungen wie Approximation, Lösbarkeit, Stabilität und weitere eingeschränkt. Die Ausgangsfamilie homogener Differenzenschemata legen wir eben durch die Angabe der Familie der zugelassenen Gitterfunktionale fest.

Zur Illustration an einem möglichst einfachen Fall betrachten wir Differenzenoperatoren über Funktionen einer Veränderlichen $x_i = ih$, $i = 0, \pm 1, \ldots$ Der Differenzenoperator wird zunächst auf einem ganzzahligen Gitterpunktstern definiert, also auf der Menge

$$\mathfrak{M}_0 = \{-m_1, -m_1+1, \ldots, -1, 0, 1, \ldots, m_2\},$$

wobei m_1 und m_2 ganze Zahlen sind. Danach gehen wir zum realen Gitter

$$\omega_h = \{x_i = ih, \quad i = 0, \pm 1, \ldots\}$$

mit dem Schritt h über. Es sei $\bar{k}(s)$ eine auf dem Intervall $-m_1 \leqq s \leqq m_2$ definierte Vektorfunktion,

$$A_j^h[\bar{k}(s)], \quad -m_1 \leqq j \leqq m_2, \quad B^h(\bar{k}(s))]$$

seien Gitterfunktionale, die von $\bar{k}$ und vom Parameter h abhängen. Wir definieren das lineare (bezüglich der Gitterfunktion y_h) *homogene Differenzenschema* durch $(L_h^{(k)} y_h)_i = 0$ mit

$$(L_h^{(k)} y_h)_i = \sum_{m=-m_1}^{m_2} A_m^h[k(x_i + sh)] \, y_h\,(x_i + mh) + B^h[k(x_i + sh)] \,.$$

Das Ziel der Theorie der homogenen Differenzenverfahren besteht in der Bestimmung von Schemata (innerhalb der vorgegebenen Ausgangsfamilie), die zur Lösung von Aufgaben einer möglichst großen Klasse brauchbar sind, sowie in der Auszeichnung von Schemata, die in einem bestimmten Sinne (z. B. nach ihrer Genauigkeitsordnung oder dem Rechenaufwand) die besten sind.

In diesem Kapitel stellen wir grundlegende Fragen der Theorie der homogenen Differenzenverfahren am Beispiel der eindimensionalen stationären Randwertaufgaben für die Wärmeleitungsgleichung mit veränderlichen Koeffizienten dar. Die hier erhaltenen Ergebnisse werden im weiteren bei der Untersuchung homogener Differenzenverfahren für die instationäre Wärmeleitungsgleichung

$$\frac{\partial u}{\partial t} = \frac{\partial}{\partial x}\left(k(x, t)\,\frac{\partial u}{\partial x}\right) - q(x, t)\, u + f(x, t)$$

und für die Schwingungsgleichung

$$\frac{\partial^2 u}{\partial t^2} = \frac{\partial}{\partial x}\left(k(x, t)\,\frac{\partial u}{\partial x}\right) - q(x, t) u + f(x, t)$$

benutzt.

3.1.2. Die Ausgangsaufgabe. Wir betrachten die erste Randwertaufgabe für die stationäre Wärmeleitungs- (oder Diffusions-)Gleichung

$$\frac{\mathrm{d}}{\mathrm{d}x}\left(k(x)\,\frac{\mathrm{d}u}{\mathrm{d}x}\right) - q(x)\, u = -f(x), \quad 0 < x < 1\,, \tag{1}$$

$$u(0) = u_1, \quad u(1) = u_2, \quad k(x) \geqq c_1 > 0, \quad q(x) \geqq 0\,.$$

Diese Aufgabe hat eine stetige Lösung, wenn $k(x)$, $q(x)$ und $f(x)$ stückweise stetige Funktionen sind[1]). Wenn $k(x)$ eine Sprungstelle erster Art bei $x=\xi$ hat, so daß also $[k]=k(\xi+0)-k(\xi-0)\neq 0$ ist, so stellen wir bei $x=\xi$ die Übergangsbedingungen

$$[u]=0, \quad [ku']=0 \quad \text{für} \quad x=\xi$$

(mit anderen Worten: bei ξ sind die Temperatur u und der Wärmestrom $(-ku')$ stetig).

Anstelle der Randbedingungen (1) können auch die Bedingungen

$$ku'=\beta_1 u-\mu_1 \quad \text{bei} \quad x=0 \quad \text{und} \quad -ku'=\beta_2 u-\mu_2 \quad \text{bei} \quad x=1$$

gegeben sein. Wenn hier die $\beta>0$ sind, so handelt es sich um Randbedingungen dritter Art, bei $\beta=0$ um Bedingungen zweiter Art. Die Randbedingungen erster, zweiter und dritter Art können in den verschiedensten Kombinationen gestellt werden (z. B. bei $x=0$ eine Bedingung dritter Art, bei $x=1$ eine Bedingung erster Art usw.).

Wir werden zunächst die erste Randwertaufgabe betrachten.

3.1.3. 3-Punkt-Schemata. Auf dem Intervall $[0, 1]$ führen wir das übliche äquidistante Gitter $\bar{\omega}_h$ mit dem Schritt $h=1/N$ ein; ω_h ist die Menge der inneren Gitterpunkte, $y_i=y(x_i)$ eine Gitterfunktion auf $\bar{\omega}_h$.

Zur Konstruktion eines (1) approximierenden Schemas gehen wir vom 3-Punkt-Stern $\{x_{i-1}, x_i, x_{i+1}\}$ aus. Eine beliebige 3-Punkt-Differenzengleichung auf diesem Stern können wir als

$$a_i y_{i-1}-c_i y_i+b_i y_{i+1}=-h^2\varphi_i\,, \quad i=1, 2, \ldots, N-1\,,$$

oder auch als

$$\frac{1}{h}\left(b_i\,\frac{y_{i+1}-y_i}{h}-a_i\frac{y_i-y_{i-1}}{h}\right)-d_i y_i+\varphi_i=0 \tag{2}$$

mit $d_i=(c_i-b_i-a_i)/h^2$ schreiben. Die Koeffizienten a_i, b_i, d_i und die rechte Seite φ_i sind hier noch nicht festgelegt; sie können von h abhängen.

Auf dem Intervall $-1\leqq s\leqq 1$ (wir haben also $m_1=m_2=1$) seien die Funktionale

$$A^h[\bar{k}(s)], \quad B^h(\bar{k}(s)], \quad D^h[\bar{q}(s)], \quad F^h[\bar{f}(s)]$$

für beliebige Funktionen $\bar{k}(s)$, $\bar{q}(s)$ und $\bar{f}(s)$ aus $Q^{(0)}$ definiert. Wenn die Koeffizienten des Differenzenschemas (2) für beliebige $k(x)$, $q(x)$ und $f(x)$ aus $Q^{(0)}$ und für alle Gitterpunkte x_i des Gitters ω_h nach denselben Formeln

$$\begin{aligned} a_i&=A^h[k(x_i+sh)], & b_i&=B^h[k(x_i+sh)]\,,\\ d_i&=D^h[q(x_i+sh)], & \varphi_i&=F^h[f(x_i+sh)] \end{aligned} \tag{3}$$

berechnet werden, so heißt das Schema (2) *homogen*. Zur Berechnung von a_i ist also $\bar{k}(s)=k(x_i+sh)$ in $A^h[\bar{k}(s)]$ einzusetzen usw. Wenn das Schema (2) homogen ist, so kann man den Index i fortlassen und (2) in der Gestalt

$$\frac{1}{h}\,(by_x-ay_{\bar{x}})-dy=-\varphi, \quad y(0)=u_1, \quad y(1)=u_2 \tag{4}$$

[1]) Wir benutzen folgende Bezeichnungen: $C^{(n)}[a, b]$ ist der Raum der Funktionen, deren erste n Ableitungen im Intervall $[a, b]$ stetig sind, $Q^{(n)}$ ist der Raum der Funktionen, deren erste $n-1$ Ableitungen stetig sind und deren n-te Ableitung in $[a, b]$ stückweise stetig ist. Beispielsweise ist $Q^{(0)}[a, b]$ der Raum der in $[a, b]$ stückweise stetigen Funktionen.

mit

$$a=a(x),\quad b=b(x),\qquad y=y(x),\quad x=ih\in\omega_h,$$
$$y_x=(y(x+h)-y(x))/h,\quad y_{\bar{x}}=(y(x)-y(x-h))/h$$

schreiben. Eine Familie von homogenen Schemata wird durch die Angabe von Familien von Gitterfunktionalen A^h, B^h, D^h und F^h festgelegt. Dabei führen Approximations- und Lösbarkeitsforderungen zu Einschränkungen in der Willkür der Auswahl der Gitterfunktionale.

3.1.4. Die Bedingungen für die Approximation zweiter Ordnung. Wir bestimmen den lokalen Approximationsfehler des Schemas (4):

$$\psi(v)=\left[\frac{1}{h}\,(bv_x-av_{\bar{x}})-dv+\varphi\right]-[(kv')'-qv+f],$$

wobei v eine hinreichend glatte Funktion ist; von k, q und f setzen wir voraus, daß sie die benötigten Ableitungen besitzen. Durch Taylorentwicklung der Funktion v an der Stelle x finden wir

$$v_x=v'+\frac{1}{2}\,hv''+\frac{h^2}{6}\,v'''+O(h^3),$$

$$v_{\bar{x}}=v'-\frac{1}{2}\,hv''+\frac{h^2}{6}\,v''+O(h^3),$$

$$\psi(v)=\left(\frac{1}{h}\,(b-a)-k'\right)v'+\left(\frac{a+b}{2}-k\right)v''+\frac{b-a}{6}\,hv'''+(d-q)v+(\varphi-f)+O(h^2).$$

Die Forderung $\psi(v)=O(h^2)$ ist erfüllt bei

$$\frac{b-a}{h}=k'(x)+O(h^2),\quad \frac{b+a}{2}=k(x)+O(h^2), \tag{5}$$
$$d(x)=q(x)+O(h^2),\quad \varphi(x)=f(x)+O(h^2).$$

Zur Lösbarkeit der Aufgabe (4) sind (vgl. 1.2.10.) die Bedingungen

$$a>0,\quad b>0,\quad d\geqq 0\quad \text{für alle}\quad x\in\omega_h \tag{6}$$

hinreichend.

Wir führen zwei Beispiele von Differenzenverfahren an, die die Gleichung (1) mit zweiter Ordnung approximieren:

$$\frac{1}{h}\left(k_{i+1/2}\,\frac{y_{i+1}-y_i}{h}-k_{i-1/2}\,\frac{y_i-y_{i-1}}{h}\right)-q_iy_i=-f_i. \tag{7}$$

$$\frac{1}{h}\left(\frac{k_{i+1}+k_i}{2}\,\frac{y_{i+1}-y_i}{h}-\frac{k_i+k_{i-1}}{2}\,\frac{y_i-y_{i-1}}{h}\right)-q_iy_i=-f_i \tag{8}$$

für $i=1,\ldots,N-1$ mit $y_0=u_1$, $y_N=u_2$, $k_{i\pm1/2}=k\left(x_i\pm\frac{h}{2}\right)$, $k_{i\pm1}=k(x_i\pm h)$.

Wie man leicht einsieht, gelten für beide Verfahren die Bedingungen (5), wenn k, q und f hinreichend glatte Funktionen sind.

Zur Vereinfachung der Darstellung werden wir im weiteren voraussetzen, daß die Gitterfunktionale nicht vom Parameter h abhängen und daß $D[\bar{f}(s)]=F(\bar{f}(s)]$ ist. Also haben wir

$$a(x)=A[k(x+sh)],\quad b(x)=B[k(x+sh)], \tag{9}$$
$$d(x)=F[q(x+sh)],\quad \varphi(x)=F[f(x+sh)]$$

mit $-1\leqq s\leqq 1$.

Wir werden die Familie von Schemata betrachten, für die die Bedingungen (5), (6) und (9) erfüllt sind. Dabei interessieren uns solche Verfahren, die auch für stückweise stetige Funktionen $k(x)$, $q(x)$ und $f(x)$ konvergieren.

Im nächsten Abschnitt führen wir ein Beispiel dafür an, daß nicht jedes homogene Schema der Gestalt (4), das (für glatte Koeffizienten) den Approximationsbedingungen (5) sowie den Lösbarkeitsbedingungen (6) genügt, in der Klasse stückweise stetiger Funktionen $k(x)$ konvergiert.

3.2. Konservative Schemata

3.2.1. Beispiel eines Schemas, das im Falle eines stückweise stetigen Koeffizienten divergiert. Wir betrachten die Aufgabe (1) aus Abschnitt 3.1. für $q \equiv 0$, $f \equiv 0$:

$$(ku')' = 0, \quad 0 < x < 1, \quad u(0) = 1, \quad u(1) = 0. \tag{1}$$

Den Ausdruck $(ku')'$ schreiben wir als $ku'' + k'u'$. Auf den ersten Blick scheint es ganz natürlich zu sein, nun folgende Approximationen zweiter Ordnung zu verwenden:

$$u'' \sim u_{\bar{x}x}, \quad k' \sim k_{\overset{\circ}{x}} = \frac{k_{i+1} - k_{i-1}}{2h}, \quad u' \sim u_{\overset{\circ}{x}} = \frac{u_{i+1} - u_{i-1}}{2h}.$$

Dann erhalten wir das Schema

$$k_i \frac{y_{i+1} - 2y_i + y_{i-1}}{h^2} + \frac{k_{i+1} - k_{i-1}}{2h} \cdot \frac{y_{i+1} - y_{i-1}}{2h} = 0, \tag{2}$$
$$0 < i < N, \quad y_0 = 1, \quad y_N = 0.$$

Indem wir (2) auf die Gestalt (4) aus 3.1. bringen, finden wir

$$a_i = k_i - \frac{k_{i+1} - k_{i-1}}{4}, \quad b_i = k_i + \frac{k_{i+1} - k_{i-1}}{4}, \quad d_i = \varphi_i = 0, \tag{3}$$

also gehört das Schema (2) zur Familie (4) aus 3.1. Dort, wo die Funktion $k(x)$ glatt ist, sind die Bedingungen (5) und (6) aus Abschnitt 3.1. für genügend kleines h auch erfüllt:

$$a_i = k_i - \frac{1}{2} h k_i' + O(h^2), \quad b_i = k_i + \frac{1}{2} h k_i' + O(h^2),$$
$$\frac{1}{2}(a_i + b_i) = k_i, \quad b_i - a_i = \frac{1}{2}(k_{i+1} - k_{i-1}) = h k_i' + O(h^3).$$

Wir zeigen jetzt aber, daß das Schema (2) schon in der Klasse der stückweise konstanten Koeffizienten

$$k(x) = \begin{cases} k_1, & 0 < x < \xi, \\ k_2, & \xi < x < 1, \end{cases} \tag{4}$$

divergiert, wenn ξ eine irrationale Zahl mit $\xi = x_n + \vartheta h$, $x_n = nh$, $0 < \vartheta < 1$, ist.

Die exakte Lösung der Aufgabe (1), (4), die den Übergangsbedingungen genügt, ist

$$u(x) = \begin{cases} 1 - \alpha_0 x, & 0 \leqq x \leqq \xi, \; \alpha_0 = (\varkappa + (1 - \varkappa)\,\xi)^{-1}, \\ \beta_0 (1 - x), & \xi \leqq x \leqq 1, \; \beta_0 = \varkappa \alpha_0, \; \varkappa = k_1/k_2. \end{cases} \tag{5}$$

Nun bestimmen wir die Lösung der Differenzenaufgabe (2), (4). Wegen $a_i = b_i = k_1$ für $0 < i < n$ und $a_i = b_i = k_2$ für $n+1 < i < N$ gilt $y_{i-1} - 2y_i + y_{i+1} = 0$ für die genannten i. Daraus folgt

$$y_i = y(x_i) = \begin{cases} 1 - \alpha x_i, & 0 \leqq x \leqq x_n, \\ \beta(1 - x_i), & x_{n+1} \leqq x \leqq 1, \end{cases} \tag{6}$$

mit Koeffizienten α und β, die wir aus den Gleichungen bei $i = n$ und $i = n+1$ bestimmen:

$$\begin{aligned} &b_n[\beta(1 - x_{n+1}) - (1 - \alpha x_n)] + a_n \alpha h &&= 0, \\ &b_{n+1}\beta h + a_{n+1}[\beta(1 - x_{n+1}) - (1 - \alpha x_n)] &&= 0. \end{aligned} \tag{7}$$

Mit Hilfe der Beziehungen (3) und (4) finden wir $a_n = (5k_1 - k_2)/4$, $a_{n+1} = (k_1 + 3k_2)/4$, $b_n = (3k_1 + k_2)/4$, $b_{n+1} = (5k_2 - k_1)/4$. Unter Berücksichtigung von $x_n = \xi - \vartheta h$ und $x_{n+1} = \xi + (1 - \vartheta)h$ lösen wir das Gleichungssystem (7) nach α und β auf: $\beta = \mu\alpha$,

$$\alpha = \frac{1}{\mu + (1 - \mu)\,\xi + h(\lambda - \vartheta - (1 - \vartheta)\,\mu)}, \quad \mu = \frac{3 + \varkappa}{5 - \varkappa}\,\lambda, \quad \lambda = \frac{5\varkappa - 1}{3\varkappa + 1}. \tag{8}$$

Durch Grenzübergang $h \to 0$ erhalten wir hieraus

$$\lim_{h \to 0} \alpha = \bar{\alpha}_0, \quad \lim_{h \to 0} \beta = \bar{\beta}_0$$

mit

$$\bar{\alpha}_0 = (\mu + (1 - \mu)\,\xi)^{-1}, \quad \bar{\beta}_0 = \mu\bar{\alpha}_0. \tag{9}$$

Die Funktion (6) vervollständigen wir durch lineare Interpolation zu der auf dem ganzen Intervall $0 \leqq x \leqq 1$ definierten Funktion $\tilde{y}(x, h)$ und bestimmen den Grenzwert von $\tilde{y}(x, h)$ bei $h \to 0$:

$$\bar{u}(x) = \lim_{h \to 0} \tilde{y}(x, h) = \begin{cases} 1 - \bar{\alpha}_0 x, & 0 \leqq x \leqq \xi, \\ \bar{\beta}_0(1 - x), & \xi \leqq x \leqq 1. \end{cases} \tag{10}$$

Beim Vergleich der Grenzfunktion (10), (9) und der exakten Lösung (5) sehen wir, daß $\bar{u}(x) = u(x)$ nur bei $\bar{\alpha}_0 = \alpha_0$ und $\bar{\beta}_0 = \beta_0$ eintritt, und dazu ist $\varkappa = 1$ erforderlich, d. h. $k_1 = k_2$.

Die Lösung (6) der Differenzenaufgabe (2), (4) strebt also bei $h \to 0$ gegen die Funktion $\bar{u}(x)$, die im Falle $k_1 \neq k_2$ von der exakten Lösung $u(x)$ von (1), (4) verschieden ist. Mit anderen Worten, das Schema (2) divergiert bei $k_1 \neq k_2$.

Es ist nicht schwer, den physikalischen Sinn der Funktion $\bar{u}(x)$ festzustellen. Diese Funktion ist die Lösung der Aufgabe (1), welche bei $x = \xi$ den Bedingungen $[\bar{u}] = 0$, $[k\bar{u}'] = -\bar{\alpha}_0(\mu - \varkappa)\,k_2 = q$ genügt, wobei q die Intensität der bei $x = \xi$ konzentrierten Wärmequelle (oder -senke) angibt. Mit $\varkappa$ kann sich q in weiten Grenzen ändern (so gilt beispielsweise $q \to \pm\infty$ bei $\varkappa \to 5 \pm 0$). Daher besteht der physikalische Grund für die Divergenz des Schemas (2) darin, daß es den Wärmeerhaltungssatz der Aufgabe verletzt und eine zusätzliche Wärmequelle (bei $q < 0$) bzw. Senke (bei $q > 0$) an der Stelle ξ verursacht.

Schemata, die die Erhaltungssätze verletzen, heißen nichtkonservativ. Das behandelte Beispiel zeigt, daß man bei der Konstruktion von Differenzenverfahren erreichen muß, daß sie auf dem Gitter den entsprechenden Erhaltungssatz wiedergeben. Verfahren, die diese Eigenschaft besitzen, nennen wir *konservativ*.

Im nächsten Abschnitt geben wir eine allgemeine Methode zur Konstruktion konservativer Schemata an, die in der Klasse stückweise stetiger Koeffizienten konvergieren. Bevor wir dazu kommen, machen wir noch zwei Bemerkungen im Zusammenhang mit dem betrachteten Beispiel.

Ein experimenteller Konvergenztest durch Gitterverfeinerung, der in der Praxis häufig durchgeführt wird, solange keine theoretischen Einschätzungen der Qualität eines Schemas vorliegen, kann manchmal auch zu der falschen Schlußfolgerung verleiten, das Schema konvergiere, weil bei Gitterverfeinerung eine Annäherung der Differenzenlösung an eine gewisse Grenzsfunktion $\bar{u}(x)$ feststellbar ist. Das angeführte Beispiel zeigt, daß die Funktion $\bar{u}(x)$ sich im allgemeinen beliebig stark von der Lösung $u(x)$ der Ausgangsaufgabe unterscheiden kann. Daher darf man den genannten Konvergenztest nur mit einer gewissen Vorsicht benutzen; keinesfalls kann er eine theoretische Untersuchung – und sei es an Modellbeispielen – ersetzen.

Zur Überprüfung von Konvergenz und Genauigkeit empfehlen wir die (auch bei nichtlinearen Aufgaben, wo exakte Lösungen oft fehlen, brauchbare) Methode der Testfunktionen:

Man wählt eine Funktion $U(x)$ (wobei die Auswahl in unserem Zusammenhang nur dadurch eingeschränkt ist, daß die Übergangsbedingungen an den Sprungstellen der Koeffizienten erfüllt sein müssen, während in anderen Aufgaben das physikalisch richtige Verhalten an eventuellen singulären Stellen zu fordern wäre) und setzt sie in die Gleichung (1) aus Abschnitt 3.1. ein. Dabei ergeben sich die rechte Seite $f=(kU')'-qU$ und die Randwerte $\mu_1=U(0)$, $\mu_2=U(1)$. Die so erhaltene Aufgabe wird mit dem Schema (4) aus 3.1. gelöst und die gefundene Differenzenlösung mit der bekannten Funktion $U(x)$ auf verschiedenen Gittern verglichen.

Die zweite Bemerkung: Da also nicht jedes Schema, das für glatte Koeffizienten konvergiert, auch im Falle stückweise stetiger Koeffizienten konvergent ist und da Aufgaben mit unstetigen Koeffizienten häufig sind, muß die Familie der Differenzenschemata gefunden werden, die auch in der Klasse stückweise stetiger Koeffizienten konvergieren. Nur diese Familie wird für uns von Interesse sein.

3.2.2. Die Integro-Interpolationsmethode zur Konstruktion von homogenen Differenzenschemata. Die verschiedensten physikalischen Prozesse (Wärmeleitung oder Diffusion, Schwingungen, gasdynamische Prozesse) werden durch gewisse integrale Erhaltungssätze (der Erhaltung von Wärme, Masse, Impuls, Energie usw.) charakterisiert. Bei der Herleitung der Differentialgleichungen der Mathematischen Physik geht man meist von Integralbeziehungen aus, die einen Erhaltungssatz für ein kleines Volumen beinhalten. Die Differentialgleichung findet man dann dadurch, daß man den Volumeninhalt gegen null gehen läßt und dabei die Existenz und Stetigkeit der auftretenden Ableitungen voraussetzt.

Die Methode der endlichen Differenzen bedeutet physikalisch den Übergang vom kontinuierlichen Medium zu einem diskreten Modellmedium. Natürlich ist zu verlangen, daß bei diesem Übergang gundlegende physikalische Eigenschaften des Prozesses erhalten bleiben. Zu solchen Eigenschaften zählen vor allem die Erhaltungssätze. Differenzenverfahren, die auf dem Gitter die Erhaltungssätze wiedergeben, heißen konservativ (oder auch *von divergenter Form*). Dabei ergeben sich die Erhaltungssätze auf dem ganzen Gitter (die „diskreten" Gesamterhaltungssätze) für konservative Schemata als algebraische Folgerungen aus den einzelnen Differenzengleichungen.

Zur Konstruktion von konservativen Differenzenverfahren ist es naheliegend, von den Erhaltungssätzen für die Elementarvolumina (die Zellen) des durch das

Gitter unterteilten Gebietes auszugehen. Die in diesen Erhaltungsgleichungen enthaltenen Integrale und Ableitungen werden durch Differenzenapproximationen ersetzt, womit wir auf ein homogenes Differenzenschema kommen. Diese Methode der Konstruktion konservativer homogener Differenzenschemata nennen wir *Integro-Interpolationsmethode*.

Wir illustrieren die Integro-Interpolationsmethode am Beispiel der Gleichung (1) aus Abschnitt 3.1., die die stationäre Temperaturverteilung in einem homogenen Stab der Länge 1 beschreibt. Wir schreiben den Wärmeerhaltungssatz für das Intervall $x_{i-1/2} \leqq x \leqq x_{i+1/2}$ auf:

$$w_{i-1/2} - w_{i+1/2} + \int\limits_{x_{i-1/2}}^{x_{i+1/2}} f(x)\,\mathrm{d}x = \int\limits_{x_{i-1/2}}^{x_{i+1/2}} q(x)\,u(x)\,\mathrm{d}x, \qquad w = -ku', \tag{11}$$

wo $w(x)$ der Wärmestrom ist, $q(x)u(x)$ die Intensität der Wärmequellen oder -senken, die proportional zur Temperatur sind, und wo schließlich $f(x)$ die Dichte der inneren Wärmequellen bzw. -senken angibt.

Ein Wärmeabfluß erfolgt auf Grund von Wärmeaustausch mit dem äußeren Medium durch die Außenwand des Stabes. Die Größe $w_{i-1/2}$ gibt die Wärmemenge an, die durch den Querschnitt $x = x_{i-1/2}$ in den Abschnitt $x_{i-1/2} \leqq x \leqq x_{i+1/2}$ fließt, $w_{i+1/2}$ die durch den Querschnitt $x = x_{i+1/2}$ hinausströmende Wärmemenge; der dritte Summand auf der linken Seite von (11) erfaßt die Wärmemenge, die im Abschnitt $[x_{i-1/2}, x_{i+1/2}]$ durch die mit der Dichte $f(x)$ verteilten Wärmequellen freigesetzt wird. Das Integral auf der rechten Seite von (11) gibt die Wärmemenge an, die durch Wärmeaustausch an der Außenwand an das äußere Medium abgegeben wird.

Um nun aus der Integralbeziehung (11) eine Differenzengleichung zu erhalten, ersetzen wir w und das u enthaltende Integral durch Linearkombinationen der Werte von u in den Gitterpunkten. Dazu verwenden wir Funktionen, die $u(x)$ in der Umgebung von x_i interpolieren. Die einfachste Interpolation

$$u = \mathrm{const} = u_i \quad \text{für} \quad x_{i-1/2} \leqq x \leqq x_{i+1/2}$$

ergibt

$$\int\limits_{x_{i-1/2}}^{x_{i+1/2}} q(x)\,u(x)\,\mathrm{d}x \approx h d_i u_i, \quad d_i = \frac{1}{h} \int\limits_{x_{i-1/2}}^{x_{i+1/2}} q(x)\,\mathrm{d}x, \tag{12}$$

wo also d_i der Mittelwert von $q(x)$ im Intervall $x_{i-1/2} \leqq x \leqq x_{i+1/2}$ ist. Jetzt integrieren wir die Gleichung $u' = -w/k$ über dem Intervall $x_{i-1} \leqq x \leqq x_i$:

$$u_{i-1} - u_i = \int\limits_{x_{i-1}}^{x_i} \frac{w(x)}{k(x)}\,\mathrm{d}x.$$

Unter der Annahme, daß $w(x) = \tilde{w}_{i-1/2} = \mathrm{const}$ in $x_{i-1} \leqq x \leqq x_i$ gilt, finden wir

$$u_{i-1} - u_i \approx \tilde{w}_{i-1/2} \int\limits_{x_{i-1}}^{x_i} \frac{\mathrm{d}x}{k(x)}.$$

Daraus erhalten wir den Näherungswert $\tilde{w}_{i-1/2}$ für den Wärmestrom,

$$\tilde{w}_{i-1/2} = -a_i \frac{u_i - u_{i-1}}{h} = -a_i u_{\bar{x},i}, \quad a_i = \left(\frac{1}{h} \int\limits_{x_{i-1}}^{x_i} \frac{\mathrm{d}x}{k(x)} \right)^{-1}. \tag{13}$$

Wir weisen darauf hin, daß $\int\limits_{x_{i-1}}^{x_i} \frac{dx}{k(x)}$ der Wärmewiderstand des Abschnitts $[x_{i-1}, x_i]$ ist. Im allgemeinen Fall ist der Koeffizient a_i in der Formel für den Wärmestrom ein Funktional der auf das Intervall $[x_{i-1}, x_i]$ eingeschränkten Funktion $k(x)$.

Bezeichnen wir mit y die gesuchte Gitterfunktion, so erhalten wir durch Einsetzen der Beziehungen (12) und (13) in Formel (11) das konservative homogene Schema

$$\frac{1}{h}\left[a_{i+1}\frac{y_{i+1}-y_i}{h}-a_i\frac{y_i-y_{i-1}}{h}\right]-d_iy_i=-\varphi_i \tag{14}$$

mit

$$a_i=\mathring{a}_i=\left[\frac{1}{h}\int\limits_{x_{i-1}}^{x_i}\frac{dx}{k(x)}\right]^{-1}=\left[\int\limits_{-1}^{0}\frac{ds}{k(x_i+sh)}\right]^{-1}, \tag{15}$$

$$d_i=\mathring{d}_i=\int\limits_{-1/2}^{1/2} q(x_i+sh)\,ds,\quad \varphi_i=\mathring{\varphi}_i=\int\limits_{-1/2}^{1/2} f(x_i+sh)\,ds\,.$$

Die Differenzengleichung (14) wurde für einen fixierten Gitterpunkt $x=x_i$ hergeleitet. Da aber x_i beliebig war, gilt die Gleichung (14) in allen inneren Gitterpunkten. Das Schema (14), (15) ist in der Tat homogen, denn seine Koeffizienten a_i, d_i und φ_i sind in allen inneren Gitterpunkten x_i $(i=1, ..., N-1)$ durch dieselben Formeln (15) definiert. Folglich können wir den Index i in den Beziehungen (14), (15) auch fortlassen und statt (14) einfach

$$(ay_{\bar{x}})_x-dy=-\varphi$$

schreiben.

Wir zeigen noch, daß der Erhaltungssatz für das ganze Gitter ω_h (der diskrete Gesamterhaltungssatz) für das konservative Schema (14) bei beliebigen Koeffizienten a, d und φ eine algebraische Folgerung aus den Gleichungen (14) ist:

Bezeichnen wir den Differenzenausdruck für den Wärmestrom bei $x=x_{i-1/2}$ wieder mit $\bar{w}_{i-1/2}=-a_i(y_i-y_{i-1})/h$, so können wir die Gleichung (14) als $\bar{w}_{i-1/2}-\bar{w}_{i+1/2}+h\varphi_i=hd_iy_i$ schreiben. Durch Summation über i von 1 bis $N-1$ finden wir den diskreten Gesamterhaltungssatz

$$\bar{w}_{1/2}-\bar{w}_{N-1/2}+\sum_{i=1}^{N-1}h\varphi_i=\sum_{i=1}^{N-1}hd_iy_i\,.$$

Dieser stellt eine Differenzenapproximation des integralen Erhaltungssatzes für die Gleichung (1) aus Abschnitt 3.1. dar.

3.2.3. Homogene konservative Differenzenverfahren. Im vorangehenden Abschnitt haben wir mit Hilfe der Integro-Interpolationsmethode das homogene konservative Schema (14) konstruiert. Allgemeiner kann man annehmen, daß die Koeffizienten a, d und φ des Schemas (14) Funktionale der Koeffizienten der Differentialgleichung sind,

$$a(x)=A[k(x+sh)],\quad d(x)=F[q(x+sh)],\quad \varphi(x)=F[f(x+sh)]\,. \tag{16}$$

Das Definitionsgebiet des Gitterfunktionals $A[\bar{k}(s)]$ ist $Q^{(0)}[-1, 1]$, das von $F[\bar{f}(s)]$ ist $Q^{(0)}\left[-\frac{1}{2}, \frac{1}{2}\right]$. Mit anderen Worten, $A[\bar{k}(s)]$ und $F[\bar{f}(s)]$ sind für alle stückweise stetigen Funktionen $\bar{k}$, $\bar{f}$ definiert, die auf den Intervallen $-1 \leqq s \leqq 1$ bzw. $-\frac{1}{2} \leqq s \leqq \frac{1}{2}$ gegeben sind. Bei der Berechnung von $a(x)$ nach Formel (16) setzen wir $\bar{k}(s) = k(x+sh)$. Das entspricht dem Übergang vom Intervall $-1 \leqq s \leqq 1$, auf dem die Funktion $\bar{k}(s)$ gegeben ist, zum Intervall $x-h \leqq x' \leqq x+h$, auf dem $k(x')$ gegeben ist.

Wir betrachten also das homogene konservative Schema

$$\begin{aligned} &(ay_{\bar{x}})_x - dy = -\varphi(x), \quad x \in \omega_h, \\ &y(0) = u_1, \quad y(1) = u_2, \quad a \geqq c_1 > 0, \quad d \geqq 0, \end{aligned} \tag{17}$$

dessen Koeffizienten durch (16) definiert sind.

Ein Vergleich des konservativen Schemas (17) mit dem allgemeinen 3-Punkt-Schema (4) aus 3.1. zeigt, daß (17) dem Fall

$$b_i = a_{i+1}$$

entspricht. Damit ist die Forderung der Konservativität (oder auch der „Divergenzform") des Schemas (4) aus Abschnitt 3.1. der Forderung der Selbstadjungiertheit des Differenzenoperators äquivalent: In der Tat, wir betrachten den Operator zweiter Ordnung

$$(\Lambda y)_i = a_i y_{i-1} - c_i y_i + b_i y_{i+1},$$

der im Raum $\mathring{\Omega}_h$ der Gitterfunktionen $y = \{y_i\}$ definiert ist, die auf $\bar{\omega}_h$ gegeben und in den Randpunkten null sind, $y_0 = y_N = 0$. In $\mathring{\Omega}_h$ führen wir das Skalarprodukt $(y, v) = (y_1 v_1 + \ldots + y_{N-1} v_{N-1}) h$ ein. Wegen der für beliebige Funktionen $y, v \in \mathring{\Omega}_h$ gültigen Identität

$$\sum_{i=1}^{N-1} (a_i y_{i-1} - c_i y_i + b_i y_{i+1}) v_i = \sum_{i=1}^{N-1} (b_{i-1} v_{i-1} - c_i v_i + a_{i+1} v_{i+1}) y_i$$

ist die Gleichung $(\Lambda y, v) = (y, \Lambda v)$ für alle $y, v \in \mathring{\Omega}_h$ genau dann erfüllt, wenn $b_i = a_{i+1}$ für $i = 1, \ldots, N-1$ ist, vgl. auch Abschnitt 1.2.

Für das Schema (4) aus Abschnitt 3.1. bedeutet die Bedingung $b_i = a_{i+1}$, daß

$$B[k(x+sh)] = A[k(x+(s+1)h)] \quad \text{oder} \quad B[\bar{k}(s)] = A[\bar{k}(s+1)]$$

für beliebige $\bar{k}(s) \in Q^{(0)}[-1, 1]$ gilt. Offensichtlich ist dies nur möglich, wenn das Funktional $A[\bar{k}(s)]$ nicht von den Werten von $\bar{k}(s)$ für $0 \leqq s \leqq 1$ und $B[\bar{k}(s)]$ nicht von den Werten von $\bar{k}(s)$ für $-1 \leqq s \leqq 0$ abhängt, so daß $a(x) = A[k(x+sh)]$ mit $-1 \leqq s \leqq 0$ ist.

Die Bedingungen (5) aus 3.1., die die zweite Approximationsordnung sichern, nehmen für das konservative Schema (17) folgende Gestalt an:

$$\begin{aligned} &\frac{a(x+h) - a(x)}{h} = k'(x) + O(h^2), \\ &\frac{a(x+h) + a(x)}{2} = k(x) + O(h^2), \\ &d(x) = q(x) + O(h^2), \quad \varphi(x) = f(x) + O(h^2). \end{aligned} \tag{18}$$

Hieraus folgt

$$a(x) = k(x) - \frac{1}{2} hk'(x) + O(h^2),$$

$$a(x) = k\left(x - \frac{1}{2} h\right) + O(h^2).$$

In 3.2.2. hatten wir mit Hilfe der Integro-Interpolationsmethode das homogene konservative Schema (14) mit den speziellen Koeffizienten (15) konstruiert, dessen Gitterfunktionale also

$$A[\bar{k}(s)] = \left(\int_{-1}^{0} \frac{ds}{\bar{k}(s)} \right)^{-1}, \quad F[\bar{f}(s)] = \int_{-1/2}^{1/2} \bar{f}(s)\, ds \tag{15'}$$

sind. Die Koeffizienten a, d und φ werden damit durch Integration der Funktionen $1/k(x)$, $q(x)$ und $f(x)$ berechnet.

Für die Praxis ist es vorteilhaft, einfachere Formeln zur Bestimmung von a, d und φ zu haben, die nur die Werte von k, q und f in einzelnen Punkten benutzen. Üblicherweise verwendet man dabei Gitterpunktsterne aus nur einem oder zwei Punkten und setzt z. B.

$$a_i = k_{i-1/2} = k\left(x_i - \frac{1}{2} h\right) \quad \left(A[\bar{k}(s)] = \bar{k}\left(-\frac{1}{2}\right)\right),$$

$$d_i = q_i, \quad \varphi_i = f_i \quad (F[\bar{f}(s)] = \bar{f}(0))$$

oder

$$a_i = \frac{1}{2} (k_i + k_{i-1}) \quad \left(A[\bar{k}(s)] = \frac{1}{2} (\bar{k}(-1) + \bar{k}(0))\right),$$

$$a_i = \frac{2k_i k_{i-1}}{k_i + k_{i-1}} \quad \left(\frac{1}{A[\bar{k}(s)]} = \frac{1}{2} \left(\frac{1}{\bar{k}(0)} + \frac{1}{\bar{k}(-1)}\right)\right). \tag{19}$$

Für alle diese Koeffizienten sind die Bedingungen (18) offenbar erfüllt. Wenn der Koeffizient $k(x)$ in den Zwischenpunkten $x = x_{i-1/2}$ des Gitters und $q(x)$ und $f(x)$ in den Gitterpunkten x_i Sprünge haben, so sind in den Formeln (19) die arithmetischen Mittel aus den links- und rechtsseitigen Grenzwerten zu verwenden:

$$a_i = \frac{1}{2} (k(x_{i-1/2} - 0) + k(x_{i-1/2} + 0)),$$

$$d_i = \frac{1}{2} (q(x_i + 0) + q(x_i - 0)), \quad \varphi_i = \frac{1}{2} (f(x_i - 0) + f(x_i + 0)).$$

Die Formeln (19) und eine Reihe weiterer Ausdrücke für die Koeffizienten a, d und φ kann man auch dadurch gewinnen, daß man die in (15) auftretenden Integrale durch Näherungswerte ersetzt, beispielsweise

$$\frac{1}{h} \int_{x_{i-1}}^{x_i} \frac{dx}{k(x)} \sim \frac{1}{k_{i-1/2}}, \quad \frac{1}{h} \int_{x_{i-1}}^{x_i} \frac{dx}{k(x)} \sim \frac{1}{2} \left(\frac{1}{k_i} + \frac{1}{k_{i-1}}\right).$$

3.2.4. Die Ausgangsfamilie konservativer Schemata. Die Familie homogener konservativer Schemata (17) läßt sich durch Angabe der Klasse der Gitterfunktionale $A[\bar{k}(s)]$ und $F[\bar{f}(s)]$ festlegen.

Wir nehmen an, daß $F[\bar{f}(s)]$ ein lineares nichtnegatives Funktional ist, daß also

1) $F[c_1\bar{f}_1(s)+c_2\bar{f}_2(s)]=c_1F[\bar{f}_1(s)]+c_2F[\bar{f}_2(s)]\,, \quad -1/2\leqq s\leqq 1/2\,,$

mit beliebigen Konstanten c_1 und c_2 und

2) $F[\bar{f}(s)]\geqq 0$ für $\bar{f}(s)\geqq 0$

gilt.

Obwohl uns das Beispiel (15′) zeigt, daß $A[\bar{k}(s)]$ im allgemeinen ein nichtlineares Funktional ist, werden wir einfachheitshalber annehmen, daß $A[\bar{k}(s)]$ ein lineares nichtnegatives Funktional ist, betrachten aber nun außer den Schemata (16), (17) auch solche, bei denen sich der Koeffizient $a(x)$ aus der Formel

$$\frac{1}{a(x)}=A\left[\frac{1}{k(x+sh)}\right] \tag{16′}$$

bestimmt.

Die Bedingungen (18) der zweiten Approximationsordnung führen zu gewissen Einschränkungen bei der Wahl der Gitterfunktionale $A[\bar{k}(s)]$ und $F[\bar{f}(s)]$. Wir gehen zunächst von

$$\varphi(x)=F[f(x+sh)]=F[f(x)+shf'(x)+O(h^2)]=f(x)\,F[1]+hf'(x)\,F[s]+O(h^2)$$

aus. Durch Vergleich mit (18) sehen wir, da $f(x)$ beliebig sein sollte, daß

$$F[1]=1,\quad F[s]=0 \tag{20}$$

sein muß. Für $a(x)$ finden wir entsprechend

$$a(x)=A\left[k(x)+shk'(x)+\frac{s^2h^2}{2}\,k''(x)+O(h^3)\right]$$

$$=k(x)\,A[1]+hk'(x)\,A[s]+\frac{h^2}{2}\,k''(x)\,A[s^2]+O(h^3)\,,$$

$$a(x+h)=k(x)\,A[1]+hk'(x)\,A[1+s]+\frac{h^2}{2}\,k''(x)\,A[(1+s)^2]+O(h^3)\,,$$

$$\frac{a(x+h)-a(x)}{h}=(A[1+s]-A[s])\,k'(x)+\frac{h}{2}\,(A[(1+s)^2]-A[s^2])\,k''(x)+O(h^2)\,,$$

$$\frac{a(x+h)+a(x)}{2}=A[1]k(x)+\frac{h}{2}\,(A[1+s]+A[s])k'(x)+O(h^2)\,.$$

Durch Vergleich mit (18) erhalten wir nun

$$A[1]=1,\quad A[s]=-\frac{1}{2}\,. \tag{21}$$

Es ist nämlich $A[1+s]+A[s]=A[1]+2A[s]=0$, $A[(1+s)^2]-A[s^2]=A[(1+s)^2-s^2]=$ $=A[1+2s]=A[1]+2A[s]=0$.

Für die speziellen Funktionale

$$F[\bar{f}(s)]=\int_{-1/2}^{1/2}\bar{f}(s)\,ds,\quad A[\bar{f}(s)]=\int_{-1}^{0}\bar{f}(s)\,ds$$

sind die Bedingungen (20) und (21) erfüllt:

$$F[1]=\int_{-1/2}^{1/2}ds=1,\quad F[s]=\int_{-1/2}^{1/2}s\,ds=0\,,$$

$$A[1]=\int_{-1}^{0}ds=1,\quad A[s]=\int_{-1}^{0}s\,ds=-\frac{1}{2}\,.$$

Im weiteren werden wir nur die Ausgangsfamilie homogener konservativer Schemata (17), (16) bzw. (16') betrachten, deren Gitterfunktionale $A[\bar{k}(s)]$ und $F[\bar{f}(s)]$ linear und nichtnegativ sind und den Bedingungen der zweiten Approximationsordnung (20) und (21) genügen.

Das Schema (17), (15) nennen wir dabei das *beste Schema*.

3.3. Konvergenz und Genauigkeit homogener konservativer Schemata

3.3.1. Der Approximationsfehler in der Klasse der glatten Koeffizienten. Die Grundfrage der Theorie ist die nach der Genauigkeitsordnung der homogenen Differenzenverfahren (17), (16) aus Abschnitt 3.2. in den Klassen stetiger oder stückweise stetiger Funktionen $k(x)$, $q(x)$ und $f(x)$.

Es sei $u(x)$ die exakte Lösung der Aufgabe

$$(k(x)\,u'(x))' - q(x)\,u(x) = -f(x), \quad 0 < x < 1\,, \qquad (1)$$
$$u(0) = u_1, \quad u(1) = u_2, \quad k(x) \geqq c_1 > 0, \quad q(x) \geqq 0$$

und $y = y(x)$ die Lösung der Differenzenaufgabe

$$(a y_{\bar{x}})_x - d(x) y = -\varphi(x), \quad x = ih, \quad i = 1, 2, \ldots, N-1\,, \qquad (2)$$
$$y_0 = u_1, \quad y_N = u_2, \quad a(x) \geqq c_1 > 0, \quad d(x) \geqq 0\,.$$

Das Schema (2) liege in der Ausgangsfamilie konservativer Schemata, die wir in 3.2.4. festgelegt hatten.

Wir betrachten den Fehler, also die Gitterfunktion $z(x) = y(x) - u(x)$, $x \in \bar{\omega}_h$. Setzen wir $y(x) = z(x) + u(x)$ in (2) ein, so erhalten wir für den Fehler z die Aufgabe

$$\Lambda z = (a z_{\bar{x}})_x - dz = -\psi(x), \quad x = ih, \quad i = 1, 2, \ldots, N-1\,, \qquad (3)$$
$$z(0) = z(1) = 0, \quad a \geqq c_1 > 0, \quad d \geqq 0\,,$$

wobei der Defekt

$$\psi(x) = \Lambda u + \varphi(x) = (a u_{\bar{x}})_x - du + \varphi \qquad (4)$$

der Approximationsfehler des Differenzenschemas (2) auf der Lösung $u(x)$ der Aufgabe (1) ist.

In 3.2.4. hatten wir folgende Bedingungen für die zweite (lokale) Approximationsordnung des konservativen Schemas (2) mit linearen nichtnegativen Gitterfunktionalen $A[\bar{k}(s)]$ und $F[\bar{f}(s)]$ gefunden:

$$A[1] = 1, \quad A[s] = -\frac{1}{2}, \quad F[1] = 1, \quad F[s] = 0\,. \qquad (5)$$

Zur Abschätzung der Genauigkeitsordnung des Schemas (2) brauchen wir eine Abschätzung des Fehlers $z = y - u$ als Lösung der Aufgabe (3) durch deren rechte Seite ψ.

Wir beginnen mit der Untersuchung der Ordnung des Approximationsfehlers $\psi(x)$. Falls $k(x) \in C^{(3)}$ und $q(x)$, $f(x) \in C^{(2)}$ sind, so gilt

$$\psi(x) = \Lambda u + \varphi - (Lu + f) = [(a u_{\bar{x}})_x - (ku')'] - (d - q)u + (\varphi - f) = O(h^2)\,,$$

das Schema (2) hat also die zweite lokale Approximationsordnung. Folglich ist

$$\|\psi\|_C \leqq M h^2$$

mit einer Konstanten $M > 0$, die nicht von h abhängt. Im weiteren werden wir nachweisen, daß

$$\|\psi\|_* = \sum_{i=1}^{N-1} h \left| \sum_{k=1}^{i} h\psi_k \right| \leqq Mh^2$$

gilt, wenn $k(x)$, $q(x)$ und $f(x)$ in $C^{(2)}$ liegen, $k(x)$ also nicht drei, sondern nur zwei stetige Ableitungen besitzt.

3.3.2. Der Approximationsfehler in der Klasse stückweise stetiger Koeffizienten. Wir zeigen zunächst, daß man den Approximationsfehler (4) immer in folgender Gestalt darstellen kann:

$$\psi = \eta_x + \psi^* , \tag{6}$$

$$\eta_i = (au_{\bar{x}})_i - (ku')_{i-1/2} , \tag{7}$$

$$\psi_i^* = \left(\varphi_i - \int_{-1/2}^{1/2} f(x_i + sh)\, ds \right) - \left(d_i u_i - \int_{-1/2}^{1/2} q(x_i + sh)\, u(x_i + sh)\, ds \right) . \tag{8}$$

Dazu benutzen wir den Erhaltungssatz der Gleichung (1) für das Intervall $[x_{i-1/2}, x_{i+1/2}]$:

$$\frac{1}{h} [(ku')_{i+1/2}] - (ku')_{i-1/2}] - \frac{1}{h} \int_{x_{i-1/2}}^{x_{i+1/2}} q(x)\, u(x)\, dx + \frac{1}{h} \int_{x_{i-1/2}}^{x_{i+1/2}} f(x) dx = 0 .$$

Mit der neuen unabhängigen Veränderlichen $s = (x - x_i)/h$ schreiben wir diese Gleichung in der Form

$$((ku')_{i-1/2})_x - \int_{-1/2}^{1/2} q(x_i + sh)\, u(x_i + sh)\, ds + \int_{-1/2}^{1/2} f(x_i + sh)\, ds = 0 .$$

Ziehen wir diese Gleichung von (4) ab, so kommen wir gerade auf die Formeln (6) bis (8).

Wenn $k(x), q(x), f(x) \in C^{(2)}$ gilt, so wird

$$\eta_i = O(h^2), \quad \psi_i^* = O(h^2) . \tag{9}$$

Es ist nämlich

$$u_i = u_{i-1/2} + \frac{1}{2} hu'_{i-1/2} + \frac{h^2}{8} u''_{i-1/2} + O(h^3) ,$$

$$u_{i-1} = u_{i-1/2} - \frac{1}{2} hu'_{i-1/2} + \frac{h^2}{8} u''_{i-1/2} + O(h^3) ,$$

$$u_{\bar{x},i} = u'_{i-1/2} + O(h^2) ,$$

$$\eta_i = (a_i - k_{i-1/2}) u'_{i-1/2} + O(h^2) = O(h^2) ,$$

wobei wir

$$a_i = A[k(x_i + sh)] = A\left[k\left(x_{i-1/2} + \left(s + \frac{1}{2} \right) h \right) \right]$$

$$= k_{i-1/2} + hk'_{i-1/2} A \left[s + \frac{1}{2} \right] + O(h^2) = k_{i-1/2} + O(h^2)$$

benutzt haben. Nun bemerken wir noch, daß $\int_{-1/2}^{1/2} v(x_i+sh)\,ds = v_i + O(h^2)$ für $v(x) \in C^{(2)}$ ist. Dann erhalten wir

$$\psi_i^* = (q_i u_i - d_i u_i) + (\varphi_i - f_i) + O(h^2) = O(h^2)\,.$$

Jetzt wenden wir uns dem Fall stückweise stetiger Koeffizienten $k(x)$, $q(x)$ und $f(x)$ zu. Ohne Einschränkung der Allgemeinheit können wir annehmen, daß diese Funktionen nur eine Unstetigkeitsstelle erster Art in dem einzigen Punkt $x = \xi \in (0, 1)$ haben, mit

$$\xi = x_n + \vartheta h, \quad 0 \leqq \vartheta = \vartheta(h) \leqq 1, \quad 0 < n < N\,.$$

Sowohl die Lösung $u(x)$ der Gleichung (1) als auch der Strom $k(x)u'(x)$ sind bei $x = \xi$ stetig:

$$[u] = u(\xi+0) - u(\xi-0) = 0, \quad [ku'] = 0\,.$$

Nun nehmen wir an, daß $k(x)$, $q(x)$ und $f(x)$ aus $Q^{(2)}$ sind, womit $u(x)$ in $Q^{(3)}$ liegt. Wir beginnen mit der Abschätzung von η_i. Offensichtlich ist

$$\eta_i = (au_{\bar{x}})_i - (ku')_{i-1/2} = O(h^2) \quad \text{für alle} \quad i \neq n+1\,.$$

Jetzt schätzen wir $\eta_{n+1} = a_{n+1} u_{\bar{x},n+1} - (ku')_{n+1/2}$ ab. Dazu gehen wir von den Entwicklungen in einer Umgebung von $x = \xi$ aus:

$$u_{n+1} = u(\xi) + (1-\vartheta)\,hu'(\xi+0) + \frac{(1-\vartheta)^2}{2} h^2 u''(\xi+0) + O(h^3)\,,$$

$$u_n = u(\xi) - \vartheta h u'(\xi-0) + \frac{\vartheta^2}{2} h^2 u''(\xi-0) + O(h^3)\,,$$

$$(ku')_{n+1/2} = (ku')_{x=\xi+0} + \left(\frac{1}{2} - \vartheta\right) h (ku')'_{x=\xi+0} + O(h^2) \quad \text{für} \quad \vartheta \leqq \frac{1}{2}\,,$$

$$(ku')_{n+1/2} = (ku')_{x=\xi-0} + \left(\frac{1}{2} - \vartheta\right) h (ku')'_{x=\xi-0} + O(h^2) \quad \text{für} \quad \vartheta > \frac{1}{2}\,.$$

Wir erhalten folgenden Ausdruck für η_{n+1}:

$$\eta_{n+1} = a_{n+1}((1-\vartheta)\,u'_+ + \vartheta u'_-) - w_0 + O(h)\,.$$

Hier ist $w_0 = (ku')_+ = (ku')_-$, $v_\pm = v(\xi \pm 0)$.

Aus der Übergangsbedingung $[ku'] = 0$ folgt weiter

$$\vartheta u'_- + (1-\vartheta)\,u'_+ = \left(\frac{\vartheta}{k_-} + \frac{1-\vartheta}{k_+}\right) w_0$$

und

$$\eta_{n+1} = \left[a_{n+1}\left(\frac{\vartheta}{k_-} + \frac{1-\vartheta}{k_+}\right) - 1\right] w_0 + O(h) = O(1)\,.$$

Für das beste Schema, (14), (15) in Abschnitt 3.2., finden wir

$$\frac{1}{\mathring{a}_{n+1}} = \int_{-1}^{0} \frac{ds}{k(x_{n+1}+sh)} = \int_0^1 \frac{ds}{k(x_n+sh)}$$

$$= \int_0^{\vartheta} \frac{ds}{k(x_n+sh)} + \int_{\vartheta}^{1} \frac{ds}{k(x_n+sh)} = \int_0^{\vartheta} \left(\frac{1}{k_-} + (s-\vartheta)\,h\left(\frac{1}{k}\right)'_- + O(h^2)\right) ds$$

$$+ \int_{\vartheta}^{1} \left(\frac{1}{k_+} + (s-\vartheta)\,h\left(\frac{1}{k}\right)'_+ + O(h^2)\right) ds = \frac{\vartheta}{k_-} + \frac{1-\vartheta}{k_+} + O(h)\,,$$

also wird $\eta_{n+1} = \mathring{\eta}_{n+1} = O(h)$. Für alle anderen Schemata ist $\eta_{n+1} = O(1)$.

Bei der Abschätzung von ψ^* haben wir zwei Fälle zu unterscheiden:

1) Es sei $\vartheta < \frac{1}{2}$. Dann ist $\psi_i^* = O(h^2)$ für $i \neq n$, $\psi_n^* = O(1)$, und lediglich für das beste Schema (d. h. für $\varphi_i = \mathring{\varphi}_i$, $d_i = \mathring{d}_i$) gilt

$$\mathring{\psi}_i^* = \int\limits_{-1/2}^{1/2} q(x_i + sh)\,(u(x_i + sh) - u_i)\,ds = O(h) \quad \text{für} \quad i = n\,,$$

weil $u(x_n + sh) = u(\xi) + O(h)$ für alle $s \in \left[-\frac{1}{2}, \frac{1}{2}\right]$ ist.

2) Es sei $\vartheta > \frac{1}{2}$. Dann haben wir $\psi_i^* = O(h^2)$, $i \neq n+1$, $\psi_{n+1}^* = O(1)$, $\mathring{\psi}_{n+1}^* = O(h)$.

Wir fassen unsere Ergebnisse zusammen:

Es ist $\eta_i = O(h^2)$ für $i \neq n+1$, $\eta_{n+1} = O(1)$, $\mathring{\eta}_{n+1} = O(h)$;

$\psi_i^* = O(h^2)$ für $i \neq n$, $\psi_n^* = O(1)$, $\mathring{\psi}_n^* = O(h)$ bei $\vartheta < \frac{1}{2}$;

$\psi_i^* = O(h^2)$ für $i \neq n+1$, $\psi_{n+1}^* = O(1)$, $\mathring{\psi}_{n+1}^* = O(h)$ bei $\vartheta > \frac{1}{2}$;

schließlich gilt bei $\vartheta = \frac{1}{2}$ offensichtlich $\psi_i^* = O(h^2)$ für alle i.

Danach können wir die Funktion $\psi(x)$ in den Gitterpunkten x_n und x_{n+1} in der Form

$$\psi_n = \frac{\eta_{n+1}}{h} + O(1), \quad \psi_{n+1} = -\frac{\eta_{n+1}}{h} + O(1), \quad \eta_{n+1} = O(1) \tag{10}$$

darstellen. In den Gitterpunkten, die der Sprungstelle ξ benachbart sind, approximiert das Schema (2) die Gleichung (1) also überhaupt nicht, denn es gilt $\psi_n = O\left(\frac{1}{h}\right) \to \infty$, $\psi_{n+1} = O\left(\frac{1}{h}\right) \to \infty$ bei $h \to 0$. Die Formel (10) zeigt, daß die Hauptanteile in den Ausdrücken für ψ_n und ψ_{n+1} dem Betrag nach gleich und im Vorzeichen unterschiedlich sind, so daß

$$\psi_n + \psi_{n+1} = O(1), \quad h(\psi_n + \psi_{n+1}) = O(h)$$

ist. Der Approximationsfehler hat damit in der Umgebung einer Sprungstelle von $k(x)$ Dipolcharakter. Gerade aus diesem Grunde hat das konservative Schema (2), obwohl lokal keine Approximation vorhanden ist, in der Norm

$$\|\psi\|_* = (1, |\eta|] + (1, |\mu|] = O(h)$$

mit

$$\mu_i = \sum_{k=1}^{i-1} h\psi_k^*, \quad i = 2, 3, \ldots, N, \quad \mu_1 = 0\,,$$

die erste Approximationsordnung und damit auch erste Genauigkeitsordnung, wie wir im folgenden zeigen werden.

3.3.3. A-priori-Abschätzung für den Fehler. Wir leiten nun eine a-priori-Abschätzung für den Fehler $z = y - u$ her, der Lösung der Differenzenaufgabe (3) ist, wobei die rechte Seite ψ die Darstellung (6) hat. Und zwar beweisen wir für z die Abschätzung

$$\|z\|_C = \|y - u\|_C \leq \frac{2}{c_1}\left((1, |\eta|] + (1, |\mu|]\right), \quad \mu_i = \sum_{k=1}^{i-1} h\psi_k^*, \quad 1 < i < N\,. \tag{11}$$

Lemma. *Die Lösung der Differenzenaufgabe* (3) *genügt der Ungleichung*

$$\|z\|_C \leqq 2\|v\|_C\,, \tag{12}$$

in der v die Lösung der Aufgabe (3) *für* $d \equiv 0$ *ist,*

$$(av_{\bar{x}})_x = -\psi, \quad 0 < x = ih < 1, \quad v_0 = v_N = 0\,. \tag{13}$$

Beweis. Wir stellen die Lösung der Aufgabe (3) als $z = v + w$ dar, wobei v die Lösung der Aufgabe (13) und w die Lösung von

$$\Lambda w = dv, \quad 0 < x = ih < 1, \quad w_0 = w_N = 0 \tag{14}$$

ist. Wir wenden die Dreiecksungleichungen $\|z\|_C \leqq \|v\|_C + \|w\|_C$ an und haben dann noch $\|w\|_C \leqq \|v\|_C$ zu zeigen. Dazu bedienen wir uns des Maximumprinzips, s. Abschnitt 1.2.8. Durch

$$\Lambda\bar{w} = -d|v|, \quad 0 < x = ih < 1, \quad \bar{w}_0 = \bar{w}_N = 0$$

führen wir eine Majorante für die Aufgabe (14) ein: Nach dem Vergleichssatz in Abschnitt 1.2. gilt $\bar{w}_i \geqq 0$ und $\|w\|_C \leqq \|\bar{w}\|_C$. Nun nehmen wir an, daß $\bar{w}$ seinen größten Wert bei $i = i_0$ annimmt. In diesem Gitterpunkt ist

$$a_{i_0+1}\bar{w}_{x,i_0} = a_{i_0+1}(\bar{w}_{i_0+1} - \bar{w}_{i_0})/h \leqq 0, \quad a_{i_0}\bar{w}_{\bar{x},i_0} = a_{i_0}(\bar{w}_{i_0} - \bar{w}_{i_0-1})/h \geqq 0$$

und damit $(a\bar{w}_{\bar{x}})_{x,i_0} \leqq 0$. Aus der Gleichung (14) erhalten wir bei $i = i_0$

$$-(\Lambda\bar{w})_{i_0} = -(a\bar{w}_{\bar{x}})_{x,i_0} + d_{i_0}\bar{w}_{i_0} = d_{i_0}|v_{i_0}| \quad \text{und daraus weiter}$$

$$d_{i_0}\bar{w}_{i_0} \leqq d_{i_0}|v_{i_0}| \leqq d_{i_0}\|v\|_C\,.$$

Wenn hier $d_{i_0} > 0$ ist, so folgt $\bar{w}_{i_0} = \|\bar{w}\|_C \leqq \|v\|_C$, und das Lemma ist bewiesen. Bei $d_{i_0} = 0$ gilt aber nach (14)

$$a_{i_0+1}(\bar{w}_{i_0+1} - \bar{w}_{i_0}) = a_{i_0}(\bar{w}_{i_0} - \bar{w}_{i_0-1})\,,$$

und weil hier die linke Seite nichtpositiv und die rechte Seite nichtnegativ ist, so muß $\bar{w}_{i_0-1} = \bar{w}_{i_0} = \bar{w}_{i_0+1}$ sein. Die Gitterfunktion $\bar{w}$ nimmt ihr Maximum also auch in den zwei Nachbarpunkten von i_0 an, und wir können den obigen Gedankengang für $i = i_0 + 1$ oder $i = i_0 - 1$ wiederholen. Da bei $d_i \equiv 0$ die Ungleichung (12) sicher richtig ist, dürfen wir $d_i \not\equiv 0$ annehmen und finden schließlich einen Gitterpunkt i_1, in dem sowohl $d_{i_1} > 0$ als auch $\bar{w}_{i_1} = \bar{w}_{i_0} = \|\bar{w}\|_C$ und $d_{i_1}\bar{w}_{i_1} \leqq d_{i_1}|v_{i_1}| \leqq d_{i_1}\|v\|_C$ gelten. Damit haben wir auch in diesem Fall $\|\bar{w}\|_C \leqq \|v\|_C$, woraus die Ungleichung (12) folgt.

Nach diesem Lemma genügt es, die Lösung der Aufgabe (13) durch die rechte Seite abzuschätzen. Wir setzen

$$\mu_i = \sum_{k=1}^{i-1} h\psi_k^* \quad \text{oder auch} \quad \psi^* = \mu_x$$

und haben damit

$$\psi = \xi_x\,, \quad \xi = \mu + \eta\,. \tag{15}$$

Daher können wir die Gleichung (13) in $(av_{\bar{x}} + \xi)_x = 0$ umschreiben. Hieraus ergibt sich $av_{\bar{x}} + \xi = \text{const} = c_0$, d. h.,

$$v_k = v_{k-1} - h\xi_k/a_k - hc_0/a_k\,.$$

Summieren wir diese Beziehung über k von 1 bis i, so folgt

$$v_i = v_0 - F_i + c_0A_i \quad \text{mit} \quad F_i = \sum_{k=1}^{i} \frac{h\xi_k}{a_k}\,, \quad A_i = \sum_{k=1}^{i} \frac{h}{a_k}\,. \tag{16}$$

Indem wir hier $i=N$ setzen und $v_0=v_N=0$ berücksichtigen, erhalten wir $c_0=F_N/A_N$ und können die Formel für v_i umformen in

$$v_i=-\left(1-\frac{A_i}{A_N}\right)F_i+\frac{A_i}{A_N}(F_N-F_i)\,.$$

Diese Darstellung zeigt sofort, daß

$$|v_i|\le|F_i|+|F_N-F_i|\le\sum_{k=1}^{i}\frac{h|\xi_k|}{a_k}+\sum_{k=i+1}^{N}\frac{h|\xi_k|}{a_k}=\sum_{k=1}^{N}\frac{h|\xi_k|}{a_k}\le\frac{1}{c_1}(1,|\xi|]$$

ist, also ergibt sich für die Lösung der Aufgabe

$$(av_{\bar{x}})_x=-\xi_x\,,\quad 0<x=ih<1,\quad v_0=v_N=0$$

die Abschätzung

$$\|v\|_C\le\frac{1}{c_1}(1,|\xi|]\,. \tag{17}$$

Aus (12), (15) und (17) folgt schließlich die gewünschte Abschätzung (11).

3.3.4. Konvergenz und Genauigkeit. Mit Hilfe der in den letzten zwei Abschnitten erhaltenen Ergebnisse können wir jetzt eine Aussage über die Konvergenzgeschwindigkeit des Schemas (2) machen.

Satz 1. *Das Schema* (2) *mit den Koeffizienten* (16) *aus Abschnitt* 3.2. *hat in der Klasse glatter Koeffizienten*

$$k(x),\ q(x),\ f(x)\in C^{(2)}[0,1]$$

und für das äquidistante Gitter mit der Schrittweite h die zweite Genauigkeitsordnung,

$$\|y-u\|_C\le Mh^2\,,$$

und in der Klasse stückweise glatter Koeffizienten

$$k(x),\ q(x),\ f(x)\in Q^{(2)}[0,1]$$

die erste Genauigkeitsordnung,

$$\|y-u\|_C\le Mh\,,$$

wobei $M=\text{const}>0$ *nicht von h abhängt; im Falle des besten Schemas bleibt die zweite Genauigkeitsordnung auch in der Klasse* $Q^{(2)}$ *erhalten.*

Der Satz folgt aus der Darstellung des Approximationsfehlers in der Form (6)–(8) sowie aus der a-priori-Abschätzung (11): Nach Abschnitt 3.3.2. gilt für die Klasse $Q^{(2)}$

$$(1,|\eta|]=h|\eta_{n+1}|+O(h^2)\,, \tag{18}$$

$$\mu_i=O(h^2),\quad i\le n,\quad \mu_i=h(\psi_n^*+\psi_{n+1}^*)+O(h^2),\quad i>n+1\,,$$

und damit haben wir

$$(1,|\mu|]=h|\psi_n^*+\psi_{n+1}^*|\,(1-x_n)+O(h^2)\,. \tag{19}$$

Aus den Beziehungen (18), (19) und (11) ergeben sich nun alle Behauptungen des Satzes, denn wir hatten die Formeln

$$\psi_n^*+\psi_{n+1}^*=O(1),\quad \mathring{\psi}_n^*+\mathring{\psi}_{n+1}^*=O(h)\,,$$
$$\eta_{n+1}=O(1),\quad \mathring{\eta}_{n+1}=O(h)$$

erhalten. Im Falle glatter Koeffizienten ist offensichtlich $\eta_i = O(h^2)$, $\psi_i^* = O(h^2)$ für $i=1, \ldots, N-1$, und daher $(1, |\eta|] + (1, |\mu|] = O(h^2)$.

Bemerkung. Man kann zeigen, daß Approximation in der Klasse glatter Koeffizienten notwendig und hinreichend für die Konvergenz des homogenen Schemas (2) ist.

3.4. Homogene Differenzenverfahren auf nichtäquidistanten Gittern

3.4.1. Schemata auf nichtäquidistanten Gittern. Bei der Lösung von Differentialgleichungen werden in der Praxis oft Differenzenverfahren auf nichtäquidistanten Gittern verwendet. Im Abschnitt 2.1. hatten wir für den einfachen Fall der Differentialgleichung $u'' = -f$ schon ein Schema auf dem nichtäquidistanten Gitter

$$\hat{\bar{\omega}}_h = \{x_i,\ i=0, 1, \ldots, N,\ x_0 = 0,\ x_N = 1,\ h_i = x_i - x_{i-1} > 0\}$$

betrachtet und den Approximationsfehler untersucht; im Abschnitt 2.3.4. war dann u. a. gezeigt worden, daß das Schema auf dem nichtäquidistanten Gitter die zweite Genauigkeitsordnung hat.

Zur Konstruktion eines homogenen konservativen Schemas auf dem Gitter $\hat{\omega}_h$ gehen wir wieder vom Erhaltungssatz für das Intervall $(x_{i-1/2}, x_{i+1/2})$ aus, wobei jetzt $x_{i-1/2} = x_i - \frac{1}{2} h_i$ und $x_{i+1/2} = x_i + \frac{1}{2} h_{i+1}$ ist:

$$w_{i-1/2} - w_{i+1/2} - \int_{x_{i-1/2}}^{x_{i+1/2}} q(x)\, u(x)\, dx = -\int_{x_{i-1/2}}^{x_{i+1/2}} f(x)\, dx, \quad w = -ku'. \tag{1}$$

In Analogie zu 3.2.2. benutzen wir folgende Approximationen:

$$\int_{x_{i-1/2}}^{x_{i+1/2}} qu\, dx \sim \hbar_i \mathring{d}_i u_i, \quad \mathring{d}_i = \frac{1}{\hbar_i} \int_{x_{i-1/2}}^{x_{i+1/2}} q(x)\, dx, \quad \hbar_i = \frac{1}{2}(h_i + h_{i+1}),$$

$$w_{i-1/2} \sim \tilde{w}_{i-1/2} = -\mathring{a}_i \frac{u_i - u_{i-1}}{h_i} = -\mathring{a}_i u_{\bar{x},i}, \quad \mathring{a}_i = \left(\frac{1}{h_i} \int_{x_{i-1}}^{x_i} \frac{dx}{k(x)} \right)^{-1}.$$

So wie früher kommen wir nun auf das Schema

$$\frac{1}{\hbar_i} \left[\mathring{a}_{i+1} \frac{y_{i+1} - y_i}{h_{i+1}} - \mathring{a}_i \frac{y_i - y_{i-1}}{h_i} \right] - \mathring{d}_i y_i = -\mathring{\varphi}_i,$$

$$\mathring{a}_i = \left(\frac{1}{h_i} \int_{x_{i-1}}^{x_i} \frac{dx}{k(x)} \right)^{-1}, \quad \mathring{d}_i = \frac{1}{\hbar_i} \int_{x_{i-1/2}}^{x_{i+1/2}} q(x)\, dx, \quad \mathring{\varphi}_i = \frac{1}{\hbar_i} \int_{x_{i-1/2}}^{x_{i+1/2}} f(x)\, dx. \tag{2}$$

Wie im Falle des äquidistanten Gitters nennen wir dieses Differenzenverfahren das *beste Schema*.

Die Koeffizienten $\mathring{a}_i$, $\mathring{d}_i$ und $\mathring{\varphi}_i$ können wir auch in der folgenden Gestalt schreiben:

$$\mathring{a}_i = \left(\int_{-1}^{0} \frac{ds}{k(x_i + s h_i)} \right)^{-1},$$

$$\mathring{d}_i = \frac{h_i}{\hbar_i} \int_{-1/2}^{0} q(x_i + sh_i)\,ds + \frac{h_{i+1}}{\hbar_i} \int_{0}^{1/2} q(x_i + sh_{i+1})\,ds\,,$$
$$\mathring{\varphi}_i = \frac{h_i}{\hbar_i} \int_{-1/2}^{0} f(x_i + sh_i)\,ds + \frac{h_{i+1}}{\hbar_i} \int_{0}^{1/2} f(x_i + sh_{i+1})\,ds\,. \tag{3}$$

Mit den Bezeichnungen (vgl. 2.1.)

$$y_{\bar{x},i} = \frac{y_i - y_{i-1}}{h_i}, \quad y_{x,i} = \frac{y_{i+1} - y_i}{h_{i+1}}, \quad y_{\hat{x},i} = \frac{y_{i+1} - y_i}{\hbar_i}$$

betrachten wir jetzt das 3-Punkt-Schema

$$(ay_{\bar{x}})_{\hat{x}} - dy = -\varphi, \quad x = x_i \in \hat{\omega}_h\,,$$
$$y(0) = u_1, \quad y(1) = u_2, \quad a \geqq c_1 > 0, \quad d \geqq 0\,. \tag{4}$$

Wenn die Koeffizienten $k(x)$, $q(x)$ und $f(x)$ in $Q^{(0)}[0, 1]$ liegen und ihre Sprungstellen bekannt sind, so können wir diese unter die Gitterpunkte aufnehmen. Das so entstehende, von den jeweiligen Funktionen k, q und f abhängige Gitter nennen wir $\hat{\omega}_h(K)$. Als einfachste Formeln für a_i, d_i und φ_i auf $\hat{\omega}_h(K)$ ergeben sich aus (3)

$$a_i = k_{i-1/2}\,, \quad d_i = \frac{h_i q_i^- + h_{i+1} q_i^+}{2\hbar_i}\,, \quad \varphi_i = \frac{h_i f_i^- + h_{i+1} f_i^+}{2\hbar_i} \tag{5}$$

mit $f_i^{\pm} = f(x_i \pm 0)$ usw. Man kann natürlich auch andere Formeln benutzen, z. B.

$$a_i = \frac{1}{2}\,(k_{i-1}^+ + k_i^-)\,, \qquad a_i = \frac{2k_{i-1}^+ k_i^-}{k_{i-1}^+ + k_i^-}\,,$$
$$d_i = \frac{h_i q_{i-1/2} + h_{i+1} q_{i+1/2}}{2\hbar_i}\,, \quad \varphi_i = \frac{h_i f_{i-1/2} + h_{i+1} f_{i+1/2}}{2\hbar_i}\,.$$

Bei stetigen Koeffizienten vereinfachen sich die Ausdrücke (5) zu

$$a_i = k_{i-1/2}\,, \quad d_i = q_i\,, \quad \varphi_i = f_i\,.$$

Falls die Sprungstellen mit „Strompunkten" ($x = x_{i-1/2}$) des Gitters $\hat{\omega}_h$ zusammenfallen, so wählen wir a_i, d_i und φ_i wie folgt:

$$a_i = \frac{2k_i k_{i-1}}{k_i + k_{i-1}}\,, \quad d_i = q_i\,, \quad \varphi_i = f_i \tag{5'}$$

oder wir nehmen

$$a_i = \frac{2k_{i-1/2}^+ k_{i-1/2}^-}{k_{i-1/2}^+ + k_{i-1/2}^-}\,, \quad d_i = \frac{h_{i+1} q_{i+1/2}^- + h_i q_{i-1/2}^+}{2\hbar_i}\,, \quad \varphi_i = \frac{h_{i+1} f_{i+1/2}^- + h_i f_{i-1/2}^+}{2\hbar_i}\,.$$

3.4.2. Der Approximationsfehler. Wir untersuchen nun den Approximationsfehler des Schemas (4) auf dem koeffizientenabhängigen nichtäquidistanten Gitter $\hat{\omega}_h(K)$. Der Fehler $z = y - u$ ist die Lösung der Aufgabe

$$(az_{\bar{x}})_{\hat{x}} - dz = -\psi(x), \quad x \in \hat{\omega}_h\,, \tag{6}$$
$$z_0 = z_N = 0, \quad a \geqq c_1 > 0, \quad d \geqq 0\,,$$

wobei $\psi(x)=(au_{\bar{x}})_{\hat{x}}-du+\varphi(x)$ der Approximationsfehler ist. Mit Hilfe des Erhaltungssatzes (1) können wir ψ als

$$\psi_i=\eta_{\hat{x},i}+\psi_i^*, \quad \eta_i=(au_{\bar{x}})_i-(ku')_{i-1/2}$$

mit

$$\psi_i^*=(\varphi_i-\mathring{\varphi}_i)-d_iu_i+\frac{1}{\hbar_i}\int\limits_{x_{i-1/2}}^{x_{i+1/2}} q(x)\,u(x)\,\mathrm{d}x \tag{7}$$

darstellen. Jetzt nehmen wir an, daß k, q und f im Gitterpunkt x_i eine Unstetigkeitsstelle erster Art haben und für $x_{i-1}<x<x_i$, $x_i<x<x_{i+1}$ glatte Funktionen sind. Aus der Formel (3) für $\mathring{\varphi}_i$ und den Entwicklungen $f(x_i+sh_i)=f_{i-0}+sh_if'_{i-0}+O(h_i^2)$ für $s<0$, $f(x_i+sh_{i+1})=f_{i+0}+sh_{i+1}f'_{i+0}+O(h_{i+1}^2)$ für $s>0$ folgt

$$\mathring{\varphi}_i=\frac{h_if_{i-0}+h_{i+1}f_{i+0}}{2\hbar_i}+\left(\frac{h_i^2f'_{i-1/2}}{8}\right)_{\hat{x},i}+O(\hbar_i^2)\,.$$

Ähnlich erhalten wir auch

$$\frac{1}{\hbar_i}\int\limits_{x_{i-1/2}}^{x_{i+1/2}} q(x)\,u(x)\,\mathrm{d}x=\frac{h_iq_{i-0}+h_{i+1}q_{i+0}}{2\hbar_i}\,u_i+\left(\frac{h_i^2(qu)'_{i-1/2}}{8}\right)_{\hat{x},i}+O(\hbar_i^2)\,.$$

Daraus ergibt sich für das Schema (4) mit den Koeffizienten (5) die Beziehung

$$\psi_i=(\eta+\bar{\eta})_{\hat{x},i}+\psi_i^{**} \tag{8}$$

mit

$$\begin{aligned} \psi_i^{**}&=O(\hbar_i^2)\,,\\ \bar{\eta}_i&=\frac{h_i^2(qu-f)'_{i-1/2}}{8}=O(h_i^2)\,,\\ \eta_i&=a_iu_{\bar{x},i}-(ku')_{i-1/2}=O(h_i^2)\,, \end{aligned} \tag{9}$$

denn es ist $a_i=k_{i-1/2}$, $u_{\bar{x},i}=u'_{i-1/2}+O(h_i^2)$.

3.4.3. Zur Genauigkeitsordnung auf nichtäquidistanten Gittern. Wir verwenden die Skalarprodukte

$$(y,v)_*=\sum_{i=1}^{N-1}y_iv_i\hbar_i\,,\quad (y,v]=\sum_{i=1}^{N}y_iv_ih_i\,.$$

Folgende Behauptung ist richtig:

Für die Lösung der Aufgabe (6) mit der rechten Seite (8) gilt die Abschätzung

$$\|z\|_C\le\frac{2}{c_1}\,\{(1,|\eta|+|\bar{\eta}|]+(1,|\mu|]\} \tag{10}$$

mit

$$\mu_i=\sum_{k=1}^{i-1}\hbar_k\psi_k^*,\quad \mu_1=0,\quad i=2,3,\dots,N\,.$$

Diese Abschätzung wird genauso hergeleitet, wie die Ungleichung (12) aus Abschnitt 3.3., es ist jetzt nur a_i/h durch a_i/h_i zu ersetzen.

Aus (10) und (9) sehen wir, daß das Schema (4), (5) auf einer Folge nichtäquidistanter Gitter $\hat{\omega}_h(K)$ die zweite Genauigkeitsordnung besitzt,

$$\|z\|_C = \|y-u\|_C \leqq M\bar{h}^2\,,$$

wobei $\bar{h} = (1, h^2]^{1/2}$ die mittlere quadratische Schrittweite des Gitters ist und k, q, $f \in Q^{(2)}[0, 1]$ vorausgesetzt wird. Falls nur der Koeffizient $k(x)$ unstetig ist, $k(x) \in Q^{(2)}$, und q und f in $C^{(2)}$ liegen, so hat jedes konservative Schema (4) von zweiter Approximationsordnung auf einer Folge nichtäquidistanter Gitter $\hat{\omega}_h(K)$ auch die zweite Genauigkeitsordnung.

Das ergibt sich daraus, daß für jedes der genannten Differenzenverfahren sowohl $\eta_i = a_i u_{\bar{x},i} - (ku')_{i-1/2} = O(h_i^2)$ als auch $\psi_i^* = O(h_i^2)$ gilt.

Nun haben wir die Frage noch nicht geklärt, welche Genauigkeit ein Schema (4) von zweiter Approximationsordnung auf einem beliebigen nichtäquidistanten Gitter besitzt, also bei beliebiger Lage der Sprungstelle ξ der Koeffizienten,

$$x_n \leqq \xi \leqq x_{n+1}, \quad \xi = x_n + \vartheta h, \quad 0 \leqq \vartheta \leqq 1\,.$$

Da die Formeln (7) unabhängig von der Lage der Sprungstellen gelten, verläuft die Untersuchung der Genauigkeit in diesem Falle in völliger Analogie zu der für das äquidistante Gitter in Abschnitt 3.3. Setzen wir einfachheitshalber voraus, daß q und f keine Sprungstellen haben, q, $f \in C^{(2)}$, so finden wir

$$\eta_i = O(h_i^2) \quad \text{für} \quad i \neq n+1, \quad \eta_{n+1} = O(1),$$

während für das beste Schema (2) $\eta_{n+1} = O(h_{n+1})$ gilt. Weiterhin ist dann

$$\psi_i^* = \bar{\eta}_{\hat{x},i} + \psi_i^{**},$$

$$\bar{\eta}_i = \frac{h_i^2 (qu-f)'_{i-1/2}}{8}, \quad \psi_i^{**} = O(\hbar_i^2)$$

für $i = 1, \ldots, N-1$. Mit Hilfe der Abschätzung (10) stellen wir nun fest, daß das beste Schema (2), (3) auch in der Klasse stückweise glatter Koeffizienten und für eine beliebige Folge nichtäquidistanter Gitter seine zweite Genauigkeitsordnung nicht verliert. Dagegen ist das Schema (4) in diesem Fall im allgemeinen von erster Genauigkeitsordnung. Offensichtlich besitzt schließlich jedes Schema (4) in der Klasse glatter Koeffizienten $C^{(2)}$ für eine beliebige Folge nichtäquidistanter Gitter die zweite Genauigkeitsordnung.

Zum Beweis der letzten Behauptung kann man für die Operatorgleichung $Az = \psi$ die in Abschnitt 2.4. gewonnene Abschätzung

$$\|z\|_A = \|\psi\|_{A-1} \leqq \frac{1}{c_1} \|\psi\|_{\mathring{A}-1}$$

benutzen, für die $A \geqq c_1 \mathring{A}$, $A = A^* > 0$, $\mathring{A} = \mathring{A}^* > 0$ vorausgesetzt worden war. In unserem Fall ist

$$Ay = -(ay_{\bar{x}})_{\hat{x}} + dy, \quad \mathring{A}y = -y_{\bar{x}\hat{x}} \quad \text{mit} \quad y \in \mathring{\Omega}\,,$$

wobei $\mathring{\Omega} = H$ der Raum der auf $\hat{\omega}_h$ definierten Gitterfunktionen ist, die bei $i = 0$, N gleich null sind. Die negative Norm $\|\psi\|_{\mathring{A}-1}$ hatten wir in 2.4. konstruiert; für sie gilt

$$\|\psi\|_{\mathring{A}-1} \leqq \|\eta]| + \|\bar{\eta}]| + \|\mu]| = O(\bar{h}^2)$$

mit dem mittleren quadratischen Schritt $\bar{h}^2$ des Gitters $\hat{\omega}_h$.

3.4.4. Genauigkeitserhöhung auf einer Folge von Gittern. Die Methode von Runge. Es sei die lineare Differentialgleichung der Mathematischen Physik

$$Lu = f(x), \quad x \in G\,, \tag{11}$$

mit zusätzlichen Bedingungen auf dem Rand Γ von G gegeben, die wir aber zur Vereinfachung der Darstellung fortlassen. Im Gebiet G führen wir das Gitter ω_h mit der Schrittweite h ein und ordnen der Aufgabe (11) das Differenzenschema

$$L_h y_h = \varphi_h, \quad x \in \omega_h\,, \tag{12}$$

zu. Ist das Schema stabil, so gilt $\|y_h\|_{(1_h)} \leqq M\|\varphi_h\|_{(2_h)}$ mit der von h unabhängigen positiven Konstanten M, vgl. Abschnitt 2.2., und aus der Approximation folgt die Konvergenz,

$$\|y_h - u_h\|_{(1_h)} \leqq M\|\psi_h\|_{(2_h)}\,, \tag{13}$$

wobei $\psi_h = \varphi_h - L_h u_h = (\varphi_h - f_h) - (L_h u_h - (Lu)_h)$ der Approximationsfehler (oder auch Defekt) auf der Lösung $u(x)$ der Aufgabe (11) ist. Wie wir aus (13) sehen, ist die Genauigkeit des Schemas nicht niedriger als die Approximationsordnung: Aus $\|\psi_h\|_{(2_h)} = O(h^n)$ folgt $\|y_h - u_h\|_{(1_h)} = O(h^n)$.

Um die Genauigkeit der Differenzenlösung zu erhöhen, muß man offensichtlich entweder die Schrittweite h des Gitters verringern oder die Zahl n erhöhen, d. h. die Approximationsordnung des Schemas verbessern. Ein einfaches Beispiel für die zweite Möglichkeit hatten wir in 1.2.2. betrachtet. Dieser Weg enthält aber für die meisten Aufgaben technische Schwierigkeiten, so insbesondere im Falle veränderlicher Koeffizienten; außerdem kann sich beim Übergang zu solchen Schemata der Rechenaufwand wesentlich vergrößern. Eine Ausnahme bilden hier Differenzenverfahren für die Wärmeleitungsgleichung mit konstanten Koeffizienten sowie für die Laplacegleichung.

Der anderen Möglichkeit, die Genauigkeit durch Verkleinerung der Schrittweite h zu verbessern, sind durch die zur Verfügung stehenden Rechenmaschine (Speicherplatz, Rechenzeit) Grenzen gesetzt.

Wenn die rechte Seite f und die Lösung u der Ausgangsaufgabe glatte Funktionen von x sind, so kann man zu einer Differenzenlösung erhöhter Genauigkeitsordnung kommen, indem man die Aufgabe (12) auf einer Serie von Gittern $\omega_{h_1}, \ldots, \omega_{h_n}$ löst.

Wie früher werden wir voraussetzen, daß $u(x)$ die benötigte Anzahl von Ableitungen besitzt. Wir betrachten den einfachen Fall, daß für die Differenzenlösung y_h die asymptotische Entwicklung

$$y_h(x) = u_h(x) + \alpha_1(x)\, h^{k_1} + O(h^{k_2}), \quad k_2 > k_1 > 0\,, \tag{14}$$

mit einer von h unabhängigen Funktion $\alpha_1(x)$ gilt. Nun stellen wir uns die Aufgabe, eine Gitterfunktion $\tilde{y}_h(x)$ zu bestimmen, die

$$\tilde{y}_h(x) = u_h(x) + O(h^{k_2}) \tag{15}$$

erfüllt. Dazu nehmen wir zwei Gitter ω_{h_1} und ω_{h_2} mit den Schrittweiten h_1 und h_2. Für die den beiden Gittern gemeinsamen Punkte $\tilde{\omega}_h$ bilden wir die Gitterfunktion

$$\tilde{y}_h(x) = c_1 y_{h_1}(x) + c_2 y_{h_2}(x)\,, \quad x \in \tilde{\omega}_h\,, \tag{16}$$

wobei c_1 und c_2 zunächst unbestimmt sind. Durch Einsetzen der Entwicklungen (14) in (16) erhalten wir

$$\tilde{y}_h(x) = (c_1 + c_2)\, u_h(x) + (c_1 h_1^{k_1} + c_2 h_2^{k_1})\, \alpha_1(x) + O(h^{k_2})\,.$$

Wie wir sehen, wird $\tilde{y}_h - u_h = O(h^{k_2})$ für

$$c_1 + c_2 = 1, \quad c_1 h_1^{k_1} + c_2 h_2^{k_1} = 0\,,$$

d. h. für

$$c_2 = 1 - c_1, \quad c_1 = -h_2^{k_1}/(h_1^{k_1} - h_2^{k_1})\,. \tag{17}$$

Beispielsweise für $h_1 = h$, $h_2 = \frac{h}{2}$ ist $\tilde{\omega}_h = \omega_h$ und $c_1 = -1/(2^{k_1} - 1)$.

Um auf diesem Weg eine Differenzenlösung erhöhter Genauigkeit auf einem Gitter $\tilde{\omega}_h$ zu erhalten, müssen wir also die Aufgabe (12) zweimal lösen, einmal auf einem Gitter ω_{h_1} und einmal auf einem Gitter ω_{h_2} (wobei diese Gitter so gewählt sind, daß ihr Durchschnitt $\tilde{\omega}_h$ ist). Anschließend ist mit den Koeffizienten (17) die Linearkombination (16) zu bilden.

Durch die Verwendung von nichtäquidistanten Gittern ergeben sich weitere Möglichkeiten zur Erhöhung der Genauigkeit ohne Vergrößerung der Gitterpunktanzahl. Hat man eine etwaige Vorstellung über das Verhalten der Lösung der Ausgangsaufgabe, so kann man ein Gitter so wählen, daß eine ausreichende Genauigkeit durch ein Minimum von Gitterpunkten und damit durch ein Minimum von Rechenoperationen gesichert wird. So ist es z. B. naheliegend, in einem Gebiet, in dem sich Koeffizienten und rechte Seite der Gleichung schnell ändern, das Gitter zu verdichten. Insbesondere wird das Gitter in der Nähe des Punktes (oder der Linie) einer Unstetigkeit in den Koeffizienten, also an der Grenze zweier Medien, so verdichtet, daß die kleinste Schrittweite an der Grenze genommen wird und sich die Schrittweiten mit der Entfernung von der Grenze vergrößern – beispielsweise wie eine geometrische Zahlenfolge. Hat man keine Information über das Verhalten der Lösung, so kann man sie durch eine Rechnung auf einem groben Gitter gewinnen und anschließend wie oben ausgeführt verfahren, oder das Gitter in Gebieten starker Änderung der gefundenen Lösung verfeinern und danach die Aufgabe erneut lösen.

In der Praxis werden nichtäquidistante Gitter recht häufig benutzt. Schon in 3.4.3. hatten wir uns überzeugt, daß bei der Wahl spezieller Gitter $\hat{\omega}_h(K)$, zu deren Gitterpunkten alle Sprungstellen des Koeffizienten $k(x)$ in der Gleichung

$$(k(x)\,u')' - q(x)\,u = -f(x)$$

gehören, ein beliebiges homogenes Differenzenschema $(ay_{\bar{x}})_x - dy = -\varphi$ von zweiter Approximationsordnung (in der Klasse glatter Koeffizienten) auch in der Klasse stückweise glatter Koeffizienten $k(x)$ die zweite Genauigkeitsordnung besitzt.

Die Genauigkeit von Differenzenverfahren in Abhängigkeit von der Veränderung realer (d. h. auf der Rechenmaschine möglicher) Gitter ist für Gleichungen mit veränderlichen Koeffizienten ein Problem, das für jede konkrete Aufgabe gesondert untersucht werden muß.

3.5. Weitere Aufgaben

3.5.1. Die dritte Randwertaufgabe. Wir konstruieren ein homogenes Differenzenschema für die folgende dritte Randwertaufgabe:

$$Lu = (ku')' - q(x)\,u = -f(x), \quad 0 < x < 1, \quad k(x) \geqq c_1 > 0\,, \quad q \geqq 0, \tag{1}$$
$$k(0)\,u'(0) = \beta_1 u(0) - \mu_1, \quad -k(1)\,u'(1) = \beta_2 u(1) - \mu_2\,,$$
$$\beta_1 \geqq 0, \quad \beta_2 \geqq 0, \quad \beta_1 + \beta_2 > 0\,.$$

Die Differentialgleichung approximieren wir wie üblich:

$$\Lambda y = -\varphi(x), \quad \Lambda y = (a y_{\bar{x}})_x - dy, \quad a \geqq c_1 > 0, \quad d \geqq 0, \tag{2}$$

wobei a, d und φ den Approximationsbedingungen (5) aus Abschnitt 3.1. genügen.

Wir betrachten als erstes die einfachste Approximation für die Randbedingung bei $x=0$: $a_1 y_{\bar{x},1} = \beta_1 y_0 - \mu_1$. Indem wir hier $y = z + u$ einsetzen, erhalten wir den Approximationsfehler,

$$a_1 z_{\bar{x},1} = \beta_1 z_0 - \nu_1, \quad \nu_1 = a_1 u_{\bar{x},1} - \beta_1 u_0 + \mu_1 .$$

Mit Hilfe der Beziehungen

$$a_1 = k_0 + \frac{1}{2} h k_0' + O(h^2), \quad u_{\bar{x},1} = u_0' + \frac{1}{2} h u_0'' + O(h^2)$$

finden wir

$$\nu_1 = (k_0 u_0' - \beta_1 u_0 + \mu_1) + \frac{1}{2} h (k u')_0' + O(h^2) = \frac{1}{2} h (k u')_0' + O(h^2) .$$

Hier setzen wir nun $(ku')_0' = q_0 u_0 - f_0$ ein:

$$\nu_1 = \frac{1}{2} h (q_0 u_0 - f_0) + O(h^2) .$$

Daraus folgt, daß die Differenzen-Randbedingung

$$a_1 y_{\bar{x}_1} = \bar{\beta}_1 y_0 - \bar{\mu}_1, \quad \bar{\beta}_1 = \beta_1 + \frac{1}{2} h q_0, \quad \bar{\mu}_1 = \mu_1 - \frac{1}{2} h f_0 \tag{3}$$

auf der Lösung $u(x)$ der Aufgabe (1) die zweite Approximationsordnung besitzt. Entsprechend ergibt sich auch folgende Randbedingung zweiter Approximationsordnung bei $x=1$:

$$-a_N y_{\bar{x},N} = \bar{\beta}_2 y_N - \bar{\mu}_2, \quad \bar{\beta}_2 = \beta_2 + \frac{1}{2} h q_N, \quad \bar{\mu}_2 = \mu_2 + \frac{1}{2} h f_N . \tag{4}$$

Damit haben wir die Ausgangsaufgabe (1) durch die Differenzen-Randwertaufgabe (2)–(4) ersetzt, die auf der Lösung der Ausgangsaufgabe von zweiter Approximationsordnung ist.

3.5.2. Periodische Randbedingungen. Wir beginnen mit der folgenden einfachen Aufgabe: Zu bestimmen ist die Lösung der Gleichung

$$u''(x) - q_0 u = -f(x), \quad q_0 = \text{const} > 0, \quad 0 < x < 1, \tag{5}$$

die der Periodizitätsbedingung

$$u(x+1) = u(x) \quad \text{für alle} \quad x \in (0, 1) \tag{6}$$

genügt. Dabei wird vorausgesetzt, daß $f(x)$ ebenfalls die Periode 1 hat: $f(x+1) = f(x)$.

Die Bedingung (6) für beliebiges $x \in (0, 1)$ ist folgenden zwei Übergangsbedingungen in dem einen Punkt $x=0$ äquivalent:

$$u(0+0) = u(1-0), \quad u'(0+0) = u'(1-0) . \tag{7}$$

Die Aufgabe (5), (6) besitzt eine eindeutige Lösung, und für diese folgt aus dem Maximumprinzip die Abschätzung

$$\|u\|_C \leqq \frac{1}{q_0} \|f\|_C .$$

Bei $q_0=0$ ist die Aufgabe unter der Zusatzbedingung $\int_0^1 f(x)\,dx=0$ lösbar, und die Bedingung $\int_0^1 u(x)\,dx=0$ bestimmt eindeutig eine Lösung.

Für die Aufgabe (5), (6) hat folgendes Differenzenschema die Ordnung $O(h^2)$ auf dem äquidistanten Gitter $\bar{\omega}_h$:

$$y_{\bar{x}x}-q_0 y=-\varphi, \quad x=ih, \quad i=1,\dots,N, \tag{8}$$
$$y_N=y_0, \quad y_{N+1}=y_1$$

mit $\varphi(x)=f(x)+O(h^2)$ für $0<x=ih<1$ und $\varphi_N=\frac{1}{2}(f(0+0)+f(1-0))$. Es ist leicht einzusehen, daß die Differenzengleichung (8) für $i=N$ die zweite Übergangsbedingung (7) mit zweiter Ordnung approximiert.

Für die Gleichung mit veränderlichen Koeffizienten,

$$(ku')'-q(x)\,u=-f(x), \quad 0<x<1,$$

$k(x+1)=k(x)$, $f(x+1)=f(x)$, $k(x)\geqq c_1>0$, $q(x)\geqq c_1>0$, mit der Periodizitätsbedingung $u(x+1)=u(x)$, die hier den zwei Bedingungen

$$u(0+0)=u(1-0), \quad ku'|_{x=0+0}=ku'|_{x=1-0}$$

äquivalent ist, hat das Schema der Ordnung $O(h^2)$ folgende Gestalt:

$$(ay_{\bar{x}})_x-dy=-\varphi, \quad x=ih, \quad i=1,\dots,N,$$
$$y_0=y_N, \quad y_{N+1}=y_1,$$
$$a_{N+1}=a_1, \quad \varphi_N=\frac{1}{2}(f(0+0)+f(1-0)), \quad d_N=\frac{1}{2}(q(0+0)+q(1-0)),$$

wobei a, d und φ den Bedingungen (18) aus Abschnitt 3.2. genügen.

3.5.3. Ein monotones Schema für die allgemeine Differentialgleichung zweiter Ordnung. Für die Randwertaufgabe

$$Lu=(ku')'+r(x)\,u'-q(x)\,u=-f(x), \quad 0<x<1, \tag{9}$$
$$u(0)=u_1, \quad u(1)=u_2, \quad k(x)\geqq c_1>0, \quad |r(x)|\leqq c_2, \quad q\geqq 0$$

konstruieren wir jetzt ein Differenzenschema von zweiter Approximationsordnung, für das das Maximumprinzip bei beliebiger Schrittweite h gültig ist. Das bedeutet für das 3-Punkt-Schema

$$A_i y_{i-1}-C_i y_i+B_i y_{i+1}=-F_i, \quad i=1,2,\dots,N-1, \tag{10}$$

daß

$$A_i>0, \quad B_i>0, \quad C_i-A_i-B_i=D_i\geqq 0$$

gilt, vgl. Abschnitt 1.2.

Schemata mit der genannten Eigenschaft heißen monoton. Zuerst ersetzen wir den Operator $Lu=(ku')'-qu$ durch die übliche homogene 3-Punkt-Approximation $\Lambda y=(ay_{\bar{x}})_x-dy$. Die naheliegende Approximation der ersten Ableitung $u'(x)$ durch die zentrale Differenzenableitung $u_{\mathring{x}}$ ergibt zwar ein Schema von zweiter Approximationsordnung; monoton ist dieses Schema aber nur für hinreichend kleine Schrittweiten h, bei $h|r(x)|<2k(x)$, und dann sind auch die Formeln der verkürzten Gaußelimination anwendbar.

Benutzt man dagegen einseitige Differenzenableitungen (die rechte bei $r>0$ und die linke bei $r<0$) zur Approximation von u', so gilt das Maximumprinzip bei beliebigem h; die Approximation ist aber nur von erster Ordnung.

Wir konstruieren nun ein monotones Schema zweiter Genauigkeitsordnung, das einseitige Ableitungen verwendet, wobei das Vorzeichen von $r(x)$ berücksichtigt wird. Wie sich herausstellt, genügt es dazu, ein monotones Schema mit einseitigen Differenzenableitungen zu nehmen, das die Gleichung mit gestörten Koeffizienten

$$\tilde{L}u = -f, \quad \tilde{L}u = \varkappa(ku')' + ru' - qu \tag{11}$$

approximiert, wobei $\varkappa = 1/(1+R)$ ist und $R = \frac{h}{2}\,|r|/k$ die „Zellen-Reynoldszahl" genannt wird.

Wir schreiben $r(x)$ als

$$r = r^+ + r^-, \quad r^+ = \frac{1}{2}(r+|r|) \geqq 0, \quad r^- = \frac{1}{2}(r-|r|) \leqq 0,$$

und approximieren ru' durch

$$(ru')_i = \left(\frac{r}{k}\,(ku')\right)_i \sim b_i^+ a_{i+1} u_{x,i} + b_i^- a_i u_{\bar{x},i}$$

mit $b_i^\pm = F[\bar{r}^\pm(x_i + sh)]$, $\bar{r}^\pm = r^\pm/k$. Hier ist F das Gitterfunktional, mit dem auch die Koeffizienten d und φ berechnet werden. (Man kann z. B. $b^\pm = r^\pm/k$ setzen.) So kommen wir zum homogenen Schema

$$\tilde{\Lambda} y = \varkappa(a y_{\bar{x}})_x + b^+ a^{(+1)} y_x + b^- a y_{\bar{x}} - dy = -\varphi, \tag{12}$$
$$y_0 = u_1, \quad y_N = u_2; \quad a^{(+1)} = a(x+h), \quad a \geqq c_1 > 0,$$
$$\varkappa = 1/(1+R), \quad R = \frac{1}{2}\,|r| h/k.$$

Um zu zeigen, daß das Schema (12) monoton ist, schreiben wir es in der Gestalt

$$A_i y_{i-1} - C_i y_i + B_i y_{i+1} = \varphi_i, \quad y_0 = u_1, \quad y_N = u_2 \tag{13}$$

mit

$$A_i = \frac{a_i}{h^2}(\varkappa_i - h b_i^-), \quad B_i = \frac{a_{i+1}}{h^2}(\varkappa_i + h b_i^+),$$
$$C_i = A_i + B_i + d_i.$$

Wie wir sehen, gilt $A_i > 0$, $B_i > 0$ und $D_i \geqq 0$, denn es ist $b_i^- \leqq 0$, $b_i^+ \geqq 0$, $d_i \geqq 0$. Dann sind die Gleichungen (13) auch mit der verkürzten Gaußelimination lösbar, und zwar für beliebige h und r.

Den Approximationsfehler des Schemas (12),

$$\psi = \varkappa(a u_{\bar{x}})_x + b^+ a^{(+1)} u_x + b^- a u_{\bar{x}} - du + \varphi - (Lu + f)$$

können wir als $\psi = \psi^{(1)} + \psi^{(2)}$ darstellen. Die Summanden sind

$$\psi^{(1)} = [(a u_{\bar{x}})_x - du + \varphi] - [(ku')' - qu + f],$$
$$\psi^{(2)} = [(\varkappa - 1)(a u_{\bar{x}})_x + b^+ a^{(+1)} u_x + b^- a u_{\bar{x}}] - ru'.$$

Für $\psi^{(1)}$ haben wir die Abschätzung

$$\psi^{(1)} = O(h^2) \quad \text{falls} \quad k \in C^{(3)}, \quad q, f \in C^{(2)}.$$

Benutzen wir die Entwicklungen

$$b^+ = \bar{r}^+ + O(h^2), \quad b^- = \bar{r}^- + O(h^2),$$
$$k\bar{r}^\pm = r^\pm, \quad r^+ + r^- = r, \quad r^+ - r^- = |r|,$$

$$a u_{\bar{x}} = k u' - \frac{1}{2} h (k u')' + O(h^2) ,$$

$$a^{(+1)} u_x = k u' + \frac{1}{2} h (k u')' + O(h^2) ,$$

$$(a u_{\bar{x}})_x = (k u')' + O(h^2) ,$$

so finden wir

$$b^+ a^{(+1)} u_x + b^- a u_{\bar{x}} = r u' + \frac{1}{2} h (k u')' \frac{|r|}{k} + O(h^2) ,$$

$$\psi^{(2)} = -\frac{R}{1+R} (k u')' + R (k u')' + O(h^2) = \frac{R^2}{1+R} (k u')' + O(h^2) = O(h^2)$$

wegen $R = \frac{h}{2} |r|/k = O(h)$. Damit besitzt das monotone Schema (12) die zweite Approximationsordnung, $\psi = O(h^2)$. Bei $q \geqq c_1 > 0$ und $y_0 = y_N = 0$ ergibt das Maximumprinzip die Abschätzung

$$\|y\|_C \leqq \frac{1}{c_1} \|\varphi\|_C ,$$

also konvergiert das Schema in C mit der Geschwindigkeit $O(h^2)$.

Die Verwendung des monotonen Schemas ist angebracht, wenn $r(x)$ eine schnellveränderliche Funktion von x ist und in einzelnen Punkten die Bedingung $R < 1$ verletzt wird – was sich nicht wesentlich auf die Genauigkeit des Schemas auswirkt.

Wir weisen zum Schluß noch darauf hin, daß sich die Konstruktion monotoner Schemata auch auf nichtäquidistanten Gittern durchführen läßt.

3.5.4. Ein Differenzenverfahren für die stationäre Gleichung in Zylinderkoordinaten. Die stationäre Diffusions- oder Wärmeleitungsgleichung $\operatorname{div}(k \operatorname{grad} u) - q u = -f$ hat im System der Zylinderkoordinaten r, φ, z in dem Falle, wo die Lösung u weder von z noch von φ abhängt (also bei Axialsymmetrie), die Gestalt

$$\frac{1}{r} \frac{\mathrm{d}}{\mathrm{d}r} \left(r k(r) \frac{\mathrm{d}u}{\mathrm{d}r} \right) - q(r) u = -f(r), \quad 0 < r < R ; \tag{14}$$

$$q(r) \geqq 0, \quad 0 < c_1 \leqq k(r) \leqq c_2 .$$

Bei $r = 0$ wird die Bedingung $|u(0)| < \infty$ gestellt, die (vgl. [14]) äquivalent zu

$$\lim_{r \to 0} r k(r) \frac{\mathrm{d}u}{\mathrm{d}r} = 0 \tag{15}$$

ist. Bei $r = R$ stellen wir eine der üblichen Randbedingungen, z. B.

$$u(1) = \mu_2 . \tag{16}$$

Nun seien $u_1(r)$ und $u_2(r)$ zwei linear unabhängige Lösungen der Gleichung (14), und davon sei $u_1(r)$ beschränkt in $0 \leqq r \leqq R$. Dann gelten folgende Eigenschaften:

1) Sind $q(0)$ und $f(0)$ endlich, so ist $u_1(0) \neq 0$, $u_1'(0) = 0$.
2) Bei $q(r)$, $f(r) \in C^{(2)}[0, R]$ und $k(r) \in C^{(3)}[0, R]$ sind die Ableitungen $u_1^{(k)}$ für $k = 1, 2, 3, 4$ und $0 \leqq r \leqq R$ beschränkt.
3) Die von $u_1(r)$ linear unabhängige Lösung $u_2(r)$ von (14) besitzt bei $r = 0$ eine logarithmische Singularität.

Die Bedingungen (15) und (16) bestimmen eindeutig eine Lösung der Aufgabe (14), wobei infolge von Eigenschaft 1) die Bedingung (15) durch die Forderung

$$u'(0)=0 \tag{17}$$

ersetzt werden kann.

Jetzt führen wir auf dem Intervall $0 \leqq r \leqq R$ ein äquidistantes Gitter mit der Schrittweite $h=R/N$ ein und gehen zur Konstruktion des Differenzenschemas für die Gleichung (14) von dem Erhaltungssatz für das Intervall $[r_{i-1/2}, r_{i+1/2}]$ aus, vgl. 3.2.2.,

$$\frac{1}{r_i h}\,[w_{i+1/2}-w_{i-1/2}]-\frac{1}{r_i h}\int\limits_{r_{i-1/2}}^{r_{i+1/2}} qur\,\mathrm{d}r=-\frac{1}{r_i h}\int\limits_{r_{i-1/2}}^{r_{i+1/2}} f(r)\,r\,\mathrm{d}r\,. \tag{18}$$

Dabei ist $r_i=ih$, $i=1, \ldots, N-1$, $r_{i\pm 1/2}=r_i\pm\frac{h}{2}$ und $w=rk(r)\,\frac{\mathrm{d}u}{\mathrm{d}r}$. Den Strom w approximieren wir durch

$$w_{i-1/2}\sim r_{i-1/2}a_i(u_i-u_{i-1})/h$$

und ersetzen die Integrale im Erhaltungssatz (18) durch $d_i u_i r_i h$ bzw. $\varphi_i r_i h$. Somit erhalten wir das Differenzenschema

$$\Lambda y_i=\frac{1}{r_i}\,(r_{i-1/2}a_i y_{\bar{r},i})_{r,i}-\mathrm{d}_i y_i=-\varphi_i,\quad i=1, 2, \ldots, N-1\,. \tag{19}$$

Hier ist wie üblich

$$y_{\bar{r},i}=\frac{y_i-y_{i-1}}{h}\,,\quad y_{r,i}=\frac{y_{i+1}-y_i}{h}\,,$$

und die Koeffizienten sind so gewählt, daß

$$a_i=k_{i-1/2}+O(h^2),\quad d_i=q_i+O(h^2),\quad \varphi_i=f_i+O(h^2) \tag{20}$$

gilt, also z. B.

$$a_i=k_{i-1/2},\quad d_i=q_i,\quad \varphi_i=f_i\,. \tag{21}$$

Die Randbedingung bei $r=0$ kann man auch als $w(0)=0$ schreiben; durch die Differenzen-Randbedingung

$$a_1 y_r(0)=\frac{h}{4}\,(q(0)\,y(0)-f(0)) \tag{22}$$

wird sie, wie man zeigen kann, auf der Lösung der Aufgabe (14)–(16) mit der Ordnung $O(h^2)$ approximiert. So kommen wir insgesamt zum Differenzenschema

$$\Lambda y=\frac{1}{r}\left(\left(r-\frac{1}{2}\,h\right)a y_{\bar{r}}\right)_r-dy=-\varphi,\quad 0<r=ih<1\,, \tag{23}$$

$$\frac{a_1 y_{r,0}}{h_*}-q_0 y_0=-f_0,\quad h_*=\frac{1}{4}\,h,\quad y_N=\mu_2$$

für die Aufgabe (14)–(16). Das zugehörige Gleichungssystem hat die Gestalt

$$A_i y_{i-1}-C_i y_i+A_{i+1}y_{i+1}=-F_i\,,\quad i=1, 2, \ldots, N-1\,, \tag{24}$$

$$y_0=\varkappa_1 y_1+\mu_1,\quad y_N=\mu_2$$

mit

$$A_i = \frac{r_{i-1/2} a_i}{h^2}, \quad C_i = A_i + A_{i+1} + r_i d_i, \quad F_i = \varphi_i r_i,$$

$$\varkappa_1 = a_1 \Big/ \left(a_1 + \frac{h^2}{4} q_0\right), \quad \mu_1 = \frac{h^2}{4} f_0 \Big/ \left(a_1 + \frac{h^2}{4} q_0\right).$$

Dieses System können wir mit der verkürzten Gaußelimination (s. Abschnitt 1.2.) lösen: Die Stabilitätsbedingungen sind erfüllt, denn es ist $A_i > 0$, $C_i \geqq A_i + A_{i+1}$, $0 < \varkappa_1 \leqq 1$, $\varkappa_2 = 0$. Mit ähnlichen Überlegungen wie in Abschnitt 3.4. läßt sich beweisen, daß das Schema (23) die zweite Genauigkeitsordnung besitzt.

3.5.5. Ein Differenzenverfahren für die Gleichung in Kugelkoordinaten. Wenn die Lösung der Gleichung $\operatorname{div}(k \operatorname{grad} u) - qu = -f$ im System der Kugelkoordinaten r, ϑ, φ nicht von ϑ und φ abhängt (also bei Kugelsymmetrie), so erhalten wir für sie die Gleichung

$$\frac{1}{r^2} \frac{\mathrm{d}}{\mathrm{d}r}\left(r^2 k(r) \frac{\mathrm{d}u}{\mathrm{d}r}\right) - q(r)\, u = -f(r), \quad 0 < r < R, \tag{25}$$

$$0 < c_1 \leqq k(r) \leqq c_2, \quad q(r) \geqq 0.$$

Bei $r = 0$ wird die Bedingung

$$r^2 k(r) \frac{\mathrm{d}u}{\mathrm{d}r}\bigg|_{r=0} = 0 \tag{26}$$

gestellt, die äquivalent dazu ist, daß $u(r)$ bei $r = 0$ beschränkt bleibt; bei $r = R$ stellen wir beispielsweise die Bedingung

$$u(R) = \mu_2. \tag{27}$$

Die beschränkte Lösung der Aufgabe (25)–(27) besitzt dieselben Eigenschaften, die wir im vorangehenden Abschnitt für die beschränkte Lösung der Aufgabe (14)–(16) aufgezählt hatten.

Wir benutzen wieder das äquidistante Gitter mit der Schrittweite $h = R/N$ und schreiben das Schema in Analogie zu (19) in der Gestalt

$$\Lambda y_i = \frac{1}{r_i^2} (r_{i-1/2}^2 a_i y_{\bar{r},i})_{r,i} - d_i y_i = -\varphi_i, \quad i = 1, 2, \dots, N-1. \tag{28}$$

Als Randbedingung bei $r = 0$ nehmen wir

$$a_1 y_{r,0}/h^* - q_0 y_0 = -f_0, \quad h^* = h/6, \tag{29}$$

und bei $i = N$ kommt noch

$$y_N = \mu_2 \tag{30}$$

hinzu. Diese Gleichungen kann man in einer den Beziehungen (24) ganz ähnlichen Form aufschreiben und wieder mit der verkürzten Gaußelimination lösen. Der Unterschied zum zylindrischen Fall besteht hauptsächlich in der Auswahl von φ und d. Um Formeln für φ und d zu finden, betrachten wir den Defekt

$$\psi_i = \Lambda u_i + \varphi_i = \frac{1}{r_i^2} (r_{i-1/2}^2 a_i u_{\bar{r},i})_{r,i} - d_i u_i + \varphi_i.$$

Wie man durch direkte Rechnung bestätigt, gilt

$$\psi = \frac{1}{r^2} \eta_r + \psi^*, \quad \eta_i = r_{i-1/2}^2 (a_i u_{\bar{r},i} - (ku')_{i-1/2}),$$

und es wird

$$\psi_i^* = \frac{h^2}{6r_i}(qu-f)_i' + O(h^2), \quad \|r\psi^*\|_C = O(h^2),$$

wenn man φ_i und d_i aus

$$\varphi_i = \left(1 + \frac{h^2}{12r_i^2}\right) f_i, \quad d_i = \left(1 + \frac{h^2}{12r_i^2}\right) q_i, \quad i = 1, 2, \ldots, N-1, \tag{31}$$

bestimmt. Wie man zeigen kann, konvergiert das Schema (28)–(31) in C mit der Geschwindigkeit $O(h^2)$.

3.5.6. Hinweis zu Differenzenverfahren erhöhter Genauigkeitsordnung. Für die Randwertaufgabe

$$(ku')' - q(x)\, u = -f(x), \quad 0 < x < 1,$$
$$u(0) = \mu_1, \quad u(1) = \mu_2$$

kann man ein exaktes 3-Punkt-Schema konstruieren, also ein Schema von der Gestalt

$$(ay_{\bar{x}})_x - dy = -\varphi, \quad 0 < x = ih < 1, \quad y_0 = \mu_1, \quad y_N = \mu_2 \tag{32}$$

mit der Eigenschaft, daß für dessen Lösung y überall auf dem Gitter $y_i = u(x_i)$ gilt. Daß dies möglich ist, folgt aus der bekannten Tatsache, daß sich die Lösung einer linearen Differentialgleichung zweiter Ordnung in linearer Weise durch die rechte Seite und die Werte an den Intervallenden darstellen läßt. So kann man z. B. $u(x_i)$ linear durch $u(x_{i-1})$, $u(x_{i+1})$ und $f(x)$, $x_{i-1} < x < x_{i+1}$, ausdrücken – und erhält damit gerade (32). Die Koeffizienten a, d und φ sind Funktionale der Funktionen $\bar{k}(s)$, $\bar{q}(s)$ und $\bar{f}(s)$, $-1 < s < 1$, mit $\bar{k}(s) = k(x+sh)$ usw.; bezüglich des Parameters h^2 sind a, d und φ analytische Funktionen. Entwickelt man diese nach Potenzen von h^2 bis zu h^{2m} einschließlich, so hat man Koeffizienten für Schemata erhöhter Genauigkeitsordnung, nämlich der Ordnung $O(h^{2m+2})$. Ersetzt man die darin vorkommenden Integrale durch Summen, so ergeben sich schließlich recht einfache, praktisch brauchbare Differenzenverfahren erhöhter Genauigkeitsordnung.

Das exakte Schema und die daraus abgeleiteten Verfahren sind auch in Genauigkeitsuntersuchungen von Nutzen, bei denen man sie zum Vergleich mit anderen Schemata heranzieht.

3.6. Methoden zur Konstruktion von Differenzenverfahren

3.6.1. Allgemeine Bemerkungen. Nach allen vorangegangenen Ausführungen ist es klar, daß die Differenzenverfahren im Raum der Gitterfunktionen solche Grundeigenschaften der Differentialgleichungen widerspiegeln müssen, wie Selbstadjungiertheit und Vorzeichendefinitheit des Operators, das Vorliegen gewisser Abschätzungen und die Gültigkeit des Maximumprinzips.

Außerdem (und vor allem) muß das Schema den Forderungen nach Lösbarkeit, Stabilität, Approximation und, als Folge davon, Genauigkeit von einer bestimmten Ordnung genügen. Schließlich soll der zugehörige Rechenalgorithmus ökonomisch sein, also einen möglichst geringen Rechenaufwand erfordern. Diese Eigenschaft der Ökonomie hängt nicht nur vom Schema ab, sondern auch vom Verfahren zur Lösung der Differenzengleichungen und von der Auswahl des Gitters, das im allgemeinen, zur Berücksichtigung des Verhaltens der Lösung, nichtäquidistant sein muß.

Die wichtigste Aufgabe der Theorie besteht in der Konstruktion von Differenzenverfahren mit vorgegebenen Eigenschaften. Mit einigen Methoden dazu haben wir uns bereits bekanntgemacht.

Das einfachste und sozusagen „natürlichste" Vorgehen besteht darin, den Gitterpunktstern auszuwählen und darauf eine Differenzengleichung mit unbestimmten Koeffizienten anzusetzen, welche vom jeweiligen Gitterpunkt und von der Schrittweite abhängen können. Durch die Approximations- und Lösbarkeitsforderung wird die Willkür der Auswahl dieser Koeffizienten eingeschränkt. Die Einschränkungen sind jedoch schwach und lassen eine unendliche Menge (z. B. mehrparametrige Familien) von Differenzenverfahren zu. Die Klasse der zulässigen Differenzenschemata wird durch die Forderungen der Homogenität und Konservativität weiter eingeschränkt.

Diesen Weg sind wir in den Abschnitten 3.1.–3.3. eigentlich auch gegangen.

Folgende Methoden zur Konstruktion von Differenzenschemata vorgegebener Qualität sind zur Zeit verbreitet:

1) die Integro-Interpolationsmethode (s. 3.2.2.),
2) Variations-Differenzenmethoden (darunter die Verfahren von Ritz und Bubnow-Galerkin) und die Methode der finiten Elemente,
3) das Verfahren der Summenidentität,
4) die Methode der Approximation des Variationsfunktionals.

3.6.2. Die Integro-Interpolationsmethode (IIM). Diese Methode haben wir schon in Abschnitt 3.2. dargestellt, ihre Möglichkeiten aber noch nicht ausreichend illustriert. Hier zeigen wir einige weitere Varianten der Anwendung der IIM.

Gegeben sei die Aufgabe

$$(ku')' - q(x)u = -f(x), \quad 0 < x < 1\,, \tag{1}$$

$$ku' - \sigma_1 u = \mu_1 \quad \text{für} \quad x = 0, \quad -ku' - \sigma_2 \mu = \mu_2 \quad \text{für} \quad x = 1\,, \tag{2}$$

$$0 < c_1 \leqq k(x) \leqq c_2, \quad \sigma_1 \geqq 0, \quad \sigma_2 \geqq 0, \quad q(x) \geqq 0\,.$$

Wir benutzen das äquidistante Gitter $\bar{\omega}_h$ mit der Schrittweite $h = 1/N$ und integrieren die Gleichung (1) über dem Intervall $x_i \leqq x \leqq x_{i+1}$:

$$w_{i+1} - w_i = \int\limits_{x_i}^{x_{i+1}} (qu - f)\,\mathrm{d}x = \Phi_{i+1}, \quad w = ku'\,. \tag{3}$$

Der Strom w wird hier im Unterschied zu Abschnitt 3.2. im selben Punkt x_i wie die gesuchte Funktion genommen. Dementsprechend verwenden wir anstelle von $w_{i+1/2}$ den Ausdruck $(w_{i+1} + w_i)/2$,

$$\frac{1}{2}(w_{i+1} + w_i) \approx a_{i+1} u_{\bar{x},i+1}\,, \tag{4}$$

wobei a_{i+1} ein Funktional von $k(x)$ für $x_i \leqq x \leqq x_{i+1}$ ist, so daß $a_i = k(x_{i-1/2}) + O(h^2)$ gilt.

Durch Elimination von w aus (3) und (4) ergibt sich

$$w_{i+1} \approx a_{i+1} u_{\bar{x},i+1} + \frac{1}{2}\Phi_{i+1}\,,$$

und ziehen wir hiervon $w_i \approx a_i u_{\bar{x},i} + \frac{1}{2} \Phi_i$ ab, so erhalten wir mit (3)

$$(a u_{\bar{x}})_{x,i} \approx \frac{\Phi_i + \Phi_{i+1}}{2h} = \frac{1}{2h} \int\limits_{x_{i-1}}^{x_{i+1}} (qu - f)\, dx . \tag{5}$$

Zur Approximation des rechts stehenden Integrals kann man verschiedene Quadraturformeln benutzen, z. B. einfach

$$\frac{1}{2h} \int\limits_{x_{i-1}}^{x_{i+1}} (qu - f)\, dx \approx (qu - f)_i$$

oder die Trapezformel

$$\frac{1}{2h} \int\limits_{x_{i-1}}^{x_{i+1}} (qu - f)\, dx \approx \frac{1}{4} ((qu - f)_{i-1} + 2(qu - f)_i + (qu - f)_{i+1})$$

$$= (qu - f)_i + \frac{h^2}{4} (qu - f)_{\bar{x}x,i} .$$

Damit finden wir zwei Schemata der Genauigkeit $O(h^2)$:

$$(a y_{\bar{x}})_x - qy = -f , \tag{6}$$

$$\left(a y_{\bar{x}} - \frac{h^2}{4} (qy)_{\bar{x}}\right)_x - qy = -\left(f + \frac{h^2}{4} f_{\bar{x}x}\right). \tag{7}$$

Zur Approximation der Randbedingung bei $x = 0$ gehen wir von (3) für $i = 0$ aus:

$$w_1 - w_0 = \int\limits_0^h (qu - f)\, dx ,$$

und setzen hier

$$w_1 \approx a_1 u_{x,0} + \frac{1}{2} \int\limits_0^h (qu - f)\, dx, \quad w_0 = (ku')_0 = \sigma_1 u_0 + \mu_1$$

ein. Damit haben wir

$$a_1 u_{x,0} - (\sigma_1 u_0 + \mu_1) \approx \frac{1}{2} \int\limits_0^h (qu - f)\, dx .$$

Approximieren wir hier noch das Integral,

$$\int\limits_0^h (qu - f)\, dx \approx (qu - f)_0\, h ,$$

so erhalten wir für y folgende Randbedingung bei $x = 0$, deren Approximationsfehler $O(h^2)$ ist:

$$a_1 y_{x,0} = \bar{\sigma}_1 y_0 + \bar{\mu}_1, \quad \bar{\sigma}_1 = \sigma_1 + \frac{1}{2} h q_0, \quad \bar{\mu}_1 = \mu_1 - \frac{1}{2} h f_0 . \tag{8}$$

Ähnlich sieht die (2) approximierende Differenzen-Randbedingung dritter Art für $x = 1$ aus.

Bei den bisher betrachteten Varianten der IIM sind wir vom Erhaltungssatz ausgegangen. Ein anderer Zugang zur Konstruktion homogener Differenzenverfahren über die IIM benutzt die zweifache Integration der Gleichung (1).

Zunächst integrieren wir (1) von x_i bis x:

$$w(x) - w_i = \int_{x_i}^{x} (qu - f)\, dx \,. \tag{9}$$

Diese Identität integrieren wir nun von x_i bis x_{i+1} bzw. von x_{i-1} bis x_i:

$$\int_{x_i}^{x_{i+1}} w(x)\, dx - w_i h = \int_{x_i}^{x_{i+1}} dx \left(\int_{x_i}^{x} (qu - f)\, dt \right), \tag{10}$$

$$\int_{x_{i-1}}^{x_i} w(x)\, dx - w_i h = \int_{x_{i-1}}^{x_i} dx \left(\int_{x_i}^{x} (qu - f)\, dt \right). \tag{11}$$

Durch Vertauschung der Integrationsreihenfolge formen wir hier die rechten Seiten um,

$$\int_{x_i}^{x_{i+1}} dx \left(\int_{x_i}^{x} (qu - f)\, dt \right) = \int_{x_i}^{x_{i+1}} (x_{i+1} - t)\,(qu - f)\, dt \,,$$

$$\int_{x_{i-1}}^{x_i} dx \left(\int_{x_i}^{x} (qu - f)\, dt \right) = - \int_{x_{i-1}}^{x_i} (t - x_{i-1})\,(qu - f)\, dt \,.$$

Auf jedem der Intervalle $[x_{i-1}, x_i]$ und $[x_i, x_{i+1}]$ interpolieren wir die Funktion $u(x)$ linear:

$$u(x) \approx u_i + (x - x_i) u_{x,i} \quad \text{für} \quad x_i \leqq x \leqq x_{i+1} \,,$$

$$u(x) \approx u_i + (x - x_i) u_{\bar{x},i} \quad \text{für} \quad x_{i-1} \leqq x \leqq x_{i+1} \,,$$

und berechnen mit diesen Näherungen die Integrale

$$\int_{x_i}^{x_{i+1}} w\, dx = \int_{x_i}^{x_{i+1}} k u'\, dx \approx u_{x,i} \int_{x_i}^{x_{i+1}} k(x)\, dx, \quad \int_{x_{i-1}}^{x_i} w\, dx \approx u_{\bar{x},i} \int_{x_{i-1}}^{x_i} k(x)\, dx \,,$$

$$\int_{x_{i-1}}^{x_i} qu(t - x_{i-1})\, dt \approx -u_i \int_{x_{i-1}}^{x_i} q(t)(t - x_{i-1})\, dt + u_{\bar{x},i} \int_{x_{i-1}}^{x_i} q(t)(x_i - t)\,(t - x_{i-1})\, dt \,,$$

$$\int_{x_i}^{x_{i+1}} (x_{i+1} - t)\, qu\, dt \approx u_i \int_{x_i}^{x_{i+1}} q(t)(x_{i+1} - t)\, dt + u_{x,i} \int_{x_i}^{x_{i+1}} q(t)(x_{i+1} - t)(t - x_i)\, dt \,.$$

Mit diesen Ausdrücken gehen wir in die Identitäten (10) und (11) ein, ziehen anschließend die zweite von der ersten ab und gelangen so zu dem Differenzenschema

$$\begin{gathered}(a y_{\bar{x}})_x - \mathrm{d} y = -\varphi \,, \\ a_i = \frac{1}{h} \int_{x_{i-1}}^{x_i} k(t)\, dt - \frac{1}{h} \int_{x_{i-1}}^{x_i} q(t)\,(x_i - t)\,(t - x_{i-1})\, dt \,, \\ \mathrm{d}_i = \frac{1}{h^2} \left[\int_{x_{i-1}}^{x_i} (t - x_{i-1}) q(t)\, dt + \int_{x_i}^{x_{i+1}} (x_{i+1} - t) q(t)\, dt \right].\end{gathered} \tag{12}$$

Die rechte Seite φ_i des Schemas ist durch dieselbe Formel wie d_i definiert, nur hat man darin $q(t)$ durch $f(t)$ zu ersetzen. Die Formeln für a_i und d_i können wir auch so schreiben:

$$\begin{aligned} a_i &= \int_{-1}^{0} k(x_i+sh)\,\mathrm{d}s + h^2 \int_{-1}^{0} s(1+s)\,q(x_i+sh)\,\mathrm{d}s\,, \\ d_i &= \int_{-1}^{0} (1+s)\,q(x_i+sh)\,\mathrm{d}s + \int_{0}^{1} (1-s)\,q(x_i+sh)\,\mathrm{d}s. \end{aligned} \tag{13}$$

Sind hier k und q konstant, so folgt

$$a_i = k - \frac{h^2}{6} q, \quad d_i = q\,. \tag{13'}$$

Weiter unten werden wir sehen, daß das Verfahren (12) mit einem Schema identisch ist, das wir mit Hilfe der Variationsmethoden (d. h. genauer, der Methode der finiten Elemente) konstruieren.

Die IIM ist zur Herleitung von Differenzenschemata für Aufgaben mit konzentrierten Quellen sehr geeignet. Es sei z. B. im Punkt $x=\xi$ eine Wärmequelle der Intensität Q konzentriert, so daß die Lösung der Aufgabe (1), (2) den Übergangsbedingungen

$$[u]=0, \quad \left[k\frac{\mathrm{d}u}{\mathrm{d}x}\right] = -Q \quad \text{für} \quad x=\xi \tag{14}$$

genügt. Dabei sei $\xi = x_n + \vartheta h$, $0 \leqq \vartheta \leqq 1$, also $x_n \leqq \xi \leqq x_{n+1}$, $n>0$. Der Erhaltungssatz (3) für das Intervall $[x_n, x_{n+1}]$ lautet:

$$w_{n+1} - w_n + [w] = \int_{x_n}^{x_n+1} (qu-f)\,\mathrm{d}x$$

oder auch

$$w_{n+1} - w_n = \Phi_{n+1} + Q\,. \tag{15}$$

Für alle anderen Intervalle $[x_i, x_{i+1}]$, $i \neq n$, gilt die Identität (3). Damit erhalten wir anstelle von (12) das Schema

$$(ay_{\bar{x}})_{x,i} - q_i y_i = -\varphi_i$$

mit

$$\begin{aligned} &\varphi_i = f_i, \quad i \neq n, \quad i \neq n+1\,, \\ &\varphi_n = f_n + \frac{Q}{2h}, \quad \varphi_{n+1} = f_{n+1} + \frac{Q}{2h}, \end{aligned} \tag{16}$$

was einer auf zwei Intervalle verteilten Quelle entspricht. Gehen wir dagegen vom Erhaltungssatz für das Intervall $[x_{i-1/2}, x_{i+1/2}]$ aus, so kommen wir auf das Schema

$$\begin{aligned} &(ay_{\bar{x}})_x - \mathrm{d}y = -\varphi\,, \\ &\varphi_{n+1} = f_{n+1}, \quad \varphi_n = f_n + \frac{Q}{h} \quad \text{für} \quad 0 \leqq \vartheta < \frac{1}{2}, \\ &\varphi_{n+1} = f_{n+1} + \frac{Q}{h}, \quad \varphi_n = f_n \quad \text{für} \quad \frac{1}{2} \leqq \vartheta < 1\,. \end{aligned} \tag{17}$$

Wir möchten unterstreichen, daß die Integro-Interpolationsmethode ein recht anpassungsfähiges und allgemeines Verfahren zur Konstruktion von Differenzenschemata für stationäre und instationäre, ein- und mehrdimensionale Aufgaben ist.

Es ist aber zu beachten, daß die IIM durch eine ungünstige Approximation der qu und f enthaltenden Terme auf ein nichtkonservatives Schema führen kann, wenn auch die nichtkonservativen Anteile für eine Aufgabe mit glatten Daten von der Größenordnung $O(h^2)$ bleiben. Daher ist es jedenfalls notwendig, die Selbstadjungiertheit des sich ergebenden Differenzenoperators zu überprüfen (was übrigens zur Kontrolle immer ratsam ist).

3.6.3. Variations-Differenzenmethoden (Ritz- und Galerkinverfahren). Auch mit den Variationsmethoden von Ritz und Bubnow-Galerkin kann man Differenzenverfahren konstruieren.

Es sei A ein selbstadjungierter, positiv definiter linearer Operator im Hilbertraum H mit dem Skalarprodukt $(.,.)$, f sei ein Element von H. Die Aufgabe der Lösung der Gleichung

$$Au=f \tag{18}$$

ist der Aufgabe äquivalent, das Minimum des Funktionals

$$I[u]=(Au,\ u)-2(u,\ f) \tag{19}$$

zu bestimmen. Das Element $u_0 \in H$, welches der Gleichung $Au_0=f$ genügt und das Funktional I minimiert, ist eindeutig bestimmt.

Nun führen wir eine Folge endlichdimensionaler Räume V_n mit der Basis $\{\varphi_i^{(n)}\}$, $i=1, \ldots, n$, ein. Das Ritzverfahren besteht darin, daß in V_n ein $I[u]$ minimierendes Element u_n gesucht wird. Diese Näherungslösung ist als

$$u_n=\sum_{j=1}^{n} y_j\varphi_j \tag{20}$$

mit zunächst unbekannten Koeffizienten $y_1, \ldots, y_n$ darstellbar. Setzen wir diesen Ausdruck in die Formel für $I[u]$ ein, so finden wir

$$I[u_n]=\sum_{i,j=1}^{n} \alpha_{ij}y_iy_j-2\sum_{j=1}^{n} \beta_jy_j \tag{21}$$

mit

$$\alpha_{ij}=(A\varphi_i,\ \varphi_j),\quad \beta_i=(f,\ \varphi_i)\,. \tag{22}$$

Aus der Selbstadjungiertheit von A folgt $\alpha_{ij}=\alpha_{ji}$. Die Größe $I[u_n]$ ist eine Funktion der n Koeffizienten y_1 bis y_n. Setzen wir die Ableitungen $\partial I[u_n]/\partial y_i$ gleich null, so erhalten wir (unter Beachtung von $\alpha_{ij}=\alpha_{ji}$) zur Bestimmung der y_i die n Gleichungen

$$\sum_{j=1}^{n} \alpha_{ij}y_j-\beta_i=0\,,\quad i=1, 2, \ldots, n\,. \tag{23}$$

Nun wollen wir mit dem Ritzverfahren ein Differenzenschema für die Randwertaufgabe

$$(ku')'-qu=-f(x),\quad 0<x<1,\quad u(0)=0,\quad u(1)=0 \tag{24}$$

herleiten. Wir beginnen damit, daß wir mit der Hilfsfunktion

$$\eta(s)=\begin{cases}0, & s<-1,\quad s>1\,,\\ 1+s, & -1\leqq s\leqq 0\,,\\ 1-s, & 0\leqq s\leqq 1\end{cases} \tag{25}$$

die Basisfunktionen $\varphi_i(x)$ definieren:

$$\varphi_i(x) = \eta\left(\frac{x-x_i}{h}\right) = \eta_i(x), \tag{26}$$

wobei x_i ein innerer Punkt des äquidistanten Gitters $\bar{\omega}_h$ ist. Aus (25) und (26) ergeben sich folgende Beziehungen:

$$\begin{aligned} &\eta_i(x) = 0 \quad \text{für} \quad x < x_{i-1} \quad \text{und} \quad x > x_{i+1}, \\ &\eta_i(x) = (x - x_{i-1})/h \qquad \text{für} \quad x_{i-1} \leqq x \leqq x_i, \\ &\eta_i(x) = (x_{i+1} - x)/h \qquad \text{für} \quad x_i \leqq x \leqq x_{i+1} \end{aligned} \tag{25'}$$

und weiter

$$\frac{d\eta_i}{dx} = \begin{cases} 0; & x < x_{i-1}, \quad x > x_{i+1}, \\ \dfrac{1}{h}, & x_{i-1} < x < x_i, \\ -\dfrac{1}{h}, & x_i < x < x_{i+1}. \end{cases} \tag{27}$$

Mit $Au = -\dfrac{d}{dx}\left(k\dfrac{du}{dx}\right) + qu$ erhalten wir aus (22)

$$\alpha_{ij} = \int_0^1 \left(k\frac{d\eta_i}{dx}\frac{d\eta_j}{dx}\right) + q\eta_i\eta_j\Big)\,dx, \quad \beta_i = \int_0^1 f(x)\,\eta_i(x)\,dx. \tag{28}$$

Wie die Definitionen (25′) und (27) der Funktionen $\eta_i(x)$ bzw. ihrer Ableitungen zeigen, ist die Matrix (α_{ij}) dreidiagonal: Nur die Elemente mit $j = i-1,\ i,\ i+1$ sind von null verschieden.

Mit den Bezeichnungen

$$a_i = -h\alpha_{i,i-1}, \quad h^2 d_i = h\alpha_{i,i} + h(\alpha_{i,i-1} + \alpha_{i,i+1}) \tag{29}$$

finden wir

$$\begin{aligned} a_i &= \frac{1}{h}\int_{x_{i-1}}^{x_i} k(x)\,dx - \frac{1}{h}\int_{x_{i-1}}^{x_i} q(x)(x - x_{i-1})(x_i - x)\,dx, \\ d_i &= \frac{1}{h^2}\left[\int_{x_{i-1}}^{x_i} q(x)(x - x_{i-1})\,dx + \int_{x_i}^{x_{i+1}} q(x)(x_{i+1} - x)\,dx\right]. \end{aligned} \tag{30}$$

Danach können wir die i-te Gleichung des Systems,

$$\alpha_{i,i-1}y_{i-1} + \alpha_{i,i}y_i + \alpha_{i,i+1}y_{i+1} - \beta_i = 0$$

in der Gestalt

$$a_i y_{i-1} - (a_i + a_{i+1} + h^2 d_i)\,y_i + a_{i+1}\,y_{i+1} + h^2\varphi_i = 0$$

oder auch als

$$(a y_{\bar{x}})_x - dy = -\varphi \tag{31}$$

schreiben, wobei

$$\varphi_i = \frac{1}{h^2}\left[\int_{x_{i-1}}^{x_i} f(x)(x - x_{i-1})\,dx + \int_{x_i}^{x_{i+1}} f(x)(x_{i+1} - x)\,dx\right], \tag{32}$$

ist, also φ_i wieder mit Hilfe einer Formel berechnet wird, die der für d_i ganz analog ist.

Damit haben wir mit dem Ritzverfahren das 3-Punkt-Schema (30)–(32) gewonnen – und dieses fällt mit dem Schema (12) zusammen, welches wir mit der IIM konstruiert hatten.

Im Unterschied zum Ritzverfahren ist das Verfahren von Bubnow-Galerkin auch auf Aufgaben anwendbar, die weder selbstadjungiert noch vorzeichendefinit sind. In diesem Falle werden die Koeffizienten y_i der Näherungslösung (20) aus der Bedingung bestimmt, daß der Defekt $Au_n - f$ zu allen Basisfunktionen $\eta_i(x)$ orthogonal ist:

$$(Au_n - f, \eta_i) = 0, \quad i = 1, 2, \dots, n\,. \tag{33}$$

Wir betrachten als Beispiel die nicht selbstadjungierte Aufgabe

$$\begin{aligned} &(ku')' + r(x)\, u' - q(x)\, u = -f(x), \quad 0 < x < 1, \quad u(0) = u(1) = 0\,, \\ &k(x) > 0, \quad q(x) \geqq 0\,. \end{aligned} \tag{34}$$

Wieder legen wir das äquidistante Gitter $\bar{\omega}_h$ mit der Schrittweite $h = 1/N$ zugrunde und nehmen die Basisfunktionen

$$\eta_i(x) = \eta\left(\frac{x - x_i}{h}\right), \quad i = 1, 2, \dots, N-1\,,$$

wo $\eta(s)$ durch (25) definiert ist. Die Dimension n des Raumes V_n ist dann $N-1$, und als Bedingung (33) erhalten wir

$$\sum_{j=1}^{N-1} \alpha_{ij} y_j - \beta_i = 0, \quad i = 1, 2, \dots, N-1\,, \tag{35}$$

mit

$$\begin{aligned} \alpha_{ij} &= \int_0^1 \left(k(x) \frac{\mathrm{d}\eta_i}{\mathrm{d}x} \frac{\mathrm{d}\eta_j}{\mathrm{d}x} - r(x) \frac{\mathrm{d}\eta_i}{\mathrm{d}x}\, \eta_j(x) + q(x)\, \eta_i(x)\, \eta_j(x) \right) \mathrm{d}x\,, \\ \beta_i &= \int_0^1 f(x)\, \eta_i(x)\, \mathrm{d}x, \quad i, j = 1, 2, \dots, N-1\,. \end{aligned} \tag{36}$$

Die Koeffizienten α_{ij} sind nach den Definitionen (25′) und (27) wieder nur für $j = i-1,\ i,\ i+1$ von null verschieden. Setzen wir

$$\begin{aligned} b_i^- &= \frac{1}{h^2} \int_{x_{i-1}}^{x_i} r(x)(x - x_{i-1})\, \mathrm{d}x = \int_{-1}^{0} r(x_i + sh)\, (1 + s)\, \mathrm{d}s\,, \\ b_i^+ &= \frac{1}{h^2} \int_{x_i}^{x_{i+1}} r(x)\, (x_{i+1} - x)\, \mathrm{d}x = \int_0^1 r(x_i + sh)\, (1 - s)\, \mathrm{d}s \end{aligned} \tag{37}$$

und benutzen die Bezeichnungen (30) und (32) für a_i, d_i bzw. φ_i, so können wir das Gleichungssystem (35) wie folgt schreiben:

$$\begin{aligned} &\frac{1}{h^2} [a_{i+1}(y_{i+1} - y_i) - a_i(y_i - y_{i-1})] + \frac{b_i^-(y_i - y_{i-1})}{h} \\ &+ b_i^+ \frac{(y_{i+1} - y_i)}{h} - d_i y_i = -\varphi_i\,, \quad i = 1, 2, \dots, N-1\,. \end{aligned} \tag{38}$$

Damit haben wir das Differenzenschema

$$(ay_{\bar{x}})_x + b^- y_{\bar{x}} + b^+ y_x - \mathrm{d}y = -\varphi(x), \quad 0 < x = ih < 1\,, \quad y_0 = 0, \quad y_N = 0\,, \tag{39}$$

dessen Koeffizienten durch (30), (31) und (37) gegeben sind. Bei $r(x) \equiv 0$ ist dieses Schema mit dem Schema (31), (32) identisch, das wir mit dem Ritzverfahren gewonnen hatten. Bei konstanten Koeffizienten k, r und q gilt $a_i = k - \frac{h^2}{6}\,q$, $d_i = d = q$, $b_i^- = b_i^+ = \frac{r}{2}$, und es ist $b^- y_{\bar{x}} + b^+ y_x = r y_{\overset{\circ}{x}}$.

Die Verfahren von Ritz und Bubnow-Galerkin kann man bei den hier betrachteten Koordinatenfunktionen $\varphi_i(x) = \eta((x - x_i)/h)$ auch als eine Variante der Methode der finiten Elemente auffassen.

3.6.4. Die Methode der Approximation eines quadratischen Funktionals. Schon im vorangehenden Abschnitt 3.6.3. haben wir die Tatsache benutzt, daß die Randwertaufgabe

$$Lu = (ku')' - q(x)\,u = -f(x), \quad 0 < x < 1, \quad u(0) = 0, \quad u(1) = 0$$

äquivalent zur Minimumaufgabe für das Funktional

$$I[u] = \int_0^1 [k(u')^2 + qu^2]\,\mathrm{d}x - 2\int_0^1 fu\,\mathrm{d}x \tag{40}$$

ist. Die Gleichung $Lu = -f$ ist gerade die Eulergleichung des Funktionals $I[u]$.

Um das Funktional $I[u]$ auf dem äquidistanten Gitter $\bar{\omega}_h$ zu approximieren, schreiben wir es zuerst als

$$I[u] = \sum_{i=1}^{N} \int_{x_{i-1}}^{x_i} k(u')^2\,\mathrm{d}x + \sum_{i=1}^{N} \int_{x_{i-1}}^{x_i} (qu^2 - 2fu)\,\mathrm{d}x\,.$$

Dann ersetzen wir die Integrale durch Näherungswerte:

$$\int_{x_{i-1}}^{x_i} k(u')^2\,\mathrm{d}x \approx a_i\,(u_{\bar{x},i})^2\,h\,,$$

$$\int_{x_{i-1}}^{x_i} (qu^2 - 2fu)\,\mathrm{d}x \approx \frac{h}{2}\,((qu^2 - 2fu)_i + (qu^2 - 2fu)_{i-1})\,.$$

Hier ist a_i ein Funktional von $k(x)$ für $x \in [x_{i-1}, x_i]$, z. B. $a_i = \frac{1}{h}\int_{x_{i-1}}^{x_i} k(x)\,\mathrm{d}x$, $a_i = k_{i-1/2}$ usw.

Anstelle von $I[u]$ haben wir dadurch das Funktional

$$I_h[y] = \sum_{i=1}^{N} a_i (y_{\bar{x},i})^2\,h + \sum_{i=1}^{N-1} (q_i y_i^2 - 2f_i y_i)\,h \tag{41}$$

erhalten, und y ist eine beliebige Gitterfunktion, die in den Randpunkten verschwindet, $y_0 = y_N = 0$.

Das Funktional $I_h[y]$ kann man auch als Funktion der $N-1$ Veränderlichen $y_1, \ldots, y_{N-1}$ auffassen. Setzen wir die ersten Ableitungen gleich null,

$$\frac{\partial I_h}{\partial y_i} \equiv 2a_{i+1} y_{x,i}(-1) + 2a_i y_{\bar{x},i} + 2q_i y_i h - 2f_i h = 0\,,$$

so ergeben sich die Differenzengleichungen

$$(ay_{\bar{x}})_x - qy = -f(x), \quad x = ih\,. \tag{42}$$

Nun betrachten wir die Aufgabe (1), (2), (14) mit der konzentrierten Wärmequelle. In diesem Falle ist $f(x)$ in der Formel (40) durch $f(x)+\delta(x-\xi)\,Q$ zu ersetzen. (Die hier auftretende Funktion $\delta(x-\xi)$ ist die Diracsche Deltafunktion, definiert durch $\delta(x-\xi)=0$ bei $x \neq \xi$, $\delta(x-\xi)=\infty$ bei $x=\xi$, $\int\limits_{\xi-\varepsilon}^{\xi+\varepsilon} \delta(x-\xi)\,dx = 1$ für beliebiges $\varepsilon > 0$.) So kommen wir zu

$$I[u] = \int\limits_0^1 (k(u')^2 + qu^2 - 2fu)\,dx - 2Qu(\xi)\,. \tag{43}$$

Es sei $\xi = x_n + \vartheta h$, $0 \leqq \vartheta \leqq 1$. Bei $\vartheta < \frac{1}{2}$ ersetzen wir $u(\xi)$ durch u_n, bei $\vartheta > \frac{1}{2}$ durch u_{n+1}. In Analogie zu (41) schreiben wir

$$I_h[y] = \sum_{i=1}^{N} a_i (y_{\bar{x},i})^2\, h + \sum_{i=1}^{N-1} (d_i y_i^2 - 2\varphi_i y_i)\, h \tag{44}$$

mit

$$\begin{aligned} \varphi_i &= f_i + \frac{Q}{h}\,\delta_{i,n} \quad &\text{bei } \vartheta < \frac{1}{2}, \\ \varphi_i &= f_i + \frac{Q}{h}\,\delta_{i,n+1} \quad &\text{bei } \vartheta > \frac{1}{2}. \end{aligned} \tag{45}$$

Hier ist δ_{ik} das Kroneckersymbol. Durch Nullsetzen der Ableitungen $\partial I_h/\partial y_i$ erhalten wir das Schema

$$(ay_{\bar{x}})_x - dy = -\varphi\,,$$

dessen rechte Seite gerade (45) ist.

Im Falle des nichtäquidistanten Gitters $\hat{\bar{\omega}}_h$ nehmen wir statt (44) das Funktional

$$I_h[y] = \sum_{i=1}^{N} a_i (y_{\bar{x},i})^2\, h_i + \sum_{i=1}^{N-1} (d_i y_i^2 - 2\varphi_i y_i)\, \hbar_i\,.$$

Dabei können wir das Gitter so wählen, daß ξ der Gitterpunkt x_n wird, und haben dann

$$\varphi_n = f_n + \frac{Q}{\hbar_n}, \quad \varphi_i = f_i, \quad i \neq n\,.$$

Indem wir die Ableitungen $\partial I_h[y]/\partial y_i$ gleich null setzen, finden wir das Schema

$$(ay_{\bar{x}})_{\hat{x},i} - d_i y_i = -\varphi_i, \quad i = 1, 2, \ldots, n\,. \tag{46}$$

3.6.5. Die Methode der Summenidentitäten (auch: Methode der Approximation der Integralidentität). Für die Lösung der Aufgabe

$$\begin{aligned} &Lu = (ku')' - qu = -f(x), \quad 0 < x < 1\,, \\ &ku' = \sigma_1 u - \mu_1, \quad x = 0, \quad -ku' = \sigma_2 u - \mu_2, \quad x = 1 \end{aligned} \tag{47}$$

gilt die Integralidentität

$$\begin{aligned} I[u, v] = \int\limits_0^1 (ku'v' + quv - fv)\,dx + \sigma_1 u(0)\, v(0) \\ + \sigma_2 u(1)\, v(1) - \mu_1 v(0) - \mu_2 v(1) = 0\,, \end{aligned} \tag{48}$$

in der $v(x)$ eine beliebige stetige Funktion mit in $L_2[0, 1]$ integrierbarer Ableitung ist. Durch diese Identität wird die verallgemeinerte Lösung der Aufgabe (47) definiert.

Zur Konstruktion eines Differenzenverfahrens auf dem äquidistanten Gitter approximieren wir die Integralidentität (48) durch eine Summenidentität für Gitterfunktionen, beispielsweise

$$I_h[y, v] = \sum_{i=1}^{N} a_i y_{\bar{x},i} v_{\bar{x},i} h + \sum_{i=1}^{N-1} (q_i y_i - f_i) v_i h + \bar{\sigma}_1 y_0 v_0 + \bar{\sigma}_2 y_N v_N - \bar{\mu}_1 v_0 - \bar{\mu}_2 v_N = 0, \tag{49}$$

wo nun v eine beliebige Gitterfunktion bezeichnet; a_i ist ein durch $a_i = A[k(x_i + sh)]$ gegebener Koeffizient (mit $-1 \leqq s \leqq 0$), der zweite Approximationsordnung garantiert:

$$a_i = k_{i-1/2} + O(h^2) .$$

Wie man leicht nachprüft, wird

$$\bar{\sigma}_1 = \sigma_1 + \frac{1}{2} hq_0, \quad \bar{\sigma}_2 = \sigma_2 + \frac{1}{2} hq_N ,$$

$$\bar{\mu}_1 = \mu_1 + \frac{1}{2} hf_0, \quad \bar{\mu}_2 = \mu_2 + \frac{1}{2} hf_N ,$$

wenn man die Trapezformel zur Berechnung der Integrale $\int_{x_{i-1}}^{x_i} (qu - f)\, dx$ benutzt, also

$$\int_0^h (qu - f)\, dx \approx \frac{1}{2} h(qu - f)_0 + \frac{1}{2} h(qu - f)_1$$

usw. Setzen wir nun z. B. $v_i = \delta_{i,i_0}$ mit $0 < i_0 < N$, so gilt $v_{\bar{x},i} = 0$ für $i < i_0$ und $i > i_0 + 1$, $v_{\bar{x},i_0} = 1/h$, $v_{\bar{x},i_0+1} = -1/h$, und wir erhalten bei $i = i_0$ die Beziehung

$$\left[-\frac{a_{i+1} y_{x,i}}{h} + \frac{a_i y_{\bar{x},i}}{h} \right] h + (d_i y_i - f_i)\, h = 0$$

oder

$$(a y_{\bar{x}})_x - dy = -f .$$

Bei $v_i = \delta_{i,0}$ wird $v_{\bar{x},i} = -\frac{1}{h}\, \delta_{i,1}$, und die Identität (49) ergibt

$$a_1 y_{\bar{x},i} = \bar{\sigma}_1 y_0 - \bar{\mu}_1 .$$

Bei $v_i = \delta_{i,N}$ finden wir analog $-(a y_{\bar{x}})_N = \bar{\sigma}_2 y_N - \bar{\mu}_2$. Insgesamt haben wir also die Differenzen-Randwertaufgabe

$$(a y_{\bar{x}})_x - dy = -f, \quad 0 < x = ih < 1 ,$$

$$a_1 y_{x,0} = \bar{\sigma}_1 y_0 - \bar{\mu}_1, \quad a_N y_{\bar{x},N} = \bar{\sigma}_2 y_N - \bar{\mu}_2$$

erhalten.

4. Differenzenverfahren für elliptische Gleichungen

In diesem Kapitel untersuchen wir Differenzenapproximationen für elliptische Gleichungen zweiter Ordnung. In den Abschnitten 4.1. bis 4.3. betrachten wir ausführlich die erste Differenzen-Randwertaufgabe für die Poissongleichung; dargelegt werden Möglichkeiten zur Approximation des Laplaceoperators und der Randbedingungen im Falle eines allgemeinen Gebietes. Für Differenzengleichungen einer gewissen Normalform formulieren und beweisen wir in Abschnitt 4.2. ein Maximumprinzip und leiten eine Reihe von Folgerungen daraus her. Diese Ergebnisse benutzen wir zum Beweis der gleichmäßigen Konvergenz mit der Geschwindigkeit $O(|h|^2)$ des in Abschnitt 4.1. konstruierten Differenzenverfahrens für das allgemeine Gebiet. In Abschnitt 4.4. untersuchen wir Eigenschaften des Laplaceschen Differenzenoperators und konstruieren Differenzenoperatoren zu allgemeinen elliptischen Operatoren mit veränderlichen Koeffizienten.

4.1. Die erste Differenzen-Randwertaufgabe für die Poissongleichung

Wir betrachten nun Differenzenschemata zur Lösung des folgenden Randwertproblems erster Art:

Gesucht ist die in $G+\Gamma$ stetige Funktion $u(x)$, die der Poissongleichung

$$\Delta u = \sum_{\alpha=1}^{p} \frac{\partial^2 u}{\partial x_\alpha^2} = -f(x), \quad x \in G\,, \tag{1}$$

und der Randbedingung

$$u|_\Gamma = \mu(x)$$

genügt. Hier ist $x=(x_1, \ldots, x_p)$ ein Punkt im p-dimensionalen endlichen Gebiet G mit dem Rand Γ.

4.1.1. Die einfachste Differenzenapproximation des Laplaceoperators. Wir beginnen mit der Konstruktion eines diskreten Analogons für den Laplaceoperator

$$\Delta u = L_1 u + L_2 u\,, \quad L_\alpha u = \frac{\partial^2 u}{\partial x_\alpha^2}, \quad \alpha = 1, 2\,, \tag{2}$$

in der (x_1, x_2)-Ebene.

In einem fixierten Punkt $x=(x_1, x_2)$ approximieren wir die Operatoren $L_1 u = \partial^2 u/\partial x_1^2$ und $L_2 u = \partial^2 u/\partial x_2^2$ durch die 3-Punkt-Operatoren Λ_1 bzw. Λ_2:

$$L_1 v \sim \Lambda_1 v = v_{\bar{x}_1, x_1} = \frac{1}{h_1^2}\,(v(x_1+h_1, x_2) - 2v(x_1, x_2) + v(x_1-h_1, x_2))\,, \tag{3}$$

$$L_2 v \sim \Lambda_2 v = v_{\bar{x}_2, x_2} = \frac{1}{h_2^2}\,(v(x_1, x_2+h_2) - 2v(x_1, x_2) + v(x_1, x_2-h_2))\,, \tag{4}$$

wobei $\sim$ das Approximationszeichen ist und $h_1 > 0$ und $h_2 > 0$ die Schrittweiten in x_1- bzw. x_2-Richtung sind.

Der Operator Λ_1 ist auf dem regulären 3-Punkt-Stern $\{(x_1-h_1, x_2), (x_1, x_2), (x_1+h, x_2)\}$ definiert und der Operator Λ_2 auf dem regulären 3-Punkt-Stern $\{(x_1, x_2-h_2), (x_1, x_2), (x_1, x_2+h_2)\}$.

Fassen wir (3) und (4) zusammen, so erhalten wir den Differenzenoperator

$$\Lambda v = \Lambda_1 v + \Lambda_2 v = v_{\bar{x}_1 x_1} + v_{\bar{x}_2 x_2}\,, \tag{5}$$

der den Laplaceoperator (2) auf dem 5-Punkt-Stern $\{(x_1 \pm h_1, x_2), (x_1, x_2), (x_1, x_2 \pm h_2)\}$ approximiert. Diesen regulären kreuzförmigen Stern zeigt Abb. 4.1.

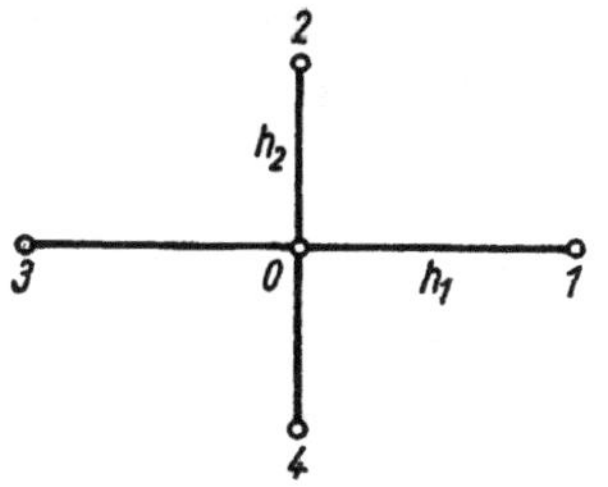

Abb. 4.1. Regulärer kreuzförmiger Stern

Hier bezeichnet 0 den Punkt (x_1, x_2), 1 den Punkt $(x_1 + h_1, x_2)$ usw. Mit diesen Bezeichnungen ergibt sich aus (3)–(5)

$$\Lambda v_0 = \frac{1}{h_1^2}(v_1 - 2v_0 + v_3) + \frac{1}{h_2^2}(v_2 - 2v_0 + v_4). \tag{6}$$

Insbesondere bei $h_1 = h_2 = h$ (also auf einem quadratischen Gitter) gilt damit

$$\Lambda v_0 = \frac{1}{h^2}(v_1 + v_2 + v_3 + v_4 - 4v_0). \tag{7}$$

Wir finden nun den Fehler, mit dem der Differenzenoperator (5) den Laplaceoperator (2) approximiert. Nach Abschnitt 2.1. haben wir für $\alpha = 1, 2$

$$\Lambda_\alpha v = \frac{\partial^2 v}{\partial x_\alpha^2} + \frac{h_\alpha^2}{12}\frac{\partial^4 v}{\partial x_\alpha^4} + O(h_\alpha^4) = L_\alpha v + \frac{h_\alpha^2}{12} L_\alpha^2 v + O(h_\alpha^4),$$

und daher ist

$$\Lambda v - \Delta v = \frac{h_1^2}{12} L_1^2 v + \frac{h_2^2}{12} L_2^2 v + O(h_1^4 + h_2^4). \tag{8}$$

Hieraus folgt

$$\Lambda v - \Delta v = O(|h|^2), \quad |h|^2 = h_1^2 + h_2^2,$$

für jede Funktion $v(x)$, die vier beschränkte Ableitungen nach x_1 und x_2, z. B. im Rechteck $x_\alpha - \bar{h}_\alpha \leqq x_\alpha' \leqq x_\alpha + \bar{h}_\alpha$ (mit $h_\alpha \leqq \bar{h}_\alpha$, $\alpha = 1, 2$) besitzt. Auf dem regulären Kreuz approximiert also der Differenzenoperator (5) den Laplaceoperator (2) mit zweiter Ordnung.

Entsprechend approximieren wir auch bei $p > 2$ den Laplaceoperator

$$Lu = \sum_{\alpha=1}^{p} L_\alpha u, \quad L_\alpha u = \frac{\partial^2 u}{\partial x_\alpha^2} \tag{9}$$

mit Hilfe der 3-Punkt-Operatoren

$$\Lambda_\alpha v = v_{\bar{x}_\alpha x_\alpha} = \frac{1}{h_\alpha^2}(v^{(+1_\alpha)} - 2v + v^{(-1_\alpha)}) \tag{10}$$

durch den Differenzenoperator

$$\Lambda v = \sum_{\alpha=1}^{p} \Lambda_\alpha v, \quad \Lambda_\alpha v = v_{\bar{x}_\alpha x_\alpha}. \tag{11}$$

In (10) ist $v^{(\pm 1_\alpha)} = v(x^{(\pm 1_\alpha)})$, und $x^{(+1_\alpha)}$ (bzw. $x^{(-1_\alpha)}$) bezeichnet denjenigen Punkt, in den $x = (x_1, \ldots, x_p)$ bei Verschiebung um h_α nach rechts (nach links) in Richtung x_α übergeht (s. Abb. 4.2.).

Der Stern des Operators (11) besteht offensichtlich aus den $2p+1$ Punkten x, $x^{(\pm 1_\alpha)}$, $\alpha = 1, \ldots, p$ (für $p=3$ z. B. aus 7 Punkten); der Approximationsfehler ist von zweiter Ordnung.

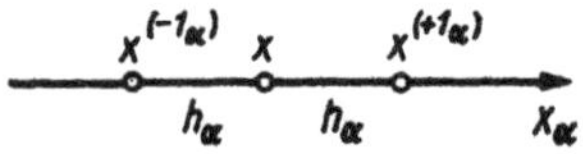

Abb. 4.2

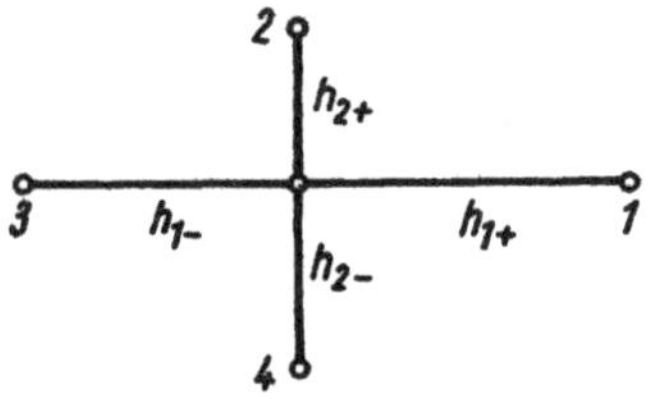

Abb. 4.3. Irregulärer kreuzförmiger Stern

4.1.2. Approximation des Laplaceoperators auf einem irregulären Gitterpunktstern. Nun betrachten wir die Approximation des Laplaceoperators auf einem irregulären Stern. Im zweidimensionalen Falle besteht dieser Stern aus den fünf Punkten

$$(x_1 - h_{1-}, x_2), \quad (x_1 + h_{1+}, x_2), \quad (x_1, x_2),$$
$$(x_1, x_2 - h_{2-}), \quad (x_1, x_2 + h_{2+}),$$

mit $h_{1\pm} > 0$, $h_{2\pm} > 0$ und $h_{\alpha+} \neq h_{\alpha-}$ für wenigstens ein α (s. Abb. 4.3.).

Zur Approximation der Operatoren L_1 und L_2 benutzen wir die drei Punkte $(x_1 - h_{1-}, x_2)$, $(x_1 + h_{1+}, x_2)$, (x_1, x_2) (das sind die Punkte 3, 1, 0) bzw. $(x_1, x_2 - h_{2-})$, $(x_1, x_2 + h_{2+})$, (x_1, x_2) (die Punkte 4, 2, 0). Dabei bedienen wir uns der Operatoren Λ_α^* (vgl. Abschnitt 2.1.),

$$\begin{aligned} L_1 v \sim \Lambda_1^* v &= \frac{1}{\hbar_1}\left[\frac{v(x_1 + h_{1+}, x_2) - v(x_1, x_2)}{h_{1+}} - \frac{v(x_1, x_2) - v(x_1 - h_{1-}, x_2)}{h_{1-}}\right], \\ L_2 v \sim \Lambda_2^* v &= \frac{1}{\hbar_2}\left[\frac{v(x_1, x_2 + h_{2+}) - v(x_1, x_2)}{h_{2+}} - \frac{v(x_1, x_2) - v(x_1, x_2 - h_{2-})}{h_{2-}}\right], \end{aligned} \tag{12}$$

Hier ist $\hbar_\alpha = \frac{1}{2}(h_{\alpha-} + h_{\alpha+})$, $\alpha = 1, 2$.

Auf dem irregulären Stern erhalten wir damit den Laplaceschen Differenzenoperator

$$\Lambda^* v = \Lambda_1^* v + \Lambda_2^* v = v_{\bar{x}_1 \hat{x}_1} + v_{\bar{x}_2 \hat{x}_2}\,. \tag{13}$$

Zur Vereinfachung der Schreibweise verwenden wir die Bezeichnung $x^{(\pm 1_\alpha)}$ für die Nachbarpunkte von x nun auch bei nichtäquidistanter Schrittweite, haben also

$$x^{(+1_1)} = (x_1 + h_{1+}, x_2), \quad x^{(-1_1)} = (x_1 - h_{1-}, x_2), \quad x^{(\pm 1_2)} = (x_1, x_2 \pm h_{2\pm}),$$
$$v^{(+1_\alpha)} = v(x^{(+1_\alpha)}), \quad v = v(x), \quad v^{(-1_\alpha)} = v(x^{(-1_\alpha)}), \quad \alpha = 1, 2\,.$$

Abb. 4.4. zeigt die Lage der Punkte.

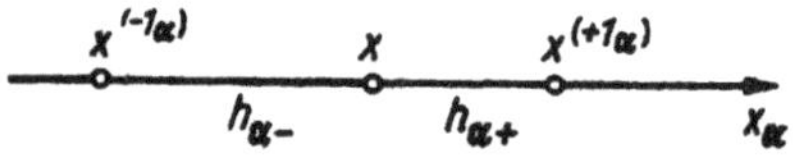

Abb. 4.4

Die Formel für Λ_α^* können wir jetzt wie folgt schreiben:

$$\Lambda_\alpha^* v = v_{\bar{x}_\alpha \hat{x}_\alpha} = \frac{1}{\hbar_\alpha}\left[\frac{v^{(+1_\alpha)} - v}{h_{\alpha+}} - \frac{v - v^{(-1_\alpha)}}{h_{\alpha-}}\right], \tag{14}$$

$$\hbar_\alpha = \frac{1}{2}(h_{\alpha-} + h_{\alpha+}), \quad \alpha = 1, 2 .$$

Nach 2.1.2. (Formel (17)) gilt

$$\Lambda_\alpha^* v - L_\alpha v = \frac{1}{3}(h_{\alpha+} - h_{\alpha-}) \frac{\partial^3 v}{\partial x_\alpha^3} + O(\hbar_\alpha^2) . \tag{15}$$

Auf dem irregulären Stern approximiert daher der durch (13) definierte Differenzenoperator Λ^* den Laplaceoperator mit erster Ordnung.

Die Approximationen (12) werden im Falle eines nichtäquidistanten Gitters sowie in den randnahen Punkten eines allgemeinen Gebietes benutzt, s. Abschnitt 4.1.4.

Wir benötigen noch eine andere Approximation des Laplaceoperators auf dem irregulären Stern: Statt (14) verwenden wir für Λ_α^* die Formel

$$\Lambda_\alpha^* v = \frac{1}{h_\alpha}\left[\frac{v^{(+1_\alpha)} - v}{h_{\alpha+}} - \frac{v - v^{(-1_\alpha)}}{h_{\alpha-}}\right], \quad h_\alpha = \max(h_{\alpha-}, h_{\alpha+}) , \tag{16}$$

so daß also

$$\Lambda_\alpha^* v = \frac{\hbar_\alpha}{h_\alpha} v_{\bar{x}_\alpha \hat{x}_\alpha}$$

wird. In diesem Falle hat der Operator Λ_α^* lokal die nullte Approximationsordnung, $\psi_\alpha = \Lambda_\alpha^* u - L_\alpha u = O(1)$. Aus (15) erhalten wir nämlich

$$\psi_\alpha = \Lambda_\alpha^* u - L_\alpha u = -\left(1 - \frac{\hbar_\alpha}{h_\alpha}\right) L_\alpha u + \frac{1}{3}(h_{\alpha+} - h_{\alpha-}) \frac{\partial^3 u}{\partial x_\alpha^3} + O(\hbar_\alpha^2)$$

$$= \pm \frac{h_{\alpha+} - h_{\alpha-}}{2h_\alpha} L_\alpha u + O(\hbar_\alpha) = O(1) .$$

Das folgende Beispiel gibt einen Hinweis, unter welchen Umständen die Approximation (16) benutzt werden kann.

Beispiel. Erste Randwertaufgabe.

$$u'' = -f(x), \quad 0 < x < 1, \quad u(0) = 0, \quad u(1) = 0 .$$

Gegeben sei das Gitter

$$\hat{\omega}_h = \{x_i,\ x_1 = h_1,\ x_{i+1} = x_i + h,\ i = 1, 2, \ldots, N-1,\ x_{N+1} = x_N + h_2\} ,$$

das nur in Randnähe nichtäquidistant ist, mit $h_1 < h$, $h_2 < h$, $h_1 + h_2 + (N-1)h = 1$.

In den regulären Punkten x_i, $1 < i < N$, wählen wir wie üblich

$$u_i'' \sim u_{\bar{x}x,i} = \frac{u_{i+1} - 2u_i + u_{i-1}}{h^2} ,$$

in den irregulären Punkten x_1 und x_N aber nehmen wir

$$u_1'' \sim \Lambda^* u_1 = \frac{1}{h}\left[\frac{u_2 - u_1}{h} - \frac{u_1 - u_0}{h_1}\right],$$

$$u_N'' \sim \Lambda^* u_N = \frac{1}{h}\left[\frac{u_{N+1} - u_N}{h_2} - \frac{u_N - u_{N-1}}{h}\right].$$

Damit kommen wir auf folgendes Differenzenschema:

$$y_{\bar{x}x} = -f(x), \quad x_i = h_1 + (i-1)\,h, \quad 1 < i \leqq N\,, \tag{17}$$
$$\Lambda^* y_1 = -f(x_1), \quad \Lambda^* y_N = -f(x_N), \quad y_0 = y_{N+1} = 0\,.$$

Der Fehler $z = y - u$ ist Lösung der Randwertaufgabe

$$\Lambda z = \psi(x), \quad 0 < x < 1, \quad z_0 = z_{N+1} = 0 \tag{18}$$

mit $\Lambda z = z_{\bar{x}x}$ für $x_1 < x_i < x_N$, $\Lambda z_1 = \Lambda^* z_1$, $\Lambda z_N = \Lambda^* z_N$ und mit $\psi_i = O(h^2)$ für $i = 2, \ldots, N-1$, $\psi_i = O(1)$, $i = 1, N$.

Obwohl das Schema (17) in den randnahen Punkten x_1 und x_N keine Approximation besitzt, ist es von zweiter Genauigkeitsordnung in C: $\|z\|_C = O(h^2)$.

Um diese Abschätzung zu beweisen, schreiben wir die Gleichungen (18) für x_1 und x_N in der Gestalt

$$\frac{1}{h}\left(\frac{z_2 - z_1}{h} - \frac{z_1 - \bar{z}_0}{h_1}\right) = 0, \quad \frac{1}{h}\left(\frac{\bar{z}_{N+1} - z_N}{h_2} - \frac{z_N - z_{N-1}}{h}\right) = 0$$

mit $\bar{z}_0 = hh_1\psi_1$, $\bar{z}_{N+1} = hh_2\psi_N$. Mit anderen Worten, die Aufgabe (18) und das folgende Randwertproblem sind äquivalent:

$$z_{\bar{x}x} = -\psi(x), \quad x_1 < x_1 < x_N, \quad \Lambda^* z_1 = 0, \quad \Lambda^* z_N = 0, \quad z_0 = hh_1\psi_1, \quad z_{N+1} = hh_2\psi_N\,.$$

Nun können wir die in Abschnitt 1.2. gewonnene a-priori-Abschätzung

$$\|z\|_C \leqq \max\left(|z_0|, |z_{N+1}|\right) + \sum_{i=1}^{N} h \sum_{k=1}^{i} h|\psi_k|$$

benutzen und finden

$$\|z\|_C = \|y - u\|_C \leqq hh_1|\psi_1| + hh_2|\psi_N| + \max_{1<i<N} |\psi_i| \leqq Mh^2\,,$$

so daß das Schema (17) zweite Genauigkeitsordnung besitzt.

4.1.3. Die erste Differenzen-Randwertaufgabe im Rechteck. Gegeben sei das Rechteck $\bar{G}_0 = (0 \leqq x_1 \leqq l_1,\ 0 \leqq x_2 \leqq l_2)$ mit dem Rand Γ. In $\bar{G}_0 = G_0 + \Gamma$ betrachten wir die erste Randwertaufgabe für die Poissongleichung

$$\Delta u = -f(x), \quad x = (x_1, x_2) \in G_0, \quad u|_\Gamma = \mu(x)\,. \tag{1'}$$

In $\bar{G}_0$ konstruieren wir ein Gitter $\bar{\omega}_h$ mit den Schrittweiten $h_1 = l_1/N_1$ und $h_2 = l_2/N_2$, wobei N_1 und N_2 natürliche Zahlen sind, N_1, $N_2 > 1$. Dieses in den Koordinatenrichtungen x_1 und x_2 äquidistante Gitter haben wir schon in 2.1.1. beschrieben. Wir erinnern daran, daß die in G_0 liegenden Punkte $x = (i_1 h_1, i_2 h_2)$ das Gitter ω_h bilden und *innere* Gitterpunkte heißen; für diese ist also $0 < i_\alpha < N_\alpha$, $\alpha = 1, 2$. *Randpunkte* sind die auf Γ liegenden Gitterpunkte bis auf die hier nicht benötigten vier Punkte $(0, 0)$, $(0, l_2)$, $(l_1, 0)$, (l_1, l_2). Die Randpunkte bilden die Menge γ_h und sind auf Abb. 4.5. mit Kreuzen bezeichnet. Das Gitter $\bar{\omega}_h = \omega_h + \gamma_h$ heißt bei $h_1 = h_2 = h$ *quadratisches Gitter* und sonst *Rechtecksgitter*.

In jedem inneren Gitterpunkt x läßt sich der reguläre Stern konstruieren, so daß dessen Punkte x, $x^{(\pm 1_\alpha)}$, $\alpha = 1, 2$, alle zu $\bar{\omega}_h$ gehören. Daher können wir in allen inneren Gitterpunkten den Laplaceoperator Δu durch den Differenzenoperator

$$\Lambda u = u_{\bar{x}_1 x_1} + u_{\bar{x}_2 x_2}$$

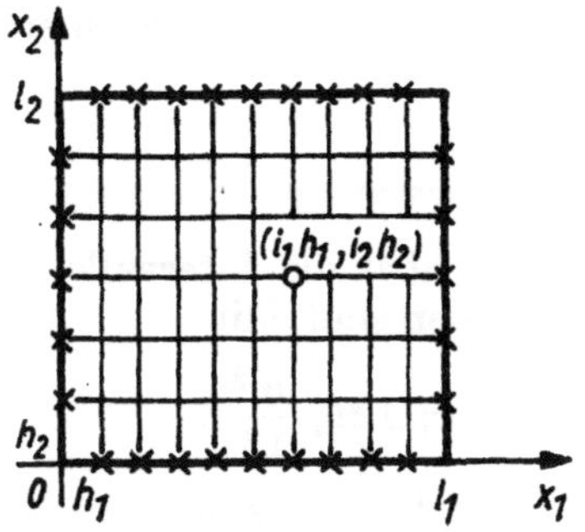

Abb. 4.5

ersetzen. Die rechte Seite $f(x)$ der Gleichung (1′) kann man durch eine Gitterfunktion $\varphi(x)$ so approximieren, daß $\varphi(x)=f(x)+O(h^2)$ gilt. Wir nehmen an, daß $f(x)$ stetig ist, und setzen $\varphi(x)=f(x)$.

Insgesamt haben wir zu dem Randwertproblem (1′) folgende Differenzen-Randwertaufgabe erhalten:

Gesucht ist die auf $\bar{\omega}_h$ definierte Gitterfunktion $y(x)$, die in den inneren Punkten der Gleichung

$$\Lambda y=-f(x), \quad \Lambda y=y_{\bar{x}_1x_1}+y_{\bar{x}_2x_2}, \quad x\in\omega_h \tag{19}$$

genügt und die auf γ_h gegebene Werte annimmt,

$$y(x)=\mu(x), \quad x\in\gamma_h\,. \tag{20}$$

Im Falle des quadratischen Gitters haben wir folgenden Ausdruck für Λy:

$$\Lambda y=\frac{1}{h^2}\,(y^{(+1_1)}+y^{(-1_1)}+y^{(+1_2)}+y^{(-1_2)}-4y)\,.$$

Es sei speziell $\varphi=0$. Wir lösen die Gleichung $\Lambda y=0$ nach y auf:

$$y=\frac{1}{4}\,(y^{(+1_1)}+y^{(-1_1)}+y^{(+1_2)}+y^{(-1_2)})\,.$$

Der Wert y im Mittelpunkt des Gitterpunktsterns ist also der Mittelwert aus den Funktionswerten in den restlichen vier Punkten des Sterns, so daß wir ein diskretes Analogon zu der bekannten Mittelwertformel für harmonische Funktionen erhalten.

Die Werte von $\mu(x)$ in den Eckpunkten des Rechtecks $\bar{G}_0$ werden in (19), (20) nicht benutzt. Anders ist es im Falle der dritten Randwertaufgabe oder des Schemas erhöhter Genauigkeitsordnung, wofür wir auf 4.4.6. verweisen. Dort umfaßt γ_h alle auf Γ liegenden Gitterpunkte.

Der Differenzenaufgabe (19), (20) entspricht ein Gleichungssystem aus $(N_1-1)\ (N_2-1)$ linearen algebraischen Gleichungen. Methoden zur Lösung solcher großen Gleichungssysteme werden wir in Kapitel 9. kennenlernen.

Nun sei y die Lösung des Schemas (19), (20) und u die Lösung der Randwertaufgabe (1′). Zur Genauigkeitsabschätzung betrachten wir den Fehler $z=y-u$, der Lösung der Aufgabe

$$\Lambda z=-\psi, \quad x\in\omega_h, \quad z=0, \quad x\in\gamma_h\,, \tag{21}$$

ist, mit $\psi=\Lambda u+f$.

Wegen $Lu+f=0$ gilt $\psi=\Lambda u+f-Lu+Lu=\Lambda u-Lu$. Nach Formel (8) haben wir also

$$\psi=\frac{h_1^2}{12}\overline{\frac{\partial^4 u}{\partial x_1^4}}+\frac{h_2^2}{12}\overline{\frac{\partial^4 u}{\partial x_2^4}} \quad \text{für} \quad u\in C^{(4)},$$

wobei der Querstrich bedeutet, daß Mittelwerte über die Intervalle $[(x_1-h_1, x_2), (x_1+h_1, x_2)]$ bzw. $[(x_1, x_2-h_2), (x_1, x_2+h_2)]$ zu bilden sind. Mit

$$M_4=\max_{G,\alpha}\left|\frac{\partial^4 u}{\partial x_\alpha^4}\right| \quad \text{finden wir demnach} \quad |\psi|\leqq M_4\frac{|h|^2}{12}.$$

Der Konvergenzbeweis des Schemas (19), (20) folgt aus einer Abschätzung der Lösung der Aufgabe (21) durch den Approximationsfehler ψ. Diese Abschätzung leiten wir unten mit Hilfe des Maximumprinzips für den Fall eines allgemeinen Gebietes und beliebiger Dimensionszahl her.

Im Rechteck $\bar{G}_0$ können wir auch das nichtäquidistante Gitter

$$\hat{\omega}_h=\{x_i=(x_1^{(i_1)}, x_2^{(i_2)}),\ i_\alpha=0, 1, \ldots, N_\alpha,\ x_\alpha^{(0)}=0,\ x_\alpha^{(N_\alpha)}=l_\alpha,\ \alpha=1, 2\}$$

mit den Schrittweiten $h_\alpha^{(i_\alpha)}=x_\alpha^{(i_\alpha)}-x_\alpha^{(i_\alpha-1)}$ benutzen.

Dann verwenden wir den Differenzenoperator (13) und erhalten statt der Aufgabe (19), (20) die Differenzenaufgabe

$$\Lambda y=-f(x), \quad \Lambda y=y_{\bar{x}_1\hat{x}_1}+y_{\bar{x}_2\hat{x}_2}, \quad x\in\hat{\omega}_h, \quad y|_{\gamma_h}=\mu(x). \tag{22}$$

Dieses Schema ist entsprechend Beziehung (15) lokal von erster Approximationsordnung:

$$\begin{aligned}\psi_i&=(\Lambda u+f(x))_i=(u_{\bar{x}_1\hat{x}_1}+u_{\bar{x}_2\hat{x}_2}+f(x))_i\\&=\frac{1}{3}\sum_{\alpha=1}^{2}(h_\alpha^{(i_\alpha+1)}-h_\alpha^{(i_\alpha)})\frac{\partial^3 u}{\partial x_\alpha^3}+O(|\hbar|^2)=O(|\hbar|),\quad |\hbar|^2=\hbar_1^2+\hbar_2^2.\end{aligned}$$

In Analogie zu Abschnitt 3.4. kann man aber ψ_i in der Gestalt

$$\psi_i=\sum_{\alpha=1}^{2}(\eta_\alpha)_{\hat{x},i}+O(|\hbar|^2),\quad \eta_\alpha=\frac{h_\alpha^2}{6}\frac{\partial^3 u}{\partial x_\alpha^3}=O(h_\alpha^2)$$

schreiben und sieht dann, daß das Schema (22) – in der entsprechenden negativen Norm – einen Approximationsfehler von zweiter Ordnung besitzt.

4.1.4. Die erste Differenzen-Randwertaufgabe in einem allgemeinen Gebiet. Wenn das Gebiet $\bar{G}$, in dem die Lösung des Randwertproblems (1) zu bestimmen ist, einen krummlinigen Rand besitzt, so benutzen wir ein Gitter $\bar{\omega}_h(\bar{G})$, das in Randnähe im allgemeinen nichtäquidistant ist. Im folgenden beschreiben wir dieses Gitter.

Im p-dimensionalen Raum betrachten wir ein beliebiges endliches Gebiet G mit dem Rand Γ. Die Konstruktion des Gitters in $\bar{G}=G+\Gamma$ erläutern wir einfachheitshalber am Beispiel des zweidimensionalen Falles. Dabei machen wir folgende Voraussetzung über die Form von $\bar{G}$: Der Durchschnitt des Gebietes mit einer beliebigen achsenparallelen Geraden, die durch einen inneren Punkt geht, besteht aus einer endlichen Anzahl von Intervallen.

Wir gehen nun von den zwei Scharen achsenparalleler und äquidistanter Geraden

$$x_1^{(i_1)}=i_1h_1,\quad i_1=0, \pm 1, \pm 2, \ldots,\ x_1^{(i_2)}=i_2h_2,\quad i_2=0, \pm 1, \pm 2, \ldots$$

aus, wobei h_1 und h_2 fixierte positive Zahlen sind. Durch diese Geraden wird die Ebene in Rechtecke mit den Seitenlängen h_1 und h_2 zerlegt. Die Eckpunkte $x_i = (i_1 h_1, i_2 h_2)$ dieser Rechtecke sind die Gitterpunkte, ihre Menge bildet das Gitternetz in der ganzen Ebene. Die im Gebiet G liegenden Gitterpunkte ergeben die Menge $\omega_h = \{x_i \in G\}$ der inneren Gitterpunkte. Die Schnittpunkte der Geraden $x_\alpha^{(i_\alpha)} = i_\alpha h_\alpha$, $\alpha = 1, 2$, mit dem Rand Γ von G heißen *Randpunkte bezüglich der Richtung* x_α; wir fassen sie zu den Mengen $\gamma_{h,\alpha}$ zusammen. Dann umfaßt $\gamma_h = \gamma_{h,1} + \gamma_{h,2}$ alle Randpunkte, d. h. alle Punkte, die bezüglich mindestens einer Richtung Randpunkte sind.

Die Menge aller inneren Gitterpunkte und aller Randpunkte bildet das Gitter $\bar{\omega}_h = \omega_h + \gamma_h$ im Gebiet $\bar{G}$, s. Abb. 4.6.

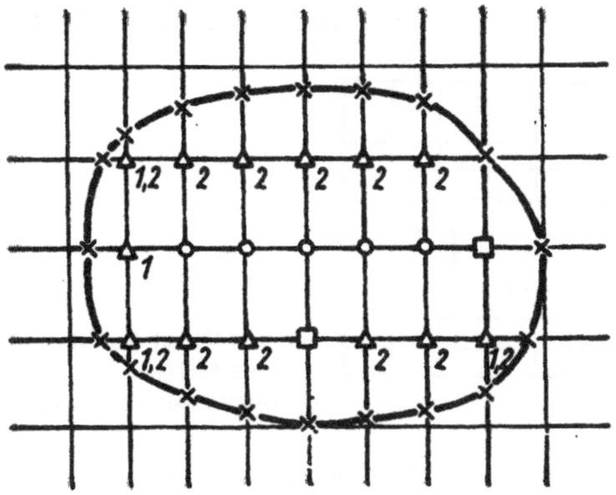

Abb. 4.6

Die Menge der inneren Gitterpunkte unterteilen wir jetzt noch weiter. Dazu nehmen wir einen beliebigen solchen Punkt und legen durch ihn eine zu Ox_α parallele Gerade. Ihr Durchschnitt mit G sind ein oder mehrere Intervalle mit Anfangs- und Endpunkten, die Randpunkte bezüglich der Richtung x_α sind. Wir betrachten die Gitterpunkte auf einem dieser Intervalle. Die Nachbarpunkte der Randpunkte nennen wir *bezüglich (der Richtung)* x_α *randnahe Gitterpunkte*. Hat ein randnaher Gitterpunkt einen Abstand $h_\alpha^* \neq h_\alpha$ vom jeweiligen Randpunkt, so heißt er bezüglich x_α *nichtregulärer Gitterpunkt*.

Es sei $\omega_{h,\alpha}^*$ die Menge aller bezüglich x_α randnahen Gitterpunkte und $\omega_{h,\alpha}^{**}$ die Menge der randnahen Gitterpunkte, die bezüglich x_α nichtregulär sind, so daß also $\omega_{h,\alpha}^{**} \subseteq \omega_{h,\alpha}^*$ gilt. Weiter sei ω_h^* die Menge aller randnahen Punkte, d. h. aller bezüglich mindestens einer Richtung randnahen Gitterpunkte; ω_h^{**} sei die Menge aller nichtregulären Punkte, also aller bezüglich mindestens einer Richtung nichtregulären Gitterpunkte. Wir setzen $\omega_h = \omega_h^* + \mathring{\omega}_h$ und nennen die Punkte von $\mathring{\omega}_h$ *streng innere Gitterpunkte*. Schließlich führen wir noch die Bezeichnung $\mathring{\omega}_{h,\alpha}$ für die bezüglich x_α streng inneren Gitterpunkte ein. Die Nachbarpunkte von $x \in \mathring{\omega}_{h,\alpha}$ in der Richtung x_α sind also innere Gitterpunkte.

Mit dem Zeichen $\circ$ sind auf Abb. 4.6 die Punkte von $\mathring{\omega}_h$ bezeichnet, mit Δ_α die bezüglich nur einer Richtung x_α nichtregulären Gitterpunkte, mit $\Delta_{1,2}$ die bezüglich x_1 und x_2 nichtregulären Gitterpunkte, mit $\square$ die restlichen randnahen Gitterpunkte (und diese sind bezüglich x_1 und x_2 regulär).

Wir setzen voraus, daß das Gitter ω_h *zusammenhängend* ist, zwei beliebige innere Gitterpunkte sich also durch einen Polygonzug verbinden lassen, dessen Knotenpunkte innere Gitterpunkte und dessen Geradenstücke achsenparallel sind. Dann muß wenigstens einer der vier Punkte $x^{(\pm 1_\alpha)}$, $\alpha = 1, 2$, des 5-Punkt-Sterns $\{x^{(\pm 1_1)}, x, x^{(\pm 1_2)}\}$ für einen inneren Gitterpunkt x ebenfalls innerer Gitterpunkt sein, ob nun der Stern regulär ist oder nicht.

Die Zusammenhangsforderung für ein Gitter führt sowohl bei der Auswahl von h_1 und h_2 als auch bei der möglichen Form des Gebietes und dessen Lage im Gitternetz bei gegebenen h_1 und h_2 zu Einschränkungen.

Auf Abb. 4.7a und b zeigen wir Beispiele für nicht zusammenhängende bzw. zusammenhängende Gitter. Bei einem Gebiet mit einem schmalen Verbindungsstück, wie es dort vorliegt, kann die Zusammenhangsforderung durch Wahl hinreichend kleiner Schrittweiten h_α oder durch Gitterverdichtung in einem Teil des Gebietes erfüllt werden. Auf Abb. 4.7b ist der Zusammenhang des Gitters nicht durch dessen Verdichtung, sondern durch passende Wahl von h_1 erreicht worden.

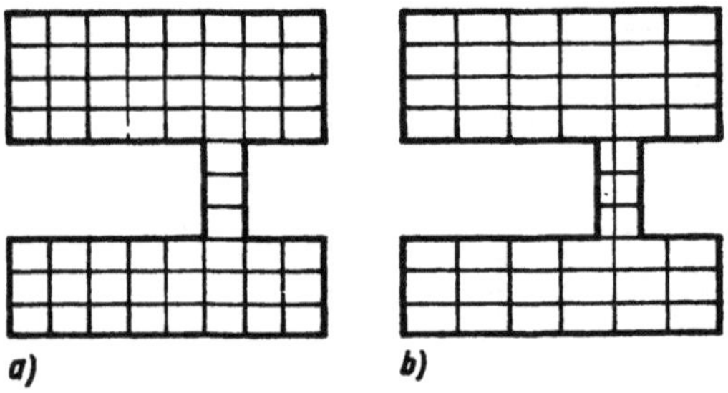

Abb. 4.7. a) Nichtzusammenhängendes Gitter
b) Zusammenhängendes Gitter

Die hiermit ausführlich beschriebene Gitterkonstruktion für ein ebenes Gebiet kann man leicht auf den Fall eines p-dimensionalen Gebietes übertragen. Das Gitter entsteht dann durch Schnitt der Hyperebenen (also Ebenen bei $p=3$ und Geraden bei $p=2$)

$$x_\alpha^{(i_\alpha)} = i_\alpha h_\alpha, \quad i_\alpha = 0, \pm 1, \ldots, \alpha = 1, 2, \ldots, p,$$

mit $h_\alpha > 0$. Die oben angegebene Klasseneinteilung der Gitterpunkte bleibt dabei unverändert.

Nun kommen wir zur Beschreibung des Differenzenschemas für die Lösung der ersten Randwertaufgabe (1), die wir wieder mit dem Fall $p=2$ illustrieren.

In jedem inneren Gitterpunkt $x \in \omega_h$ approximieren wir den Differentialoperator $L_\alpha u = \partial^2 u/\partial x_\alpha^2$ durch einen 3-Punkt-Operator Λ_α. Ist der Punkt x hier regulär bezüglich x_α, so bilden wir den Operator Λ_α auf dem regulären Stern $\{x^{(-1_\alpha)}, x, x^{(+1_\alpha)}\}$:

$$\Lambda_\alpha y = y_{\bar{x}_\alpha x_\alpha} = \frac{y^{(+1_\alpha)} - 2y + y^{(-1_\alpha)}}{h_\alpha^2}. \tag{11}$$

Andernfalls, also bei $x \in \omega_{h,\alpha}^{**}$, bilden wir Λ_α auf dem irregulären Stern,

$$\Lambda_\alpha^* y = \frac{1}{h_\alpha}\left(\frac{y^{(+1_\alpha)} - y}{h_\alpha} - \frac{y - y^{(-1_\alpha)}}{h_\alpha^*}\right) \quad \text{für} \quad x^{(-1_\alpha)} \in \gamma_{h,\alpha}, \tag{23a}$$

wobei h_α^* der Abstand zwischen x und $x^{(-1_\alpha)}$ ist, oder

$$\Lambda_\alpha^* y = \frac{1}{h_\alpha}\left(\frac{y^{(+1_\alpha)} - y}{h_\alpha^*} - \frac{y - y^{(-1_\alpha)}}{h_\alpha}\right) \quad \text{für} \quad x^{(+1_\alpha)} \in \gamma_{h,\alpha}, \tag{23b}$$

wo jetzt h_α^* der Abstand zwischen x und $x^{(+1_\alpha)}$ ist. Schließlich kann auch der Fall $x^{(-1_\alpha)} \in \gamma_{h,\alpha}$, $x^{(+1_\alpha)} \in \gamma_{h,\alpha}$ eintreten, in dem

$$\Lambda_\alpha^* y = \frac{1}{h_\alpha}\left(\frac{y^{(+1_\alpha)} - y}{h_{\alpha+}^*} - \frac{y - y^{(-1_\alpha)}}{h_{\alpha-}^*}\right) \quad \text{für} \quad x^{(\pm 1_\alpha)} \in \gamma_{h,\alpha} \tag{23c}$$

ist mit dem Abstand $h_{\alpha\pm}^* \neq h$ zwischen x und $x^{(\pm 1_\alpha)}$.

In Abb. 4.8 sind die Fälle (23a)–(23c) illustriert.

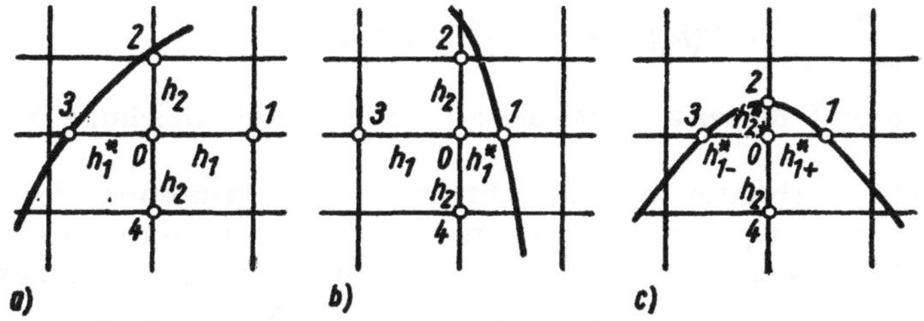

Abb. 4.8. a) $\Lambda_1^* y = \frac{1}{h_1}\left(\frac{y_1 - y_0}{h_1} - \frac{y_0 - y_3}{h_1^*}\right)$, $\Lambda_2 y = y_{\bar{x}_2 x_2}$, $\Lambda^* = \Lambda_1^* + \Lambda_2$.

b) $\Lambda_1^* y = \frac{1}{h_1}\left(\frac{y_1 - y_0}{h_1^*} - \frac{y_0 - y_3}{h_1}\right)$, $\Lambda_2 y = y_{\bar{x}_2 x_2}$, $\Lambda^* = \Lambda_1^* + \Lambda_2$.

c) $\Lambda_1^* y = \frac{1}{h_1}\left(\frac{y_1 - y_0}{h_{1+}^*} - \frac{y_0 - y_3}{h_{1-}^*}\right)$, $\Lambda_2^* y = \frac{1}{h_2}\left(\frac{y_2 - y_0}{h_2^*} - \frac{y_0 - y_1}{h_2}\right)$, $\Lambda^* = \Lambda_1^* + \Lambda_2^*$.

Indem wir $L_\alpha u = \partial^2 u / \partial x_\alpha^2$ durch einen Differenzenoperator nach einer der Formeln (11) oder (23) ersetzen, erhalten wir für die Gleichung (1) die Differenzengleichung $\Lambda y + \varphi(x) = 0$ für alle $x \in \omega_h$ mit $\Lambda = \Lambda_1 + \ldots + \Lambda_p$. Auf dem Rand des Gitters γ_h geben wir die exakten Randwerte vor, $y|_{\gamma_h} = \mu(x)$.

Damit haben wir die folgende erste Differenzen-Randwertaufgabe erhalten:

Gesucht ist die Gitterfunktion $y(x)$, die auf $\bar{\omega}_h = \omega_h + \gamma_h$ definiert ist, in den inneren Punkten der Gleichung

$$\Lambda y + \varphi(x) = 0 \quad \text{für reguläre Gitterpunkte} \tag{24}$$

bzw.

$$\Lambda^* y + \varphi(x) = 0 \quad \text{für nichtreguläre Punkte} \tag{25}$$

genügt und die in den Randpunkten vorgegebene Werte annimmt,

$$y = \mu(x), \quad x \in \gamma_h. \tag{26}$$

Die Randwertaufgabe für den Fehler des Schemas finden wir so wie immer dadurch, daß wir $y = z + u$ in (24)–(26) einsetzen (mit dem Fehler z, der exakten Lösung u und der Differenzenlösung y):

$$\begin{aligned} \Lambda z &= -\psi && \text{für reguläre Punkte,} \\ \Lambda^* z &= -\psi^* && \text{für nichtreguläre Punkte,} \\ z &= 0 && \text{auf dem Rand } \gamma_h. \end{aligned} \tag{27}$$

Hier ist ψ der Approximationsfehler, und für $\varphi(x) = f(x)$ gilt

$$\begin{aligned} \psi &= \Lambda u + \varphi = \Lambda u - Lu && \text{in den regulären Punkten,} \\ \psi^* &= \Lambda^* u - Lu && \text{in den nichtregulären Punkten.} \end{aligned} \tag{28}$$

Nun sei $u \in C^{(4)}(\bar{G})$. Nach 4.1.3. haben wir dann in den regulären Gitterpunkten

$$|\psi| \leq M_4 |h|^2/12, \quad |h|^2 = h_1^2 + h_2^2 + \dots + h_p^2 . \tag{29}$$

In den nichtregulären Punkten stellen wir den Approximationsfehler als Summe dar,

$$\psi^* = \sum_{\alpha=1}^{p} \psi_\alpha^*, \quad \psi_\alpha^* = \Lambda_\alpha u - L_\alpha u . \tag{30}$$

Wie wir in 4.1.2. gezeigt hatten, gilt

$$\psi_\alpha^* = \frac{h_{\alpha+} - h_{\alpha-}}{2\hbar_\alpha} \frac{\partial^2 u}{\partial x_\alpha^2} + O(h_\alpha) = O(1), \quad \psi^* = O(1) . \tag{31}$$

In den nichtregulären Punkten approximiert das Schema die Gleichung $\Delta u + f(x) = 0$ also nicht.

Bemerkung. Recht verbreitet ist die Differenzenapproximation des Laplace-operators, die auf den irregulären Sternen der randnahen Punkte von der Formel (14) statt von (16) ausgeht. Der so konstruierte Differenzenoperator besitzt aber im allgemeinen die wichtigen Eigenschaften Selbstadjungiertheit und Vorzeichendefinitheit des Differentialoperators nicht mehr. Das ist ein erheblicher Nachteil, weil dann einige effektive iterative Verfahren zur Lösung der Differenzengleichungen nicht eingesetzt werden können.

4.1.5. Die Normalform der Differenzengleichungen. Wir betrachten das $(2p+1)$-Punkt-Schema $\Lambda y = -f$ in einem regulären Gitterpunkt,

$$\sum_{\alpha=1}^{p} \frac{1}{h_\alpha^2} \left(y^{(+1_\alpha)} - 2y + y^{(-1_\alpha)}\right) = -f .$$

Diese Gleichung schreiben wir nun in der Gestalt

$$\sum_{\alpha=1}^{p} \frac{2}{h_\alpha^2} y(x) = \sum_{\alpha=1}^{p} \frac{1}{h_\alpha^2} \left(y^{(+1_\alpha)} + y^{(-1_\alpha)}\right) + f(x) . \tag{32}$$

Einfachheitshalber beschränken wir uns zunächst auf den Fall $p = 2$:

$$2\left(\frac{1}{h_1^2} + \frac{1}{h_2^2}\right) y_0 = \frac{1}{h_1^2}(y_1 + y_3) + \frac{1}{h_2^2}(y_2 + y_4) + f_0 .$$

Nun sei der Gitterpunkt nichtregulär, speziell $x \in \omega_{h,1}^*$. In der der Abb. 4.8a entsprechenden Situation haben wir dann

$$\Lambda_1^* y_0 = \frac{1}{\hbar_1}\left(\frac{y_1 - y_0}{h_1} - \frac{y_0 - y_3}{h_1^*}\right) = \frac{1}{\hbar_1}\left(\frac{y_1}{h_1} + \frac{y_3}{h_1^*} - \frac{2\hbar_1}{h_1 h_1^*} y_0\right)$$

mit $\hbar_1 = \frac{1}{2}(h_1 + h_1^*)$, und aus den Gleichungen

$$\Lambda_2 y_0 = \frac{1}{h_2^2}(y_2 - 2y_0 + y_4) \quad \text{und} \quad \Lambda^* y = \Lambda_1^* y + \Lambda_2 y = -f$$

ergibt sich

$$\left(\frac{2\hbar_1}{h_1^2 h_1^*} + \frac{2}{h_2^2}\right) y_0 = \frac{1}{h_1^2} y_1 + \frac{1}{h_1 h_1^*} y_3 + \frac{1}{h_2^2}(y_2 + y_4) + f_0 .$$

In dem Abb. 4.8 c entsprechenden Fall gilt

$$\left(\frac{2\hbar_1}{h_1 h_{1-}^* h_{1+}^*}+\frac{2\hbar_2}{h_2^2 h_2^*}\right) y_0=\frac{1}{h_1 h_{1+}^*} y_1+\frac{1}{h_1 h_{1-}^*} y_3+\frac{1}{h_2 h_2^*} y_2+\frac{1}{h_2^2} y_4+f_0$$

mit $\hbar_1=\frac{1}{2}(h_{1-}^*+h_{1+}^*)$, $\hbar_2=\frac{1}{2}(h_2+h_2^*)$.

Für ein p-dimensionales Gebiet und einen randnahen nichtregulären Gitterpunkt x ist

$$\begin{aligned}\Lambda_\alpha^* y &= \frac{1}{\hbar_\alpha}\left(\frac{y^{(+1_\alpha)}-y}{h_{\alpha+}^*}-\frac{y-y^{(-1_\alpha)}}{h_{\alpha-}^*}\right)\\ &=\frac{1}{h_\alpha h_{\alpha+}^*} y^{(+1_\alpha)}+\frac{1}{h_\alpha h_{\alpha-}^*} y^{(-1_\alpha)}-\frac{2\hbar_\alpha}{h_\alpha h_{\alpha-}^* h_{\alpha+}^*} y .\end{aligned} \tag{33}$$

Setzen wir diesen Ausdruck in die Gleichung $\Lambda^* y=-f$ ein und nehmen wir zunächst an, daß x bezüglich aller x_α nichtregulär ist, so finden wir

$$\begin{gathered}\sum_{\alpha=1}^{p} \frac{2\hbar_\alpha}{h_\alpha h_{\alpha-}^* h_{\alpha+}^*} y(x)=\sum_{\alpha=1}^{p}\left(\frac{1}{h_\alpha h_{\alpha+}^*} y^{(+1_\alpha)}+\frac{1}{h_\alpha h_{\alpha-}^*} y^{(-1_\alpha)}\right)+f(x),\\ \hbar_\alpha=\frac{1}{2}(h_{\alpha+}^*+h_{\alpha-}^*).\end{gathered} \tag{34}$$

Wenn aber x bezüglich irgendeiner Richtung x_β regulär ist, so brauchen wir in dieser Formel nur formal $h_{\beta-}^*=h_{\beta+}^*=\hbar_\beta=h_\beta$ zu setzen, was wieder auf (32) führt, wenn x bezüglich aller Richtungen x_α regulär ist.

Beim Vergleich von (32) und (34) sehen wir, daß man beide Gleichungen in der folgenden Normalform schreiben kann:

$$A(x)\, y(x)=\sum_{\xi \in S'(x)} B(x, \xi)\, y(\xi)+F(x), \quad x \in \omega_h . \tag{35}$$

Hierbei ist $S'(x)$ die Menge der vom Mittelpunkt x verschiedenen $2p$ Gitterpunkte, die zusammen mit x den kreuzförmigen Stern bilden. Diese Menge $S'(x)$ nennen wir die Umgebung von x. Aus (32) und (34) sehen wir, daß für die Koeffizienten $A(x)$ und $B(x, \xi)$ der Gleichung (35) die Beziehungen

$$A(x)>0, \quad B(x, \xi)>0, \quad \sum_{\xi \in S'(x)} B(x, \xi)=A(x) \quad \text{für alle} \quad x \in \omega_h \tag{36}$$

erfüllt sind. Die Gleichungen (35) werden durch die Randbedingungen

$$y|_{\gamma_h}=\mu(x) \tag{37}$$

vervollständigt.

Damit ist die erste Differenzen-Randwertaufgabe (24)–(26) ein Spezialfall der folgenden allgemeineren Aufgabe:

Gesucht wird die auf $\bar{\omega}_h=\omega_h+\gamma_h$ definierte Gitterfunktion $y(x)$, die den Gleichungen

$$\begin{gathered}A(x) y(x)=\sum_{\xi \in S'(x)} B(x, \xi)\, y(\xi)+F(x), \quad x \in \omega_h,\\ y(x)=\mu(x), \quad x \in \gamma_h,\end{gathered} \tag{38}$$

genügt, wobei die Ungleichungen

$$A(x)>0, \quad B(x, \xi)>0, \quad D(x)=A(x)-\sum_{\xi \in S'(x)} B(x, \xi) \geqq 0 \tag{39}$$

für alle $x \in \omega_h$ gelten.

Bemerkung. Auch die dritte Differenzen-Randwertaufgabe für die Poissongleichung kann man auf die Gestalt (38) bringen. Dabei sind die Gleichungen (38) und die Bedingungen (39) für alle $x \in \bar{\omega}_h$ erfüllt; zusätzlich ist $D \geqq \delta > 0$ auf γ_h zu fordern.

Zum Beweis von Existenz und Eindeutigkeit einer Lösung für die Aufgabe (38), (39) genügt es zu zeigen, daß die homogenen Gleichungen

$$\begin{aligned} &A(x)\,y(x) - \sum_{\xi \in S'(x)} B(x, \xi)\,y(\xi) = 0, \quad x \in \omega_h, \\ &y(x) = 0, \quad x \in \gamma_h, \end{aligned} \tag{40}$$

nur die triviale Lösung $y(x) \equiv 0$ besitzen. Das ist der Fall, wie wir im folgenden mit Hilfe des für die Aufgabe (38), (39) gültigen Maximumprinzips beweisen.

4.2. Das Maximumprinzip

4.2.1. Die Normalform für allgemeine Differenzengleichungen. Zur Gewinnung von Abschätzungen in C für Lösungen diskretisierter elliptischer und parabolischer Gleichungen dient das Maximumprinzip. Es gilt für Differenzengleichungen einer allgemeinen Gestalt, wie wir sie in diesem Abschnitt betrachten.

Es sei ω eine endliche Punktmenge (das Gitter) in einem beschränkten Gebiet des p-dimensionalen euklidischen Raumes und P ein Punkt in ω. Wir betrachten die Gleichung

$$A(P)\,y(P) = \sum_{Q \in S'(P)} B(P, Q)\,y(Q) + F(P), \quad P \in \omega, \tag{1}$$

für die auf dem Gitter ω definierte Funktion $y(P)$.

Dabei sind die Koeffizienten $A(P)$, $B(P, Q)$ und die rechte Seite $F(P)$ der Gleichung gegebene Gitterfunktionen, $S'(P)$ ist eine Punktmenge aus ω, die den Punkt P nicht enthält und die wir die Umgebung von P nennen. Der Gitterpunktstern der Differenzengleichung (1) im Punkt P besteht aus diesem Punkt und seiner Umgebung $S'(P)$.

Solche Gleichungen können auch bei der Diskretisierung von Integralgleichungen entstehen.

Nun setzen wir voraus, daß die Koeffizienten $A(P)$ und $B(P, Q)$ den Bedingungen

$$\begin{aligned} &A(P) > 0, \quad B(P, Q) > 0, \quad Q \in S'(P), \\ &D(P) = A(P) - \sum_{Q \in S'(P)} B(P, Q) \geqq 0 \quad \text{für alle} \quad P \in \omega \end{aligned} \tag{2}$$

genügen.

Ein Punkt P heißt Randpunkt des Gitters ω, wenn in diesem Punkt der Wert von y vorgegeben wird,

$$y(P) = \mu(P), \quad P \in \gamma, \tag{3}$$

mit der Menge γ der Randpunkte.

Durch Vergleich der Gleichungen (3) und (1) sehen wir, daß man für den Rand γ auch formal $A(P) \equiv 1$, $B(P, Q) \equiv 0$, $F(P) = \mu(P)$ setzen kann.

Die Punkte von ω, in denen also die Beziehungen (1) und (2) gelten, nennen wir auch innere Gitterpunkte und bezeichnen mit $\bar{\omega} = \omega + \gamma$ die Menge aller Gitterpunkte.

Die durch (1)–(3) definierte erste Randwertaufgabe nimmt eine Sonderstellung in der Theorie der Gleichung (1) ein; bei zweiten oder dritten Randbedingungen und für Gleichungen elliptischen Typs gibt es z. B. keine Randpunkte.

Wir setzen voraus, daß das Gitter $\bar{\omega}$ *zusammenhängend* ist, daß also für zwei beliebige Punkte $\bar{P}$ und $\bar{\bar{P}}$ von ω eine Folge von Umgebungen $\{S'(P_i)\}$ derart existiert, daß man von $\bar{P}$ zu $\bar{\bar{P}}$ gelangt und dabei nur Punkte aus diesen Umgebungen berührt. Genauer gesagt, es existieren Punkte $P_1, \ldots, P_m$, die den Bedingungen

$$\begin{gathered} P_1 \in S'(\bar{P}), \quad P_2 \in S'(P_1), \ldots, P_m \in S'(P_{m-1}), \quad \bar{\bar{P}} \in S'(P_m), \\ B(\bar{P}, P_1) \neq 0, \quad B(P_{i+1}, P_i) \neq 0, \quad i = 1, \ldots, m-1, \quad B(P_m, \bar{\bar{P}}) \neq 0 \end{gathered} \tag{4}$$

genügen. Diese Definition des Zusammenhangs stimmt für die erste Differenzen-Randwertaufgabe (24)–(26) mit der in 4.1.4. angegebenen überein. Da $\bar{\bar{P}}$ ein Randpunkt sein kann, folgt aus der Definition, daß jeder Randpunkt der Umgebung mindestens eines inneren Punktes angehört.

Mit der Bezeichnung

$$\mathfrak{L}y(P) = A(P)\,y(P) - \sum_{Q \in S'(P)} B(P, Q)\,y(Q) \tag{5}$$

können wir die Gleichung (1) kurz als

$$\mathfrak{L}y(P) = F(P) \tag{6}$$

schreiben. Eine zu (5) äquivalente Formel für $\mathfrak{L}y(P)$ ist

$$\mathfrak{L}y(P) = D(P)\,y(P) + \sum_{Q \in S'(P)} B(P, Q)\,(y(P) - y(Q))\,. \tag{7}$$

Im vorigen Abschnitt hatten wir die Differenzenapproximation der ersten Randwertaufgabe für die Poissongleichung auf die Gestalt (1)–(3) gebracht. Als ein weiteres Beispiel betrachten wir nun noch das sogenannte gewichtete Schema für die Wärmeleitungsgleichung

$$\frac{\partial u}{\partial t} = \frac{\partial^2 u}{\partial x^2} + f(x, t), \quad 0 < x < 1, \quad t > 0\,,$$

$$u(x, 0) = u_0(x), \quad u(0, t) = \mu_1(t), \quad u(1, t) = \mu_2(t)\,.$$

Auf dem Gitter $\bar{\omega}_{h\tau} = \{(x_i = ih, t_j = j\tau),\ i = 0, \ldots, N,\ h = 1/N,\ \tau > 0,\ j = 0, 1, \ldots\}$ hat dieses Schema die Gestalt

$$\frac{y_i^{j+1} - y_i^j}{\tau} = \Lambda(\sigma y_i^{j+1} + (1 - \sigma)\,y_i^j) + \varphi_i^j\,, \tag{8}$$

$$\Lambda y = y_{\bar{x}x}, \qquad y_i^0 = u_0(x_i)\,,$$

$$y_0^j = \mu_1(t_j), \quad y_N^j = \mu_2(t_j)\,.$$

Für die Normalform (1) ist P der Gitterpunkt (x_i, t_{j+1}), und $S'(P)$ enthält die Punkte $Q_1 = (x_i, t_j)$, $Q_2 = (x_{i-1}, t_{j+1})$, $Q_3 = (x_{i+1}, t_{j+1})$, $Q_4 = (x_{i-1}, t_j)$, $Q_5 = (x_{i+1}, t_j)$. Der Rand γ besteht aus den Gitterpunkten $(x_i, 0)$, $(0, t_j)$ und $(1, t_j)$, mit $i = 0, \ldots, N$ bzw. $j = 0, 1, \ldots$ Dementsprechend erhalten wir aus Formel (8) die Gleichung

$$\left(\frac{1}{\tau} + \frac{2\sigma}{h^2}\right) y_i^{j+1} = \frac{2\sigma}{h^2}\,(y_{i-1}^{j+1} + y_{i+1}^{j+1}) + \left(\frac{1}{\tau} + \frac{2(\sigma - 1)}{h^2}\right) y_i^j + \frac{(1 - \sigma)}{h^2}\,(y_{i-1}^j + y_{i+1}^j) + \varphi_i^j\,.$$

Wir sehen hieraus, daß $B(P, Q) \geqq 0$ genau dann eintritt, wenn

$$\tau \leqq \frac{h^2}{2(1-\sigma)} \quad \text{und} \quad 0 \leqq \sigma \leqq 1$$

gilt, und daß $D(P) = 0$ ist.

4.2.2. Das Maximumprinzip

Satz 1 (Maximumprinzip). *Es sei* $y(P) \not\equiv$ const *eine auf dem zusammenhängenden Gitter* $\bar{\omega}$ *definierte Gitterfunktion, und es seien die Bedingungen* (2) *und* (4) *erfüllt.*

Gilt dann $\mathfrak{L}y(P) \leqq 0$ *(bzw.* $\mathfrak{L}y(P) \geqq 0$*) auf ganz* ω, *so kann* $y(P)$ *seinen größten positiven (bzw. kleinsten negativen) Wert nicht auf der Menge der inneren Punkte* ω *annehmen.*

Beweis. Es sei beispielsweise $\mathfrak{L}y(P) \leqq 0$ auf ganz ω, und y nehme seinen größten positiven Wert in $\bar{P} \in \omega$ an:

$$y(\bar{P}) = \max_{\omega} y(P) = M_0 > 0 .$$

Wir beweisen den Satz dadurch, daß wir die Existenz eines inneren Punktes $\tilde{P}$ zeigen, für den $\mathfrak{L}y(\tilde{P}) > 0$ gilt – was der Bedingung $\mathfrak{L}y(\tilde{P}) \leqq 0$ widerspricht.

Wegen $y(\bar{P}) \geqq y(Q)$ für alle $Q \in S'(\bar{P})$ ergibt sich zunächst

$$\mathfrak{L}y(\bar{P}) = D(\bar{P})\, y(\bar{P}) + \sum_{Q \in S'(\bar{P})} B(\bar{P}, Q)\, (y(\bar{P}) - y(Q)) \geqq D(\bar{P})\, y(\bar{P}) \geqq 0 ,$$

wobei die letzte Ungleichung aus $D(\bar{P}) \geqq 0$ und $y(\bar{P}) > 0$ folgt. Also muß $\mathfrak{L}y(\bar{P}) = 0$ sein. Das ist aber nur bei $D(\bar{P}) = 0$ und bei $y(\bar{P}) = y(Q)$ für alle $Q \in S'(\bar{P})$ möglich, wie die Formel (7) zeigt. Wir können daher einen Punkt $P_1 \in S'(\bar{P})$ nehmen und für diesen den Gedankengang wiederholen, denn es ist $y(P_1) = y(\bar{P}) = M_0$.

Da $y(P) \not\equiv$ const auf $\bar{\omega}$ war und das Gitter zusammenhängt, existiert eine Punktfolge $P_1, \ldots, P_m, \bar{\bar{P}}$, die die Bedingungen (4) erfüllt und für die

$$y(P_m) = y(\bar{P}) = M_0 \quad \text{ist, aber} \quad y(\bar{\bar{P}}) < M_0 \quad \text{und} \quad \bar{\bar{P}} \in S'(P_m) \quad \text{gilt.}$$

Dann wird

$$\begin{aligned} \mathfrak{L}y(P_m) &\geqq D(P_m)\, y(P_m) + B(P_m, \bar{\bar{P}})\, (y(P_m) - y(\bar{\bar{P}})) \\ &\geqq B(P_m, \bar{\bar{P}})\, (y(\bar{P}) - y(\bar{\bar{P}})) > 0 , \end{aligned}$$

es ist also P_m der gesuchte Punkt $\tilde{P}$, und die erste Behauptung des Satzes ist bewiesen. Die zweite Behauptung kann man auf die erste zurückführen, indem man von $y(P)$ zu $-y(P)$ übergeht.

Folgerung 1. *Die Bedingungen* (2) *und* (4) *seien erfüllt, die auf* $\bar{\omega}$ *definierte Gitterfunktion sei nichtnegativ auf* γ *und genüge der Ungleichung* $\mathfrak{L}y(P) \geqq 0$ *auf* ω.

Dann ist y *nichtnegativ auf ganz* $\bar{\omega}$.

Falls aber $y(P) \leqq 0$ *auf* γ *und* $\mathfrak{L}y(P) \leqq 0$ *auf* ω *gilt, so wird* $y(P) \leqq 0$ *auf* $\bar{\omega} = \omega + \gamma$.

Beweis. Im Fall $\mathfrak{L}y(P) \geqq 0$ auf ω und $y(P) \geqq 0$ auf γ nehmen wir an, daß $y(P_0) < 0$ für einen inneren Punkt P_0 ist. Dann nimmt aber y seinen kleinsten negativen Wert in ω an. Das ist ein Widerspruch zu Satz 1, denn konstant ist y auch nicht: $y(P_0) < 0$, $y|_\gamma \geqq 0$. Die zweite Behauptung wird ganz entsprechend bewiesen.

Folgerung 2. *Die homogenen Gleichungen* (1), (3),

$$\mathfrak{L}y(P) = 0 \quad \text{auf} \quad \omega, \quad y(P) = 0 \quad \text{auf} \quad \gamma \tag{9}$$

haben nur die triviale Lösung $y(P) \equiv 0$, $P \in \bar{\omega}$.

Nach dem ersten Teil von Folgerung 1 erhalten wir $y(P) \geqq 0$, nach dem zweiten Teil $y(P) \leqq 0$. Daher muß $y(P) \equiv 0$ sein, und das ist offensichtlich eine Lösung der Aufgabe (9).

Damit haben wir auch folgendes Ergebnis bewiesen:

Folgerung 3. *Die Aufgabe* (1)–(4) *hat eine Lösung, und diese ist eindeutig bestimmt.*

4.2.3. Der Vergleichssatz und die Majorante

Satz 2. *Es sei* $y(P)$ *die Lösung der Aufgabe* (1)–(4) *und* $Y(P)$ *die Lösung der Aufgabe*

$$\mathfrak{L} Y(P) = \bar{F}(P), \quad P \in \omega, \quad Y(P) = \bar{\mu}(P), \quad P \in \gamma. \tag{10}$$

Dann folgt aus den Beziehungen

$$|F(P)| \leqq \bar{F}(P), \quad P \in \omega, \quad |\mu(P)| \leqq \bar{\mu}(P), \quad P \in \gamma, \tag{11}$$

die Ungleichung

$$|y(P)| \leqq Y(P) \quad \textit{für} \quad P \in \omega + \gamma. \tag{12}$$

Beweis. Nach Folgerung 1 ist $Y(P) \geqq 0$ auf $\omega + \gamma$. Die Funktionen $u_{\pm} = Y(P) \pm \pm y(P)$ genügen den Gleichungen $\mathfrak{L} u_{\pm} = \bar{F} \pm F \geqq 0$ und den Randbedingungen $u_{\pm}|_{\gamma} = (Y \pm y)|_{\gamma} = \bar{\mu} \pm \mu \geqq 0$, also erhalten wir aus Folgerung 1 die Ungleichungen $u_{\pm}(P) \geqq 0$ für $P \in \bar{\omega}$. Daher ist $Y(P) \geqq \pm y(P)$, wie behauptet.

Die Funktion $Y(P)$ heißt *Majorante* für die Lösung der Aufgabe (1)–(4). Ist eine Majorante gefunden, so haben wir nach Ungleichung (12) auch eine Abschätzung für $\|y\|_C$.

Folgerung. *Für die Lösung der Aufgabe*

$$\mathfrak{L} y = 0 \quad \textit{auf} \quad \omega, \quad y(P) = \mu(P) \quad \textit{auf} \quad \gamma \tag{13}$$

gilt unter den Bedingungen (2) *und* (4) *die Abschätzung*

$$\max_{P \in \omega + \gamma} |y(P)| = \|y\|_C \leqq \|\mu\|_{C_\gamma} \tag{14}$$

mit $\|\mu\|_{C_\gamma} = \max_{P \in \gamma} |\mu(P)|$.

Wir nehmen nämlich als Majorante die Lösung der Aufgabe $\mathfrak{L} Y = 0$ auf ω, $Y = \|\mu\|_C$ auf γ.

Diese Funktion Y ist nichtnegativ auf $\bar{\omega}$. Bei $Y(P) \not\equiv \text{const}$ nimmt Y seinen größten Wert auf dem Rand, bei $Y(P) \equiv \text{const}$ überall an. In jedem Fall gilt $\|Y\|_C = \|\mu\|_C$, und wegen (12) folgt Ungleichung (14).

4.2.4. Die Abschätzung der Lösung der inhomogenen Gleichung. Die Lösung von (1)–(4) können wir als Summe $y = \bar{y} + v$ darstellen, wobei $\bar{y}(P)$ die Lösung der homogenen Gleichung

$$\mathfrak{L} \bar{y} = 0 \quad \text{auf} \quad \omega \quad \text{mit} \quad \bar{y} = \mu(P) \quad \text{auf} \quad \gamma \tag{15}$$

und $v(P)$ die Lösung der inhomogenen Gleichung

$$\mathfrak{L} v = F(P) \quad \text{auf } \omega \quad \text{mit} \quad v(P) = 0 \quad \text{auf } \gamma \tag{16}$$

ist. Dabei haben wir für $\bar{y}$ schon die Abschätzung (14), und es bleibt v abzuschätzen.

Satz 3. *Wenn überall auf ω die Bedingung $D(P) > 0$ erfüllt ist, so genügt die Lösung der Aufgabe* (16) *der Ungleichung*

$$\max_{P\in\omega} |v(P)| = \|v\|_C \leq \left\| \frac{F}{D} \right\|_C. \tag{17}$$

Beweis. Als Majorante nehmen wir die Lösung der Aufgabe

$$\mathfrak{L}Y = |F(P)|, \quad P \in \omega, \quad Y|_\gamma = 0.$$

Diese Funktion ist nichtnegativ; sie nehme ihren größten Wert im Punkt $P_0 \in \omega$ an: $Y(P_0) = \|Y\|_C$. Aus der Gleichung

$$D(P_0) Y(P_0) + \sum_{Q\in S'(P_0)} B(P_0, Q)\,(Y(P_0) - Y(Q)) = |F(P_0)|$$

folgt dann die Beziehung $D(P_0)Y(P_0) \leq |F(P_0)|$ und daraus die Abschätzung

$$Y(P_0) \leq \frac{|F(P_0)|}{D(P_0)} \leq \left\| \frac{F}{D} \right\|_C.$$

Bemerkung. Die Ungleichung (17) gilt für die Lösung der Aufgabe (16) auch dann, wenn anstelle der Bedingung (2) die Beziehungen

$$A(P) \neq 0, \quad B(P, Q) \neq 0, \quad D(P) = |A(P)| - \sum_{Q\in S'(P)} |B(P, Q)| > 0$$

erfüllt sind. Wenn nämlich $|v(P)|$ seinen größten Wert im Punkt P_0 annimmt, so haben wir

$$|A(P_0)|\,|v(P_0)| = \Big|\sum_{Q\in S'(P_0)} B(P_0, Q)\, v(Q) + F(P_0)\Big|$$
$$\leq \sum_{Q\in S'(P_0)} |B(P_0, Q)|\,|v(P_0)| + |F(P_0)|$$

und erhalten hieraus $D(P_0)\,|v(P_0)| \leq |F(P_0)|$ und damit wieder (17).

Interessant ist der Fall, daß $D(P) = 0$ auf einer Teilmenge $\mathring{\omega}$ des Gitters ω gilt und $D(P) > 0$ in den restlichen inneren Punkten, also auf ω^*, $\omega^* + \mathring{\omega} = \omega$.

Satz 4. *Es sei $D(P) = 0$ für $P \in \mathring{\omega}$, $D(P) > 0$ für $P \in \omega^*$, und $\mathring{\omega}$ sei ein zusammenhängendes Gitter. Für die Lösung der Aufgabe* (16) *mit der rechten Seite*

$$F(P) = 0 \quad \text{für} \quad P \in \mathring{\omega}, \quad F(P) \neq 0 \quad \text{für} \quad P \in \omega^*$$

ist dann die Abschätzung

$$\|v\|_C \leq \left\| \frac{F}{D} \right\|_{C^*} \quad \text{mit} \quad \|f\|_{C^*} = \max_{P\in\omega^*} |f(P)| \tag{18}$$

erfüllt.

Beweis. Es sei $Y(P)$ die Majorante mit $\mathfrak{L}Y = |F(P)|$, $P \in \omega$, $Y|_\gamma = 0$, $Y \geq 0$. Auf einem der Punkte von $\bar{\omega}$ nimmt die Funktion $Y(P)$ ihren größten Wert an. Das kann aber weder ein Randpunkt sein (wegen $Y|_\gamma = 0$) noch ein Punkt des (zusammenhängenden) Teilgitters $\mathring{\omega}$ (nach Satz 1). Folglich muß $\max_{P\in\bar{\omega}} Y(P) = \max_{P\in\omega^*} Y(P) = Y(P_0)$ sein mit $P_0 \in \omega^*$.

Laut Voraussetzung ist $D(P_0) > 0$. Wiederholen wir nun den Gedankengang aus dem Beweis von Satz 3, so kommen wir auf die Abschätzung (18).

Entsprechend überträgt sich auch die Bemerkung zu Satz 3.

4.3. Stabilität und Konvergenz der Differenzenapproximation der ersten Randwertaufgabe

4.3.1. Abschätzung der Lösung der ersten Differenzen-Randwertaufgabe. Mit Hilfe der in Abschnitt 4.2. hergeleiteten a-priori-Abschätzungen gewinnen wir nun eine Abschätzung der Lösung der ersten Differenzen-Randwertaufgabe (24)–(26) aus Abschnitt 4.1.:

$$\begin{aligned} \Lambda y &= -\varphi \quad \text{in den regulären Punkten,} \\ \Lambda^* y &= -\varphi \quad \text{in den nichtregulären Punkten,} \\ y &= \mu(x) \quad \text{auf dem Rand} \end{aligned} \tag{1}$$

mit

$$\Lambda y = \sum_{\alpha=1}^{p} \Lambda_\alpha y, \qquad \Lambda_\alpha y = y_{\bar{x}_\alpha x_\alpha},$$

$$\Lambda^* y = \sum_{\alpha=1}^{p} \Lambda_\alpha^* y, \qquad \Lambda_\alpha^* y = \frac{1}{\hbar_\alpha}\left(\frac{y^{(+1_\alpha)} - y}{h_{\alpha+}} - \frac{y - y^{(-1_\alpha)}}{h_{\alpha-}}\right).$$

Zur Zusammenfassung der Gleichungen führen wir den Operator $\bar{\Lambda}$ ein, der in den randnahen Punkten mit Λ^* und in den restlichen inneren Punkten mit Λ übereinstimmt, und haben dann also

$$\bar{\Lambda} y = -\varphi, \quad x \in \omega_h, \quad y|_{\gamma_h} = \mu(x). \tag{2}$$

Wir können die Aufgabe (2) auch in der Normalform (vgl. 4.1.5.)

$$\begin{aligned} A(x)\, y(x) &= \sum_{\xi \in S'(x)} B(x, \xi)\, y(\xi) + F(x), \quad x \in \omega, \\ y|_{\gamma_h} &= \mu(x) \end{aligned} \tag{3}$$

mit

$$A(x) > 0, \quad B(x, \xi) > 0, \quad D(x) = A(x) - \sum_{\xi \in S'(x)} B(x, \xi) \geqq 0$$

aufschreiben.

Die Lösung der Aufgabe (1) stellen wir nun als Summe $y = \bar{y} + \tilde{y}$ dar, wobei $\bar{y}$ bzw. $\tilde{y}$ die Lösungen von

$$\bar{\Lambda} \bar{y} = 0, \qquad x \in \omega_h, \quad \bar{y} = \mu, \quad x \in \gamma_h \tag{4}$$

und

$$\bar{\Lambda} \tilde{y} = -\varphi, \quad x \in \omega_h, \quad \tilde{y} = 0, \quad x \in \gamma_h \tag{5}$$

sind. Für die Lösung der Aufgabe (4) gilt nach 4.2.3. die Abschätzung

$$\|\bar{y}\|_C \leqq \|\mu\|_{C_\gamma}. \tag{6}$$

Als nächstes spalten wir auch die rechte Seite φ auf, $\varphi = \mathring{\varphi} + \varphi^*$ mit $\mathring{\varphi} = \varphi$, $\varphi^* = 0$ in den streng inneren Punkten für $x \in \mathring{\omega}_h$ (vgl. 4.1.4.) und $\mathring{\varphi} = 0$, $\varphi^* = \varphi$ in den randnahen Punkten $x \in \omega_h^*$. Dementsprechend setzen wir $\tilde{y} = v + w$, wobei v bzw. w die Lösungen folgender Aufgaben sind:

$$\bar{\Lambda} v = -\mathring{\varphi}, \quad x \in \omega_h, \quad v|_{\gamma_h} = 0, \tag{7}$$

$$\bar{\Lambda} w = -\varphi^*, \quad x \in \omega_h, \quad w|_{\gamma_h} = 0. \tag{8}$$

Nun werden die Funktionen $v(x)$ und $w(x)$ einzeln abgeschätzt. Zur Abschätzung der Funktion v konstruieren wir eine Majorante $Y(x)$: Unter der Annahme, daß der Koordinatenursprung im Innern von G liegt, nehmen wir als Majorante die Funktion

$$Y(x)=K(R^2-r^2), \quad r^2=\sum_{\alpha=1}^{p} x_\alpha^2,$$

wobei K eine positive Zahl ist, die wir später passend wählen, während R den Radius der p-dimensionalen Kugel bezeichnet, die ihren Mittelpunkt im Koordinatenursprung hat und die das Gebiet G ganz enthält. Mit Hilfe der Beziehungen $\Lambda_\alpha x_\beta^2=0$ bei $\alpha\neq\beta$ und

$$\Lambda_\alpha x_\alpha^2=[(x_\alpha+h_\alpha)^2-2x_\alpha^2+(x_\alpha-h_\alpha)^2]/h_\alpha^2=2,$$

$$\Lambda_\alpha^* x_\alpha^2=\frac{1}{h_\alpha}\left[\frac{(x_\alpha+h_{\alpha+})^2-x_\alpha^2}{h_{\alpha+}}-\frac{x_\alpha^2-(x_\alpha-h_{\alpha-})^2}{h_{\alpha-}}\right]=2\vartheta_\alpha,\ \vartheta_\alpha=(h_{\alpha+}+h_{\alpha-})/2h_\alpha,$$

finden wir

$$\Lambda Y=\sum_{\alpha=1}^{p}\Lambda_\alpha Y=-2pK, \quad x\in\mathring{\omega}_h,$$

$$\Lambda^* Y=-2p\vartheta K, \quad x\in\omega_h^*, \quad \vartheta=\frac{1}{p}\sum_{\alpha=1}^{p}\vartheta_\alpha .$$

(Für einen bezüglich x_α regulären Gitterpunkt aus ω_h^* ist $\vartheta_\alpha=1$.) Damit ist also Y Lösung der Aufgabe

$$\bar\Lambda Y=-\bar F(x), \quad Y|_{\gamma_h}=K(R^2-r^2)|_{\gamma_h}\geqq 0,$$

wobei $\bar F(x)=2pK$ für $x\in\mathring{\omega}_h$ und $\bar F(x)=2p\vartheta K$ für $x\in\omega_h^*$ gilt, und wir können unter Benutzung des Vergleichssatzes aus 4.2.3. die Lösung v der Aufgabe (7) mit Y abschätzen: Es wird $\bar F(x)\geqq|\mathring{\varphi}(x)|$ bei $K=\frac{1}{2p}\|\mathring{\varphi}\|_C$, und die Randwerte von v werden durch die von Y majorisiert. Folglich haben wir $\|v\|_C\leqq\|Y\|_C$. Schließlich ergibt sich noch $\|Y\|_C\leqq KR^2$ direkt aus der Definition von Y, also genügt die Lösung der Aufgabe (7) der Abschätzung

$$\|v\|_C\leqq\frac{R^2}{2p}\|\mathring{\varphi}\|_C=\frac{R^2}{2p}\|\varphi\|_{\mathring{C}} \tag{9}$$

mit

$$\|\varphi\|_{\mathring{C}}=\max_{x\in\mathring{\omega}_h}|\varphi(x)| .$$

Nun schätzen wir die Funktion w ab. Zunächst zeigen wir, daß für die Aufgabe (8) die Beziehungen

$$D(x)\geqq\frac{1}{h^2}, \quad h=\max_\alpha h_\alpha, \quad x\in\omega_h^*, \tag{10}$$

und

$$D(x)=0, \quad x\in\mathring{\omega}_h, \tag{11}$$

erfüllt sind. Dabei folgt die Gleichung (11) sofort aus den Bedingungen (36) in 4.1.5., während sich die Abschätzung (10) ergibt, wenn wir die (homogenen) Randwerte von w eliminieren:

In einem randnahen Punkt $x\in\omega_h^*$ betrachten wir die Gleichung (8),

$$\begin{aligned} A(x)w(x)&=\sum_{\xi\in S'(x)}B(x,\xi)\,w(\xi)+F(x),\\ w|_{\gamma_h}&=0, \quad F(x)=\varphi^*(x) . \end{aligned} \tag{12}$$

Ist nämlich einer der Gitterpunkte aus $S'(x)$, z. B. $\xi_0 = x^{(+1_\alpha)}$, ein Randpunkt, so ist ja $w(\xi_0) = 0$, und wir können in (12) von $S'(x)$ zu $S''(x) = \{\xi \in S'(x),\ \xi \neq \xi_0\}$ übergehen, ohne die Gleichung zu ändern. Dementsprechend erhalten wir für $D(x)$ den Wert

$$D(x) = A(x) - \sum_{\xi \in S''(x)} B(x, \xi) = A(x) - [\sum_{\xi \in S'(x)} B(x, \xi) - B(x, \xi_0)] = B(x, \xi_0),$$

denn nach (36) in 4.1.5. war $A(x) = \sum_{\xi \in S'(x)} B(x, \xi)$ für unsere Approximation des Laplaceoperators.

Wenn nun der Punkt x nicht nur bezüglich x_α randnah ist, sondern auch in weiteren Koordinatenrichtungen, so können wir aus $S'(x)$ weitere Punkte fortlassen, z. B. $\xi_1, \ldots, \xi_k$, und erhalten dadurch neue Beiträge zu $D(x)$:

$$D(x) = B(x, \xi_0) + B(x, \xi_1) + \ldots + B(x, \xi_k) > 0 .$$

Falls der randnahe Punkt x nur bezüglich x_α nichtregulär ist und $\xi_0 = x^{(+1_\alpha)} \in \gamma_h$, $x^{(-1_\alpha)} \in \omega_h$ gilt, so sehen wir aus der Gleichung

$$\Lambda_\alpha^* w + \sum_{\substack{\beta=1 \\ \beta \neq \alpha}}^{p} \Lambda_\beta w = -\varphi^*(x)$$

mit

$$\Lambda_\beta y = y_{\bar{x}_\beta x_\beta},$$

$$\Lambda_\alpha^* w = \frac{1}{h_\alpha}\left(\frac{w^{(+1_\alpha)} - w}{h_{\alpha+}} - \frac{w - w^{(-1_\alpha)}}{h_\alpha}\right) = -\frac{1}{h_\alpha}\left(\frac{w}{h_{\alpha+}} + \frac{w - w^{(-1_\alpha)}}{h_\alpha}\right),$$

daß

$$A(x) = \frac{2}{h_\alpha h_{\alpha+}} + \sum_{\substack{\beta=1 \\ \beta \neq \alpha}}^{p} \frac{2}{h_\beta^2}, \qquad \sum_{\xi \in S'(x)} B(x, \xi) = \frac{1}{h_\alpha h_{\alpha+}} + \sum_{\substack{\beta=1 \\ \alpha \neq \beta}}^{p} \frac{2}{h_\beta^2}$$

und damit

$$D(x) = \frac{1}{h_\alpha h_{\alpha+}} \geqq \frac{1}{h^2}$$

wird. Ist x ein regulärer und nur bezüglich x_α randnaher Punkt, so finden wir

$$D(x) = \frac{1}{h_\alpha^2} \geqq \frac{1}{h^2}.$$

Wenn x darüberhinaus auch in weiteren Richtungen randnah ist, so kann sich $D(x)$ nur vergrößern – womit die Ungleichung (10) bewiesen ist.

Wenden wir nun auf die Aufgabe (8) den Satz 4 aus Abschnitt 4.2. an, so erhalten wir

$$\|w\|_C \leqq \left\|\frac{\varphi^*}{D}\right\|_{C^*} \leqq h^2 \|\varphi^*\|_C . \tag{13}$$

Mit Hilfe der Abschätzungen (6), (9) und (13) sowie der Ungleichung

$$\|y\|_C \leqq \|\bar{y}\|_C + \|v\|_C + \|w\|_C$$

kommen wir zu folgendem Ergebnis:

Satz 1. *Für die Lösung der ersten Randwertaufgabe* (1) *gilt die Abschätzung*

$$\|y\|_C \leqq \|\mu\|_{C_\gamma} + \frac{R^2}{2p} \|\varphi\|_{\mathring{C}} + h^2 \|\varphi\|_{C^*} \tag{14}$$

mit

$$\|f\|_C = \max_{x\in\omega_h+\gamma_h} |f(x)|, \quad \|f\|_{\mathring{C}} = \max_{x\in\mathring{\omega}_h} |f(x)|,$$

$$\|f\|_{C^*} = \max_{x\in\omega_h^*} |f(x)|, \quad \|f\|_{C_\gamma} = \max_{x\in\gamma_h} |f(x)|.$$

Dieser Satz drückt die Stabilität der Differenzenaufgabe (1) bezüglich der Randbedingungen und der rechten Seite aus.

4.3.2. Gleichmäßige Konvergenz und Genauigkeitsordnung des Differenzenschemas. Zur Untersuchung von Konvergenz und Genauigkeit des Schemas (1) betrachten wir die Aufgabe für den Fehler $z=y-u$, wobei y die Lösung der Aufgabe (1) und u die Lösung des ursprünglichen Randwertproblems (1) aus Abschnitt 4.1. ist. Indem wir $y=z+u$ in (1) oder (2) einsetzen, finden wir

$$\bar{\Lambda} z = -\psi(x), \quad x\in\omega, \quad z|_\gamma = 0 \tag{15}$$

mit dem Defekt $\psi(x)=\bar{\Lambda}u+\varphi(x)$.

In Abschnitt 4.1. hatten wir festgestellt, daß

$\psi(x)=O(|h|^2)=O(h^2)$ in den regulären Punkten,

$\psi(x)=O(1)$ in den nichtregulären Punkten

gilt, und zwar

$|\psi| \leqq \frac{M_4|h|^2}{12} \leqq p\frac{M_4}{12}h^2$ in den regulären Punkten,

$|\psi| \leqq pM_2$ in den nichtregulären Punkten,

mit den Bezeichnungen

$$M_k = \max_{\substack{x\in\bar{G}\\ 1\leqq\alpha\leqq p}} \left|\frac{\partial^k u}{\partial x_\alpha^k}\right|, \quad k=2,3,4,\ldots, \quad |h|^2=\sum_{\alpha=1}^p h_\alpha^2, \quad h=\max_{1\leqq\alpha\leqq p} h_\alpha.$$

Wenden wir den Satz 1 aus 4.3.1. an, so erhalten wir die Abschätzung

$$\|z\|_C \leqq \frac{R^2}{2p}\|\psi\|_{\mathring{C}} + h^2\|\psi\|_{C^*}.$$

Setzen wir hier die obigen Abschätzungen für $|\psi|$ ein, so ergibt sich

$$\|z\|_C = \|y-u\|_C \leqq \left(\frac{R^2}{24}M_4 + pM_2\right)h^2. \tag{16}$$

Damit haben wir folgenden Satz bewiesen:

Satz 2. *Wenn die Lösung* $u(x)$ *des Randwertproblems* (1) *aus Abschnitt* 4.1. *in* $C^4(\bar{G})$ *liegt, also in* $\bar{G}=G+\Gamma$ *stetige Ableitungen bis zur vierten Ordnung einschließlich besitzt, so konvergiert das Differenzenschema* (1) *gleichmäßig mit der Geschwindigkeit* $O(h^2)$, *d. h., es gilt die Abschätzung* (16).

4.4. Einige Eigenschaften elliptischer Differenzenoperatoren

In diesem Abschnitt untersuchen wir die Eigenschaften von Differenzenoperatoren, die den Laplaceoperator im Rechteck approximieren, und gewinnen einige Abschätzungen für Differenzenapproximationen elliptischer Operatoren zweiter Ordnung mit veränderlichen Koeffizienten und gemischten Ableitungen.

4.4.1. Eigenwertaufgaben für den diskreten Laplaceoperator im Rechteck. Es sei $\bar{G}_0$ das Rechteck $\{0 \leqq x_\alpha \leqq l_\alpha, \alpha = 1, 2\}$ und $\bar{\omega}_h$ ein Gitter in $\bar{G}_0$, welches bezüglich der Richtung x_α die äquidistante Schrittweite h_α hat, $\alpha = 1, 2$.

Bei ersten Randbedingungen besitzt die Eigenwertaufgabe für den Laplaceoperator im Rechteck $\bar{G}_0$,

$$\Delta v + \lambda v = 0, \quad x \in G_0, \quad v|_\Gamma = 0, \quad v(x) \not\equiv 0\,,$$

die abzählbare Folge von Eigenwerten

$$\lambda_k = \lambda_{k_1 k_2} = \pi^2 \left(\frac{k_1^2}{l_1^2} + \frac{k_2^2}{l_2^2} \right), \quad k_\alpha = 1, 2, \ldots \; (\alpha = 1, 2)\,,$$

und das orthonormierte System der Eigenfunktionen

$$v_{k_1 k_2}(x) = \sqrt{\frac{4}{l_1 l_2}} \sin \frac{\pi k_1}{l_1} x_1 \sin \frac{\pi k_2}{l_2} x_2\,.$$

Es gilt also

$$(v_{k_1 k_2}, v_{k_1' k_2'}) = \delta_{k_1 k_1'} \delta_{k_2 k_2'}$$

mit

$$(u, v) = \int_0^{l_1} dx_1 \int_0^{l_2} dx_2 u(x_1, x_2)\, v(x_1, x_2)\,.$$

Die Lösung dieser Eigenwertaufgabe findet man durch Trennung der Variablen, s. [9].

Für den diskreten Laplaceoperator, $\Lambda y = y_{\bar{x}_1 x_1} + y_{\bar{x}_2 x_2}$, wird bei ersten Randbedingungen die Eigenwertaufgabe ganz analog gestellt:

Es sind die Werte des Parameters λ (die Eigenwerte) zu finden, denen nichttriviale Lösungen der homogenen Gleichung mit homogenen Randbedingungen

$$\Lambda v + \lambda v = 0, \quad x \in \omega_h\,, \quad v|_{\gamma_h} = 0, \quad v(x) \not\equiv 0 \tag{1}$$

entsprechen.

Wir weisen darauf hin, daß γ_h (und folglich auch $\bar{\omega}_h$) die vier Ecken des Rechtecks nicht enthält.

Auch zur Lösung des Differenzenproblems machen wir den Fourierschen Ansatz der Variablentrennung

$$v(x_1, x_2) = \mu(x_1)\, \eta(x_2) \quad (x_1 = i_1 h_1, x_2 = i_2 h_2)\,.$$

Durch Einsetzen in die Gleichung

$$\Lambda v + \lambda v = v_{\bar{x}_1 x_1} + v_{\bar{x}_2 x_2} + \lambda v = 0$$

erhalten wir

$$\mu_{\bar{x}_1 x_1}(x_1)\, \eta(x_2) + \mu(x_1)\, \eta_{\bar{x}_2 x_2}(x_2) + \lambda \mu(x_1)\, \eta(x_2) = 0$$

und können hier durch $\mu(x_1)\, \eta(x_2)$ teilen, da wir nichttriviale Lösungen der Aufgabe (1) suchen. So kommen wir auf $\mu_{\bar{x}_1 x_1}/\mu + \eta_{\bar{x}_2 x_2}/\eta + \lambda = 0$ und daher auf

$$\mu_{\bar{x}_1 x_1}/\mu = -\eta_{\bar{x}_2 x_2}/\eta - \lambda = -\lambda^{(1)}\,, \tag{3}$$

wobei die Konstante $\lambda^{(1)}$ weder von x_1 noch von x_2 abhängt. Damit ergibt sich für $\mu(x_1)$ auf dem Gitter $\omega_h^{(1)}$ mit der äquidistanten Schrittweite $h_1 = l_1/N_1$ folgende

Eigenwertaufgabe:

$$\Lambda_1\mu + \lambda^{(1)}\mu = \mu_{\bar{x}_1x_1} + \lambda^{(1)}\mu = 0, \qquad x_1 = i_1h_1 ,$$
$$i_1 = 1, 2, \ldots, N_1-1, \quad \mu_0 = 0, \quad \mu_{N_1} = 0 ,$$

wobei die Bedingungen $\mu_0=0$, $\mu_{N_1}=0$ wegen $\eta(x_2) \not\equiv 0$ von $\mu(0)\ \eta(x_2)=0$ und $\mu(l_1)\ \eta(x_2)=0$ herrühren.

Wie wir aus Abschnitt 2.3. wissen, ist die Lösung dieser Aufgabe durch die Formeln

$$\lambda_{k_1}^{(1)} = \frac{4}{h_1^2}\sin^2\frac{k_1\pi h_1}{2l_1}, \quad \mu_{k_1}(x_1) = \sqrt{\frac{2}{l_1}}\sin\frac{k_1\pi x_1}{l_1}, \quad k_1 = 1, 2, \ldots, N_1-1 ,$$

gegeben, und das System der Eigenfunktionen $\{\mu_{k_1}(x_1)\}$ ist bezüglich des Skalarprodukts

$$(y, v)_1 = \sum_{i_1=1}^{N_1-1} y(i_1h_1)\, v(i_1h_1)\, h_1$$

orthonormiert:

$$(\mu_{k_1}, \mu_{k_1'})_1 = \delta_{k_1k_1'} .$$

Aus (3) erhalten wir eine entsprechende Aufgabe für $\eta(x_2)$:

$$\eta_{\bar{x}_2x_2} + \lambda^{(2)}\eta(x_2) = 0, \quad x_2 = i_2h_2, \quad i_2 = 1, 2, \ldots, N_2-1, \quad \eta_0 = 0, \quad \eta_{N_2} = 0$$

mit $\lambda^{(2)} = \lambda - \lambda^{(1)}$. Ihre Lösung hat die Gestalt

$$\lambda_{k_2}^{(2)} = \frac{4}{h_2^2}\sin^2\frac{k_2\pi h_2}{2l_2},$$
$$\eta_{k_2}(x_2) = \sqrt{\frac{2}{l_2}}\sin\frac{k_2\pi x_2}{l_2}, \quad k_2 = 1, 2, \ldots, N_2-1 ,$$

und hier ist das System der Eigenfunktionen $\{\eta_{k_2}(x_2)\}$ bezüglich des Skalarprodukts

$$(y, v)_2 = \sum_{i_2=1}^{N_2-1} y(i_2h_2)\, v(i_2h_2)\, h_2$$

orthonormiert:

$$(\eta_{k_2}, \eta_{k_2'})_2 = \delta_{k_2k_2'} .$$

Damit haben wir auch die Lösung der Aufgabe (1) gefunden: Die Eigenwerte sind

$$\lambda_k = \lambda_{k_1k_2} = \lambda_{k_1}^{(1)} + \lambda_{k_2}^{(2)}$$

mit

$$\lambda_{k_1k_2} = 4\left(\frac{1}{h_1^2}\sin^2\frac{\pi k_1h_1}{2l_1} + \frac{1}{h_2^2}\sin^2\frac{\pi k_2h_2}{2l_2}\right), \qquad k_1 = 1, 2, \ldots, N_1-1, \quad k_2 = 1, 2, \ldots, N_2-1 . \tag{4}$$

Die Eigenfunktionen sind

$$v_k(x) = v_{k_1k_2}(x_1, x_2) = \mu_{k_1}(x_1)\,\mu_{k_2}(x_2) = \sqrt{\frac{4}{l_1l_2}}\sin\frac{\pi k_1x_1}{l_1}\sin\frac{\pi k_2x_2}{l_2}, \qquad k_1 = 1, 2, \ldots, N_1-1, \quad k_2 = 1, 2, \ldots, N_2-1 . \tag{5}$$

Es gibt also $N=(N_1-1)(N_2-1)$ Eigenfunktionen, und im Sinne des Skalarprodukts

$$(y, v)=\sum_{i_1=1}^{N_1-1}\sum_{i_2=1}^{N_2-1} y(i_1h_1, i_2h_2)\, v(i_1h_1, i_2h_2)\, h_1h_2=\sum_{x\in\omega_h} y(x)\, v(x)\, h_1h_2 \tag{6}$$

bilden diese ein orthonormiertes System,

$$(v_{k_1k_2}, v_{k_1'k_2'})=\delta_{k_1k_1'}\delta_{k_2k_2'}\,. \tag{7}$$

Daher kann man eine beliebige auf dem Gitter $\bar\omega_h$ definierte Funktion $f(x_1, x_2)$, die auf dem Rand γ_h des Gitters verschwindet, nach dem Funktionensystem $\{v_{k_1k_2}(x_1, x_2)\}$ entwickeln:

$$f(x)=\sum_{k=1}^{N} c_k v_k(x)\,,\quad c_k=(f, v_k)\quad \text{mit}\quad \|f\|^2=\sum_{k=1}^{N} c_k^2\,.$$

Im Falle der zweiten Randwertaufgabe, also bei $\left.\dfrac{\partial v}{\partial n}\right|_\Gamma=0$, verwenden wir auf γ_h eine Differenzen-Randbedingung zweiter Approximationsordnung. Wie man sich unschwer überzeugen kann, sieht die diskrete Eigenwertaufgabe mit diesen Randbedingungen dann so aus:

$$\begin{gathered}
\Lambda v+\lambda v=0,\quad x\in\omega_h,\qquad \Lambda v=\Lambda_1 v+\Lambda_2 v,\quad \Lambda_\alpha v=v_{\bar x_\alpha x_\alpha}\,,\\
\frac{2}{h_1}\, v_{x_1}+\Lambda_2 v+\lambda v=0,\quad x_1=0\,;\\
-\frac{2}{h_1}\, v_{\bar x_1}+\Lambda_2 v+\lambda v=0,\quad x_1=l_1\,;\\
\Lambda_1 v+\frac{2}{h_2}\, v_{x_2}+\lambda v=0,\quad x_2=0\,;\\
\Lambda_1 v-\frac{2}{h_2}\, v_{\bar x_2}+\lambda v=0,\quad x_2=l_2\,.
\end{gathered} \tag{8}$$

4.4.2. Eigenschaften der Differenzenoperatoren. Wir führen den Raum $\mathring{\Omega}_h$ der Gitterfunktionen ein, die auf $\bar\omega_h=\omega_h+\gamma_h$ definiert und auf γ_h gleich null sind, sowie den Raum Ω_h der auf ω_h definierten Gitterfunktionen mit dem Skalarprodukt

$$(y, v)=\sum_{x\in\omega_h} y(x)\, v(x)\, h_1h_2\,. \tag{9}$$

Wir untersuchen nun einige Eigenschaften des diskreten Laplaceoperators

$$\Lambda v=\Lambda_1 v+\Lambda_2 v,\quad \Lambda_\alpha v=v_{\bar x_\alpha x_\alpha},\quad \alpha=1, 2\,,$$

der den Raum $\mathring{\Omega}_h$ in $\Omega_h\subset\mathring{\Omega}_h$ abbildet.

1. Der Operator Λ ist selbstadjungiert: Es gilt

$$(\Lambda y, v)=(y, \Lambda v)\quad \text{für beliebige}\quad y, v\in\mathring{\Omega}_h\,. \tag{10}$$

Zum Beweis gehen wir davon aus, daß der Operator Λ_1 auf dem äquidistanten Gitter $\bar\omega_h^{(1)}$ selbstadjungiert ist, und erhalten unter Vertauschung der Summationsreihenfolge

$$(\Lambda_1 y, v)=\sum_{i_2=1}^{N_2-1} h_2\sum_{i_1=1}^{N_1-1} h_1(v\Lambda_1 y)_{i_1i_2}=\sum_{i_2=1}^{N_2-1} h_2\sum_{i_1=1}^{N_1-1} h_1(y\Lambda_1 v)_{i_1i_2}=(y, \Lambda_1 v)\,.$$

Entsprechend weisen wir auch $(\Lambda_2 y, v)=(y, \Lambda_2 v)$ nach, womit Gleichung (10) folgt.

2. Der Operator $-\Lambda$ ist positiv definit,

$$(-\Lambda y, y) \geqq \delta \|y\|^2 \tag{11}$$

mit

$$\delta = \frac{4}{h_1^2} \sin^2 \frac{\pi h_1}{2l_1} + \frac{4}{h_2^2} \sin^2 \frac{\pi h_2}{2l_2} \geqq \frac{8}{l_1^2} + \frac{8}{l_2^2} = \delta_0 \, .$$

Entwickeln wir nämlich y nach den Eigenfunktionen (5), so ergibt sich aus (1) und der Orthonormalität der Eigenfunktionen die Abschätzung

$$(-\Lambda y, y) \geqq \lambda_{\min} \|y\|^2 ,$$

wobei $\lambda_{\min}$ der kleinste Eigenwert (4) ist. Wir haben also $\delta = \lambda_{\min}$, und für die Abschätzung von δ durch δ_0 s. Abschnitt 2.3.3.

3. Es gelten folgende Abschätzungen:

$$\delta \|y\|^2 \leqq (-\Lambda y, y) \leqq \Delta \|y\|^2 \, . \tag{12}$$

Hier ist δ der unter 2. angegebene Wert, und so wie dort finden wir auch die Abschätzung nach oben mit

$$\Delta = \lambda_{\max} = \frac{4}{h_1^2} \cos^2 \frac{\pi h_1}{2l_1} + \frac{4}{h_2^2} \cos^2 \frac{\pi h_2}{2l_2} < \frac{4}{h_1^2} + \frac{4}{h_2^2} = \Delta_0 \, .$$

Damit haben wir auch die etwas gröberen Ungleichungen

$$\delta_0 \|y\|^2 \leqq (-\Lambda y, y) \leqq \Delta_0 \|y\|^2 \tag{13}$$

bewiesen.

Wie wir sehen, ist es bequemer, statt Λ den Operator $A = -\Lambda$ zu benutzen, den wir als Operator von $\mathring{\Omega}_h$ auf Ω_h auffassen können, oder auch als Operator von Ω_h auf Ω_h, wenn wir ihn wie folgt definieren: $Ay = -\bar{\Lambda} y$, $y \in \Omega_h$, mit $\bar{\Lambda} y = \Lambda y$ für $y \in \mathring{\Omega}_h$. Nach den Eigenschaften 1. bis 3. gilt dabei

$$A = A^*, \quad \delta E \leqq A \leqq \Delta E \, ,$$

mit dem identischen Operator E.

Wir bemerken noch, daß die Operatoren $A_\alpha = -\Lambda_\alpha$, $\alpha = 1, 2$, selbstadjungiert und miteinander vertauschbar sind (und zwar nicht nur bei ersten, sondern auch bei zweiten Randbedingungen), so daß sie – s. [4], [22] oder [23] – ein gemeinsames System von Eigenfunktionen besitzen, welches mit dem System der Eigenfunktionen von $A = A_1 + A_2$ zusammenfällt. Dabei ergeben sich die Eigenwerte von A als Summe von Eigenwerten von A_1 und A_2,

$$\lambda(A) = \lambda(A_1) + \lambda(A_2) \, .$$

4.4.3. Der diskrete Laplaceoperator in einem aus Rechtecken zusammengesetzten Gebiet. Wir betrachten jetzt ein Gebiet G, das aus einer endlichen Zahl von Rechtecken mit achsenparallelen Seiten zusammengesetzt ist, so wie z. B. das Gebiet auf Abb. 4.9. Nehmen wir an, daß die das Gebiet G bildenden Seiten der Rechtecke kompatibel sind, so können wir in G ein äquidistantes Gitter ω_h mit den Schrittweiten h_1 und h_2 konstruieren. Weiter ergänzen wir G zu dem kleinsten G enthaltenden Rechteck $\tilde{G}$ und setzen das Gitter ω_h zu einem Gitter $\tilde{\omega}_h$ in $\tilde{G}$ fort.

Nun sei v eine Gitterfunktion, die auf ω_h definiert ist und $v|_{\gamma_h} = 0$ erfüllt. Dann setzen wir

$$\tilde{v}(x) = \begin{cases} v(x), & x \in \omega_h \, , \\ 0, & x \in \tilde{\omega}_h \backslash \omega_h \, . \end{cases}$$

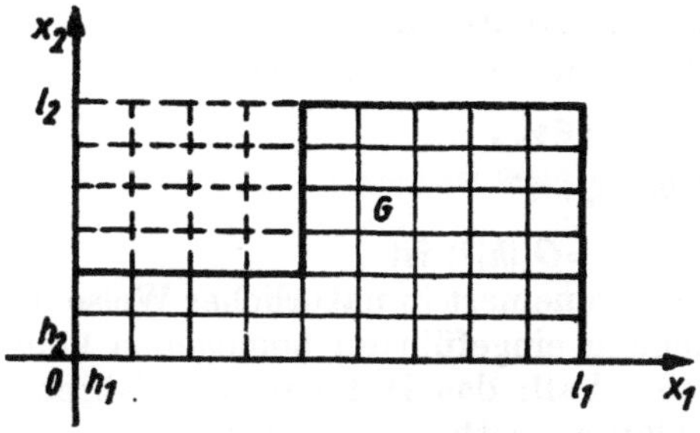

Abb. 4.9

Diese Definition der Funktion $\tilde{v}$ zeigt unmittelbar, daß

$$\|\tilde{v}\|_{\tilde{\omega}_h} = \|v\|_{\omega_h} = \|v\|$$

gilt mit

$$\|v\|^2 = (v, v), \quad (v, y) = \sum_{x \in \omega_h} v(x)\, y(x)\, h_1 h_2\,, \quad \|\tilde{v}\|^2_{\tilde{\omega}_h} = \sum_{x \in \tilde{\omega}_h} \tilde{v}^2(x)\, h_1 h_2\;;$$

$$\sum_{\alpha=1}^{2} \|\tilde{v}_{\bar{x}_\alpha}\|^2_{\tilde{\omega}_h} = \sum_{\alpha=1}^{2} \|v_{\bar{x}_\alpha}\|^2\,.$$

Aus diesen Gleichungen folgt, daß die auf ω_h in G gegebene Funktion v der Abschätzung (13) genügt, und dabei ist

$$\delta_0 = 8(l_1^{-2} + l_2^{-2})\,, \quad \Delta_0 = 4(h_1^{-2} + h_2^{-2})$$

mit den Seiten l_1 und l_2 des G umfassenden Rechtecks $\bar{G}$.

4.4.4. Gleichungen mit veränderlichen Koeffizienten. Es sei G das Rechteck $\{0 < x_\alpha < l_\alpha,\ \alpha = 1, 2\}$ mit dem Rand Γ, weiterhin sei L der durch

$$Lu = \sum_{\alpha=1}^{2} L_\alpha u\,, \quad L_\alpha u = \frac{\partial}{\partial x_\alpha}\left(k_\alpha(x)\frac{\partial u}{\partial x_\alpha}\right),$$

definierte Operator mit den hinreichend glatten Koeffizienten $k_\alpha(x)$, $0 < c_1 \leqq k_\alpha(x) \leqq c_2$, $\alpha = 1, 2$. Wir betrachten die erste Randwertaufgabe für die elliptische Gleichung

$$Lu = -f(x), \quad x \in G, \quad u = \mu(x), \quad x \in \Gamma\,. \tag{14}$$

Nun sei $\bar{\omega}_h = \omega_h + \gamma_h$ das in 4.4.1. eingeführte Gitter mit den Schrittweiten h_1 und h_2. Auf diesem Gitter approximieren wir die Operatoren L durch Differenzenoperatoren Λ_α,

$$\Lambda_\alpha u = (a_\alpha u_{\bar{x}_\alpha})_{x_\alpha} \sim L_\alpha u = \frac{\partial}{\partial x_\alpha}\left(k_\alpha(x)\frac{\partial u}{\partial x_\alpha}\right),$$

wobei $a_\alpha(x)$ so gewählt wird, daß die Beziehungen

$$\Lambda_\alpha u - L_\alpha u = O(h_\alpha^2)\,, \tag{15}$$
$$0 < c_1 \leqq a_\alpha(x) \leqq c_2\,,$$

erfüllt sind, also Λ_α zweite Approximationsordnung besitzt. Wir können beispielsweise $a_\alpha = k^{\left(-\frac{1}{2}\alpha\right)}$ oder

$$a_1(x_1, x_2) = k_1\left(x_1 - \frac{1}{2}h_1, x_2\right), \quad a_2(x_1, x_2) = k_2\left(x_1, x_2 - \frac{1}{2}h_2\right)$$

nehmen. So ersetzen wir Lu durch die Approximation $\Lambda u = \Lambda_1 u + \Lambda_2 u$ und die Aufgabe (14) durch das erste Differenzen-Randwertproblem

$$\begin{aligned} &\Lambda y = -\varphi, \quad x \in \omega_h, \quad y = \mu(x), \quad x \in \gamma_h, \\ &\Lambda y = (\Lambda_1 + \Lambda_2)\, y, \quad \Lambda_\alpha y = (a_\alpha y_{\bar{x}_\alpha})_{x_\alpha}, \end{aligned} \tag{16}$$

dessen Approximationsfehler $\psi = \Lambda u + \varphi = O(|h|^2)$ ist.

Eine derartige Approximation verallgemeinert in natürlicher Weise die in Kapitel 3. für die eindimensionale Gleichung eingeführten homogenen konservativen Schemata auf den mehrdimensionalen Fall; das Differenzenverfahren (16) kann man direkt mit der Integro-Interpolationsmethode gewinnen.

Jetzt interessieren uns einige Eigenschaften des Operators Λ im Raum der Gitterfunktionen $\mathring{\Omega}_h$ mit dem Skalarprodukt (9). Wir benutzen wieder die Bezeichnung A für den Operator $-\Lambda$.

Lemma. *Der Operator*

$$Ay = -\Lambda y = -\sum_{\alpha=1}^{2} \Lambda_\alpha y, \quad y \in H = \Omega_h,$$

ist selbstadjungiert, positiv definit und genügt den Abschätzungen

$$c_1(\mathring{A}v, v) \leqq (Av, v) \leqq c_2(\mathring{A}v, v), \tag{17}$$

$$c_1 \delta \|v\|^2 \leqq (Av, v) \leqq c_2 \Delta \|v\|^2 \tag{18}$$

für beliebiges $v \in H$. Hier ist

$$\mathring{A}y = -\mathring{\Lambda}y = -\sum_{\alpha=1}^{2} y_{\bar{x}_\alpha x_\alpha},$$

δ und Δ sind die in 4.4.2. definierten positiven Konstanten, s. (11) *und* (12).

Wegen $v|_{\gamma_h} = 0$ gilt nämlich für $\Lambda_\alpha v = (a_\alpha v_{\bar{x}_\alpha})_{x_\alpha}$ die erste Greensche Formel

$$(\Lambda_\alpha v, v) = -(a_\alpha v_{\bar{x}_\alpha}, v_{\bar{x}_\alpha}]_\alpha$$

mit

$$(w, z]_1 = \sum_{i_1=1}^{N_1} \sum_{i_2=1}^{N_2-1} w(i_1 h_1, i_2 h_2)\, z(i_1 h_1, i_2 h_2)\, h_1 h_2$$

und

$$(w, z]_2 = \sum_{i_1=1}^{N_1-1} \sum_{i_2=1}^{N_2} w(i_1 h_1, i_2 h_2)\, z(i_1 h_1, i_2 h_2)\, h_1 h_2 .$$

Daher ist

$$(Av, v) = \sum_{\alpha=1}^{2} (a_\alpha v_{\bar{x}_\alpha}, v_{\bar{x}_\alpha}]_\alpha .$$

Andererseits haben wir

$$(\mathring{A}v, v) = \sum_{\alpha=1}^{2} (v_{\bar{x}_\alpha}, v_{\bar{x}_\alpha}]_\alpha ,$$

und aus (15) folgt nun die Beziehung (17). Setzen wir dort die zweiseitige Abschätzung $\delta\|v\|^2 \leqq (\mathring{A}v, v) \leqq \Delta\|v\|^2$ aus Abschnitt 4.4.2. ein, so ergibt sich Ungleichung (18).

Die Beziehungen (17) und (18) schreiben wir im weiteren als Operatorungleichungen

$$c_1 \mathring{A} \leqq A \leqq c_2 \mathring{A}\,, \tag{19}$$

$$c_1 \delta E \leqq A \leqq c_2 \Delta E \tag{20}$$

mit dem identischen Operator E.

Die Selbstadjungiertheit des Operators $A = A_1 + A_2$ beweisen wir in Analogie zu Abschnitt 4.4.2.:

Zuerst stellen wir fest, daß $A_\alpha = A_\alpha^*$ für $A_\alpha y = -\Lambda_\alpha y = -(a_\alpha y_{\bar{x}_\alpha})_{x_\alpha}$ bei $y \in H$ gilt. Dazu genügt es, für $\alpha = 1$ und fixiertes i_2 die folgende Summe umzuformen:

$$\sum_{i_1=1}^{N_1-1} (A_1 y)_{i_1} v_{i_1} h_1 = -\sum_{i_1=1}^{N_1-1} (a_1 y_{\bar{x}_1})_{x_1, i_1} v_{i_1} h_1$$

$$= \sum_{i_1=1}^{N_1-1} y_{i_1} (a_1 v_{\bar{x}_1})_{x_1, i_1} h_1 = \sum_{i_1=1}^{N_1-1} y_{i_1} (A_1 v)_{i_1} h_1\,.$$

Multiplizieren wir diese Identität mit h_2 und summieren sie über $i_2 = 1, \ldots, N_2 - 1$, so erhalten wir

$$(A_1 y, v) = (y, A_1 v)\,.$$

Ganz analog finden wir auch $(A_2 y, v) = (y, A_2 v)$, also ist $(Ay, v) = (y, Av)$, d. h. $A^* = A$.

4.4.5. Gleichungen mit gemischten Ableitungen. Wir betrachten das Randwertproblem (14) nun für den folgenden elliptischen Operator, der gemischte Ableitungen enthält:

$$Lu = \sum_{\alpha,\beta=1}^{2} L_{\alpha\beta} u\,, \quad L_{\alpha\beta} u = \frac{\partial}{\partial x_\alpha}\left(k_{\alpha\beta} \frac{\partial u}{\partial x_\beta}\right). \tag{21}$$

Die Elliptizitätsbedingungen lauten hier

$$c_1 \sum_{\alpha=1}^{2} \xi_\alpha^2 \leqq \sum_{\alpha,\beta=1}^{2} k_{\alpha\beta}(x)\, \xi_\alpha \xi_\beta \leqq c_2 \sum_{\alpha=1}^{2} \xi_\alpha^2\,, \quad x \in G\,, \tag{22}$$

wobei c_1 und c_2 positive Konstanten sind und $\xi = (\xi_1, \xi_2)$ ein beliebiger Vektor ist.

Setzen wir in (22) erst $\xi = (1, 0)$ und dann $\xi = (0, 1)$, so sehen wir, daß $0 < c_1 \leqq \leqq k_{\alpha\alpha} \leqq c_2$, $\alpha = 1, 2$, gelten muß.

Den Differentialoperator $L_{\alpha\beta} u$ approximieren wir durch den Differenzenoperator

$$\Lambda_{\alpha\beta} u = \frac{1}{2}\left((k_{\alpha\beta} u_{\bar{x}_\beta})_{x_\alpha} + (k_{\alpha\beta} u_{x_\beta})_{\bar{x}_\alpha}\right), \tag{23}$$

der bei $\alpha \neq \beta$ auf dem 7-Punkt-Stern

$$\{(x_1, x_2),\ (x_1 \pm h_1, x_2),\ (x_1, x_2 \pm h_2),\ (x_1 - h_1, x_2 + h_2),\quad (x_1 + h_1, x_2 - h_2)\}$$

definiert ist, s. Abb. 4.10. Den Operator $\Lambda_{\alpha\beta}$ können wir in Summenform darstellen:

$$\Lambda_{\alpha\beta} = \frac{1}{2}\left(\Lambda_{\alpha\beta}^- + \Lambda_{\alpha\beta}^+\right), \quad \Lambda_{\alpha\beta}^- u = (k_{\alpha\beta} u_{\bar{x}_\beta})_{x_\alpha}\,, \quad \Lambda_{\alpha\beta}^+ u = (k_{\alpha\beta} u_{x_\beta})_{\bar{x}_\alpha}\,.$$

Dabei ist $\Lambda_{12}^{\pm}$ von erster und $\Lambda_{\alpha\beta}$ von zweiter Approximationsordnung,

$$\Lambda_{12}^{\pm} u = L_{12} u + O(h_1 + h_2), \quad \Lambda_{\alpha\beta} u = L_{\alpha\beta} u + O(|h|^2)\,, \tag{24}$$

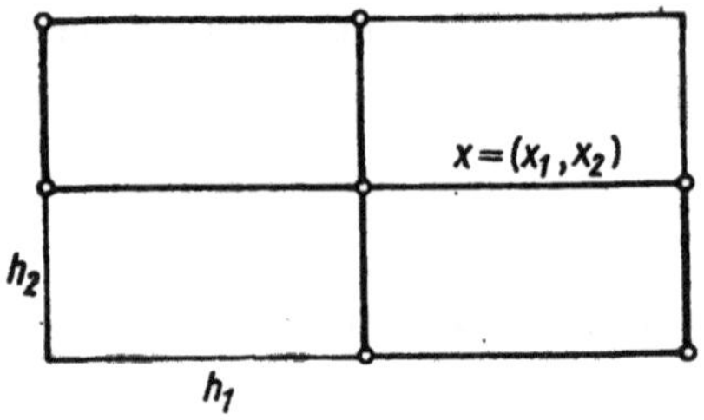

Abb. 4.10

wie wir im folgenden zeigen werden. Wir betrachten den Operator $\Lambda_{12}^{-}u=(k_{12}u_{\bar{x}_2})_{x_1}$ und verwenden die Entwicklungen

$$u_{\bar{x}_2}=\frac{\partial u}{\partial x_2}-\frac{h_2}{2}\frac{\partial^2 u}{\partial x_2^2}+\frac{h_2^2}{6}\frac{\partial^3 u}{\partial x_2^3}(x_1,\bar{x}_2)\,,\quad \bar{x}_2\in[x_2-h_2,x_2]\,,$$

$$v_{x_1}=\frac{\partial v}{\partial x_1}+\frac{h_1}{2}\frac{\partial^2 v}{\partial x_1^2}+O(h_1^2)$$

für $v=k_{12}u_{\bar{x}_2}$. So gelangen wir zur Darstellung

$$\Lambda_{12}^{-}u=L_{12}u+\frac{h_1}{2}\frac{\partial}{\partial x_1}L_{12}u-\frac{h_2}{2}L_{12}\frac{\partial u}{\partial x_2}+O(|h|^2)$$

und ganz ähnlich auch zu

$$\Lambda_{12}^{+}u=L_{12}u-\frac{h_1}{2}\frac{\partial}{\partial x_1}L_{12}u+\frac{h_2}{2}L_{12}\frac{\partial u}{\partial x_2}+O(|h|^2)\,.$$

Bei $\alpha=\beta=1$ bzw. $\alpha=\beta=2$ haben wir

$$\Lambda_{11}u=\frac{1}{2}\left((k_{11}u_{\bar{x}_1})_{x_1}+(k_{11}u_{x_1})_{\bar{x}_1}\right)=(a_{11}u_{\bar{x}_1})_{x_1}\,,$$

$$\Lambda_{22}u=\frac{1}{2}\left((k_{22}u_{\bar{x}_2})_{x_2}+(k_{22}u_{x_2})_{\bar{x}_2}\right)=(a_{22}u_{\bar{x}_2})_{x_2}$$

mit

$$a_{11}=\frac{1}{2}\left[k_{11}(x_1-h_1,x_2)+k_{11}(x_1,x_2)\right]\,,$$

$$a_{22}=\frac{1}{2}\left[k_{22}(x_1,x_2-h_2)+k_{22}(x_1,x_2)\right]\,.$$

Hieraus ist $\Lambda_{\alpha\alpha}u-L_{\alpha\alpha}u=O(h_\alpha^2)$, $\alpha=1,2$, zu sehen, womit die Abschätzungen (24) bewiesen sind. Folglich approximiert der Differenzenoperator

$$\Lambda y=\sum_{\alpha;\beta=1}^{2}\Lambda_{\alpha\beta}y$$

den Differentialoperator (21) mit zweiter Ordnung, $\Lambda u-Lu=O(|h|^2)$.

Statt (23) kann man auch die Operatoren

$$\tilde{\Lambda}_{\alpha\beta}y=\frac{1}{2}\left[(k_{\alpha\beta}y_{x_\beta})_{x_\alpha}+(k_{\alpha\beta}y_{\bar{x}_\beta})_{\bar{x}_\alpha}\right],\quad \tilde{\Lambda}y=\sum_{\alpha,\beta=1}^{2}\tilde{\Lambda}_{\alpha\beta}y$$

nehmen, wobei $\tilde{\Lambda}$ ebenfalls zweite Approximationsordnung aufweist.

Nun geben wir einige Eigenschaften des Operators $Ay = -\Lambda y$ für $y \in \mathring{\Omega}_h = H$ an: Der Operator

$$Ay = \frac{1}{2}(A^- y + A^+ y)$$

mit

$$A^- y = -\sum_{\alpha,\beta=1}^{2} (k_{\alpha\beta} y_{x_\beta})_{\bar{x}_\alpha},$$

$$A^+ y = -\sum_{\alpha,\beta=1}^{2} (k_{\alpha\beta} y_{\bar{x}_\beta})_{x_\alpha}$$

ist bei $k_{12} = k_{21}$ selbstadjungiert, $A = A^*$, und genügt den Ungleichungen (19) und (20).

Wir betrachten die Operatoren A^- und A^+ getrennt und erhalten für beliebige $y, v \in H$ durch partielle Summation

$$(A^- y, v) = -\sum_{\alpha,\beta=1}^{2} ((k_{\alpha\beta} y_{\bar{x}_\beta})_{x_\alpha}, v) = \sum_{\alpha,\beta=1}^{2} (k_{\alpha\beta} y_{\bar{x}_\beta}, v_{\bar{x}_\alpha}]_\alpha, \tag{25}$$

$$(A^+ y, v) = -\sum_{\alpha,\beta=1}^{2} ((k_{\alpha\beta} y_{x_\beta})_{\bar{x}_\alpha}, v) = \sum_{\alpha,\beta=1}^{2} [k_{\alpha\beta} y_{x_\beta}, v_{x_\alpha})_\alpha .$$

Vertauschen wir hier zunächst y und v und anschließend α und β, so ergibt sich

$$(A^- v, y) = \sum_{\alpha,\beta=1}^{2} (k_{\alpha\beta} v_{\bar{x}_\beta}, y_{\bar{x}_\alpha}]_\alpha = \sum_{\alpha,\beta=1}^{2} (k_{\beta\alpha} y_{\bar{x}_\beta}, v_{\bar{x}_\alpha}]_\beta . \tag{26}$$

Vergleichen wir das Ergebnis mit (25), so sehen wir, daß $A^- = (A^-)^*$ nur bei $k_{12} = k_{21}$ gilt. Unter dieser Bedingung folgt dann auch $A^+ = (A^+)^*$ und damit $A = A^*$. Beim Vergleich von (26) und (25) haben wir benutzt, daß $y_{x_1} = 0$ bei $x_2 = 0$ gilt und $y_{\bar{x}_1} = 0$ bei $x_2 = l_2$, $y_{x_1} = 0$ bei $x_1 = 0$ sowie $y_{\bar{x}_2} = 0$ bei $x_1 = l_1$.

Jetzt untersuchen wir den Ausdruck $(A^- y, y)$ und schreiben ihn wie folgt auf:

$$(A^- y, y) = \sum_{\alpha,\beta=1}^{2} (k_{\alpha\beta} y_{\bar{x}_\beta}, y_{\bar{x}_\alpha}) + \sum_{i_2=1}^{N_2-1} (k_{11}(y_{\bar{x}_1})^2)_{i_1=N_1} h_1 h_2 + \sum_{i_1=1}^{N_1-1} (k_{22}(y_{\bar{x}_2})^2)_{i_2=N_2} h_1 h_2 .$$

Indem wir hier im ersten Summanden die Summierung über α und β in das Skalarprodukt hineinziehen und die Ungleichung (22) ausnutzen, finden wir

$$c_1 \sum_{\alpha=1}^{2} ((y_{\bar{x}_\alpha})^2, 1) \leqq \left(\sum_{\alpha,\beta=1}^{2} k_{\alpha\beta} y_{\bar{x}_\beta}, y_{\bar{x}_\alpha} \right) \leqq c_2 \sum_{\alpha=1}^{2} ((y_{\bar{x}_\alpha})^2, 1) .$$

Ganz entsprechend können wir auch $(A^+ y, y)$ umformen. Berücksichtigen wir noch $c_1 \leqq k_{\alpha\alpha} \leqq c_2$ und

$$(\mathring{A} y, y) = \sum_{\alpha=1}^{2} (y_{\bar{x}_\alpha}, y_{\bar{x}_\alpha}]_\alpha ,$$

so erhalten wir gerade $c_1 \mathring{A} \leqq A \leqq c_2 \mathring{A}$, also die Ungleichung (19), und daraus, unter Benutzung von $\delta E \leqq \mathring{A} \leqq \Delta E$, die Ungleichung (20).

4.4.6. Das Schema erhöhter Genauigkeitsordnung für die Poissongleichung. Wir kehren zum Randwertproblem (1′) von 4.1.3. zurück,

$$\Delta u = -f(x), \quad x = (x_1, x_2) \in G_0, \quad u|_\Gamma = \mu(x) .$$

Im Rechteck G_0 mit dem Rand Γ sei wieder das Gitter $\bar{\omega}_h$ mit den äquidistanten Schrittweiten $h_\alpha = l_\alpha/N_\alpha$, $\alpha = 1, 2$, gegeben.

Wenn man vom üblichen Schema auf dem regulären 5-Punkt-Stern ausgeht und dessen Defekt berechnet, so kann man ein Schema der Genauigkeit $O(|h|^4)$ konstruieren. Dabei wird ein 9-Punkt-Stern benutzt, s. Abb. 4.11. Das Schema hat die Gestalt

$$\Lambda' y = \varphi(x), \quad x \in \omega_h, \quad y = \mu(x), \quad x \in \gamma_h,$$

$$\Lambda' y = (\Lambda_1 + \Lambda_2)\, y + \frac{1}{12}\,(h_1^2 + h_2^2)\, \Lambda_1 \Lambda_2 y, \quad \Lambda_\alpha y = y_{\bar{x}_\alpha x_\alpha}, \quad \alpha = 1, 2,$$

$$\varphi(x) = f + \frac{1}{12}\,(h_1^2 \Lambda_1 + h_2^2 \Lambda_2)\, f.$$

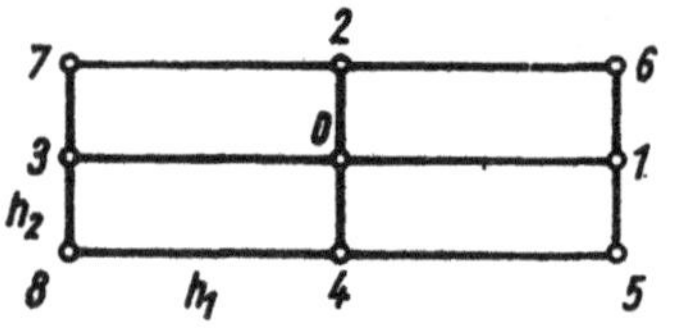

Abb. 4.11

Dieses Schema konvergiert in C mit der Geschwindigkeit $O(|h|^4)$; der Operator $A' y = -\Lambda' y$, $y \in \mathring{\Omega}_h$, ist selbstadjungiert und positiv definit: Es gilt

$$\frac{2}{3}\, A \leqq A' \leqq A \quad \text{mit} \quad A = A_1 + A_2.$$

Auf einem quadratischen Gitter ($h_1 = h_2 = h$) ergibt sich aus dem obigen Schema durch geeignete Wahl von $\varphi(x)$ ein $O(h^6)$-Schema.

5. Differenzenverfahren für instationäre Gleichungen mit konstanten Koeffizienten

In diesem Kapitel untersuchen wir Differenzenverfahren für die einfachsten instationären Gleichungen: die Wärmeleitungsgleichung mit einer oder mehreren räumlichen Variablen, die eindimensionale Transportgleichung und die Schwingungsgleichung. Wir konstruieren 2- und 3-Schicht-Schemata bei Randbedingungen erster, zweiter und dritter Art. Zur Stabilitätsuntersuchung benutzen wir die Methode der Variablentrennung, der energetischen Ungleichungen sowie das Maximumprinzip. Auch das Problem der asymptotischen Stabilität von Differenzenverfahren für die Wärmeleitungsgleichung wird behandelt.

5.1. Die eindimensionale Wärmeleitungsgleichung mit konstanten Koeffizienten

Um uns mit Methoden zur Konstruktion und Untersuchung von Differenzenverfahren für instationäre Aufgaben vertraut zu machen, betrachten wir die eindimensionale Wärmeleitungsgleichung mit konstanten Koeffizienten.

5.1.1. Die Anfangs-Randwertaufgabe für die Wärmeleitungsgleichung. Der Prozeß der Wärmeausbreitung wird im eindimensionalen Fall durch die Gleichung

$$c\varrho \frac{\partial u}{\partial t} = \frac{\partial}{\partial x}\left(k\frac{\partial u}{\partial x}\right) + f \tag{1}$$

beschrieben, in der $u = u(x, t)$ die Temperatur, c die spezifische Wärme, ϱ die Dichte, k der Wärmeleitkoeffizient und f die Dichte der Wärmequellen ist, d. h. die Wärmemenge, die in der Zeiteinheit und pro Längeneinheit freigesetzt wird.

Im allgemeinen können die Koeffizienten k, c und ϱ nicht nur von x und t abhängen, sondern auch von der Temperatur u (in diesem Falle haben wir es mit einer quasilinearen Gleichung zu tun). Sind aber k und $c\varrho$ konstant, so können wir die Gleichung zu

$$\frac{\partial u}{\partial t} = a^2 \frac{\partial^2 u}{\partial x^2} + \bar{f}, \quad a^2 = \frac{k}{c\varrho}, \quad \bar{f} = \frac{f}{c\varrho}, \tag{2}$$

vereinfachen, wobei a^2 als Temperaturleitkoeffizient bezeichnet wird. Ohne Beschränkung der Allgemeinheit können wir dann $a = 1$ setzen und zur Gleichung

$$\frac{\partial u}{\partial t} = \frac{\partial^2 u}{\partial x^2} + f \tag{3}$$

übergehen, vgl. Abschnitt 1.1.3.

Für die Gleichung (3) betrachten wir die erste Anfangs-Randwertaufgabe im Rechteck $\bar{D} = (0 \leqq x \leqq 1,\ 0 \leqq t \leqq T)$:

Gesucht ist die in $\bar{D}$ stetige Lösung $u(x, t)$ der Aufgabe

$$\begin{aligned} &\frac{\partial u}{\partial t} = \frac{\partial^2 u}{\partial x^2} + f(x, t), \quad 0 < x < 1, \quad 0 < t \leqq T, \\ &u(x, 0) = u_0(x), \quad 0 \leqq x \leqq 1, \\ &u(0, t) = u_1(t), \quad u(1, t) = u_2(t), \quad 0 \leqq t \leqq T. \end{aligned} \tag{I}$$

5.1.2. Die Familie der 6-Punkt-Schemata. In D führen wir die Gitter

$$\bar{\omega}_h = \{x_i = ih, i = 0, 1, \ldots, N\}, \quad \omega_\tau = \{t_j = j\tau, j = 0, 1, \ldots, j_0\}$$

und das äquidistante Rechteckgitter $\bar{\omega}_{h\tau}$ mit den Schrittweiten $h = 1/N$ und $\tau = T/j_0$ ein und bezeichnen mit y_i^j den Wert der auf $\bar{\omega}_{h\tau}$ definierten Gitterfunktion y im Punkt (x_i, t_j). Indem wir die Zeitableitung $\partial u/\partial t$ durch die erste Differenzenableitung und $\partial^2 u/\partial x^2$ durch die zweite Differenzenableitung $u_{\bar{x}x} = \Lambda u$ ersetzen, kommen wir unter Einführung des zunächst beliebigen reellen Parameters σ zu der einparametrigen Familie von Differenzenverfahren

$$\frac{y_i^{j+1} - y_i^j}{\tau} = \Lambda(\sigma y_i^{j+1} + (1-\sigma) y_i^j) + \varphi_i^j, \quad 0 < i < N, \quad 0 \leqq j < j_0 . \tag{4}$$

Der Parameter σ heißt auch das *Gewicht* und das Verfahren (4) *gewichtetes Schema*.

Die Anfangs- und Randbedingungen in Gleichung (I) approximieren wir exakt:

$$y_0^j = u_1^j, \quad y_N^j = u_2^j , \tag{5}$$

$$y_i^0 = y(x_i, 0) = u_0(x_i) . \tag{6}$$

In (4) ist φ_i^j eine Gitterfunktion, die die rechte Seite f der Gleichung (3) approximiert, beispielsweise

$$\varphi_i^j = f(x_i, t_{j+1/2}), \quad t_{j+1/2} = t_j + \frac{\tau}{2} .$$

Das Schema (4) besitzt den 6-Punkt-Stern

$$\{(x_{i\pm1}, t_{j+1}), \quad (x_i, t_{j+1}), \quad (x_{i\pm1}, t_j), \quad (x_i, t_j)\}$$

(s. Abb. 2.4c), wobei (x_i, t_{j+1}) die Menge der *inneren* Gitterpunkte

$$\omega_{h\tau} = \{(x_i, t_j), 1 \leqq i \leqq N-1, 1 \leqq j \leqq j_0\}$$

durchläuft. In den restlichen Punkten von $\bar{\omega}_{h\tau}$, den *Randpunkten*, sind die Anfangs- bzw. Randbedingungen (5), (6) gegeben. Die Menge der Punkte von $\bar{\omega}_{h\tau}$, die auf der Geraden $t = t_j$ liegen, nennen wir eine *Schicht*. Da das Schema (4) Werte der gesuchten Funktion y auf zwei Schichten enthält, heißt es auch *2-Schicht-Schema*.

Wie wir im weiteren sehen werden, hängen vom Gewicht σ sowohl die Stabilität als auch die Genauigkeit des Schemas (4) ab.

Wir betrachten einige Sonderfälle. Bei $\sigma = 0$ erhalten wir das 4-Punkt-Schema

$$\frac{y_i^{j+1} - y_i^j}{\tau} = \Lambda y_i^j + \varphi_i^j ,$$

das auf dem Stern $\{(x_i, t_{j+1}), (x_i, t_j), (x_{i\pm1}, t_j)\}$ definiert ist (vgl. Abb. 2.4a) und sich auch in der Gestalt

$$y_i^{j+1} = (1-2\gamma) y_i^j + \gamma(y_{i-1}^j + y_{i+1}^j) + \tau\varphi_i^j, \quad \gamma = \tau/h^2 , \tag{7}$$

schreiben läßt. Der Wert y_i^{j+1} der Lösung ergibt sich also in jedem Punkt der (neuen) Schicht $t = t_{j+1}$ durch die Werte von y auf der (alten) Schicht $t = t_j$ aus der expliziten Formel (7), und da bei $t = 0$ die Anfangswerte $y_i^0 = u_0(x_i)$ gegeben sind, kann man so nacheinander die Lösung auf jeder beliebigen Schicht bestimmen. Deshalb wird das Schema (4) bei $\sigma = 0$ als *explizites Schema* bezeichnet.

Bei $\sigma \neq 0$ heißt (4) dagegen *implizites 2-Schicht-Schema*: Dann ist zur Bestimmung der Lösungswerte y^{j+1} auf der neuen Schicht das lineare algebraische Gleichungssystem

$$\sigma \Lambda y_i^{j+1} - \frac{1}{\tau} y_i^{j+1} = -F_i^j, \quad F_i^j = \frac{1}{\tau} y_i^j + (1-\sigma) \Lambda y_i^j + \varphi_i^j, \tag{8}$$

$i = 1, \ldots, N-1$,

mit den Randbedingungen

$$y_0^{j+1} = u_1^{j+1}, \quad y_N^{j+1} = u_2^{j+1}$$

zu lösen. Dazu können wir die verkürzte Gaußelimination benutzen, s. Abschnitt 1.2.5. Wir betrachten noch zwei Sonderfälle:

Bei $\sigma = 1$ erhalten wir das *rein implizite* Schema

$$\frac{y_i^{j+1} - y_i^j}{\tau} = \Lambda y_i^{j+1} + \varphi_i^j \tag{9}$$

und bei $\sigma = \frac{1}{2}$ das *symmetrische* 6-Punkt-Schema,

$$\frac{y_i^{j+1} - y_i^j}{\tau} = \frac{1}{2} \Lambda(y_i^{j+1} + y_i^j) + \varphi_i^j, \tag{10}$$

das häufig auch Crank-Nicolson-Schema genannt wird.

Wir kommen nun zur Untersuchung des Approximationsfehlers und der Genauigkeit des gewichteten Schemas (4).

5.1.3. Der Approximationsfehler. Um die Genauigkeit des Schemas (4)–(6) festzustellen, müssen wir dessen Lösung y mit der Lösung $u(x, t)$ der Aufgabe (I) vergleichen. Da die Funktion $u(x, t)$ stetig ist, setzen wir $u_i^j = u(x_i, t_j)$ und untersuchen den Fehler $z_i^j = y_i^j - u_i^j$.

Zur Abschätzung der Gitterfunktion z auf einer fixierten Zeitschicht werden wir die folgenden Normen verwenden:

$$\|z\| = \|z\|_C = \max_{0 \le i \le N} |z_i|, \quad \|z\| = \left(\sum_{i=1}^{N-1} z_i^2 h \right)^{1/2}.$$

Mit unseren indexfreien Bezeichnungen

$$y_i^j = y, \quad y_i^{j+1} = \hat{y}, \quad y_t = (\hat{y} - y)/\tau$$

schreiben wir die Aufgabe (4)–(6) in der Form

$$\begin{aligned} y_t &= \Lambda(\sigma \hat{y} + (1-\sigma) y) + \varphi, \quad (x, t) \in \omega_{h\tau}, \\ y(0, t) &= u_1(t), \quad y(1, t) = u_2(t), \quad t \in \omega_\tau, \\ y(x, 0) &= u_0(x), \quad x \in \bar{\omega}_h, \quad \Lambda y = y_{\bar{x}x}, \end{aligned} \tag{II}$$

und erhalten durch Einsetzen von $y = z + u$ in das System (II) die z definierende Aufgabe

$$\begin{aligned} z_t &= \Lambda(\sigma \hat{z} + (1-\sigma) z) + \psi, \quad (x, t) \in \omega_{h\tau}, \\ z(0, t) &= z(1, t) = 0, \quad t \in \omega_\tau, \\ z(x, 0) &= 0, \quad x \in \bar{\omega}_h, \end{aligned} \tag{III}$$

in der

$$\psi = \Lambda(\sigma \hat{u} + (1-\sigma) u) - u_t + \varphi \tag{11}$$

der Approximationsfehler (oder auch: der Defekt) des Schemas (II) auf der Lösung $u(x, t)$ des Anfangs-Randwertproblems (I) ist.

Wir erinnern an die Definition der Approximationsordnung aus 2.1.3.: Das Schema (II) approximiert die Aufgabe (I) mit der Ordnung (m, n) bzw. hat die Approximation $O(h^m+\tau^n)$ auf der Lösung $u(x, t)$ von (I), wenn $\|\psi(x, t)\|_{(2)} = O(h^m+\tau^n)$ für alle $t \in \omega_\tau$ ist, d. h. $\|\psi\|_{(2)} \leqq M(h^m+\tau^n)$ mit einer von h und τ unabhängigen Konstante M und mit der Norm $\|\cdot\|_{(2)}$ für auf $\bar{\omega}_h$ gegebene Gitterfunktionen gilt.

Bei der Abschätzung der Approximationsordnung des Schemas (II) nehmen wir an, daß die Funktion $u(x, t)$ die benötigten Ableitungen nach x und t besitzt. Zur Verringerung der Schreibarbeit führen wir die folgenden Bezeichnungen ein:

$$\dot{u} = \partial u/\partial t, \quad u' = \partial u/\partial x, \quad \bar{u} = u(x_i, \bar{t}), \quad \bar{t} = t_{j+1/2} = t_j + \tau/2 .$$

Unter Benutzung der Identitäten

$$\hat{u} = \frac{1}{2}(\hat{u}+u) + \frac{1}{2}(\hat{u}-u) = \frac{1}{2}(\hat{u}+u) + \frac{1}{2}\tau u_t ,$$

$$u = \frac{1}{2}(\hat{u}+u) - \frac{1}{2}\tau u_t ,$$

$$\sigma\hat{u} + (1-\sigma)u = \frac{1}{2}(\hat{u}+u) + \left(\sigma - \frac{1}{2}\right)\tau u_t$$

formen wir ψ um in

$$\psi = \frac{1}{2}\Lambda(\hat{u}+u) + \left(\sigma-\frac{1}{2}\right)\tau\Lambda u_t - u_t + \varphi .$$

Hier setzen wir die Entwicklungen

$$\Lambda u = u'' + \frac{h^2}{12}u^{(4)} + O(h^4) = Lu + \frac{h^2}{12}L^2u + O(h^4), \quad Lu = \frac{\partial^2 u}{\partial x^2},$$

$$\hat{u} = \bar{u} + \frac{1}{2}\tau\dot{\bar{u}} + \frac{\tau^2}{8}\ddot{\bar{u}} + O(\tau^3),$$

$$u = \bar{u} - \frac{1}{2}\tau\dot{\bar{u}} + \frac{\tau^2}{8}\ddot{\bar{u}} + O(\tau^3),$$

$$\frac{1}{2}(\hat{u}+u) = \bar{u} + \frac{\tau^2}{8}\ddot{\bar{u}} + O(\tau^3), \quad u_t = \dot{\bar{u}} + O(\tau^2)$$

ein und finden so die Darstellung

$$\psi = (L\bar{u} - \dot{\bar{u}} + \varphi) + \left(\sigma - \frac{1}{2}\right)\tau L\dot{\bar{u}} + \frac{h^2}{12}L^2\bar{u} + O(\tau^2+h^4) . \tag{12}$$

Da u Lösung von (I) war, wird $\psi = \left(\sigma - \frac{1}{2}\right)\tau L\dot{\bar{u}} + O(h^2+\tau^2)$ bei $\varphi = \bar{f} = f(x, \bar{t})$. Mit $L^2u = L\dot{u} - Lf$ erhalten wir aus der Beziehung (12) das Resultat

$$\psi = (\varphi - \bar{f}) + \left[\left(\sigma - \frac{1}{2}\right)\tau + \frac{h^2}{12}\right]L\dot{\bar{u}} - \frac{h^2}{12}L\bar{f} + O(h^4+\tau^2) . \tag{13}$$

Der Ausdruck in den eckigen Klammern wird bei

$$\sigma = \frac{1}{2} - \frac{h^2}{12\tau} = \sigma_* \tag{14}$$

gleich null. Wählen wir außerdem noch $\varphi=\bar{f}+\frac{h^2}{12}L\bar{f}$, so ist $\psi=O(h^4+\tau^2)$, d. h., das Schema (II) hat die Approximation $O(h^4+\tau^2)$. Die Approximationsordnung verschlechtert sich nicht, wenn wir $L\bar{f}=\bar{f}''$ durch $\Lambda\bar{f}=\bar{f}_{\bar{x}x}$ ersetzen, was auf die bequeme explizite Formel

$$\varphi_i^j=\frac{5}{6}f_i^{j+1/2}+\frac{1}{12}(f_{i-1}^{j+1/2}+f_{i+1}^{j+1/2}) \tag{15}$$

führt.

Nun sei $C_n^m(\bar{D})$ die Klasse der Funktionen, die in $\bar{D}$ bezüglich t m-fach und bezüglich x n-fach stetig differenzierbar sind. Aus der Gleichung (13) folgt, daß das Schema (II) in Abhängigkeit von der Wahl von σ und φ und von der Glattheit von u folgende Approximationsordnungen besitzt:

1) $O(h^2+\tau^2)$ bei $\sigma=\frac{1}{2}$, $\varphi=\bar{f}$ oder $\varphi=\bar{f}+O(h^2+\tau^2)$ für $u\in C_3^4$,
2) $O(h^2+\tau)$ bei beliebigem σ und bei $\varphi=\bar{f}+O(h^2+\tau)$ für $u\in C_2^4$ (man kann z. B. $\varphi=\hat{f}$ oder $\varphi=f$ nehmen),
3) $O(h^4+\tau^2)$ bei $\sigma=\sigma_*$ und φ entsprechend Formel (15) für $u\in C_3^6$.

Das Schema (II) mit $\sigma=\sigma_*$ und $\varphi=\bar{f}+\frac{h^2}{12}\Lambda\bar{f}$ nennen wir *Schema erhöhter Genauigkeitsordnung*.

In jedem Fall sind σ und φ aufeinander abgestimmt zu wählen. Für die Approximation $O(h^2+\tau^2)$ kann man beispielsweise $\varphi=\bar{f}$ oder $\varphi=\frac{1}{2}(\hat{f}+f)$ und $\sigma=\frac{1}{2}$ nehmen – oder auch, wie (13) zeigt,

$$\sigma=\frac{1}{2}+h^2\alpha/\tau\,,$$

wobei α eine von h und τ unabhängige Konstante ist, die aus Stabilitätsgründen größer als $-\frac{1}{4}$ sein muß (s. den nächsten Abschnitt).

5.1.4. Stabilität bezüglich der Anfangswerte. Wir setzen nun voraus, daß die Randbedingungen – wie in der Aufgabe (III) – homogen sind, und untersuchen die Stabilität des Schemas (II) mit Hilfe der Methode der Variablentrennung.

Zunächst verwenden wir die Identitäten

$$\hat{y}=y+\tau y_t\,,\quad \sigma\hat{y}+(1-\sigma)\,y=y+\sigma\tau y_t\,,$$

um die Aufgabe (II) bei homogenen Randbedingungen auf die Gestalt

$$\begin{aligned}&y_t-\sigma\tau\Lambda y_t=\Lambda y+\varphi,\quad (x,t)\in\omega_{h\tau}\,,\\ &y(0,t)=y(1,t)=0,\quad t\in\omega_\tau,\quad y(x,0)=u_0(x),\quad x\in\bar{\omega}_h\,,\end{aligned} \tag{16}$$

zu bringen. Das Schema (16) heißt *stabil*, wenn für die Lösung y die Abschätzung

$$\|y(t)\|_{(1)}\leqq M_1\|u_0\|_{(1)}+M_2\max_{0\leqq t'<t}\|\varphi(t')\|_{(2)}\,,\quad t\in\omega_\tau\,, \tag{17}$$

mit positiven Konstanten M_1 und M_2 gilt, die nicht von h und τ abhängen; die Normen $\|\cdot\|_{(1)}$ und $\|\cdot\|_{(2)}$ beziehen sich auf fixierte Zeitschichten, sie sind auf dem Gitter ω_h definiert.

Bei $\varphi\equiv 0$ bedeutet die Abschätzung

$$\|y(t)\|_{(1)}\leqq M_1\|u_0\|_{(1)},\quad t\in\omega_\tau\,, \tag{18}$$

die Stabilität des Schemas (16) *in bezug auf die Anfangswerte*; die bei $y(x, 0) \equiv 0$ aus (17) resultierende Abschätzung

$$\|y(t)\|_{(1)} \leqq M_2 \max_{0 \leqq t' < t} \|\varphi(t')\|_{(2)} \tag{19}$$

drückt die Stabilität des Schemas *bezüglich der rechten Seite* aus, so daß also die Abschätzung (17) die *Stabilität in bezug auf Anfangswerte und rechte Seite* bedeutet.

Die Lösung der Aufgabe (16) stellen wir als $y = \bar{y} + \tilde{y}$ dar, wobei $\bar{y}$ die Lösung der homogenen Gleichung

$$y_t - \sigma\tau\Lambda y_t = \Lambda y, \quad y(0, t) = y(1, t) = 0, \quad y(x, 0) = u_0(x), \tag{16a}$$

und $\tilde{y}$ die Lösung der inhomogenen Gleichung mit homogenen Anfangswerten ist:

$$y_t - \sigma\tau\Lambda y_t = \Lambda y + \varphi, \quad y(0, t) = y(1, t) = 0, \quad y(x, 0) = 0. \tag{16b}$$

Wir beweisen nun die Stabilität des Schemas (16), indem wir mit der Methode der Variablentrennung (d. h. durch Fourieranalyse) für die Lösung der Aufgabe (16a) die Abschätzung (18) in der Norm des Raumes $L_2(\omega_h)$

$$\|y\|_{(1)} = \|y\| \quad \text{mit} \quad \|y\| = \sqrt{(y, y)}, \quad (y, v) = \sum_{i=1}^{N-1} y_i v_i h,$$

herleiten. Dazu machen wir für die Lösung der Aufgabe (16a) den Ansatz $y(x, t) = X(x)\, T(t)$ und erhalten wegen $\Lambda y = T \Lambda X$, $y_t = X T_t$ aus (16a) die Beziehung

$$\frac{\hat{T} - T}{\tau(\sigma\hat{T} + (1-\sigma)\, T)} = \frac{\Lambda X}{X} = -\lambda, \quad \hat{T} = T(t_{j+1}), \quad T = T(t_j),$$

wobei λ der Parameter der Variablentrennung ist. Also gilt

$$\hat{T} = qT \quad \text{mit} \quad q = \frac{1 - (1-\sigma)\,\tau\lambda}{1 + \sigma\tau\lambda}.$$

Für die Funktion X ergibt sich die diskrete Eigenwertaufgabe (eine Sturm-Liouvillesche Differenzenaufgabe)

$$\Lambda X(x) + \lambda X(x) = 0, \quad 0 < x = ih < 1, \quad X(0) = X(1) = 0, \; X(x) \not\equiv 0,$$

die wir schon in 2.3.2. untersucht haben. Wie wir dort gezeigt hatten, sind die nichttrivialen Lösungen dieser Aufgabe, die Eigenfunktionen, durch

$$X^{(k)}(x) = \sqrt{2} \sin \pi k x, \quad k = 1, 2, \ldots, N-1,$$

gegeben. Ihnen entsprechen die Eigenwerte

$$\lambda_k = \frac{4}{h^2} \sin^2 \frac{\pi k h}{2}, \quad k = 1, 2, \ldots, N-1, \quad 0 < \lambda_1 < \ldots < \lambda_{N-1},$$

$$\lambda_1 = \frac{4}{h^2} \sin^2 \frac{\pi h}{2}, \quad \lambda_{N-1} = \frac{4}{h^2} \cos^2 \frac{\pi h}{2}.$$

Das System $\{X^{(k)}\}$ der Eigenfunktionen ist orthonormiert, $(X^{(k_1)}, X^{(k_2)}) = \delta_{k_1 k_2}$, und jede auf $\bar{\omega}_h$ definierte Gitterfunktion $f(x)$, die bei $x = 0$ und bei $x = 1$ verschwindet, läßt sich als Summe

$$\|f\|^2 = \sum_{k=1}^{N-1} f_k^2$$

darstellen. Für die Fourierkoeffizienten f_k gilt die Parsevalsche Gleichung

$$f(x) = \sum_{k=1}^{N-1} f_k X^{(k)}(x), \quad f_k = (f, X^{(k)}) . \tag{20}$$

Damit hat nun die Aufgabe (16a) die nichttrivialen Lösungen $y_{(k)} = T_k X^{(k)}$ mit $\hat{T}_k = q_k T_k$, d. h.

$$\begin{aligned} T_k^{j+1} &= q_k T_k^j = \ldots = q_k^{j+1} T_k^0 , \\ q_k &= \frac{1-(1-\sigma)\,\tau\lambda_k}{1+\sigma\tau\lambda_k}, \end{aligned} \tag{21}$$

falls als Anfangsbedingung $u_0(x) = T_k^0 X^{(k)}(x)$ mit einer beliebigen Konstanten T_k^0 vorgegeben wird. Wir klären nun die Bedingungen, unter denen die spezielle Lösung $y_{(k)}$ – die k-te harmonische Schwingung – in der Norm $\|\cdot\|$ beschränkt ist.

Aus den Formeln

$$y_{(k)}^{j+1} = X^{(k)} T_k^{j+1} = q_k X^{(k)} T_k^j , \quad y_{(k)}^{j+1} = q_k y_{(k)}^j$$

folgt, daß bei $|q_k| \geqq 1 + \varepsilon$ mit von h und τ unabhängigem $\varepsilon = \text{const} > 0$ die Beziehungen

$$\|y_{(k)}^{j+1}\| = |q_k|\, \|y_{(k)}^j\| \geqq (1+\varepsilon)\, \|y_{(k)}^j\| \geqq (1+\varepsilon)^{j+1} \|y_{(k)}^0\| \to \infty$$

bei $\tau \to 0$ gelten, also die Schwingung instabil wird. Hingegen für $|q_k| \leqq 1$ wächst $\|y_{(k)}\|$ bei fixiertem $t = j\tau$ nicht mit wachsendem j und fallendem τ:

$$\|y_{(k)}^{j+1}\| \leqq \|y_{(k)}^j\| \leqq \ldots \leqq \|y_{(k)}^0\| ;$$

die Schwingung ist also stabil.

Falls daher $|q_k| \leqq 1$ für alle k gilt ($k = 1, \ldots, N-1$), so folgt $\|y_{(k)}^j\| \leqq \|y_{(k)}^0\|$ für alle k. Dann nennen wir das Schema *stabil für alle harmonischen Schwingungen.*

Wir bestimmen jetzt die Bedingungen, unter denen dies eintritt. Nach (21) wird $q_k < 1$, wenn $1 + \sigma\tau\lambda_k > 0$ ist, also für $\sigma > -1/(\tau\lambda_k)$. Der Fall $q_k \geqq -1$, d. h.

$$q_k + 1 = \frac{2 + (2\sigma - 1)\,\tau\lambda_k}{1 + \sigma\tau\lambda_k} \geqq 0$$

tritt ein, wenn $2 + (2\sigma - 1)\,\tau\lambda_k \geqq 0$ oder

$$\sigma \geqq \frac{1}{2} - \frac{1}{\tau\lambda_k}$$

ist, und diese Bedingung sichert auch die Gültigkeit von $1 + \sigma\tau\lambda_k > 0$. Wegen

$$\lambda_k \leqq \lambda_{N-1} < \frac{4}{h^2} \quad \text{ist} \quad -\frac{1}{\tau\lambda_k} \leqq -\frac{1}{\tau\lambda_{N-1}} < -\frac{h^2}{4\tau},$$

so daß es hinreicht,

$$\sigma \geqq \frac{1}{2} - \frac{h^2}{4\tau} = \sigma_0 \tag{22}$$

zu nehmen, damit $|q_k| \leqq 1$ für $k = 1, \ldots, N-1$ erfüllt ist. Die Bedingung (22) garantiert also die Stabilität für alle harmonischen Schwingungen.

Wir zeigen als nächstes, daß aus dieser spektralen Stabilitätseigenschaft die Stabilität des Schemas (16a) bezüglich der Anfangswerte $y(x, 0) = u_0(x)$ für jede Gitterfunktion $u_0(x)$ folgt, die auf $\bar{\omega}_h$ definiert und bei $x = 0, 1$ gleich null ist.

Dazu setzen wir die allgemeine Lösung y von (16a) als Summe der speziellen Lösungen $y_{(k)}$ an, haben also

$$y = \sum_{k=1}^{N-1} y_{(k)} = \sum_{k=1}^{N-1} T_k X^{(k)}, \quad \|y\|^2 = \sum_{k=1}^{N-1} (T_k)^2 . \tag{21'}$$

Hier setzen wir den Ausdruck (21) für T_k^j ein:

$$y^j = \sum_{k=1}^{N-1} c_k q_k^j X^{(k)} \quad \text{mit} \quad c_k = T_k^0 .$$

Für die Koeffizienten c_k erhalten wir aus der Anfangsbedingung $y^0 = \sum_{k=1}^{N-1} c_k X^{(k)} = u_0$ wegen der Orthonormalität der $X^{(k)}$ den Wert $c_k = (u_0, X^{(k)})$.

Nach (21) ist $T_k^j = q_k T_k^{j-1}$, und daher folgt aus (21′)

$$\|y^j\|^2 = \sum_{k=1}^{N-1} q_k^2 (T_k^{j-1})^2 \leqq \max_k q_k^2 \sum_{k=1}^{N-1} (T_k^{j-1})^2 = \max_k q_k^2 \|y^{j-1}\|^2$$

oder

$$\|y^j\| \leqq \max_k q_k \|y^{j-1}\| . \tag{23}$$

Bei $\sigma \geqq \sigma_0$ ist $|q_k| \leqq 1$, und wir haben schließlich

$$\|y^j\| \leqq \|y^{j-1}\| \leqq \dots \leqq \|y^0\| = \|u_0\| ;$$

unter der Bedingung (22) ist folglich das Schema (16) bezüglich der Anfangswerte stabil in $L_2(\omega_h)$.

Falls das Schema nur unter einer h und τ verbindenden Bedingung stabil ist, so sprechen wir von *bedingter Stabilität* – und andernfalls von *unbedingter Stabilität*. Wenn ein Schema für beliebige h und τ stabil ist, so heißt es *absolut stabil*. (Es gibt Differenzenverfahren, die nur für hinreichend kleine h und τ stabil, also nicht absolut stabil sind. Davon unabhängig können sie unbedingt stabil sein.)

Zur Illustration betrachten wir einige Spezialfälle des Schemas (16):

1. Das explizite Schema ($\sigma = 0$). Bedingung (22) ergibt $0 \geqq \frac{1}{2} - h^2/4\tau$ oder

$$\tau/h^2 \leqq \frac{1}{2} . \tag{24}$$

Die Bedingung (24) verbindet h und τ; das explizite Schema ist daher bedingt stabil.

2. Für $\sigma \geqq \frac{1}{2}$ ist das (dann implizite) Schema (16) für beliebige h und τ stabil, denn es gilt $\sigma \geqq \frac{1}{2} > \sigma_0$. Damit sind sowohl das rein implizite ($\sigma = 1$) als auch das symmetrische $\left(\sigma = \frac{1}{2}\right)$ Schema absolut stabil.

3. Auch das Schema erhöhter Genauigkeitsordnung ist absolut stabil: Dann ist $\sigma = \sigma_* = \frac{1}{2} - h^2/12\tau$ und daher

$$\sigma_* - \sigma_0 = -\frac{h^2}{12\tau} + \frac{h^2}{4\tau} = \frac{h^2}{6\tau} > 0$$

für beliebige h und τ.

4. Die impliziten Verfahren (16) mit $0<\sigma<\frac{1}{2}$ und einem von $\gamma=\tau/h^2$ unabhängigem Gewicht σ sind bei $\gamma \leqq 1/(2-4\sigma)$ – also bedingt – stabil.

5. Das Schema mit $\sigma=\frac{1}{2}+h^2\alpha/\tau$, dessen Approximation $O(h^2+\tau^2)$ war, ist für beliebige h und τ stabil, falls $\alpha>-\frac{1}{4}$ gilt.

Wie wir sehen, hängt vom Gewicht σ nicht nur die Approximationsordnung, sondern auch die Stabilität des Schemas (16) ab.

5.1.5. Stabilität bezüglich der rechten Seite. Wir beweisen jetzt, daß die Bedingung (22) und $\sigma \geqq 0$ die Stabilität des Schemas (16) bezüglich der rechten Seite garantieren.

Wir gehen dabei von der Aufgabe (16b) aus und schreiben die Differenzengleichung in der Form

$$\hat{y}=Sy+\tau B^{-1}\varphi \quad \text{mit} \quad S=(E-\sigma\tau\Lambda)^{-1}(E+(1-\sigma)\tau\Lambda), \quad B=E-\sigma\tau\Lambda .$$

Daher gilt

$$\|\hat{y}\| \leqq \|S\|\,\|y\|+\tau\|B^{-1}\|\,\|\varphi\| .$$

Die Zahlen q_k (s. (21)) sind die Eigenwerte von S, woraus $\|S\|=\max\limits_k |q_k|$ und mit Formel (22) die Abschätzung $\|S\| \leqq 1$ folgt (vgl. auch (23)). Diese Abschätzung bedeutet, daß das Schema stabil in bezug auf die Anfangswerte ist.

Die Eigenwerte des Operators B sind offensichtlich gleich $1+\sigma\tau\lambda_k$ und die von B^{-1} gleich $1/(1+\sigma\tau\lambda_k)$. Mithin gilt unter unseren Voraussetzungen ($\sigma \geqq 0$ und $\sigma \geqq \sigma_0$) auch die Abschätzung

$$\|B^{-1}\|=\max_k \frac{1}{1+\sigma\tau\lambda_k} \leqq 1 .$$

Insgesamt erhalten wir also

$$\|y^{j+1}\| \leqq \|y^j\|+\tau\|\varphi^j\| \leqq \|y^0\|+\sum_{l=0}^{j}\tau\|\varphi^l\|=\sum_{l=0}^{j}\tau\|\varphi^l\| ,$$

womit für die Lösung der Aufgabe (16b) die Abschätzung

$$\|y^j\| \leqq \sum_{l=0}^{j-1}\tau\|\varphi^l\| \tag{25}$$

erfüllt ist, die die Stabilität des Schemas (16) bezüglich der rechten Seite ausdrückt.

Lassen wir die Bedingung $\sigma \geqq 0$ fallen und setzen stattdessen

$$\sigma \geqq \sigma_\varepsilon, \quad \sigma_\varepsilon=\frac{1}{2}-\frac{1-\varepsilon}{4\tau}h^2 \quad \text{mit} \quad 0<\varepsilon<1$$

voraus, so ergibt sich $\|B^{-1}\| \leqq \frac{1}{\varepsilon}$ und daraus $\|y^j\| \leqq \frac{1}{\varepsilon}\sum\limits_{l=0}^{j-1}\tau\|\varphi^l\|$. Dann ist nämlich

$$1+\sigma\tau\lambda_k=1+(\sigma-\sigma_\varepsilon)\,\tau\lambda_k+\left(\frac{1}{2}-\frac{1-\varepsilon}{4\tau}h^2\right)\tau\lambda_k$$

$$\geqq 1+\frac{1}{2}\tau\lambda_k-\frac{1-\varepsilon}{4}h^2\lambda_{N-1} \geqq 1-\frac{1-\varepsilon}{4}h^2\frac{4}{h^2}=\varepsilon .$$

5.1.6. Konvergenz und Genauigkeit in $L_2(\omega_h)$. Die Konvergenz des Schemas (II) folgt aus seiner Stabilität und Approximation: Indem wir für die Lösung der Aufgabe (III), d. h. den Fehler $z = y - u$, die a-priori-Abschätzung (25) anwenden, finden wir die Abschätzung

$$\|z^j\| \leq \sum_{l=0}^{j-1} \tau \|\psi^l\| \quad \text{bei} \quad \sigma \geq \sigma_0, \quad \sigma \geq 0 . \tag{26}$$

Damit gilt folgender

Satz: *Wenn das Schema* (II) *stabil bezüglich der rechten Seite ist und die Aufgabe* (I) *approximiert, so konvergiert es, wobei die Genauigkeitsordnung gleich der Approximationsordnung ist.*

In die Ungleichung (26) setzen wir die Abschätzung für den Approximationsfehler aus 5.1.3. ein und erhalten damit

$$\|y^j - u^j\| = \begin{cases} O(h^2 + \tau^2), & \sigma = \frac{1}{2}, \quad u \in C_3^4 , \\ O(h^4 + \tau^2), & \sigma = \sigma_*, \quad u \in C_3^6 , \\ O(h^2 + \tau), & \sigma \neq \frac{1}{2}, \quad \sigma \neq \sigma_*, \quad u \in C_2^4 . \end{cases} \tag{27}$$

Bisher war von Stabilität und Konvergenz im Mittel, nämlich in der Norm des Raumes $L_2(\omega_h)$ die Rede. Für die Praxis ist aber eine gleichmäßige Abschätzung des Fehlers der Näherungslösung wichtig, also eine Abschätzung in der Norm $\|y^j - u^j\|_C = \max_{x \in \omega_h} |y^j - u^j|$.

5.1.7. Stabilität und Konvergenz in C. Zur Gewinnung einer gleichmäßigen Abschätzung der Lösung der Differenzenaufgabe (16) kann man die folgenden drei Methoden benutzen:

1) das Maximumprinzip, 2) die energetische Methode, mit deren Hilfe man (über Einbettungssätze) die Stabilität in C bezüglich der rechten Seite nachweisen kann, und 3) die Darstellung der Lösung in „Integral"-Form mit der diskreten Greenschen Funktion (der Einflußfunktion einer zeitlich und räumlich konzentrierten Quelle).

Um das Maximumprinzip (insbesondere Satz 3 aus Abschnitt 4.2.) anzuwenden, schreiben wir die Aufgabe (II) bei homogenen Randbedingungen – also das Schema (16) – in der Gestalt

$$\begin{gathered} \sigma \tau \Lambda \hat{y} - \hat{y} = -y - (1-\sigma) \tau \Lambda y - \tau \varphi = -F , \\ y_0 = 0, \quad \hat{y}_N = 0, \quad y_i^0 = u_0(x_i) \end{gathered} \tag{28}$$

oder, ausgeschrieben, als

$$\begin{gathered} \sigma \gamma \hat{y}_{i-1} - (2\sigma\gamma + 1)\, \hat{y}_i + \sigma \gamma \hat{y}_{i+1} = -F_i, \quad i = 1, 2, \ldots, N-1 , \\ F_i = (1-\sigma)\, \gamma y_{i-1} + (1 - 2\,(1-\sigma)\, \gamma)\, y_i + (1-\sigma)\, \gamma y_{i+1} + \tau \varphi_i , \\ \gamma = \tau/h^2, \quad i = 1, 2, \ldots, N-1 . \end{gathered} \tag{29}$$

Der erwähnte Satz sagt aus, daß die Lösung der Differenzengleichungen

$$\begin{gathered} A_i y_{i-1} - C_i y_i + B_i y_{i+1} = -F_i, \quad i = 1, 2, \ldots, N-1 , \\ y_0 = 0, \quad y_N = 0, \quad |A_i| \neq 0, \quad |B_i| \neq 0 , \end{gathered}$$

der Ungleichung

$$\|y\|_C \leqq \left\| \frac{F}{D} \right\|_C$$

genügt, falls $D_i = |C_i| - |A_i| - |B_i| > 0$ für alle i gilt. Diese Bedingungen (und auch $|A_i| \neq 0$, $|B_i| \neq 0$) sind bei den Gleichungen (29) für $\sigma > 0$ erfüllt, und zwar mit $D_i = 1$, so daß für deren Lösung $\hat{y}$ die Abschätzung $\|\hat{y}\|_C \leqq \|F\|_C$ bei $\sigma \geqq 0$ folgt (bei $\sigma = 0$ ist $\hat{y}_i = F_i$).

Da außerdem

$$\|F\|_C \leqq \|y\|_C + \tau\|\varphi\|_C \quad \text{bei} \quad 1 - 2(1-\sigma)\,\gamma \geqq 0$$

gilt, erhalten wir für das Schema (28) die Ungleichung

$$\|y^{j+1}\|_C \leqq \|y^j\|_C + \tau\|\varphi^j\|_C\,, \tag{30}$$

falls σ, τ und h der Ungleichung

$$\tau \leqq \frac{h^2}{2(1-\sigma)} \tag{31}$$

genügen. Ersetzen wir in (30) j durch l und summieren die Ungleichungen über $l = 0, \ldots, j$, so kommen wir auf die Abschätzung

$$\|y^{j+1}\|_C \leqq \|y^0\|_C + \sum_{l=0}^{j} \tau\|\varphi^l\|_C\,, \tag{32}$$

die die Stabilität des Schemas (16) bezüglich der Anfangsbedingung und der rechten Seite zeigt, wenn (31) erfüllt ist.

Auf die Aufgabe (III) angewandt ergibt die a-priori-Abschätzung (32)

$$\|z^{j+1}\|_C \leqq \sum_{l=0}^{j} \tau\|\psi^l\|_C\,. \tag{33}$$

Hieraus folgt, daß das Schema (II) unter der Bedingung (31) in C mit derselben Geschwindigkeit konvergiert, wie in $L_2(\omega_h)$.

Diese Stabilitätsbedingung (31) bedeutet für das explizite Schema (d. h. für $\sigma = 0$)

$$\tau \leqq h^2/2 \tag{34}$$

und fällt mit der früher gefundenen Stabilitätsbedingung (24) in $L_2(\omega_h)$ zusammen. Das rein implizite Schema ($\sigma = 1$) erweist sich als absolut stabil in C, wohingegen das symmetrische Schema $\left(\sigma = \frac{1}{2}\right)$ bei $\tau \leqq h^2$ in C stabil ist.

5.1.8. Die Methode der energetischen Ungleichungen. Nun benutzen wir die in Kapitel 2. beschriebene energetische Methode zur Stabilitätsuntersuchung des gewichteten Schemas (II).

Dazu führen wir wieder die Skalarprodukte und Normen

$$(y, v) = \sum_{i=1}^{N-1} y_i v_i h\,, \quad \|y\| = \sqrt{(y, y)}\,,$$

$$(y, v] = \sum_{i=1}^{N} y_i v_i h\,, \quad \|y]| = \sqrt{(y, y]}$$

ein. Zunächst formen wir mit Hilfe der Identitäten

$$y=\frac{1}{2}(\hat{y}+y)-\frac{\tau}{2}y_t, \quad \hat{y}=\frac{1}{2}(\hat{y}+y)+\frac{\tau}{2}y_t,$$
$$\sigma\hat{y}+(1-\sigma)y=\left(\sigma-\frac{1}{2}\right)\tau y_t+\frac{1}{2}(\hat{y}+y)$$

das Schema (16b) um:

$$y_t-\left(\sigma-\frac{1}{2}\right)\tau\Lambda y_t-\frac{1}{2}\Lambda(\hat{y}+y)=\varphi, \qquad y(x,0)=0, \quad y(0,t)=y(1,t)=0. \tag{35}$$

Dann multiplizieren wir die Gleichung (35) mit $2\tau y_t h=2(\hat{y}-y)h$ und summieren die erhaltenen Beziehungen über alle inneren Punkte $x=ih$, $i=1,\dots,N-1$. So ergibt sich

$$2\tau\|y_t\|^2-2\left(\sigma-\frac{1}{2}\right)\tau^2(\Lambda y_t, y_t)-(\Lambda(\hat{y}+y),\hat{y}-y)=2\tau(\varphi, y_t). \tag{36}$$

Nun bedienen wir uns der Greenschen Formel (s. 2.3.1.)

$$(\Lambda v, w)=(v_{\bar{x}x}, w)=-(v_{\bar{x}}, w_{\bar{x}}], \quad v_0=w_0=0, \quad v_N=w_N=0$$

für $v=y_t$, $w=y_t$ bzw. für $v=\hat{y}+y$, $w=\hat{y}-y$. Da $y_0=y_N=0$ ist, folgt

$$(\Lambda y_t, y_t)=-\|y_{t\bar{x}}]|^2,$$
$$(\Lambda(\hat{y}+y),\hat{y}-y)=-(\hat{y}_{\bar{x}}+y_{\bar{x}}, \hat{y}_{\bar{x}}-y_{\bar{x}}]=-(\|\hat{y}_{\bar{x}}]|^2-\|y_{\bar{x}}]|^2).$$

Diese Ausdrücke setzen wir in (36) ein und erhalten damit die *energetische Identität*

$$2\tau\left(\|y_t\|^2+\left(\sigma-\frac{1}{2}\right)\tau\|y_{t\bar{x}}]|^2\right)+\|\hat{y}_{\bar{x}}]|^2=\|y_{\bar{x}}]|^2+2\tau(\varphi, y_t). \tag{37}$$

Bisher hatten wir keine Voraussetzungen über σ gemacht. Für $\sigma\geqq\sigma_0$ zeigen wir jetzt, daß die Größe $J=\|v\|^2+\left(\sigma-\frac{1}{2}\right)\tau\|v_{\bar{x}}\|^2$ nichtnegativ ist. Wir erinnern an die Abschätzung

$$\|v_{\bar{x}}]|^2\leqq\frac{4}{h^2}\|v\|^2 \tag{38}$$

aus Abschnitt 2.3. Es sei also $\sigma\geqq\sigma_0=\frac{1}{2}-h^2/4\tau$. Wegen dieser Abschätzung gilt dann

$$J=\|v\|^2+(\sigma-\sigma_0)\tau\|v_{\bar{x}}]|^2+\left(\sigma_0-\frac{1}{2}\right)\tau\|v_{\bar{x}}]|^2\geqq\|v\|^2-\frac{h^2}{4}\|v_{\bar{x}}]|^2\geqq 0.$$

Schreiben wir diese Beziehung für $v=y_t$ auf, so finden wir die *energetische Ungleichung*

$$\|\hat{y}_{\bar{x}}]|^2\leqq\|y_{\bar{x}}]|^2+2\tau(\varphi, y_t) \quad \text{bei} \quad \sigma\geqq\sigma_0.$$

Wenn $\varphi\equiv 0$ gilt und damit y die Lösung der Aufgabe (16a) ist, so folgt

$$\|y_{\bar{x}}^{j+1}]|\leqq\dots\leqq\|y_{\bar{x}}^0]|.$$

Mithin ist das Schema (16) bei $\sigma\geqq\sigma_0$ stabil in bezug auf die Anfangswerte in der Norm $\|y\|_{(1)}=\|y_{\bar{x}}]|$, die ein diskretes Analogon der Norm des Funktionalraumes $\overset{\circ}{W}{}_2^1$ darstellt.

Nun interessieren wir uns für die Stabilität bezüglich der rechten Seite und setzen voraus, daß

$$\sigma \geqq \sigma_\varepsilon, \quad \sigma_\varepsilon = \frac{1}{2} - \frac{(1-\varepsilon)\, h^2}{4\tau}, \quad 0 < \varepsilon \leqq 1, \tag{39}$$

gilt. Dann wird $J \geqq \varepsilon \|v\|^2$:

$$J = \|v\|^2 + (\sigma - \sigma_\varepsilon)\, \tau \|v_{\bar{x}}]|^2 + \left(\sigma_\varepsilon - \frac{1}{2}\right) \tau \|v_{\bar{x}}]|^2$$

$$\geqq \|v\|^2 - \frac{(1-\varepsilon)\, h^2}{4} \|v_{\bar{x}}]|^2 \geqq \|v\|^2 - (1-\varepsilon)\, \|v\|^2 = \varepsilon \|v\|^2 .$$

Setzen wir diese Beziehung in (37) ein, so ergibt sich die energetische Ungleichung

$$2\tau\varepsilon \|y_t\|^2 + \|\hat{y}_{\bar{x}}]|^2 \leqq \|y_{\bar{x}}]|^2 + 2\tau(\varphi, y_t), \quad \sigma \geqq \sigma_\varepsilon . \tag{40}$$

Aus der Schwarzschen Ungleichung und der ε-Ungleichung folgt

$$2\tau(\varphi, y_t) \leqq 2\tau \|\varphi\| \|y_t\| \leqq 2\tau\varepsilon \|y_t\|^2 + \frac{\tau}{2\varepsilon} \|\varphi\|^2 . \tag{41}$$

Durch Einsetzen von (41) in (40) finden wir für $j = l$

$$\|y_{\bar{x}}^{l+1}]|^2 \leqq \|y_{\bar{x}}^l]|^2 + \frac{\tau}{2\varepsilon} \|\varphi^l\|^2$$

und, nach Summation über $l = 0, \ldots, j$ unter Berücksichtigung von $y^0 = 0$,

$$\|y_{\bar{x}}^{j+1}]|^2 \leqq \frac{1}{2\varepsilon} \sum_{l=0}^{j} \tau \|\varphi^l\|^2 .$$

Entsprechend dem Lemma aus 2.3.3. ist $\|y\|_C \leqq \frac{1}{2} \|y_{\bar{x}}]|$, so daß schließlich

$$\|y^{j+1}\|_C \leqq \frac{1}{2\sqrt{2\varepsilon}} \left[\sum_{l=0}^{j} \tau \|\varphi^l\|^2\right]^{1/2}, \quad \sigma \geqq \sigma_\varepsilon ,$$

gilt.

Auf die Aufgabe (III) angewandt, erhalten wir aus dieser Abschätzung

$$\|z^{j+1}\|_C \leqq M_2 \max_l \|\psi^l\|, \quad M_2 = \frac{1}{2} \sqrt{\frac{T}{2\varepsilon}}, \quad \sigma \geqq \sigma_\varepsilon .$$

Hieraus und aus den Abschätzungen des Approximationsfehlers ψ aus 5.1.3. folgt die gleichmäßige Konvergenz des Schemas (II) mit den in (27) angegebenen Geschwindigkeiten. Dabei ist die gleichmäßige Konvergenz des expliziten Schemas ($\sigma = 0$) unter der Bedingung $\tau \leqq h^2/2$ hier jetzt nicht mitenthalten, vgl. (39). Für diesen Fall hatten wir aber im letzten Abschnitt die Abschätzung (33) bewiesen, die zeigt, daß das explizite Schema dann mit der Geschwindigkeit $O(\tau + h^2)$ gleichmäßig konvergiert.

5.1.9. 3-Schicht-Schemata für die Wärmeleitungsgleichung. Eins der ersten Differenzenverfahren, die zur numerischen Lösung der Wärmeleitungsgleichung $\partial u/\partial t = \partial^2 u/\partial x^2$ eingesetzt wurden, war das explizite dreischichtige Richardson-Schema

$$\frac{y^{j+1} - y^{j-1}}{2\tau} = \Lambda y^j \quad \text{oder} \quad y_{\overset{\circ}{t}} = \Lambda y . \tag{42}$$

Hier haben wir folgende Bezeichnungen benutzt:

$$y_{\mathring{t}} = \frac{\hat{y} - \check{y}}{2\tau}, \quad \hat{y} = y^{j+1}, \quad \check{y} = y^{j-1}, \quad y = y^j, \quad \Lambda y = y_{\bar{x}x}.$$

Dieses Schema besitzt, wie man sofort sieht, bezüglich τ und h zweite Approximationsordnung: $\psi = \Lambda u - u_{\mathring{t}} = O(\tau^2 + h^2)$. Es ist aber, wie sich zeigen läßt, absolut instabil (d. h. instabil unabhängig davon, wie man τ und h gegen null streben läßt). Wir bringen nun die Gleichung (42) in die Form

$$\frac{y_i^{j+1} - y_i^{j-1}}{2\tau} = \frac{y_{i-1}^j - 2y_i^j + y_{i+1}^j}{h^2} \tag{43}$$

und ersetzen hier auf der rechten Seite $2y_i^j$ durch $y_i^{j+1} + y_i^{j-1}$. Somit erhalten wir das dreischichtige „Rhombus"-Schema (oder auch: Schema von Dufort und Frankel)

$$\frac{y_i^{j+1} - y_i^{j-1}}{2\tau} = \frac{y_{i-1}^j - y_i^{j+1} - y_i^{j-1} + y_{i+1}^j}{h^2}, \tag{44}$$

welches gleichfalls explizit bezüglich y_i^{j+1}, aber absolut (also für beliebige τ und h) stabil ist. Das „Rhombus"-Schema kann man mit der Bezeichnung $y_{\bar{t}t} = (y_i^{j+1} - 2y_i^j + y_i^{j-1})/\tau^2$ in der Gestalt

$$y_{\mathring{t}} + \frac{\tau^2}{h^2} y_{\bar{t}t} = \Lambda y \tag{45}$$

schreiben, wie man durch folgende Umformung der rechten Seite von (44) feststellt:

$$\frac{y_{i-1} - \hat{y}_i - \check{y}_i + y_{i+1}}{h^2} = \frac{y_{i-1} - 2y_i + y_{i+1}}{h^2} - \frac{\hat{y}_i - 2y_i + \check{y}_i}{h^2} = y_{\bar{x}x} - \frac{\tau^2}{h^2} y_{\bar{t}t}.$$

Setzen wir diesen Ausdruck in (44) ein, so kommen wir gerade auf die Beziehung (45). Mithin ergibt sich das „Rhombus"-Schema aus dem Richardson-Schema durch Addition von $\frac{\tau^2}{h^2} y_{\bar{t}t}$. Diese Größe auf der linken Seite von (45) sichert also die Stabilität. Daß das Schema (45) tatsächlich stabil ist, folgt aus der allgemeinen Stabilitätstheorie, die wir im nächsten Kapitel darlegen. Deswegen gehen wir hier nicht weiter darauf ein.

Der Approximationsfehler des Schemas (45) hat die Gestalt

$$\psi = \Lambda u - u_{\mathring{t}} - \frac{\tau^2}{h^2} u_{\bar{t}t} = u'' - \dot{u} - \frac{\tau^2}{h^2} \ddot{u} + O(\tau^2 + h^2) = -\frac{\tau^2}{h^2} \ddot{u} + O(\tau^2 + h^2).$$

Das „Rhombus"-Schema approximiert die Wärmeleitungsgleichung daher nur bedingt, z. B. wird

$$\psi = O(\tau^2 + h^2 + \tau^2/h^2) = O(h^2) \quad \text{bei} \quad \tau = O(h^2).$$

Nehmen wir $\tau = \alpha h(1 + O(h))$ mit $\alpha = \text{const}$, so approximiert das Schema offensichtlich die Gleichung

$$\frac{\partial u}{\partial t} + \alpha^2 \frac{\partial^2 u}{\partial t^2} = \frac{\partial^2 u}{\partial x^2}.$$

Häufig benutzt man für die inhomogene Wärmeleitungsgleichung folgende impliziten 3-Schicht-Schemata mit Gewicht:

a) die symmetrischen Verfahren

$$y_{\overset{\circ}{t}} = \Lambda(\sigma\hat{y} + (1-2\sigma)\, y + \sigma\check{y}) + \varphi\,, \tag{46}$$

b) die asymmetrischen Verfahren

$$y_t + \sigma\tau y_{\bar{t}t} = \Lambda\hat{y} + \varphi\,. \tag{47}$$

Da die Schemata (46) und (47) die drei Schichten t_{j-1}, t_j und t_{j+1} enthalten, kann man sie erst ab $j \geqq 1$ verwenden; der Wert bei $t=0$ ist $u_0(x)$, den Wert bei $t=\tau$ muß man zusätzlich vorgeben. Man kann beispielsweise

$$y_t(x,0) = \bar{u}_0(x), \quad \text{d. h. } y(x,\tau) = y(x,0) + \tau\bar{u}_0(x)$$

setzen, wobei $\bar{u}_0$ so gewählt wird, daß

$$y(x,\tau) - u(x,\tau) = O(\tau^2)$$

gilt, z. B. $\bar{u}_0(x) = u_0''(x) + f(x,0)$, vgl. 2.1.7. Zur Bestimmung von $y(x,\tau)$ kann man auch 2-Schicht-Schemata nehmen.

Wegen

$$\sigma\hat{u} + (1-2\sigma)u + \sigma\check{u} = u + \sigma\tau^2 u_{\bar{t}t} = u + O(\tau^2)$$

hat das symmetrische Verfahren (46) zweite Approximationsordnung in bezug auf τ und h. Für den Approximationsfehler des asymmetrischen Verfahrens (47) erhalten wir

$$\begin{aligned}\psi &= \Lambda\hat{u} + \varphi - (u_t + \sigma\tau u_{\bar{t}t}) = L\hat{u} + \varphi - \left(\hat{\dot{u}} - \frac{1}{2}\tau\hat{\ddot{u}} + \sigma\tau\hat{\ddot{u}}\right) + O(\tau^2 + h^2)\\ &= (L\hat{u} + \hat{f} - \hat{\dot{u}}) + (\varphi - \hat{f}) - \left(\sigma - \frac{1}{2}\right)\tau\hat{\ddot{u}} + O(\tau^2 + h^2)\,.\end{aligned} \tag{48}$$

Daraus folgt weiter

$$\psi = O(h^2 + \tau^2) \quad \text{bei} \quad \sigma = \frac{1}{2}, \quad \varphi = \hat{f}\,,$$

$$\psi = O(h^2 + \tau) \quad \text{bei} \quad \sigma \neq \frac{1}{2}, \quad \varphi = \hat{f}\,.$$

Schreibt man in (48) die Glieder der Ordnung $O(h^2)$ aus und berücksichtigt $\dot{u} = u'' + f$, so stellt man fest, daß das Schema (47) bei

$$\sigma = \frac{1}{2} + h^2/(12\tau) \quad \text{und} \quad \varphi = \hat{f} + \frac{h^2}{12}\,(\hat{f}'' + \hat{\dot{f}})$$

die Approximation $O(h^4 + \tau^2)$ besitzt.

Die Werte $\hat{y}$ der Lösung der Aufgabe (46) und (47) auf der neuen Schicht bestimmen sich aus 3-Punkt-Gleichungen der Art

$$A\hat{y}_{i-1} - C\hat{y}_i + B\hat{y}_{i+1} = -F_i\,, \tag{49}$$

wo die rechte Seite F_i von y, $\check{y}$ und φ abhängt. Dazu kommen noch die üblichen Randbedingungen bei $i=0$, N. Zur Lösung dieser Aufgaben können wir wieder die verkürzte Gaußelimination verwenden. Bei der Rechnung müssen immer die Lösungswerte y und $\check{y}$ der zwei vorangehenden Schichten gespeichert werden (während bei 2-Schichtverfahren nur die letzte vorangehende Schicht zu speichern ist).

Zum Stabilitätsbeweis für 3-Schicht-Schemata kommen wir in Kapitel 6. Wir führen hier nur die fertigen Ergebnisse an: Das symmetrische Verfahren (46) ist bei $\sigma > \frac{1}{4}$ stabil, das asymmetrische Verfahren (47) bei $\sigma \geqq -\frac{1}{2}$.

5.2. Asymptotische Stabilität

5.2.1. Einführung. Bei der Behandlung von Differenzenverfahren für die Wärmeleitungsgleichung haben wir gesehen, daß die Stabilitätsbedingung (die Beschränkung des Zeitschrittes τ nach oben) in einfachster Weise durch den Übergang zu impliziten Verfahren abgeschwächt wird.

So sind alle Schemata, deren Gewicht für die obere Schicht der Bedingung

$$\sigma \geqq \sigma_0, \quad \sigma_0 = \frac{1}{2} - \frac{h^2}{4\tau}$$

genügt, stabil, insbesondere also die Schemata mit $\sigma = \frac{1}{2}$ und $\sigma = 1$.

Letztlich interessiert uns aber die Genauigkeit, mit der wir die Näherungslösung einer Differentialgleichung bestimmen. Dabei ist es selbstverständlich, daß eine vorgegebene Genauigkeit mit einem möglichst geringen Aufwand an arithmetischen und logischen Operationen, also mit kürzestmöglicher Rechenzeit erreicht werden muß.

Ein Weg zur Verringerung der Zahl der Rechenoperationen führt über die Vervollkommnung der Differenzenverfahren, und hierzu tragen die Bemühungen bei, mit einem Schema die Grundeigenschaften der gegebenen Differentialgleichung im Raum der Gitterfunktionen möglichst gut wiederzugeben.

Eine dieser Eigenschaften ist das asymptotische Verhalten (für $t \to \infty$) der Lösung einer Differentialgleichung. Als Beispiel dafür betrachten wir die Wärmeleitungsgleichung:

$$\begin{aligned} &\frac{\partial u}{\partial t} = \frac{\partial^2 u}{\partial x^2}, \quad 0 < x < 1, \quad t > 0, \\ &u(x, 0) = u_0(x), \quad 0 \leqq x \leqq 1, \quad u(0, t) = u(1, t) = 0, \quad t \geqq 0. \end{aligned} \tag{1}$$

Mit der Fourierzerlegung finden wir die Lösung dieser Aufgabe,

$$u(x, t) = \sum_{k=1}^{\infty} c_k e^{-\lambda_k t} X_k(x),$$

$$X_k(x) = \sqrt{2} \sin \pi k x$$

mit

$$\lambda_k = k^2 \pi^2, \quad c_k = (u_0, X_k) = \int_0^1 u_0(x)\, X_k(x)\, \mathrm{d}x,$$

$$\|u(x, t)\|^2 = \sum_{k=1}^{\infty} c_k^2 e^{-2\lambda_k t} \|X_k\|^2 = \sum_{k=1}^{\infty} c_k^2 e^{-2\lambda_k t},$$

wobei wir $\|X_k\| = 1$ benutzt haben.

Wegen $\lambda_1 < \lambda_2 < \dots$ gilt

$$\|u(t)\|^2 \leqq e^{-2\lambda_1 t} \sum_{k=1}^{\infty} c_k^2 = e^{-2\lambda_1 t} \|u_0\|^2,$$

so daß also die Lösung der Aufgabe (1) für $t \geqq 0$ der Abschätzung

$$\|u(t)\| \leqq e^{-\lambda_1 t} \|u(0)\| \tag{2}$$

genügt. Mit wachsendem t klingen alle harmonischen Schwingungen $u_{(k)} = c_k e^{-\lambda_k t} X_k(x)$ ab, und zwar die mit $k > 1$ schneller als die erste harmonische Schwingung. Daher haben wir für hinreichend große t und bei $c_1 \neq 0$ die Approximation

$$u(x, t) \approx c_1 e^{-\lambda_1 t} X_1(x), \quad c_1 \neq 0 . \tag{3}$$

Dieses Stadium eines Wärmeleitprozesses heißt auch *regulärer Zustand.*

Wir fordern nun, daß die die Aufgabe (1) approximierende Differenzenlösung Eigenschaften besitzt, die (2) und (3) analog sind. Ein Schema, für welches dies zutrifft, nennen wir *asymptotisch stabil.*

Für das gewichtete Schema

$$\begin{aligned} &y_t = \Lambda(\sigma \hat{y} + (1-\sigma)\, y), \quad x \in \omega_h, \quad t = j\tau > 0, \quad \Lambda y = y_{\bar{x}x}, \\ &y_0 = y_N = 0, \quad y(x, 0) = u_0(x), \quad x \in \bar{\omega}_h, \end{aligned} \tag{4}$$

hatten wir in 5.1.4. die Abschätzung (23) bewiesen, aus der die Ungleichung

$$\|y^j\| \leqq \varrho^j \|y^0\| \tag{5}$$

mit

$$\varrho = \max_{1 \leqq k \leqq N-1} |q_k|, \quad q_k = \frac{1-(1-\sigma)\,\tau\lambda_k}{1+\sigma\tau\lambda_k}, \quad \lambda_k = \frac{4}{h^2} \sin^2 \frac{\pi h k}{2}$$

folgt. Ein Schema, für dessen Lösung y die Ungleichung (5) erfüllt ist, heißt *ϱ-stabil,* s. auch Abschnitt 6.2.

5.2.2. Die asymptotische Stabilität. Wir klären jetzt die Bedingung, unter denen die Lösung y^j der Differenzenaufgabe (4) für große t_j den regulären Zustand erreicht:

$$y_i^j = y(x_i, t_j) \approx c_1 q_1^j X_1(x_i) . \tag{6}$$

Das ist nach Ungleichung (5) und 5.1.4. offensichtlich nur dann möglich, wenn die erste harmonische Schwingung überwiegt, d. h., wenn $\max\limits_k |q_k| = |q_1|$ gilt:

$$\max_{1 \leqq k \leqq N-1} q_k = \varrho = \left| \frac{1-(1-\sigma)\,\tau\lambda_1^h}{1+\sigma\tau\lambda_1^h} \right| . \tag{7}$$

Um die Voraussetzungen zu finden, unter denen die Bedingung (7) erfüllt ist, betrachten wir die Funktion

$$f(\lambda_k^h) = q_1^2 - q_k^2 = (1-\eta_1)^2 - (1-\eta_k)^2 = 2(\eta_k - \eta_1)\left(1 - \frac{1}{2}(\eta_1 + \eta_k)\right),$$

mit $\eta_k = \lambda_k^h/(1+\sigma\tau\lambda_k^h)$. Wie wir sehen, wächst η_k bei $\sigma \geqq 0$ monoton mit k. Daher wird $f(\lambda_k^h) \geqq 0$ für $\eta_1 + \eta_{N-1} \leqq 2$, was der Ungleichung

$$2 + (2\sigma - 1)\,\tau(\delta + \Delta) + 2\sigma(\delta - 1)\,\tau^2\delta\Delta \geqq 0, \quad \delta = \lambda_1^h, \quad \Delta = \lambda_{N-1}^h , \tag{8}$$

äquivalent ist.

Aus der Ungleichung (8) folgt also Bedingung (7), und wegen (5) ergibt sich die Abschätzung

$$\|y^j\| \leqq \varrho^j \|y^0\|, \quad \varrho^j = \left(\frac{1-(1-\sigma)\,\tau\delta}{1+\sigma\tau\delta}\right)^j = e^{-t_j\delta}\left(1 + O\left(\tau\left(\sigma - \frac{1}{2}\right) + \tau^2\right)\right).$$

Für das explizite, rein implizite und das symmetrische Schema finden wir bei Gültigkeit der Bedingungen (8) und (7) folgende Beziehungen:

Bei $\sigma = 0$ wird $\varrho = 1 - \tau\delta$ für $\tau \leqq \tau_0 = 2/(\delta + \Delta)$,

bei $\sigma = 1$ ist $\varrho = 1/(1 + \tau\delta)$ für beliebige τ,

bei $\sigma = \frac{1}{2}$ wird $\varrho = \left(1 - \frac{1}{2}\tau\delta\right) \Big/ \left(1 + \frac{1}{2}\tau\delta\right)$ für $\tau \leqq \tau_0 = 2/\sqrt{\delta\Delta}$.

Daraus sehen wir, daß für das explizite Schema die Bedingung der asymptotischen Stabilität mit der üblichen Stabilitätsbedingung zusammenfällt, denn es ist $\delta + \Delta = 4/h^2$ und somit $\tau_0 = \frac{h^2}{2}$.

Das symmetrische Schema $\left(\sigma = \frac{1}{2}\right)$ hatten wir in 5.1.4. als absolut stabil nachgewiesen. Nun erweist es sich (wenn man nämlich in (5) nicht mehr $\varrho = 1$ zuläßt) als asymptotisch stabil unter der Zusatzbedingung $\tau \leqq \tau_0 = 2/\sqrt{\delta\Delta}$. Im Spezialfall (4) wird $\tau_0 = h^2/\sin\pi h \approx h/\pi$, was für den Zeitschritt keine einschneidende Beschränkung darstellt. Wenn man aber mit $\tau > \tau_0$ rechnet, so wird das Maximum von $|q_k|$ nicht für $k = 1$, sondern für $k = N-1$, also die letzte harmonische Schwingung, angenommen. Dann hat die Differenzenlösung für große t_j die Asymptotik $y^j \approx c_{N-1} q_{N-1}^j X_{N-1}$, die von der Asymptotik (3) der exakten Lösung $u(x, t)$ grundverschieden ist. Wie wir sehen, ist die asymptotische Stabilität eines Differenzenschemas eng mit seiner (relativen) Genauigkeit verbunden; die Verletzung der Bedingung der asymptotischen Stabilität führt zum Genauigkeitsverlust des Schemas bei großen t.

Das rein implizite Schema schließlich ist absolut stabil und auch für beliebige τ asymptotisch stabil. Es besitzt aber bezüglich τ nur erste Genauigkeitsordnung und seine Genauigkeit fällt mit wachsendem t. Will man diesen Verlust kompensieren, so muß man τ bis zu solchen Werten verkleinern, bei denen auch das (dann viel weniger aufwendige) explizite Schema einsetzbar ist.

Abschließend wollen wir zu diesem Thema auf das 3-Schicht-Schema

$$\frac{3}{2} y_t - \frac{1}{2} y_{\bar{t}} + Ay + 0, \qquad Ay = -y_{\bar{x}x},$$

für die Aufgabe (1) hinweisen. Es hat zweite Genauigkeitsordnung und ist bei $\tau\delta < \frac{1}{2}$ absolut stabil, wobei die Geschwindigkeit des Abklingens mit der Genauigkeit $O(\tau^2 + h^2)$ wiedergegeben wird (s. ausführlicher [11]). Die genannte Bedingung ist wegen $\delta = \lambda_1^h = \frac{4}{h^2} \sin^2 \frac{\pi h}{2} < \pi^2$ keine starke Einschränkung.

5.3. Differenzenverfahren für die räumlich mehrdimensionale Wärmeleitungsgleichung

5.3.1. Das explizite Schema. Die in Abschnitt 5.1. betrachteten Differenzenverfahren können auf den Fall der Wärmeleitungsgleichung mit mehreren räumlichen Variablen verallgemeinert werden.

Es sei $\bar{G} = G + \Gamma$ ein p-dimensionales Gebiet mit dem Rand Γ. Gesucht wird die im Zylinder $\bar{Q}_T = \bar{G} \times [0 \leqq t \leqq T]$ stetige Funktion $u(x, t)$, $x = (x_1, \ldots, x_p) \in \bar{G}$, die der Differentialgleichung

$$\frac{\partial u}{\partial t} = \Delta u + f(x, t), \quad x \in G, \quad t > 0, \tag{1}$$

und den Zusatzbedingungen

$$u(x, 0) = u_0(x), \quad x \in \bar{G}, \quad u(x, t) = \mu(x, t), \quad x \in \Gamma, \quad t \geqq 0,$$

genügt, wobei

$$\Delta u = \sum_{\alpha=1}^{p} \frac{\partial^2 u}{\partial x_\alpha^2}$$

der Laplaceoperator ist.

In $\bar{G}$ führen wir das Gitter $\bar{\omega}_h$ ein. Die Menge der auf Γ liegenden Punkte von $\bar{\omega}_h$ bezeichnen wir mit γ_h, die Menge der inneren Punkte sei ω_h, so daß $\bar{\omega}_h = \omega_h + \gamma_h$ gilt.

Die Konstruktion des Differenzenschemas beginnen wir mit der Approximation des elliptischen Operators Δu durch den Differenzenoperator Λu in den inneren Punkten ω_h, vgl. Abschnitt 4.1. Indem wir in (1) den Laplaceoperator durch Λ ersetzen, erhalten wir das System gewöhnlicher Differentialgleichungen

$$\frac{\mathrm{d}v}{\mathrm{d}t} = \Lambda v + \varphi(x, t), \quad x \in \omega_h, \tag{2}$$

in welchem $v(x, t)$ für alle $t \geqq 0$ auf dem Gitter ω_h definiert ist. Die Ordnung des Systems (2) ist gleich der Zahl N der Punkte von ω_h, die rechte Seite $\varphi(x, t)$ approximiert $f(x, t)$ auf ω_h.

Jetzt führen wir das Zeitgitter

$$\bar{\omega}_\tau = \{t_j = j\tau, \ j = 0, 1, 2, \ldots, j_0, \ j_0\tau = T\}$$

mit der Schrittweite τ ein. Um zu einem Differenzenschema für die auf dem Gitter

$$\bar{\omega}_{h\tau} = \bar{\omega}_h \times \bar{\omega}_\tau = \{(x_i, t_j), \ x \in \bar{\omega}_h, \ t \in \bar{\omega}_\tau\}$$

definierte Näherungslösung $y(x, t)$ überzugehen, ersetzen wir das Differentialgleichungssystem (2) durch ein Schema bezüglich t. Nehmen wir beispielsweise das Eulerverfahren, so erhalten wir das explizite Schema

$$\begin{aligned} &\frac{y^{j+1} - y^j}{\tau} = \Lambda y^j + \varphi^j, && j = 0, 1, 2, \ldots, \\ &y^0 = y(x, 0) = u_0(x), \quad y^j|_{\gamma_h} = \mu^j, && j = 0, 1, 2, \ldots \end{aligned} \tag{3}$$

Dann werden die Werte y^{j+1} auf der neuen Schicht nach der Formel

$$y^{j+1} = y^j + \tau(\Lambda y^j + \varphi^j), \quad j = 0, 1, \ldots,$$

bestimmt.

Zur Vereinfachung der Darstellung setzen wir jetzt voraus, daß $\bar{G}$ das Parallelepiped $\{0 \leqq x_\alpha \leqq l_\alpha, \ \alpha = 1, \ldots, p\}$ und $\bar{\omega}_h$ das in den einzelnen Koordinatenrichtungen äquidistante Gitter mit den Schrittweiten $h_\alpha = l_\alpha / N_\alpha$ ist.

Zur Approximation des Laplaceoperators nehmen wir den $(2p+1)$-Punkt-Operator

$$\begin{aligned} &\Lambda y = \sum_{\alpha=1}^{p} \Lambda_\alpha y, \\ &\Lambda_\alpha y = y_{\bar{x}_\alpha x_\alpha} = \frac{y^{(+1_\alpha)} - 2y + y^{(-1_\alpha)}}{h_\alpha^2}, \end{aligned} \tag{4}$$

wobei wir an folgende Bezeichnungen erinnern: y ist der Wert der Näherungslösung an der Stelle $x = (i_1 h_1, \ldots, i_p h_p)$, $y^{(\pm 1_\alpha)} = y(x^{(\pm 1_\alpha)}, t)$, und $x^{(\pm 1_\alpha)} = (i_1 h_1, \ldots, i_{\alpha-1} h_{\alpha-1}, (i_\alpha \pm 1) h_\alpha, i_{\alpha+1} h_{\alpha+1}, \ldots, i_p h_p)$ ist der rechte bzw. linke Nachbarpunkt von x. •

Mit

$$\Lambda u = \Delta u + \sum_{\alpha=1}^{p} \frac{h_\alpha^2}{12} L_\alpha^2 u + O(|h|^4),$$

$$L_\alpha u = \frac{\partial^2 u}{\partial x_\alpha^2}, \quad |h|^2 = h_1^2 + h_2^2 + \dots + h_p^2$$

erhalten wir den Defekt

$$\psi = \Lambda u^j + \varphi^j - \frac{u^{j+1} - u^j}{\tau} = O(|h|^2 + \tau),$$

falls $\varphi^j = f(x, t_j) + O(|h|^2 + \tau)$ gilt.

Das Schema (3) ist in bezug auf die Rand- und Anfangsdaten und die rechte Seite bedingt stabil in C, was wir mit Hilfe des Maximumprinzips beweisen werden. Dazu bringen wir (3) in die Normalform

$$y^{j+1} = \left(1 - 2 \sum_{\alpha=1}^{p} \frac{\tau}{h_\alpha^2}\right) y^j + \sum_{\alpha=1}^{p} \frac{\tau}{h_\alpha^2} \left(y^j(x^{(+1_\alpha)}) + y^j(x^{(-1_\alpha)})\right) + \varphi^j. \tag{5}$$

Durch Vergleich mit der allgemeinen Gleichung

$$A(P)\, y(P) = \sum_{Q \in S'(P)} B(P, Q)\, y(Q) + F(P) \tag{6}$$

stellen wir fest, daß hier folgende Beziehungen gelten:

$$P = (x, t_{j+1}), \quad Q = (x, t_j), \quad (x^{(+1_\alpha)}, t_j), \quad (x^{(-1_\alpha)}, t_j), \quad \alpha = 1, 2, \dots, p,$$

$$A(P) = 1, \quad B(P, Q) = 1 - 2 \sum_{\alpha=1}^{p} \frac{\tau}{h_\alpha^2} \quad \text{bzw.} \quad B(P, Q) = \frac{\tau}{h_\alpha^2}.$$

Der Rand γ_h des Gitters $\bar{\omega}_h$ besteht bei der Gleichung (5) aus den Punkten $(x, 0)$ mit $x \in \bar{\omega}_h$ und (x, t_l), mit $x \in \gamma_h$ und $l \leq j + 1$. Wie man sofort sieht, gilt

$$D(P) = A(P) - \sum_{Q \in S'(P)} B(P, Q) = 0,$$

und es wird

$$B(P, Q) \geq 0 \quad \text{bei} \quad 1 - 2 \sum_{\alpha=1}^{p} \frac{\tau}{h_\alpha^2} \geq 0. \tag{7}$$

Die Lösung y der Aufgabe (3) spalten wir in $y = \bar{y} + \tilde{y}$ auf, wobei $\bar{y}$ die Lösung der homogenen Gleichung

$$\bar{y}_t = \Lambda \bar{y}, \quad \bar{y}|_{\gamma_h} = \mu, \quad \bar{y}(x, 0) = u_0(x)$$

und $\tilde{y}$ die Lösung der inhomogenen Gleichung

$$\tilde{y}_t = \Lambda \tilde{y} + \varphi, \quad \tilde{y}|_{\gamma_h} = 0, \quad \tilde{y}(x, 0) = 0$$

ist. Damit genügt $\bar{y}$ der Gleichung (6) bei $F = 0$, und unter der Bedingung (7) erhalten wir aus dem Maximumprinzip (s. die Folgerung aus dem Satz 2 in 4.2.3.) das Resultat

$$\|\bar{y}(x, t_j)\|_C \leq \max \left(\max_{x \in \gamma_h} \max_{t_l \leq t_j} |\mu(x, t_l)|, \|u_0(x)\|_C \right).$$

Hieraus folgt weiter die Ungleichung

$$\|\bar{y}^j\|_C \leq \max_{0 \leq l \leq j} \|\mu^l\|_{C_\gamma} + \|u_0\|_C \tag{8}$$

mit

$$\|\mu\|_{C_\gamma} = \max_{x \in \gamma_h} |\mu(x, t)| ,$$

die die Stabilität des expliziten Schemas (3) bezüglich der Rand- und Anfangsbedingungen unter der Bedingung (7), d. h.

$$\tau \leqq \tau_0, \quad \tau_0 = \frac{1}{2} \left(\sum_{\alpha=1}^{p} \frac{1}{h_\alpha^2} \right)^{-1} \tag{9}$$

ausdrückt.

Zur Abschätzung von $\tilde{y}$ gehen wir in Analogie zum eindimensionalen Fall vor (vgl. Abschnitt 5.1.7.) und schreiben die Differenzengleichung als

$$\tilde{y}^{j+1} = F^j$$

mit

$$F = \left(1 - 2 \sum_{\alpha=1}^{p} \frac{\tau}{h_\alpha^2}\right) \tilde{y} + \sum_{\alpha=1}^{p} \frac{\tau}{h_\alpha^2} \left(\tilde{y}^{(+1_\alpha)} + \tilde{y}^{(-1_\alpha)}\right) + \tau\varphi .$$

Bei $\tau \leqq \tau_0$ gilt $\|F\|_C \leqq \|\tilde{y}\|_C + \tau\|\varphi\|_C$, und dann ist

$$\|\tilde{y}^{l+1}\|_C = \|F^l\|_C \leqq \|\tilde{y}^l\|_C + \tau\|\varphi^l\|_C .$$

Durch Summation über l von 0 bis j finden wir

$$\|\tilde{y}^{j+1}\|_C \leqq \sum_{l=0}^{j} \tau\|\varphi^l\|_C \quad \text{bei} \quad \tau \leqq \tau_0 . \tag{10}$$

Diese Ungleichung drückt die Stabilität des expliziten Schemas in bezug auf die rechte Seite aus. Fassen wir (8) und (10) zusammen, so erhalten wir die Abschätzung

$$\|y^{j+1}\|_C \leqq \|u_0\|_C + \max_{0 \leqq l \leqq j+1} \|\mu^l\|_{C_\gamma} + \sum_{l=0}^{j} \tau\|\varphi^l\|_C , \tag{11}$$

die bei der Bedingung $\tau \leqq \tau_0$ gilt.

Mit der Bezeichnung $h = \min h_\alpha$ folgt aus der Stabilitätsbedingung (9)

$$\tau \leqq \frac{h^2}{2p} .$$

Der zulässige Zeitschritt τ des expliziten Schemas wird also mit wachsender Dimensionszahl kleiner.

5.3.2. Ein explizites 3-Schicht-Schema. Das einfachste explizite 3-Schicht-Schema ist das Richardson-Schema

$$\frac{y^{j+1} - y^{j-1}}{2\tau} = \Lambda y^j + \varphi^j , \tag{12}$$

das aber, wie schon in 5.1.9. gesagt, absolut instabil ist. Das dort behandelte Dufort-Frankel-Schema hat nun folgendes p-dimensionales Analogon:

$$y_{\mathring{t}} + \frac{\tau^2 \Delta_0}{4} y_{\bar{t}t} = \Lambda y + \varphi \tag{13}$$

mit

$$\Delta_0 = 4 \sum_{\alpha=1}^{p} \frac{1}{h_\alpha^2} .$$

Bei $h_1 = h_2 = \ldots = h_p = h$ (also im Falle eines kubischen Gitters) ist $\Delta_0 = 4p/h^2$, und statt (13) haben wir dann

$$y_{\mathring{t}} + \frac{p\tau^2}{h^2} y_{\bar{t}t} = \Lambda y + \varphi .$$

Daraus ergibt sich zur Bestimmung von $\hat{y} = y^{j+1}$ die Formel

$$(1 + 2\gamma)\,\hat{y} = (1 - 2\gamma)\,\check{y} + 4\gamma y + 2\tau\Lambda y + 2\tau\varphi$$

mit $y = y^j$, $\check{y} = y^{j-1}$, $\gamma = p\tau/h^2$.

Das Schema (13) ist für beliebige τ und h stabil, wie aus der allgemeinen Stabilitätstheorie in Kapitel 6. folgt. Es besitzt aber nur eine bedingte Approximation, denn bei $\varphi = f$ und für das kubische Gitter gilt für den Defekt

$$\psi = \Lambda u + \varphi - u_{\mathring{t}} - \frac{p\tau^2}{h^2} u_{\bar{t}t} = O(h^2)$$

nur im Falle $\tau = O(h^2)$.

5.3.3. Gewichtete Differenzenverfahren. Durch Diskretisierung von t erhalten wir aus Gleichung (2) auch das Schema mit Gewicht

$$\frac{y^{j+1} - y^j}{\tau} = \Lambda(\sigma y^{j+1} + (1 - \sigma)\,y^j) + \varphi^j$$

oder, indexfrei geschrieben,

$$\begin{aligned} &y_t = \Lambda(\sigma\hat{y} + (1 - \sigma)\,y) + \varphi, \quad x \in \omega_h, \quad t = j\tau > 0 , \\ &y|_{\gamma_h} = \mu, \quad y(x, 0) = u_0(x), \quad x \in \bar{\omega}_h . \end{aligned} \tag{14}$$

Wir setzen hier $\varphi = \bar{f} = f(x, t_{j+1/2})$; wie in 5.3.1. seien $\bar{G}$ das Parallelepiped und Λ der Operator (4).

Zur Abschätzung der Approximationsordnung berechnen wir den Defekt:

$$\begin{aligned} \psi &= \Lambda(\sigma\hat{u} + (1 - \sigma)\,u) + \varphi - u_t \\ &= \Lambda \frac{u + \hat{u}}{2} + \left(\sigma - \frac{1}{2}\right) \tau\Lambda u_t + \varphi - u_t \\ &= L\bar{u} + \left(\sigma - \frac{1}{2}\right) \tau L\dot{u} + \bar{f} - \dot{u} + (\varphi - \bar{f}) + O(\tau^2 + |h|^2) \\ &= \left(\sigma - \frac{1}{2}\right) \tau L\dot{u} + O(\tau^2 + |h|^2) . \end{aligned}$$

Hier ist $Lu = \Delta u$, $\bar{u} = u(x, t_{j+1/2})$, $\varphi = \bar{f}$, $\dot{u} = \partial u/\partial t$. Außerdem haben wir die Identität

$$\hat{u} + (1 - \sigma)\,u = \frac{\hat{u} + u}{2} + \left(\sigma - \frac{1}{2}\right) \tau u_t$$

benutzt. Damit wird

$$\psi = O(\tau^2 + |h|^2) \quad \text{für} \quad \sigma = \frac{1}{2} \quad \text{und} \quad \psi = O(\tau + |h|^2) \quad \text{für} \quad \sigma \neq \frac{1}{2}.$$

Auf das gewichtete Schema (14) ist das Maximumprinzip unter der Bedingung

$$\tau \leqq \tau_0 = \frac{1}{2(1 - \sigma)} \left(\sum_{\alpha=1}^{p} \frac{1}{h_\alpha^2} \right)^{-1}, \quad 0 \leqq \sigma \leqq 1 ,$$

anwendbar. Bei $\sigma=1$ wird der Zeitschritt τ hierdurch also nicht eingeschränkt. Ist die Bedingung $\tau \leqq \tau_0$ erfüllt, so genügt die Lösung von (14) der Abschätzung (11). Bringen wir nämlich das Verfahren (14) auf die Normalform (6), so erhalten wir

$$A(P)=1+2\sigma \sum_{\alpha=1}^{p} \frac{\tau}{h_\alpha^2},$$

$$B(P,Q)=\sigma \cdot \frac{\tau}{h_\alpha^2}, \quad (1-\sigma)\frac{\tau}{h_\alpha^2}, \quad 1-2(1-\sigma)\sum_{\alpha=1}^{p} \frac{\tau}{h_\alpha^2},$$

und bei $\tau \leqq \tau_0$, $0 \leqq \sigma \leqq 1$ gelten die Beziehungen $A(P)>1$, $B(P,Q)\geqq 0$, und außerdem ist $D(P)=0$.

Anstelle von Schema (14) kann man auch ein Schema mit verschiedenen Gewichten σ_α für die einzelnen Koordinatenrichtungen x_α verwenden:

$$y_t=\sum_{\alpha=1}^{p} \Lambda_\alpha(\sigma_\alpha \hat{y}+(1-\sigma_\alpha)\,y)\,.$$

In diesem Fall lautet die Stabilitätsbedingung für die Maximumnorm

$$\tau \leqq \tau_0, \quad \tau_0=\frac{1}{2}\left(\sum_{\alpha=1}^{p} \frac{1-\sigma_\alpha}{h_\alpha^2}\right)^{-1}.$$

5.4. Die Transportgleichung

5.4.1. Explizite Differenzenverfahren für die Anfangswertaufgabe. Die Gleichung erster Ordnung

$$\frac{\partial u}{\partial t}+a\frac{\partial u}{\partial x}=0$$

heißt Transportgleichung; sie beschreibt z. B. die zeitliche und örtliche Veränderung der Dichte $u=u(x,t)$ einer mit der Geschwindigkeit $a=v$ in x-Richtung strömenden inkompressiblen Flüssigkeit.

Die Transportgleichung dient als einfachster Modellfall, als Prüfstein für Differenzenverfahren zur Lösung der komplizierteren Akustikgleichungen, der kinetischen Integro-Differentialgleichungen des Neutronentransports, der nichtlinearen Gleichungen der Gasdynamik und weiterer Gleichungssysteme. Dementsprechend ist die Darlegung in diesem Abschnitt vor allem von methodischem Interesse.

Wir betrachten zunächst die Anfangswertaufgabe

$$\frac{\partial u}{\partial t}+a\,\frac{\partial u}{\partial x}=0, \quad -\infty<x<\infty, \quad t>0, \quad u(x,0)=u_0(x), \tag{1}$$

unter der Voraussetzung $a=\text{const} \neq 0$.

Lösung der Aufgabe (1) ist die „laufende Welle“,

$$u(x,t)=u_0(x-at)\,,$$

wenn $u_0(x)$ differenzierbar ist; a ist die Geschwindigkeit, mit der sich die Welle ausbreitet.

In der (x,t)-Ebene führen wir nun das Rechteckgitter

$$\omega_{h\tau}=\omega_h \times \omega_\tau\,,$$
$$\omega_h=\{x_i=ih,\ i=0,\ \pm 1,\ \pm 2,\ \dots\}\,,$$
$$\omega_\tau=\{t_j=j\cdot\tau,\ j=0,1,2,\dots\}$$

mit den Schrittweiten h und τ ein.

Für die Anfangswertaufgabe ist die Verwendung von expliziten Verfahren natürlich. Wir untersuchen als erstes das Schema

$$\frac{y_i^{j+1}-y_i^j}{\tau}+a\,\frac{y_{i+1}^j-y_i^j}{h}=0,\quad y_i^0=u_0(x_i) \tag{2}$$

oder kurz $y_t+ay_x=0$.

Der Gitterpunktstern dieses Schemas besteht aus den Punkten (x_i, t_j), (x_{i+1}, t_j) und (x_i, t_{j+1}), s. Abb. 5.1a.

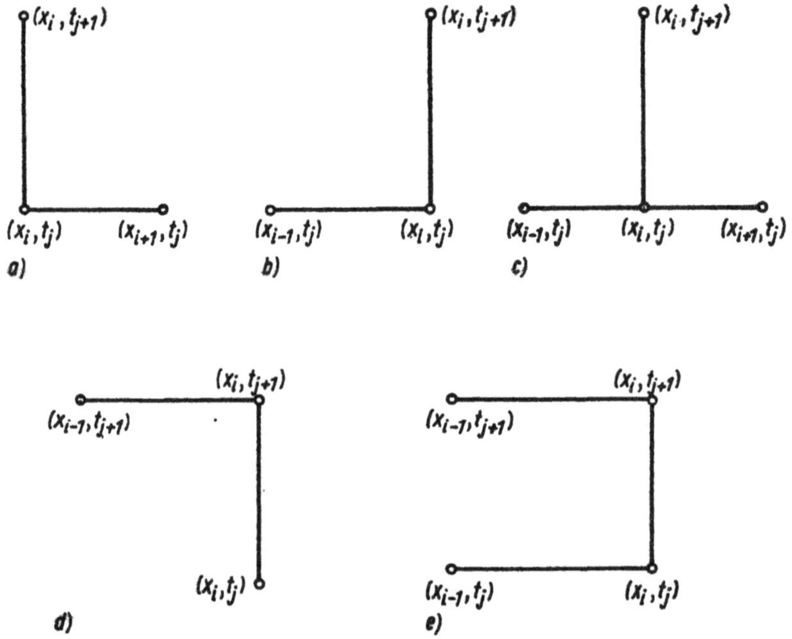

Abb. 5.1

Das Schema (2) besitzt bezüglich τ und h erste Approximationsordnung, denn für den Defekt haben wir

$$\psi=u_t+au_x=(\dot u+au')+\frac{1}{2}\,\tau\ddot u+\frac{1}{2}\,ahu''+O(\tau^2+h^2)=O(\tau+h)\,.$$

Wir zeigen jetzt, daß das Schema bei $a>0$ absolut instabil ist. Dazu genügt es, die Instabilität irgendeiner speziellen Lösung nachzuweisen. Wir schreiben die Gleichung (2) in der Gestalt

$$y_k^{j+1}=-\gamma y_{k+1}^j+(1+\gamma)\,y_k^j\,,\quad \gamma=\frac{a\tau}{h}\,, \tag{3}$$

und machen den Lösungsansatz

$$y_k^j=q^j e^{ik\varphi}\quad\text{mit}\quad i=\sqrt{-1}\quad\text{und}\quad \varphi\neq 0\,. \tag{4}$$

Durch Einsetzen des Ansatzes (4) in die Gleichung (3) finden wir

$$q=-\gamma e^{i\varphi}+\gamma+1=1+(1-\cos\varphi)\,\gamma-i\gamma\sin\varphi$$

und weiter

$$|q|^2 = (1+(1-\cos\varphi)\,\gamma)^2 + \gamma^2\sin^2\varphi = 1 + 4\gamma(\gamma+1)\sin^2(\varphi/2)\,.$$

Wie wir sehen, wird $|q| > 1$ bei $\gamma \geqq \gamma_0 = \text{const} > 0$ und $\sin(\varphi/2) \neq 0$ (der Fall $\sin(\varphi/2) = 0$ entspricht $y_k^0 = 1 = \text{const}$). Dann gilt aber

$$|y_k^j| = |q|^j \to \infty \quad \text{für} \quad j \to \infty\,.$$

Bemerkung. Aus der Annahme $\gamma = a\tau/h = O(h)$, also bei $\tau = O(h^2)$, folgt $|q| \leqq 1 + c_0\tau$ mit von τ und h unabhängigem c_0, und die harmonische Schwingung $y_k^j = q^j e^{ik\varphi}$ bleibt beschränkt für beschränkte Zeitintervalle, denn es gilt

$$|y_k^j| \leqq (1+c_0\tau)^j\,|y_k^0| \leqq e^{c_0\tau j}|y_k^0| \leqq M|y_k^0| \quad \text{bei} \quad 0 < \tau j = t_j \leqq T,\quad \frac{a\tau}{h^2} \leqq c_1$$

mit $M = e^{c_0 T}$ und $c_1 = \text{const} > 0$.

Wir betrachten ein weiteres explizites Schema:

$$\frac{y_i^{j+1} - y_i^j}{\tau} + a\,\frac{y_i^j - y_{i-1}^j}{h} = 0, \quad a > 0\,, \tag{5}$$

oder $y_t + a y_{\bar{x}} = 0$.

Dieses Schema besitzt den Stern $\{(x_i, t_j), (x_i, t_{j+1}), (x_{i-1}, t_j)\}$ und hat ebenfalls erste Approximationsordnung: $\psi = O(\tau + h)$. Aus der Gleichung

$$y_i^{j+1} = (1-\gamma)\,y_i^j + \gamma y_{i-1}^j$$

ist wegen $\gamma = a\tau/h > 0$ und bei $\gamma \leqq 1$ zu sehen, daß

$$\|y^{j+1}\|_C \leqq (1-\gamma)\,\|y^j\|_C + \gamma\|y^j\|_C = \|y^j\|_C$$

gilt und damit das Schema in C stabil ist,

$$\|y^{j+1}\|_C \leqq \|y^0\|_C \quad \text{bei} \quad 0 < \gamma \leqq 1\,. \tag{6}$$

Ganz analog kann man beweisen, daß sich bei $a < 0$ die Verhältnisse umkehren und dann das Schema (5) instabil und das Schema (2) für $|\gamma| = |a|\tau/h \leqq 1$ stabil wird, wobei seine Lösung der Ungleichung $\|y^{j+1}\|_C \leqq \|y^0\|_C$ genügt.

5.4.2. Explizite Verfahren höherer Approximationsordnung. Nun untersuchen wir das explizite Schema

$$\frac{y_i^{j+1} - y_i^j}{\tau} + a\,\frac{y_{i+1}^j - y_{i-1}^j}{2h} = 0 \tag{7}$$

oder, in der indexfreien Schreibweise,

$$y_t + a y_{\overset{\circ}{x}} = 0 \quad \text{mit} \quad y_{\overset{\circ}{x},i} = \frac{y_{i+1} - y_{i-1}}{2h}\,.$$

Dieses Schema ist auf dem 4-Punkt-Stern $\{(x_i, t_{j+1}), (x_i, t_j), (x_{i-1}, t_j), (x_{i+1}, t_j)\}$ definiert, s. Abb. 5.1 c, und hat die Approximation $O(\tau + h^2)$. Leider ist es für beliebige fixierte Werte von $\gamma = a\tau/h$ und unabhängig vom Vorzeichen von a instabil: Setzen wir nämlich die harmonische Schwingung (4) in die Gleichung (7) ein, so erhalten wir als Bestimmungsgleichung für q

$$q - 1 + \gamma\frac{e^{i\varphi} - e^{-i\varphi}}{2} = 0, \quad i = \sqrt{-1}, \quad \gamma = \frac{a\tau}{h}\,, \quad q = 1 - i\gamma\sin\varphi\,,$$

aus der

$$|q|^2 = 1 + \gamma^2 \sin^2 \varphi > 1 ,$$

und damit $|y_k^j| = |q|^j \to \infty$ für $j \to \infty$ folgt.

Wie sich herausstellt, genügt es, in Analogie zu 5.1.9. den Wert y_k^j durch das arithmetische Mittel $\frac{1}{2}(y_{k+1}^j + y_{k-1}^j)$ zu ersetzen, um auf demselben 4-Punkt-Stern ein stabiles Schema zu konstruieren:

$$\frac{y_k^{j+1} - \frac{1}{2}(y_{k+1}^j + y_{k-1}^j)}{\tau} + a\,\frac{y_{k+1}^j - y_{k-1}^j}{2h} = 0 . \tag{8}$$

Nach y_k^{j+1} aufgelöst ergibt sich

$$y_k^{j+1} = \frac{1}{2}(1+\gamma)\, y_{k-1}^j + \frac{1}{2}(1-\gamma)\, y_{k+1}^j ,$$

und daher folgt die Ungleichung

$$\|y^{j+1}\|_C \leqq \|y^j\|_C \leqq \dots \leqq \|y^0\|_C \quad \text{für} \quad |\gamma| \leqq 1$$

unabhängig vom Vorzeichen von a.

Zur Abschätzung des Defektes des Schemas (8) schreiben wir es zunächst in der Form

$$y_t - \frac{\frac{1}{2}h^2}{\tau}\, y_{\bar{x}x} + a y_{\overset{\circ}{x}} = 0 ,$$

wobei wir die Identität

$$\frac{1}{2}(y_{k+1} + y_{k-1}) = \frac{1}{2}(y_{k+1} + y_{k-1} - 2y_k) + y_k = y_k + \frac{1}{2} h^2 y_{\bar{x}x,k}$$

verwendet haben. Dann finden wir für den Defekt der Lösung $u(x, t)$ der Aufgabe (1) die Beziehung

$$\psi = u_t + a u_{\overset{\circ}{x}} - \frac{\frac{1}{2}h^2}{\tau}\, u_{\bar{x}x} = \frac{1}{2}\tau \ddot{u} - \frac{1}{2}\frac{h^2}{\tau}\, u'' + O(h^2 + \tau^2) .$$

Durch Differenzieren der Ausgangsgleichung kann man $\ddot{u} = a^2 u''$ herleiten und erhält damit

$$\psi = \left(\frac{a^2\tau}{2} - \frac{h^2}{2\tau}\right) u'' + O(h^2 + \tau^2) .$$

Daraus sehen wir, daß das Schema (8) eine bedingte Approximation besitzt: Es approximiert die Gleichung (1) nur bei $h^2/\tau \to 0$ für $h \to 0$, $\tau \to 0$. Bei $\tau = 0(h)$ ist zum Beispiel $\psi = O(\tau + h)$; speziell für $\tau = h/|a|$ aber erhalten wir zweite Approximationsordnung.

Zum Abschluß führen wir noch ein 4-Punkt-Schema an, welches bei $|\gamma| \leqq 1$ sowohl zweite Approximationsordnung hat als auch stabil ist und das daher zweite Genauigkeitsordnung besitzt:

$$y_t + a y_{\mathring{x}} - \frac{1}{2} \tau a^2 y_{\bar{x}x} = 0 . \tag{9}$$

Der Gitterpunktstern ist hier derselbe wie für das Schema (7).

5.4.3. Die Randwertaufgabe. Jetzt wenden wir uns der Randwertaufgabe zu, bei der für $x=0$ Randwerte $\mu(t)$ gegeben sind und die Lösung $u(x, t)$ für $x>0$ und $t>0$ gesucht ist:

$$\begin{aligned} &\frac{\partial u}{\partial t} + a \frac{\partial u}{\partial x} = 0, \quad t>0, \quad 0<x<\infty, \quad a=\text{const}>0 , \\ &u(x, 0) = u_0(x), \quad x \geqq 0 , \\ &u(0, t) = \mu(t), \qquad t \geqq 0 . \end{aligned} \tag{10}$$

Dabei sei $u_0(0) = \mu(0)$ erfüllt.

Diese Aufgabe hat für differenzierbare Funktionen $u_0(x)$ und $\mu(t)$ die Lösung

$$u(x, t) = \begin{cases} u_0(x-at) & \text{für} \quad t \leqq x/a , \\ \mu(t-x/a) & \text{für} \quad t \geqq x/a . \end{cases}$$

Wir gehen von den äquidistanten Gittern $\omega_h = \{x_i = ih, i=0, 1, 2, \ldots\}$ und $\omega_\tau = \{t_j = j\tau, j=0, 1, 2, \ldots\}$ mit den Schrittweiten h bzw. τ aus und nehmen als erstes das auf dem Gitterpunktstern von Abb. 5.1 d definierte Schema

$$\frac{y_k^{j+1} - y_k^j}{\tau} + a \frac{y_k^{j+1} - y_{k-1}^{j+1}}{h} = 0 , \tag{11}$$

d. h. $y_t + a\hat{y}_{\bar{x}} = 0$. Wir können es nach y_k^{j+1} auflösen:

$$y_k^{j+1} = \frac{\gamma}{\gamma+1} y_{k-1}^{j+1} + \frac{1}{\gamma+1} y_k^j, \quad \gamma = \frac{a\tau}{h} > 0 .$$

Aus dieser Formel ist ersichtlich, daß man mit der Rechnung im Punkt $k=1$, $j=0$ beginnen kann: Dort hat man

$$y_1^1 = \frac{\gamma}{\gamma+1} y_0^1 + \frac{1}{\gamma+1} y_1^0 = \frac{\gamma}{\gamma+1} \mu(t_1) + \frac{1}{\gamma+1} u_0(x_1) .$$

Entsprechend kann man nacheinander alle Werte y_1^j für $j \leqq j_0$ finden, dann $k=2$ setzen und y_2^j für $0<j\leqq j_0$ bestimmen usw.

Nun betrachten wir eine Familie von Differenzenverfahren, die auf dem 4-Punkt-Stern von Abb. 5.1 e definiert sind:

$$\begin{aligned} &y_t + \sigma \hat{y}_{\bar{x}} + (1-\sigma) y_{\bar{x}} = 0, \quad x \in \omega_h, \quad t \in \omega_\tau , \\ &y(x, 0) = u_0(x) , \\ &y(0, t_j) = 0, \quad a \equiv 1 . \end{aligned} \tag{12}$$

Bei $\sigma=1$ ergibt sich als ein Schema dieser Familie das Verfahren (11). Für den Defekt des Schemas (12) erhalten wir

$$\psi = u_t + \sigma \hat{u}_{\bar{x}} + (1-\sigma) u_{\bar{x}} = \begin{cases} O(\tau^2 + h^2) & \text{bei} \quad \sigma = \sigma_0 = \dfrac{1}{2} - \dfrac{h}{2\tau} , \\ O(\tau + h) & \text{bei} \quad \sigma \neq \sigma_0 . \end{cases}$$

Für $\sigma \geqq \sigma_0$ läßt sich die Stabilität des Schemas (12) in der Norm $\|y\|_{(1)} = \|y_{\bar{x}}\|$ zeigen.

5.5. Differenzverfahren für die Schwingungsgleichung

5.5.1. Formulierung der Differenzenaufgabe und Berechnung des Approximationsfehlers. Wir betrachten nun die Gleichung, die die Schwingungen einer homogenen Saite beschreibt:

$$\frac{\partial^2 u}{\partial t_1^2} = a^2 \frac{\partial^2 u}{\partial x_1^2} + f_1(x, t), \quad 0 < x_1 < l, \quad t_1 > 0 .$$

Für die dimensionslosen Größen $x = x_1/l$, $t = at_1/l$ erhalten wir die Gleichung

$$\frac{\partial^2 u}{\partial t^2} = \frac{\partial^2 u}{\partial x^2} + f(x, t), \quad 0 < x < 1, \quad 0 < t \leq T . \tag{1}$$

Für $t = 0$ sind die Bedingungen

$$u(x, 0) = u_0(x), \quad \frac{\partial u(x, 0)}{\partial t} = \bar{u}_0(x), \tag{2}$$

also die Anfangsauslenkung $u_0(x)$ und die Anfangsgeschwindigkeit $\bar{u}_0(x)$ vorgegeben. Die Endpunkte der Saite bewegen sich entsprechend der Vorgabe von

$$u(0, t) = \mu_1(t), \quad u(1, t) = \mu_2(t) . \tag{3}$$

Im Gebiet $(0 \leq x \leq 1,\ 0 \leq t \leq T)$ führen wir ein Rechteckgitter ein, s. Abschnitt 5.1.2. Da in der Gleichung (1) die zweite Zeitableitung auftritt, brauchen wir mindestens drei Schichten. Wir ersetzen die einzelnen Summanden in (1) durch Differenzenapproximationen:

$$\frac{\partial^2 u}{\partial t^2} \sim u_{\bar{t}t}, \quad \frac{\partial^2 u}{\partial x^2} \sim \Lambda u = u_{\bar{x}x}, \quad f \sim \varphi ,$$

wobei wir hier und im folgenden unsere üblichen Abkürzungen

$$y = y^j, \quad \hat{y} = y^{j+1}, \quad \check{y} = y^{j-1}, \quad y_t = \frac{\hat{y} - y}{\tau}, \quad y_{\bar{t}} = \frac{y - \check{y}}{\tau}, \quad \Lambda y = y_{\bar{x}x} ,$$

$$y_{\bar{t}t} = \frac{y_t - y_{\bar{t}}}{\tau} = \frac{\hat{y} - 2y + \check{y}}{\tau^2}, \quad y_{\overset{\circ}{t}} = \frac{y_t + y_{\bar{t}}}{2} = \frac{\hat{y} - \check{y}}{2\tau}$$

benutzen. So kommen wir auf das gewichtete Schema

$$\begin{gathered} y_{\bar{t}t} = \Lambda(\sigma\hat{y} + (1 - 2\sigma)\, y + \sigma\check{y}) + \varphi, \quad \varphi = (f(x, t_j)) , \\ y_0 = \mu_1(t), \quad y_N = \mu_2(t), \quad y(x, 0) = u_0(x), \quad y_t(x, 0) = \tilde{u}_0(x) , \end{gathered} \tag{4}$$

in dem $\tilde{u}_0(x)$ noch zu definieren ist.

Die Randbedingungen und die Anfangsbedingung $u(x, 0) = u_0(x)$ übernehmen wir unverändert aus der kontinuierlichen Aufgabenstellung (1), (2). Die Größe $\tilde{u}_0(x)$ wählen wir nun so, daß wir für $\tilde{u}_0(x) - \partial u(x, 0)/\partial t = \tilde{u}_0(x) - \bar{u}_0(x)$ einen Approximationsfehler $O(\tau^2)$ erhalten. Aus der Entwicklung

$$\begin{aligned} u_t(x, 0) &= \dot{u}(x, 0) + \frac{1}{2}\, \tau \ddot{u}(x, 0) + O(\tau^2) \\ &= \bar{u}_0(x) + \frac{1}{2}\, \tau(u''(x, 0) + f(x, 0)) + O(\tau^2) \\ &= \bar{u}_0(x) + \frac{1}{2}\, \tau(u_0''(x) + f(x, 0)) + O(\tau^2) \end{aligned}$$

sieht man, daß $\tilde{u}_0(x) - u_t(x, 0) = O(\tau^2)$ wird, wenn man

$$\tilde{u}_0(x) = \bar{u}_0(x) + \frac{1}{2}\,\tau(u_0''(x) + f(x, 0)) \tag{5}$$

festlegt. Damit ist die Differenzenaufgabe vollständig formuliert. Aus (4) erhalten wir zur Bestimmung von $\hat{y} = y^{j+1}$ die Randwertaufgabe

$$\sigma\gamma^2(y_{i+1}^{j+1} + y_{i-1}^{j+1}) - (1 + 2\sigma\gamma^2)\, y_i^{j+1} = -F_i, \quad 0 < i < N, \quad y_0 = \mu_1, \quad y_N = \mu_2\,,$$
$$\gamma = \tau/h, \quad F_i = (2y_i^j - y_i^{j-1}) + \tau^2(1 - 2\sigma)\,\Lambda y^j + \sigma\tau^2\Lambda y^{j-1} + \tau^2\varphi\,,$$

die wir mit Hilfe der verkürzten Gaußelimination lösen können: Bei $\sigma > 0$ ist dieses Verfahren stabil, vgl. Abschnitt 1.2.6.

Jetzt berechnen wir den Approximationsfehler des Schemas im Falle $\varphi = f(x, t_j)$. Es sei y die Lösung der Differenzenaufgabe (4), (5), und u sei die Lösung der Ausgangsaufgabe (1)–(3). Wir setzen $y = z + u$ in (4) ein und finden

$$\begin{aligned} &z_{\bar{t}t} = \Lambda(\sigma\hat{z} + (1 - 2\sigma)\, z + \sigma\check{z}) + \psi\,, \\ &z_0 = z_N = 0, \quad z(x, 0) = 0, \quad z_t(x, 0) = \nu(x) \end{aligned} \tag{6}$$

mit dem Approximationsfehler

$$\psi = \Lambda(\sigma\hat{u} + (1 - 2\sigma)\, u + \sigma\check{u}) + \varphi - u_{\bar{t}t}$$

des Schemas (4) auf der Lösung $u(x, t)$ und dem Approximationsfehler $\nu = \tilde{u}_0(x) - u_t(x, 0)$ der zweiten Anfangsbedingung $y_t = \tilde{u}_0(x)$. Entsprechend unserer obigen Herleitung ist $\nu = O(\tau^2)$.

Aus $\hat{u} = u + \tau u_t$ und $\check{u} = u - \tau u_{\bar{t}}$ folgt die Identität

$$\sigma\hat{u} + (1 - 2\sigma)\, u + \sigma\check{u} = u + \sigma\tau^2 u_{\bar{t}t}\,, \tag{6'}$$

mit der wir ψ in

$$\psi = \Lambda u + \sigma\tau^2\Lambda u_{\bar{t}t} + \varphi - u_{\bar{t}t} = Lu + \sigma\tau^2 L\ddot{u} + f - \ddot{u} + O(\tau^2 + h^2) \tag{7}$$

umformen können. Daraus ergibt sich $\psi = O(\tau^2 + h^2)$, falls σ eine von τ und h unabhängige Konstante ist.

Nun sei $\sigma = \bar{\sigma} - h^2/(12\tau^2)$, wobei $\bar{\sigma}$ von τ und h nicht abhängt und so gewählt wird, daß das Schema (4) stabil ist. (Es genügt, $\bar{\sigma} \geqq 1/(4(1 - \varepsilon))$ zu wählen, da die Stabilitätsbedingung $\sigma \geqq 1/(4(1 - \varepsilon)) - 1/(4\gamma^2)$ lautet mit $\gamma = \tau/h$, $\varepsilon > 0$.)

Bei

$$\varphi = f + \frac{h^2}{12}\, f'' \tag{8}$$

hat dann das Schema (4) die erhöhte Approximationsordnung: $\psi = O(\tau^2 + h^4)$.

5.5.2. Stabilitätsuntersuchung. Wir beginnen mit dem Beweis der Stabilität des Schemas (4) in bezug auf die Anfangswerte (bei homogenen Randbedingungen und homogener rechter Seite). Dazu betrachten wir die Aufgabe

$$\begin{aligned} &y_{\bar{t}t} = \Lambda(\sigma\hat{y} + (1 - 2\sigma)\, y + \sigma\check{y}) = \Lambda y^{(\sigma)}\,, \\ &y_0 = y_N = 0, \quad y(x, 0) = u_0(x), \quad y_t(x, 0) = \tilde{u}_0(x)\,, \end{aligned} \tag{4a}$$

deren Lösung wir durch Variablentrennung bestimmen:

Wie in 5.1.4. gehen wir vom Ansatz $y(x, t) = X(x)\, T(t)$ aus, für den wir durch Einsetzen in (4a) die Beziehung

$$\frac{\Lambda X}{X} = \frac{T_{\bar{t}t}}{T^{(\sigma)}} = -\lambda \tag{9}$$

finden. Wegen der Randbedingungen $y_0=y_N=0$ ist dann $X(x)$ wieder Lösung der Eigenwertaufgabe

$$\Lambda X+\lambda X=0, \quad x\in\omega_h, \quad X(0)=X(1)=0, \quad X(x)\not\equiv 0\,,$$

also

$$X=X^{(k)}(x)=\sqrt{2}\sin\pi kx, \quad \lambda_k=\frac{4}{h^2}\sin^2\frac{\pi kh}{2}\,.$$

Für $T=T_k(t)$ erhalten wir aus der Beziehung (9) die Differenzengleichung zweiter Ordnung

$$(T_k)_{\bar{t}t}+\lambda_k T_k^{(\sigma)}=0$$

oder, mit τ^2 multipliziert,

$$(1+\sigma\tau^2\lambda_k)\,\hat{T}_k-2\left(1+\left(\sigma-\frac{1}{2}\right)\tau^2\lambda_k\right)T_k+(1+\sigma\tau^2\lambda_k)\,\check{T}_k=0\,,$$

woraus sich nach Division durch $1+\sigma\tau^2\lambda_k$ schließlich

$$\hat{T}_k-2(1-\alpha_k)\,T_k+\check{T}_k=0, \quad \alpha_k=\frac{(1/2)\,\tau^2\lambda_k}{1+\sigma\tau^2\lambda_k} \tag{10}$$

ergibt. Zur Lösung dieser Gleichung machen wir den Ansatz $T_k=T_k(t_j)=q_k^j$. Unter vorübergehender Fortlassung des Indexes k finden wir für q aus (10) die Gleichung $q^2-2(1-\alpha)\,q+1=0$ mit den Wurzeln $q_{1,2}=1-\alpha\pm\sqrt{\alpha^2-2\alpha}$. Bei $0<\alpha<2$ sind die Wurzeln komplex und vom Betrag 1. Diesen Fall betrachten wir nun ausführlich. Durch

$$\cos\varphi_k=1-\alpha_k\,, \quad \sin\varphi_k=\sqrt{\alpha_k(2-\alpha_k)}$$

führen wir eine neue Variable φ_k ein. Dann gilt $q_{1,2}^{(k)}=e^{\pm\varphi_k}$, und für die allgemeine Lösung der Aufgabe (10) haben wir daher

$$T_k(t_j)=C_k(q_1^{(k)})^j+D_k(q_2^{(k)})^j=A_k\cos j\varphi_k+B_k\sin j\varphi_k$$

mit beliebigen Konstanten A_k und B_k, womit die Lösung der Aufgabe (4a) die Gestalt

$$y^j=\sum_{k=1}^{N-1}(A_k\cos j\varphi_k+B_k\sin j\varphi_k)\,X^{(k)}(x) \tag{11}$$

annimmt. Die Konstanten A_k und B_k bestimmen wir aus den Anfangsbedingungen: Aus $y^0=u_0$, $y_t^0=(y^1-y^0)/\tau=\tilde{u}_0(x)$ und den Entwicklungen

$$u_0(x)=\sum_{k=1}^{N-1}u_{0k}X^{(k)}(x), \quad \tilde{u}_0(x)=\sum_{k=1}^{N-1}\tilde{u}_{0k}X^{(k)}(x) \tag{12}$$

finden wir für A_k und B_k die Bestimmungsgleichungen

$$A_k=u_{0k}\,, \quad A_k\frac{\cos\varphi_k-1}{\tau}+B_k\frac{\sin\varphi_k}{\tau}=\tilde{u}_{0k}$$

und hieraus

$$A_k=u_{0k}, \quad B_k=\frac{1-\cos\varphi_k}{\sin\varphi_k}\,u_{0k}+\frac{\tau}{\sin\varphi_k}\,\tilde{u}_{0k}\,. \tag{13}$$

Nach einfacher Umformung folgt aus (11) und (13) die Darstellung

$$y^j = \sum_{k=1}^{N-1} \left(\frac{\cos (j-1/2)\,\varphi_k}{\cos (1/2)\,\varphi_k}\, u_{0k} + \frac{\tau \sin j\varphi_k}{\sin \varphi_k}\, \tilde{u}_{0k} \right) X^{(k)}(x)\,. \tag{14}$$

Aus dieser Darstellung der Lösung des Schemas (4a) gewinnen wir zuerst eine Abschätzung von y^j im Falle $\sigma = 0$, d. h. für die Lösung der Aufgabe

$$y_{\bar{t}t} = \Lambda y, \quad y_0 = y_N = 0, \quad y(x, 0) = u_0(x), \quad y_t(x, 0) = \tilde{u}_0(x)\,. \tag{15}$$

Bei $\sigma = 0$ haben wir

$$\alpha_k = \frac{1}{2}\,\tau^2 \lambda_k = \mu_k, \quad \cos \varphi_k = 1 - \mu_k, \quad \sin \varphi_k = \sqrt{\mu_k (2 - \mu_k)}\,.$$

Nun schränken wir die Diskretisierungsschrittweiten τ und h durch die Bedingung

$$\frac{\tau^2}{h^2} \leqq \frac{1}{1+\varepsilon} \tag{16}$$

ein, in der ε eine beliebige positive Zahl ist. Dann wird

$$\mu_k \leqq \frac{2}{1+\varepsilon}, \quad k = 1, 2, \ldots, N-1\,, \tag{17}$$

und weiter

$$\cos \frac{1}{2}\,\varphi_k = \sqrt{1 - \mu_k/2} \geqq \sqrt{\frac{\varepsilon}{1+\varepsilon}}, \tag{18}$$

$$\frac{\sin \varphi_k}{\tau} = \frac{2 \sin (1/2)\,\varphi_k}{\tau} \cos \frac{1}{2}\,\varphi_k \geqq \frac{2 \sin (1/2)\,\varphi_k}{\tau} \sqrt{\frac{\varepsilon}{1+\varepsilon}}\,.$$

Hieraus folgt wegen

$$\frac{2 \sin (1/2)\,\varphi_k}{\tau} = \frac{\sqrt{2(1 - \cos \varphi_k)}}{\tau} = \frac{\sqrt{2\mu_k}}{\tau} = \sqrt{\lambda_k}$$

die Abschätzung

$$\frac{\sin \varphi_k}{\tau} \geqq \sqrt{\lambda_k \frac{\varepsilon}{1+\varepsilon}}\,. \tag{19}$$

Nun wenden wir auf (14) die Dreiecksungleichung an,

$$\|y^j\| \leqq \left\| \sum_{k=1}^{N-1} \frac{\cos (j-1/2)\,\varphi_k}{\cos (1/2)\,\varphi_k}\, u_{0k} X^{(k)} \right\| + \left\| \sum_{k=1}^{N-1} \frac{\tau \sin j\varphi_k}{\sin \varphi_k}\, \tilde{u}_{0k} X^{(k)} \right\|,$$

und erhalten mit den Ungleichungen (18) und (19) die Abschätzung

$$\|y^j\| \leqq \sqrt{\frac{1+\varepsilon}{\varepsilon}} \left(\|u_0\| + \left(\sum_{k=1}^{N-1} \frac{(\tilde{u}_{0k})^2}{\lambda_k} \right)^{1/2} \right).$$

Der hier rechts stehende Ausdruck

$$\left(\sum_{k=1}^{N-1} \frac{(\tilde{u}_{0k})^2}{\lambda_k} \right)^{1/2}$$

ist übrigens gerade die „negative“ Norm $\|\tilde{u}_0\|_{A^{-1}} = (A^{-1}\tilde{u}_0, \tilde{u}_0)^{1/2}$, also die energetische Norm im Raum $H_{A^{-1}}$ der auf $\bar{\omega}_h$ definierten Gitterfunktionen y mit

$y_0 = y_N = 0$, wobei $Ay = -\Lambda y = -y_{\bar{x}x}$ ist: Es gilt nämlich

$$A^{-1}\tilde{u}_0 = \sum_{k=1}^{N-1} \tilde{u}_{0k} A^{-1} X^{(k)} = \sum_{k=1}^{N-1} \frac{\tilde{u}_{0k}}{\lambda_k} X^{(k)}$$

und damit

$$(A^{-1}\tilde{u}_0, \tilde{u}_0) = \sum_{k=1}^{N-1} \frac{(\tilde{u}_{0k})^2}{\lambda_k}.$$

Folglich genügt die Lösung des Schemas (15) unter der Bedingung (16) der Abschätzung

$$\|y^j\| \leqq \sqrt{\frac{1+\varepsilon}{\varepsilon}} (\|u_0\| + \|\tilde{u}_0\|_{A^{-1}}). \tag{20}$$

Diese Ungleichung gilt unter der Bedingung

$$\sigma \geqq \frac{1+\varepsilon}{4} - \frac{h^2}{4\tau^2} \tag{21}$$

mit beliebigem positivem ε auch für die Lösung der Aufgabe (4a), wie man leicht feststellt, indem man im obigen Beweis überall μ_k durch $\alpha_k = \frac{1}{2}\, \tau^2\lambda_k/(1+\sigma\tau^2\lambda_k)$ ersetzt. Dabei sichert die Ungleichung (21) die Erfüllung von $0 < \alpha_k \leqq 2/(1+\varepsilon) < 2$.

Bei der Untersuchung des Schemas (4) auf Stabilität bezüglich der rechten Seite kann man das Superpositionsprinzip verwenden und kommt für die Lösung der Aufgabe

$$y_{\bar{t}t} = \Lambda y^{(\sigma)} + \varphi, \quad y_0 = y_N = 0, \quad y(x, 0) = 0, \quad y_t(x, 0) = 0$$

sowie für (4) auf die Abschätzung

$$\|y^j\| \leqq \sqrt{\frac{1+\varepsilon}{\varepsilon}} \left(\|y^0\| + \|y_t^0\|_{A^{-1}} + \sum_{j'=0}^{j-1} \tau \|\varphi^{j'}\|_{A^{-1}}\right),$$

falls die Bedingungen $\sigma \geqq 0$ und (21) erfüllt sind.

Abschließend bemerken wir, daß sich im Spezialfall $\tilde{u}_0(x) = \bar{u}_0(x) + \frac{\tau}{2}(u_0)_{\bar{x}x}$ (vgl. (5)) die Stabilität des Schemas (15) auch unter der Bedingung $\tau \leqq h$ beweisen läßt.

5.5.3. Die Methode der energetischen Ungleichungen. Die Stabilitätsanalyse für die Differenzenverfahren der Schwingungsgleichung kann man auch mit der Methode der energetischen Ungleichungen durchführen. Wir werden hier nur die Stabilität des Schemas (4a) in bezug auf die Anfangswerte untersuchen.

Mit Hilfe der Identität (6′) schreiben wir die Differenzengleichung (4a) als

$$(E - \sigma\tau^2\Lambda)\, y_{\bar{t}t} = \Lambda y, \tag{22}$$

wo E der identische Operator ist. Durch Multiplikation der Gleichung (22) mit $y_{\bar{t}}^{\circ} = \frac{1}{2}(y_t + y_{\bar{t}})$ und Aufsummieren über x_i erhalten wir

$$((E - \sigma\tau^2\Lambda)\, y_{\bar{t}t}, y_{\bar{t}}^{\circ}) = (\Lambda y, y_{\bar{t}}^{\circ}). \tag{23}$$

Mit Hilfe der leicht zu verifizierenden Identitäten

$$(y_{\bar{t}t}, y_{\bar{t}}^{\circ}) = \frac{1}{2}(\|y_{\bar{t}}\|^2)_t, \quad -(\Lambda y_{\bar{t}t}, y_{\bar{t}}^{\circ}) = (y_{\bar{x}\bar{t}t}, y_{\bar{x}\bar{t}}^{\circ}] = \frac{1}{2}(\|y_{\bar{x}\bar{t}}]|^2)_t$$

läßt sich die linke Seite von (23) wie folgt umformen:

$$((E-\sigma\tau^2\Lambda)\, y_{t\bar{t}},\, y_{\overset{\circ}{t}}) = \frac{1}{2}\, (\|y_t\|^2 + \sigma\tau^2\|y_{t\bar{x}}]|^2)_t\,. \tag{24}$$

Wir benötigen schließlich noch die Identität

$$-(\Lambda y,\, y_{\overset{\circ}{t}}) = \frac{1}{8}\, (\|y_{\bar{x}} + \check{y}_{\bar{x}}]|^2)_t - \frac{\tau^2}{8}\, (\|y_{t\bar{x}}]|^2)_t\,, \tag{25}$$

die für Gitterfunktionen $y(x, t)$ gilt, welche bei $x=0$ und $x=1$ verschwinden. Man erhält das Resultat (25) mit Hilfe der Greenschen Formel (vgl. 2.3.1.)

$$-(\Lambda y,\, y_{\overset{\circ}{t}}) = (v,\, v_{\overset{\circ}{t}}]\,,$$

wo wir $y_{\bar{x}} = v$ gesetzt haben. Weiterhin haben wir die Beziehung

$$v \cdot v_{\overset{\circ}{t}} = \frac{1}{8}\, ((v+\check{v})^2)_t - \frac{\tau^2}{8}\, ((v_{\bar{t}})^2)_t$$

verwendet. Aus den Gleichungen (23)–(25) folgt die energetische Identität

$$\left(\|y_t\|^2 + \left(\sigma - \frac{1}{4}\right) \tau^2\|y_{t\bar{x}}]|^2 + \frac{1}{4}\, \|y_{\bar{x}} + \check{y}_{\bar{x}}]|^2\right)_t = 0 \tag{26}$$

oder auch

$$\mathcal{E}^{j+1} = \mathcal{E}^j$$

mit

$$\mathcal{E}^j = \|y_t^j\|^2 + \left(\sigma - \frac{1}{4}\right) \tau^2\|y_{t\bar{x}}^j]|^2 + \frac{1}{4}\, \|y_{\bar{x}}^j + y_{\bar{x}}^{j-1}]|^2\,. \tag{27}$$

Nun bestimmen wir die σ-Werte, für die $\mathcal{E}^j$, unabhängig von y^j und y^{j-1}, nichtnegativ ist. Da nach 2.3.3.

$$\|y_{t\bar{x}}]|^2 \geqq \frac{4}{h^2}\, \|y_t\|^2$$

gilt, wird

$$\|y_t\|^2 + \left(\sigma - \frac{1}{4}\right) \tau^2\|y_{t\bar{x}}]|^2 \geqq \left(\frac{h^2}{4} + \left(\sigma - \frac{1}{4}\right) \tau^2\right) \|y_{t\bar{x}}]|^2\,.$$

Folglich ist $\mathcal{E}^j$ nichtnegativ für

$$\sigma \geqq \frac{1}{4} - \frac{1}{4\gamma^2}\,, \quad \gamma = \frac{\tau}{h}\,. \tag{28}$$

Unter dieser Bedingung kann man $(\mathcal{E}^j)^{1/2}$ auch als (Halb-)Norm ansehen,

$$(\mathcal{E}^j)^{1/2} = \|y^j\|_* = \left(\|y_t^j\|^2 + \left(\sigma - \frac{1}{4}\right) \tau^2\|y_{t\bar{x}}^j]|^2 + \frac{1}{4}\, \|y_{\bar{x}}^j + y_{\bar{x}}^{j-1}]|^2\right)^{1/2} \tag{29}$$

Wir weisen darauf hin, daß solche „kombinierten“ Normen, die Werte von y auf mehreren Schichten enthalten, für mehrschichtige Differenzenverfahren charakteristisch sind.

Die Identität (26) bedeutet die Stabilität in bezug auf die Anfangswerte in der Norm (29),

$$\|y^{j+1}\|_* = \|y^0\|_*, \quad j = 0, 1, \ldots$$

Die Bedingung (28) ist also hinreichend für die Stabilität des Schemas (4a) bezüglich der Anfangswerte. Bei $\sigma=0$ ergibt sich insbesondere die Stabilitätsbedingung

$$\tau \leqq h\,, \tag{30}$$

die häufig Courant-Bedingung genannt wird. (Sie wurde erstmalig in der Arbeit [1] angegeben.) Für die Ausgangsgleichung in den dimensionsbehafteten Veränderlichen

$$\frac{\partial^2 u}{\partial t^2}=a^2\frac{\partial^2 u}{\partial x^2} \tag{31}$$

geht die Bedingung (30) in $\tau \leqq h/a$ über, wobei a die Schallgeschwindigkeit ist.

5.5.4. Zur Bestimmung unstetiger Lösungen von Differentialgleichungen mit Differenzenverfahren. Viele Aufgaben der Mathematischen Physik, die mit Stoßwellen verbundene Prozesse in Gasen, Flüssigkeiten oder festen Körpern beschreiben, führen auf das Problem, unstetige Lösungen von hyperbolischen Differentialgleichungen zweiter Ordnung zu bestimmen, für die die Schwingungsgleichungen (31) das einfachste Beispiel darstellt. Dabei ist „Lösung" in einem verallgemeinerten Sinn zu verstehen, da die entsprechenden Funktionen die in die Differentialgleichung eingehenden zweiten Ableitungen nicht besitzen. Eine der möglichen Definitionen verallgemeinerter Lösungen geht davon aus, daß die Differentialgleichung eine Folgerung aus dem integralen Erhaltungssatz ist, wenn die in der Gleichung (31) auftretenden Ableitungen stetig sind. Die verallgemeinerte Lösung wird in diesem Fall als diejenige Funktion $u(x,t)$ definiert, die im Gebiet $\bar{G}=\{0\leqq x\leqq l,\ 0\leqq t\leqq T\}$ beschränkte, stückweise stetige Ableitungen $\partial u/\partial x$ und $\partial u/\partial t$ besitzt und die der Integralbeziehung

$$\oint_C\left(\frac{\partial u}{\partial t}\,\mathrm{d}x+a^2\frac{\partial u}{\partial x}\,\mathrm{d}t\right)=0$$

genügt, wobei C eine beliebige geschlossene Kurve ist, welche im Gebiet $\bar{G}$ liegt. An den Charakteristiken der Gleichung (31), $x\pm at=\text{const}$, kann die verallgemeinerte Lösung Sprünge in den ersten Ableitungen haben; dort müssen dann die Sprungbedingungen

$$\left[\frac{\partial u}{\partial t}\right]=\pm a\left[\frac{\partial u}{\partial x}\right] \quad \text{mit} \quad [f]=f(\xi+0)-f(\xi-0) \quad \text{für} \quad \xi=x\pm at$$

erfüllt sein.

Zur Bestimmung der verallgemeinerten Lösung der Aufgabe

$$\frac{\partial^2 u}{\partial t^2}=a^2\frac{\partial^2 u}{\partial x^2},\quad 0<x<l,\quad t>0\,, \tag{32}$$

benutzen wir das gewichtete Schema

$$y_{\bar{t}t}=\Lambda(\sigma\hat{y}+(1-2\sigma)\,y+\sigma\check{y})\,,\quad \Lambda y=a^2y_{\bar{x}x} \tag{33}$$

mit entsprechenden Zusatzbedingungen.

Bei der Konvergenzuntersuchung des gewichteten Schemas in den Abschnitten 5.5.1.–5.5.3. hatten wir die Existenz und hinreichende Glattheit der Lösung der Aufgabe (32) vorausgesetzt. Das kann man tun, falls die Anfangswerte bestimmten Glattheitsbedingungen genügen. Was passiert aber, wenn diese Bedingungen nicht erfüllt sind und die Aufgabe (32) eine verallgemeinerte Lösung besitzt? Wie sich herausstellt, konvergiert dann die Differenzenlösung mit der Geschwindigkeit $O(\tau^{1/2}+h^{1/2})$ gegen die verallgemeinerte Lösung. Für den Beweis dieser Behauptung verweisen wir auf die bibliografischen Kommentare am Ende des Buches.

Bei der Bestimmung von verallgemeinerten Lösungen der Aufgabe (32) treten in der Differenzenlösung (und deren Ableitungen) Oszillationen auf, die die Genauigkeit des Schemas stark beeinträchtigen. Außerdem findet ein „Verschmieren" der Sprunglinien der Ableitungen über einige Gitterintervalle statt, womit die wahre Fortpflanzungsgeschwindigkeit der Unstetigkeiten schwer festzustellen ist. Diese letztere Erscheinung ist eine Folge der durch die Differenzenapproximation eingeführten künstlichen Reibung (mit anderen Worten: der Dissipation).

Die Oszillationen werden dadurch hervorgerufen, daß die diskreten harmonischen Schwingungen eine Dispersion besitzen, d. h., daß die Geschwindigkeit der harmonischen Schwingungen von deren Ordnungszahl abhängt, während sich die Schwingungen für die Ausgangsgleichung (32) alle mit der gleichen Geschwindigkeit a ausbreiten. Um das Schema zu verbessern, muß man die Dispersion vermindern. Unter den Verfahren der Familie (33) hat das Schema mit dem Gewicht

$$\sigma=\sigma_*=\frac{1}{12}\left(1-\frac{1}{\gamma^2}\right), \quad \gamma=\frac{a\tau}{h}$$

die geringste Dispersion und, für genügend glatte Lösungen $u(x, t)$, die Approximationsordnung $O(\tau^4+h^4)$. Für die unstetigen, verallgemeinerten Lösungen ist die Approximation des Schemas mit diesem Gewicht σ_* genauso schlecht, wie für die Schemata mit $\sigma \neq \sigma_*$. Dank seiner geringeren Dispersion ist aber das Schema mit $\sigma=\sigma_*$ dennoch genauer und gibt die Besonderheiten der verallgemeinerten Lösungen besser wieder.

Die Stabilitätsbedingung

$$\sigma \geqq \frac{1}{4}-\frac{1}{4\gamma^2}=\frac{1}{4}\left(1-\frac{1}{\gamma^2}\right)$$

der Verfahren (33) ist für das Schema mit dem Gewicht σ_* bei

$$\gamma \leqq 1 \quad \text{oder} \quad \tau \leqq h/a$$

erfüllt, also bei derselben Bedingung wie für das explizite Schema, und dann wird $\sigma_*=\frac{1}{12}\left(1-\frac{1}{\gamma^2}\right) \leqq 0.$

Es sei bemerkt, daß die Versuche, die Oszillationen durch die Einführung einer künstlichen Viskosität zu dämpfen, zu einer Verfälschung des Profils der Lösung und damit zum Genauigkeitsverlust führen.

6. Stabilitätstheorie für Differenzenverfahren

In diesem Kapitel untersuchen wir die Stabilität von 2- und 3-Schicht-Schemata in bezug auf die Anfangswerte und die rechte Seite. Dabei fassen wir die Schemata als Operator-Differenzenverfahren mit Operatoren auf, die in einem Hilbertraum definiert sind. Es werden notwendige und hinreichende Stabilitätsbedingungen und entsprechende a-priori-Abschätzungen mit der Methode der energetischen Ungleichungen hergeleitet. Außerdem entwickeln wir die Regularisationsmethode zur Konstruktion von Differenzenverfahren vorgegebener Eigenschaften (Genauigkeit, Ökonomie) in der Klasse der stabilen Verfahren. Es wird eine große Anzahl konkreter Schemata für parabolische und hyperbolische Gleichungen betrachtet.

6.1. Operator-Differenzverfahren

6.1.1. Einführung. In Abschnitt 2.4. hatten wir Differenzen-Randwertaufgaben für die Differentialgleichung $Lu = -f(x)$ als Operatorgleichungen $Ay = \varphi$ behandelt, wobei A ein linearer Operator in einem Banachraum $\mathfrak{B}$ ist.

Bei der Untersuchung von instationären Prozessen, die durch parabolische und hyperbolische partielle Differentialgleichungen

$$\frac{\partial u}{\partial t} = Lu + f(x, t), \quad \frac{\partial^2 u}{\partial t^2} = Lu + f(x, t), \quad 0 < t \leqq t_0 = T,$$

beschrieben werden, spielt die Veränderliche t, also die Zeit, eine Sonderrolle und muß daher von den Ortsveränderlichen $x = (x_1, \ldots, x_p)$ unterschieden werden, die ein p-dimensionales Gebiet G durchlaufen. Die Funktion $u(x, t)$ ist für jedes fixierte t Element eines Banachraumes $\mathfrak{B}$. Somit können wir $u(x, t)$ als abstrakte Funktion $u(t)$ der Veränderlichen t ansehen, $0 \leqq t \leqq T$, wobei $u(t) \in \mathfrak{B}$ für alle $t \in [0, T]$ gilt.

Der Operator L, der auf $u(x, t)$ als Funktion von x wirkt, wird dabei durch einen Operator $\mathcal{A}$ ersetzt, der auf $\mathfrak{B}$ definiert ist. Dieser Operator $\mathcal{A}$ bildet im allgemeinen einen bestimmten Raum $\mathfrak{B}_1$ in einen anderen Raum $\mathfrak{B}_2$ ab (sein Definitionsgebiet $\mathfrak{D}(\mathcal{A})$ ist überall dicht in $\mathfrak{B}_1$, sein Wertebereich $\mathfrak{R}(\mathcal{A})$ ist in $\mathfrak{B}_2$ enthalten). Wir nehmen hier $\mathfrak{B}_1 = \mathfrak{B}_2 = \mathfrak{B}$ an.

So kommen wir zu der abstrakten Anfangswertaufgabe

$$\frac{\mathrm{d}u}{\mathrm{d}t} + \mathcal{A}u = f(t), \quad 0 \leqq t \leqq t_0, \quad u(0) = u_0,$$

in der u_0 ein gegebenes Element aus $\mathfrak{D}(\mathcal{A})$ ist.

Die Anfangswertaufgabe heißt *stabil bezüglich des Anfangswertes und der rechten Seite*, falls die Lösung $u(t)$ der Abschätzung

$$\|u(t)\| \leqq M_1 \|u_0\| + M_2 \int_0^t \|f(t')\| \, \mathrm{d}t'$$

mit positiven Konstanten M_1 und M_2 genügt. Infolge des Superpositionsprinzips ($\mathcal{A}$ war ein linearer Operator) kann man die Stabilität in bezug auf die rechte Seite auf die gleichmäßige Stabilität bezüglich des Anfangswertes und der Zwischenwerte für die Lösung $u(t)$ der homogenen Gleichung zurückführen:

$$\|u(t)\| \leqq M_1 \max_{0 \leqq s \leqq t} \|u(s)\|.$$

Diese einführenden Bemerkungen hatten das Ziel, die Analogie zwischen der allgemeinen Theorie der Differentialgleichungen und der in diesem Kapitel entwickelten allgemeinen Theorie der Differenzenverfahren zu zeigen.

6.1.2. Operator-Differenzenverfahren. Wir betrachten die lineare Menge $\mathcal{B}_h$, die vom Parameter h abhängt. Dabei ist h ein Element eines normierten Raumes mit der Norm $|\cdot|$. Auf der linearen Menge $\mathcal{B}_h$ kann man die Normen $\|\cdot\|_h, \|\cdot\|_{(1_h)}, \|\cdot\|_{(2_h)}, \ldots$ einführen und erhält so die normierten Räume $\mathcal{B}_h, \mathcal{B}_h^{(1)}, \mathcal{B}_h^{(2)}, \ldots$ Einfachheitshalber werden wir im weiteren von den Normen $\|\cdot\|_{(1_h)}, \|\cdot\|_{(2_h)}, \ldots$ des Raumes $\mathcal{B}_h$ sprechen, der ursprünglich mit der Norm $\|\cdot\|_h$ ausgestattet ist.

Auf dem Intervall $0 \leqq t \leqq T$ führen wir nun die äquidistanten Gitter

$$\bar{\omega}_\tau = \{t_j = j\tau,\ j = 0, 1, \ldots, j_0,\ \tau = t_0/j_0\}, \quad \omega_\tau = \{t_j = j\tau,\ 0 < j \leqq j_0\}$$

mit der Schrittweite τ ein und betrachten abstrakte Funktionen $y_{h\tau}(t)$, $\varphi_{h\tau}(t)$ usw. des diskreten Arguments $t = j\tau \in \bar{\omega}_\tau$ mit Werten in $\mathcal{B}_h$. Es seien $A_h(t)$, $B_h(t)$, $C_h(t)$ usf. lineare Operatoren, die von den Parametern h und τ abhängen und die für jedes $t \in \bar{\omega}_\tau$ den Raum $\mathcal{B}_h$ in sich abbilden. Solange das nicht zu Mißverständnissen führt, werden wir die Indizes h und τ fortlassen und einfach

$$y_n = y(n\tau) = y(t_n) = y, \quad A(t),\ B(t),\ C(t)$$

schreiben. Die Familie der von den Parametern h und τ abhängigen Differenzengleichungen $(r-1)$-ter Ordnung

$$B_0(t_n)\, y_{n+1} = \sum_{s=1}^{r-1} C_s(t_n)\, y_{n+1-s} + f_n, \quad n = r-1, r, r+1, \ldots,$$

deren Koeffizienten $B_0, C_1, \ldots, C_{r-1}$ auf $\mathcal{B}_h$ definierte, von h und τ abhängige lineare Operatoren sind, nennen wir ein r-schichtiges Operator-Differenzenschema oder kurz *r-Schicht-Schema*. Wenn der Operator B_0^{-1} existiert, so läßt sich die Lösung y_{n+1} der Aufgabe durch die Anfangsvektoren $y_0, y_1, \ldots, y_{r-2}$ und durch die rechte Seite f ausdrücken. Wir setzen voraus, daß die Vektoren $y_0, \ldots, y_{r-2}$ gegeben sind.

Im folgenden werden wir nur die 2- und 3-Schicht-Schemata

$$B_0 y_{n+1} + B_1 y_n = \tau\varphi_n, \qquad n = 0, 1, \ldots, \quad \text{gegeben ist } y_0, \tag{1}$$

$$B_0 y_{n+1} + B_1 y_n + B_2 y_{n-1} = \tau\varphi_n, \quad n = 1, 2, \ldots, \quad \text{gegeben sind } y_0 \text{ und } y_1, \tag{2}$$

betrachten.

6.1.3. Die Normalform für 2-Schicht-Verfahren. Ein beliebiges 2-Schicht-Schema (1) können wir in der Gestalt

$$B(t_n)\,\frac{y_{n+1} - y_n}{\tau} + A(t_n)\, y_n = \varphi_n, \quad n = 0, 1, \ldots, \quad \text{gegeben ist } y_0 \in \mathcal{B}_h, \tag{3}$$

schreiben: Es ist $B = B_0$ und $A = (B_0 + B_1)/\tau$.

Mit den indexfreien Bezeichnungen

$$y = y_n = y(t_n), \quad \hat{y} = y_{n+1} = y(t_{n+1}) = y(t_n + \tau),$$

$$\check{y} = y_{n-1}, \quad y_t = \frac{\hat{y} - y}{\tau}, \quad y_{\bar{t}} = \frac{y - \check{y}}{\tau}$$

können wir die Gleichung (3) wie folgt wiedergeben:

$$By_t + Ay = \varphi(t), \quad t = t_n = n\tau \in \bar{\omega}_\tau, \quad y(0) = y_0 \in \mathcal{B}_h. \tag{4}$$

Die Gleichungen (3) oder (4) nennen wir die *Normalform für 2-Schicht-Schemata.* Die Gleichung (4) ist der Differentialgleichung

$$\mathcal{B}\,\frac{du}{dt}+\mathcal{A}u=f(t)$$

analog.

Beispiel 1. Für die Wärmeleitungsgleichung

$$\frac{\partial u}{\partial t}=Lu+f,\quad Lu=\frac{\partial}{\partial x}\left(k(x)\,\frac{\partial u}{\partial x}\right)$$

hatten wir in Kapitel 5. das gewichtete Schema

$$y_t=\Lambda(\sigma\hat{y}+(1-\sigma)\,y)+\varphi,\quad \Lambda v=(a(x)\,v_{\bar{x}})_x$$

eingeführt und untersucht. Mit Hilfe der Identität $\hat{y}=y+\tau y_t$ können wir es auf die Gestalt

$$y_t-\sigma\tau\Lambda y_t-\Lambda y=\varphi$$

bringen und stellen durch Vergleich mit (4) fest, daß hier

$$B=E+\sigma\tau A,\quad A=-\Lambda$$

ist. So sieht also die Normalform des gewichteten 2-Schicht-Schemas aus.

Wenn zu B der inverse Operator existiert, so können wir (4) nach $\hat{y}=y_{n+1}$ auflösen und erhalten

$$\hat{y}=Sy+\tau\tilde{\varphi},\quad S=E-\tau B^{-1}A,\quad \tilde{\varphi}=B^{-1}\varphi\,. \tag{5}$$

Den Operator S nennen wir den Übergangsoperator: Er realisiert den Übergang von einer Zeitschicht zur nächsten.

Manchmal werden wir das 2-Schicht-Schema nicht in der Normalform (4), sondern wie folgt aufschreiben:

$$B\hat{y}=Cy+\tau\varphi\quad\text{oder}\quad By_{n+1}=Cy_n+\tau\varphi_n$$

mit $C=E-\tau A$ und dem identischen Operator E.

Im Falle $B=E$ heißt das Schema (3) *explizites 2-Schicht-Schema.* Dann ist also

$$\frac{y_{n+1}-y_n}{\tau}+Ay_n=\varphi_n,$$

und die Werte von y auf der neuen Schicht werden aus der Formel $y_{n+1}=y_n-\tau Ay_n+$ $+\tau\varphi_n$ berechnet.

Bei $B\neq E$ heißt (3) *implizites 2-Schicht-Schema.*

6.1.4. Normalformen des 3-Schicht-Schemas. Das 3-Schicht-Schema (2) schreiben wir in folgender Normalform:

$$B\,\frac{y_{n+1}-y_{n-1}}{2\tau}+R(y_{n+1}-2y_n+y_{n-1})+Ay_n=\varphi\,. \tag{6}$$

Dazu ist

$$B=B_0-B_2,\quad R=\frac{1}{2\tau}\,(B_0+B_2),\quad A=\frac{1}{\tau}\,(B_0+B_1+B_2) \tag{7}$$

zu setzen. Unter Benutzung der Bezeichnungen

$$y_{\mathring{t}} = \frac{\hat{y} - \check{y}}{2\tau}, \quad y_{\bar{t}t} = \frac{y_t - y_{\bar{t}}}{\tau} = \frac{\hat{y} - 2y + \check{y}}{\tau^2}$$

erhalten wir aus (6)

$$By_{\mathring{t}} + \tau^2 R y_{\bar{t}t} + Ay = \varphi(t), \quad 0 < t = n\tau \in \omega_\tau, \quad y(0) = y_0, \quad y(\tau) = y_1 . \tag{8}$$

Beispiel 2. Wir überführen das gewichtete 3-Schicht-Schema

$$y_{\mathring{t}} + A(\sigma_1 \hat{y} + (1 - \sigma_1 - \sigma_2)\, y + \sigma_2 \check{y}) = \varphi \tag{9}$$

in die Normalform (8): Die Formeln

$$\hat{y} = y + \frac{\hat{y} - \check{y}}{2} + \frac{\hat{y} - 2y + \check{y}}{2} = y + \tau y_{\mathring{t}} + \frac{\tau^2}{2}\, y_{\bar{t}t},$$

$$\check{y} = y - \frac{\hat{y} - \check{y}}{2} + \frac{\hat{y} - 2y + \check{y}}{2} = y - \tau y_{\mathring{t}} + \frac{\tau^2}{2}\, y_{\bar{t}t}$$

ergeben

$$\sigma_1 \hat{y} + (1 - \sigma_1 - \sigma_2)\, y + \sigma_2 \check{y} = y + (\sigma_1 - \sigma_2)\, \tau y_{\mathring{t}} + \frac{\sigma_1 + \sigma_2}{2}\, \tau^2 y_{\bar{t}t} .$$

Diesen Ausdruck setzen wir in (9) ein und gelangen zur Darstellung (8) mit

$$B = E + \tau(\sigma_1 - \sigma_2)\, A, \quad R = \frac{1}{2}\, (\sigma_1 + \sigma_2)\, A . \tag{10}$$

Zur Bestimmung des Wertes von y auf der neuen Schicht $t = t_{n+1}$ bekommen wir aus (6) oder (8) die Gleichung

$$(B + 2\tau R)\, y_{n+1} = 2\tau(2R - A)\, y_n + (B - 2\tau R)\, y_{n-1} + 2\tau\varphi_n ,$$

aus der wir sehen, daß die Aufgabe (8) lösbar ist, wenn der Operator $(B + 2\tau R)^{-1}$ existiert. Dabei ergibt sich y_{n+1} aus den Werten y_n und y_{n-1} von den zwei vorangehenden Schichten, so daß auch zwei Anfangswerte vorzugeben sind: y_0 und y_1 (oder auch $y_0 = y(0)$ und $\bar{y}_0 = y_t(0)$).

Bei $B + 2\tau R = E$ heißt das 3-Schicht-Schema (8) *explizit*, und dann gilt

$$y_{n+1} = 2\tau(2R - A)\, y_n + (B - 2\tau R)\, y_{n-1} + 2\tau\varphi_n .$$

Andernfalls nennen wir das Schema (8) *implizit*.

Manchmal ist anstelle des Schemas (8) oder (2) die folgende Form vorteilhaft:

$$By_{\mathring{t}} + (E + \tau^2 R)\, y_{\bar{t}t} + Ay = \varphi . \tag{11}$$

Wir können sie aus (8) erhalten, indem wir dort R durch $\frac{1}{\tau^2} E + R$ ersetzen.

6.1.5. Der Stabilitätsbegriff. Wir kommen nun zum Begriff der Stabilität von 2-Schicht-Differenzenverfahren. Unter einem 2-Schicht-Schema verstehen wir hier die Menge der Operator-Differenzengleichungen (4), welche von den Parametern h und τ abhängen. Dabei setzen wir voraus, daß die Operatoren A und B auf dem ganzen Raum $\mathfrak{B}_h$ definiert sind.

Wir betrachten also die Lösungsmenge $\{y_{h\tau}(t)\}$ der Anfangswertaufgabe (4) zu den Eingangsdaten $\{\varphi_{h\tau}(t)\}$ und $\{y_{0h}\}$.

Das Schema (4) nennen wir korrekt (formuliert), wenn für alle hinreichend kleinen h und τ (für $\tau \leqq \tau_0$ und $|h| \leqq h_0$) folgende zwei Bedingungen erfüllt sind:

1) Die Lösung der Aufgabe (4) existiert und ist eindeutig für beliebige Anfangswerte $y_{0h} \in \mathfrak{B}_h$, rechte Seiten $\varphi_{h\tau}(t) \in \mathfrak{B}_h$ und für alle $t \in \bar{\omega}_\tau$.

2) Es existieren von h, τ, y_{0h} und $\varphi_{h\tau}$ unabhängige positive Konstanten M_1 und M_2, so daß die Lösung von (4) für beliebige $y_{0h} \in \mathfrak{B}_h$, $\varphi_{h\tau}(t) \in \mathfrak{B}_h$ und $t \in \bar{\omega}_\tau$ der Ungleichung

$$\|y_{h\tau}(t+\tau)\|_{(1_h)} \leqq M_1 \|y_{0h}\|_{(1_h^0)} + M_2 \max_{0 \leqq t' \leqq t} \|\varphi_{h\tau}(t')\|_{(2_h)} \tag{12}$$

genügt, in der $\|\cdot\|_{(1_h)}$, $\|\cdot\|_{(1_h^0)}$ und $\|\cdot\|_{(2_h)}$ Normen im Raum $\mathfrak{B}_h$ sind.

Die Ungleichung (12) drückt aus, daß die Lösung der Anfangswertaufgabe (4) stetig von den Eingangsdaten abhängt, und zwar gleichmäßig bezüglich h und τ. Diese Eigenschaft heißt *Stabilität*. Wir nennen ein Differenzenverfahren *absolut stabil*, wenn es für beliebige τ und h stabil ist (und nicht nur für hinreichend kleine Schrittweiten).

Wir sagen insbesondere, daß das Schema (4) *stabil in bezug auf die Anfangswerte* ist, wenn die Lösung der homogenen Gleichung

$$By_t + Ay = 0, \quad t = n\tau \geqq 0, \quad y(0) = y_0 \tag{4a}$$

die Ungleichung

$$\|y_{h\tau}(t+\tau)\|_{(1_h)} \leqq M_1 \|y_{0h}\|_{(1_h^0)} \tag{12a}$$

erfüllt. Schließlich heißt das Verfahren (4) *stabil bezüglich der rechten Seite*, wenn die Lösung der Aufgabe

$$By_t + Ay = \varphi, \quad y(0) = 0, \tag{4b}$$

der Ungleichung

$$\|y_{h\tau}(t+\tau)\|_{(1_h)} \leqq M_2 \max_{0 \leqq t' \leqq t} \|\varphi_{h\tau}(t')\|_{(2_h)} \tag{12b}$$

genügt.

Da die Lösung y des Schemas (4) die Summe der Lösungen $y^{(1)}$ und $y^{(2)}$ der Aufgaben (4a) bzw. (4b) ist, erhalten wir mit der Dreiecksungleichung

$$\|y_{h\tau}(t+\tau)\|_{(1_h)} \leqq \|y_{h\tau}^{(1)}(t+\tau)\|_{(1_h)} + \|y_{h\tau}^{(2)}(t+\tau)\|_{(1_h)}$$

aus den Ungleichungen (12a) und (12b) die Abschätzung (12).

Ähnlich wird auch der Begriff der Stabilität von 3-Schicht-Verfahren eingeführt. Hierbei erweist es sich als naheliegend, Paare von Vektoren $Y_{n+1} = \{y_n, y_{n+1}\}$ zu betrachten und für sie Normen der Art

$$\|Y_{n+1}\|_{(1_h)}^2 = \|y_n + y_{n+1}\|_{(1_h^*)}^2 + \|y_{n+1} - y_n\|_{(1_h^{**})}^2 \tag{13}$$

zu definieren (mit Normen $\|\cdot\|_{(1_h^*)}$, $\|\cdot\|_{(1_h^{**})}$ in $\mathfrak{B}_h$), welche sich bei der Stabilitätsuntersuchung von 3-Schicht-Schemata mit der energetischen Methode in natürlicher Weise ergeben (vgl. Abschnitt 5.5.). Dann heißt das 3-Schicht-Verfahren (8) stabil, wenn seine Lösung für beliebige Anfangswerte y_0, y_1 und für beliebige rechte Seiten $\varphi(t)$ der Ungleichung

$$\|Y_{h\tau}(t+\tau)_{(1_h)} \leqq M_1 \|Y_{h\tau}(\tau)\|_{(1_h^0)} + M_2 \max_{0 < t' \leqq t} \|\varphi_{h\tau}(t')\|_{(2_h)} \tag{14}$$

genügt, wobei M_1 und M_2 wieder positive Konstanten sind, die nicht von h, τ, y_0, y_1 oder $\varphi(t)$ abhängen.

Wir nehmen nun an, daß die Aufgabe (4) für beliebige y_n und $\varphi(t)$ eindeutig nach y_{n+1} auflösbar ist.

Folgende grundlegende Frage gilt es im weiteren zu beantworten: Welche Eigenschaften müssen die Operatoren A und B besitzen, damit das Schema (4) im Sinne der obigen Definition stabil ist?

Wir wollen also hinreichende Stabilitätsbedingungen für (4) finden und aus ihnen Abschätzungen der Art (12) herleiten. Dabei sollen diese Bedingungen bequem auf konkrete Differenzenverfahren anwendbar sein, wie sie sich bei der Approximation von Gleichungen der Mathematischen Physik ergeben.

Wir werden die Stabilität von Differenzenschemata unabhängig von deren Approximation und Konvergenz untersuchen.

6.1.6. Hinreichende Stabilitätsbedingungen für 2-Schicht-Verfahren in linearen normierten Räumen. Wir leiten nun allgemeine hinreichende Stabilitätsbedingungen für 2-Schicht-Verfahren in linearen normierten Räumen her. Eine detailliertere Untersuchung folgt im Abschnitt 6.2. für den Fall eines Hilbertraums $\mathcal{B}_h$.

Wie oben gesagt, nehmen wir an, daß die Anfangsaufgabe (4) lösbar ist, also der inverse Operator B^{-1} existiert. Folglich können wir (4) als explizites Schema schreiben:

$$y_{n+1} = S_n y_n + \tau f_n, \quad f_n = B_n^{-1}\varphi_n, \quad n = 0, 1, \ldots, \quad y_0 \in \mathcal{B}_h, \tag{15}$$

wo S_n der Übergangsoperator ist,

$$S_n = E - \tau B_n^{-1} A_n. \tag{16}$$

Neben den Größen B_n, A_n, y_n, φ_n und y_0 hängt auch der Operator S_n von h und τ ab; wir weisen explizit aber nur die Abhängigkeit von $t_n = n\tau$ aus.

Aus der Rekursionsformel (15) finden wir

$$y_{n+1} = T_{n+1,0} y_0 + \sum_{j=0}^{n} \tau T_{n+1,j+1} f_j \tag{17}$$

mit dem *Übergangsoperator von der Schicht j zur Schicht $n+1$*,

$$T_{n+1,j} = S_n S_{n-1} \ldots S_{j+1} S_j, \quad T_{n+1,n+1} = E$$

und dem *Lösungsoperator*

$$T_{n+1,0} = S_n S_{n-1} \ldots S_1 S_0.$$

Durch Anwendung der Dreiecksungleichung ergibt sich

$$\|y_{n+1}\|_{(1)} \leq \|T_{n+1,0}\| \, \|y_0\|_{(1)} + \sum_{j=0}^{n} \tau \|T_{n+1,j+1}\| \, \|f_j\|_{(1)}, \tag{18}$$

wobei $\|\cdot\|_{(1)}$ eine beliebige Norm im Raum $\mathcal{B}_h$ ist. Daher können wir folgenden Satz formulieren.

Satz 1. *Für die Stabilität des Schemas* (15) *ist hinreichend, daß die Bedingung*

$$\|T_{n,j}\| \leq M_1 \quad \text{für} \quad 0 \leq j \leq n \leq n_0 \tag{19}$$

erfüllt ist. Unter dieser Bedingung gilt für die Lösung der Aufgabe (3) *die a-priori-Abschätzung*

$$\|y_n\|_{(1)} \leq M_1 \left(\|y_0\|_{(1)} + \sum_{j=0}^{n-1} \tau \|B_j^{-1}\varphi_j\|_{(1)} \right) \tag{20}$$

für alle n mit $0 \leq n \leq n_0$.

Es sei bemerkt, daß aus der Abschätzung (20) die Ungleichung (12) mit $M_2 = M_1 T$ und $\|\varphi_j\|_{(2)} = \|B_j^{-1}\varphi_j\|_{(1)}$ folgt.

Satz 2. *Hinreichend für die Stabilität des Schemas* (3) *ist, daß die Norm des Übergangsoperators* S_j, $j = 0, \ldots, n_0 - 1$, *der Bedingung*

$$\|S_j\| \leqq 1 + c_0\tau \tag{21}$$

genügt, wobei $c_0 \geqq 0$ *eine Konstante ist, die nicht von* h *oder* τ *abhängt. Unter den Bedingungen* (21) *gilt die Abschätzung* (20) *mit* $M_1 = e^{c_0 T}$.

Zum Beweis des Satzes brauchen wir nur die Bedingung (19) aus (21) herzuleiten:

$$\begin{aligned}\|T_{n,j}\| &= \|S_{n-1}S_{n-2} \cdots S_{j+1}S_j\| \\ &\leqq \|S_{n-1}\| \, \|S_{n-2}\| \cdots \|S_{j+1}\| \, \|S_j\| \leqq (1 + c_0\tau)^{n-j} \\ &\leqq (1 + c_0\tau)^n \leqq (1 + c_0\tau)^{n_0} \leqq e^{c_0 n_0 \tau} = e^{c_0 t_0} = M_1 .\end{aligned}$$

Oft wird festgestellt, daß aus der Stabilität in bezug auf die Anfangswerte die Stabilität in bezug auf die rechte Seite folgt. In welchem Sinne ist diese Behauptung richtig?

Wir sagen, daß das Schema (4) gleichmäßig stabil bezüglich der Anfangswerte ist, wenn für beliebiges j mit $0 \leqq j \leqq n$ die Anfangswertaufgaben

$$y_{n+1} = S_n y_n, \quad n = j, \quad j+1, \ldots \quad \text{mit gegebenen } y_j \tag{22}$$

stabil sind, d. h.

$$\|y_n\|_{(1)} \leqq M_1 \|y_j\|_{(1)} \quad \text{für} \quad 0 \leqq j < n \leqq n_0 \tag{23}$$

mit einer von h und τ unabhängigen positiven Konstanten M_1 gilt.

Falls die Eigenschaft der gleichmäßigen Stabilität in bezug auf die Anfangswerte vorliegt, so genügt der Lösungsoperator $T_{n,j}$ aus (22) der Abschätzung (19). Nach Satz 1 ergibt sich dann für die Lösung der Aufgabe (4) die Ungleichung (20). Wir haben also folgendes Ergebnis:

Satz 3. *Aus der gleichmäßigen Stabilität des Schemas* (4) *bezüglich der Anfangswerte folgt seine Stabilität in bezug auf die rechte Seite, wenn diese in der Norm*

$$\|\varphi\|_{(2)} = \|B^{-1}\varphi\|_{(1)} \tag{24}$$

abgeschätzt wird. Dann ist auch die Ungleichung (20) *erfüllt.*

Wir weisen darauf hin, daß die Bedingung (21) die gleichmäßige Stabilität bezüglich der Anfangswerte garantiert.

Wir betrachten nun das 2-Schicht-Schema mit konstanten (d. h. von $t_n = n\tau$ unabhängigen) Operatoren A und B:

$$\begin{aligned}&y_{n+1} = Sy_n + \tau f_n, \quad f_n = B^{-1}\varphi_n, \quad n = 0, 1, \ldots, \\ &S = E - \tau B^{-1}A, \quad y_0 \text{ ist vorgegeben}.\end{aligned} \tag{25}$$

Falls das Schema mit dem konstanten Übergangsoperator S stabil in bezug auf die Anfangswerte ist, so ist es auch gleichmäßig stabil wegen

$$T_{n,j} = T_{n-j,0} = S^{n-j} . \tag{26}$$

Satz 4. *Für das Schema mit konstanten Operatoren* (25) *ist die Stabilität in bezug auf die Anfangswerte notwendig und hinreichend für die Stabilität in bezug auf die rechte Seite, wenn die Normen entsprechend* (24) *aufeinander abgestimmt sind, und in diesem Fall gilt die a-priori-Abschätzung* (20).

Hinlänglichkeit: Die Stabilität bezüglich der Anfangswerte bedeutet, daß der Lösungsoperator beschränkt ist,

$$\|T_{n,0}\| \leqq M_1 . \tag{27}$$

Hieraus und aus (26) folgt, daß die Bedingung (19) erfüllt ist, womit wir Satz 1 anwenden können.

Notwendigkeit: Das Schema (25), $y_0 = 0$, sei stabil in bezug auf die rechte Seite, es gilt also die Ungleichung

$$\|y_{n+1}\|_{(1)} \leqq M_1 \sum_{j=0}^{n} \tau \|B^{-1}\varphi_j\|_{(1)}, \quad n = 0, 1, 2, \ldots, \tag{28}$$

für beliebige $f_j = B^{-1}\varphi_j$. Nach (17) haben wir die Lösungsdarstellung

$$y_{n+1} = \sum_{j=0}^{n} \tau T_{n+1,j+1} f_j . \tag{29}$$

Wir können insbesondere $f_j = 0$, $j \geqq 1$ und $\tau f_0 = f$ mit beliebigem f wählen. Mit (29) und (26) erhalten wir dann $y_{n+1} = T_{n+1,1} f = T_{n,0} f$ und damit $\|y_{n+1}\|_{(1)} = \|T_{n,0} f\|_{(1)}$. Andererseits zeigt Ungleichung (28), daß $\|y_{n+1}\|_{(1)} \leqq M_1 \|f\|_{(1)}$ gilt, so daß die Abschätzung (27) erfüllt ist. Daraus folgt die Stabilität in bezug auf die Anfangswerte, und der Satz ist bewiesen.

Wir schließen einige Bemerkungen an, die für das Weitere wichtig sind:

1. Ist der Übergangsoperator konstant, so muß zum Nachweis der Stabilität in bezug auf die Anfangswerte nur die Norm des Übergangsoperators abgeschätzt werden.

2. Die Bedingung, daß die Normen der Lösung und der rechten Seite aufeinander abgestimmt sein müssen (vgl. (24)), ist recht einschneidend. Bei $\|B^{-1}\| \leqq c_1$ mit einer von h und τ unabhängigen positiven Konstante c_1 wird $\|\varphi\|_{(2)} \leqq c_1 \|\varphi\|_{(1)}$, und statt der Abschätzung (20) gilt dann

$$\|y(t+\tau)\|_{(1)} \leqq M_1 \|y(0)\|_{(1)} + M_2 \sum_{t'=0}^{t} \tau \|\varphi(t')\|_{(1)}, \quad M_2 = M_1 c_1 . \tag{30}$$

Im Abschnitt 6.2. leiten wir a-priori-Abschätzungen her, ohne die Bedingung (24) über die Abgestimmtheit der Normen $\|\cdot\|_{(1)}$ und $\|\cdot\|_{(2)}$ vorauszusetzen.

3. Das Schema (4) war stabil, wenn $\|S_j\| \leqq 1 + c_0\tau$ für $0 \leqq j \leqq n_0 - 1$ galt. Um dieses hinreichende Stabilitätskriterium praktisch brauchbar zu machen, sind dafür Bedingungen an die Operatoren A und B anzugeben. Das werden wir in Abschnitt 6.2. tun. Die dort gefundenen Bedingungen bestehen darin, daß die in dem Hilbertraum $H_h = \mathfrak{B}_h$ definierten Operatoren A und B linearen Operatorungleichungen genügen müssen.

6.1.7. Approximation und Konvergenz. Die Begriffe Approximation, Konvergenz und Genauigkeit kann man für r-schichtige Operator-Differenzenverfahren analog zu den in Abschnitt 2.4. betrachteten Operatorgleichungen $A_h y_h = \varphi_h$ einführen. Dabei sind nur einige weniger wesentliche Änderungen zu beachten, z. B. werden wir außer den Normen $\|\cdot\|_{(1_h)}$ und $\|\cdot\|_{(2_h)}$ noch folgende Normen benötigen:

$$\|y_{h\tau}(t_n)\|_{(1_{h\tau})} = \max_{0 \leqq t = n'\tau \leqq t_n} \|y_{h\tau}(t)\|_{(1_h)},$$

$$\|\varphi_{h\tau}(t_n)\|_{(2_{h\tau})} = \max_{0 \leqq t = n'\tau \leqq t_n} \|\varphi_{h\tau}(t)\|_{(2_h)} .$$

Es sei also $\mathfrak{B}_h$ ein linearer Raum, in dem wir die Normen $\|\cdot\|_{(1_h)}$ und $\|\cdot\|_{(2_h)}$ einführen. Die erhaltenen Räume bezeichnen wir mit $\mathfrak{B}_h^{(1)}$ und $\mathfrak{B}_h^{(2)}$. Wir setzen voraus, daß

$$y_{h\tau}(t_n)\in\mathfrak{B}_h^{(1)}, \quad \varphi_{h\tau}(t_n)\in\mathfrak{B}_h^{(2)}$$

für alle $t_n=n\tau$ gilt und daß die Operatoren des Schemas (4) den Raum $\mathfrak{B}_h^{(1)}$ in $\mathfrak{B}_h^{(2)}$ abbilden:

$$A_h,\ B_h\colon \mathfrak{B}_h^{(1)}\to\mathfrak{B}_h^{(2)}\,.$$

Weiter seien $\mathfrak{B}_0^{(1)}$ und $\mathfrak{B}_0^{(2)}$ normierte Räume mit den Normen $\|\cdot\|_{(1_0)}$ und $\|\cdot\|_{(2_0)}$, es sei $u(t)$ eine abstrakte Funktion von $t\in[0,\,T]$ mit Werten in $\mathfrak{B}_0^{(1)}$ und $f(t)$ eine abstrakte Funktion mit Werten in $\mathfrak{B}_0^{(2)}$. Weiterhin führen wir lineare Projektionsoperatoren $\mathcal{P}_h^{(\alpha)}$ ein, die $\mathfrak{B}_0^{(\alpha)}$ auf $\mathfrak{B}_h^{(\alpha)}$ abbilden $(\alpha=1,2)$: $u_h=\mathcal{P}_h^{(1)}u\in\mathfrak{B}_h^{(1)}$ für $u\in\mathfrak{B}_0^{(1)}$ und $f_h=\mathcal{P}_h^{(2)}f\in\mathfrak{B}_h^{(2)}$ für $f\in\mathfrak{B}_0^{(2)}$. Wir setzen voraus, daß die Normen wie folgt aufeinander abgestimmt sind:

$$\lim_{|h|\to 0}\|\varphi_h^{(\alpha)}\|_{(\alpha_h)}=\|\varphi^{(\alpha)}\|_{(\alpha_0)}, \quad \varphi^{(\alpha)}\in\mathfrak{B}_0^{(\alpha)}, \quad \alpha=1,2\,.$$

Nun sei $y_h(t_j)$ die Lösung der Aufgabe (4) und $u(t)$ eine stetige Funktion. Wir setzen $u(t_j)=u^j$ und $u_h^j=\mathcal{P}_h^{(1)}u^j$.

Wir sagen, daß das Schema (4) *auf der abstrakten Funktion* $u(t)\in\mathfrak{B}_0^{(1)}$ *konvergiert*, wenn

$$\lim_{|h|\to 0,\tau\to 0}\ \max_{0\le j\le j_0}\|y_{h\tau}^j-u_h^j\|_{(1_h)}=0$$

gilt. Das Schema (4) *konvergiert mit der Geschwindigkeit* $O(|h|^m+\tau^k)$ – oder auch: hat die Genauigkeit $O(|h|^m+\tau^k)$ – auf der Funktion $u(t)\in\mathfrak{B}_0^{(1)}$, falls

$$\max_{0\le j\le j_0}\|y_{h\tau}^j-u_h^j\|_{(1_h)}\le M(|h|^m+\tau^k)$$

mit einer von h und τ unabhängigen, positiven Konstanten M gilt.

Für das Schema (4) bezeichnen wir den Defekt

$$\psi_{h\tau}^j=B_{h\tau}\frac{u_h^{j+1}-u_h^j}{\tau}+A_{h\tau}u_h^j-\varphi_{h\tau}^j, \quad \psi_{h\tau}^j=\psi(t_j,\,h,\,\tau)$$

als den *Approximationsfehler auf der Funktion* $u(t)$; das Schema *approximiert auf der Funktion* $u(t)$, wenn die Beziehung

$$\max_{0\le j<j_0}\|\psi^j\|_{(2_h)}\to 0 \quad \text{für} \quad |h|\to 0, \quad \tau\to 0 \tag{31}$$

erfüllt ist, und es *besitzt die Approximation* $O(|h|^m+\tau^k)$ auf $u(t)\in\mathfrak{B}_0^{(1)}$ bei

$$\max_{0\le j<j_0}\|\psi^j\|_{(2_h)}\le M(|h|^m+\tau^k)\,.$$

Für die Differenz $z^j=y^j-u_h^j$ erhalten wir die Aufgabe

$$B\,\frac{z^{j+1}-z^j}{\tau}+Az^j=\psi^j, \quad j=0,1,2,\ldots, \quad z^0=y_0-u_h^0\,. \tag{32}$$

Wenn das Schema (4) stabil ist, so genügt die Lösung von (32) der Abschätzung

$$\|z^j\|_{(1_h)}\le M_1\|y_0-u_h^0\|_{(1_h)}+M_2\max_{0\le j'<j}\|\psi^{j'}\|_{(2_h)}\,.$$

Daraus ergibt sich die Richtigkeit folgender Behauptung:

Das Schema (4) *konvergiert auf der Funktion* $u(t)$, *falls es auf* $u(t)$ *approximiert und der Anfangswert* y_0 *das Element* $u(0)$ *approximiert:*

$$\|y_{0h\tau} - u_h^0\|_{(1_h)} \to 0 \quad \text{für} \quad |h| \to 0, \quad \tau \to 0 .$$

Das Schema hat die Genauigkeit $O(|h|^m + \tau^k)$ *auf* $u(t)$, *wenn es stabil ist, die Approximation* $O(|h|^m + \tau^k)$ *auf* $u(t)$ *besitzt und wenn* $\|y_0 - u_h^0\|_{(1_h)} = O(|h|^m + \tau^k)$ *erfüllt ist.*

Hier kann $u(t)$ insbesondere Lösung einer Differentialgleichung sein, und dann sagen wir, daß das Schema die Differentialgleichung approximiert, falls die Eigenschaft (31) vorliegt, usw.

Wir weisen noch darauf hin, daß in der im Abschnitt 2.2. angeführten Feststellung „Wenn das Schema stabil ist und approximiert, so konvergiert es." das Wort „approximiert" sich jetzt sowohl auf die Differenzengleichung als auch auf die Anfangsbedingung beziehen muß. (Wenn man $y_0 = \mathcal{P}_h^{(1)} u(0)$ setzt, so wird $\|y_{0h} - u_h(0)\|_{(1_h)} = 0$.)

6.2. Klassen stabiler 2-Schicht-Verfahren

6.2.1. Die Aufgabenstellung. Bei der Stabilitätsuntersuchung der 2-Schicht-Schemata gehen wir von deren Normalform

$$By_t + Ay = \varphi(t), \quad t = n\tau \in \bar{\omega}_\tau, \quad y(0) = y_0 \tag{1}$$

aus. Nun sei $\mathcal{B}_h$ der endlichdimensionale reelle Hilbertraum H_h mit dem Skalarprodukt $(\cdot,\cdot)$ und der Norm $\|x\| = \sqrt{(x, x)}$. Die Operatoren A und B des Schemas (1) hängen von h, τ und t ab.

Unsere Aufgabe ist es nun, hinreichende Stabilitätsbedingungen für das Schema (1) zu finden und a-priori-Abschätzungen für dessen Lösung herzuleiten, die die Stabilität des Schemas in bezug auf Anfangswerte und rechte Seite zeigen.

Wie schon in 6.1.5. bemerkt wurde, können wir die Lösung y von (1) aus der Lösung $\bar{y}$ der Aufgabe

$$By_t + Ay = 0, \quad t \in \bar{\omega}_\tau, \quad y(0) = y_0 \tag{1a}$$

und der Lösung $\tilde{y}$ der Aufgabe

$$By_t + Ay = \varphi(t), \quad t \in \bar{\omega}_\tau, \quad y(0) = 0 \tag{1b}$$

zusammensetzen und erhalten aus den Abschätzungen

$$\|y(t+\tau)\|_{(1)} \leqq M_1 \|y(0)\|_{(1)} \tag{2}$$

für $\bar{y}$ und

$$\|y(t+\tau)\|_{(1)} \leqq M_2 \max_{0 \leqq t' \leqq t} \|\varphi(t')\|_{(2)}$$

für $\tilde{y}$, die die Stabilität des Schemas (1) bezüglich der Anfangswerte bzw. der rechten Seite ausdrücken, die a-priori-Abschätzung

$$\|y(t+\tau)\|_{(1)} \leqq M_1 \|y_0\|_{(1)} + M_2 \max_{0 \leqq t' \leqq t} \|\varphi(t')\|_{(2)} . \tag{3}$$

Wir werden auch eine andere Definition für die Stabilität in bezug auf die rechte Seite benutzen:

$$\|y(t+\tau)\|_{(1)} \leqq M_2 \max_{0 < t' \leqq t} (\|\varphi(t')\|_{(2)} + \|\varphi_{\bar{t}}(t')\|_{(2^*)}) .$$

Dann ergibt sich für die Lösung der Aufgabe (1) statt (3) die Ungleichung

$$\|y(t+\tau)\|_{(1)} \leqq M_1 \|y_0\|_{(1)} + M_2 \max_{0<t'\leqq t} (\|\varphi(t')\|_{(2)} + \|\varphi_{\bar{t}}(t')\|_{(2*)}) .$$

Dabei werden wir als Norm $\|\cdot\|_{(1)}$ die energetischen Normen

$$\|y\|_A = \sqrt{(Ay, y)} \quad \text{bei} \quad A = A^* > 0 ,$$

$$\|y\|_B = \sqrt{(By, y)} \quad \text{bei} \quad B = B^* > 0$$

sowie die ursprüngliche Norm $\|y\| = \sqrt{(y, y)}$ verwenden. Hier sind die Operatorungleichungen im Sinne von $(Ay, y) > 0$, $(By, y) > 0$ für alle $y \neq 0$ aus H_h zu verstehen.

Wir sagen, daß das Schema (1) in H_A (in H_B) stabil ist, wenn die Ungleichung (3) mit $\|\cdot\|_{(1)} = \|\cdot\|_A$ (mit $\|\cdot\|_{(1)} = \|\cdot\|_B$) gilt.

6.2.2. Die Ausgangsfamilie der betrachteten Differenzenverfahren. Die Stabilitätsuntersuchung werden wir für die im folgenden beschriebene Ausgangsfamilie von Differenzenverfahren durchführen.

Die Operatoren A und B seien beschränkte lineare Operatoren, die auf ganz H_h definiert sind: $\mathfrak{D}(A) = \mathfrak{D}(B) = H_h$. Wir betrachten die Differenzenaufgabe (1) und setzen voraus, daß sie für beliebige Eingangsdaten y_0 und $\varphi(t)$ lösbar ist, d. h., daß der Operator B^{-1} existiert, beschränkt ist und das Definitionsgebiet $\mathfrak{D}(B^{-1}) = H_h$ hat.

Zur Verringerung der Schreibarbeit beschränken wir uns im weiteren zunächst auf folgenden Fall:

1. Die Operatoren A und B hängen nicht von t ab (sind konstant),
2. der Operator B ist positiv: $B > 0$,
3. A ist ein selbstadjungierter positiver Operator: $A = A^* > 0$.

Die Bedingungen 1. bis 3. beschreiben zusammen mit der Lösbarkeitsbedingung in der Menge aller Schemata (1) die *Ausgangsfamilie*. Später werden wir auch von t abhängige Operatoren A und B untersuchen.

Als Beispiel führen wir das gewichtete Schema für die Wärmeleitungsgleichung an (vgl. Beispiel 1 in 6.1.3.):

Die Operatoren sind hier $A = -\Lambda$, $B = E + \sigma\tau A$. Wegen $A \leqq \|A\| E$ und damit $E \geqq A/\|A\|$ wird $B \geqq (1/\|A\| + \sigma\tau) A > 0$ für $\sigma > -1/(\tau\|A\|)$. Die Operatoren hängen nicht von t ab, es gilt $A = A^* > 0$ (vgl. die Abschnitte 2.4. und 3.2. Mithin sind z. B. für $\sigma \geqq -h^2/(4c_2\tau)$, $c_2 = \max_{x\in\omega_h} a(x)$, alle Bedingungen erfüllt, so daß das gewichtete Schema zur Ausgangsfamilie gehört.

6.2.3. Die energetische Identität. Nun untersuchen wir die Stabilität des Schemas (1) mit der energetischen Methode. Multiplizieren wir (1) skalar mit $2\tau y_t = 2(\hat{y} - y)$, so erhalten wir

$$2\tau(By_t, y_t) + 2\tau(Ay, y_t) = 2\tau(\varphi, y_t) . \tag{4}$$

Mit Hilfe der Identität

$$y = \frac{\hat{y}+y}{2} - \frac{\hat{y}-y}{2} = \frac{1}{2}(\hat{y}+y) - \frac{\tau}{2} y_t$$

formen wir (4) um in

$$2\tau\left(\left(B - \frac{1}{2}\tau A\right) y_t, y_t\right) + (A(\hat{y}+y), \hat{y}-y) = 2\tau(\varphi, y_t) . \tag{5}$$

Lemma 1. *Es sei A ein selbstadjungierter Operator. Dann gilt*

$$(A(\hat{y}+y), \hat{y}-y) = (A\hat{y}, \hat{y}) - (Ay, y) \tag{6}$$

Beweis: Es ist

$$(A(\hat{y}+y), \hat{y}-y) = (A\hat{y}, \hat{y}) + (Ay, \hat{y}) - (A\hat{y}, y) - (Ay, y)$$
$$= (A\hat{y}, \hat{y}) - (Ay, y),$$

denn $(Ay, \hat{y}) = (y, A\hat{y}) = (A\hat{y}, y)$ folgt aus der Selbstadjungiertheit von A.

Setzen wir den Ausdruck (6) in (5) ein, so ergibt sich die energetische Identität für das Schema (1),

$$2\tau\left(\left(B-\frac{1}{2}\tau A\right) y_t, y_t\right) + (A\hat{y}, \hat{y}) = (Ay, y) + 2\tau(\varphi, y_t). \tag{7}$$

6.2.4. Stabilität in H_A in bezug auf die Anfangswerte. Zum Nachweis der Stabilität des Schemas (1) bezüglich der Anfangswerte müssen wir die Lösung der Aufgabe (1a) abschätzen.

Satz 1. *Die Bedingung*

$$B \geqq \frac{\tau}{2} A \tag{8}$$

ist notwendig und hinreichend dafür, daß das Schema (1) *aus der Ausgangsfamilie bezüglich der Anfangswerte stabil in H_A ist und die Abschätzung* (2) *mit der Konstanten $M_1 = 1$ gilt, also die Lösung y der Aufgabe* (1a) *der Ungleichung*

$$\|y_n\|_A \leqq \|y_0\|_A, \quad n = 1, 2, \ldots, \tag{9}$$

genügt.

Hinlänglichkeit: Die Bedingung (8) sei erfüllt. Dann erhalten wir für das Schema (1a), also bei $\varphi = 0$, aus der energetischen Identität

$$2\tau\left(\left(B-\frac{1}{2}\tau A\right) y_t, y_t\right) + (A\hat{y}, \hat{y}) = (Ay, y) \tag{10}$$

die Ungleichung $(A\hat{y}, \hat{y}) \leqq (Ay, y)$ oder anders: $\|\hat{y}\|_A^2 \leqq \|y\|_A^2$, und daraus die Abschätzung (9).

Notwendigkeit: Das Schema (1a) sei stabil und die Beziehung (9) sei erfüllt. Wir zeigen, daß dann die Operatorungleichung (8) gilt, also

$$(Bv, v) \geqq \frac{1}{2}\tau(Av, v) \quad \text{für beliebiges } v \in H_h$$

ist. Dazu gehen wir von der Identität (10) für $n = 0$ aus:

$$2\tau\left(\left(B-\frac{1}{2}\tau A\right) y_t(0), y_t(0)\right) + (Ay_1, y_1) = (Ay_0, y_0).$$

Beachten wir hier die Ungleichung (9), $n = 1$, so folgt

$$2\tau\left(\left(B-\frac{1}{2}\tau A\right) y_t(0), y_t(0)\right) = (Ay_0, y_0) - (Ay_1, y_1) \geqq 0$$

und damit

$$\left(\left(B-\frac{1}{2}\tau A\right) y_t(0), y_t(0)\right) \geqq 0.$$

Da aber y_0 ein beliebiges Element von H_h sein sollte, durchläuft $v = y_t(0)$ den ganzen Raum H_h:

Geben wir ein beliebiges Element $v = y_t(0) \in H_h$ vor, so wird $y_0 = -A^{-1}Bv$, denn nach der dritten Bedingung über die Ausgangsfamilie existiert A^{-1}.

Folglich gilt die Operatorungleichung (8), was zu beweisen war.

Bemerkungen. 1. Für einen nicht selbstadjungierten, zeitabhängigen Operator $B = B(t) > 0$ ist die Bedingung (8) hinreichend für die Gültigkeit der Stabilitätsabschätzung (9).

2. Am allereinfachsten Beispiel kann man zeigen, daß die Bedingung (8) natürlich ist: Wir betrachten das Schema

$$b\,\frac{y_{n+1}-y_n}{\tau} + a y_n = 0, \quad n = 0, 1, \ldots, \quad y_0 = u_0,$$

das die Anfangswertaufgabe

$$b\,\frac{\mathrm{d}u}{\mathrm{d}t} + au = 0, \quad t > 0, \quad u(0) = u_0$$

approximiert. Es seien a und b positive Zahlen. Aus der Differenzengleichung finden wir

$$y_{n+1} = \left(1 - \frac{\tau a}{b}\right) y_n, \quad |y_{n+1}| \leqq \left|1 - \frac{\tau a}{b}\right| \cdot |y_n|.$$

Die Stabilitätsforderung $|y_{n+1}| \leqq |y_0|$ ist offensichtlich erfüllt, wenn $|1 - \tau a/b| \leqq 1$ gilt, d. h. bei $-1 \leqq 1 - \tau a/b \leqq 1$ oder auch $b \geqq \frac{1}{2}\,\tau a$, in völliger Analogie zur Bedingung (8).

Beispiel 2. Die Effektivität der Stabilitätsbedingung (8) demonstrieren wir am Beispiel des gewichteten Schemas

$$y_t + A(\sigma\hat{y} + (1-\sigma)y) = 0.$$

Es hat die Normalform (s. Abschnitt 6.1.)

$$(E + \sigma\tau A)\, y_t + Ay = 0, \quad B = E + \sigma\tau A. \tag{11}$$

In 6.2.2. hatten wir geklärt, wann das Schema der Ausgangsfamilie angehört. Die notwendige und hinreichende Stabilitätsbedingung (8) lautet hier

$$B - \frac{1}{2}\,\tau A = E + \left(\sigma - \frac{1}{2}\right)\tau A \geqq 0.$$

Wegen $A \leqq \|A\| E$ und $E \geqq A/\|A\|$ folgt

$$B - \frac{1}{2}\,\tau A \geqq \left(1/\|A\| + \left(\sigma - \frac{1}{2}\right)\tau\right) A,$$

so daß die Bedingung (8) der Ungleichung

$$\sigma \geqq \sigma_0 \quad \text{mit} \quad \sigma_0 = \frac{1}{2} - \frac{1}{\tau\|A\|}$$

äquivalent ist, die sich damit als notwendige und hinreichende Stabilitätsbedingung des gewichteten Schemas erweist.

Im speziellen Fall

$$y_t = \Lambda(\sigma\hat{y} + (1-\sigma)\,y), \quad \Lambda y = y_{\bar{x}x}, \quad 0 < x = ih < 1, \quad hN = 1\,,$$
$$y(0, t_n) = 0, \quad y(1, t_n) = 0, \quad y(x, 0) = u_0(x), \quad x = ih \in [0, 1]\,,$$

der der ersten Rand-Anfangswertaufgabe für die Wärmeleitungsgleichung

$$\frac{\partial u}{\partial t} = \frac{\partial^2 u}{\partial x^2}, \quad 0 < x < 1, \quad t > 0, \quad u(0, t) = u(1, t) = 0, \quad t \geqq 0, \quad u(x, 0) = u_0(x)$$

entspricht, gilt z. B. nach Abschnitt 5.1.

$$A = -\Lambda, \ \mathring{\Lambda} y = \Lambda y \quad \text{für} \quad y \in \mathring{\Omega}_h = H_h\,,$$
$$\|A\| = \frac{4}{h^2}\cos^2\frac{\pi h}{2} < \frac{4}{h^2}, \quad \sigma_0 = \frac{1}{2} - \frac{h^2}{4\tau\cos^2\frac{\pi h}{2}}\,.$$

In Kapitel 5. hatten wir durch Fourieranalyse die Bedingung $\sigma \geqq \bar{\sigma}_0 = \frac{1}{2} - \frac{1}{4\tau}h^2 > \sigma_0$ gefunden.

Nun sei A ein positiver, aber nicht selbstadjungierter Operator. Dann gehört das Schema (11) nicht der Ausgangsfamilie an. Wir können es aber durch ein äquivalentes Schema der Ausgangsfamilie ersetzen: Da $A > 0$ ist, existiert der inverse Operator, und dieser ist positiv. Wenden wir A^{-1} auf (11) an, so erhalten wir

$$\tilde{B} y_t + \tilde{A} y = 0 \quad \text{mit} \quad \tilde{B} = A^{-1} + \sigma\tau E, \quad \tilde{A} = E\,.$$

Die Operatoren hängen nicht von t ab, es gilt $\tilde{A} = \tilde{A}^* > 0$, und bei $\sigma \geqq 0$ wird $\tilde{B} > 0$. Als Stabilitätsbedingung (8) in $H_{\tilde{A}} = H_h$ erhalten wir $\tilde{B} - \frac{1}{2}\tau\tilde{A} = A^{-1} + \left(\sigma - \frac{1}{2}\right)\tau E \geqq 0$; sie ist bei $\sigma \geqq \frac{1}{2}$ erfüllt. Diese Bedingung $\sigma \geqq \frac{1}{2}$ garantiert also die Gültigkeit von

$$\|y_n\| \leqq \|y_0\| \quad \text{bei} \quad \sigma \geqq \frac{1}{2}, \quad A \neq A^*, \quad A > 0\,.$$

6.2.5. Die Methode der Variablentrennung. Genügen die Operatoren A und B den Bedingungen

$$A = A^* > 0, \quad B = B^* > 0\,, \tag{12}$$

so kann man die Stabilität des Schemas (1a) in H_A oder H_B unter der Bedingung (8) in Analogie zu Kapitel 5. auch durch Fourieranalyse beweisen. Hierzu betrachten wir das verallgemeinerte Eigenwertproblem

$$A\xi_k = \lambda_k B\xi_k\,, \quad (B\xi_k, \xi_m) = \delta_{km} = \begin{cases} 1 & \text{für} \quad k = m, \\ 0 & \text{für} \quad k \neq m, \end{cases} \quad k, \quad m = 1, \ldots, N\,, \tag{13}$$

wobei N die Dimension von H_h ist. Wegen (12) sind alle Eigenwerte λ_k positiv. Das System der Eigenfunktionen ist in H_B orthonormiert.

Für die Lösung der Aufgabe (1a) machen wir nun den Ansatz

$$y(t) = \sum_{k=1}^{N} c_k(t)\,\xi_k\,. \tag{14}$$

Berücksichtigen wir $Ay = \sum_{k=1}^{N} c_k A\xi_k = \sum_{k=1}^{N} c_k\lambda_k B\xi_k$, so ergibt sich durch Einsetzen von (14) in die Gleichung (1a)

$$c_k(t+\tau) = (1 - \tau\lambda_k)\,c_k(t)\,. \quad y(t+\tau) = \sum_{k=1}^{N} (1 - \tau\lambda_k)\,c_k(t)\,\xi_k\,. \tag{15}$$

Nun berechnen wir die Norm $\|y_n\|_A = (Ay_n, y_n)^{1/2}$: Es wird

$$\|y_n\|_A^2 = \left(\sum_{k=1}^{N} c_k(t_n)\, \lambda_k B\xi_k,\ \sum_{m=1}^{N} c_m(t_n)\, \xi_m\right) = \sum_{k=1}^{N} \lambda_k c_k^2(t_n) \tag{16}$$

und daher

$$\|y_{n+1}\|_A^2 = \sum_{k=1}^{N} \lambda_k c_k^2(t_{n+1}) \leqq \max_{1\leqq k\leqq N} (1-\tau\lambda_k)^2 \sum_{k=1}^{N} \lambda_k c_k^2(t_n) \tag{17}$$
$$= \max_{1\leqq k\leqq N} (1-\tau\lambda_k)^2\, \|y_n\|_A^2 \,.$$

Unter der Bedingung

$$|1-\tau\lambda_k| \leqq 1 \quad \text{für} \quad 1 \leqq k \leqq N \tag{18}$$

gilt also

$$\|y_{n+1}\|_A \leqq \|y_n\|_A \leqq \dots \leqq \|y_0\|_A \,.$$

Lemma 2. *Die Voraussetzungen* (12) *seien erfüllt, λ_k sei Eigenwert der Aufgabe* (13), *und ϱ sei eine positive Konstante.*

Dann sind die Ungleichungen

$$|1-\tau\lambda_k| \leqq \varrho, \quad d.\,h. \quad \frac{1-\varrho}{\tau} \leqq \lambda_k \leqq \frac{1+\varrho}{\tau}, \quad k = 1, \dots, N\,, \tag{19}$$

den Operatorungleichungen

$$-\varrho B \leqq B - \tau A \leqq \varrho B \quad \textit{oder auch} \quad \frac{1-\varrho}{\tau}\, B \leqq A \leqq \frac{1+\varrho}{\tau}\, B \tag{20}$$

äquivalent.

Nehmen wir nämlich einen beliebigen Vektor $y \in H_h$, so hat dieser eine Darstellung

$$y = \sum_{k=1}^{N} c_k \xi_k, \quad \text{und es wird} \quad ((A-\gamma B)\, y, y) = \sum_{k=1}^{N} (\lambda_k - \gamma)\, c_k^2$$

für eine beliebige Zahl γ. Aus dieser Beziehung sehen wir bei $A-\gamma B \geqq 0$, indem wir nacheinander $y = \xi_1, \xi_2, \dots, \xi_N$ setzen, daß $\lambda_m - \gamma \geqq 0$ für $m = 1, \dots, N$ folgt. Ist umgekehrt $\lambda_k - \gamma \geqq 0$ für $1 \leqq k \leqq N$, so ergibt sich aus derselben Beziehung $A - \gamma B \geqq 0$. Daraus folgt die Behauptung.

Benutzen wir dieses Lemma im Fall $\varrho = 1$, so können wir den obigen Gedankengang zu Ende führen: Die Bedingung (18) erweist sich als äquivalent zur notwendigen und hinreichenden Stabilitätsbedingung (8)

Während bei diesen Überlegungen mit Hilfe der Methode der Variablentrennung die Voraussetzung der Selbstadjungiertheit von B notwendig war, hatten wir zur Anwendung der energetischen Methode nur die Positivität von B gebraucht.

Wir bemerken abschließend, daß der Beweis der Stabilität des Schemas (1a) in H_B ganz analog verläuft.

6.2.6. Die Bedingungen für die ϱ-Stabilität. Wir führen nun eine allgemeinere Definition der Stabilität bezüglich der Anfangswerte ein.

Es sei D ein konstanter Operator mit $D = D^* > 0$. Wir sagen, daß das Schema (1) *in bezug auf die Anfangswerte ϱ-stabil in H_D ist,* wenn die Lösung der Aufgabe (1a) für beliebige $y_0 \in H_h$ der Ungleichung

$$\|y_{n+1}\|_D \leqq \varrho \|y_n\|_D \quad \text{oder} \quad \|y_n\|_D \leqq \varrho^n \|y_0\|_D \tag{21}$$

genügt. Dabei ist $\varrho = e^{c_0\tau}$ mit einer von h, τ und y_0 unabhängigen Konstanten c_0.

Ein in H_D ϱ-stabiles Schema (1) ist auch stabil in H_D, denn aus der Bedingung (21) folgt

$$\|y_n\|_D \leqq M_1 \|y_0\|_D, \quad t_n = n\tau \leqq T, \quad M_1 = \max(1, e^{c_0 T}).$$

Satz 2. *Unter den Bedingungen* (12) *sind die Operatorungleichungen* (20) *notwendig und hinreichend für die ϱ-Stabilität des Schemas* (1) *in H_A und H_B bezüglich der Anfangswerte.*

Notwendigkeit: Das Schema sei ϱ-stabil in H_A. Dann gilt bei $n=0$ folgende Ungleichung:

$$\sum_{k=1}^{N} (1-\tau\lambda_k)^2 \lambda_k c_k^2(0) = \|y_1\|_A^2 \leqq \varrho^2 \|y_0\|_A^2 = \varrho^2 \sum_{k=1}^{N} \lambda_k c_k^2(0).$$

Hier haben wir die Darstellungen (15) und (16) benutzt. Diese Ungleichung ist nach Voraussetzung für beliebige y_0 erfüllt, d. h. für beliebige Werte von $c_k(0)$. Folglich müssen die Ungleichungen (19) gelten, und Lemma 2 liefert die Behauptung.

Hinlänglichkeit: Wegen Lemma 2 ergibt sich aus Ungleichung (20) unter Beachtung von (17) die Stabilitätsabschätzung (21).

Der Beweis der ϱ-Stabilität in H_B verläuft ähnlich.

Bemerkung. Für das gewichtete Schema (11) erhalten wir bei

$$0 < \delta E \leqq A = A^* \leqq \Delta E$$

aus (20) als Bedingungen für die ϱ-Stabilität die Abschätzungen

$$1-\varrho \leqq \delta\tau/(1+\sigma\delta\tau) \quad \text{und} \quad 1+\varrho \geqq \Delta\tau/(1+\sigma\Delta\tau).$$

6.2.7. Stabilität in bezug auf die rechte Seite. In Abschnitt 6.1. hatten wir den Satz bewiesen, daß aus der Stabilität bezüglich der Anfangsbedingungen in einer Norm $\|\cdot\|_{(1)}$ die Stabilität bezüglich der rechten Seite in der Norm $\|\varphi\|_{(2)} = \|B^{-1}\varphi\|_{(1)}$ folgt. Daher können wir folgendes Ergebnis formulieren:

Satz 3. *Unter der Bedingung* (8) *ist das Schema* (1) *aus der Ausgangsfamilie stabil in bezug auf die Anfangswerte und die rechte Seite, und die Lösung von Aufgabe* (1) *genügt der Abschätzung*

$$\|y_{n+1}\|_A \leqq \|y_0\|_A + \sum_{k=0}^{n} \tau \|B^{-1}\varphi_k\|_A.$$

Wenn zusätzlich der Operator B selbstadjungiert ist, so gilt auch die Ungleichung

$$\|y_{n+1}\|_B \leqq \|y_0\|_B + \sum_{k=0}^{n} \tau \|\varphi_k\|_{B^{-1}}.$$

Man kann auch a-priori-Abschätzungen beweisen, in denen die rechte Seite in der Norm $\|\cdot\|_{A^{-1}}$ oder $\|\cdot\|$ genommen wird.

Satz 4. *Unter der Bedingung* (8) *ist das Schema* (1) *aus der Ausgangsfamilie stabil in bezug auf die Anfangswerte und die rechte Seite, und es gilt die Ungleichung*

$$\|y_{n+1}\|_A \leqq \|y_0\|_A + \|\varphi_0\|_{A^{-1}} + \|\varphi_n\|_{A^{-1}} + \sum_{k=1}^{n} \tau \|\varphi_{\bar{t},k}\|_{A^{-1}}. \tag{22}$$

Satz 5. *Es sei die Bedingung*

$$B \geqq \varepsilon E + \frac{1}{2} \tau A \tag{23}$$

mit einer positiven Zahl ε erfüllt, das Schema (1) *gehöre zur Ausgangsfamilie. Dann genügt die Lösung von* (1) *der Ungleichung*

$$\|y_{n+1}\|_A^2 \leqq \|y_0\|_A^2 + \frac{1}{2\varepsilon} \sum_{k=0}^{n} \tau \|\varphi_k\|^2 . \tag{24}$$

Beweis. Für das Schema (1) hatten wir die energetische Identität (7) hergeleitet. Mit Hilfe der Schwarzschen Ungleichung und der ε-Ungleichung erhalten wir

$$2\tau(\varphi, y_t) \leqq 2\tau \|\varphi\| \, \|y_t\| \leqq 2\tau\varepsilon \|y_t\|^2 + \frac{\tau}{2\varepsilon} \|\varphi\|^2 .$$

Setzen wir diese Abschätzung in die Identität (7) ein und benutzen die Bedingung (23), so ergibt sich

$$\|\hat{y}\|_A^2 \leqq \|y\|_A^2 + \frac{\tau}{2\varepsilon} \|\varphi\|^2 \quad \text{oder} \quad \|y_{j+1}\|_A^2 \leqq \|y_j\|_A^2 + \frac{\tau}{2\varepsilon} \|\varphi_j\|^2 .$$

Durch Aufsummieren über j von 0 bis n folgt nun die Abschätzung (24).

Bemerkung. Satz 5 bleibt auch im Falle eines veränderlichen Operators $B(t)$ richtig.

6.2.8. Zur Stabilität des gewichteten Schemas. Am Beispiel des gewichteten Schemas zeigen wir, wie die oben bewiesenen Sätze anzuwenden sind. Wir erinnern daran, daß wir dieses Schema nach 6.2.4. entweder als

$$(E + \sigma\tau A) y_t + Ay = \varphi, \quad y(0) = y_0 \tag{25}$$

oder, wenn A^{-1} existiert, als

$$\tilde{B} y_t + \tilde{A} y = \tilde{\varphi}, \quad y(0) = y_0, \quad \tilde{B} = A^{-1} + \sigma\tau E, \quad \tilde{A} = E, \quad \tilde{\varphi} = A^{-1}\varphi \tag{26}$$

schreiben können, wobei wir (25) benutzen, wenn A ein selbstadjungierter Operator ist, und (26), wenn A nicht selbstadjungiert, aber positiv ist.

Die notwendige und hinreichende Bedingung für die Stabilität des Schemas (25) in bezug auf die Anfangswerte war laut 6.2.4.

$$\sigma \geqq \sigma_0, \quad \sigma_0 = \frac{1}{2} - \frac{1}{\tau \|A\|},$$

und dann galt die Abschätzung (9). Daraus folgt insbesondere für das explizite Schema ($\sigma = 0$) die Bedingung $\tau \leqq 2/\|A\|$ für die Stabilität in H_A, während das Schema bei $\sigma \geqq \frac{1}{2}$ unbedingt (also für beliebige τ) stabil ist.

Im Modellfall $Ay = -\Lambda y = -y_{\bar{x}x}$ und für $y \in H_h = \dot{\Omega}_h$ haben wir $\|A\| < 4/h^2$, und die Stabilitätsbedingung für das explizite Schema lautet wieder $\tau \leqq \frac{1}{2} h^2$.

Im Falle der Wärmeleitungsgleichung mit ortsveränderlichem Koeffizienten $k(x)$,

$$Lu = \frac{\partial}{\partial x}\left(k(x) \frac{\partial u}{\partial x}\right), \quad 0 < k \leqq c_2, \quad \Lambda y = (a(x) y_{\bar{x}})_x, \quad 0 < a \leqq c_2 ,$$

wird $\sigma_0 < \frac{1}{2} - h^2/(4c_2\tau)$, und das explizite Schema erweist sich als stabil bei $\tau \leqq \frac{1}{2} h^2/c_2$.

Satz 6. *Der Operator A hänge nicht von t ab und genüge $A = A^* > 0$. Dann gilt für das gewichtete Schema* (25) *die Abschätzung* (22), *falls $\sigma \geqq \sigma_0$ ist, und die Abschätzung* (24), *wenn $\sigma \geqq \sigma_\varepsilon$ ist mit $\sigma_\varepsilon = \frac{1}{2} - (1-\varepsilon)/(\tau \|A\|)$ und von h und τ unabhängiger Zahl ε, $0 < \varepsilon \leqq 1$.*

Zum Beweis brauchen wir nur die Voraussetzungen der Sätze 4 bzw. 5 zu überprüfen, wobei wir von der Ungleichung $B - \frac{1}{2}\tau A \geqq \left(1/\|A\| + \left(\sigma - \frac{1}{2}\right)\tau\right) A$ ausgehen können (s. dafür 6.2.4.).

Nun nehmen wir an, daß A ein positiver, von t abhängiger und nicht selbstadjungierter Operator ist: $A = A(t) > 0$, $A \neq A^*$.

Satz 7. *Unter der Bedingung $\sigma \geqq \frac{1}{2}$ gilt für das Schema* (26) *und damit auch für das Schema* (1) *die Abschätzung*

$$\|y_{n+1}\| \leqq \|y_0\| + \|(A^{-1}\varphi)_0\| + \|(A^{-1}\varphi)_n\| + \sum_{k=1}^{n} \tau \|(A^{-1}\varphi)_{\bar{t},k}\| . \tag{27}$$

Beweis. Bei $\sigma \geqq \frac{1}{2}$ sind die Bedingungen von Satz 4 für das Schema (26) erfüllt. Also genügt es der Ungleichung (22), und wegen $\|y\|_{\tilde{A}} = \|y\|$, $\|\tilde{\varphi}_{\bar{t},k}\|_{A^{-1}} = \|\tilde{\varphi}_{\bar{t},k}\| = \|(A^{-1}\varphi)_{\bar{t},k}\|$ folgt die Ungleichung (27).

Bemerkung. Für einen selbstadjungierten Operator $A = A(t) = A^*(t) > 0$ gilt die Abschätzung (27) bei $\sigma \geqq \sigma_0$.

Satz 8. *Bei $A(t) = A^*(t) > 0$ und $\sigma \geqq \sigma_\varepsilon$ genügt die Lösung von* (1) *der Abschätzung*

$$\|y_{n+1}\|^2 \leqq \|y_0\|^2 + \frac{1}{2\varepsilon} \sum_{k=1}^{n} \tau \|\varphi_k\|^2_{A_k^{-1}} .$$

6.2.9. A-priori-Abschätzungen im Falle zeitabhängiger Operatoren. Wir nehmen nun an, daß beide Operatoren A und B zeitabhängig sind und machen die zusätzliche Voraussetzung, daß A in t lipschitzstetig ist: Es gelte

$$|((A(t) - A(t-\tau))\, x, x)| \leqq \tau c_0 (A(t-\tau)x, x) \tag{28}$$

für alle $x \in H_h$, für $t \in \bar{\omega}_\tau$ und mit einer positiven Konstanten c_0, die nicht von h und τ abhängt.

Die Ausgangsfamilie wird demnach durch folgende Forderungen festgelegt:

$$\begin{aligned} &A(t) = A^*(t) > 0, \quad \text{Lipschitzstetigkeit von } A(t), \\ &B(t) > 0, \quad t \in \bar{\omega}_\tau . \end{aligned} \tag{29}$$

Wie früher setzen wir auch jetzt die Existenz des Operators $B^{-1}(t)$ voraus, was die Lösbarkeit der Aufgabe (1) für beliebige Eingangsdaten y_0 und $\varphi(t)$ bedeutet. Die so definierte Ausgangsfamilie von Differenzenverfahren (1) enthält die in 6.2.2. eingeführte Familie.

Mit Hilfe der Methode der energetischen Ungleichungen kann man nachweisen, daß die Bedingungen

$$B(t) \geqq \frac{1}{2}\tau A(t), \quad t \in \bar{\omega}_\tau , \tag{30}$$

oder

$$B(t) \geqq \varepsilon E + \frac{1}{2}\tau A(t), \quad t \in \bar{\omega}_\tau, \quad 0 < \varepsilon \leqq 1\,, \tag{30'}$$

für die Stabilität des Schemas (1) bei zeitabhängigen Operatoren hinreichend sind. Dabei hängen nun natürlich auch die Normen von der Zeit ab:

$$\|y\|_{A_n} = \|y\|_{A(t_n)} = \sqrt{(A(t_n)\,y,\, y)} \quad \text{usw.},$$

Satz 9. *Für die zeitabhängigen Operatoren A und B seien die Bedingungen* (29) *und* (30) *erfüllt. Dann genügt die Lösung des Schemas* (1) *der Ungleichung*

$$\|y_{n+1}\|^2_{A_n} \leqq M_1^2 \left\{ \|y_0\|^2_{A_0} + \frac{1}{2\varepsilon} \sum_{k=1}^{n} \tau \|\varphi_k\|^2 \right\} \tag{31}$$

mit $M_1 = e^{c_0 T/2}$.

Wie man sieht, ist hier für konstante Operatoren die Abschätzung (24) enthalten: Dann ist c_0 in (28) gleich null und somit $M_1 = 1$.

6.2.10. Ein Beispiel für Stabilitätsuntersuchungen. Um die dargestellte allgemeine Stabilitätstheorie auf ein gegebenes 2-Schicht-Schema anzuwenden, ist folgendes zu tun:

1. Das Schema wird in die Normalform (1) überführt, mit anderen Worten: Die Operatoren A und B werden bestimmt.
2. Es wird ein geeigneter Gitterfunktionenraum H_h eingeführt, und in H_h werden die Eigenschaften von A und B (wie Selbstadjungiertheit, Positivität) untersucht.
3. Wir überprüfen, ob das Schema zur Ausgangsfamilie gehört und ob die Stabilitätsbedingungen erfüllt sind (z. B. (30) oder (30′)).
4. Falls die Bedingungen erfüllt sind, so ist das Schema stabil, und es gelten entsprechende a-priori-Abschätzungen, beispielsweise (24) oder (31).

Wir weisen darauf hin, daß die von uns angegebenen hinreichenden Stabilitätsbedingungen die Möglichkeit geben, stabile Differenzenverfahren gleich in der Normalform zu konstruieren.

Als Beispiel betrachten wir für die erste Anfangs-Randwertaufgabe der Wärmeleitungsgleichung

$$\frac{\partial u}{\partial t} = \frac{\partial^2 u}{\partial x^2}, \quad 0 < x < 1, \quad t > 0, \quad u(x, 0) = u_0(x), \quad u(0, t) = u(1, t) = 0$$

das auf dem äquidistanten Rechteckgitter $\bar{\omega}_{h\tau} = \bar{\omega}_h \times \bar{\omega}_\tau$ definierte asymmetrische Schema

$$y_{i,j+1} = \frac{1}{\omega + \alpha}\left(\alpha y_{i-1,j+1} + (1-\alpha)\, y_{i-1,j} + y_{i+1,j} - (2 - \omega - \alpha)\, y_{i,j}\right), \tag{32}$$

in dem $\omega = h^2/\tau$ und α Parameter sind.

1. Wir überführen das Schema in die Normalform:

Zunächst gehen wir mit $y_{i,j} = y_i$, $y_{i,j+1} = \hat{y}_i$ usw. zu den üblichen Bezeichnungen über und erhalten aus (32) die Darstellung

$$(\omega + \alpha)\, \hat{y}_i = \alpha \hat{y}_{i-1} + (1-\alpha)\, y_{i-1} + y_{i+1} - (2 - \omega - \alpha)\, y_i\,. \tag{33}$$

Dann setzen wir die Beziehungen

$$y_{i-1} = -hy_{\bar{x},i} + y_i, \quad y_{i+1} = hy_{x,i} + y_i, \quad hx_{x,i} - hy_{x,i} = h^2 y_{\bar{x}x,i},$$
$$\hat{y}_{i-1} = y_{i-1} + \tau y_{t,i-1} = y_i - hy_{\bar{x},i} + \tau y_{t,i} - h\tau y_{\bar{x}t,i}$$

in (33) ein, teilen das (indexfrei geschriebene) Zwischenergebnis $\omega\tau y_t = h^2 y_{\bar{x}x} - \alpha h\tau y_{\bar{x},t}$ noch durch h^2 und finden schließlich

$$y_t + \frac{\alpha\tau}{h} y_{\bar{x}t} = y_{\bar{x}x}. \tag{34}$$

2. Es sei H_h der Raum $\mathring{\Omega}_h$ der Gitterfunktionen (s. die Beispiele 1 und 2 in 2.4.1.), die auf dem Gitter ω_h (mit der Schrittweite $h = 1/N$) definiert sind; das Skalarprodukt sei $(y, v) = (y_1 v_1 + \dots + y_{N-1} v_{N-1})\, h$ und $\|\cdot\|$ die zugehörige Norm. Mit den Operatoren $Ay = -y_{\bar{x}x}$ und $R_1 y = \frac{1}{h} y_{\bar{x}}$ können wir (34) als

$$(E + \alpha\tau R_1)\, y_t + Ay = 0$$

schreiben, und die Operatoren A und R_1 sind nach Abschnitt 2.4.1. positiv; es gilt $(R_1 y, y) = \frac{1}{2}(Ay, y)$. Der Operator A ist auch selbstadjungiert, die Norm von A genügt der Ungleichung $\|A\| < 4/h^2$.

3. Die Operatoren A, R_1 und damit auch $B = E + \alpha\tau R_1$ sind konstant, die Bedingung $B \geqq \frac{1}{2}\tau A$ ist bei $\alpha \geqq 1 - 2/(\tau\|A\|)$ erfüllt: Für beliebiges $v \in H_h$ ist

$$\left(\left(B - \frac{1}{2}\tau A\right) v, v\right) = \left(\left(E + \alpha\tau R_1 - \frac{1}{2}\tau A\right) v, v\right) = \left(\left(E + \frac{1}{2}\tau(\alpha - 1)\, A\right) v, v\right),$$

also gilt

$$B - \frac{1}{2}\tau A \geqq E + \frac{1}{2}\tau(\alpha - 1)\, A \geqq \left(\frac{1}{\|A\|} + \frac{1}{2}\tau(\alpha - 1)\right) A \geqq 0\,.$$

4. Wegen $\|A\| < 4/h^2$ erhalten wir

$$\alpha \geqq 1 - \frac{h^2}{2\tau} \tag{35}$$

als Stabilitätsbedingung in H_A, und dann genügt die Lösung der Aufgabe (32) der Abschätzung (14). Die dabei auftretende Norm $\|y\|_A = \|y_{\bar{x}}]|$ ist das diskrete Äquivalent der Norm des Funktionenraumes $\mathring{W}_2^1$.

Man kann ein weiteres asymmetrisches Schema angeben. Seine Normalform hat die Gestalt

$$(E + \alpha\tau R_2)\, y_t + Ay = 0 \quad \text{mit} \quad R_2 y = -\frac{1}{h} y_x\,.$$

Wegen $(R_1 y, y) = (R_2 y, y)$ ist auch dieses Schema unter der Bedingung (35) stabil; beide asymmetrischen Verfahren sind offensichtlich bei $\alpha \geqq 1$ unbedingt stabil.

6.3. Klassen stabiler 3-Schicht-Verfahren

6.3.1. Die Aufgabenstellung. In diesem Abschnitt werden hinreichende Stabilitätsbedingungen und a-priori-Abschätzungen für 3-Schicht-Schemata hergeleitet. Dabei gehen wir von der folgenden Normalform aus:

$$By_{\mathring{t}} + \tau^2 Ry_{\bar{t}t} + Ay = \varphi(t), \quad y(0) = y_0, \quad y(\tau) = y_1, \tag{1}$$
$$0 < t = n\tau < t_0, \quad n = 1, 2, \ldots, n_0 - 1, \quad t_0 = n_0\tau .$$

Hier sind y_0 und y_1 gegebene Vektoren aus dem endlichdimensionalen reellen Raum H_h, die rechte Seite $\varphi(t)$ ist eine abstrakte Funktion von $t \in \bar{\omega}_\tau$ mit Werten in H_h, die Operatoren A, B und R sind linear und in H_h definiert. Die Abhängigkeit der Größen y, φ, A, B, R, y_0 und y_1 von h und τ weisen wir nicht explizit aus. Wir erinnern an frühere Bezeichnungen:

$$y = y(t_n) = y_n, \quad \hat{y} = y(t_n + \tau) = y_{n+1}, \quad \check{y} = y(t_n - \tau) = y_{n-1},$$
$$y_t = (\hat{y} - y)/\tau, \quad y_{\bar{t}} = (y - \check{y})/\tau, \quad y_{\mathring{t}} = (\hat{y} - \check{y})/(2\tau),$$
$$y_{\bar{t}t} = (\hat{y} - 2y + \check{y})/\tau^2 .$$

Wie in Abschnitt 6.2. stellen wir die Lösung y der Aufgabe (1) als $y = \bar{y} + \tilde{y}$ dar mit der Lösung $\bar{y}$ der homogenen Gleichung

$$By_{\mathring{t}} + \tau^2 Ry_{\bar{t}t} + Ay = 0, \quad 0 < t = n\tau < t_0, \quad y(0) = y_0, \quad y(\tau) = y_1 \tag{1a}$$

und der Lösung $\tilde{y}$ der inhomogenen Gleichung mit homogenen Anfangswerten

$$By_{\mathring{t}} + \tau^2 Ry_{\bar{t}t} + Ay = \varphi(t), \quad 0 < t = n\tau < t_0, \quad y(0) = y(\tau) = 0 . \tag{1b}$$

Die Operatoren A, B und R sind im allgemeinen veränderlich, d. h. von t abhängig.

Durch Auflösen der Gleichung (1) nach y_{n+1} ergibt sich

$$(B + 2\tau R)\, y_{n+1} = \Phi_n, \quad \Phi_n = 2(2R - A)\,\tau y_n + (B - 2\tau R) y_{n-1} + 2\tau\varphi_n . \tag{2}$$

Wie man hieraus sieht, ist das Schema (1) auflösbar, wenn der Operator $(B + 2\tau R)^{-1}$ existiert. Wir werden nicht nur voraussetzen, daß dies zutrifft, sondern darüber hinaus annehmen, daß der Operator $B + 2\tau R$ sogar positiv definit ist.

Für die Stabilitätsabschätzungen werden wir folgendes Funktional (eine zusammengesetzte Norm) benutzen:

$$\|Y_{n+1}\|^2 = \frac{1}{4}\, \|y_n - y_{n+1}\|^2_{(1_1)} + \|y_{n+1} - y_n\|^2_{(1_2)} . \tag{3}$$

Hier sind $\|\cdot\|_{(1_1)}$ und $\|\cdot\|_{(1_2)}$ auf H_h definierte Normen. Um die Struktur dieser zusammengesetzten Norm besser zu verstehen, ist es zweckmäßig, den Raum $H_h^2 = H_h \oplus H_h$, das direkte Produkt zweier Exemplare des Raumes H_h, einzuführen. Mit anderen Worten, der Raum H_h^2 ist die lineare Menge von Vektoren der Art

$$Y = \{Y^{(1)}, Y^{(2)}\} \in H^2, \quad Y^{(\alpha)} \in H, \quad \alpha = 1, 2 ,$$

in der die Addition und die Multiplikation mit einem Skalar koordinatenweise erklärt sind:

$$Y + \bar{Y} = \{Y^{(1)} + \bar{Y}^{(1)}, Y^{(2)} + \bar{Y}^{(2)}\}, \quad \alpha Y = \{\alpha Y^{(1)}, \alpha Y^{(2)}\} .$$

Daher ist es natürlich, die Norm in H_h^2 wie folgt zu definieren:

$$\|Y\|^2 = \|Y^{(1)}\|^2_{(1_1)} + \|Y^{(2)}\|^2_{(1_2)} .$$

Wir interessieren uns insbesondere für den Vektor $Y_{n+1} = \{Y_{n+1}^{(1)}, Y_{n+1}^{(2)}\} \in H_h^2$ mit den Koordinaten

$$Y_{n+1}^{(1)} = \frac{1}{2}(y_{n+1} + y_n) \quad \text{und} \quad Y_{n+1}^{(2)} = y_{n+1} - y_n .$$

Wie man leicht sieht, genügt das Funktional (3) allen Axiomen einer Norm:

$$\|\alpha Y_{n+1}\| = |\alpha| \, \|Y_{n+1}\| ,$$

$$\|Y_{n+1}\| = 0 \text{ für } Y_{n+1} = \{0, 0\} \text{ und } \|Y_{n+1}\| > 0 \text{ sonst},$$

$$\|\bar{Y}_{n+1} + Y_{n+1}\| \leqq \|\bar{Y}_{n+1}\| + Y_{n+1}\| ,$$

wobei $Y_{n+1} = \{0, 0\}$ mit $y_n = y_{n+1} = 0$ äquivalent ist.

Wir definieren nun den Stabilitätsbegriff. Das 3-Schicht-Schema (1) heißt *stabil*, wenn eine Norm (3) und, für alle hinreichend kleinen h und τ, positive Konstanten M_1 und M_2 existieren, die von τ, h, y_0, y_1 und $\varphi(t)$ nicht abhängen, so daß bei beliebigen y_0, y_1, $\varphi(t)$ und für $t = \tau, 2\tau, \ldots, (n_0 - 1)\tau$ für die Lösung der Aufgabe (1) eine der Abschätzungen

$$\|Y(t+\tau)\|_{(1)} \leqq M_1 \|Y(\tau)\|_{(1^0)} + M_2 \max_{0 \leqq t' \leqq t} \|\varphi(t')\|_{(2)} \tag{4}$$

oder

$$\|Y(t+\tau)\|_{(1)} \leqq M_1 \|Y(\tau)\|_{(1^0)} + M_2 \max_{\tau < t' \leqq t} (\|\varphi(t')\|_{(2)} + \|\varphi_{\bar{t}}(t')\|_{(2)}) \tag{5}$$

gilt. Hierbei ist $\|\cdot\|_{(2)}$ eine Norm in H_h, und die Normen $\|Y(t+\tau)\|_{(1)}$ und $\|Y(\tau)\|_{(1^0)}$ sind durch (3) erklärt,

$$\|Y(t+\tau)\|_{(1)}^2 = \frac{1}{4} \|y(t+\tau) + y(t)\|_{(1_1)}^2 + \|y(t+\tau) - y(t)\|_{(1_2)}^2 , \tag{6}$$

$$\|Y(\tau)\|_{(1^0)}^2 = \frac{1}{4} \|y_1 + y_0\|_{(1_1^0)}^2 + \|y_1 - y_0\|_{(1_2^0)}^2 \tag{7}$$

mit auf H_h definierten Normen $\|\cdot\|_{(1_1^0)}$ und $\|\cdot\|_{(1_2^0)}$.

Für konstante Operatoren A und R sind $\|Y\|_{(1)}$ und $\|Y\|_{(1^0)}$ meist identisch. Im allgemeinen hängen die Normen $\|Y(t+\tau)\|_{(1)}$ und $\|\varphi(t)\|_{(2)}$ von t ab. Die Normen $\|\cdot\|_{(1_1)}$ und $\|\cdot\|_{(1_2)}$ erweisen sich im folgenden als mit den Operatoren A und R verbundene energetische Normen. Im Zusammenhang damit setzen wir voraus, daß H_h ein Hilbertraum ist und diese Operatoren positiv und selbstadjungiert sind,

$$A = A^*, \quad R = R^* , \tag{8}$$

$$A > 0, \quad R > 0 . \tag{9}$$

6.3.2. Die energetische Identität. Wir leiten nun eine energetische Identität für das 3-Schicht-Schema (1) her, die für beliebige, die Bedingung (8) erfüllende Operatoren $A = A(t)$, $B = B(t)$, $R = R(t)$ gilt und die wir bei der Gewinnung von a-priori-Abschätzungen benutzen werden, welche die Stabilität des Schemas in bezug auf die Anfangswerte und die rechte Seite ausdrücken.

Mit Hilfe der Identität

$$y = \frac{1}{2}(\hat{y} + \check{y}) - \frac{1}{2}(\hat{y} - 2y + \check{y}) = \frac{1}{2}(\hat{y} - \check{y}) - \frac{\tau^2}{2} y_{\bar{t}t}$$

erhalten wir aus (1) zunächst

$$By_{\overset{\circ}{t}}+\tau^2\left(R-\frac{1}{2}A\right)y_{\bar{t}t}+\frac{1}{2}A(\hat{y}+\check{y})=\varphi,\quad y(0)=y_0,\quad y(\tau)=y_1\,, \tag{10}$$

wo $A=A(t_n)=A_n$, $B=B(t_n)=B_n$ und $R=R(t_n)=R_n$ ist. Die Gleichung (10) multiplizieren wir skalar mit $2\tau y_{\overset{\circ}{t}}=\tau\,(y_t+y_{\bar{t}})=\hat{y}-\check{y}$:

$$\begin{aligned}&2\tau(By_{\overset{\circ}{t}},y_{\overset{\circ}{t}})+\tau^2\left(\left(R-\frac{1}{2}A\right)(y_t-y_{\bar{t}}),\,y_t+y_{\bar{t}}\right)\\&+\frac{1}{2}\,(A(\hat{y}+\check{y}),\,\hat{y}-\check{y})=2\tau(\varphi,y_{\overset{\circ}{t}})\,.\end{aligned} \tag{11}$$

Aus der Voraussetzung (8) folgt $R-\frac{1}{2}A=\left(R-\frac{1}{2}A\right)^*$, und mit Lemma 1 aus Abschnitt 6.2. ergibt sich

$$\left(\left(R-\frac{1}{2}A\right)(y_t-y_{\bar{t}}),\,y_t+y_{\bar{t}}\right)=\left(\left(R-\frac{1}{2}A\right)y_t,\,y_t\right)-\left(\left(R-\frac{1}{2}A\right)y_{\bar{t}},\,y_{\bar{t}}\right), \tag{12}$$

$$(A(\hat{y}-\check{y}),\,\hat{y}-\check{y})=(A\hat{y},\hat{y})-(A\check{y},\check{y})\,. \tag{13}$$

Aus (13) erhalten wir unmittelbar

$$(A(\hat{y}+\check{y}),\,\hat{y}-\check{y})=[(A\hat{y},\hat{y})+(Ay,y)]-[(Ay,y)+(A\check{y},\check{y})]\,. \tag{14}$$

Zur weiteren Umformung von (14) benutzen wir folgende Identität:

$$(Av,v)+(Az,z)=\frac{1}{2}\,(A(v+z),\,v+z)+\frac{1}{2}\,(A(v-z),\,v-z)\,. \tag{15}$$

Wegen $A=A^*$ ist nämlich $(Av,z)=(v,Az)=(Az,v)$ und daher

$$\begin{aligned}&(A(v+z),\,v+z)+(A(v-z),\,v-z)=[(Av,v)+2(Av,z)+(Az,z)]\\&+[(Av,v)-2(Av,z)+(Az,z)]=2[(Av,v)+(Az,z)]\,.\end{aligned}$$

Setzen wir in (15) $v=y$ und $z=y$, so folgt aus (14) und (15)

$$\begin{aligned}(A(\hat{y}+\check{y}),\,\hat{y}-\check{y})&=\frac{1}{2}\,[(A(\hat{y}+y),\,\hat{y}+y)+(A(\hat{y}-y),\,\hat{y}-y)]\\&-\frac{1}{2}\,[(A(y+\check{y}),\,y+\check{y})+(A(y-\check{y}),\,y-\check{y})]\,.\end{aligned} \tag{16}$$

Nun ergibt sich aus (16) und (12) und den weiteren Identitäten

$$(A(\hat{y}-y),\,\hat{y}-y)=\tau^2(Ay_t,y_t),\quad y_{\bar{t}}=(y-\check{y})/\tau=\check{y}_t\,,$$
$$(A(y-\check{y}),\,y-\check{y})=\tau^2(Ay_{\bar{t}},y_{\bar{t}})$$

schließlich die folgende *energetische Identität* für das 3-Schicht-Schema (1):

$$\begin{aligned}&2\tau(By_{\overset{\circ}{t}},y_{\overset{\circ}{t}})+\left[\frac{1}{4}\,(A(\hat{y}+y),\,\hat{y}+y)+\tau^2\left(\left(R-\frac{1}{4}A\right)y_t,\,y_t\right)\right]\\&=\left[\frac{1}{4}\,(A(y+\check{y}),\,y+\check{y})+\tau^2\left(\left(R-\frac{1}{4}A\right)y_{\bar{t}},\,y_{\bar{t}}\right)\right]+2\tau(\varphi,y_{\overset{\circ}{t}})\,.\end{aligned} \tag{17}$$

Bisher haben wir nur die Voraussetzung (8) verwendet.

6.3.3. Stabilität bezüglich der Anfangswerte. Nach 6.3.1. lauten die Definitionen der Begriffe Stabilität in bezug auf die Anfangswerte und Stabilität in bezug auf die rechte Seite wie folgt:

Das Schema (1) heißt stabil bezüglich der Anfangswerte, wenn die Lösung der Aufgabe (1a) der Abschätzung

$$\|Y(t+\tau)\|_{(1)} \leqq M_1 \|Y(\tau)\|_{(1^0)} \tag{18}$$

genügt. Das Schema heißt stabil bezüglich der rechten Seite, wenn die Lösung der Aufgabe (1b) eine der Ungleichungen

$$\|Y(t+\tau)\|_{(1)} \leqq M_2 \max_{0<t'\leqq t} \|\varphi(t')\|_{(2)} \tag{19}$$

oder

$$\|Y(t+\tau)\|_{(1)} \leqq M_2 \max_{\tau<t'\leqq t} (\|\varphi(t')\|_{(2)} + \|\varphi_{\bar{t}}(t')\|_{(2)}) \tag{20}$$

erfüllt. Mit der Dreiecksungleichung gelangt man von den Ungleichungen (18) und (19) oder (20) wieder zu den Abschätzungen (4) oder (5).

Für das 3-Schicht-Schema (1) legen wir die *Ausgangsfamilie* durch folgende Forderungen fest:

1. Die Operatoren A und R hängen nicht von t ab (sind konstant),
2. der Operator B ist nichtnegativ; $B = B(t) \geqq 0$,
3. die Operatoren A und R genügen den Bedingungen (8) und (9).

Nun betrachten wir die Aufgabe (1a). Aus der Identität (17) erhalten wir

$$2\tau(By_{\overset{\circ}{t}}, y_{\overset{\circ}{t}}) + \|Y(t+\tau)\|^2 = \|Y(t)\|^2, \quad t \in \omega_\tau, \tag{21}$$

mit

$$\|Y(t+\tau)\|^2 = \frac{1}{4}(A(y(t+\tau)+y(t)), y(t+\tau)+y(t)) + \tau^2\left(\left(R-\frac{1}{4}A\right)y_t, y_t\right), \tag{22}$$

$$\|Y(t)\|^2 = \frac{1}{4}(A(y(t)+y(t-\tau)), y(t)+y(t-\tau)) + \tau^2\left(\left(R-\frac{A}{4}\right)y_{\bar{t}}, y_{\bar{t}}\right). \tag{23}$$

Wir werden auch folgende Schreibweise benutzen: $\|Y(t+\tau)\| = \|Y_{n+1}\|$,

$$\|Y_{n+1}\|^2 = \frac{1}{4}(A(y_{n+1}+y_n), y_{n+1}+y_n) + \tau^2\left(\left(R-\frac{1}{4}A\right)y_{t,n}, y_{t,n}\right)$$

$$= \frac{1}{4}\|y_{n+1}+y_n\|_A^2 + \|y_{n+1}-y_n\|^2_{R-\frac{1}{4}A}.$$

Falls die Operatoren A und $R-\frac{1}{4}A$ positiv sind, so sieht man aus der Definition (22), daß $\|Y(t+\tau)\| > 0$ ist, solange $y(t)$ und $y(t+\tau)$ von null verschieden sind.

Satz 1. *Die Bedingung*

$$R - \frac{1}{4}A > 0 \tag{24}$$

ist hinreichend dafür, daß das Schema (1) *aus der Ausgangsfamilie stabil in bezug auf die Anfangswerte ist und für die Lösung der Aufgabe* (1a) *die Abschätzung*

$$\|Y(t+\tau)\| \leqq \|Y(\tau)\| \tag{25}$$

gilt. Dabei ist die Norm $\|Y\|$ *durch* (22) *bestimmt.*

Die Behauptung folgt wegen $B(t) \geqq 0$ unmittelbar aus (21).

Bemerkungen. 1. Der Satz bleibt auch richtig, wenn A und $R-\frac{1}{4}A$ nur nichtnegativ sind; dann ist aber $\|Y\|$ eine Halbnorm.

2. Das 3-Schicht-Verfahren (1a) kann man auch als 2-Schicht-Verfahren schreiben:

$$\mathcal{B}Y_t + \mathcal{A}Y = 0, \quad Y_0 \in H^2. \tag{26}$$

Hier ist $Y = Y_n \in H_h^2$, $Y_t = (Y_{n+1} - Y_n)/\tau$, und $\mathcal{A}$ und $\mathcal{B}$ sind auf H_h^2 definierte Operatoren, und zwar ist Y_n wie in Abschnitt 6.3.1. der Vektor

$$Y_n = \left\{\frac{1}{2}(y_n + y_{n-1}), y_n - y_{n-1}\right\},$$

die Operatoren $\mathcal{A}$ und $\mathcal{B}$ sind Operatormatrizen mit Elementen aus H_h, $\mathcal{A}, \mathcal{B}: H_h^2 \to H_h^2$,

$$\mathcal{A} = \begin{pmatrix} A & 0 \\ 0 & R - \frac{1}{4}A \end{pmatrix}, \quad \mathcal{B} = \begin{pmatrix} B + \frac{1}{2}\tau A & \tau\left(R - \frac{1}{4}A\right) \\ -\tau\left(R - \frac{1}{4}A\right) & \frac{\tau}{2}\left(R - \frac{1}{4}A\right) \end{pmatrix}.$$

Unter der Bedingung (8) ist der Operator $\mathcal{A}$ selbstadjungiert, $\mathcal{A} = \mathcal{A}^*$, und bei $A > 0$ und $R > \frac{1}{4}A$ gilt $\mathcal{A} > 0$. Dann ist

$$\|Y_n\|_{\mathcal{A}}^2 = (\mathcal{A}Y_n, Y_n) = (AY_n^{(1)}, Y_n^{(1)}) + \left(\left(R - \frac{1}{4}A\right)Y_n^{(2)}, Y_n^{(2)}\right)$$

$$= \frac{1}{4}\|y_n + y_{n-1}\|_A^2 + \|y_n - y_{n-1}\|_{R-\frac{1}{4}A}^2$$

eine Norm. Der Operator $\mathcal{B}$ dagegen ist bei $R - \frac{1}{4}A \neq 0$ nicht selbstadjungiert.

Wie man sich leicht überzeugt, ist für das 2-Schicht-Schema (26) die Stabilitätsbedingung in $H_{\mathcal{A}}^2$, $\mathcal{B} \geqq \frac{1}{2}\tau\mathcal{A}$, der Forderung $B(t) \geqq 0$ äquivalent. Mit anderen Worten: Gehört das Schema (1) der Ausgangsfamilie an und ist die Bedingung (24) erfüllt, so gilt $\mathcal{A} = \mathcal{A}^* > 0$, $\mathcal{B} \geqq \frac{1}{2}\tau A$, das 2-Schicht-Schema (26) ist stabil in $H_{\mathcal{A}}^2$ (vgl. Bemerkung 1 zu Satz 1 in Abschnitt 6.2.4.), und seine Lösung genügt der Abschätzung

$$\|Y_{n+1}\|_{\mathcal{A}} \leqq \|Y_1\|_{\mathcal{A}}. \tag{27}$$

Für zeitunabhängigen Operator B ist auch $\mathcal{B}$ zeitunabhängig, und dann ist die Bedingung $B \geqq 0$, also $\mathcal{B} \geqq \frac{1}{2}\tau\mathcal{A}$, für die Gültigkeit von (27) nicht nur hinreichend, sondern auch notwendig.

6.3.4. Stabilität in bezug auf die rechte Seite. Wir gehen nun zur Aufgabe (1b) über und setzen voraus, daß die Bedingungen (8), (9) und (24) erfüllt sind. Mit den Bezeichnungen (22) und (23) können wir die energetische Identität kurz als

$$2\tau(By_{\mathring{t}}, y_{\mathring{t}}) + \|Y(t+\tau)\|^2 = \|Y(t)\|^2 + 2\tau(\varphi, y_{\mathring{t}}) \tag{28}$$

schreiben. Um daraus Ungleichungen der Art (19) oder (20) herzuleiten, müssen wir den Summanden $2\tau(\varphi, y_t)$ abschätzen. Dazu bietet sich unmittelbar die Ungleichung

$$2\tau(\varphi, y_{\mathring{t}}) \leqq \tau\varepsilon_0\|y_{\mathring{t}}\|^2 + \frac{\tau}{\varepsilon_0}\|\varphi\|^2 \tag{29}$$

an, in der $\varepsilon_0 = \text{const} > 0$ nicht von h und τ abhängt (vgl. den Beweis von Satz 5 in Abschnitt 6.2.7.).

Satz 2. *Für die Lösung des Schemas* (1) *aus der Ausgangsfamilie gilt unter den Bedingungen* $B \geqq \varepsilon E$, $R \geqq \frac{1}{4}A$, $\varepsilon = \text{const} > 0$, *die a-priori-Abschätzung*

$$\|Y(t+\tau)\| \leqq \|Y(\tau)\| + \frac{1}{\sqrt{2\varepsilon}}\left[\sum_{t'=\tau}^{t} \tau\|\varphi(t')\|^2\right]^{1/2}.$$

Wir können Satz 1 anwenden (s. auch die Bemerkung 1 dazu) und damit die Lösung der Aufgabe (1a) abschätzen, wonach Aufgabe (1b) zu betrachten bleibt. Kombinieren wir die Beziehungen (28) und (29) für $\varepsilon_0 = 2\varepsilon$, so folgt

$$\|Y(t+\tau)\|^2 \leqq \|Y(t)\|^2 + \frac{\tau}{2\varepsilon}\|\varphi(t)\|^2.$$

Diese Ungleichung summieren wir über $t \in \omega_\tau$ von τ bis $n\tau$, berücksichtigen $\|Y(\tau)\| = 0$ und benutzen die Dreiecksungleichung.

Zwei weitere Stabilitätsergebnisse führen wir ohne Beweis an.

Satz 3. *Unter den Bedingungen von Satz 1 ist das Schema* (1) *stabil bezüglich der Anfangswerte und der rechten Seite, und für* $\tau < t < T$ *genügt seine Lösung der Abschätzung*

$$\|Y(t+\tau)\| \leqq \|Y(\tau)\| + M_2 \max_{\tau < t' \leqq t} (\|\varphi(t')\|_{A^{-1}} + \|\varphi_{\bar{t}}(t')\|_{A^{-1}})$$

mit einer nur von T *abhängigen positiven Konstanten* M_2.

Satz 4. *Die Bedingung* (8) *sei erfüllt, der Operator* $B = B(t)$ *sei positiv definit:* $B \geqq \varepsilon E$, *mit einer von* h *und* τ *unabhängigen Konstanten* $\varepsilon > 0$, *die Operatoren* A *und* $R - \frac{1}{4}A$ *seien konstant und nichtnegativ. Dann gilt für die Lösung des Schemas* (1b) *die Abschätzung*

$$\|y(t+\tau)\| \leqq \frac{2\sqrt{t}}{\varepsilon}\left[\sum_{t'=\tau}^{t} \tau\|\varphi(t')\|^2\right]^{1/2}.$$

Satz 5. *Die Lösung des Schemas* (1) *aus der Ausgangsfamilie erfüllt bei* $B = B^* > 0$ *und* $R > \frac{1}{4}A$ *die Abschätzung*

$$\|Y_{n+1}\|^2 \leqq \|Y_1\|^2 + \frac{1}{2}\sum_{k=1}^{n} \tau\|\varphi_k\|^2_{B^{-1}}.$$

Für einen selbstadjungierten Operator B können wir den letzten Summanden in (28) wie folgt abschätzen:

$$2\tau(\varphi, y_{\mathring{t}}) \leqq 2\tau\|y_{\mathring{t}}\|_B \|\varphi\|_{B^{-1}} \leqq \tau\varepsilon\|y_{\mathring{t}}\|^2_B + \frac{\tau}{\varepsilon}\|\varphi\|^2_{B^{-1}}.$$

Setzen wir diese Ungleichung bei $\varepsilon=2$ in (28) ein, so erhalten wir

$$\|Y_{n+1}\|^2 \leqq \|Y_n\|^2 + \frac{\tau}{2} \|\varphi_n\|^2_{B^{-1}},$$

und daraus ergibt sich die Behauptung.

Wir weisen darauf hin, daß der Operator B auch von t abhängen darf; in diesem Falle müßte man richtiger $\|\varphi_k\|^2_{B_k^{-1}}$ schreiben mit $B_k^{-1}=B^{-1}(t_k)$.

6.3.5. Das gewichtete Schema. Als Beispiel betrachten wir nun das häufig verwendete gewichtete Schema

$$y_{\overset{\circ}{t}} + Ay^{(\sigma_1,\sigma_2)} = \varphi(t), \quad \tau \leqq t = n\tau < t_0, \quad y(0)=y_0, \quad y(\tau)=y_1 \,. \tag{30}$$

Hier haben wir die Bezeichnung $y^{(\sigma_1,\sigma_2)} = \sigma_1\hat{y} + (1-\sigma_1-\sigma_2)y + \sigma_2\check{y}$ benutzt; die Gewichte σ_1 und σ_2 sind Zahlen, von deren Auswahl sowohl die Stabilität, als auch die Genauigkeit des Schemas abhängt.

In Abschnitt 6.1. hatten wir das Schema (30) auf die Normalform (1) gebracht und festgestellt, daß hier die Operatoren B und R die Gestalt

$$B = E + \tau(\sigma_1-\sigma_2)\,A, \quad R = \frac{\sigma_1+\sigma_2}{2} A \tag{31}$$

haben. Jetzt nehmen wir an, daß der Operator A^{-1} existiert, und wenden ihn auf die Ausdrücke (1), (31) an. Dann ergibt sich

$$\tilde{B}y_{\overset{\circ}{t}} + \tau^2\tilde{R}y_{\bar{t}t} + \tilde{A}y = \tilde{\varphi}, \quad \tau \leqq t = n\tau < t_0, \quad y(0)=y_0, \quad y(\tau)=y_1 \tag{32}$$

mit

$$\tilde{B} = A^{-1} + (\sigma_1-\sigma_2)\,\tau E, \quad \tilde{R} = \frac{\sigma_1+\sigma_2}{2} E, \quad \tilde{A} = E, \quad \tilde{\varphi} = A^{-1}\varphi \,.$$

Wie wir sehen, sind $\tilde{A}$ und $\tilde{R}$ selbstadjungierte, konstante Operatoren, und bei $\sigma_1+\sigma_2>0$ ist auch die Bedingung (9) erfüllt. Also gehört das Schema (32) bei der weiteren Bedingung $\tilde{B} \geqq 0$ der Ausgangsfamilie an. Setzen wir $A=A(t)>0$ voraus, so existiert A^{-1} und ist positiv; bei $\sigma_1 \geqq \sigma_2$ wird dann auch $\tilde{B}>0$. Zur Anwendung von Satz 1 muß noch $\tilde{R} - \frac{1}{4}\tilde{A} = \frac{1}{2}\left(\sigma_1+\sigma_2-\frac{1}{2}\right)E > 0$ sein.

Satz 6. *Für einen positiven Operator $A(t)$ und bei*

$$\sigma_1 \geqq \sigma_2, \quad \sigma_1+\sigma_2 > \frac{1}{2} \tag{33}$$

ist das Schema (30), $\varphi(t)\equiv 0$, stabil in bezug auf die Anfangswerte: Es gilt die Abschätzung

$$\|Y(t+\tau)\| \leqq \|Y(\tau)\|$$

mit

$$\|Y(t+\tau)\|^2 = \frac{1}{4}\|y(t+\tau)+y(t)\|^2 + \frac{1}{2}\left(\sigma_1+\sigma_2-\frac{1}{2}\right)\|y(t+\tau)-y(t)\|^2 \,. \tag{34}$$

Satz 7. *Es seien die Bedingungen (33) und $A(t)=A^*(t)>0$ erfüllt. Dann genügt die Lösung von (30) der Abschätzung*

$$\|Y(t+\tau)\| \leqq \|Y(\tau)\| + \frac{1}{\sqrt{2}}\left[\sum_{t'=\tau}^{t} \tau\|\varphi(t')\|^2_{A^{-1}(t')}\right]^{1/2},$$

wo $\|Y(t+\tau)\|$ durch (34) definiert ist.

Zum Beweis des Satzes sind die Ungleichungen

$$2\tau(\tilde{\varphi}, y_t) = 2\tau(A^{-1}\varphi, y_{\overset{\circ}{t}}) \leqq 2\tau \|y_{\overset{\circ}{t}}\|_{A^{-1}} \|\varphi\|_{A^{-1}} \leqq 2\tau \|y_t\|_{A^{-1}}^2 + \frac{\tau}{2} \|\varphi\|_{A^{-1}}^2$$

und

$$2\tau(\tilde{B}y_{\overset{\circ}{t}}, y_{\overset{\circ}{t}}) \geqq 2\tau(A^{-1}y_{\overset{\circ}{t}}, y_{\overset{\circ}{t}}) = 2\tau \|y_t\|_{A^{-1}}^2$$

in die energetische Identität (17) für das Schema (32) einzusetzen.

6.3.6. Weitere Beispiele. Wir betrachten noch zwei spezielle 3-Schicht-Verfahren.

1) Das Schema (1) mit den Operatoren $R = \varkappa E$ und $B = E$

$$y_{\overset{\circ}{t}} + \varkappa \tau^2 y_{\bar{t}t} + Ay = \varphi \tag{35}$$

ist bei $\varkappa E > \frac{1}{4} A$ stabil, d. h. bei

$$\varkappa > \frac{1}{4} \|A\| \,. \tag{36}$$

Ein Sonderfall des Verfahrens (35) ist das Schema von Du Fort und Frankel für die Wärmeleitungsgleichung

$$\frac{\partial u}{\partial t} = \frac{\partial^2 u}{\partial x^2}, \quad 0 < x < 1, \quad t > 0, \quad u(x, 0) = u_0(x)\,, \quad u(0, t) = u(1, t) = 0\,.$$

Es hat die Gestalt (vgl. 5.1.9.)

$$\frac{\hat{y}_i - \check{y}_i}{2\tau} = \frac{y_{i+1} - (\hat{y}_i + \check{y}_i) + y_{i-1}}{h^2} \tag{37}$$

oder auch

$$y_{\overset{\circ}{t}} + \frac{\tau^2}{h^2} y_{\bar{t}t} + Ay = 0, \quad Ay = -y_{\bar{x}x}, \quad \|A\| = \frac{4}{h^2} \cos^2 \frac{\pi h}{2} < \frac{4}{h^2}\,.$$

Durch Vergleich mit (35) und (36) sehen wir, daß hier gerade $\varkappa = 1/h^2 > \frac{1}{4} \|A\|$ erfüllt ist. Das Schema von Du Fort und Frankel ist daher für beliebige τ und h stabil.

Ein Analogon dieses Schemas läßt sich unschwer auch für einen allgemeinen elliptischen Operator der Ortsableitungen aufschreiben; die Stabilität wird dann wieder durch Auswahl von $\varkappa$ entsprechend (36) erreicht.

2) Auch das asymmetrische 3-Schicht-Schema

$$\frac{3}{2} y_t - \frac{1}{2} y_{\bar{t}} + A\hat{y} = \varphi \quad \text{oder} \quad \frac{2\hat{y} - 4y + \check{y}}{2\tau} + A\hat{y} = \varphi$$

dient zur Lösung der Wärmeleitungsgleichung. Mit Hilfe der Formeln

$$y_t = y_{\overset{\circ}{t}} + \frac{\tau}{2} y_{\bar{t}t}, \quad y_{\bar{t}} = y_{\overset{\circ}{t}} - \frac{\tau}{2} y_{\bar{t}t}, \quad \hat{y} = y + \tau y_{\overset{\circ}{t}} + \frac{\tau^2}{2} y_{\bar{t}t}$$

erhalten wir als Normalform

$$(E + \tau A)\, y_{\overset{\circ}{t}} + \tau^2 \left(\frac{E}{\tau} + \frac{1}{2} A\right) y_{\bar{t}t} + Ay = \varphi\,,$$

es ist also $B=E+\tau A$ und $R=\frac{1}{\tau}E+\frac{1}{2}A$. Folglich sind die Bedingungen

$$R \geqq \frac{1+\varepsilon}{4}A, \quad 0<\varepsilon\leqq 1, \quad B\geqq E$$

bei beliebigem positivem Operator A erfüllt; bei $A=A^*>0$ ist das Schema stabil in der Norm

$$\|Y(t+\tau)\|_{(1)}^2=\frac{1}{2}\left(\|y(t+\tau)\|_A^2+\|y(t)\|_A^2\right)+\tau\|y_t\|_A^2 .$$

6.3.7. Andere a-priori-Abschätzungen. Neben dem Schema (1) wird häufig das 3-Schicht-Schema

$$(E+\tau^2 R)\,y_{\bar{t}t}+By_{\overset{\circ}{t}}+Ay=\varphi, \quad y(0)=y_0, \quad y(\tau)=y_1 \tag{38}$$

benutzt. Es entsteht aus dem Schema (1), indem man dort R durch $\tilde{R}=E/\tau^2+R$ ersetzt, so daß das Schema (38) bei $\tilde{R}\geqq\frac{1}{4}A$ stabil ist, wenn die Operatoren A, B und R (und damit $\tilde{R}$) die Bedingungen 1. bis 3. aus Abschnitt 6.3.3. erfüllen. Dann gelten auch entsprechende Abschätzungen.

Die zusammengesetzten Normen $\|Y\|$ ergeben sich in natürlicher Weise aus der energetischen Identität, besitzen aber eine komplizierte Struktur. Daher ist es wünschenswert, a-priori-Abschätzungen der Lösungen der Aufgaben (1) oder (38) zu haben, die nur die üblichen energetischen Normen von H_A oder H_R enthalten.

Solche Abschätzungen werden wir nun für 3-Schicht-Verfahren der Gestalt

$$Dy_{\bar{t}t}+By_{\overset{\circ}{t}}+Ay=\varphi(t), \quad 0<t\in\omega_\tau, \quad y(0)=y_0, \quad y_t(0)=\bar{y}_0 \tag{39}$$

herleiten, wobei A, B und D konstante lineare Operatoren sind (mit $D=\tau^2 R$ für das Schema (1) und $D=E+\tau^2 R$ für (38)).

Wir setzen weiterhin voraus, daß die Beziehungen

$$A=A^*>0, \quad D=D^*>0, \quad B\geqq 0 \tag{40}$$

gelten.

Aus Satz 1 folgt, daß das Schema (39) unter den Bedingungen (40) und

$$D\geqq\frac{1+\varepsilon}{4}\tau^2 A \tag{41}$$

mit einer von h und τ unabhängigen positiven Zahl ε in bezug auf die Anfangswerte stabil ist, und die Lösung der Aufgabe (39), $\varphi(t)\equiv 0$, genügt dann der Abschätzung

$$\|Y_{n+1}\|\leqq\|Y_1\| ; \tag{42}$$

wobei

$$\|Y_{n+1}\|^2=\frac{1}{4}\|y_n+y_{n+1}\|_A^2+\left(\left(D-\frac{\tau^2}{4}A\right)y_{t,n},\, y_{t,n}\right)\geqq\frac{\varepsilon}{2}\left(\|y_n\|_A^2+\|y_{n+1}\|_A^2\right)$$

gilt, also $\|Y_{n+1}\|$ eine Norm ist (und nicht, wie im Falle $\varepsilon=0$, eine Halbnorm).

Den Übergang von der Abschätzung (42) zu Normungleichungen in H_A oder H_D können wir mit Hilfe der folgenden zweiseitigen Abschätzungen des Funktionals $\|Y_{n+1}\|$ erreichen.

Lemma. *Die Bedingungen* (40), (41) *seien erfüllt. Dann gelten die Ungleichungen*

$$\|Y_{n+1}\| \leqq \|y_n\|_A + \|y_{t,n}\|_D, \tag{43}$$

$$\|Y_{n+1}\| \geqq \sqrt{\frac{\varepsilon}{1+\varepsilon}}\, \|y_{n+1}\|_A, \tag{44}$$

$$\|Y_{n+1}\| \geqq \frac{1}{2}\sqrt{\frac{\varepsilon}{1+\varepsilon}}\, (\|y_{n+1}\|_A + \|y_{t,n}\|_D). \tag{45}$$

Beweis. Mit den indexfreien Bezeichnungen erhalten wir

$$\|Y_{n+1}\|^2 = J = \frac{1}{4}\|y+\hat{y}\|_A^2 + \left(\left(D - \frac{1}{4}\tau^2 A\right) y_t, y_t\right) = (Ay, \hat{y}) + \|y_t\|_D^2 .$$

Hier setzen wir $\hat{y} = y + \tau y_t$ ein:

$$J = \|y\|_A^2 + \tau(Ay, y_t) + \|y_t\|_D^2 \leqq \|y\|_A^2 + \tau\|y\|_A \|y_t\|_D + \|y_t\|_D^2 .$$

Diese Ungleichung verbinden wir mit der aus (41) folgenden Abschätzung $\|y_t\|_A \leqq (2/\tau\sqrt{1+\varepsilon})\, \|y_t\|_D$:

$$J \leqq \|y\|_A^2 + 2\|y\|_A \|y_t\|_D/\sqrt{1+\varepsilon} + \|y_t\|_D^2 \leqq (\|y\|_A + \|y_t\|_D)^2 .$$

Damit ist die Ungleichung (43) bewiesen. Mit Hilfe der Identität $y = \hat{y} - \tau y_t$ können wir J wie folgt nach unten abschätzen:

$$J = (Ay, \hat{y}) + \|y_t\|_D^2 = \|\hat{y}\|_A^2 - \tau(A\hat{y}, y_t) + \|y_t\|_D^2$$

$$\geqq \|\hat{y}\|_A^2 - \tau\|\hat{y}\|_A \|y_t\|_A + \|y_t\|_D^2 \geqq \|\hat{y}\|_A^2 - \frac{2}{\sqrt{1+\varepsilon}} \|\hat{y}\|_A \|y_t\|_D + \|y_t\|_D^2$$

$$= \left(1 - \frac{\varepsilon_0}{\sqrt{1+\varepsilon}}\right) \|y\|_A^2 + \left(1 - \frac{1}{\varepsilon_0\sqrt{1+\varepsilon}}\right) \|y_t\|_D^2 = \frac{\varepsilon}{1+\varepsilon}\, \|y\|_A^2 ,$$

wenn man $\varepsilon_0 = 1/\sqrt{1+\varepsilon}$ wählt. Bei $\varepsilon_0 = \sqrt{1+\varepsilon}$ und mit Benutzung der Ungleichung (44) ergibt sich schließlich auch die Abschätzung (45).

Unter Anwendung des obigen Lemmas kann man das folgende Stabilitätsergebnis beweisen.

Satz 8. *Unter den Bedingungen* (40) *und* (41) *ist das Schema* (39) *stabil in bezug auf die Anfangswerte und die rechte Seite. Die Lösung der Aufgabe* (39) *genügt der Abschätzung*

$$\|y_{n+1}\|_A \leqq \sqrt{\frac{1+\varepsilon}{\varepsilon}} \left(\|y_0\|_A + \|y_{t,0}\|_D + \sum_{s=1}^{n} \tau\|\varphi_s\|_{D^{-1}}\right). \tag{46}$$

Folgerung. *Ist außerdem* $D = E + \tau^2 R$ *mit* $R = R^* > 0$, *so wird* $D^{-1} < E$, $\|\varphi_s\|_{D^{-1}} \leqq \|\varphi\|$, *und für das Schema* (38), $y_0 = y_1 = 0$, *gilt dann die Abschätzung*

$$\|y_{n+1}\|_A \leqq M_1 \sqrt{\frac{1+\varepsilon}{\varepsilon}} \sum_{s=1}^{n} \tau\|\varphi_s\| .$$

Genauere Abschätzungen, die denen für die Saitenschwingungsgleichung analog sind (vgl. Kapitel 5.), kann man für die engere Klasse von 3-Schicht-Verfahren

$$Dy_{\bar{t}t} + Ay = \varphi, \quad 0 < t = n\tau < t_0, \quad y(0) = y_0, \quad y_t(0) = \bar{y}_0 \tag{47}$$

herleiten.

Satz 9. *Es seien $A=A^*>0$ und $D=D^*>0$ konstante Operatoren, die der Bedingung (41) genügen. Dann folgt für die Lösung von (47) die Abschätzung*

$$\|y_{n+1}\|_D \leqq \sqrt{\frac{1+\varepsilon}{\varepsilon}}\left(\|y_0\|_D+\|Dy_{t,0}\|_{A^{-1}}+\sum_{s=1}^{n}\tau\|\varphi_s\|_{A^{-1}}\right).$$

(Vgl. mit den Abschätzungen in Abschnitt 5.5.3.)

Als Beispiel betrachten wir das gewichtete Schema

$$y_{\bar{t}t}+A(\sigma\hat{y}+(1-2\sigma)\,y+\sigma\check{y})=\varphi,\quad A^*=A\geqq\delta E,\quad \delta>0\,.$$

Setzen wir hier $\sigma\hat{y}+(1-2\sigma)\;y+\sigma\check{y}=y+\sigma\tau^2y_{\bar{t}t}$ ein, so ergibt sich

$$(E+\sigma\tau^2A)\;y_{\bar{t}t}+Ay=\varphi\,,$$

also ist $D=E+\sigma\tau^2A$. Die Stabilitätsbedingung $D\geqq\dfrac{1+\varepsilon}{4}\tau^2A$ oder auch $E\geqq$ $\geqq((1+\varepsilon)/4-\sigma)\,\tau^2A$ führt auf

$$\sigma\geqq\frac{1+\varepsilon}{4}-\frac{1}{\tau^2\|A\|}=\sigma_\varepsilon\,.$$

Für das explizite Schema erhalten wir damit eine Beschränkung des Zeitschrittes,

$$\tau\leqq\frac{2}{\sqrt{(1+\varepsilon)\,\|A\|}}\,.$$

Insbesondere das explizite Schema für die Saitenschwingungsgleichung, $y_{\bar{t}t}=y_{\bar{x}x}$, ist danach bei $\tau/h\leqq1/\sqrt{1+\varepsilon}$ stabil (vgl. Abschnitt 5.5.).

6.4. Homogene Differenzenverfahren für instationäre Gleichungen

In diesem Abschnitt konstruieren wir homogene Differenzenverfahren für parabolische und hyperbolische Gleichungen mit veränderlichen Koeffizienten und nutzen bei deren Stabilitätsuntersuchung die Ergebnisse der in den vorangehenden Abschnitten dargelegten allgemeinen Stabilitätstheorie.

6.4.1. Homogene Differenzenschemata für die Wärmeleitungsgleichung. Wir beginnen mit der Betrachtung der ersten Anfangs-Randwertaufgabe für die Wärmeleitungsgleichung mit veränderlichen Koeffizienten:

Gesucht ist die im Rechteck $\bar{G}_T=\{0\leqq x\leqq1,\ 0\leqq t\leqq T\}$ stetige Lösung der Aufgabe

$$\frac{\partial u}{\partial t}=Lu+f(x,t),\quad Lu=\frac{\partial}{\partial x}\left(k(x)\,\frac{\partial u}{\partial x}\right),\quad k(x)\geqq c_1>0,\quad (x,t)\in G_T\,,\tag{1}$$

$$\begin{aligned}&u(x,0)=u_0(x),\quad 0\leqq x\leqq1\;;\\&u(0,t)\;=\mu_1(t),\quad u(1,t)=\mu_2(t),\quad 0<t\leqq T\,.\end{aligned}\tag{2}$$

Wir nehmen wie immer an, daß die Aufgabe (1), (2) eine für unsere Konstruktionen hinreichend glatte Lösung besitzt.

Zur Differenzenapproximation von (1), (2) gehen wir von dem Rechteckgitter $\bar{\omega}_{h\tau}=\bar{\omega}_h\times\bar{\omega}_\tau$ aus, s. Abschnitt 5.1.2., und erhalten nach Ersetzung des Ortsoperators L durch einen Differenzenoperator (s. Abschnitt 3.2.)

$$\Lambda u=(au_{\bar{x}})_x\quad\text{mit}\quad \Lambda u-Lu=O(h^2)\quad\text{und}\quad h=1/N$$

zunächst das System gewöhnlicher Differentialgleichungen

$$\frac{dv_i}{dt} = \Lambda v_i + \varphi_i, \quad i = 1, \ldots, N-1,$$

wo $\varphi_i = f(x_i, t) + O(h^2)$ ist. Von diesem Geradenverfahren kommen wir dann sofort zum gewichteten Differenzenschema

$$y_t = \Lambda(\sigma\hat{y} + (1-\sigma)\, y) + \varphi, \quad (x, t) \in \omega_{h\tau}, \quad y(x, 0) = u_0(x), \quad x \in \bar{\omega}_h; \tag{3}$$
$$\hat{y}_0 = \mu_1, \quad \hat{y}_N = \mu_2, \quad t \in \omega_\tau.$$

Zur Bestimmung von $\hat{y} = y^{j+1}$ haben wir eine Randwertaufgabe für die 3-Punkt-Differenzengleichungen

$$\sigma\tau\Lambda\hat{y} - \hat{y} = -F, \quad F = y + \tau(1-\sigma)\Lambda y + \tau\varphi,$$

zu lösen:

$$A_i\hat{y}_{i-1} - C_i\hat{y}_i + A_{i+1}\hat{y}_{i+1} = -F_i, \quad 0 < i < N, \quad \hat{y}_0 = \mu_1, \quad \hat{y}_N = \mu_2$$

mit

$$A_i = \sigma\tau a_i/h^2, \quad C_i = 1 + A_i + A_{i+1},$$
$$F_i = (1 - (B_i + B_{i+1}))\, y_i + B_i y_{i-1} + B_{i+1} y_{i+1} + \tau\varphi_i, \quad B_i = (1-\sigma)\, \tau a_i/h^2.$$

Dazu können wir die verkürzte Gaußelimination verwenden.

Wie üblich führen wir über $Ay = \mathring{\Lambda}y$, $\mathring{\Lambda}y = \Lambda y$ für $y \in H_h = \mathring{\Omega}_h$, wo $\mathring{\Omega}_h$ der Raum der Gitterfunktionen auf $\bar{\omega}_h$ mit $y_0 = y_N = 0$ ist, den Operator A ein, der bezüglich des Skalarprodukts

$$(y, v) = \sum_{i=1}^{N} y_i v_i h$$

selbstadjungiert und positiv definit ist:

$$A = A^* > 0, \quad \delta E \leqq A \leqq \Delta E \quad \text{mit} \quad \delta = \min_k \lambda_k(A), \quad \Delta = \max_k \lambda_k(A),$$

wie wir in Abschnitt 2.4.1. gesehen hatten.

Mit Hilfe der Greenschen Formel $(Ay, y) = -((ay_{\bar{x}})_x, y) = (a, (y_{\bar{x}})^2]$ gewinnen wir für $Ry = -y_{\bar{x}x}$ die Operatorungleichungen

$$c_1 R \leqq A \leqq c_2 R,$$

wobei wir $(Ry, y) = (1, (y_{\bar{x}})^2]$ und $c_1 \leqq a_i \leqq c_2$, $i = 1, \ldots, N$, benutzt haben. Wegen

$$\delta E \leqq R \leqq \Delta E \quad \text{mit} \quad \delta = \frac{4}{h^2}\sin^2\frac{\pi h}{2} \geqq 8, \quad \Delta = \frac{4}{h^2}\cos^2\frac{\pi h}{2} < \frac{4}{h^2}$$

erhalten wir schließlich

$$c_1\delta E \leqq A \leqq c_2\Delta E \quad \text{und} \quad \|A\| \leqq c_2\Delta.$$

Nach Satz 1 aus Abschnitt 6.2. ist nun das Schema (3) in H_A stabil in bezug auf die Anfangswerte, wenn $\sigma \geqq \frac{1}{2}$ gewählt wird, genauer, bei

$$\sigma \geqq \sigma_0, \quad \sigma_0 = \frac{1}{2} - \frac{1}{\tau c_2 \Delta}.$$

Aus Satz 5 im gleichen Abschnitt folgt für die Lösung der Aufgabe (3) die Abschätzung

$$\|y^{j+1}\|_A \leqq \|y^0\|_A + \frac{1}{\sqrt{2\varepsilon}} \left(\sum_{k=0}^{j} \tau \|\varphi^k\|^2\right)^{1/2}, \tag{4}$$

falls die Bedingung

$$\sigma \geqq \sigma_\varepsilon, \quad \sigma_\varepsilon = \frac{1}{2} - \frac{1-\varepsilon}{\tau c_2 \Delta}, \quad 0 < \varepsilon \leqq 1,$$

erfüllt ist. Für das explizite Verfahren ($\sigma = 0$) gilt bei $\tau \leqq h^2/2c_2$ auch die folgende Abschätzung in der Maximumnorm:

$$\|y^{j+1}\|_C \leqq \|y^0\|_C + \sum_{k=0}^{j} \tau \|\varphi^k\|_C. \tag{5}$$

Aus der Gleichung

$$\hat{y}_i = \left(1 - \frac{\tau}{h^2}(a_i + a_{i+1})\right) y_i + \frac{\tau}{h^2}(a_i y_{i-1} + a_{i+1} y_i) + \tau \varphi_i$$

ist nämlich zu sehen, daß die Summe der Koeffizienten auf der rechten Seite gleich eins ist und daß alle Koeffizienten unter der Bedingung $\tau(a_i + a_{i+1}) \leqq h^2$ nichtnegativ sind. Daraus folgt $|y_i| \leqq \|y\|_C + \tau|\varphi_i| \leqq \|y\|_C + \tau\|\varphi\|_C$ für alle i, also (5).

Wenden wir das Maximumprinzip auf das Schema (3) an, so ergibt sich die Gültigkeit der Ungleichung (4) auch für $\sigma \neq 0$, falls $\tau \leqq h^2/2(1-\sigma) c_2$ erfüllt ist. Für das rein implizite Schema ($\sigma = 1$) gilt die Abschätzung (5) für beliebige τ und h.

Der Approximationsfehler des Schemas (3), $\psi = \Lambda(\sigma\hat{u} + (1-\sigma)u) + \varphi - u_t$, wird wie in Kapitel 5. untersucht. Wir finden

$$\psi = O(h^2 + \tau^{m_\sigma}), \quad m_\sigma = \begin{cases} 2 & \text{für} \quad \sigma = \dfrac{1}{2}, \\ 1 & \text{für} \quad \sigma \neq \dfrac{1}{2} \end{cases}$$

und wegen

$$\|z\|_C^2 \leqq \frac{1}{4}(1, (z_{\bar{x}})^2] \leqq \frac{1}{4c_1}(a, (z_{\bar{x}})^2] = \frac{1}{4c_1}\|z\|_A^2 \tag{6}$$

(s. Lemma in 2.3.3.) folgt aus der Abschätzung (4) bei $\sigma \geqq \sigma_\varepsilon$ die gleichmäßige Konvergenz in C des Schemas (3) mit der Geschwindigkeit $O(h^2 + \tau^{m_\sigma})$.

Oft verwendet man in der Praxis auch Gitter, die bezüglich x und t nichtäquidistant sind. Die Nichtäquidistanz in t führt beim betrachteten 2-Schicht-Schema weder beim Rechnen, noch bei der theoretischen Untersuchung zu irgendwelchen Komplikationen. Ist das Gitter in x nichtäquidistant (diesen Fall hatten wir in Abschnitt 3.4. ausführlich behandelt), so wirkt sich das nur auf Gestalt des Operators Λ aus:

$$\Lambda y_i = (a y_{\bar{x}})_{\hat{x},i} = \frac{1}{\hbar_i}\left[\frac{a_{i+1}(y_{i+1} - y_i)}{h_{i+1}} - \frac{a_i(y_i - y_{i-1})}{h_i}\right],$$

wo a_i wieder nach denselben Formeln berechnet wird wie für ein äquidistantes Gitter (s. Kapitel 3.).

Für die Stabilitätsuntersuchung müssen wir die Norm des entsprechenden Operators A abschätzen. Hier ist $\|A\| \leqq 4c_2/h_0^2$ mit $h_0 = \min\limits_{1 \leqq i \leqq N} h_i$. Für $\sigma \geqq \sigma_\varepsilon = \frac{1}{2} - \frac{1-\varepsilon}{4\tau c_2} h_0^2$ können wir daher wieder die obige Abschätzung (4) benutzen, wo jetzt $\|\varphi\|^2 = \sum\limits_{i=1}^{N-1} \varphi_i^2 \hbar_i$ gilt und $\|y\|_A$ entsprechend definiert ist.

Für den Approximationsfehler ψ finden wir in Analogie zu Kapitel 3. die Darstellung

$$\psi = \eta_{\bar{x}} + \psi^*, \quad \eta_i^j = au_{\bar{x}}^{(\sigma)} - (ku')_{i-1/2}^{j+1/2} + O(h_i^2), \quad \psi_i^* = O(h_i^2 + \tau^2),$$

und mit Hilfe der Ungleichungen (4) und (6) sowie mit Satz 4 aus Abschnitt 6.2. (für die Abschätzung der Aufgabe mit der rechten Seite $\eta_{\bar{x}}$) stellen wir die gleichmäßige Konvergenz des Schemas mit der Geschwindigkeit $O(\|h\|_C^2 + \tau^{m_\sigma})$ fest.

6.4.2. Die Wärmeleitungsaufgabe mit einer konzentrierten Quelle. Wir betrachten die Aufgabe (1), (2) mit einer im Punkt $x = \xi$ konzentrierten Wärmequelle der Intensität Q. Die Lösung von Aufgabe (1), (2) genügt dann den Übergangsbedingungen

$$[u] = 0, \quad \left[k \frac{\partial u}{\partial x}\right] = -Q \tag{7}$$

mit $[v] = v(\xi + 0) - v(\xi - 0)$. Im Punkt ξ erleidet die Ableitung $\partial u/\partial x$ also einen Sprung. Einfachheitshalber nehmen wir an, daß $k(x)$ konstant ist und $f(x, t) = 0$ gilt.

Das Differenzenschema für diese Aufgabe kann man mit Hilfe der Integro-Interpolationsmethode konstruieren. Wir nehmen das äquidistante Gitter $\bar{\omega}_h$. Bei $\xi = x_n + \vartheta h$, $0 \leq \vartheta \leq \frac{1}{2}$, erhalten wir in allen Punkten $x_i \neq x_n$ das Schema (3), $\varphi \equiv 0$. Für das Intervall $[x_{n-1/2} \leq x \leq x_{n+1/2}]$ und im Zeitpunkt $t = t_{j+1/2} = \bar{t}$ lautet der Erhaltungssatz wegen

$$\int_{x_{n-1/2}}^{x_{n+1/2}} (ku')' \mathrm{d}x = ku' \Big|_{x_{n-1/2}}^{x_{n+1/2}} + [ku'] = w_{n+1/2} - w_{n-1/2} - Q$$

mit $w = ku'$ wie folgt:

$$\int_{x_{n-1/2}}^{x_{n+1/2}} \frac{\partial u}{\partial t}(x, \bar{t}) \, \mathrm{d}x = w(x_{n+1/2}, \bar{t}) - w(x_{n-1/2}, \bar{t}) - Q.$$

Das Schema für die Aufgabe (1), (2), (7) ist daher

$$y_t = \Lambda y^{(\sigma)} + \frac{1}{h} Q\delta_{i,n}, \quad (x, t) \in \omega_{h\tau},$$

$$y(x, 0) = u_0(x), \quad x \in \bar{\omega}_h, \; \hat{y}_0 = \mu_1, \quad \hat{y}_N = \mu_2.$$

Aus dem Erhaltungssatz ergibt sich auch

$$\psi = \Lambda u^{(\sigma)} + \frac{1}{h} Q\delta_{i,n} = \eta_x + \psi^* \quad \text{mit} \quad \eta = au_{\bar{x}}^{(\sigma)} - k\bar{u}',$$

wobei $\psi_i^* = O(h^2 + \tau^2)$ für $i \neq n$ und $\eta_i = O(h^2 + \tau^{m_\sigma})$ für $i \neq n+1$ gilt. Die fehlenden Werte sind $\eta_{n+1} = \vartheta Q + O(h) = O(1)$ und $\psi_n^* = O(h)$. Bei $\vartheta = 0$, wenn sich also die Quelle in einem Gitterpunkt befindet, wird $\eta_{n+1} = O(h)$, und dann finden wir aus (4) und (6) für den Fehler die Abschätzung $\|y - u\|_C = O(h^2 + \tau^{m_\sigma})$.

6.4.3. Monotone Differenzenverfahren für die allgemeine parabolische Gleichung. Wir betrachten folgende Anfangs-Randwertaufgabe in $\bar{G}_T = \{0 \leq x \leq 1, 0 \leq t \leq T\}$:

$$c(x, t) \frac{\partial u}{\partial t} = Lu + f(x, t),$$

$$u(0,t)=u_1(t),\quad u(1,t)=u_2(t),\quad u(x,0)=u_0(x)\,,\tag{8}$$
$$Lu=\frac{\partial}{\partial x}\left(k(x,t)\frac{\partial u}{\partial x}\right)+r(x,t)\frac{\partial u}{\partial x}-q(x,t)u\,,$$
$$0<c_1\leqq k(x,t)\leqq c_2,\quad c(x,t)\geqq c_1>0,\quad q\geqq 0\,.$$

In 3.5.3. hatten wir Differenzenverfahren für die stationäre Gleichung $Lu+f=0$ konstruiert, die für beliebige h und $r(x)$ lösbar, monoton und von zweiter Genauigkeitsordnung sind.

Um für die Aufgabe (8) ein monotones Schema zu erhalten, also ein Schema, für welches bei beliebigen h und τ das Maximumprinzip gilt, betrachten wir wieder die Gleichung mit dem gestörten Operator $\tilde{L}$:

$$c(x,t)\frac{\partial u}{\partial t}=\tilde{L}u+f,\quad \tilde{L}u=\varkappa\frac{\partial}{\partial x}\left(k\frac{\partial u}{\partial x}\right)+r\frac{\partial u}{\partial x}-qu\,,\tag{9}$$
$$\varkappa=(1+R)^{-1},\quad R=\frac{1}{2}h|r|/k\,.$$

Wie in 3.5.3. approximieren wir den Operator $\tilde{L}$ durch den Differenzenoperator

$$\tilde{\Lambda}y=\varkappa(ay_{\bar{x}})_x+b^+a^{(+1)}y_x+b^-ay_{\bar{x}}-dy\,,$$

wobei die Koeffizienten zur Zeit $t=t_{j+1/2}=\bar{t}$ genommen werden,

$$a=A[k(x+sh,\bar{t})],\quad d=F[q(x+sh,\bar{t})],\quad b^\pm=F[\bar{r}^\pm(x+sh,\bar{t})]\,,$$
$$\bar{r}^\pm=r^\pm/k,\qquad r^+=\frac{1}{2}(r+|r|)\geqq 0\,,\quad r^-=\frac{1}{2}(r-|r|)\leqq 0\,.$$

Hier sind A und F die in Abschnitt 3.2. definierten Gittersternfunktionale, die zweite Approximationsordnung sichern.

Für die Lösung der Gleichung (9) nehmen wir nun das rein implizite, homogene 4-Punkt-Schema

$$\varrho(x,\bar{t})\,y_t=\tilde{\Lambda}(\bar{t})\,\hat{y}+\varphi\,,\tag{10}$$
$$y(x,0)=u_0(x),\quad y(0,t)=u_1(t),\quad y(1,t)=u_2(t)\,.$$

Die Koeffizienten ϱ und φ werden dabei über das gleiche Funktional F berechnet, wie d und $b^\pm$. Entsprechend der Konstruktion des Operators $\tilde{\Lambda}$ (vgl. Abschnitt 3.5.3.) ist der Approximationsfehler dieses Schemas $\psi=O(\tau+h^2)$.

Auf die Aufgabe (10) mit homogenen Randbedingungen $y_0=y_N=0$ wenden wir nun das Maximumprinzip aus Abschnitt 4.2. an. Dazu schreiben wir die Gleichung (10) in der dort angegebenen Normalform

$$(\varrho_i/\tau+\alpha_i+\beta_i+d_i)\,\hat{y}_i=\alpha_i\hat{y}_{i-1}+\beta_i\hat{y}_{i+1}+F_i\,,$$
$$F_i=\varrho_iy_i/\tau+\varphi_i\,,\quad \alpha_i=a_i(\varkappa_i-hb_i^-)/h^2,\quad \beta_i=a_{i+1}(\varkappa_i+hb_i^+)/h^2\,.$$

Die Voraussetzungen von Satz 3, Abschnitt 4.2., sind erfüllt, so daß

$$\|\hat{y}\|_C=\max_{0<i<N}|\hat{y}_i|\leqq\left\|\frac{F}{D}\right\|_C$$

mit $D_i=\varrho_i/\tau+d_i\geqq\varrho_i/\tau$ gilt. Hier setzen wir den Ausdruck für F_i ein, erhalten zunächst die Ungleichung

$$\|y^{j+1}\|_C\leqq\|y^j\|_C+\tau\left\|\frac{\varphi^j}{\varrho}\right\|_C\leqq\|y^j\|_C+\frac{\tau}{c_1}\|\varphi^j\|$$

und daraus die a-priori-Abschätzung

$$\|y^{j+1}\|_C \leqq \|y^0\|_C + \frac{1}{c_1} \sum_{l=0}^{j} \tau \|\varphi^l\|_C .$$

Hieraus folgt, daß das Schema (10) in C mit der Geschwindigkeit $O(h^2+\tau)$ konvergiert.

6.4.4. Zylinder- und kugelsymmetrische Wärmeleitungsaufgaben. Wir betrachten nun die instationäre Wärmeleitungs- oder Diffusionsgleichung in Zylinderkoordinaten r, φ, z und setzen voraus, daß die Lösung (die Temperatur bzw. Konzentration) nicht von φ und z abhängt. Gehen wir von r zu x als unabhängiger Variabler über, so lautet die Gleichung

$$\frac{\partial u}{\partial t} = \frac{1}{x} \frac{\partial}{\partial x}\left(k(x, t)\, x \frac{\partial u}{\partial x}\right) + f(x, t) . \tag{11}$$

Im Falle von Kugelsymmetrie hat die Wärmeleitungsgleichung die Gestalt

$$\frac{\partial u}{\partial t} = \frac{1}{x^2} \frac{\partial}{\partial x}\left(k(x, t)\, x^2 \frac{\partial u}{\partial x}\right) + f(x, t) . \tag{12}$$

Für die zugehörigen stationären Gleichungen hatten wir in den Abschnitten 3.5.4. und 3.5.5. homogene Differenzenverfahren konstruiert und untersucht.

Bei $x=1$ kommt zu den obigen Gleichungen eine der üblichen Randbedingungen (erster bis dritter Art) hinzu, z. B.

$$u(1, t) = \mu_2(t) , \tag{13}$$

während bei $x=0$ die natürliche Bedingung der Beschränktheit der Lösung zu stellen ist:

$$\lim_{x\to 0} kx \frac{\partial u}{\partial x} = 0 \quad \text{für} \quad (11) , \tag{14}$$

$$\lim_{x\to 0} kx^2 \frac{\partial u}{\partial x} = 0 \quad \text{für} \quad (12) .$$

Als erstes approximieren wir die Wärmeleitungsaufgabe im Falle der Zylindersymmetrie

$$\frac{\partial u}{\partial t} = Lu + f(x, t), \quad Lu = \frac{1}{x} \frac{\partial}{\partial x}\left(xk(x, t) \frac{\partial u}{\partial x}\right), \tag{15}$$

$$t > 0, \quad 0 < x < 1 ;$$

$$u(x, 0) = u_0(x), \quad 0 \leqq x \leqq 1 ;$$

$$xk\, \partial u/\partial x|_{x=0} = 0, \quad u(1, t) = \mu_2(t), \quad t \geqq 0 .$$

Dazu benutzen wir die äquidistanten Gitter $\bar{\omega}_h$ und $\bar{\omega}_\tau$ auf den Intervallen $0 \leqq x \leqq 1$ bzw. $0 \leqq t \leqq T$ mit den Schrittweiten $h = 1/N$ und $\tau = T/j_0$. Wie in 3.5.4. ersetzen wir den Differentialoperator L durch den Differenzenoperator Λ,

$$\Lambda(\bar{t})\, u_i = \frac{1}{x_i} (x_{i-1/2} a_i u_{\bar{x},i})_{x,i} \sim Lu,$$

und die Gleichung (15) durch das gewichtete Differenzenschema

$$y_t = \Lambda(\bar{t})\, y^{(\sigma)} + \varphi, \quad \varphi = f(x, \bar{t}) ,$$

mit $\bar{t}=t_{j+1/2}$ und $a_i=a(x_i,\bar{t})$. Um die Differenzen-Randbedingung bei $x=0$ zu finden, benutzen wir die Bedingung (22) aus 3.5.4. und substituieren dort $y_x^{(\sigma)}$ für y_r und $(f-\partial u/\partial t)_{x=0}$ für $f(0)$ und gehen danach von $\partial u/\partial t$ zu u_t und von u zu y über. Auf diese Weise erhalten wir die Randbedingung

$$a_1(\bar{t})\, y_{x,0}^{(\sigma)}=\frac{h}{4}\, y_{t,0}-\frac{h}{4} f_0^{(\sigma)}$$

oder auch

$$y_{t,0}=\frac{4}{h}\, a_1(\bar{t})\, y_{x,0}^{(\sigma)}+\varphi_0, \quad \varphi_0=f_0^{(\sigma)}.$$

Anstelle von $f_0^{(\sigma)}$ kann man dabei auch $f(0,\bar{t})$ verwenden. Zusammen mit den Zusatzbedingungen bei $x=1$ und $t=0$ ergibt sich insgesamt die Differenzen-Randwertaufgabe

$$y_t=\Lambda(\bar{t})\, y^{(\sigma)}+\varphi, \quad 0\leqq x=ih<1, \quad t=j\tau\geqq 0,$$
$$y_N=\mu_2, \quad y(x,0)=u_0(x), \quad x\in\bar{\omega}_h$$

mit

$$\Lambda(\bar{t})\, y=\frac{4}{h}\, a_1(\bar{t})\, y_x \qquad \text{bei} \quad x=0,$$
$$\Lambda(\bar{t})\, y=\frac{1}{x}\, (\bar{x}a(x,\bar{t})\, y_{\bar{x}})_x \quad \text{für} \quad x\in\omega_h, \quad \text{mit} \quad \bar{x}=x_i-\frac{h}{2}.$$

Diese Differenzengleichungen können wir mit der verkürzten Gaußelimination lösen.

Für den Fehler $z=y-u$ gilt

$$z_t=\Lambda(\bar{t})\, z^{(\sigma)}+\psi, \quad 0\leqq x=ih<1, \quad t_j\geqq 0, \quad z_0=0, \quad z(x,0)=0$$

mit dem Approximationsfehler $\psi=\Lambda(\bar{t})\, u^{(\sigma)}+\varphi-u_t$, den wir wie folgt darstellen können:

$$\psi=\frac{1}{x}\, (\bar{x}\eta)_x+\psi^*+\psi^{**}, \quad \eta=au_{\bar{x}}^{(\sigma)}-(ku')_{x=\bar{x},t=\bar{t}}$$

mit

$$\eta=O(h^2+\tau^{m_\sigma}), \quad \psi^*=O(h^2/x), \quad \psi^{**}=O(h^2+\tau^2)$$

und $m_\sigma=2$ bei $\sigma=\frac{1}{2}$ und $m_\sigma=1$ sonst.

Zur Abschätzung von z lassen sich nun die Stabilitätsergebnisse für 2-Schicht-Schemata heranziehen; im Falle des rein impliziten Schemas erhalten wir über das Maximumprinzip die gleichmäßige Konvergenz mit der Geschwindigkeit $O(h^2+\tau)$.

Wir wenden uns noch kurz der kugelsymmetrischen Wärmeleitungsaufgabe zu: Auf Grund der Ergebnisse von 3.5.5. können wir für die Aufgabe (12)–(14) sofort das folgende Schema aufschreiben:

$$y_t=\Lambda(\bar{t})\, y^{(\sigma)}+\varphi \quad \text{für} \quad 0\leqq x=ih<1, \quad t_j\geqq 0,$$
$$y_N^j=\mu_2^j, \quad j\geqq 0, \quad y(x_i,0)=u_0(x_i), \quad x_i\in\bar{\omega}_h$$

mit

$$\Lambda(\bar{t})\, y_i = \frac{1}{x_i^2}\,(\bar{x}_i^2 a(x_i, \bar{t})\, y_{\bar{x},i})_{x,i} \qquad \text{für} \quad i > 0\,,$$

$$\Lambda(\bar{t})\, y_0 = \frac{6}{h}\, a_1 y_{x,0}\,,$$

$$\varphi_i = f(x_i, \bar{t}) \quad \text{oder} \quad \varphi_i = f_i^{(\sigma)} \quad \text{für} \quad 0 \leqq i < N\,.$$

Diese Differenzenaufgabe läßt sich wieder mit der verkürzten Gaußelimination lösen. Die Untersuchung des Approximationsfehlers und der Genauigkeit des Schemas verläuft wie im Falle der Zylindersymmetrie.

In Analogie zu Abschnitt 3.5. lassen sich auch Differenzenverfahren auf „Strompunkt"-Gittern konstruieren.

6.4.5. Homogene Differenzenverfahren für die hyperbolische Gleichung zweiter Ordnung. Jetzt betrachten wir die folgende Anfangs-Randwertaufgabe:

Gesucht ist die im Rechteck $\bar{G}_T = \{0 \leqq x \leqq 1,\ 0 \leqq t \leqq T\}$ stetige Lösung von

$$\frac{\partial^2 u}{\partial t^2} = Lu + f(x, t), \quad Lu = \frac{\partial}{\partial x}\left(k(x)\,\frac{\partial u}{\partial x}\right), \quad (x, t) \in G_T\,,$$

$$u(x, 0) = u_0(x), \quad \frac{\partial u}{\partial t}\,(x, 0) = \bar{u}_0(x), \quad 0 \leqq x \leqq 1\,,$$

$$u(0, t) = u_1(t), \quad u(1, t) = u_2(t), \quad 0 < t \leqq T\,.$$

mit

$$0 < c_1 \leqq k(x) \leqq c_2, \quad G_T = \{0 < x < 1,\ 0 < t \leqq T\}\,.$$

Für diese Aufgabe konstruieren wir ein homogenes gewichtetes 3-Schicht-Schema auf dem üblichen Rechteckgitter $\bar{\omega}_{h\tau}$ mit den Schrittweiten $h = 1/N$ und $\tau = T/j_0$. Wir beginnen mit der Approximation der rechten Seite $Lu + f$ der obigen Gleichung durch den Differenzenausdruck $\Lambda u + \varphi$, $\Lambda u = (au_{\bar{x}})_x$, wenden also die Linienmethode an, und erhalten das gewöhnliche Differentialgleichungssystem

$$\frac{\mathrm{d}^2 v_i}{\mathrm{d}t^2} = \Lambda v_i + \varphi_i, \quad i = 1, \ldots, N-1\,.$$

Nun führen wir auch die Zeitdiskretisierung durch und kommen auf das gewichtete Schema

$$y_{\bar{t}t} = \Lambda(\sigma_1 \hat{y} + (1 - \sigma_1 - \sigma_2)\, y + \sigma_2 \check{y}) + \varphi\,.$$

Bei $\sigma_1 = \sigma_2 = \sigma$ ergibt sich insbesondere das symmetrische Schema, das wir mit Hilfe der Identitäten $\hat{y} = y + \tau y_{\overset{\circ}{t}} + \frac{1}{2}\,\tau^2 y_{\bar{t}t}$, $\check{y} = y - \tau y_{\overset{\circ}{t}} + \frac{1}{2}\,\tau^2 y_{\bar{t}t}$ auf die Normalform

$$(E - \sigma\tau^2 \Lambda)\, y_{\bar{t}t} - \Lambda y = \varphi(x, t), \quad (x, t) \in \omega_{h\tau}\,, \tag{16}$$

bringen. Dazu kommen noch die Rand- und Anfangsbedingungen,

$$y_0 = u_1(t), \quad y_N = u_2(t), \quad y(x, 0) = u_0(x), \quad y_t(x, 0) = \tilde{u}_0(x)\,. \tag{17}$$

Dabei wählen wir die Funktion $\tilde{u}_0(x)$ so, daß der Defekt $\nu = u_t(x, 0) - \tilde{u}_0(x) = O(\tau^2)$ wird, z. B.: $\tilde{u}_0(x) = \bar{u}_0(x) + \tau(Lu + f)_{t=0}$. Die Lösung der Aufgabe (16), (17) auf der neuen Zeitschicht t_{j+1} bestimmen wir bei bekannten Werten auf den alten Schichten t_j

und t_{j-1} mit der verkürzten Gaußelimination aus dem linearen Gleichungssystem

$$\hat{y}_i - \sigma\tau^2 \Lambda \hat{y}_i = F_i, \quad i = 1, \ldots, N-1,$$
$$\hat{y}_0 = \hat{u}_1, \quad \hat{y}_N = \hat{u}_2, \quad F_i = 2y_i - \check{y}_i - \tau^2 \Lambda((2\sigma - 1)\, y_i - \sigma \check{y}_i) + \tau^2 \varphi_i .$$

Der Fehler $z = y - u$ genügt dem Gleichungssystem

$$(E - \sigma\tau^2 \Lambda)\, z_{\bar{t}t} = \Lambda z + \psi(x, t), \quad (x, t) \in \omega_{h\tau},$$
$$z_0 = z_N = 0, \quad z(x, 0) = 0, \quad z_t(x, 0) = \nu(x) .$$

Bei hinreichend glatten Funktionen $k(x)$, $f(x, t)$, $u_0(x)$, $u_1(t)$ und $u_2(t)$ gilt für die Defekte ψ und ν

$$\psi = O(\tau^2 + h^2), \quad \nu = O(\tau^2) . \tag{18}$$

Nun können wir Satz 8 aus 6.3.7. anwenden:

Für das Operatoren-Differenzenschema

$$D z_{\bar{t}t} + A z = \psi(t), \quad t \in \omega_\tau, \quad z(0) = 0, \quad z_t(0) = \nu$$

mit $D = E + \sigma\tau^2 A$ und $A = A^* > 0$ erhalten wir danach bei $D \geqq \frac{1+\varepsilon}{4} \tau^2 A$ die Abschätzung

$$\|z_{n+1}\|_A \leqq \sqrt{\frac{1+\varepsilon}{\varepsilon}} \left(\|\nu\|_D + \sum_{s=1}^{n} \tau \|\psi_s\|_{D^{-1}} \right). \tag{19}$$

Die angeführte Stabilitätsbedingung ist bei

$$\sigma \geqq \sigma_\varepsilon = \frac{1+\varepsilon}{4} - \frac{1}{\tau^2 \|A\|}$$

erfüllt (vgl. den Schluß von Abschnitt 6.3.7.), und da in unserem Falle $A = -\Lambda$ und $\|A\| \leqq 4c_2/h^2$ ist, wird $\sigma_\varepsilon = \frac{1}{4}(1 + \varepsilon - h^2/\tau^2 c_2)$. Beispielsweise lautet also die Stabilitätsbedingung für das explizite Schema $\tau \leqq h/\sqrt{c_2(1+\varepsilon)}$.

Aus den Ungleichungen $\|\psi\|_{D^{-1}} \leqq \|\psi\|$ und (6) in 6.4.1. sowie aus den Beziehungen (18) und (19) folgt nun, daß das Schema (16), (17) in C mit der Geschwindigkeit $O(h^2 + \tau^2)$ konvergiert.

Bemerkung. Die obige Untersuchung läßt sich auch für den Fall eines nichtäquidistanten Gitters und stückweise stetiger Koeffizienten k und f durchführen, s. Abschnitt 6.4.1. und Kapitel 3.

6.5. Die Regularisierung von Differenzenverfahren für instationäre Aufgaben

6.5.1. Das Regularisierungsprinzip zur Konstruktion von Differenzenverfahren. Die Stabilitätstheorie, der die ersten drei Abschnitte dieses Kapitels gewidmet waren, gestattet es, für die Konstruktion stabiler, approximierender und ökonomischer Differenzenschemata ein allgemeines Prinzip anzugeben: das Regularisierungsprinzip.

Dabei verstehen wir unter dem hier genannten Begriff der Ökonomie bei den instationären Aufgaben der Mathematischen Physik die Eigenschaft eines Schemas, daß die Anzahl der für den Übergang von einer Zeitschicht zur nächsten Schicht benötigten Rechenoperationen der Anzahl der Punkte von ω_h proportional ist. (Ökonomische Verfahren werden wir ausführlich in Kapitel 8. behandeln.)

Die Stabilitätsergebnisse aus den Abschnitten 6.2. und 6.3. können wir wie folgt zusammenfassen:

Wir schreiben die 2-Schicht- bzw. 3-Schicht-Schemata in der Form

$$y_t + \tau R y_t + Ay = \varphi, \qquad y(0) = y_0\,, \tag{1}$$

$$By_{\overset{\circ}{t}} + \tau^2 R y_{\bar{t}t} + Ay = \varphi\,, \quad y(0) = y_0, \quad y(\tau) = y_1\,. \tag{2}$$

Liegen diese in den entsprechenden Ausgangsfamilien (s. 6.2.2. für (1), wo $B = E + \tau R$ ist, und 6.3.3. für (2)), so hängt die Stabilität oder Instabilität nur vom Operator R, dem *regularisierenden Operator*, ab; die hinreichenden Stabilitätsbedingungen lauten:

$$R \geqq \sigma_0 A \quad \text{mit} \quad \begin{cases} \sigma_0 \geqq \dfrac{1}{2} - \dfrac{1}{\tau\|A\|} & \text{für} \quad (1)\,, \\ \sigma_0 > \dfrac{1}{4} & \text{für} \quad (2)\,. \end{cases} \tag{3}$$

Bei der Konstruktion von Differenzenverfahren verfährt man oft so, daß man zunächst ein ökonomisches Schema der benötigten Approximationsordnung sucht und dann überprüft, ob das Schema auch stabil ist. Dagegen geben uns die Bedingungen (3) die Möglichkeit – und darin besteht das Regularisierungsprinzip – Schemata gewünschter Eigenschaften innerhalb der Klasse der stabilen Verfahren durch geeignete Abänderung des Operators R zu suchen:

Gehen wir von R zu $\tilde{R} \geqq R$ über, ohne die Ausgangsfamilie zu verlassen, so bleiben wir nach Bedingung (3) auch in der Klasse der stabilen Differenzenverfahren.

Daher können wir wie folgt vorgehen:

Wir beginnen mit der Konstruktion eines Schemas, das die gegebene instationäre Gleichung mit der gewünschten Ordnung approximiert, und bringen es auf die Form (1) bzw. (2). Falls nötig, wird nun R vergrößert, bis ein stabiles Schema vorliegt. Schließlich verändern wir R (unter Beachtung der Stabilitätsbedingung (3) und der Zugehörigkeit zur Ausgangsfamilie) so, daß wir ein ökonomisches Schema erhalten, d. h., daß die Gleichungen $(E + \tau R)\hat{y} = F$ bzw. $(B + 2\tau R)\hat{y} = F$ in dem oben angegebenen Sinne mit einem minimalen Aufwand lösbar sind.

Die Überführung der Differenzenverfahren in die Form (1) oder (2) erleichtert es auch, zu verfolgen, ob wir trotz Veränderung von R die erste bzw. zweite Approximationsordnung nicht verloren haben: Es muß $\|Ru_t\| = O(1)$ für (1)) bzw. $\|Ru_{\bar{t}t}\| = O(1)$ (für (2)) sein, wobei u die Lösung der betrachteten Differentialgleichung ist. Folglich ist es einfacher, 3-Schicht-Schemata zu konstruieren, wenn man stabile und ökonomische Verfahren haben will, die von zweiter Genauigkeitsordnung in τ sind.

Die wesentliche Frage ist natürlich die nach der Wahl des regularisierenden Operators R. Vom Standpunkt der Stabilitätstheorie ist die Auswahl nur durch zwei Forderungen eingeschränkt:

1. Das Schema muß der Ausgangsfamilie angehören. Das bedeutet für R, daß die Beziehungen

   $$B = E + \tau R > 0 \quad \text{für} \quad (1), \qquad R = R^* > 0 \quad \text{für} \quad (2)$$

   erfüllt sein müssen.
2. R muß der Ungleichung (3) genügen.

Da die Bedingungen die Gestalt von Operatorungleichungen besitzen, ist es naheliegend, für R Operatoren möglichst einfacher Struktur zu nehmen, welche dem Operator A energetisch äquivalent sind. Es seien z. B. die Operatoren A und A_0 energetisch äquivalent mit den Konstanten γ_1 und γ_2, d. h., sie genügen den Ungleichungen

$$\gamma_1 A_0 \leqq A \leqq \gamma_2 A_0, \quad \gamma_1 > 0, \quad \gamma_2 > 0 . \tag{4}$$

Setzen wir dann $R = \sigma A_0$, so erhalten wir bei $\sigma \geqq \sigma_0 \gamma_2$ ein stabiles Schema $\left(\text{also bei } \sigma \geqq \frac{1}{2}\gamma_2 \text{ für (1) bzw. } \sigma > \frac{1}{4}\gamma_2 \text{ für (2)}\right)$. Die einfachste Möglichkeit besteht darin, $A_0 = E$ und $R = \sigma E$ mit $\sigma \geqq \sigma_0 \|A\|$ zu nehmen; dies führt aber auf bedingt approximierende Differenzenverfahren.

6.5.2. Beispiele. Viele Vorgehensweisen zur Konstruktion spezieller stabiler Schemata kann man als einfache Regularisierungsansätze darstellen. So entspricht der Übergang vom expliziten instabilen Schema zweiter Approximationsordnung

$$y_{\overset{\circ}{t}} + Ay = 0, \quad Ay = -y_{\bar{x}x}$$

zum Schema von Du Fort und Frankel (vgl. 5.1.9.),

$$y_{\overset{\circ}{t}} + \sigma\tau^2 y_{\bar{t}t} + Ay = 0, \quad \sigma = \frac{1}{h^2}, \tag{5}$$

der Einführung des regularisierenden Operators $R = \sigma E$: Das Schema (5) gehört wegen $A = A^* > 0$ offensichtlich zur Ausgangsfamilie der 3-Schicht-Verfahren von 6.3.3., und die Bedingung (3) ist erfüllt: $\frac{1}{4}\|A\| = \frac{1}{h^2}\cos^2\frac{\pi h}{2} < \frac{1}{h^2} = \sigma$. Die Approximation ist $O(h^2)$ bei $\tau = O(h^2)$.

Nach diesem Vorbild bereitet es keine Schwierigkeiten, ein explizites, absolut stabiles Schema für die Wärmeleitungsgleichung mit veränderlichem Koeffizienten $k(x, t)$

$$\frac{\partial u}{\partial t} = \frac{\partial}{\partial x}\left(k(x,t)\frac{\partial u}{\partial x}\right), \quad 0 < c_1 \leqq k(x,t) \leqq c_2; \quad t > 0, \quad 0 < x < 1, \tag{6}$$
$$u(0,t) = u(1,t) = 0, \quad u(x,0) = u_0(x)$$

anzugeben: Das Schema (5) hat bei $Ay = -(ay_{\bar{x}})_x$ und für $\sigma = c_2/h^2$ die geforderten Eigenschaften. Und für die mehrdimensionale Wärmeleitungsgleichung

$$\frac{\partial u}{\partial t} = \sum_{\alpha=1}^{p}\frac{\partial}{\partial x_\alpha}\left(k_\alpha(x,t)\frac{\partial u}{\partial x_\alpha}\right), \quad x = (x_1, \ldots, x_p) \in G, \tag{7}$$
$$u|_\Gamma = 0, \quad u(x,0) = u_0(x),$$

wo G das Parallelepiped $\{0 < x_\alpha < l_\alpha, \alpha = 1, \ldots, p\}$ ist und $0 < c_1 \leqq k \leqq c_2$ gilt, genügt es, in (5)

$$\sigma = c_2 \sum_{\alpha=1}^{p}\frac{1}{h_\alpha^2}, \quad Ay = -\sum_{\alpha=1}^{p}(a_\alpha y_{\bar{x}_\alpha})_{x_\alpha}$$

zu setzen.

Nachdem sich die Formeln der verkürzten Gaußelimination für Dreipunktgleichungen in der Praxis verbreitet hatten, konnte man auf solche expliziten Differenzenverfahren mit bedingter Approximation verzichten und ging zu impliziten, gewichteten 2-Schicht-Verfahren über. Für diese ist $R=\sigma A$, was wiederum einem Sonderfall von $R=\sigma A_0$ entspricht.

Nun sei $A_0=A_1+A_2$, wo A_1 und A_2 einander adjungierte „Dreiecks"-Operatoren sind: $A_1=A_2^*$ (was nämlich der Aufteilung einer Matrix in eine obere und eine untere Dreiecksmatrix nachgebildet ist). Dann wird $(A_0y, y)=2(A_1y, y)=2(y, A_2y)$, und für $R=\sigma A_1$ oder auch $R=\sigma A_2$ mit $\sigma \geqq 2\gamma_2\sigma_0$ erhalten wir stabile 2-Schicht-Verfahren (1).

Ein Beispiel für ein Schema mit Dreiecksoperatoren ist das asymmetrische Schema für die Wärmeleitungsgleichung $\partial u/\partial t=\partial^2u/\partial x^2$,

$$y_t+\frac{\sigma\tau}{h}\, y_{\bar{x}t}=\Lambda y, \quad \Lambda y=y_{\bar{x}x}\,. \tag{8}$$

Hier haben wir $Ay=-\Lambda y$, $Ry=\frac{\sigma}{h}\, y_{\bar{x}}$, $A_0=A$, $\gamma_1=\gamma_2=1$. Das Verfahren (8) ist bei $\sigma \geqq 1-h^2/2\tau$ stabil und hat die Approximation $O(h)$ bei $\tau=O(h^2)$.

Um ein analoges Schema für die Aufgabe (6) zu konstruieren, genügt es, $\gamma_2=c_2$, $Ay=-(ay_{\bar{x}})_x$, $Ry=\frac{\sigma}{h}\, y_{\bar{x}}$ und $\sigma \geqq c_2(1-h^2/2c_2\tau)$ zu nehmen.

Entsprechend wird für die Aufgabe (7)

$$Ry=\sigma \sum_{\alpha=1}^{p} \frac{1}{h_\alpha}\, y_{\bar{x}_\alpha} \quad \text{oder} \quad Ry=-\sigma \sum_{\alpha=1}^{p} \frac{1}{h_\alpha}\, y_{x_\alpha}, \quad \gamma_2=c_2\,,$$

$$\sigma \geqq c_2\left(1-\frac{1}{2\tau\Delta}\right), \quad \Delta=c_2 \sum_{\alpha=1}^{p} \frac{1}{h_\alpha^2}\,.$$

Im betrachteten Fall der Darstellung $A_0=A_1+A_2$, $A_2=A_1^*>0$ gibt es noch eine weitere Möglichkeit für die Wahl des regularisierenden Operators R:

Wir wählen R so, daß der Operator $B=E+\tau R$ des 2-Schicht-Schemas als ein Produkt von leicht invertierbaren Operatoren darstellbar ist:

$$B=(E+\sigma\tau A_1)\,(E+\sigma\tau A_2)=E+\tau(\sigma A_0+\sigma^2\tau A_1A_2)\,.$$

Es ist also $R=\sigma A_0+\sigma^2\tau A_1A_2$ zu setzen.

Wegen $(A_1A_2y, y)=(A_2y, A_2y)=\|A_2y\|^2>0$ ist das Schema (1) mit diesem Operator R bei $\sigma \geqq \gamma_2\sigma_0$ stabil.

Differenzenverfahren mit Operatoren, die auf die angegebene Art faktorisierbar sind, treffen wir in den Kapiteln 8. und 9. wieder. Insbesondere wenden wir in Kapitel 9. Verfahren mit faktorisierten Operatoren der Art

$$B=(E+\omega R_1)\,(E+\omega R_2), \quad R_2=R_1^*$$

zur iterativen Lösung der Gleichung $Ay=\varphi$ an.

7. Differenzenverfahren zur Lösung nichtlinearer Gleichungen der Mathematischen Physik

In diesem Kapitel behandeln wir Differenzenverfahren für die quasilineare Wärmeleitungsgleichung und für die Gleichungen der Gasdynamik. Besondere Aufmerksamkeit widmen wir iterativen Methoden zur Lösung nichtlinearer Differenzengleichungen.

7.1. Differenzenmethoden zur Lösung der quasilinearen Wärmeleitungsgleichung

7.1.1. Die stationäre Aufgabe. Wir beginnen mit der einfachsten Aufgabe, die man als stationäres Wärmeleitungsproblem mit nichtlinearer Quelle auffassen kann:

$$u'' = -f(u), \quad 0<x<1, \quad u(0)=0, \quad u(1)=0\,. \tag{1}$$

Wir approximieren die Aufgabe (1) auf dem üblichen äquidistanten Gitter $\bar{\omega}_h$ durch das Schema

$$y_{\bar{x}x} = -f(y), \quad x=ih, \quad i=1,2,\ldots,N-1, \quad y_0=y_N=0\,. \tag{2}$$

Für den Fehler $z=y-u$ ergibt sich dann die Aufgabe

$$z_{\bar{x}x}+f'(\bar{y})\,z = -\psi, \quad x=ih, \quad 1\leqq i\leqq N-1, \quad z_0=z_N=0\,, \tag{3}$$

wo $\bar{y}=u+\vartheta z$ ist, $0\leqq\vartheta\leqq 1$, und $\psi=u_{\bar{x}x}+f(u)$ den Defekt bezeichnet. Offensichtlich besitzt das Schema (2) zweite Approximationsordnung, $\psi=O(h^2)$.

Bei $f'(y)\leqq 0$ kann man für die Lösung der Aufgabe (3) die Abschätzung

$$\|z\|_C \leqq \|\psi\|_C \tag{4}$$

beweisen, aus der folgt, daß das Schema (2) gleichmäßig mit der Geschwindigkeit $O(h^2)$ konvergiert: $\|z\|_C=\|y-u\|_C=O(h^2)$. Unter derselben Bedingung $f'(y)\leqq 0$ kann man auch zeigen, daß die Lösung von (2) beschränkt ist:

$$\|y\|_C \leqq |f(0)| = c_0\,. \tag{5}$$

Wir können nämlich $f(y)=f(0)+(f(y)-f(0))=f(0)+f'(\bar{y})\,y$ mit $\bar{y}=\vartheta y$ und $0\leqq\vartheta\leqq 1$ schreiben und damit von der Aufgabe (2) zu

$$y_{\bar{x}x}+f'(\bar{y})y = -f(0), \quad y_0=y_N=0$$

übergehen und dann die Abschätzung (4) benutzen.

Zur Lösung der nichtlinearen Differenzengleichungen (2) wenden wir das Newtonverfahren an:

$$\overset{k+1}{y}_{\bar{x}x}+f'(\overset{k}{y})\,(\overset{k+1}{y}-\overset{k}{y}) = -f(\overset{k}{y})\,,$$

wo k der Iterationszähler ist, $k=0,1,\ldots$. Zur Bestimmung von $\overset{k+1}{y}$ ist die lineare 3-Punkt-Differenzengleichung

$$\overset{k+1}{y}_{\bar{x}x}+f'(\overset{k}{y})\,\overset{k+1}{y} = -(f(\overset{k}{y})-f'(\overset{k}{y})\,\overset{k}{y}), \quad \overset{k+1}{y}_0=\overset{k+1}{y}_N=0 \tag{6}$$

zu lösen. Dazu können wir die verkürzte Gaußelimination verwenden: Bei $f'(y)\leqq 0$ ist dieses Verfahren stabil.

Nun schätzen wir die Konvergenzgeschwindigkeit der Newtoniteration ab. Der Fehler der iterativen Lösung ist $\overset{k+1}{v} = \overset{k+1}{y} - y$. Durch Einsetzen von $y = \overset{k}{y} + \overset{k}{v}$ und $\overset{k+1}{y} = y + \overset{k+1}{v}$ in die Gleichung (6) erhalten wir für $\overset{k+1}{v}$ die Aufgabe

$$\overset{k+1}{v}_{\bar{x}x} + f'(\overset{k}{y})\,\overset{k+1}{v} = -\overset{k}{F}, \quad \overset{k+1}{v}_0 = \overset{k+1}{v}_N = 0\,, \tag{7}$$

$$\overset{k}{F} = f(y) - f(\overset{k}{y}) + (y - \overset{k}{y})\, f'(\overset{k}{y})\,. \tag{8}$$

Mit

$$f(y) = f(\overset{k}{y}) + f'(\overset{k}{y})\,(y - \overset{k}{y}) + \frac{1}{2} f''(\tilde{y})\,(y - \overset{k}{y})^2\,,$$

wo $\tilde{y}$ ein Wert zwischen y und $\overset{k}{y}$ ist, finden wir

$$\overset{k}{F} = -\frac{f''(\tilde{y})}{2}\,\overset{k}{v}{}^2\,.$$

Folglich haben wir die Lösung der Aufgabe

$$\overset{k+1}{v}_{\bar{x}x} + f'(\overset{k}{y})\,\overset{k+1}{v} = \frac{1}{2} f''(\tilde{y})\,\overset{k}{v}{}^2, \quad \overset{k+1}{v}_0 = \overset{k+1}{v}_N = 0, \quad f'(y) \leqq 0 \tag{9}$$

abzuschätzen. Für eine konvexe Funktion f, also bei $f''(y) \geqq 0$, folgt mit Hilfe des Maximumprinzips (s. Abschnitt 4.2.2.) aus (9), daß $\overset{k+1}{v}$ nicht positiv sein kann: $\overset{k+1}{v} = \overset{k+1}{y} - y \leqq 0$. Die Konvergenz erfolgt dann von unten gegen die exakte Lösung der Aufgabe (2). Nach Ungleichung (4) gilt für die Lösung der Aufgabe (9) die Abschätzung $\|\overset{k+1}{v}\|_C \leqq \frac{1}{2} \|f''(\overset{k}{y})\|_C \|\overset{k}{v}\|_C^2$; wir zeigen jetzt aber, daß genauer sogar

$$\|\overset{k+1}{v}\|_C \leqq \frac{1}{16} \|f''(\overset{k}{y})\|_C \|\overset{k}{v}\|_C^2 \tag{10}$$

gilt. Hierzu bemerken wir, daß die Funktion $V(x) = Kx(1-x)$ eine Majorante (s. 4.2.3.) für v ist, falls $K = \frac{1}{4} \|f''(\overset{k}{y})\|_C \|\overset{k}{v}\|_C^2$ gewählt wird. Daher haben wir

$$\|\overset{k+1}{v}\|_C \leqq \|V\|_C \leqq \frac{1}{4} K \leqq \frac{1}{16} \|f''(\overset{k}{y})\|_C \|\overset{k}{v}\|_C^2\,.$$

Genügt also f'' der Bedingung $\|f''(y)\|_C \leqq 16q$ mit einer Zahl q aus dem Intervall $(0, 1)$, so folgt weiter

$$\|q\overset{k+1}{v}\|_C \leqq \|q\overset{k}{v}\|_C^2 \leqq \ldots \leqq \|q\overset{0}{v}\|_C^{2^{k+1}} \quad \text{oder} \quad \|\overset{k+1}{v}\|_C \leqq \frac{1}{q} \|q\overset{0}{v}\|_C^{2^{k+1}}\,.$$

Die Newtoniteration konvergiert folglich nach einem quadratischen Gesetz, wenn die Anfangsnäherung gut genug gewählt wurde, nämlich so, daß $\|q\overset{0}{v}\|_C = q\|\overset{0}{y} - y\|_C < 1$ gilt.

Unter der Bedingung $f'(y) \leqq c_1$ mit $0 \leqq c_1 < \delta = \frac{4}{h^2} \sin^2 \frac{\pi h}{2}$ kann man eine Abschätzung in der diskreten L_2-Norm beweisen:

$$\|\overset{k+1}{v}\| \leqq \frac{\|f''(y)\|_C}{2(\delta - c_1)} \|\overset{k}{v}\|^2 \leqq \frac{q_1}{\delta + c_1} \|\overset{k}{v}\|^2 . \tag{11}$$

Es gibt auch noch weitere Iterationsmethoden zur Lösung der Differenzengleichungen (2), so zum Beispiel das Verfahren

$$\overset{k+1}{y}_{\bar{x}x} = \vartheta \overset{k}{y}_{\bar{x}x} - (1 - \vartheta) f(\overset{k}{y}) ,$$

wo der Parameter ϑ nach den Formeln

$$\vartheta = \frac{\lambda}{\lambda + 1}, \quad \lambda = \frac{c^*}{2\delta}, \quad c^* = \max_y |f'(y)|$$

gewählt wird. Hier konvergieren die Iterationen wegen $0 < \vartheta < 1$ mit der Geschwindigkeit einer geometrischen Folge unabhängig von der Auswahl der Anfangsnäherung $\overset{0}{y}$: $\|\overset{k+1}{v}\| \leqq \vartheta \|\overset{k}{v}\| \leqq \vartheta^{k+1} \|\overset{0}{v}\|$.

7.1.2. Die quasilineare Wärmeleitungsgleichung. In den vorangegangenen Kapiteln haben wir immer Differenzenmethoden für die lineare Wärmeleitungsgleichung untersucht. Bei Prozessen, die mit sehr hohen Temperaturen verbunden sind, beispielsweise im Plasma, ist aber der Wärmeleitkoeffizient eine nichtlineare Funktion der Temperatur (und der Dichte), in einer Reihe von Aufgaben außerdem auch noch eine Funktion des Gradienten der Temperatur. Weiterhin können auch die Wärmequellen (die rechte Seite der Wärmeleitungsgleichung) von der Temperatur abhängen, z. B. wenn durch eine chemische Reaktion Wärme frei wird. Auch die Wärmekapazität des Mediums kann von der Temperatur abhängen. Damit kommen wir zur nichtlinearen Wärmeleitungsgleichung

$$\frac{\partial \varepsilon(x, t, u)}{\partial t} = -\frac{\partial w}{\partial x} + f(x, t, u), \tag{12}$$

in der der Wärmestrom

$$w = w\left(x, t, u, \frac{\partial u}{\partial x}\right)$$

eine nichtlineare Funktion der Temperatur u und ihrer Ortsableitung ist. Wenn das Fouriersche Gesetz gilt und der Wärmestrom linear von $\partial u/\partial x$ abhängt,

$$w = -k(x, t, u) \frac{\partial u}{\partial x},$$

so erhalten wir die quasilineare Wärmeleitungsgleichung

$$c(x, t, u) \frac{\partial u}{\partial t} = \frac{\partial}{\partial x} \left(k(x, t, u) \frac{\partial u}{\partial x}\right) + f(x, t, u) , \tag{13}$$

$$c(x, t, u) > 0, \quad k(x, t, u) > 0 .$$

Hier hängen also die Wärmekapazität c, der Wärmeleitkoeffizient k und die rechte Seite f – die Dichte der Wärmequellen – von der Temperatur $u(x, t)$ ab. In einem inhomogenen Medium können k, c und f unstetige Funktionen von x und t sein, da die Abhängigkeit der Koeffizienten k, c und f von der Temperatur für die einzelnen Materialien unterschiedlich ist.

Typisch ist der Fall, daß k, c und f nur von der Temperatur abhängen:

$$c(u)\frac{\partial u}{\partial t}=\frac{\partial}{\partial x}\left(k(u)\frac{\partial u}{\partial x}\right)+f(u)\,. \tag{14}$$

Durch die Transformationen

$$v=\int_0^u k(\xi)\,d\xi \quad \text{bzw.} \quad v=\int_0^u c(\xi)\,d\xi$$

läßt sich die Gleichung (14) auf die Gestalt

$$\frac{\partial\varphi(v)}{\partial t}=\frac{\partial^2 v}{\partial x^2}+\bar f(v) \quad \text{bzw.} \quad \frac{\partial v}{\partial t}=\frac{\partial}{\partial x}\left(\varkappa(v)\frac{\partial v}{\partial x}\right)+\bar f(v)\,,$$

bringen, vgl. Abschnitt 1.1.3. Dabei ist

$$\varphi(v)=\int_0^u c(\xi)\,d\xi \quad \text{und} \quad \int_0^u \varkappa(v)\,dv=\int_0^u k(u)\,du\,.$$

Im häufigen Spezialfall, wo $c(u)$ und $k(u)$ Potenzen der Temperatur sind,

$$c(u)=c_0u^\alpha, \quad k=k_0u^\beta\,,$$

führt die zweite Transformation

$$v=\int_0^u c(\xi)\,d\xi=c_0\frac{u^{\alpha+1}}{\alpha+1}$$

wegen

$$k\frac{\partial u}{\partial x}=\frac{k}{c_0u^\alpha}\frac{\partial v}{\partial x}=\frac{k_0}{c_0}u^{\beta-\alpha}\frac{\partial v}{\partial x}=\frac{k_0}{c_0}\left(\frac{\alpha+1}{c_0}\right)^{\frac{\beta-\alpha}{\alpha+1}}v^{\frac{\beta-\alpha}{\alpha+1}}\frac{\partial v}{\partial x}$$

auf die Gleichung

$$\frac{\partial v}{\partial t}=\frac{\partial}{\partial x}\left(\varkappa_0v^\sigma\frac{\partial v}{\partial x}\right)+\bar f(v), \quad \sigma=\frac{\beta-\alpha}{\alpha+1}.$$

7.1.3. Spezielle analytische Lösungen der quasilinearen Wärmeleitungsgleichung. Die Nichtlinearität des Wärmeleitkoeffizienten kann zur Beschreibung verschiedener physikalischer Effekte benutzt werden, so vor allem für die endliche Geschwindigkeit der Wärmeausbreitung. Wir überzeugen uns hiervon, indem wir einige spezielle Lösungen der Gleichung

$$\frac{\partial u}{\partial t}=\frac{\partial}{\partial x}\left(\varkappa_0u^\sigma\frac{\partial u}{\partial x}\right), \quad \varkappa_0>0, \quad \sigma>0, \quad x>0\,, \tag{15}$$

bestimmen. Zunächst sei als Randbedingung bei $x=0$

$$u=u_0t^n \tag{16}$$

und als Anfangsbedingung

$$u(x,0)=0 \tag{17}$$

vorgegeben; die Lösung wird im Gebiet $x>0$, $t>0$ gesucht. Dazu machen wir den Ansatz

$$u(x,t)=U(Dt-x), \quad D=\text{const},$$

mit einer Funktion $U(\xi)$, die wir im folgenden bestimmen werden; physikalisch gesprochen suchen wir als Lösung eine laufende Welle. Durch Einsetzen dieses Ausdrucks in die Gleichung (15) erhalten wir unter Beachtung von

$$\frac{\partial u}{\partial t} = D\frac{\mathrm{d}U}{\mathrm{d}\xi}, \quad \frac{\partial u}{\partial x} = -\frac{\mathrm{d}U}{\mathrm{d}\xi}$$

für $U(\xi)$ die gewöhnliche Differentialgleichung

$$DU' = (\varkappa_0 U^\sigma U')' .$$

Als erstes Integral ergibt sich hieraus

$$\varkappa_0 U^\sigma U' = DU + \text{const.}$$

Bei const $= 0$ folgt

$$\varkappa_0 U^\sigma U' = DU \quad \text{oder} \quad \frac{\varkappa_0 (U^\sigma)'}{D\sigma} = 1 .$$

Nochmalige Integration führt auf

$$\frac{\varkappa_0}{D\sigma} U^\sigma = \xi + c_0 .$$

Wegen $u(0, 0) = 0$ ist $U(0) = 0$, also $c_0 = 0$ und damit

$$u = U(\xi) = \left(\frac{D\sigma}{\varkappa_0}\xi\right)^{1/\sigma} = \left(\frac{D^2\sigma}{\varkappa_0}\right)^{1/\sigma} t^{1/\sigma}\left(1 - \frac{x}{Dt}\right)^{1/\sigma} .$$

Insbesondere haben wir daher bei $x = 0$

$$u(0, t) = \left(\frac{D^2\sigma}{\varkappa_0}\right)^{1/\sigma} t^{1/\sigma},$$

und durch Vergleich mit dem Ansatz (16) finden wir $n = \frac{1}{\sigma}$ und $\frac{1}{\varkappa_0} D^2\sigma = u_0^\sigma$. Mit anderen Worten, bei $n = 1/\sigma$ hat die Aufgabe (15)–(17) die Lösung

$$u(x, t) = u_0 t^{1/\sigma}\left(1 - \frac{x}{Dt}\right)^{1/\sigma} = \frac{u_0}{D^{1/\sigma}}(Dt - x)^{1/\sigma} \quad \text{für} \quad 0 \leqq x \leqq Dt , \tag{18}$$

$$u(x, t) = 0 \quad \text{für} \quad x \geqq Dt ,$$

die man als *Temperaturwelle* bezeichnet. Die Geschwindigkeit D dieser Welle ist endlich und durch die Parameter $\varkappa_0$, σ und u_0 festgelegt: $D = \sqrt{\varkappa_0 u_0^\sigma/\sigma}$.

Der Wärmestrom ist dann

$$w = -\varkappa_0 u^\sigma \frac{\partial u}{\partial x} = \varkappa_0 \frac{u_0^{\sigma+1}}{\sigma D^{1+1/\sigma}}(Dt - x)^{1/\sigma} = \varkappa_0 u_0^\sigma/(\sigma D)\, u(x, t) .$$

Wie wir sehen, sind bei $\sigma > 0$ auf der Wellenfront $x = Dt$ sowohl die Temperatur als auch der Wärmestrom gleich null; die Ableitung

$$\frac{\partial u}{\partial x} = -\frac{u_0}{\sigma D^{1/\sigma}}\frac{1}{(Dt - x)^{1-1/\sigma}}$$

auf der Front ist bei $\sigma > 1$ unendlich, bei $\sigma = 1$ endlich und bei $0 < \sigma < 1$ gleich null. Bei $\sigma > 1$ haben wir es daher mit einer verallgemeinerten Lösung zu tun.

Die endliche Ausbreitungsgeschwindigkeit D der Welle ist eine Folge der nichtlinearen Abhängigkeit des Wärmeleitkoeffizienten von der Temperatur. Wie die Formel für D zeigt, ergibt sich im Falle eines linearen Wärmeleitgesetzes (bei $\sigma=0$) formal $D=\infty$. Die Ausbreitungsgeschwindigkeit der Wärme ist dann also unendlich.

Eine Lösung mit unbeweglicher Temperaturfront existiert bei der speziellen Randbedingung

$$u(0, t)=u_0 \frac{1}{(t_0-t)^m} \tag{19}$$

mit einer beliebigen Konstanten t_0, wenn die Anfangsbedingung

$$u(x, -\infty)=0$$

lautet. Hier bestimmen wir die Lösung durch Variablentrennung:

$$u(x, t)=v(x)T(t)\,.$$

Aus (15) folgt dann

$$\frac{1}{v}\frac{\mathrm{d}}{\mathrm{d}x}\left(\varkappa_0 v^\sigma \frac{\mathrm{d}v}{\mathrm{d}x}\right)=\frac{1}{T^{\sigma+1}}\frac{\mathrm{d}T}{\mathrm{d}t}=\lambda\,.$$

wo λ der Parameter der Variablentrennung ist. Damit erhalten wir

$$\frac{\mathrm{d}}{\mathrm{d}x}\left(\varkappa_0 v^\sigma \frac{\mathrm{d}v}{\mathrm{d}x}\right)-\lambda v=0\,, \tag{20}$$

$$\frac{\mathrm{d}T}{\mathrm{d}t}=\lambda T^{\sigma+1}\,. \tag{21}$$

Für die Lösung der Gleichung (20) machen wir den Ansatz

$$v^\sigma=\alpha(x_1-x)^\beta$$

mit passend zu wählenden Zahlen α, β und x_1. Durch Einsetzen in (20) ergibt sich

$$\varkappa_0\alpha^{1+\frac{1}{\sigma}}\frac{\beta}{\sigma}\left(\frac{\beta}{\sigma}+\beta-1\right)(x_1-x)^{(\beta/\sigma)+\beta-2}-\lambda\alpha^{1/\sigma}(x_1-x)^{\beta/\sigma}=0\,,$$

und daraus finden wir

$$\beta=2,\quad \alpha=\frac{\lambda\sigma^2}{2\varkappa_0(2+\sigma)}\,.$$

Integration der Gleichung (21) führt auf $T(t)=[\sigma\lambda(c_0-t)]^{-1/\sigma}$ mit der Integrationskonstanten c_0. Insgesamt haben wir also

$$u(x, t)=v(x)T(t)=\left(\frac{\alpha}{\sigma\lambda}\right)^{1/\sigma}\left[\frac{(x_1-x)^2}{c_0-t}\right]^{1/\sigma}\,.$$

Berücksichtigen wir nun noch die Randbedingung (19), so erhalten wir

$$m=1/\sigma\,,\quad c_0=t_0\,,\quad u_0=\left(\frac{x_1^2\alpha}{\sigma\lambda}\right)^{1/\sigma}=\left(\frac{x_1^2\sigma}{2\varkappa_0(\sigma+2)}\right)^{1/\sigma}\,,$$

womit nun auch x_1 festgelegt ist: $x_1^2=2\varkappa_0(\sigma+2)u_0^\sigma/\sigma$. Die Gleichung (15) hat also bei der speziellen Randbedingung (19) die Lösung

$$\left.\begin{aligned} &u(x, t)=u_0\left(\frac{1-x/x_1}{\sqrt{t_0-t}}\right)^{2/\sigma} \quad \text{für} \quad 0<x<x_1\,,\\ &u(x, t)=0 \quad \text{für} \quad x>x_1 \end{aligned}\right. \tag{22}$$

mit der Breite x_1 des erwärmten Gebietes, die von t nicht abhängt. Die Temperaturfront ist daher fixiert.

Sowohl die Temperatur als auch der Wärmestrom verschwinden für beliebiges positives σ auf der Front; die Ableitung $\partial u/\partial x$ wird dort aber für $\sigma > 2$ unendlich (bei der laufenden Welle trat dies für $\sigma > 1$ ein). Die Lösung (22), die „stehende Welle", existiert für $t < t_0$, was eine Folge der besonderen Randbedingung (19) ist.

Im Falle einer Gleichung mit einer Wärmequelle, die nach einem Potenzgesetz von der Temperatur abhängt,

$$\frac{\partial u}{\partial t} = \frac{\partial}{\partial x}\left(\varkappa_0 u^\sigma \frac{\partial u}{\partial x}\right) + q_0 u^\beta ,$$

existieren Lösungen vom Typ der laufenden Welle für $\beta < \sigma + 1$ und vom Typ der stehenden Welle für $\beta = \sigma + 1$.

Die numerische Lösung solcher Aufgaben mit Verfahren der durchlaufenden Rechnung (d. h. Verfahren ohne Sonderbehandlung der Singularitäten mit gleichen Formeln für alle Lösungsgebiete) ist wegen der Nichtlinearitäten und der Ausartung des Gradienten der Lösung auf der Wellenfront nicht einfach. Die in diesem Abschnitt angegebenen exakten Lösungen sind dabei von Nutzen als Testbeispiele, mit deren Hilfe man eine Vorstellung von der tatsächlichen Genauigkeit der verwendeten Differenzenschemata gewinnen kann.

7.1.4. Ein nichtlineares Schema und seine Lösung mit dem Newtonverfahren. Wir gehen nun zur Konstruktion von Differenzenverfahren für die quasilineare Wärmeleitungsgleichung über. Der Einsatz von expliziten Verfahren ist hier nicht zweckmäßig, falls die Koeffizienten k, c und f stark veränderliche Funktionen der Temperatur (z. B. Potenzfunktionen) sind;

Die Stabilitätsbedingung des expliziten Schemas,

$$\frac{\tau}{h^2} \leqq \frac{1}{2} \frac{\min c(u)}{\max k(u)}$$

macht einen sehr kleinen Zeitschritt erforderlich, wobei die Beschränkung von k- und c-Werten abhängt, die oft nur in wenigen Gitterpunkten angenommen werden.

Deshalb sind hier absolut stabile, implizite Schemata effektiver.

Wir beginnen mit der Aufgabe

$$\frac{\partial \varphi(u)}{\partial t} = \frac{\partial^2 u}{\partial x^2}, \qquad 0 < x < 1 ,$$

$$u(x, 0) = u_0(x), \quad u(0, t) = \mu_1(t), \quad u(1, t) = \mu_2(t)$$

und approximieren sie durch das nichtlineare Differenzenschema

$$\frac{\varphi(y^{j+1}) - \varphi(y^j)}{\tau} = y_{\bar{x}x}^{j+1}, \quad x = x_i = ih, \quad 0 < i < N, \quad hN = 1 .$$

Unter den Voraussetzungen $\varphi'(y) \geqq c_1 > 0$, $|\varphi''(y)| \leqq c_2$ kann man, ähnlich wie in Abschnitt 7.1.1., die Stabilität des Schemas und seine Konvergenz in C mit der Geschwindigkeit $O(\tau + h^2)$ zeigen. Wir lassen den etwas langwierigen Beweis aber fort.

Zur Bestimmung der Lösung auf der neuen Schicht erhalten wir die nichtlineare Gleichung

$$\varphi(y^{j+1}) - \tau y_{\bar{x}x}^{j+1} = \varphi(y^j) ,$$

die wir mit Hilfe des Newtonverfahrens auflösen:

$$\varphi(\overset{k}{y}) + \varphi'(\overset{k}{y})\,(\overset{k+1}{y} - \overset{k}{y}) - \tau \overset{k+1}{y}_{\bar{x}x} = \varphi(y^j)\,. \tag{23}$$

Diese lineare Gleichung, zu der noch die Randbedingungen

$$\overset{k+1}{y}_0 = \mu_1(t_{j+1}), \quad \overset{k+1}{y}_N = \mu_2(t_{j+1})$$

kommen, können wir mit der verkürzten Gaußelimination lösen, die bei $\varphi'(\overset{k}{y}) \geqq 0$ stabil ist. Davon kann man sich sofort überzeugen, wenn man die Gleichung (23) in der Form

$$\frac{\tau}{h^2}\overset{k+1}{y}_{i-1} - \left(\varphi'(\overset{k}{y}_i) + \frac{2\tau}{h^2}\right)\overset{k+1}{y}_i + \frac{\tau}{h^2}\overset{k+1}{y}_{i+1} = \overset{k}{F}_i, \quad i = 1, 2, \ldots, N-1\,,$$

mit

$$\overset{k}{F}_i = \varphi(\overset{k}{y}) - \varphi(y) - \varphi'(\overset{k}{y})\,\overset{k}{y}, \quad y = y^j$$

schreibt.

Wir untersuchen nun die Konvergenz des Iterationsverfahrens (23). Dazu führen wir die Funktion v ein, $\overset{k+1}{v} = \overset{k+1}{y} - \hat{y}$, mit $\hat{y} = y^{j+1}$. Durch Einsetzen von $\overset{k}{y}_i = \hat{y}_i + \overset{k}{v}_i$ und $\overset{k+1}{y}_i = \hat{y}_i + \overset{k+1}{v}_i$ in (23) erhalten wir

$$\varphi'(\overset{k}{y})\,\overset{k+1}{v} - \tau\,\overset{k+1}{v}_{\bar{x}x} = \varphi(y) - \varphi(\overset{k}{y}) + \varphi'(\overset{k}{y})\,\overset{k}{v} + \tau\hat{y}_{\bar{x}x} = \varphi(\hat{y}) - \varphi(\overset{k}{y}) + \varphi'(\overset{k}{y})\,(\overset{k}{y} - \hat{y})$$

und mit

$$\varphi(\hat{y}) = \varphi(\overset{k}{y}) + \varphi'(\overset{k}{y})\,(\hat{y} - \overset{k}{y}) + \frac{1}{2}\,\varphi''(\tilde{y})\,(\hat{y} - \overset{k}{y})^2$$

oder, umgeformt,

$$\varphi(\hat{y}) - \varphi(\overset{k}{y}) + \varphi'(\overset{k}{y})\,(\overset{k}{y} - \hat{y}) = \varphi''(\tilde{y})\overset{k}{v}{}^2/2\,,$$

wobei $\tilde{y} = \overset{k}{y} + \vartheta\overset{k}{v}$ ist und $0 \leqq \vartheta \leqq 1$, ergibt sich schließlich die Differenzengleichung

$$\varphi'(\overset{k}{y})\,\overset{k+1}{v} - \tau\,\overset{k+1}{v}_{\bar{x}x} = \varphi''(\tilde{y})\,\overset{k}{v}{}^2/2 = \overset{k}{F}\,, \quad x = ih, \quad 0 < i < N\,, \tag{24}$$

mit den homogenen Randbedingungen

$$\overset{k+1}{v}_0 = 0, \quad \overset{k+1}{v}_N = 0\,. \tag{25}$$

Aus dem Maximumprinzip folgt die Abschätzung

$$\|\overset{k+1}{v}\|_C \leqq \frac{1}{2}\,\|\varphi''(\tilde{y})/\varphi'(\overset{k}{y})\|_C\,\|\overset{k}{v}\|_C^2 \leqq q\|\overset{k}{v}\|_C^2$$

mit $q = \frac{1}{2}\,\|\varphi''(\tilde{y})/\varphi'(\overset{k}{y})\|_C \leqq \frac{1}{2}\,\|\varphi''(\tilde{y})\|_C/c_1 \leqq \frac{1}{2}\,c_2/c_1 = q_0$. Hier haben wir die Voraussetzungen über die Ableitungen von φ benutzt.

Wie wir sehen, ist die quadratische Konvergenz des Newtonverfahrens gesichert, wenn die Anfangsnäherung der Bedingung

$$\|\overset{0}{y} - \hat{y}\|_C < 2c_1/c_2$$

genügt. Bei der üblichen Wahl $\overset{0}{y}=y^j$ bedeutet dies $\tau\|y_t\|_C \leqq 2\,\frac{c_2}{c_1}$, was sich bei hinreichend kleinem τ erfüllen läßt.

Wie sich bei der praktischen Benutzung des Newtonverfahrens herausstellt, konvergiert es im Falle

$$\varphi(y)=y^\alpha, \quad \alpha<1, \quad \varphi'(y)=\alpha y^{\alpha-1}, \quad \varphi''(y)=-\alpha(1-\alpha)\,y^{\alpha-2},$$

solange $y>0$ bleibt, und bei $M_2 \geqq y \geqq M_1 > 0$ sind auch unsere obigen Überlegungen anwendbar.

Gilt $y \leqq 0$, so wird i. allg. $c_2=\infty$. Dann gelten die oben gewonnenen Abschätzungen nicht mehr.

Weiterhin vermerken wir, daß aus der Bedingung

$$\varphi''(y)<0$$

und dem Maximumprinzip abgeleitet werden kann, daß die Lösung der Aufgabe (24)–(25) nicht positiv ist:

$$\overset{k+1}{v} = \overset{k+1}{y} - \hat{y} \leqq 0, \quad \overset{k+1}{y} \geqq \hat{y}\,.$$

Mithin erfolgt die Konvergenz von unten. Gilt für die Startnäherung $\overset{0}{y}$ die Bedingung $\overset{0}{y}<\hat{y}$, so erhalten wir für die darauffolgende Iterierte $\overset{1}{y}$ ebenfalls $\overset{1}{y}<\hat{y}$. Dabei kann aber $\overset{1}{y}<0$ eintreten. Dann wird ein Weiterrechnen praktisch unmöglich.

7.1.5. Einige implizite Differenzenverfahren für die quasilineare Wärmeleitungsgleichung. Wir betrachten nun zwei rein implizite Schemata für die quaslineare Wärmeleitungsgleichung

$$\frac{\partial u}{\partial t}=\frac{\partial}{\partial x}\left(k(u)\,\frac{\partial u}{\partial x}\right)+f(u), \quad 0<x<1, \quad 0<t\leqq T,$$

$$u(x,0)=u_0(x), \quad u(0,t)=u_1(t), \quad u(1,t)=u_2(t),$$

wo $k(u)>0$ ist:

a) das Schema

$$\frac{\hat{y}_i-y_i}{\tau}=\frac{1}{h}\left[a_{i+1}(y)\,\frac{\hat{y}_{i+1}-\hat{y}_i}{h}-a_i(y)\,\frac{\hat{y}_i-\hat{y}_{i-1}}{h}\right]+f(y_i)\,; \tag{26}$$

b) das Schema

$$\frac{\hat{y}_i-y_i}{\tau}=\frac{1}{h}\left[a_{i+1}(\hat{y})\,\frac{\hat{y}_{i+1}-\hat{y}_i}{h}-a_i(\hat{y})\,\frac{\hat{y}_i-\hat{y}_{i-1}}{h}\right]+f(\hat{y}_i)\,, \tag{27}$$

wobei $a_i(v)$ von v_i und v_{i-1} abhängt, z. B.

$$a_i(v)=\frac{1}{2}\,[k(v_{i-1})+k(v_i)]\,, \tag{28}$$

$$a_i(v)=k\left(\frac{v_{i-1}+v_i}{2}\right), \tag{29}$$

$$a_i(v)=\frac{2k(v_{i-1})\,k(v_i)}{k(v_{i-1})+k(v_i)}. \tag{30}$$

Wie sich bei der Durchrechnung der Temperaturwelle (s. Abschnitt 7.1.6.) herausstellte, hängt die Genauigkeit der Rechnung stark von der Formel für $a_i(v)$ ab. Die numerischen Experimente zeigten für den Fall der Potenzfunktion $k=k_0 u^\sigma$, daß man die Formel (30) überhaupt nicht benutzen sollte und daß (28) genauere Ergebnisse als (29) sichert.

Wir vergleichen jetzt die Verfahren (26) und (27). Beide haben einen Approximationsfehler der Ordnung $O(\tau+h^2)$, beide sind absolut stabil. Das Schema (26) ist linear bezüglich der Werte y^{j+1}, die bei bekannten Lösungswerten y^j auf der alten Schicht mit der verkürzten Gaußelimination bestimmt werden. Da das Schema absolut stabil ist, wird der Zeitschritt τ nur nach Genauigkeitsforderungen gewählt.

Das Schema (27) ist nichtlinear bezüglich der Werte y^{j+1}, die iterativ bestimmt werden müssen. Dazu kann man folgenden Iterationsprozeß verwenden:

$$\frac{\overset{(s+1)}{y}-y}{\tau}=\frac{1}{h}\left[a_{i+1}(\overset{(s)}{y})\,\frac{\overset{(s+1)}{y_{i+1}}-\overset{(s+1)}{y_i}}{h}-a_i(\overset{(s)}{y})\,\frac{\overset{(s+1)}{y_i}-\overset{(s+1)}{y_{i-1}}}{h}\right]+f(\overset{(s)}{y_i})\,. \tag{31}$$

Dieses Schema ist bezüglich $\overset{(s+1)}{y}$ linear. Als Anfangsnäherung nimmt man die Werte von der alten Zeitschicht, $\overset{(0)}{y}=y^j$, erhält dann als erste Iterierte die Lösung des Schemas (26) und führt dann noch ein bis zwei Iterationen aus, was praktisch ausreicht. Die Iteration (31) konvergiert für die meisten in der Praxis vorkommenden Koeffizienten k und f. Selbst in dem Falle, wo der Iterationsprozeß nicht konvergiert, ist es für die Rechengenauigkeit günstig, zwei Iterationen zu machen.

Als Abbruchkriterium nimmt man für das Schema (27)/(31) entweder das Erreichen einer maximalen Iterationszahl oder die Bedingung

$$\max_i |\overset{(s+1)}{y_i}-\overset{(s)}{y_i}|\leqq\varepsilon$$

mit vorgegebenem ε.

Der Nachteil des Schemas (27/(31) besteht darin, daß im Vergleich zum Schema (26) doppelt soviel Informationen zu speichern sind, nämlich außer y^j auch $\overset{(s)}{y}$, und daß sich die Rechenzeit entsprechend der Zahl der Iterationen erhöht.

Da Approximationsordnung und Stabilitätsverhältnisse bei beiden Verfahren gleich sind, so könnte man zu dem Schluß kommen, daß das Schema (26) dem Iterationsverfahren (27)/(31) vorzuziehen sei.

Praktisch liegen die Verhältnisse aber umgekehrt:

Zur Erzielung gleicher Rechengenauigkeit kann man sich beim Schema (27)/(31) im Vergleich zum Schema (26) einen viel größeren Zeitschritt erlauben, so daß trotz der Iterationen der Gesamtrechenaufwand sinkt.

Es gibt auch nichtlineare Differenzenverfahren von zweiter Genauigkeitsordnung in x und t, z. B.

$$y_t=\frac{1}{2}\,[(a(\hat{y})\,\hat{y}_{\bar{x}})_x+(a(y)\,y_{\bar{x}})_x]+f\left(\frac{\hat{y}+y}{2}\right).$$

Dieses Schema hat aber den Nachteil, nicht monoton zu sein, was zu physikalisch nicht interpretierbaren Schwingungen der Lösung führt. Gute Ergebnisse erhält man hier erst für hinreichend kleine Zeitschritte.

Wenn die Gleichung (13) nur schwach quasilinear ist, z. B. bei $c=c(x,t)$, $k=$

$=k(x, t)$, $f=f(u)$, werden auch Prädiktor-Korrektor-Verfahren benutzt, die zweite Genauigkeitsordnung garantieren. Für den Fall $c=k=1$ geben wir ein Beispiel eines solchen Verfahrens (s. auch Abb. 7.1):

$$\frac{\bar{y}-y}{\tau/2}=\bar{y}_{\bar{x}x}+f(y), \quad \bar{y}=y(t_{j+1/2}),$$

$$\frac{\hat{y}-y}{\tau}=\frac{1}{2}(\bar{y}_{\bar{x}x}+y_{\bar{x}x})+f(\bar{y}).$$

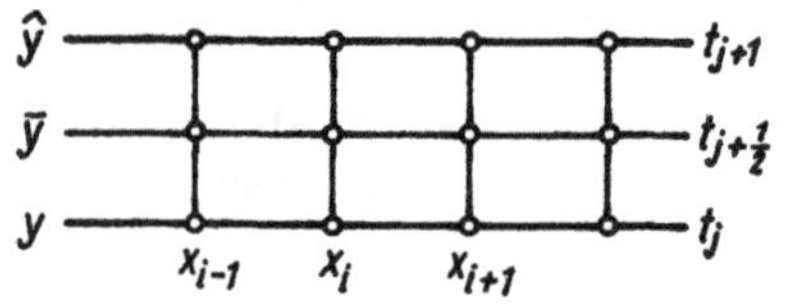

Abb. 7.1

Auf eine theoretische Untersuchung der angeführten Differenzenschemata verzichten wir hier: Erstens kostet das viel Platz und Formelarbeit, und zweitens werden die Abschätzungen doch recht grob (was für nichtlineare Aufgaben überhaupt typisch ist) und geben keine ganz richtige Vorstellung von der Brauchbarkeit der Verfahren. Im Zusammenhang damit weisen wir darauf hin, daß für nichtlineare Aufgaben Testrechnungen von erstrangiger Bedeutung sind, also die numerische Lösung einzelner spezieller Probleme, die für die Klasse der zu lösenden Aufgaben typisch sind und für die die exakten Lösungen bekannt sind. Es sei hier auch an die Methode der Testfunktionen aus Abschnitt 3.2.1. erinnert.

Abschließend wollen wir noch bemerken, daß die Lösung des nichtlinearen Schemas (27) auch mit dem Newtonverfahren bestimmt werden kann.

7.1.6. Zur Berechnung von Temperaturwellen. Wir betrachten jetzt den speziellen Fall, daß $k(u)$ nach einem Potenzgesetz von der Temperatur u abhängt:

$$\frac{\partial u}{\partial t}=\frac{\partial}{\partial x}\left(\varkappa_0 u^\sigma \frac{\partial u}{\partial x}\right). \tag{32}$$

Wie wir in Abschnitt 7.1.3. festgestellt hatten, erfolgt hier die Wärmeausbreitung mit endlicher Geschwindigkeit, und für $\sigma>1$ wird $\partial u/\partial x$ auf der Temperaturfront unendlich.

Für die Berechnung der Lösung der Aufgabe (15)–(17) wurde das Schema (27) eingesetzt, das im Sinne von 7.1.3. ein Verfahren der durchlaufenden Rechnung ist. Die numerischen Experimente ergaben, daß die Abweichung der Näherungslösung von der exakten Lösung (18) überall, außer in einigen Punkten in der unmittelbaren Umgebung der Front, klein ist: Sie betrug 0,002 bei $N=50$ Gitterpunkten in Ortsrichtung, höchstens drei Iterationen, $0\leq t\leq 0{,}2$ und für die Parameterwerte $\varkappa_0=0{,}5$, $\sigma=2$, $D=5$.

Bei ihrer Bewegung von links nach rechts erfaßt die Temperaturwelle immer neue Intervalle des Gitters, in denen vorher die „Hintergrundtemperatur" $u=0$ herrschte. Dieser Prozeß verläuft je nach der Berechnung der Koeffizienten $a_i(v)$ verschieden. Um die Formel (30) benutzen zu können, muß man vor der Front eine von null verschiedene Hintergrundtemperatur verwenden. Dennoch werden die neuen Intervalle zu spät erfaßt, die Geschwindigkeit der Welle ist zu gering, und die Lösung wird in der Umgebung der Front stark verzerrt.

Die Formel (29) erwies sich als unbrauchbar bei σ-Werten von 20 und mehr. Am genauesten war die Formel (28), für die man außerdem auch keine von null verschiedene Hintergrundtemperatur zu nehmen braucht. Die Abb. 7.2 zeigt Ergebnisse der Durchrechnung der Temperaturwelle (18), die mit dem Schema (27), (28) gewonnen wurden. Die analytische Lösung ist als Kurve dargestellt, die numerischen Ergebnisse sind mit Kreuzen gekennzeichnet.

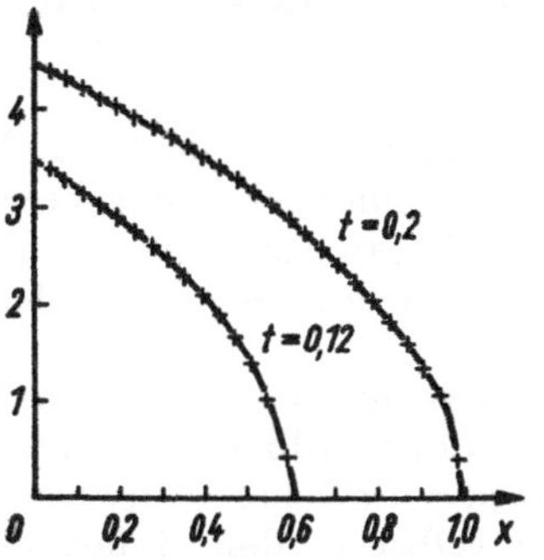

Abb. 7.2

7.1.7. Die Stefanaufgabe. Wir betrachten den Wärmeleitprozeß in einem Medium mit zwei Phasen, deren Wärmeleitkoeffizienten und Wärmekapazität $k_1(u)$, $k_2(u)$ bzw. $c_1(u)$, $c_2(u)$ sind. In jeder einzelnen Phase gilt die Wärmeleitungsgleichung

$$c_s(u)\,\frac{\partial u}{\partial t}=\frac{\partial}{\partial x}\left(k_s(u)\,\frac{\partial u}{\partial x}\right),\quad s=1,2. \tag{33}$$

Auf der Phasengrenze ist die Temperatur konstant und gleich der Phasenübergangstemperatur u^*; die Geschwindigkeit der Bewegung der Phasengrenze ξ genügt der Gleichung

$$k_1\,\frac{\partial u}{\partial x}\bigg|_{x=\xi+0}-k_2\,\frac{\partial u}{\partial x}\bigg|_{x=\xi-0}=-\lambda\,\frac{d\xi}{dt},$$

wenn in der ersten Phase $u<u^*$ und in der zweiten Phase $u>u^*$ ist. Mit Hilfe der Diracschen δ-Funktion können wir die Gleichungen (33) und die Phasenübergangsgleichung wie folgt zusammenfassen:

$$(c(u)+\lambda\delta(u-u^*))\,\frac{\partial u}{\partial t}=\frac{\partial}{\partial x}\left(k(u)\,\frac{\partial u}{\partial x}\right),$$

$$c(u)=\begin{cases}c_1(u), & u<u^*,\\ c_2(u), & u>u^*,\end{cases}\qquad k(u)=\begin{cases}k_1(u), & u<u^*,\\ k_2(u), & u>u^*.\end{cases}$$

Eine der numerischen Methoden zur Lösung der Stefanaufgabe geht nun davon aus, die δ-Funktion durch eine endliche, δ-ähnliche Funktion $\delta(u-u^*,\Delta)$ zu ersetzen, die nur im Intervall $(u^*-\Delta,\,u^*+\Delta)$ von null verschieden ist und die Normierungsbedingung

$$\int\limits_{u^*-\Delta}^{u^*+\Delta}\delta(u-u^*,\Delta)\,du=1$$

erfüllt. Glätten wir nun auch noch den Übergang von $k_1(u)$, $c_1(u)$ zu $k_2(u)$, $c_2(u)$ im Intervall $(u^*-\Delta,\,u^*+\Delta)$, so kommen wir auf eine quasilineare Gleichung der

Form

$$\bar{c}(u)\,\frac{\partial u}{\partial t}=\frac{\partial}{\partial x}\left(\bar{k}(u)\,\frac{\partial u}{\partial x}\right),$$

zu deren Lösung wir die oben beschriebenen Methoden einsetzen können.

7.2. Konservative Differenzenverfahren für die instationären Gleichungen der Gasdynamik

7.2.1. Die Gleichungen der eindimensionalen instationären Gasdynamik in Lagrangeschen Koordinaten. Viele Prozesse aus Mechanik und Physik führen auf die gasdynamischen Gleichungen. Das sind z. B. aerodynamische Aufgaben für Flugkörper und Raketen, Probleme der Astrophysik und der gesteuerten Kernphysik und viele andere.

Die Gleichungen der Gasdynamik sind nichtlinear, und eine universale Methode zu ihrer Lösung ist die hier betrachtete Methode der endlichen Differenzen. Obwohl man sich mit der numerischen Lösung gasdynamischer Aufgaben vielerorts und seit langem beschäftigt, gibt es bis jetzt selbst in den einfachsten Fällen keine streng mathematischen Konvergenzaussagen für irgendein Schema. Die Qualität der verwendeten Verfahren wird an den linearen Modellen der Akustik-Näherung überprüft sowie durch die Lösung spezieller Aufgaben, für die die exakte Lösung bekannt ist.

Die Lösungen der Gasdynamik-Gleichungen sind im allgemeinen unstetig: Es treten sowohl Unstetigkeiten der Ableitungen, sogenannte schwache Unstetigkeiten auf, wie beispielsweise bei der „Verdünnungswelle", als auch starke Unstetigkeiten (Sprünge der Funktionen selbst), wie in den Stoßwellen. Daher kann man das Verfahren der Genauigkeitskontrolle durch Gitterverfeinerung nur mit großer Vorsicht betreiben (s. Abschnitt 3.2.1.).

Wir werden in diesem Abschnitt Differenzenmethoden zur Lösung eindimensionaler, instationärer, ebener Gasströmungsaufgaben behandeln. Im weiteren bezeichnen wir mit v die Geschwindigkeit, mit ϱ die Dichte, mit T die Temperatur, mit p den Druck und mit ε die innere Energie (bezogen auf die Masseneinheit) des Gases.

Wir beginnen mit den Bewegungsgleichungen des Gases, die die Gesetze der Erhaltung von Masse, Impuls und Energie ausdrücken. Die Gleichungen kann man sowohl in den Eulerschen Koordinaten x und t als auch in den Lagrangeschen Koordinaten s und t angeben, wobei x die Ortskoordinate des jeweiligen Teilchens ist und s die Anfangskoordinate des Teilchens, oder auch die Größe

$$s=\int_0^x \varrho(\xi,0)\,\mathrm{d}\xi\,,$$

die die zur Zeit $t=0$ im Intervall $0\leqq\xi\leqq x$ befindliche Masse angibt.

In den Lagrangeschen Koordinaten s und t besteht das System der Gasdynamik-Gleichungen aus folgenden Beziehungen:

$$\frac{\partial v}{\partial t}=-\frac{\partial p}{\partial s}\quad\text{(Impulserhaltungssatz)}\,,\tag{1}$$

$$\frac{\mathrm{d}x}{\mathrm{d}t}=v\quad\text{(Geschwindigkeitsdefinition)}\,,\tag{2}$$

$$\frac{1}{\varrho} = \frac{\partial x}{\partial s} \quad \text{(Massenerhaltungssatz)}, \tag{3}$$

$$\frac{\partial}{\partial t}\left(\varepsilon + \frac{1}{2} v^2\right) = -\frac{\partial}{\partial s}(pv) - \frac{\partial w}{\partial s} \quad \text{(Energieerhaltungssatz)}, \tag{4}$$

$$p = p(\varrho, T), \quad \varepsilon = \varepsilon(\varrho, T) \qquad \text{(Zustandsgleichungen)}, \tag{5}$$

wobei w der Wärmestrom ist.

Aus den Gleichungen (2) und (3) folgt

$$\frac{\partial}{\partial t}\left(\frac{1}{\varrho}\right) = \frac{\partial v}{\partial s}, \tag{6}$$

womit wir das von x unabhängige Gleichungssystem (1), (3)–(6) erhalten; die Gleichung (2) kann dann gesondert integriert werden.

Das Gleichungssystem schließen wir ab, indem wir den Wärmestrom angeben:

$$w = -\varkappa(\varrho, T)\, \varrho \frac{\partial T}{\partial s}. \tag{7}$$

Hier ist $\varkappa(\varrho, T)$ der Wärmeleitkoeffizient, der meist nach einem Potenzgesetz von T und ϱ abhängt.

Die Funktionen $p(\varrho, T)$, $\varepsilon(\varrho, T)$ und $\varkappa(\varrho, T)$ müssen gegeben sein. Für ein ideales Gas lauten die Zustandsgleichungen $p = R\varrho T$ und $\varepsilon = \varepsilon(T)$, beispielsweise $\varepsilon = c_v T$, wobei R die Gaskonstante und c_v die spezifische Wärme des Gases bei konstantem Volumen ist. Man setzt $R/c_v = \gamma - 1$ mit einer Konstanten γ und erhält dann die Beziehung

$$\varepsilon = p/((\gamma - 1)\, \varrho). \tag{8}$$

Wir gehen kurz auf zwei wichtige Grenzfälle ein.

a) Die adiabatische Strömung:

Hier ist die Wärmeleitung zu vernachlässigen, und mit $\varkappa = 0$ ist auch $w = 0$. Folglich haben wir für die adiabatische Strömung eines idealen Gases das Gleichungssystem

$$\frac{\partial v}{\partial t} = -\frac{\partial p}{\partial s}, \quad \frac{\partial}{\partial t}\left(\frac{1}{\varrho}\right) = \frac{\partial v}{\partial s}, \tag{9}$$

$$\frac{\partial}{\partial t}\left(\varepsilon + \frac{v^2}{2}\right) = -\frac{\partial}{\partial s}(pv), \tag{10}$$

wozu noch die Zustandsgleichung (8) kommt. Das sind vier Gleichungen für die vier Unbekannten v, p, ϱ, ε.

Gehen wir von der Dichte ϱ zum spezifischen Volumen η über, $\eta = 1/\varrho$, so ergibt sich

$$\frac{\partial \eta}{\partial t} = \frac{\partial v}{\partial s}, \tag{11}$$

$$p\eta = (\gamma - 1)\, \varepsilon. \tag{12}$$

Die Gleichung (10) für die Gesamtenergie können wir auch durch eine der Gleichungen

$$\frac{\partial \varepsilon}{\partial t} = -p \frac{\partial v}{\partial s} \quad \text{oder} \quad \frac{\partial \varepsilon}{\partial t} = -p \frac{\partial \eta}{\partial t} \tag{13}$$

ersetzen. Wegen (11) und der ersten Gleichung (9) gilt nämlich

$$0=\frac{\partial}{\partial t}\left(\varepsilon+\frac{v^2}{2}\right)+\frac{\partial}{\partial s}(pv)=\frac{\partial\varepsilon}{\partial t}+\left(v\,\frac{\partial v}{\partial t}+v\,\frac{\partial p}{\partial s}\right)+p\,\frac{\partial v}{\partial s}=\frac{\partial\varepsilon}{\partial t}+p\,\frac{\partial v}{\partial s}=\frac{\partial\varepsilon}{\partial t}+p\,\frac{\partial\eta}{\partial t}.$$

b) Die isotherme Gasströmung:
Hier liegt der Fall $\varkappa\to\infty$ vor, was $T=\text{const}$ entspricht. Die Energiegleichung kann man fortlassen und schließt dafür das Gleichungssystem (9) durch die Zustandsgleichung $p=c^2\varrho$ ab, vgl. (8). Hierbei ist $c=\text{const}>0$ die Schallgeschwindigkeit. Für die Unbekannten v, p und η haben wir damit das Gleichungssystem

$$\frac{\partial v}{\partial t}=-\frac{\partial p}{\partial s},\quad \frac{\partial\eta}{\partial t}=\frac{\partial v}{\partial s},\quad p\eta=c^2.$$

Wir werden uns nun ausführlicher mit den Gleichungen (8)–(10) der adiabatischen Strömung eines idealen Gases befassen.

Zum Gleichungssystem (8)–(10) sind Anfangswerte der gesuchten Funktionen vorzugeben: $v(x,0)$, $\varrho(x,0)$, $p(x,0)$, und Randbedingungen zu stellen, z. B.

$$p(0,t)=p_0(t),\quad s=0,\quad p(M,t)=p_1(t),\quad s=M, \tag{14}$$

oder

$$v(0,t)=v_0(t),\quad s=0,\quad p(M,t)=p_1(t),\quad s=M.$$

Die Lösung $(v, \varrho, p, \varepsilon)$ ist dann im Gebiet $0\leqq s\leqq M$, $t\geqq 0$ zu bestimmen.

7.2.2. Die Pseudoviskosität. Bei der Approximation des Gleichungssystems (8)–(10) durch Differenzenverfahren müssen wir vor allem die Forderungen nach Homogenität und Konservativität beachten. Die Homogenität bedeutet (vgl. Abschnitt 3.1.1.), daß die Differenzenformeln in allen Gitterpunkten dieselben sind. In unserem Zusammenhang heißt das insbesondere, daß die Rechnung nach denselben Formeln geführt wird, unabhängig davon, ob die Lösung gerade einen glatten Verlauf oder eine Stoßwelle aufweist. Um dies zu ermöglichen, enthalten die Differenzenschemata der Gasdynamik ein „Pseudoviskosität" genanntes Zusatzglied, welches eingeführt wird, um die Front einer Stoßwelle über einige Gitterintervalle zu „verschmieren".

Formal wird die Pseudoviskosität ω als Summand zum Druck p eingeführt, so daß also die Funktion p in (9) und (10) durch die Summe $g=p+\omega$ ersetzt ist. Dabei hängt der „viskose" Druck ω von ϱ, $\partial v/\partial s$ und von der Ortsschrittweite h ab.

Für die Pseudoviskosität werden meist folgende Ansätze gemacht:

a) lineare Pseudoviskosität:

$$\omega=-\frac{\nu_0 h_0}{2}\left(\frac{\partial v}{\partial s}-\left|\frac{\partial v}{\partial s}\right|\right), \tag{15}$$

b) quadratische (oder v. Neumannsche) Pseudoviskosität:

$$\omega=\frac{\nu_0}{2}\,h^2\varrho\,\frac{\partial v}{\partial s}\left(\frac{\partial v}{\partial s}-\left|\frac{\partial v}{\partial s}\right|\right),$$

wobei ν_0 ein konstanter Koeffizient ist. Wie man sieht, gilt in beiden Fällen $\omega=0$ bei $\partial v/\partial s\geqq 0$ und $\omega\neq 0$ bei $\partial v/\partial s<0$, und die letztere Ungleichung charakterisiert gerade die Stoßwellen. Die Pseudoviskosität wirkt also nur im Gebiet einer Stoßwelle.

7.2.3. Konservative homogene Schemata. Zur Konstruktion konservativer Schemata, solcher Differenzenverfahren also, die wie die Gleichungen (9) und (10) die Erhaltungssätze für den Impuls, die Masse und die Energie ausdrücken, gehen wir von den Gleichungen der Gasdynamik in Integralform aus:

$$\oint (v\,\mathrm{d}s - p\,\mathrm{d}t) = 0, \quad \oint (\eta\,\mathrm{d}s + v\,\mathrm{d}t) = 0, \quad \oint \left[\left(\varepsilon + \frac{1}{2}v^2\right)\mathrm{d}s - pv\,\mathrm{d}t\right] = 0, \tag{16}$$

wobei die Integration längs einer beliebigen geschlossenen Kurve in der s, t-Ebene verläuft.

Wir nehmen das übliche Rechteckgitter $\bar{\omega}_{h\tau} = \bar{\omega}_h \times \bar{\omega}_\tau$ mit den äquidistanten Schrittweiten h und τ, wenden auf die Gleichungen (16) die Integro-Interpolationsmethode an und erhalten unter Beibehaltung der Bezeichnungen v, η, p und ε für die gesuchten Unbekannten die vierparametrige Familie konservativer Schemata

$$v_t = -p_{\bar{s}}^{(\sigma_1)}, \quad \eta_t = v_s^{(\sigma_2)}, \quad \left(\varepsilon + \frac{v^2}{2}\right)_t = -(p^{(\sigma_3)} v^{(\sigma_4)})_s, \quad p\eta = (\gamma - 1)\,\varepsilon \tag{17}$$

mit

$$v_t = (\hat{v} - v)/\tau, \quad v = v_i^j, \quad \hat{v} = v_i^{j+1}, \quad p_{\bar{s}} = (p_i - p_{i-1})/h,$$
$$p_s = (p_{i+1} - p_i)/h, \quad f^{(\sigma_\alpha)} = \sigma_\alpha \hat{f} + (1 - \sigma_\alpha)\, f,$$

wobei die vier Parameter σ_α zunächst beliebig sind. Hier bezieht sich nur die Geschwindigkeit v auf die Punkte s_i des Gitters ω_h, die restlichen Größen p, η, ε werden in den Strompunkten $s_{i+1/2}$ berechnet, und nur zur Vereinfachung der Schreibweise ersetzen wir überall $p_{i+1/2}$ durch p_i usw.

Im Sonderfall $\sigma_1 = 0$, $\sigma_2 = \sigma_3 = \sigma_4 = 1$ läßt sich das System (17) explizit auflösen: Zunächst bestimmen wir $\hat{v}$, dann $\hat{\eta}$, anschließend eliminieren wir $\varepsilon = (p\eta)/(\gamma - 1)$ aus der dritten Gleichung (17) und finden so $\hat{p}$ und damit auch $\hat{\varepsilon}$.

7.2.4. Vollständig konservative Schemata. Wie sich beim praktischen Rechnen herausgestellt hat, kann es eintreten, daß ein konservatives Schema aus der Familie (17), die die Gleichung (10) für die Gesamtenergie approximiert, die innere Energie schlecht wiedergibt. Während wir von der Differentialgleichung (10) zu (13) übergehen konnten, ist es nicht gesagt, daß man eine entsprechende Umformung auch für ein beliebiges Schema (17) durchführen kann, so daß dann auch die Gleichung (13) für die innere Energie approximiert wird.

Dieser Mangel kann zu einem großen Fehler bei der Bestimmung der Temperatur führen; man kann ihn auch nicht durch Gitterverfeinerung beseitigen. Die Größe des Fehlers der inneren Energie hängt dabei von der Glattheit der Lösung ab: Für Lösungen, die sich in Ort und Zeit stark ändern, erreicht sie die Größe der Gesamtenergie.

Konservative Differenzenverfahren, die sowohl die Erhaltungssätze für die Gesamtenergie als auch für die innere Energie approximieren (und damit auch den Erhaltungssatz für die kinetische Energie), nennen wir vollständig konservative Schemata. Diese Eigenschaft, daß im betrachteten Falle also neben Gleichung (10) auch die Gleichung (13) approximiert wird, liegt für die Familie (17) gerade bei $\sigma_2 = \frac{1}{2}$, $\sigma_3 = \sigma_1$, $\sigma_4 = \frac{1}{2}$ vor.

Damit erhalten wir die einparametrische Familie vollständig konservativer

Schemata der Approximationsordnung $O(h^2+\tau)$,

$$v_t = -p_{\bar{s}}^{(\sigma_1)}, \quad \eta_t = v_s^{(1/2)}, \quad \varepsilon_t = -p^{(\sigma_1)} v_s^{(1/2)}, \quad p\eta = (\gamma-1)\,\varepsilon, \tag{18}$$

und diese Familie enthält nur ein Schema der Ordnung $O(h^2+\tau^2)$, das sich aus (18) bei $\sigma_1 = \frac{1}{2}$ ergibt.

Entsprechend 7.2.2. führen wir eine Pseudoviskosität ein:

$$v_t = -g_{\bar{s}}^{(\sigma_1)}, \quad \eta_t = v_s^{(1/2)}, \quad \varepsilon_t = -g^{(\sigma_1)} v_s^{(1/2)}, \quad g = p + \omega, \quad p\eta = (\gamma-1)\,\varepsilon\,, \tag{19}$$

wobei ω durch (15) definiert ist, wenn dort $\partial v/\partial s$ durch v_s ersetzt wird. Zu den Gleichungen (19) sind noch Randbedingungen bei $i=0$ und $i=N$ hinzuzufügen. Im Falle der Randbedingungen (14) benutzen wir zur Bestimmung von v_0 und v_N folgende Gleichungen:

$$(v_0)_t = -\left((p_0 - p_1)\Big/\frac{h}{2}\right)^{(\sigma_1)}, \quad (v_N)_t = -\left((p_N - p_{N-1})\Big/\frac{h}{2}\right)^{(\sigma_1)}.$$

Die Energiegleichung in (18) läßt sich mit Hilfe der anderen Gleichungen auf eine der Gestalten

$$\left(\varepsilon + \frac{1}{2}\, v^2(+1)\right)_t = -(p^{(\sigma_1)} v^{(1/2)})_s \quad \text{oder} \quad \varepsilon_t = -p^{(\sigma_1)} \eta_t$$

bringen (mit $v(+1) = v_{i+1}$), womit sich bestätigt, daß tatsächlich sowohl die Gleichung für die innere Energie als auch die für die Gesamtenergie approximiert werden, das Schema (18) also vollständig konservativ ist.

Ein Beispiel für ein nichtkonservatives Differenzenverfahren ist das sogenannte „Kreuzschema" (nach dem zugrundeliegenden Gitterpunktstern). Dieses benutzt ein Schachbrettgitter, so wie das Schema (18), und besteht aus den Gleichungen

$$v_t = -p_{\bar{s}}, \quad \eta_t = \hat{v}_s, \quad \varepsilon_t = -pv_s\,,$$

in denen auch wieder p_i für $p_{i+1/2}$ steht, usw. Früher war dieses (explizit auflösbare) Schema recht verbreitet.

Bei $\sigma_1 \neq 0$ ist das vollständig konservative Schema (18) implizit, und zur Bestimmung der Gößen $\hat{v}$, $\hat{g}$, $\hat{\eta}$ und $\hat{\varepsilon}$ ist ein nichtlineares Gleichungssystem zu lösen. Dazu benutzen wir das Newtonverfahren. Die in jedem Iterationsschritt vorliegenden linearen Gleichungen lassen sich mit der verkürzten Gaußelimination lösen. Als Anfangswerte für die Iteration nimmt man die Werte von der alten Schicht.

Das Newtonverfahren konvergiert hier bei so großen Zeitschritten, daß eine Stoßwelle in einem Zeitschritt zwei bis drei Intervalle von ω_h überquert – was aus Genauigkeitsgründen unzulässig ist. Die Konvergenzbedingung für das Newtonverfahren bedeutet daher praktisch keine Einschränkung.

Zum Abschluß wollen wir noch das vollständig konservative Schema für das Ausgangssystem (1)–(7) angeben:

$$v_t = -g_{\bar{s}}^{(\alpha)}, \quad \eta_t = v_s^{(1/2)}, \quad \varepsilon_t = -g^{(\alpha)} v_s^{(1/2)} - w_s^{(\beta)}\,,$$

$$w = -\varkappa T_{\bar{s}}, \quad g = p + \omega, \quad \varepsilon = c_v T\,.$$

8. Ökonomische Differenzenverfahren für mehrdimensionale instationäre Aufgaben der Mathematischen Physik

Eine der wichtigen Errungenschaften der numerischen Mathematik sind ökonomische Differenzenverfahren für räumlich mehrdimensionale partielle Differentialgleichungen. Es gibt derzeit schon eine ganze Reihe solcher Verfahren für mehrdimensionale Gleichungen parabolischen, hyperbolischen und elliptischen Typs.

In diesem Kapitel geben wir ökonomische Verfahren an und untersuchen sie mit Hilfe unserer allgemeinen Stabilitätstheorie. Ausführlich dargestellt werden zwei Klassen ökonomischer Verfahren: Schemata mit einem faktorisierten Operator auf der neuen Schicht und additive Schemata, die eine summarische Approximation besitzen.

8.1. Das Verfahren der alternierenden Richtungen für die Wärmeleitungsgleichung

8.1.1. Über ökonomische Verfahren. Ein wesentliches Problem der Theorie numerischer Methoden besteht in der Auffindung ökonomischer Algorithmen, d. h. solcher Algorithmen, die die Näherungslösung bei jeder beliebigen vorgegebenen Genauigkeit ε in minimaler Rechenzeit ergeben. Die Rechenzeit hängt natürlich nicht nur vom Algorithmus ab, sondern auch von der Güte des zugehörigen Programms und vom Typ der Rechenmaschine. Da die letzteren zwei Faktoren nicht zu unserem Thema gehören, nehmen wir hier die Anzahl arithmetischer Operationen $Q(\varepsilon)$ als Maß, die vom jeweiligen Algorithmus benötigt werden, um die Näherungslösung mit der vorgegebenen Genauigkeit ε zu erhalten.

Die Frage nach ökonomischen Verfahren ist gerade bei der numerischen Lösung mehrdimensionaler Aufgaben der Mathematischen Physik von entscheidender Bedeutung.

Wir illustrieren die Situation am Beispiel der ersten Anfangs-Randwertaufgabe für die p-dimensionalen Wärmeleitungsgleichung:

$$\frac{\partial u}{\partial t}=Lu, \quad Lu=\sum_{\alpha=1}^{p} L_\alpha u, \quad L_\alpha u=\frac{\partial^2 u}{\partial x_\alpha^2}, \quad x\in G, \quad t\in(0, T], \tag{1}$$
$$u|_\Gamma=0, \quad u(x, 0)=u_0(x).$$

Hier sei G das p-dimensionale Parallelepiped $\{0<x_\alpha<1, \alpha=1, \ldots, p\}$ mit dem Rand Γ, ω_h sei das kubische Gitter mit der äquidistanten Schrittweite h in allen Richtungen x_α, und ω_τ sei das Zeitgitter mit der äquidistanten Schrittweite $\tau=T/j_0$.

Die Operatoren $L_\alpha u=\partial^2 u/\partial x_\alpha^2$ approximieren wir wie üblich durch $\Lambda_\alpha y=y_{\bar{x}_\alpha x_\alpha}$ und setzen $\Lambda=\Lambda_1+\ldots+\Lambda_p$. Zur Approximation der Aufgabe (1) verwenden wir das gewichtete Schema

$$y_t=\Lambda(\sigma\hat{y}+(1-\sigma)y), \quad x\in\omega_h, \quad 0\leqq t=n\tau<T, \tag{2}$$
$$y|_{\gamma_h}=0, \quad y(x, 0)=u_0(x).$$

Dieses Schema ist laut Abschnitt 5.3. bei $\sigma\geqq\frac{1}{2}-\frac{h^2}{4p\tau}$ stabil in bezug auf die

Anfangswerte. Bei $\sigma=0$ erhalten wir insbesondere das explizite Schema

$$\hat{y}=y+\tau\Lambda y \tag{3}$$

mit der Stabilitätsbedingung $\tau\leqq h^2/2p$.

Haben wir in (1) Operatoren mit veränderlichen Koeffizienten

$$L_\alpha u=\frac{\partial}{\partial x_\alpha}\left(k_\alpha(x,t)\frac{\partial u}{\partial x_\alpha}\right),\quad 0<k_\alpha\leqq c_2,$$

so approximieren wir sie durch

$$\Lambda_\alpha y=(a_\alpha y_{\bar{x}_\alpha})_{x_\alpha},\quad \Lambda=\sum_{\alpha=1}^{p}\Lambda_\alpha,\quad 0<a_\alpha\leqq c_2,$$

und dann ist das explizite Schema (3) unter der Bedingung $\tau\leqq h^2/2pc_2$ stabil.

Wie wir sehen, verringert sich der für die Stabilität maximal mögliche Zeitschritt mit wachsender Dimension und wachsendem c_2. Dieser letztere Umstand ist bei Aufgaben mit schnell veränderlichen Koeffizienten besonders einschneidend; er führt dazu, daß die Verwendung expliziter Schemata nicht nur bei mehrdimensionalen, sondern oft auch bei eindimensionalen Aufgaben unzweckmäßig wird.

Andererseits besitzt ein explizites Schema den Vorteil, daß zur Bestimmung der Lösung $\hat{y}$ in einem Gitterpunkt der neuen Schicht eine bestimmte, beschränkte Anzahl von Rechenoperationen auszuführen ist und damit der Gesamtaufwand an Rechenoperationen für den Übergang von einer Schicht zur nächsten der Gitterpunktanzahl von ω_h proportional ist, also die Größenordnung $O(h^{-p})$ hat.

Im Gegensatz dazu ist das rein implizite Schema ($\sigma=1$) stabil für beliebige h und τ. Zur Bestimmung von $\hat{y}$ ist die Aufgabe

$$\hat{y}-\tau\Lambda\hat{y}=y,\quad x\in\omega_h,\quad \hat{y}=0,\ x\in\gamma_h$$

zu lösen. Nehmen wir hierfür die Gaußelimination, so erhalten wir die h^{-p} Unbekannten (unter Berücksichtigung der speziellen Gestalt der zu $E-\tau\Lambda$ gehörigen Matrix) mit einem Aufwand von $O(h^{-3p+2})$ Rechenoperationen.

Aus dieser Gegenüberstellung geht hervor, daß wir zur Lösung des gesamten Problems (1) mit dem impliziten Schema einen Zeitschritt $\tau=O(h^{4-2p}/2pc_2)$ nehmen müßten, um keinen größeren Aufwand als mit dem expliziten Schema zu haben. Da beide Verfahren aber die Genauigkeit $O(\tau+h^2)$ besitzen, ist dann das implizite Schema für $p>1$ im Nachteil (es sei denn, c_2 wäre sehr groß).

Damit entsteht die Frage, ob man ein Differenzenverfahren angeben kann, daß die guten Seiten des expliziten und des impliziten Schemas vereinigt, nämlich unbedingt stabil zu sein (wie das implizite Schema) und für den Übergang von einer Schicht zur nächsten einen Rechenaufwand der Größenordnung $O(h^{-p})$ zu brauchen (wie das explizite Schema).

Ein Verfahren, das diese Eigenschaft hat, nennen wir *ökonomisch*; sein Rechenaufwand pro Gitterpunkt ist von der Gitterpunktanzahl unabhängig.

Wir geben nun als Beispiel ein implizites Schema zur Lösung eines Systems gewöhnlicher Differentialgleichungen an, das einen geringeren Rechenaufwand als das explizite Schema erfordert.

Beispiel. Zu lösen sei die Anfangswertaufgabe

$$\frac{\mathrm{d}u}{\mathrm{d}t}+Au=0,\quad t>0,\quad u(0)=u_0,$$

wo u ein Vektor $(u^{(1)}(t),\ldots,u^{(m)}(t))$ und A eine $m\times m$-Matrix (a_{ij}) ist. Wir setzen A als symmetrisch und positiv definit voraus. Das explizite Schema ist durch $y_{n+1}=$

$=y_n - \tau A y_n$ gegeben; es benötigt $2m^2+2m$ arithmetische Operationen für den Übergang von einer Schicht zur nächsten.

Nun sei $A = A^- + A^+$ mit der unteren Dreiecksmatrix $A^- = (a_{ij}^-)$ und der oberen Dreiecksmatrix $A^+ = (a_{ij}^+)$, wobei $a_{ii}^- = a_{ii}^+ = a_{ii}/2$ gelte. Dann sind beide Dreiecksmatrizen zueinander adjungiert und positiv definit im Sinne des Skalarproduktes im euklidischen Raum R^m: $(Ax, x) = (A^+x, x) + ((A^+)^* x, x) = 2(A^+x, x) = 2(A^-x, x)$.

Wir betrachten nun das Schema

$$\frac{y_{2n+1} - y_{2n}}{\tau} + A^- y_{2n+1} + A^+ y_{2n} = 0\,, \tag{4}$$

$$\frac{y_{2n+2} - y_{2n+1}}{\tau} + A^- y_{2n+1} + A^+ y_{2n+2} = 0, \quad n = 0, 1, \ldots \tag{5}$$

Zur Bestimmung von y_{2n+1} und y_{2n+2} sind hier Gleichungssysteme mit den Dreiecksmatrizen $E + \tau A^-$ und $E + \tau A^+$ aufzulösen.

Zum Nachweis der absoluten Stabilität des Schemas erinnern wir an den Abschnitt 6.2. (auch 6.5. ist hier von Interesse): Zunächst eliminieren wir y_{2n+1} und ziehen dazu (5) von (4) ab,

$$2y_{2n+1} = y_{2n} + y_{2n+2} + \tau A^+(y_{2n+2} - y_{2n})\,.$$

Diesen Ausdruck setzen wir nun in (5) wieder ein und erhalten das Schema

$$B\,\frac{y_{2n+2} - y_{2n}}{2\tau} + A y_{2n} = 0, \quad A = A^- + A^+\,, \tag{6}$$

mit dem Operator

$$B = (E + \tau A^-)\,(E + \tau A^+)\,,$$

der wegen $A^+ = (A^-)^*$ das Produkt zweier positiv definiter, zueinander adjungierter Operatoren und daher positiv definit und selbstadjungiert ist.

Wir haben deshalb nur die Stabilitätsbedingung $B \geqq \frac{1}{2}\,(2\tau A)$ zu überprüfen:

$$B - \frac{1}{2}\,(2\tau A) = E + \tau A + \tau^2 A^- A^+ - \tau A > E\,,$$

denn das Produkt A^-A^+ ist mit derselben Begründung wie B positiv definit und selbstadjungiert: $(A^-A^+x, y) = (x, A^-A^+y)$, $(A^-A^+x, x) = \|A^+x\|^2 > 0$. Also ist das Schema (6) absolut stabil (d. h. für beliebige positive τ stabil); offensichtlich hat es auch zweite Genauigkeitsordnung.

Nun seien $\tilde{A}^{\mp}$ die Dreiecksmatrizen, die aus $A^{\mp}$ durch Nullsetzen der Hauptdiagonalelemente hervorgehen. Speichern wir bei der Lösung der Gleichung (4) den Vektor $\tilde{A}^- y_{2n+1}$ und bei der Lösung der Aufgabe (5) den Vektor $\tilde{A}^+ y_{2n+2}$ ab, so brauchen wir für den Übergang von der Zeitschicht t_{2n} zur Schicht t_{2n+2} mit dem impliziten Schema (4), (5) insgesamt $Q_1 = 2m^2 + 12m$ Rechenoperationen, während das explizite Schema dazu $Q_0 = 4m^2 + 4m$ Rechenoperationen benötigt. Bei $m > 4$ gilt $Q_1 < Q_0$, dann ist also das implizite Schema ökonomischer als das explizite.

8.1.2. Das Verfahren der alternierenden Richtungen. Wir betrachten nun die zweidimensionale Wärmeleitungsgleichung

$$\begin{aligned} &\frac{\partial u}{\partial t} = Lu + f(x, t), \quad x \in G_0, \quad t \in (0, T], \\ &u|_\Gamma = \mu(x, t), \quad u(x, 0) = u_0(x)\,, \end{aligned} \tag{7}$$

$$Lu = \Delta u = (L_1 + L_2)\,u, \quad L_\alpha u = \frac{\partial^2 u}{\partial x_\alpha^2}, \quad \alpha = 1, 2,$$

wo $G_0 = \{0 < x_\alpha < l_\alpha, \alpha = 1, 2\}$ das Rechteck mit den Seiten l_1 und l_2 und Γ dessen Rand ist. In $\bar{G}_0 = G_0 + \Gamma$ konstruieren wir das Rechteckgitter $\bar{\omega}_h$ mit den äquidistanten Schrittweiten $h = l_\alpha/N_\alpha$, $\alpha = 1, 2$, und mit dem Rand γ_h (zu dem die Eckpunkte des Rechtecks nicht gehören), $\bar{\omega}_h = \omega_h + \gamma_h$. Die Operatoren L_α und L ersetzen wir durch die üblichen Differenzenoperatoren

$$\Lambda_\alpha y = y_{\bar{x}_\alpha x_\alpha}, \quad \Lambda = \Lambda_1 + \Lambda_2 .$$

Wir erinnern daran, daß im räumlich eindimensionalen Fall das implizite Schema für die Wärmeleitungsgleichung auf die Differenzen-Randwertaufgabe

$$\begin{gathered} A_i y_{i-1} - C_i y_i + B_i y_{i+1} = -F_i, \quad i = 1, \ldots, N-1, \\ y_0 = \mu_1, \quad y_N = \mu_2, \quad A_i > 0, \quad B_i > 0, \quad C_i \geqq A_i + B_i \end{gathered} \tag{8}$$

führt, die sich mit der verkürzten Gaußelimination mit einem Aufwand von $O(h^{-1})$ Rechenoperationen lösen läßt, der also der Anzahl der Gitterpunkte des Gitters $\bar{\omega}_h = \{x_i = ih, 0 \leqq i \leqq N\}$ proportional ist.

Im zweidimensionalen Fall kann man sich die Gitterpunkte als auf waagrecht bzw. senkrecht verlaufenden Parallelen angeordnet vorstellen. Lösen wir nun auf allen waagrechten oder allen senkrechten Parallelen 3-Punkt-Aufgaben der Art (8) mit der verkürzten Gaußelimination, so haben wir einen Gesamtaufwand von $O(N_1 N_2)$ Rechenoperationen, der wiederum der Gitterpunktanzahl proportional ist. Die Grundidee der ökonomischen Verfahren besteht eben darin, den Übergang von einer Schicht zur nächsten auf die beschriebene Weise, durch Lösung von Serien eindimensionaler 3-Punkt-Aufgaben zu realisieren.

Diese algorithmische Idee liegt auch dem ersten ökonomischen Schema für zweidimensionale instationäre Probleme zugrunde, dem Verfahren der alternierenden Richtungen oder, nach seinen Autoren benannt, dem Peaceman-Rachford-Schema:

Außer den Lösungswerten $y = y^n$ und $y = y^{n+1}$ auf den vollen Zeitschichten t_n werden Zwischenwerte $\bar{y} = y^{n+1/2}$ eingeführt, die man formal als zu den halben Zeitschichten $t_{n+1/2} = t_n + \frac{\tau}{2}$ gehörig betrachten kann, und der Übergang von der Schicht t_n zur Schicht t_{n+1} geschieht in zwei Schritten der Länge $\frac{\tau}{2}$:

$$\frac{y^{n+1/2} - y^n}{\tau/2} = \Lambda_1 y^{n+1/2} + \Lambda_2 y^n + \varphi^n, \tag{9}$$

$$\frac{y^{n+1} - y^{n+1/2}}{\tau/2} = \Lambda_1 y^{n+1/2} + \Lambda_2 y^{n+1} + \varphi^n. \tag{10}$$

Diese Gleichungen gelten für alle inneren Punkte $x_i = (i_1 h_1, i_2 h_2) \in \omega_h$ und für alle $t = t_n$. Dabei erfolgt der erste Schritt mit einem bezüglich x_1 impliziten Schema, der zweite Schritt mit einem bezüglich x_2 impliziten Schema.

Zu den Gleichungen (9) und (10) kommen noch die Anfangsbedingung

$$y(x, 0) = u_0(x), \quad x \in \bar{\omega}_h, \tag{11}$$

und die Differenzen-Randbedingungen

$$y^{n+1} = \mu^{n+1} \quad \text{bei} \quad i_2 = 0 \quad \text{und} \quad i_2 = N_2, \tag{12}$$

$$y^{n+1/2} = \bar{\mu} \quad \text{bei} \quad i_1 = 0 \quad \text{und} \quad i_1 = N_1, \tag{13}$$

wobei

$$\bar{\mu} = \frac{1}{2} (\mu^{n+1} + \mu^n) - \frac{\tau}{4} \Lambda_2(\mu^{n+1} - \mu^n) \tag{14}$$

gilt, was wir weiter unten erklären, während die Bedingung (42) unmittelbar aus (7) folgt.

Mit den Gleichungen (9)–(14) haben wir eine das Problem (7) approximierende Differenzen-Randwertaufgabe vollständig formuliert. Wir überführen diese Aufgabe nun in die für die unmittelbare numerische Lösung erforderliche Form:

$$\begin{aligned} &\frac{2}{\tau} \bar{y} - \Lambda_1 \bar{y} = F, \quad F = \frac{2}{\tau} y + \Lambda_2 y + \varphi, \\ &\frac{2}{\tau} \hat{y} - \Lambda_2 \hat{y} = \bar{F}, \quad \bar{F} = \frac{2}{\tau} \bar{y} + \Lambda_1 \bar{y} + \varphi. \end{aligned} \tag{15}$$

Mit den Bezeichnungen $F = F(x_i) = F_{i_1 i_2}$ und $y = y(x_i) = y_{i_1 i_2}$ sowie der Übereinkunft, daß die sich in allen Ausdrücken einer Gleichung wiederholenden fixierten Indizes fortgelassen werden, kommen wir von (15) schließlich auf folgende Aufgaben der Gestalt (8):

$$\frac{1}{h_1^2} \bar{y}_{i_1-1} - 2 \left(\frac{1}{h_1^2} + \frac{1}{\tau} \right) \bar{y}_{i_1} + \frac{1}{h_1^2} \bar{y}_{i_1+1} = -F_{i_1}, \tag{16}$$

$$i_1 = 1, 2, \ldots, N_1 - 1, \quad \bar{y} = \bar{\mu} \quad \text{für} \quad i_1 = 0, N_1,$$

$$\frac{1}{h_2^2} \hat{y}_{i_2-1} - 2 \left(\frac{1}{h_2^2} + \frac{1}{\tau} \right) \hat{y}_{i_2} + \frac{1}{h_2^2} \hat{y}_{i_2+1} = -\bar{F}_{i_2}, \tag{17}$$

$$i_2 = 1, 2, \ldots, N_2 - 1, \quad \hat{y} = \hat{\mu} \quad \text{für} \quad i_2 = 0, N_2.$$

Wenn nun y^n gegeben ist, so berechnen wir F und lösen die Gleichungen (16) längs der waagerechten Gitterlinien $i_2 = 1, \ldots, N_2 - 1$. Damit ergeben s ch die Zwischenwerte $\bar{y}$ in allen Punkten von ω_h. Nun können wir $\bar{F}$ berechnen und die Gleichungen (17) längs der senkrechten Gitterlinie $i_1 = 1, \ldots, N_1 - 1$ lösen und finden so die Werte y^{n+1} der neuen Schicht. Dieser Rechenablauf wiederholt sich beim Übergang zur Schicht t_{n+2} usw., so daß die Richtungen, in denen die Serien eindimensionaler Aufgaben gelöst werden, ständig alternieren.

Da wir hierbei die verkürzte Gaußelimination benutzen, haben wir, wie schon oben ausgeführt, einen Rechenaufwand von $O(N_1 N_2)$ arithmetischen Operationen für den Übergang zu einer neuen Schicht. Daher hängt der Aufwand pro Gitterpunkt nicht von den Diskretisierungsschritten ab, und das Schema (9)–(14) erweist sich als ökonomisch, wenn wir noch seine absolute Stabilität beweisen können. Das soll im folgenden Abschnitt geschehen.

8.1.3. Stabilität des Verfahrens der alternierenden Richtungen. Wie schon im Falle des ökonomischen Schemas für das lineare Differentialgleichungssystem schließen wir zur Stabilitätsuntersuchung zunächst den Zwischenwert $\bar{y}$ aus: Wir subtrahieren (10) von der Gleichung (9), erhalten

$$2\bar{y} = \hat{y} + y - \frac{1}{2} \tau \Lambda_2(\hat{y} - y), \quad x \in \omega_h, \tag{18}$$

und setzen dieses Resultat wiederum in Gleichung (9) ein:

$$\frac{\hat{y} - y}{\tau} - \frac{1}{2} \Lambda_2(\hat{y} - y) = \frac{1}{2} \Lambda_1(\hat{y} + y) - \frac{\tau}{4} \Lambda_1 \Lambda_2(\hat{y} - y) + \Lambda_2 y + \varphi, \tag{19}$$

Mit $\hat{y} = y + \tau y_t$ kommen wir von (19) zur Normalform

$$\left(E - \frac{1}{2}\tau\Lambda_1\right)\left(E - \frac{1}{2}\tau\Lambda_2\right) y_t = \Lambda y + \varphi . \tag{20}$$

Für den Übergang von Gleichung (18) zu (19) muß die Formel (18) offenbar auch bei $x_1 = 0$ und $x_1 = l_1$ gelten, denn sonst könnten wir $(\Lambda_1 \bar{y})_i$ für $i_1 = 1$ und $i_1 = l_1$ nicht bilden. Die Randwerte kennen wir aber: $y = \mu$, $\hat{y} = \hat{\mu}$ bei $x_1 = 0$ und $x_1 = l_1$. Also folgt aus (18)

$$\bar{y} = \frac{1}{2}(\hat{\mu} + \mu) - \frac{\tau^2}{4}\Lambda_2 \mu_t = \bar{\mu} \quad \text{für} \quad x_1 = 0, \quad x_1 = l_1 ,$$

und das ist gerade die Randbedingung (13), (14) für $\bar{y}$. Mit anderen Worten, die Lösung der Aufgabe (9)–(14) genügt der Gleichung (20) unter den Zusatzbedingungen

$$y|_{\gamma_h} = \mu, \quad \hat{y}|_{\gamma_h} = \hat{\mu}, \quad y(x, 0) = u_0(x) . \tag{21}$$

Umgekehrt ist die Lösung der Aufgabe (20), (21) auch Lösung von Aufgabe (9)–(14). Wir brauchen nämlich nur $\bar{y}$ entsprechend (18) einzuführen, diese Beziehung in

$$\left(E - \frac{1}{2}\tau\Lambda_2\right)\hat{y} = 2\bar{y} - \left(E + \frac{1}{2}\tau\Lambda_2\right) y$$

umzuformen und in Formel (20) einzusetzen, so ergibt sich nach einigen weiteren Umformungen zuerst die Gleichung (9) und daraus und aus (18) dann auch (10). Folglich sind die Aufgaben (9)–(14) und (20), (21) äquivalent, und die Randbedingungen (13), (14) sind hierfür von Wichtigkeit.

Statt des Verfahrens der alternierenden Richtungen (9)–(14) können wir also auch das „Ganzschritt"-Schema (20), (21) auf Stabilität untersuchen. Dazu bedienen wir uns wieder der allgemeinen Stabilitätstheorie für 2-Schicht-Verfahren aus Abschnitt 6.2. Wir setzen voraus, daß die Randbedingungen homogen sind, betrachten also die Aufgabe

$$\begin{gathered}\left(E - \frac{1}{2}\tau\Lambda_1\right)\left(E - \frac{1}{2}\tau\Lambda_2\right) y_t = \Lambda y + \varphi, \quad t \geqq 0 , \\ y(x, 0) = u_0(x), \quad y|_{\gamma_h} = 0 .\end{gathered} \tag{22}$$

Wir führen den Raum H der auf $\bar{\omega}_h$ definierten Gitterfunktionen ein, die auf γ_h verschwinden. Das Skalarprodukt sei

$$(y, v) = \sum_{x \in \omega_h} y(x)\, v(x)\, h_1 h_2 = \sum_{i_1=1}^{N_1-1} \sum_{i_2=1}^{N_2-1} y(i_1 h_1, i_2 h_2)\, v(i_1 h_1, i_2 h_2)\, h_1 h_2$$

mit der zugehörigen Norm $\|y\| = \sqrt{(y, y)}$. Im Raum H ist der Operator $A = -\Lambda = -(\Lambda_1 + \Lambda_2)$ selbstadjungiert und positiv definit. Dieser Operator A erzeugt den energetischen Raum H_A mit der Norm

$$\|y\|_A^2 = \sum_{i_1=1}^{N_1} \sum_{i_2=1}^{N_2-1} (y_{\bar{x}_1}(i_1 h_1, i_2 h_2))^2 h_1 h_2 + \sum_{i_1=1}^{N_1-1} \sum_{i_2=1}^{N_2} (y_{\bar{x}_2}(i_1 h_1, i_2 h_2))^2 h_1 h_2$$

oder auch kürzer

$$\|y\|_A^2 = \|y_{\bar{x}_1}\|_1^2 + \|y_{\bar{x}_2}\|_2^2 . \tag{23}$$

Nun betrachten wir y als abstrakte Funktion des Arguments $t \in \omega_\tau$ mit Werten in H und schreiben das Schema (22) in der Gestalt

$$B y_t + A y = \varphi(t), \quad 0 \leqq t = n\tau < t_0, \quad y(0) = u_0 \tag{24}$$

mit

$$B=\left(E+\frac{1}{2}\tau A_1\right)\left(E+\frac{1}{2}\tau A_2\right),\quad A_\alpha=-\Lambda_\alpha,\quad A=A_1+A_2.$$

Hier sind die Operatoren A_1 und A_2 selbstadjungiert, positiv definit und – weil das Lösungsgebiet ein Rechteck war – vertauschbar: Es gilt $A_1A_2y=A_2A_1y=y_{\bar{x}_1x_1\bar{x}_2x_2}$ in allen inneren Gitterpunkten, wie man unschwer feststellt. Deshalb wird $A_1A_2>0$, und das Schema (24) erweist sich als stabil in H_A:

$$B-\frac{1}{2}\tau A=\left(E+\frac{\tau}{2}A+\frac{\tau^2}{4}A_1A_2\right)-\frac{\tau}{2}A=E+\frac{\tau^2}{4}A_1A_2>E.$$

Aus dieser Operatorungleichung folgt, daß für das Schema (24) der Satz 7 aus Abschnitt 6.2. für $\varepsilon=1$ gilt und damit dessen Lösung der Ungleichung

$$\|y(t+\tau)\|_A\leqq\|y(0)\|_A+\frac{1}{\sqrt{2}}\left(\sum_{t'=0}^{t}\tau\|\varphi(t')\|^2\right)^{1/2} \tag{25}$$

genügt. Man kann auch folgende a-priori-Abschätzung beweisen:

$$\|y(t+\tau)\|\leqq\|y(0)\|+\frac{1}{\sqrt{2}}\left(\sum_{t'=0}^{t}\tau\|\varphi(t')\|^2_{A^{-1}}\right)^{1/2}. \tag{26}$$

Dazu wenden wir auf beide Seiten der Gleichung (24) den Operator A^{-1} an:

$$\tilde{B}y_t+\tilde{A}y=\tilde{\varphi},\quad \tilde{A}=E,\quad \tilde{\varphi}=A^{-1}\varphi,\quad \tilde{B}=A^{-1}+\frac{\tau}{2}E+\frac{\tau^2}{4}A^{-1}A_1A_2.$$

Hier sind A_1, A_2 und A^{-1} selbstadjungiert, positiv definit und vertauschbar, also ist $A^{-1}A_1A_2>0$ und $\tilde{B}>A^{-1}+\frac{\tau}{2}E$. Nach Satz 10 aus Abschnitt 6.2. gilt dann die Ungleichung (26), und wir können den folgenden Stabilitätssatz formulieren:

Satz 1. *Das Schema* (22) *ist absolut stabil in bezug auf die Anfangswerte und die rechte Seite. Seine Lösung genügt den Abschätzungen* (25) *und* (26).

8.1.4. Konvergenz und Genauigkeit. Die Konvergenz- und Genauigkeitsuntersuchung des Verfahrens führen wir für das zu ihm äquivalente Schema (20), (21) durch. Es seien $u(x,t)$ die Lösung der Ausgangsaufgabe (7) und $y(x_i,t_n)$ die Lösung der Aufgabe (9)–(14) – und damit auch von (20), (21). Wir setzen $y=z+u$ in Gleichung (20) ein und erhalten für den Fehler z die Aufgabe

$$\begin{aligned}&Bz_t=\Lambda z+\psi,\quad x\in\omega_h,\quad 0\leqq t=n\tau<t_0,\\&z|_{\gamma_h}=0,\quad z(x,0)=0\end{aligned} \tag{27}$$

mit

$$B=\left(E-\frac{1}{2}\tau\Lambda_1\right)\left(E-\frac{1}{2}\tau\Lambda_2\right)$$

und dem Approximationsfehler ψ,

$$\psi=\varphi+\Lambda u-Bu_t=\frac{1}{2}\Lambda(\hat{u}+u)-u_t-\tau^2\Lambda_1\Lambda_2u_t+\varphi. \tag{28}$$

Hat $u(x,t)$ in $\bar{Q}_T=\bar{G}_0\times[0,T]$ beschränkte Ableitungen, genauer

$$\left|\frac{\partial^3u}{\partial t^3}\right|\leqq M,\quad \left|\frac{\partial^5u}{\partial x_1^2\partial x_2^2\partial t}\right|\leqq M,\quad \left|\frac{\partial^4u}{\partial x_1^4}\right|\leqq M,\quad \left|\frac{\partial^4x}{\partial x_2^4}\right|\leqq M, \tag{29}$$

so folgt wegen $\frac{1}{2}(\hat{u}+u)=\bar{u}+O(\tau^2)$, $u_t=\bar{\dot{u}}+O(\tau^2)$ und $\Lambda_1\Lambda_2 u_t=O(1)$ – mit $\bar{u}= =u\left(x, t_n+\frac{\tau}{2}\right)$ – aus (28) die Beziehung

$$\psi=L\bar{u}-\bar{\dot{u}}+\bar{f}+O(\tau^2+|h|^2)=O(\tau^2+|h|^2)\,.$$

Nun können wir für die Lösung der Aufgabe (27) die Abschätzung (25) benutzen; dabei ist $z(0)=0$. Also haben wir folgendes Ergebnis:

Satz 2. *Unter den Bedingungen* (29) *konvergiert das Schema* (20), (21) *in der diskreten Norm* (23) *mit der Geschwindigkeit* $O(\tau^2+|h|^2)$.

Bemerkungen. 1. Satz 2 bedeutet für das Verfahren der alternierenden Richtungen die Konvergenz mit der Geschwindigkeit $O(\tau^2+|h|^2)$ auf den vollen Zeitschichten t_n, falls auf der Zwischenschicht $t_{n+1/2}$ die spezielle Randbedingung (14) gestellt ist. Nach [46] bewahrt das Verfahren seine zweite Genauigkeitsordnung, wenn man stattdessen für die Zwischenschicht

$$\bar{\mu}=\frac{1}{2}(\mu^n+\mu^{n+1}) \tag{30}$$

setzt, also in (14) den Summanden $O(\tau^2)$ fortläßt, da es auch bezüglich der Randwerte stabil ist.

2. Das Schema (9)–(13), (30) kann man auch für Lösungsgebiete verwenden, die aus achsenparallelen Rechtecken zusammengesetzt sind.

8.2. Faktorisierte ökonomische Schemata

8.2.1. Verfahren mit faktorisiertem Operator. Wir betrachten das 2-Schicht-Schema

$$By_t+Ay=\varphi,\quad 0\leqq t=j\tau<t_0,\quad j=0, 1, \ldots,\quad y(0)=y_0\,. \tag{1}$$

Der Wert von y auf der Schicht t_j sei bekannt, und der Wert y^{j+1} werde gesucht. Dieser Wert auf der neuen Schicht ist Lösung der Gleichung

$$By^{j+1}=F^j,\quad F^j=(B-\tau A)\,y^j+\tau\varphi^j,\quad j=0, 1, \ldots\,, \tag{2}$$

mit der bekannten rechten Seite F^j. Wir können annehmen, daß zur Berechnung von F^j ein Aufwand an Rechenoperationen notwendig ist, der der Anzahl der Gitterpunkte N proportional ist (was für die Differenzenverfahren zutrifft, deren Gitterpunktstern nicht von den Diskretisierungsgrößen abhängt). Dann ist ein stabiles Schema (1) ökonomisch, wenn die Lösung der Gleichung (2) einen Aufwand von $O(N)$ Rechenoperationen erfordert.

Nun seien B_α, $\alpha=1, \ldots, p$, *ökonomische Operatoren,* also solche Operatoren, für die die Gleichung

$$B_\alpha v=F \tag{3}$$

mit $O(N)$ Rechenoperationen lösbar ist. Dann ist das Schema (1) mit dem faktorisierten Operator

$$B=B_1B_2\ldots B_p \tag{4}$$

ebenfalls ökonomisch, wenn es stabil ist: Wir lösen dann nämlich zur Bestimmung von y^{j+1} die p Aufgaben der Gestalt (3),

$$B_1y_{(1)}=F^j,\quad B_\alpha y_{(\alpha)}=y_{(\alpha-1)},\quad \alpha=2, 3, \ldots, p\,, \tag{5}$$

wo $y_{(\alpha)} = y^{j+\alpha/p}$ Zwischenwerte sind, $\alpha = 1, \ldots, p-1$, und $y_{(p)}$ der Wert y^{j+1} auf der neuen Schicht ist.

Verfahren mit faktorisiertem Operator werden wir kurz *faktorisierte Verfahren* nennen. Danach haben wir in Abschnitt 8.1. gezeigt, daß das Verfahren der alternierenden Richtungen einem faktorisierten Schema mit dem Operator

$$B = B_1 B_2, \quad B_\alpha = E - \frac{1}{2} \tau \Lambda_\alpha, \quad \Lambda_\alpha y = y_{\bar{x}_\alpha x_\alpha}, \quad \alpha = 1, 2\,, \tag{6}$$

äquivalent ist.

Nimmt man stattdessen den Operator

$$B = B_1 B_2, \quad B_\alpha = E + \tau R_\alpha, \quad R_1 y = \sum_{\alpha=1}^{p} \frac{y_{\bar{x}_\alpha}}{h_\alpha}, \quad R_2 y = -\sum_{\alpha=1}^{p} \frac{y_{x_\alpha}}{h_\alpha}$$

mit den „Dreiecksoperatoren" R_1 und R_2 (vgl. Abschnitt 6.5.2.), so erhält man ein explizites Verfahren der alternierenden Richtungen. Die Operatoren R_1 und R_2 sind nicht selbstadjungiert, sondern zueinander adjungiert wie im Beispiel aus Abschnitt 8.1.1. In Verallgemeinerung der Situation (6) nimmt man oft „eindimensionale" Differenzenoperatoren $B_\alpha = E - \sigma\tau\Lambda_\alpha$, wobei die Λ_α Differenzenapproximationen der Differentialoperatoren L_α darstellen, welche nur Ableitungen bezüglich x_α enthalten. So approximieren wir $L_\alpha u = \dfrac{\partial}{\partial x_\alpha}\left(k(x)\,\dfrac{\partial u}{\partial x_\alpha}\right)$ entsprechend Kapitel 3. durch den 3-Punkt-Operator $\Lambda_\alpha y = (a y_{\bar{x}_\alpha})_{x_\alpha}$ und kommen dann auf Gleichungen der Art (3), die mit der verkürzten Gaußelimination lösbar sind. Ein faktorisiertes Schema (1), (4) kann man auch anders in eine Folge von Aufgaben der Gestalt (3) überführen:

Wir setzen

$$y^{j+1} = y^j + \tau w^j\,,$$

wo dann w^j Lösung der Aufgabe

$$B_1 B_2 \ldots B_p w = \Phi^j, \quad \Phi^j = \varphi^j - A y^j$$

ist, die wir dadurch finden, daß wir nacheinander die Gleichungen

$$B_1 w_{(1)} = \Phi^j, \quad B_\alpha w_{(\alpha)} = w_{(\alpha-1)}, \quad \alpha = 2, 3, \ldots, p\,, \tag{7}$$

lösen und schließlich $w_{(p)} = w^j$ erhalten.

Wir bemerken noch, daß die ersten faktorisierten ökonomischen Schemata so konstruiert wurden, daß sich die Zwischenwerte leicht eliminieren ließen, womit man zu einem faktorisierten Gesamtschrittschema kam, das also den Übergang von y^j zu y^{j+1} beschrieb.

8.2.2. Randbedingungen. Während das faktorisierte Schema (1), (4) der Untersuchung von Approximation und Stabilität dient, kann man die Gleichungen (5) bzw. (7) als numerische Algorithmen zur Auflösung des faktorisierten Schemas betrachten. Die dabei erforderliche Äquivalenz liegt aber nur bei geeignet gestellten Randbedingungen vor. Das hatten wir für das Verfahren der alternierenden Richtungen bereits in Abschnitt 8.1.2. gesehen. Wir untersuchen hier dieselbe Frage für beide Algorithmen (5) und (7) zur Lösung des faktorisierten Schemas

$$B_1 B_2 y_t = \Lambda y + \varphi, \quad y^j|_{\gamma_h} = \mu^j, \quad y^0 = u_0(x) \tag{8}$$

mit den Operatoren $B_\alpha = E - \sigma\tau\Lambda_\alpha$, welches die Aufgabe (7) aus Abschnitt 8.1.2. approximiert. Λ_1 und Λ_2 seien wie in Abschnitt 8.1.2. die Operatoren der zweiten

Differenzenableitung, und $\bar{\omega}_h = \omega_h + \gamma_h$ sei das Rechteckgitter in $\bar{G}_0$. Zunächst betrachten wir den Algorithmus (5) zur Lösung der Aufgabe (8):

$$B_1 y_{(1)} = F^j, \quad F^j = (B_1 B_2 + \tau \Lambda)\, y^j + \tau \varphi^j, \qquad B_2 y^{+1} = y_{(1)} \tag{9}$$

mit der Randbedingung $y^{j+1} = \mu^{j+1}$, $x \in \gamma_h$.

Damit der Algorithmus (9) der Aufgabe (8) äquivalent ist, muß die Gleichung $B_2 y^{j+1} = y_{(1)}$ offensichtlich nicht nur in ω_h, sondern auch für die Punkte von γ_h mit $x_1 = 0$ und $x_1 = l_1$ erfüllt sein. Dort kennen wir aber die Werte von y^{j+1}, erhalten also

$$y_{(1)} = (E - \sigma\tau\Lambda_2)\, \mu^{j+1} = \mu^{j+1} - \sigma\tau\Lambda_2 \mu^{j+1} \quad \text{für} \quad x_1 = 0, l_1 . \tag{10}$$

Die Aufgaben (8) und (9), (10) sind nun äquivalent. Für den Algorithmus (7) haben wir

$$B_1 w_{(1)} = \Phi^j, \quad \Phi^j = \Lambda y^j + \varphi^j, \quad B_2 w_{(2)} = w_{(1)}, \quad y^{j+1} = y^j + \tau w_{(2)},$$

und die Randbedingungen sind wie folgt vorzugeben:

$$w_{(1)} = (E - \sigma\tau\Lambda_2)\, \frac{\mu^{j+1} - \mu^j}{\tau}, \quad x_1 = 0, l_1,$$

$$w_{(2)} = \frac{\mu^{j+1} - \mu^j}{\tau}, \qquad x_2 = 0, l_2 .$$

Hier ist $w_{(1)} = w_{(2)} = 0$ auf γ_h, falls μ nicht von t abhängt.

Eine andere Möglichkeit der Behandlung inhomogener Randbedingungen besteht darin, daß man sie aus dem Schema (1), (4) eliminiert. Sie erscheinen danach als Zusatzglieder zu den randnahen Werten der rechten Seite φ. Dann kann man die so veränderten Differenzengleichungen als Aufgabe mit homogenen Randwerten auffassen und mit einem der Algorithmen (5) oder (7) auflösen, wobei alle Zwischenwerte ebenfalls homogene Randbedingungen haben. Um jedoch die Approximationsordnung nicht zu verringern, ist es erforderlich, auf der rechten Seite des faktorisierten Schemas in den Randpunkten bei $i_1 = 1$ und $i_1 = N_1 - 1$ Korrekturglieder $-\sigma^2\tau^2 h_1^{-2} \Lambda_2 \mu_t$ anzubringen.

8.2.3. Die Konstruktion faktorisierter ökonomischer Schemata. Das in Abschnitt 6.5. dargestellte Regularisierungsprinzip eröffnet uns auch einen systematischen Zugang zur Konstruktion stabiler faktorisierter ökonomischer Differenzenverfahren. Vorgelegt sei das stabile 2-Schicht-Schema

$$B\, \frac{y^{n+1} - y^n}{\tau} + A y^n = \varphi^n \tag{11}$$

mit dem Operator $B = E + \tau R$, der der Ungleichung $B \geqq \frac{\tau}{2} A$ genügt (was aus der Stabilität des Schemas folgt).

Wir setzen voraus, daß R speziell die Summe einer endlichen Anzahl von ökonomischen Operatoren R_α ist:

$$R = R_1 + \ldots + R_p .$$

Nun ersetzen wir $B = E + \tau(R_1 + \ldots + R_p)$ durch den faktorisierten Operator

$$\tilde{B} = B_1 \ldots B_p, \quad B_\alpha = E + \tau R_\alpha ,$$

gehen also vom Ausgangsschema (11) zum faktorisierten Schema

$$B_1 \ldots B_p y_t + A y = \tilde{\varphi} \tag{12}$$

über. Dabei kann es sich als notwendig erweisen, die rechte Seite φ in den randnahen Punkten abzuändern, um die Approximationsordnung zu erhalten.

Wenn das Ausgangsschema (11) stabil ist und die Operatoren R_α selbstadjungiert, nichtnegativ und vertauschbar sind, so ist auch das faktorisierte Schema (12) stabil:

Bei den genannten Voraussetzungen sind mit den Operatoren R_α auch alle ihre Produkte $R_\alpha R_\beta$, $R_\alpha R_\beta R_\gamma$ usw. selbstadjungiert und nichtnegativ. Deshalb gilt

$$\tilde{B} = B_1 B_2 = E + \tau(R_1 + R_2) + \tau^2 R_1 R_2 = B + \tau^2 R_1 R_2 \geqq B \quad \text{bei} \quad p = 2$$

und allgemein, für $p \geqq 2$,

$$\tilde{B} = B_1 B_2 \dots B_p = E + \tau(R_1 + R_2 + \dots + R_p) + \tau^2 Q_p = B + \tau^2 Q_p \geqq B$$

mit $Q_p = Q_p^* \geqq 0$. Folglich wird $\tilde{B} \geqq B \geqq \frac{\tau}{2} A$, also ist das faktorisierte Schema (12) stabil.

Da man bei der Approximation einer zeitabhängigen Aufgabe häufig zuerst auf ein Schema (11) mit $B = E$ kommt, besteht eine gewisse Freiheit in der Wahl der Operatoren R_α. Nach dem Obengesagten (vgl. auch Abschnitt 6.5.1.) liegt es nahe, dafür einfachgebaute Operatoren zu nehmen, die selbstadjungiert, positiv, vertauschbar und ökonomisch sind und die einen freien Parameter haben, durch dessen passende Wahl sich die Stabilitätsbedingung $B \geqq \frac{\tau}{2} A$ erfüllen läßt. Außerdem ist noch auf die Erhaltung der Approximationsordnung zu achten.

Beispiel 1. Zu lösen sei die erste Rand-Anfangswertaufgabe für die Wärmeleitungsgleichung mit veränderlichen Koeffizienten:

$$\begin{aligned}
&\frac{\partial u}{\partial t} = L_1 u + L_2 u + f(x, t), \quad x \in G, \quad t > 0, \\
&u|_\Gamma = \mu(x, t), \quad u(x, 0) = u_0(x), \\
&L_\alpha u = \frac{\partial}{\partial x_\alpha}\left(k_\alpha(x, t) \frac{\partial u}{\partial x_\alpha}\right), \quad 0 < c_1 \leqq k_\alpha \leqq c_2, \quad \alpha = 1, 2, \\
&G = \{0 < x_\alpha < l_\alpha, \quad \alpha = 1, 2\}.
\end{aligned} \tag{13}$$

Dazu setzen wir folgendes faktorisierte 2-Schicht-Schema an:

$$\begin{aligned}
&(E + \tau R_1)(E + \tau R_2) y_t + Ay = \varphi, \\
&x \in \omega_h, \quad t = n\tau, \quad n = 0, 1, \dots, \\
&y|_{\gamma_h} = \mu(x, t), \quad t = n\tau \geqq 0, \\
&y(x, 0) = u_0(x), \quad x \in \bar{\omega}_h,
\end{aligned} \tag{14}$$

wobei $\bar{\omega}_h$ das übliche Rechteckgitter mit dem Rand γ_h ist. Den Operator L_α approximieren wir mit zweiter Approximationsordnung durch den Differenzenoperator

$$\Lambda_\alpha y = (a_\alpha(x, t)\, y_{\bar{x}_\alpha})_{x_\alpha}, \quad 0 < c_1 \leqq a_\alpha(x, t) \leqq c_2, \quad \alpha = 1, 2,$$

setzen $A = -(\Lambda_1 + \Lambda_2)$ und wählen

$$R_\alpha = -\sigma c_2 \mathring{\Lambda}_\alpha, \quad \mathring{\Lambda}_\alpha y = y_{\bar{x}_\alpha x_\alpha}, \quad \alpha = 1, 2$$

Für die Stabilitätsuntersuchung nehmen wir an (wie das für die Differenzenaufgabe zutrifft, der der Fehler $z = y - u$ genügt), daß die Randbedingungen homogen sind.

H sei der Raum der Gitterfunktionen, die auf $\bar{\omega}_h$ definiert sind und auf γ_h verschwinden. Das Skalarprodukt sei wie in 8.1.3. erklärt. In diesem Raum H besitzen die Operatoren A und R_α folgende Eigenschaften:

$$A = A^* > 0, \quad A_\alpha \leqq c_2 \mathring{A}_\alpha, \quad \mathring{A}_\alpha y = -\mathring{A}_\alpha y \quad \text{mit} \quad A_\alpha y = \mathring{A}_\alpha y \quad \text{für alle} \quad y \in H,$$
$$R_\alpha = \sigma c_2 \mathring{A}_\alpha, \quad R_\alpha = R_\alpha^* > 0, \quad \alpha = 1, 2, \quad R_1 R_2 = R_2 R_1 . \tag{15}$$

Die Stabilitätsbedingung $B = (E + \tau R_1)(E + \tau R_2) \geqq \frac{\tau}{2} A$ ist bei $\sigma \geqq \frac{1}{2}$ $\left(\text{und sogar bei } \sigma \geqq \frac{1}{2} - 1/(\tau\|A\|)\right)$ erfüllt. Die 3-Punkt-Differenzenoperatoren $B_\alpha = E + \tau R_\alpha$ haben konstante Koeffizienten und sind offensichtlich ökonomisch, da die Gleichungen

$$B_\alpha w = (E + \tau R_\alpha) w = F_\alpha, \quad \alpha = 1, 2, \tag{16}$$

mit Hilfe der verkürzten Gaußelimination lösbar sind.

Das faktorisierte Schema (14) hat mindestens erste Genauigkeitsordnung bezüglich τ.

Das faktorisierte ökonomische Schema für die p-dimensionale Gleichung

$$\frac{\partial u}{\partial t} = \sum_{\alpha=1}^{p} L_\alpha u + f$$

mit den durch (13) definierten Differentialoperatoren wird ganz analog konstruiert. Der faktorisierte Operator ist hier

$$B = \prod_{\alpha=1}^{p} (E + \tau R_\alpha),$$

wobei die Operatoren R_α wieder durch (15) erklärt sind.

Beispiel 2. Zu lösen sei die erste Rand-Anfangswertaufgabe für die parabolische Gleichung mit gemischten Ableitungen im Parallelepiped $\bar{G}_0 = \{0 \leqq x_\alpha \leqq l_\alpha, \ \alpha = 1, \ldots, p\}$,

$$\frac{\partial u}{\partial t} = Lu + f(x, t), \quad u|_\Gamma = \mu(x, t), \quad u(x, 0) = u_0(x),$$
$$Lu = \sum_{\alpha,\beta=1}^{p} \frac{\partial}{\partial x_\alpha}\left(k_{\alpha\beta}(x, t) \frac{\partial u}{\partial x_\beta}\right),$$
$$c_1 \sum_{\alpha=1}^{p} \xi_\alpha^2 \leqq \sum_{\alpha,\beta=1}^{p} k_{\alpha\beta}(x, t)\, \xi_\alpha \xi_\beta \leqq c_2 \sum_{\alpha=1}^{p} \xi_\alpha^2, \quad c_1 > 0.$$

Als regularisierende Operatoren R_α nehmen wir auch hier die Operatoren (15), wobei ihre Vertauschbarkeit gesichert ist, weil $\bar{G}_0$ ein Parallelepiped war. Das faktorisierte Schema ist dann wieder bei $\sigma \geqq \frac{1}{2}$ stabil; die Zwischenwerte $y_{(\alpha)}$ und $y^{j+1} = y_{(p)}$ lassen sich mit der verkürzten Gaußelimination aus Gleichungen der Gestalt (16) bestimmen.

Wir weisen abschließend darauf hin, daß faktorisierte Verfahren nur für im Rechteck oder Parallelepiped gestellte Aufgaben anwendbar sind. Eine Ausnahme hiervon ergibt sich nur im Falle $B = B_1 B_2$, $B_\alpha = E + \tau R_\alpha$ mit Dreiecksoperatoren R_1 und R_2. Dann aber braucht man die Bedingung $\tau = O(h^2)$, um die Approximationsordnung zu erhalten.

8.2.4. Faktorisierte 3-Schicht-Schemata. Hier gehen wir von dem Schema

$$By_{\mathring{t}} + \tau^2 R y_{\bar{t}t} + Ay = \varphi, \quad 0 < t = j\tau < t_0, \quad y(0) = y_0, \quad y(\tau) = y_1$$

aus und lösen es nach y^{j+1} auf:

$$(B + 2\tau R)\, y^{j+1} = 2\tau(2R - A)y^j + (B - 2\tau R)y^{j-1} + 2\tau\varphi^j .$$

Der Operator auf der neuen Schicht ist $B = E + 2\tau R$; er muß geeignet faktorisiert werden, um ein ökonomisches 3-Schicht-Schema zu erhalten. Das führen wir jetzt für das gewichtete Schema

$$y_{\mathring{t}} + A(\sigma_1 \hat{y} + (1 - \sigma_1 - \sigma_2)y + \sigma_2 \check{y}) = \varphi, \quad y(0) = y_0, \quad y(\tau) = y_1$$

durch. Es hat die Normalform (vgl. Abschnitt 6.3.)

$$(E + \tau(\sigma_1 - \sigma_2)\, A)y_{\mathring{t}} + \frac{1}{2}(\sigma_1 + \sigma_2)\tau^2 A y_{\bar{t}t} + Ay = \varphi \tag{17}$$

und den Operator $B + 2\tau R = E + 2\sigma_1 \tau A$ auf der neuen Schicht. Nun sei $A = A_1 + A_2$. Dann gehen wir von $B + 2\tau R$ zum faktorisierten Operator

$$\tilde{B} + 2\tau\tilde{R} = (E + 2\sigma_1\tau A_1)\,(E + 2\sigma_1\tau A_2) = E + 2\sigma_1\tau A + 4\sigma_1^2\tau^2 A_1 A_2$$

über. Durch diese eine Gleichung sind die zwei Operatoren $\tilde{B}$ und $\tilde{R}$ natürlich nicht festgelegt. Wir wählen eine der Möglichkeiten aus, indem wir von (17) zu der äquivalenten Gleichung

$$(B + 2\tau R)y_t + (B - 2\tau R)\, y_{\bar{t}} + 2Ay = 2\varphi$$

übergehen und hier $B + 2\tau R$ durch den faktorisierten Operator $\tilde{B} + 2\tau\tilde{R}$ ersetzen, aber $B - 2\tau R$ unverändert lassen. Mit den Identitäten $y_t = y_{\mathring{t}} + \frac{\tau}{2} y_{\bar{t}t}$, $y_{\bar{t}} = y_{\mathring{t}} - \frac{\tau}{2} y_{\bar{t}t}$ finden wir dann

$$(E + \tau(\sigma_1 - \sigma_2)\, A + 2\sigma_1^2\tau^2 A_1 A_2)\, y_{\mathring{t}} + \tau^2 \left(\frac{\sigma_1 + \sigma_2}{2} A + \sigma_1^2 \tau A_1 A_2\right) y_{\bar{t}t} + Ay = \varphi ,$$

$$y(0) = y_0, \quad y(\tau) = y_1 , \tag{18}$$

also ist hier

$$\tilde{B} = B + 2\sigma_1^2\tau^2 A_1 A_2, \quad \tilde{R} = R + \sigma_1^2 \tau A_1 A_2$$

mit den Operatoren B und R des Schemas (17).

Zur Bestimmung von y^{j+1} bei bekannten Werten y^j und y^{j-1} ergibt sich folgender Algorithmus:

$$B_1 w_{(1)} = F^j, \quad F^j = (2\tau R - B)\, y_{\bar{t}}^j - 2Ay^j + 2\varphi^j ,$$

$$B_2 w_{(2)} = w_{(1)}, \quad y^{j+1} = y^j + \tau w_{(2)},$$

$$B_1 = E + 2\sigma_1\tau A_1, \quad B_2 = E + 2\sigma_1\tau A_2 .$$

Die Randbedingungen für $w_{(1)}$ werden durch entsprechende Überlegungen wie beim faktorisierten 2-Schicht-Schema gefunden.

Zur Stabilitätsuntersuchung des Schemas (18) benutzen wir die Ergebnisse aus Abschnitt 6.3.:

Hinreichend für die Stabilität sind die Bedingungen

$$\sigma_1 \geqq \sigma_2, \quad \sigma_1 + \sigma_2 > \frac{1}{2}, \quad A_\alpha = A_\alpha^* > 0, \quad A_1 A_2 = A_2 A_1 .$$

Unter diesen Bedingungen (bis auf die letzte) ist nämlich schon das gewichtete Schema (17) stabil, weil dann $B \geqq E$ und $4R > A$ erfüllt sind. Die Eigenschaften der Operatoren A_α (einschließlich ihrer Vertauschbarkeit) garantieren weiter $A_1A_2 > 0$, womit $\bar{B} > B$ und $\bar{R} > R$ gilt, so daß auch das faktorisierte Schema (18) stabil ist.

Wir haben hier den speziellen Fall $R = \sigma A$ mit $\sigma = \frac{1}{2}(\sigma_1 + \sigma_2)$ betrachtet. Im allgemeinen Fall benutzen wir zur Konstruktion faktorisierter ökonomischer 3-Schicht-Schemata wieder das Regularisierungsprinzip von Abschnitt 6.5. Dabei erfolgt die Auswahl des regularisierenden Operators für 3-Schicht-Verfahren nach denselben Gesichtspunkten wie für 2-Schicht-Verfahren; man kann auch ein und denselben regularisierenden Operator bei verschiedenen Operatoren A verwenden.

Beispiel 3. Wir betrachten noch einmal die Wärmeleitungsaufgabe (13) und erklären die Operatoren A, R_1 und R_2 so, wie dort für das 2-Schicht-Schema (14). Als Ausgangsschema nehmen wir jetzt

$$y_{\overset{\circ}{t}} + \tau^2 R y_{\bar{t}t} + Ay = \varphi, \qquad R = R_1 + R_2,$$

das zweite Approximationsordnung besitzt und bei $\sigma \geqq (1+\varepsilon)/4$, $\varepsilon > 0$, stabil ist. Das faktorisierte Schema hat dann die Gestalt

$$\begin{aligned} &B y_{\overset{\circ}{t}} + \tau^2 \bar{R} y_{\bar{t}t} + Ay = \varphi, \\ &B = E + 2\tau^2 R_1 R_2, \quad \bar{R} = R + \tau R_1 R_2. \end{aligned} \tag{19}$$

Aufgrund der Eigenschaften der Operatoren R_1 und R_2 gilt $R_1R_2 > 0$, womit das Schema (19) bei derselben Bedingung $\sigma \geqq (1+\varepsilon)/4$ wie das Ausgangsschema stabil ist. Daß das faktorisierte Schema ökonomisch ist, folgt so wie zu Beginn dieses Abschnitts daraus, daß die Operatoren $B_\alpha = E + 2\tau R_\alpha$ ökonomisch sind. Zur Lösung der Differenzengleichungen

$$B_1 B_2 y_t = -F, \quad B_\alpha = E + 2\tau R_\alpha, \quad y|_{\gamma_h} = \mu$$

können wir den Algorithmus

$$\begin{aligned} &B_1 w_{(1)} = -F, \quad x \in \omega_h, \quad w_{(1)} = B_2 \mu_t, \quad x_1 = 0, l_1, \\ &B_2 w_{(2)} = w_{(1)}, \quad x \in \omega_h, \quad w_{(2)} = \mu_t, \quad x_2 = 0, l_2, \\ &\quad y^{j+1} = y^j + \tau w_{(2)} \end{aligned}$$

verwenden. Man beachte die Formulierung der Randbedingungen, die die (mit der verkürzten Gaußelimination längs der waagrechten bzw. senkrechten Gitterlinien lösbaren) Differenzen-Randwertaufgaben für $w_{(1)}$ bzw. $w_{(2)}$ vervollständigen.

Falls die Randwerte μ nicht von t abhängen, erhalten wir homogene Randbedingungen für $w_{(1)}$ und $w_{(2)}$.

Ganz analog verläuft die Konstruktion des faktorisierten Verfahrens, wenn das Ausgangsschema die Gestalt

$$(E + \tau^2 R)\, y_{\bar{t}t} + Ay = \varphi, \qquad R = \sum_{\alpha=1}^{p} R_\alpha, \tag{20}$$

hat, wo die Operatoren R_α wieder selbstadjungiert, positiv und vertauschbar sind. Dieses Schema entspricht einer Gleichung hyperbolischen Typs $\partial^2 u/\partial t^2 = Lu + f$. Gewisse Unterschiede bei der Faktorisierung des Schemas ergeben sich, je nachdem, ob man den Operator bei $\hat{y}$, $y_{\bar{t}t}$ oder y_t faktorisiert. Wir zeigen hier die zweite

Möglichkeit und ersetzen den Operator $E+\tau^2R$ durch

$$E+\tau^2\tilde{R}=\prod_{\alpha=1}^{p}(E+\tau^2R_\alpha), \quad \tilde{R}=R+\tau^2Q_p, \quad Q_p=Q_p^*>0\,,$$

womit wir das Schema

$$(E+\tau^2\tilde{R})y_{\bar{t}t}+Ay=\varphi$$

erhalten, das wegen $\tilde{R}=\tilde{R}^*>R$ gemeinsam mit dem Ausgangsschema (20) stabil ist und sich von diesem in der Approximation um $O(\tau^2)$ unterscheidet.

Beispiel 4. Wir betrachten die hyperbolische Anfangs-Randwertaufgabe

$$\frac{\partial^2u}{\partial t^2}=(L_1+L_2)u+f(x,t)\,, \quad L_\alpha u=\frac{\partial^2u}{\partial x_\alpha^2}, \quad \alpha=1,2\,, \tag{21}$$
$$x\in G_0, \quad t\in(0,T]\,,$$
$$u|_\Gamma=\mu(x,t), \quad t\geqq 0, \quad u(x,0)=u_0(x)\,,$$
$$\frac{\partial u}{\partial t}(x,0)=\bar{u}_0(x), \quad x\in\bar{G}_0\,,$$

wo $\bar{G}_0$ das Rechteck $\{0\leqq x_\alpha\leqq l_\alpha,\ \alpha=1,2\}$ mit dem Rand Γ ist. Wie vorher sei $\bar{\omega}_h$ das äquidistante Rechteckgitter mit dem Rand γ_h. Wir wählen folgendes Verfahren als Ausgangsschema:

$$\begin{aligned} &y_{\bar{t}t}=\Lambda(\sigma\hat{y}+(1-2\sigma)y+\sigma\check{y})+\varphi(x,t)\,,\\ &t=j\tau, \quad j=1,2,\ldots, \quad x\in\omega_h\,,\\ &y|_{\gamma_h}=\mu(x,t), \quad t=j\tau, \quad j\geqq 0\,,\\ &y(x,0)=u_0(x), \quad y_t(x,0)=\tilde{u}_0(x), \quad x\in\bar{\omega}_h\,,\\ &\tilde{u}_0(x)=\bar{u}_0(x)+\frac{1}{2}\tau(Lu_0+f(x,0)), \quad \Lambda=\Lambda_1+\Lambda_2, \quad \Lambda_\alpha y=y_{\bar{x}_\alpha x_\alpha}\,. \end{aligned} \tag{22}$$

Es sei $\sigma\geqq(1+\varepsilon)/4$, $\varepsilon>0$, so daß das Ausgangsschema stabil ist. Von der Normalform des Schemas

$$(E-\sigma\tau^2\Lambda)\,y_{\bar{t}t}=\Lambda y+\varphi$$

gehen wir zum faktorisierten ökonomischen Verfahren

$$(E-\sigma\tau^2\Lambda_1)\,(E-\sigma\tau^2\Lambda_2)\,y_{\bar{t}t}=\Lambda y+\varphi \tag{23}$$

über. Andererseits können wir das Ausgangsschema (22) auch in der Gestalt

$$(E-\sigma\tau^2\Lambda)\,y_t=F, \quad F=(E-\sigma\tau^2\Lambda)\,y_{\bar{t}}+\tau(\Lambda y+\varphi)$$

schreiben und anschließend den nun bei y_t stehenden Operator faktorisieren:

$$(E-\sigma\tau^2\Lambda_1)\,(E-\sigma\tau^2\Lambda_2)\,y_t=F\,.$$

Hieraus erhalten wir schließlich

$$\sigma^2\tau^3\Lambda_1\Lambda_2y_{\bar{t}}+\left(E-\sigma\tau^2\Lambda+\frac{1}{2}\sigma^2\tau^4\Lambda_1\Lambda_2\right)y_{\bar{t}t}=\Lambda y+\varphi\,. \tag{24}$$

Beide faktorisierten Verfahren (23) und (24) haben bei beliebigem σ zweite Approximationsordnung in τ und sind mit derselben Begründung wie in Beispiel 2 stabil.

Als Lösungsalgorithmus für die Gleichung $B_1 B_2 y_{\bar{t}t} = \Lambda y + \varphi$ nehmen wir

$$B_1 w_{(1)} = \Lambda y + \varphi, \quad w_{(1)}|_{\gamma_h} = B_2 \mu_{\bar{t}t}, \quad x_1 = 0, l_1,$$
$$B_2 w_{(2)} = w_{(1)}, \quad w_{(2)}|_{\gamma_h} = \mu_{\bar{t}t}, \quad x_2 = 0, l_2,$$
$$y^{j+1} = 2y^j - y^{j-1} + \tau^2 w_{(2)}.$$

Hier sind zur Bestimmung von y^{j+1} die Werte y^{j-1}, y^j und $w_{(2)}$ zu speichern. Gehen wir von dem zu (23) äquivalenten Schema

$$B_1 B_2 y_t = \Phi, \quad \Phi = \tau(\Lambda y + \varphi) + B_1 B_2 y_{\bar{t}}$$

aus, so sind zwar nur die Werte y^j und $w_{(2)}$ zu speichern, aber die rechte Seite ist aufwendiger zu berechnen. Recht günstig sieht daher das Schema (24) aus (dessen Lösungsalgorithmus aus der Gleichung vor (24) offensichtlich ist): Dort sind ebenfalls nur $y_{\bar{t}}$ und $w_{(2)}$ zu speichern, und die rechte Seite F ist nicht wesentlich aufwendiger zu berechnen, als die des Schemas (23).

Die Konstruktion eines faktorisierten ökonomischen Schemas für die Aufgabe (21) mit den Differentialoperatoren

$$L_\alpha u = \frac{\partial}{\partial x_\alpha}\left(k_\alpha(x, t) \frac{\partial u}{\partial x_\alpha}\right), \quad 0 < c_1 \leqq k_\alpha \leqq c_2$$

bereitet nun auch keine besonderen Schwierigkeiten mehr: Als Ausgangsverfahren wählen wir dann das Schema

$$(E + \tau^2 R) y_{\bar{t}t} = \Lambda y + \varphi$$

mit den Operatoren

$$\Lambda y = \sum_{\alpha=1}^{2} (a_\alpha y_{\bar{x}_\alpha})_{x_\alpha}, \quad R y = -\sigma \mathring{\Lambda} y, \quad \mathring{\Lambda} y = y_{\bar{x}_1 x_1} + y_{\bar{x}_2 x_2}.$$

Den freien Parameter σ bestimmen wir so, daß die Stabilitätsbedingung

$$(Ry, y) \geqq (1 + \varepsilon)(-\Lambda y, y)/4, \quad \varepsilon > 0$$

(für beliebige y aus dem Raum der auf $\bar{\omega}_h$ definierten Gitterfunktionen, die auf γ_h verschwinden) erfüllt ist, was bei $\sigma = (1 + \varepsilon)\, c_2/4$ eintritt.

Den Operator $E + \tau^2(R_1 + R_2)$ ersetzen wir jetzt durch den faktorisierten Operator $(E + \tau^2 R_1)(E + \tau^2 R_2)$ mit $R_\alpha y = -\sigma y_{\bar{x}_\alpha x_\alpha}$ und kommen damit auf das gesuchte Schema

$$(E + \tau^2 R_1)(E + \tau^2 R_2) y_{\bar{t}t} = \Lambda y + \varphi,$$
$$y|_\gamma = \mu, \quad y(x, 0) = u_0(x), \quad y_t(x, 0) = \tilde{u}_0(x)$$

mit $\tilde{u}_0 = \bar{u}_0 + \dfrac{\tau}{2}(Lu + f)|_{t=0}$.

Dieses Schema ist absolut stabil und hat zweite Genauigkeitsordnung in bezug auf τ und $|h|$.

8.3. Verfahren mit summarischer Approximation

8.3.1. Die Aufgabenstellung. Das in Abschnitt 8.1. betrachtete Verfahren der alternierenden Richtungen läßt keine unmittelbare Verallgemeinerung auf den Fall von drei oder mehr Dimensionen und für allgemeine parabolische Gleichungen zu. Was die in Abschnitt 8.2. behandelten faktorisierten ökonomischen Schemata anbetrifft, so sind sie nur anwendbar, wenn das Gebiet ein p-dimensionales Parallelepiped ist.

Es fehlen uns also ökonomische Verfahren, die sich zur Lösung von instationären Aufgaben mit veränderlichen (möglicherweise nur stückweise glatten und von der Lösung abhängigen) Koeffizienten eignen, falls das Gebiet von allgemeiner Form und beliebiger Dimension ist.

Die Verfahren mit summarischer Approximation, denen dieser Abschnitt gewidmet ist, erfüllen die genannten Anforderungen. Die Konstruktion solcher Verfahren führen wir vor allem am Beispiel der ersten Rand-Anfangswertaufgabe für die Wärmeleitungsgleichung vor:

$$\frac{\partial u}{\partial t} = Lu + f(x, t), \quad x = (x_1, x_2, \dots, x_p) \in G, \quad t > 0,$$

$$Lu = \sum_{\alpha=1}^{p} L_\alpha u, \quad L_\alpha u = \frac{\partial}{\partial x_\alpha}\left(k_\alpha(x, t)\frac{\partial u}{\partial x_\alpha}\right), \quad k_\alpha \geqq c_1 > 0, \tag{1}$$

$$u|_\Gamma = \mu(x, t), \quad t \geqq 0, \quad u(x, 0) = u_0(x), \quad x \in \bar{G}. \tag{2}$$

Hier ist G ein allgemeines p-dimensionales Gebiet mit dem Rand Γ, der aber hinreichend glatt sein muß, damit nicht nur die Aufgabe (1), (2) eine glatte Lösung $u(x, t)$ besitzt, sondern diese auch die für unsere Konstruktionen benötigte Anzahl stetiger Ableitungen hat.

Allen ökonomischen Verfahren liegt eine allgemeine algorithmische Idee zugrunde: Die Näherungslösung der mehrdimensionalen Aufgabe wird in einer Reihe von Teilschritten gefunden, wobei jeder einzelne Schritt die Lösung einer einfacheren (zumeist eindimensionalen) Aufgabe bedeutet, zum Beispiel die Lösung einer Differenzen-Randwertaufgabe für ein 3-Punkt-Schema mit der verkürzten Gaußelimination. Diese 3-Punkt-Schemata können dabei als Approximation einer Differentialgleichung mit Ableitungen bezüglich x_α angesehen werden.

Für die verschiedenen weiteren Bezeichnungen und Realisierungen der genannten Idee, einen ökonomischen Algorithmus für eine mehrdimensionale Aufgabe als Kette von Algorithmen für eindimensionale Aufgaben zu konstruieren, verweisen wir auf die bibliografischen Kommentare am Schluß des Buches. Mit dem Begriff „Verfahren mit summarischer Approximation“ zeichnen wir keine besondere Konstruktions- oder Lösungsmethode für Differenzengleichungen aus, sondern dieser Begriff beinhaltet eine neue Auffassung des Differenzenschemas selbst sowie seiner Approximation.

8.3.2. Die summarische Approximation. Eine grundlegende Eigenschaft der üblichen Differenzenverfahren besteht in der Approximation auf der Lösung der zugehörigen Differentialgleichung (vgl. Abschnitt 2.1.6.). Die Ersetzung des traditionellen Approximationsbegriffes durch den schwächeren Begriff der summarischen Approximation vergrößert die Klasse der Aufgaben, die gelöst werden können, wesentlich und führt auf die *additiven Differenzenverfahren*. Diese Verfahren (deren allgemeine Definition wir in Abschnitt 8.3.10. geben) lassen sich kurz durch folgende Angaben charakterisieren:

1) Der Übergang von einer Zeitschicht j zur Schicht $j+1$ erfolgt durch eine Folge von 2-, 3- oder mehrschichtigen Verfahren,

2) der Approximationsfehler des additiven Schemas wird definiert als Summe der Defekte aller zum Übergang auf die neue Schicht verwendeten Verfahren.

Mit Blick auf 2) sagen wir, daß das additive Schema summarische Approximation besitzt. Dabei braucht kein einziges der aufeinanderfolgenden Verfahren die Ausgangsaufgabe zu approximieren; die Approximation ergibt sich durch das Aufsummieren der einzelnen Defekte.

Schon in Kapitel 2. machte sich eine Erweiterung des Approximationsbegriffes erforderlich, als wir Differenzenschemata behandelten, die auf dem räumlichen Gitter die gewünschte Approximationsordnung lokal (in der Maximumnorm) nicht besaßen, wohl aber in einer negativen Norm, also in einem gewissen summarischen Sinne.

Ganz entsprechend kann es auch eintreten, daß ein Schema auf dem Zeitgitter keine lokale Approximation besitzt und daß sich die Approximation durch Summieren der Defekte über mehrere Zeitschichten ergibt.

Wir illustrieren den Begriff summarische Approximation an zwei einfachen Beispielen.

Beispiel 1. Zur Lösung des Anfangswertproblems

$$\frac{du}{dt}+au=0, \quad t>0, \quad u(0)=u_0$$

betrachten wir das Schema

$$\frac{y^{j+1/2}-y^j}{\tau}+a_1y^j=0, \quad \frac{y^{j+1}-y^{j+1/2}}{\tau}+a_2y^{j+1/2}=0\,, \tag{3}$$

$$j=0, 1, 2, \ldots, \quad y^0=u_0, \quad a_1+a_2=a\,,$$

das aus einer Folge von zwei expliziten Verfahren besteht. Wir berechnen die Defekte ψ_1 und ψ_2 jeder einzelnen Differenzengleichung. Mit $y^j=z^j+u^j$, $y^{j+1/2}= =y\left(t_j+\frac{\tau}{2}\right)=z^{j+1/2}+\bar{u}$, $\bar{u}=\frac{1}{2}(u^j+u^{j+1})$ erhalten wir

$$\frac{z^{j+1/2}-z^j}{\tau}+a_1z^j=-\psi_1^j, \quad \frac{z^{j+1}-z^{j+1/2}}{\tau}+a_2z^{j+1/2}=-\psi_2^j,$$

$$\psi_1=\frac{u^{j+1}-u^j}{2\tau}+a_1u^j, \quad \psi_2=\frac{u^{j+1}-u^j}{2\tau}+a_2\,\frac{u^j+u^{j+1}}{2}.$$

Hier setzen wir die Entwicklungen

$$u^{j+1}=u^{j+1/2}+\frac{1}{2}\,\tau\dot{u}^{j+1/2}+\frac{\tau^2}{8}\,\ddot{u}^{j+1/2}+O(\tau^3)\,,$$

$$u^j=u^{j+1/2}-\frac{1}{2}\,\tau\dot{u}^{j+1/2}+\tau^2/8\ddot{u}^{j+1/2}+O(\tau^3)\,,$$

$$u^{j+1/2}=u\left(t_j+\frac{1}{2}\,\tau\right), \quad \dot{u}=\partial u/\partial t, \quad \ddot{u}=\partial^2u/\partial t^2$$

ein und finden

$$\psi_1=\left(\frac{1}{2}\,\dot{u}+a_1u\right)^{j+1/2}-\frac{1}{2}\,a_1\tau\dot{u}^{j+1/2}+O(\tau^2)\,,$$

$$\psi_2=\left(\frac{1}{2}\,\dot{u}+a_2u\right)^{j+1/2}+O(\tau^3)\,.$$

Damit haben wir

$$\psi_1 = O(1); \quad \psi_2 = O(1), \quad \psi_1 + \psi_2 = O(\tau) .$$

Also approximiert keins der aufeinanderfolgenden Verfahren die Ausgangsgleichung; die summarische Approximation ist aber $O(\tau)$.

Beispiel 2. Zu lösen sei das erste Randwertproblem für die Wärmeleitungsgleichung

$$\frac{\partial u}{\partial t} = Lu, \quad Lu = \frac{\partial^2 u}{\partial x^2}, \quad 0 < x < 1, \quad u(0, t) = u_1(t), \quad u(1, t) = u_2(t)$$

mit der Anfangsbedingung $u(x, 0) = u_0(x)$, $0 \leq x \leq 1$.

Wir nehmen das äquidistante Rechteckgitter mit den Schrittweiten h und τ und approximieren den Operator L durch den üblichen Differenzenoperator der zweiten Ableitung Λ. Auf den Zeitschichten mit ungeraden Nummern ersetzen wir die Wärmeleitungsgleichung durch ein explizites Schema, auf den Zeitschichten mit geraden Nummern durch ein implizites Schema mit dem Parameter $\sigma \in [0, 1]$:

$$\frac{y^{2j+1} - y^{2j}}{\tau} = 2(1 - \sigma)\, \Lambda y^{2j}, \quad \frac{y^{2j+2} - y^{2j+1}}{\tau} = 2\sigma \Lambda y^{2j+2}, \tag{4}$$

$j = 0, 1, 2, \ldots$.

Wir berechnen die Defekte:

$$\psi_1 = \frac{u^{2j+1} - u^{2j}}{\tau} - 2(1 - \sigma)\, \Lambda u^{2j},$$

$$\psi_2 = \frac{u^{2j+2} - u^{2j+1}}{\tau} - 2\sigma \Lambda u^{2j+2}.$$

Mit den Entwicklungen

$$u^{2j+2} = u^{2j+1} + \tau \dot{u}^{2j+1} + \frac{1}{2}\tau^2 \ddot{u}^{2j+1} + O(\tau^3),$$

$$u^{2j} = u^{2j+1} - \tau \dot{u}^{2j+1} + \frac{1}{2}\tau^2 \ddot{u}^{2j+1} + O(\tau^3),$$

$$\Lambda u = Lu + O(h^2), \quad Lu = \dot{u}$$

ergibt sich

$$\psi_1 = \mathring{\psi}_1 + \psi_1^*, \quad \psi_2 = \mathring{\psi}_2 + \psi_2^*, \quad \psi_\alpha^* = O(\tau^2 + h^2), \quad \alpha = 1, 2,$$

$$\mathring{\psi}_1 = \left((2\sigma - 1)\, \dot{u} + \left(\frac{3}{2} - 2\sigma\right) \tau \ddot{u}\right)^{2j+1},$$

$$\mathring{\psi}_2 = \left(-(2\sigma - 1)\, \dot{u} + \left(\frac{1}{2} - 2\sigma\right) \tau \ddot{u}\right)^{2j+1}.$$

Also ist einerseits $\psi_1 = O(1)$ und $\psi_2 = O(1)$ bei $\sigma \neq \frac{1}{2}$, andererseits gilt aber

$$\psi = \psi_1 + \psi_2 = O\left(\left(\sigma - \frac{1}{2}\right) \tau + h^2 + \tau^2\right) \quad \text{für beliebiges } \sigma .$$

Wenn wir y^{2j+1} aus den Gleichungen (4) ausschließen, so erhalten wir das übliche gewichtete Schema mit der Schrittweite 2τ:

$$\frac{y^{2j+2}-y^{2j}}{2\tau}=\Lambda(\sigma y^{2j+2}+(1-\sigma)\,y^{2j}), \quad j=0,1,\ldots.$$

Daher ist es naheliegend, in Gleichung (4) den Zeitschritt zu halbieren und y^{2j} durch y^j zu ersetzen usw.:

$$\frac{y^{j+1/2}-y^j}{\tau}=(1-\sigma)\,\Lambda y^j, \qquad \frac{y^{j+1}-y^{j+1/2}}{\tau}=\sigma\Lambda y^{j+1}.$$

Hier geschieht nun der Übergang von der Schicht j zur Schicht $j+1$ in zwei Teilschritten, durch ein explizites und ein implizites Verfahren.

Im zweiten Beispiel (wie natürlich auch im ersten) ist also der Zwischenwert leicht eliminiert, wonach sich ein Schema „in ganzen Schritten" ergibt, das die Ausgangsgleichung approximiert; beide Beispiele sollten auch nur den Begriff der summarischen Approximation illustrieren. In komplizierteren Fällen sind die Elimination der Zwischenwerte und der Übergang zum Ganzschrittschema nicht immer möglich und für theoretische Untersuchungen oft unzweckmäßig.

8.3.3. Die Überführung einer mehrdimensionalen Aufgabe in eine Folge eindimensionaler Aufgaben. Gegeben sei die mehrdimensionale Gleichung

$$\frac{\partial u}{\partial t}=Lu+f(x,t), \quad 0\leqq t\leqq T, \quad u(x,0)=u_0(x), \tag{5}$$

$$x=(x_1, x_2, \ldots, x_p)$$

mit dem linearen Differentialoperator L der Form (1). Der Punkt x durchlaufe ein p-dimensionales Gebiet G mit dem Rand Γ, auf dem (einfachheitshalber) homogene erste Randbedingungen gestellt seien.

Der Ansatzpunkt für die Konstruktion ökonomischer Verfahren ist eine Darstellung von L als Summe von Operatoren einfacherer Struktur,

$$L=L_1+L_2+\ldots+L_p.$$

So bezeichnen die L_α im Falle des Δ-Operators die „eindimensionalen" Operatoren der zweiten Ableitung nach x_α.

Die Gleichung (5) oder

$$\mathcal{P}u=\frac{\partial u}{\partial t}-Lu-f(x,t)=0$$

können wir dann in der Form

$$\sum_{\alpha=1}^{p}\mathcal{P}_\alpha u=0, \quad \mathcal{P}_\alpha u=\frac{1}{p}\frac{\partial u}{\partial t}-L_\alpha u-f_\alpha \tag{6}$$

schreiben, wo die $f_\alpha(x,t)$ beliebige Funktionen sind, die die gleichen Differenzierbarkeitseigenschaften wie f haben und der Normierungsbedingung

$$f_1+f_2+\ldots+f_p=f$$

genügen. Wir ordnen der mehrdimensionalen Aufgabe (6) nun eine erste Folge eindimensionaler Gleichungen zu.

Auf dem Intervall $0\leqq t\leqq T$ führen wir das äquidistante Gitter $\bar{\omega}_\tau$ mit der Schrittweite $\tau = T/j_0$ ein und unterteilen jedes Teilintervall $(t_j, t_{j+1}]$ in p weitere Teilintervalle $\Delta_\alpha = (t_{j+(\alpha-1)/p}, t_{j+\alpha/p}]$, $t_{j+\alpha/p} = t_j + \alpha\tau/p$, $\alpha = 1, \dots, p$.

Wir lösen nacheinander die Gleichungen

$$\mathcal{P}_\alpha v_{(\alpha)} = 0, \quad x \in G, \quad t \in \Delta_\alpha, \quad \alpha = 1, 2, \dots, p, \tag{7}$$

mit den Anfangswerten

$$v_{(1)}(x, 0) = u_0(x), \quad v_{(\alpha)}(x, t_{j+(\alpha-1)/p}) = v_{(\alpha-1)}(x, t_{j+(\alpha-1)/p}), \tag{8}$$
$$\alpha = 1, 2, \dots p.$$

Als Lösung dieser Aufgabe sehen wir die Werte $v(x, t_j) = v_{(p)}(x, t_j)$ an, wobei j von 0 bis j_0 läuft.

Jede der Gleichungen $\mathcal{P}_\alpha v_{(\alpha)} = 0$, d. h.

$$\frac{1}{p} \frac{\partial v_{(\alpha)}}{\partial t} = L_\alpha v_{(\alpha)} + f_\alpha, \quad \alpha = 1, 2, \dots, p,$$

ersetzen wir durch ein Differenzenschema (indem wir $\partial u/\partial t$ und $L_\alpha u$ durch entsprechende Differenzenausdrücke auf ω_τ bzw. dem Ortsgitter ω_h mit den Schrittweiten $h_1, \dots, h_p$ approximieren):

$$\Pi_\alpha y_{(\alpha)} = 0, \quad \alpha = 1, 2, \dots, p. \tag{9}$$

Im einfachsten Falle ist das ein die Werte $y_{(\alpha)} = y^{j+\alpha/p}$ und $y_{(\alpha-1)} = y^{j+(\alpha-1)/p}$ verbindendes 2-Schicht-Schema, z. B. das gewichtete Schema

$$\frac{y^{j+\alpha/p} - y^{j+(\alpha-1)/p}}{\tau} = \Lambda_\alpha(\sigma_\alpha y^{j+\alpha/p} + (1 - \sigma_\alpha)\, y^{j+(\alpha-1)/p}) + \varphi^{j+\alpha/p}$$

mit dem Parameter σ_α und mit $\Lambda_\alpha \sim L_\alpha$.

Dabei approximiert jedes einzelne Verfahren (9) die entsprechende Gleichung (7) im üblichen Sinne, so daß also

$$\Psi_\alpha = \Pi_\alpha u^{j+\alpha/p} - (\mathcal{P}_\alpha u)^{j+\alpha/p}$$

in einer geeigneten Norm bei $\tau \to 0$ und $h_\alpha \to 0$ gegen null strebt.

Das System aller Differenzengleichungen (9) ist nun ein additives Schema: Ist nämlich $\psi_\alpha = \Pi_\alpha u^{j+\alpha/p}$ der Defekt einer einzelnen Gleichung (9), so gilt

$$\psi_\alpha = (\mathcal{P}_\alpha u)^{j+\alpha/p} + \Psi_\alpha, \tag{10}$$

und mit $(\mathcal{P}_\alpha u)^{j+\alpha/p} = (\mathcal{P}_\alpha u)^{j+1/2} + O(\tau)$ erhalten wir

$$\psi_\alpha = \mathring{\psi}_\alpha + \psi_\alpha^*, \quad \mathring{\psi}_\alpha = (\mathcal{P}_\alpha u)^{j+1/2}$$

mit $\|\psi_\alpha^*\| \to 0$ für $\tau \to 0$, $|h| \to 0$, wobei $\|\cdot\|$ eine Norm im Raum der auf $\bar{\omega}_h$ definierten Gitterfunktionen ist. Also wird

$$\sum_{\alpha=1}^{p} \mathring{\psi}_\alpha = 0, \quad \|\psi\| = \left\| \sum_{\alpha=1}^{p} \psi_\alpha \right\| \to 0 \quad \text{für} \quad \tau \to 0, \quad |h| \to 0,$$

d. h., *das Schema (9) besitzt die Eigenschaft der summarischen Approximation, wenn jedes einzelne Schema (9) die entsprechende Gleichung (7) im gewöhnlichen Sinne approximiert.*

Die Frage nach der Genauigkeit des additiven Schemas (9) reduziert sich wegen

$$\|y^j - u^j\| \leq \|y^j - v^j_{(p)}\| + \|v^j_{(p)} - u^j\|$$

faktisch auf eine Abschätzung der Differenz zwischen den Lösungen der Ausgangsaufgabe (6) und der Folge von Aufgaben (7), (8).

Außer den Aufgaben (7), (8) kann man auch noch eine zweite Folge von Gleichungen betrachten:

$$\frac{\partial v_{(\alpha)}}{\partial t} = L_\alpha v_{(\alpha)} + f_\alpha, \quad x \in G, \quad t_j < t \leqq t_{j+1}, \tag{11}$$

wobei die Zusatzbedingungen jetzt wie folgt lauten:

$$\begin{aligned} &v_{(\alpha)}(x, t_j) = v_{(\alpha-1)}(x, t_{j+1}), \quad \alpha = 2, 3, \dots p\,. \\ &v_{(1)}(x, t_j) = v(x, t_j), \quad j = 1, 2, \dots, \quad v_{(1)}(x, 0) = u_0(x)\,. \end{aligned} \tag{12}$$

Die Lösung dieser Aufgabe ist die Funktion $v(x, t) = v_{(p)}(x, t)$. Im Unterschied zur ersten Folge eindimensionaler Gleichungen (7), (8) wird hier jede einzelne Gleichung auf dem Teilintervall $[t_j, t_{j+1}]$ gelöst. In einigen Spezialfällen haben dennoch beide Aufgaben (7), (8) und (11), (12) dieselben Lösungen (z. B. falls $f_\alpha \equiv 0$ und L_α unabhängig von t ist für alle α, $\alpha = 1, \dots, p$).

Beide Folgen (7), (8) und (11), (12) besitzen die Eigenschaft der summarischen Approximation auf der Lösung $u(x, t)$ der Aufgabe (6), was wir für die erste Folge im Grunde genommen auch schon vorgeführt haben: Es genügt, in Gleichung (10) $\Psi_\alpha = 0$ zu setzen. Daher können wir sagen, daß die summarische Approximation des additiven Schemas (9) so zustandekommt, daß jedes einzelne Schema (9) die entsprechende Gleichung in (7) im üblichen Sinne approximiert und die Folge (7), (8) die Aufgabe (6) im summarischen Sinne.

Die Darstellungen von L und f, die die summarische Approximation beider Folgen (7) und (11) ermöglichten, nämlich

$$L = L_1 + \dots + L_p \quad \text{und} \quad f = f_1 + \dots + f_p\,,$$

brauchen übrigens nur bis auf Größen der Ordnung $O(\tau)$ zu gelten.

So wie wir oben einen Differentialoperator L_α, der nur Ableitungen nach x_α enthält, eindimensional genannt hatten, sprechen wir auch bei den einzelnen Gleichungen (9) von eindimensionalen Gleichungen und nennen das ganze System (9) auch *lokal eindimensionales Schema*, abgekürzt LES.

Im Abschnitt 8.3.5. werden wir ein lokal eindimensionales Schema für die Wärmeleitungsgleichung konstruieren.

8.3.4. Beispiele für die Überführung einer mehrdimensionalen Aufgabe in eine Folge eindimensionaler Aufgaben. Es gibt eine Klasse von Anfangswertaufgaben, für die die Lösungen der Aufgaben (7) oder (11) auf dem Gitter ω_τ mit der exakten Lösung der mehrdimensionalen Aufgabe (5) übereinstimmen.

Beispiel 1. Wir betrachten wieder die Aufgabe

$$\frac{du}{dt} + au(t) = 0, \quad t \geqq 0, \quad u(0) = u_0$$

mit der Lösung $u(t) = u_0 e^{-at}$. Bei $a = a_1 + a_2$ lauten die Gleichungen der zweiten Folge (11), (12):

$$\frac{dv_{(1)}}{dt} + a_1 v_{(1)}(t) = 0, \quad v_{(1)}(0) = u_0, \quad 0 \leqq t \leqq t^*\,,$$

$$\frac{dv_{(2)}}{dt} + a_2 v_{(2)}(t) = 0, \quad v_{(2)}(0) = v_{(1)}(t^*), \quad 0 \leqq t \leqq t^*\,,$$

wobei t^* eine beliebige positive Zahl sein kann. Die Lösungen sind $v_{(1)}(t) = u_0 e^{-a_1 t}$, $v_{(2)}(t) = v_{(1)}(t^*)\, e^{-a_2 t} = u_0 e^{-a_2 t - a_1 t^*}$, also gilt $v_{(2)}(t^*) = u(t^*)$.

Beispiel 2. Die Anfangswertaufgabe für die Transportgleichung

$$\frac{\partial u}{\partial t} + L_1 u + L_2 u = 0, \quad L_\alpha u = \frac{\partial u}{\partial x_\alpha}, \quad \alpha = 1, 2,$$
$$-\infty < x_\alpha < \infty, \quad t \geqq 0, \quad u(x, 0) = \mu(x)$$

hat die Lösung $u(x, t) = \mu(x_1 - t, x_2 - t)$, d. h. eine laufende Welle, wenn $\mu(x)$ z. B. stetig differenzierbar ist. Dann besitzt die erste der Gleichungen

$$\frac{\partial v_{(1)}}{\partial t} + \frac{\partial v_{(1)}}{\partial x_1} = 0, \quad 0 < t \leqq t^*, \quad v_{(1)}(x, 0) = \mu(x),$$
$$\frac{\partial v_{(2)}}{\partial t} + \frac{\partial v_{(2)}}{\partial x_2} = 0, \quad 0 < t \leqq t^*, \quad v_{(2)}(x, 0) = v_{(1)}(x, t^*)$$

die Lösung $v_{(1)}(x, t) = \mu(x_1 - t, x_2)$, und hieraus und aus der zweiten Gleichung folgt $v_{(2)}(x, t) = \mu(x_1 - t^*, x_2 - t)$, so daß wieder $v_{(2)}(x, t^*) = u(x, t^*)$ gilt.

Beispiel 3. Nun betrachten wir die Anfangswertaufgabe für die Wärmeleitungsgleichung

$$\frac{\partial u}{\partial t} = (L_1 + L_2 + L_3)\, u, \quad L_\alpha u = \frac{\partial^2 u}{\partial x_\alpha^2}, \quad \alpha = 1, 2, 3, \tag{13}$$
$$-\infty < x_\alpha < \infty, \quad t \geqq 0, \quad u(x, 0) = u_0(x),$$

deren Lösung sich in der Gestalt

$$u(x, t) = u(x_1, x_2, x_3, t) \tag{14}$$
$$= \int_{-\infty}^{\infty} \int_{-\infty}^{\infty} \int_{-\infty}^{\infty} G(x_1, x_2, x_3; \xi_1, \xi_2, \xi_3, t)\, u_0(\xi_1, \xi_2, \xi_3)\, d\xi_1\, d\xi_2\, d\xi_3$$

schreiben läßt. Hier ist G die Greensche Funktion

$$G(x_1, x_2, x_3; \xi_1, \xi_2, \xi_3, t) = G_0(x_1, \xi_1, t)\, G_0(x_2, \xi_2, t)\, G_0(x_3, \xi_3, t),$$
$$G_0(x_\alpha, \xi_\alpha, t) = \exp\left(-(x_\alpha - \xi_\alpha)^2/4t\right)/(2\sqrt{\pi t}), \quad \alpha = 1, 2, 3.$$

G_0 seinerseits ist die Greensche Funktion für die Anfangswertaufgabe der eindimensionalen Wärmeleitungsgleichung.

Die eindimensionalen Aufgaben der Folge (11), (12) lauten hier

$$\frac{\partial v_{(1)}}{\partial t} = L_1 v_{(1)}, \quad \frac{\partial v_{(2)}}{\partial t} = L_2 v_{(2)}, \quad \frac{\partial v_{(3)}}{\partial t} = L_3 v_{(3)},$$
$$0 < t \leqq t^*, \quad v_{(1)}(x, 0) = u_0(x), \quad v_{(2)}(x, 0) = v_{(1)}(x, t^*),$$
$$v_{(3)}(x, 0) = v_{(2)}(x, t^*).$$

Die Lösungen dazu sind

$$v_{(1)}(x, t) = \int_{-\infty}^{\infty} G_0(x_1, \xi_1, t)\, v_{(1)}(\xi_1, x_2, x_3, 0)\, d\xi_1,$$

$$v_{(2)}(x, t) = \int_{-\infty}^{\infty} G_0(x_2, \xi_2, t)\, v_{(2)}(x_1, \xi_2, x_3, 0)\, d\xi_2,$$

$$v_{(3)}(x, t) = \int_{-\infty}^{\infty} G_0(x_3, \xi_3, t)\, v_{(3)}(x_1, x_2, \xi_3, 0)\, d\xi_3.$$

Setzen wir hier die Anfangswerte ein, $v_{(1)}(\xi_1, x_2, x_3, 0) = u_0(\xi_1, x_2, x_3)$, $v_{(2)}(x_1, \xi_2, x_3, 0) = v_{(1)}(x_1, \xi_2, x_3, t^*)$ und $v_{(3)}(x_1, x_2, \xi_3, 0) = v_{(2)}(x_1, x_2, \xi_3, t^*)$, so ergibt sich für $v_{(3)}(x, t^*)$ ein Ausdruck, der mit $u(x, t^*)$ nach Formel (14) übereinstimmt.

Diese Eigenschaft ist hier also eine Folge der Produktdarstellung der Greenschen Funktion G der mehrdimensionalen Aufgabe (13) durch die Greenschen Funktionen $G_0(x_\alpha, \xi_\alpha, t)$ der entsprechenden eindimensionalen Aufgaben. Eine solche Produktdarstellung gilt auch für die erste Randwertaufgabe der Wärmeleitungsgleichung im Parallelepiped $\{0 \leqq x_\alpha \leqq l_\alpha, \alpha = 1, 2, 3\}$ bei homogenen Randwerten, so daß auch in diesem Falle $u(x, t^*) = v_{(3)}(x, t^*)$ erfüllt ist.

Offensichtlich fallen die Werte von $v_{(p)}(x, t)$ und $u(x, t)$ nicht nur für t^* zusammen, sondern auch für alle Punkte eines vorgegebenen Zeitgitters ω_τ.

Die Beispiele 2 und 3 zeigen, daß es räumlich verlaufende Prozesse gibt, die man in eine Folge von längs der Koordinatenrichtungen verlaufenden (räumlich) eindimensionalen Prozessen zerlegen kann. Die dreidimensionale Wärmeleitungsaufgabe im gesamten Raum (oder im Parallelepiped mit der Temperatur 0 auf allen Seitenflächen) läßt sich danach wie folgt modellieren: Im Moment $t = t_0$ sei die Anfangsverteilung der Temperatur vorhanden. In diesem Moment t_0 setzen wir senkrecht zu den Richtungen x_2 und x_3 wärmeundurchlässige Querwände ein, lassen die Wärme sich also nur in x_1-Richtung ausbreiten. Im Moment $t_0 + \Delta t$ vertauschen wir die Rollen der Richtungen x_1 und x_2, und vom Moment $t_0 + 2\Delta t$ an lassen wir die Wärmeausbreitung nur in der Richtung x_3 zu. Im Ergebnis erhalten wir dann zur Zeit $t_0 + 3\Delta t$ dieselbe Temperaturverteilung wie bei dreidimensionaler Wärmeausbreitung (d. h. gleichzeitig in allen drei Richtungen x_α) im Moment $t_0 + \Delta t$. Im Verlgeich zum realen physikalischen Prozeß dauert daher die Wärmeausbreitung, zerlegt in drei aufeinanderfolgende eindimensionale Prozesse, dreimal so lange.

Für ein inhomogenes Medium hat der Operator L in Gleichung (11) die Gestalt

$$L_\alpha u = \frac{\partial}{\partial x_\alpha} \left(k_\alpha(x) \frac{\partial u}{\partial x_\alpha} \right),$$

und dann fallen $v_{(p)}(x, t^*)$ und $u(x, t^*)$ nicht zusammen, sondern es gilt $v_{(p)}(x, t^*) = u(x, t^*) + O(t^*)$.

8.3.5. Ein lokal eindimensionales Schema (LES) für die Wärmeleitungsgleichung in einem allgemeinen Gebiet. Mit Hilfe der Zerlegung mehrdimensionaler Aufgaben in Folgen eindimensionaler lassen sich ökonomische additive Differenzenverfahren für parabolische Gleichungen in komplizierten Gebieten konstruieren. Wir führen die Einzelheiten der Konstruktion und Untersuchung eines solchen Schemas für die in einem p-dimensionalen Gebiet $\bar{G}$ gestellte erste Rand-Anfangswertaufgabe der Wärmeleitungsgleichung vor.

Es sei also die Aufgabe

$$\frac{\partial u}{\partial t} = Lu + f(x, t), \quad L = \sum_{\alpha=1}^{p} L_\alpha, \quad (x, t) \in Q_T, \tag{15}$$
$$u|_\Gamma = \mu(x, t), \quad t \geqq 0, \quad u(x, 0) = u_0(x), \quad x \in \bar{G},$$

im Zylinder $\bar{Q}_T = \bar{G} \times [0 \leqq t \leqq T]$ zu lösen. Hier ist Γ der Rand des Gebietes G, der Operator L sei einfachheitshalber der Laplaceoperator Δ, es gelte also $L_\alpha u = \partial^2 u / \partial x_\alpha^2$, $\alpha = 1, \ldots, p$. Wir setzen voraus, daß die Aufgabe (15) eine eindeutige und hinreichend glatte Lösung $u(x, t)$ besitzt, $x = (x_1, \ldots, x_p)$.

Wie in Abschnitt 4.1. nehmen wir bezüglich des Gebietes $\bar{G}$ an, daß erstens der Durchschnitt des Gebietes $\bar{G}$ mit einer beliebigen achsenparallelen Geraden C_α nur aus einer endlichen Anzahl von Intervallen besteht und daß zweitens in $\bar{G}$ ein zusammenhängendes Gitter $\bar{\omega}_h$ mit den Schrittweiten $h_1, \ldots, h_p$ konstruiert werden kann.

Die Menge ω_h der inneren Gitterpunkte besteht dann aus den Schnittpunkten $x \in G$ der Hyperebenen $x_\alpha = i_\alpha h_\alpha$, $i_\alpha = 0, \pm 1, \pm 2, \ldots, \alpha = 1, \ldots, p$. Die Menge γ_h der Randpunkte umfaßt die Schnittpunkte der durch Punkte von ω_h verlaufenden achsenparallelen Geraden C_α mit dem Gebietsrand Γ.

Wie in Abschnitt 4.1. führen wir weiter die Mengen $\gamma_{h,\alpha}$ der in Richtung von x_α liegenden Punkte von γ_h ein, sowie die Mengen $\omega_{h,\alpha}^*$ der bezüglich der Richtung x_α randnahen Gitterpunkte, die Menge ω_h^* aller randnahen Punkte, die Mengen $\omega_{h,\alpha}^{**}$ der bezüglich der Richtung x_α nichtregulären Punkte, die Menge ω_h^{**} aller nichtregulären Punkte und schließlich die Menge $\mathring{\omega}_h = \omega_h / \omega_h^{**}$ aller regulären Punkte.

Den Operator L_α approximieren wir im Punkt x auf dem 3-Punkt-Stern $\{x^{(-1_\alpha)}, x, x^{(+1_\alpha)}\}$ durch einen der folgenden Differenzenoperatoren:

a) in regulären Punkten

$$\Lambda_\alpha y = y_{\bar{x}_\alpha x_\alpha} = \frac{1}{h_\alpha^2} \left(y^{(+1_\alpha)} - 2y + y^{(-1_\alpha)}\right), \tag{16}$$

b) in nichtregulären Punkten

$$\Lambda_\alpha y = y_{\bar{x}_\alpha \hat{x}_\alpha} = \begin{cases} \dfrac{1}{h_\alpha} \left(\dfrac{y^{(+1_\alpha)} - y}{h_\alpha} - \dfrac{y - y^{(-1_\alpha)}}{h_\alpha^*} \right), & x^{(-1_\alpha)} \in \gamma_{h,\alpha}, \\ \dfrac{1}{h_\alpha} \left(\dfrac{y^{(+1_\alpha)} - y}{h_\alpha^*} - \dfrac{y - y^{(-1_\alpha)}}{h_\alpha} \right), & x^{(+1_\alpha)} \in \gamma_{h,\alpha}, \end{cases} \tag{17}$$

wobei h_α^* die Entfernung vom nichtregulären Punkt x bis zum jeweiligen Randpunkt $x^{(+1_\alpha)}$ oder $x^{(-1_\alpha)}$ ist. Wenn der Fall eintritt, daß beide Nachbarpunkte von $x \in \omega_{h,\alpha}^*$ Randpunkte sind, $x^{(\pm 1_\alpha)} \in \gamma_{h,\alpha}$, so lautet die Differenzenapproximation von L_α

$$\Lambda_\alpha y = \frac{1}{h_\alpha} \left(\frac{y^{(+1_\alpha)} - y}{h_{\alpha+}^*} - \frac{y - y^{(-1_\alpha)}}{h_{\alpha-}^*} \right) \tag{18}$$

mit der Entfernung $h_{\alpha\pm}^* \leqq h_\alpha$ zwischen x und $x^{(\pm 1_\alpha)}$. Dieser letzte Ausdruck für $\Lambda_\alpha y$ ist auch der allgemeingültige: Für einen regulären Punkt x gilt $h_{\alpha+} = h_{\alpha-} = h_\alpha$, womit wir die Formel (16) zurückerhalten.

In regulären Punkten gilt $\Lambda_\alpha u - L_\alpha u = O(h^2)$, in nichtregulären Punkten $\Lambda_\alpha u - L_\alpha u = O(1)$.

Wir kommen nun zur Beschreibung des LES, des lokal eindimensionalen Schemas.

Auf dem Intervall $0 \leqq t \leqq T$ führen wir das Zeitgitter ω_τ mit der äquidistanten Schrittweite $\tau = T/j_0$ ein. Es seien f_α Funktionen wie in Abschnitt 8.3.3. mit $f = f_1 + \ldots + f_p$. Die mehrdimensionale Aufgabe (15) ersetzen wir zunächst durch die Folge eindimensionaler Wärmeleitungsgleichungen

$$\frac{1}{p} \frac{\partial v_{(\alpha)}}{\partial t} = L_\alpha v_{(\alpha)} + f_\alpha \quad \text{für} \quad t_{j+(\alpha-1)/p} < t \leqq t_{j+\alpha/p}, \tag{19}$$
$$\alpha = 1, 2, \ldots, p; \quad x \in G,$$

mit den Zusatzbedingungen

$$\begin{aligned} &v_{(1)}(x, 0) = u_0(x), \quad v_{(\alpha)}(x, t_{j+(\alpha-1)/p}) = v_{(\alpha-1)}(x, t_{j+(\alpha-1)/p}), \\ &\alpha = 1, 2, \ldots, p, \quad v_{(\alpha)} = \mu(x, t) \quad \text{bei} \quad x \in \Gamma_\alpha, \end{aligned} \tag{20}$$

wobei $t_{j+\alpha/p} = (j + \alpha/p)\tau$ ist.

Randbedingungen für die Zwischenwerte brauchen im allgemeinen nicht auf dem ganzen Rand Γ, sondern nur auf dem Teil Γ_α gestellt zu werden, der aus allen Schnittpunkten von solchen zur Richtung x_α parallelen Geraden C_α mit Γ besteht, für die $C_\alpha \cap G \neq \emptyset$ gilt. Es ist $\gamma_{h,\alpha} \subset \Gamma_\alpha$, vgl. auch Abschnitt 4.1. Im Falle eines Parallelepipeds $\bar{G} = \{0 \leqq x_\alpha \leqq l_\alpha, \ \alpha = 1, \ldots, p\}$ wird Γ_α von den Seitenflächen $x_\alpha = 0$ und $x_\alpha = l_\alpha$ gebildet.

Indem wir jede einzelne Gleichung (19) auf ihrem Teilintervall $t_{j+(\alpha-1)/p} < t \leqq t_{j+\alpha/p}$ durch ein gewichtetes 2-Schicht-Schema approximieren, erhalten wir eine Folge aus p eindimensionalen Verfahren, die wir LES nennen:

$$\frac{y^{j+\alpha/p} - y^{j+(\alpha-1)/p}}{\tau} = \Lambda_\alpha(\sigma_\alpha y^{j+\alpha/p} + (1 - \sigma_\alpha)\, y^{j+(\alpha-1)/p}) + \varphi_\alpha^{j+\alpha/p},$$

$$\alpha = 1, 2, \ldots, p, \quad x \in \omega_h.$$

Hier können die σ_α beliebige Zahlen aus dem Intervall [0, 1] sein. Im weiteren werden wir nur den Fall $\sigma_\alpha = 1$ betrachten, also das rein implizite LES

$$\frac{y^{j+\alpha/p} - y^{j+(\alpha-1)/p}}{\tau} = \Lambda_\alpha y^{j+\alpha/p} + \varphi_\alpha^{j+\alpha/p}, \quad \alpha = 1, 2, \ldots, p, \quad x \in \omega_h. \tag{21}$$

Zu diesen Differenzengleichungen kommen noch folgende Randbedingungen:

$$\begin{aligned} &y^{j+\alpha/p} = \mu^{j+\alpha/p}, \quad x \in \gamma_{h,\alpha}, \quad j = 0, 1, \ldots, j_0, \\ &\alpha = 1, 2, \ldots, p \end{aligned} \tag{22}$$

und die Anfangsbedingung

$$y(x, 0) = u_0(x). \tag{23}$$

Wie weiter unten zu sehen ist, können wir $\varphi_\alpha^{j+\alpha/p} = f_\alpha(x, t_\alpha^*)$ und $\mu^{j+\alpha/p} = \mu(x, t_\alpha^{**})$ setzen, wo t_α^* und t_α^{**} beliebige Momente aus dem Intervall $[t_j, t_{j+1}]$ sind, ohne die Genauigkeit zu beeinträchtigen. Wir wählen speziell $t_\alpha^* = t_{j+1/2}$, $t_\alpha^{**} = t_{j+\alpha/p}$:

$$\varphi_\alpha^{j+\alpha/p} = f_\alpha(x, t_{j+1/2}), \quad \mu^{j+\alpha/p} = \mu(x, t_{j+\alpha/p}), \quad \alpha = 1, 2, \ldots, p.$$

Nun sei y^j schon bekannt. Um den Lösungswert y^{j+1} auf der neuen Schicht zu finden, müssen wir die Gleichungen (21) mit den Randbedingungen (22) nacheinander für $\alpha = 1, 2, \ldots, p$ lösen. Dabei hat die Differenzen-Randwertaufgabe zur Bestimmung von $y^{j+\alpha/p}$ die Gestalt

$$\begin{aligned} &A_{i_\alpha} y_{i_\alpha-1}^{j+\alpha/p} - C_{i_\alpha} y^{j+\alpha/p} + A_{i_\alpha+1} y_{i_\alpha+1}^{j+\alpha/p} = -F_\alpha^{j+\alpha/p} \quad \text{für} \quad x \in \omega_h, \\ &y^{j+\alpha/p} = \mu^{j+\alpha/p} \quad \text{für} \quad x \in \gamma_{h,\alpha}. \end{aligned} \tag{24}$$

Hier haben wir nur die unteren Indizes hingeschrieben, die sich ändern. Die Gleichungen (24) sind für alle in G liegenden Abschnitte der achsenparallelen Geraden C_α zu lösen, die Punkte von ω_h enthalten. Dazu benutzen wir die verkürzte Gaußelimination und haben einen Gesamtaufwand an Rechenoperationen, der der Anzahl der Punkte von ω_h proportional ist. Nun setzen wir in (24) nacheinander $\alpha = 1, \ldots, p$, womit die Richtungen der Geraden C_α nacheinander alle Koordinatenrichtungen durchlaufen, und erhalten $y^{j+1/p}, \ldots, y^{j+\alpha/p}, \ldots$ und schließlich

y^{j+1} mit einem Aufwand pro Gitterpunkt, der beschränkt und von den Diskretisierungsgrößen nicht abhängig ist.

Das LES (21)–(23) ist daher ökonomisch.

8.3.6. Der Approximationsfehler des LES. Wir untersuchen jetzt den Approximationsfehler (oder auch: den Defekt) des LES und überzeugen uns, daß keine der einzelnen Gleichungen (21) die Ausgangsgleichung (15) approximiert, daß aber die Summe $\psi = \psi_1 + \ldots + \psi_p$ aller einzelnen Approximationsfehler mit $\tau \to 0$ und $|h| \to 0$ gegen null strebt.

Es sei $\{y^{j+\alpha/p}\}$ die Lösung der Aufgabe (21)–(23), und $u(x, t)$ sei die Lösung des Ausgangsproblems (15), wobei wir an $L_\alpha u = \partial^2 u/\partial x_\alpha^2$ erinnern. Der uns interessierende Fehler des LES ist $z^{j+1} = y^{j+1} - u^{j+1}$; die Zwischenwerte $y^{j+\alpha/p}$ werden wir mit $u^{j+\alpha/p} = u(x, t_{j+\alpha/p})$ vergleichen und setzen daher $z^{j+\alpha/p} = y^{j+\alpha/p} - u^{j+\alpha/p}$. Durch Einsetzen von $y^{j+\alpha/p} = z^{j+\alpha/p} + u^{j+\alpha/p}$ in (21)–(23) ergeben sich für die Größen $z^{j+\alpha/p}$ die Aufgaben

$$\frac{z^{j+\alpha/p} - z^{j+(\alpha-1)/p}}{\tau} = \Lambda_\alpha z^{j+\alpha/p} + \psi_\alpha^{j+\alpha/p}, \tag{25}$$

$$j = 0, 1, \ldots, j_0, \quad \alpha = 1, 2, \ldots, p,$$

$$z^{j+\alpha/p} = 0 \quad \text{für} \quad x \in \gamma_{h,\alpha}, \quad z(x, 0) = 0$$

mit

$$\psi_\alpha^{j+\alpha/p} = \Lambda_\alpha u^{j+\alpha/p} + \varphi_\alpha^{j+\alpha/p} - \frac{u^{j+\alpha/p} - u^{j+(\alpha-1)/p}}{\tau}.$$

Wir führen nun die Größen $\mathring{\psi}_\alpha$ ein,

$$\mathring{\psi}_\alpha = \left(L_\alpha u + f_\alpha - \frac{1}{p}\frac{\partial u}{\partial t}\right)^{j+1/2}, \tag{26}$$

haben dann

$$\sum_{\alpha=1}^{p} \mathring{\psi}_\alpha = 0 \quad \text{wegen} \quad \sum_{\alpha=1}^{p} f_\alpha = f$$

und erhalten für $\psi_\alpha^{j+\alpha/p}$ unter Fortlassung des oberen Indexes

$$\psi_\alpha = \mathring{\psi}_\alpha + \psi_\alpha^*$$

mit

$$\psi_\alpha^* = (\Lambda_\alpha u^{j+\alpha/p} - L_\alpha u^{j+1/2}) + (\varphi_\alpha^{j+\alpha/p} - f_\alpha^{j+1/2}) - \left(\frac{u^{j+\alpha/p} - u^{j+(\alpha-1)/p}}{\tau} - \frac{1}{p}\left(\frac{\partial u}{\partial t}\right)^{j+1/2}\right).$$

Aus der Definition von Λ_α und φ_α folgt

$$\psi_\alpha^* = O(h_\alpha^2 + \tau) \quad \text{für reguläre Punkte},$$

$$\psi_\alpha^* = O(1) \quad \text{für nichtreguläre Punkte},$$

also gilt auch

$$\psi = \sum_{\alpha=1}^{p} \psi_\alpha = \sum_{\alpha=1}^{p} \psi_\alpha^* = O(\tau + |h|^2) \text{ in regulären Punkten}$$

und $\psi = O(1)$ in nichtregulären Punkten; in den regulären Punkten von ω_h besitzt das LES damit eine summarische Approximation der Ordnung $O(\tau + |h|^2)$.

8.3.7. Zur Stabilität des LES. Wir wollen zeigen, daß aus der summarischen Approximation des LES seine gleichmäßige Konvergenz mit der Geschwindigkeit $O(\tau+|h|^2)$ folgt. Dazu benötigen wir eine a-priori-Abschätzung in der Maximumnorm, die die Stabilität des LES in bezug auf die Randbedingungen und die rechten Seiten ausdrückt. Diese Abschätzung erhalten wir aus dem Maximumprinzip, das in Abschnitt 4.2. für allgemeine Differenzengleichungen

$$A(P)\,y(P)=\sum_{Q\in S'(P)} B(P,Q)\,y(Q)+F(P), \quad P\in\omega,$$

$$y(P)=\mu(P), \quad P\in\gamma,$$

bewiesen wurde. Hier sind P und Q Punkte des zusammenhängenden Gitters $\omega+\gamma$, und $S'(P)$ ist die Umgebung von P (bis auf den Punkt P selbst). Hinsichtlich der Koeffizienten A und B waren die Bedingungen

$$A(P)>0, \quad B(P,Q)>0,$$

$$D(P)=A(P)-\sum_{Q\in S'(P)} B(P,Q)\geqq 0$$

vorausgesetzt worden. Aus den Sätzen von Abschnitt 4.2. kann man für unsere Aufgabe (21)–(23) folgendes Ergebnis herleiten:

Satz 1. *Das lokal eindimensionale Schema* (21)–(23) *ist stabil in der Maximumnorm bezüglich der Anfangswerte, der Randwerte und der rechten Seiten. Für die Lösung der Aufgabe* (21)–(23) *gilt bei beliebigen τ und $h=\max_{1\leqq\alpha\leqq p} h_\alpha$ die Abschätzung*

$$\|y^j\|_C\leqq\|u_0\|_C+\max_{0<t'\leqq j\tau}\|\mu(x,t')\|_{C_\gamma}$$

$$+\max_{0\leqq t'\leqq j\tau} h^2\|\varphi(x,t')\|_{C^*}+\sum_{j'=0}^{j-1}\tau\sum_{\alpha=1}^{p}\|\overset{\circ}{\varphi}{}_\alpha^{j'+\alpha/p}\|_{\overset{\circ}{C}}$$

mit

$$t'=t_{j'+\alpha/p}, \quad \varphi(x,t')=\varphi_\alpha^{j'+\alpha/p},$$

$$\|y\|_C=\max_{x\in\omega_h}|y|, \quad \|y\|_{C_\gamma}=\max_{x\in\gamma_h}|y|, \quad \|\varphi\|_{C^*}=\max_{x\in\omega_h^*}|\varphi|,$$

$$\|\varphi\|_{\overset{\circ}{C}}=\max_{x\in\overset{\circ}{\omega}_h}|\varphi|.$$

8.3.8. Die gleichmäßige Konvergenz des LES. Wir können nun folgenden Satz beweisen.

Satz 2. *Die Aufgabe* (15) *besitze die eindeutige, in $\bar{Q}_T$ stetige Lösung $u(x,t)$, deren Ableitungen*

$$\frac{\partial^2 u}{\partial t^2}, \quad \frac{\partial^4 u}{\partial x_\alpha^2\partial x_\beta^2}, \quad \frac{\partial^3 u}{\partial t\partial x_\alpha^2}, \quad \frac{\partial^2 f}{\partial x_\alpha^2}, \quad 1\leqq\alpha,\beta\leqq p,$$

in Q_T stetig seien. Dann konvergiert das Schema (21)–(23) *gleichmäßig mit der Geschwindigkeit $O(\tau+h^2)$:*

$$\|y^j-u^j\|_C\leqq M(h^2+\tau), \quad j=1,2,\ldots,$$

mit $h=\max_{1\leqq\alpha\leqq p} h_\alpha$, $M=\mathrm{const}>0$ unabhängig von τ und h.

Beweis. Für die Lösung $z_{(\alpha)}=z^{j+\alpha/p}=y^{j+\alpha/p}-u^{j+\alpha/p}$ der Aufgabe (25) machen wir den Ansatz $z_{(\alpha)}=v_{(\alpha)}+\eta_{(\alpha)}$, mit

$$\frac{\eta_{(\alpha)}-\eta_{(\alpha-1)}}{\tau}=\overset{\circ}{\psi}_\alpha \quad \text{für} \quad x\in\omega_h+\gamma_{h,\alpha}, \quad \alpha=1,2,\ldots,p, \quad \eta(x,0)=0. \tag{27}$$

Hieraus ergibt sich $\eta^{j+1} = \eta_{(p)} = \eta^j + \tau(\mathring{\psi}_1 + \ldots + \mathring{\psi}_p) = \eta^j = 0$ für $j = 0, 1, \ldots, j_0$ (siehe (26)). Für $\eta_{(\alpha)}$ erhalten wir also $\eta_{(\alpha)} = \tau(\mathring{\psi}_1 + \ldots + \mathring{\psi}_\alpha) = -\tau(\mathring{\psi}_{\alpha+1} + \ldots + \mathring{\psi}_p)$. Damit verbleibt für die Funktion $v_{(\alpha)}$ die Aufgabe

$$\frac{v_{(\alpha)} - v_{(\alpha-1)}}{\tau} = \Lambda_\alpha v_{(\alpha)} + \tilde{\psi}_\alpha, \quad x \in \omega_h, \quad \alpha = 1, 2, \ldots, p,$$

$$v_{(\alpha)} = -\eta_{(\alpha)} \quad \text{für} \quad x \in \gamma_{h,\alpha} \quad v(x, 0) = 0$$

mit $\tilde{\psi}_\alpha = \psi_\alpha^* + \Lambda_\alpha \eta_{(\alpha)}$.

Nun wenden wir den Satz 1 aus dem vorigen Abschnitt auf diese Aufgabe an. Wegen $v = 0$ bei $t = 0$ folgt dann

$$\|v^j\|_C \leq \max_{0 < j' + \alpha/p < j} (h^2 \|\tilde{\psi}^{j'+\alpha/p}\|_{C*} + \|\eta^{j'+\alpha/p}\|_{C_\gamma}) + \sum_{j'=0}^{j-1} \tau \sum_{\alpha=1}^{p} \|\tilde{\psi}^{j'+\alpha/p}\|_{\mathring{C}}. \tag{28}$$

Bei unseren Voraussetzungen über $u(x, t)$ wird $\Lambda_\alpha \eta_{(\alpha)} = -\tau \Lambda_\alpha(\mathring{\psi}_{\alpha+1} + \ldots + \mathring{\psi}_p) = O(\tau)$ für alle Punkte von ω_h, denn $\eta_{(\alpha)}$ war durch (27) überall in $\omega_h + \gamma_{h,\alpha}$ definiert. Jetzt erinnern wir daran, daß $\psi_\alpha^* = O(h_\alpha^2 + \tau)$ in den regulären Punkten und $\psi_\alpha^* = O(1)$ in den nichtregulären Punkten von ω_h galt. Also wird $h^2\|\tilde{\psi}\|_{C*} = O(h^2 + \tau)$, $\|\tilde{\psi}\|_{\mathring{C}} = O(h^2 + \tau)$, und die Abschätzung (28) ergibt wegen $\eta^j = 0$ für $j = 0, \ldots, j_0$ das Resultat

$$\|z^j\|_C = \|v^j\|_C \leq M(h^2 + \tau).$$

Aus der Stabilität in bezug auf die Randbedingungen und die rechten Seiten folgt noch, daß man die Werte t_α^* und t_α^{**} in Abschnitt 8.3.5. tatsächlich beliebig aus dem Intervall $[t_j, t_{j+1}]$ wählen durfte, ohne die Genauigkeitsordnung des Schemas zu verändern.

8.3.9. Das LES für Gleichungen mit veränderlichen Koeffizienten. Auch für Gleichungen mit veränderlichen Koeffizienten hat das lokal eindimensionale Schema die Form (21)–(23); es ändern sich nur die Differenzenoperatoren Λ_α, je nachdem welche Differentialoperatoren L_α in der Ausgangsaufgabe (15) gegeben sind.

1) Die lineare Gleichung: In der Aufgabe (15) seien die L_α durch

$$L_\alpha u = \frac{\partial}{\partial x_\alpha}\left(k_\alpha(x, t)\frac{\partial u}{\partial x_\alpha}\right), \quad 0 < c_1 \leq k_\alpha \leq c_2,$$

definiert. Dann verwenden wir in (21)–(23) folgenden Differenzenoperator:

$$\Lambda_\alpha y_{(\alpha)} = (a_\alpha(x, \bar{t})\, y_{\bar{x}_\alpha})_{x_\alpha}, \quad 0 < c_1 \leq a_\alpha \leq c_2, \quad \bar{t} = t_{j+1/2}.$$

Dabei wird der Koeffizient a_α so gewählt, daß Λ_α in einem regulären Punkt zweite Approximationsordnung besitzt, $\Lambda_\alpha u - L_\alpha u = O(h_\alpha^2)$; bei stetigen k_α können wir z. B. $a_\alpha = k_\alpha(x^{(-1/2_\alpha)}, \bar{t})$ mit $x^{(-1/2_\alpha)} = \left(x_1, \ldots, x_{\alpha-1}, x_\alpha - \frac{1}{2}h_\alpha, x_{\alpha+1}, \ldots, x_p\right)$ nehmen.

Die Sätze 1 und 2 bleiben gültig.

2) Die quasilineare Gleichung: Nun seien die Funktionen k_α von u abhängig:

$$L_\alpha u = \frac{\partial}{\partial x_\alpha}\left(k_\alpha(x, t, u)\frac{\partial u}{\partial x_\alpha}\right), \quad 0 < c_1 \leq k_\alpha, \quad \frac{\partial k_\alpha}{\partial u} \geq c_0 > 0.$$

Hier sind zwei verschiedene Differenzenapproximationen von L_α naheliegend:

a) $$\Lambda_\alpha y_{(\alpha)} = \left(a_\alpha\left(x, \bar{t}, \frac{1}{2}(y_{(\alpha)} + y_{(\alpha)}^{(-1_\alpha)})\right) y_{\bar{x}_\alpha}\right)_{x_\alpha}, \quad \bar{t} = t_{j+1/2}.$$

In diesem Fall ergibt sich für $y_{(\alpha)}$ eine nichtlineare Differenzengleichung, die iterativ mit Hilfe der verkürzten Gaußelimination gelöst wird.

b) $$\Lambda_\alpha y_{(\alpha)} = \left(a_\alpha\left(x, \bar{t}, \frac{1}{2}\left(y_{(\alpha-1)} + y_{(\alpha-1)}^{(-1_\alpha)}\right)\right) y_{\bar{x}_\alpha}\right)_{x_\alpha}.$$

Hier sind die Differenzengleichungen also linear.

Bei den zusätzlichen Bedingungen, daß die Ableitungen $\partial^2 k_\alpha/\partial u^2$, $\partial^2 k_\alpha/\partial x_\alpha \partial u$ und $\partial^2 k_\alpha/\partial x_\alpha^2$ beschränkt sind, konvergieren die Verfahren mit der Geschwindigkeit $O(\tau + h^2)$.

Lokal eindimensionale Schemata kann man auch anwenden, wenn Randbedingungen zweiter oder dritter Art gegeben sind. Ist beispielsweise das Gebiet G das Rechteck $\{0 < x_\alpha < l_\alpha,\ \alpha = 1, 2\}$, so sind die Gleichungen (21) nicht nur für die inneren Gitterpunkte, sondern auch für die Punkte von $\gamma_{h,\alpha}$ aufzuschreiben. Ist insbesondere bei $x_1 = 0$ die Randbedingung $\partial u/\partial x_1 = \sigma_1^{(-)} u + \nu_1^{(-)}$ gegeben, so gilt für $\alpha = 1$ und $x_1 = 0$ die Gleichung (21) mit

$$\Lambda_1 y_{(1)} = \frac{y_{(1)x_1} - \sigma_1^{(-)} y_{(1)}}{h_1/2}, \quad \varphi_1 = \frac{\nu_1^{(-)}}{h_1/2}.$$

Das so konstruierte LES konvergiert wieder gleichmäßig mit der Geschwindigkeit $O(\tau + h^2)$.

In gleicher Weise geht man auch im Falle eines aus Rechtecken zusammengesetzten Gebietes vor.

8.3.10. Additive Schemata. Allgemeine Formulierung. Wir gehen jetzt zur allgemeinen Formulierung der Begriffe additives Schema und summarische Approximation über.

Im Kapitel 6. hatten wir den Begriff eines n-schichtigen Differenzenschemas als Differenzengleichung n-1-ter Ordnung (bezüglich t) mit Operatorkoeffizienten eingeführt:

$$\sum_{\beta=0}^{n-1} C_\beta(t_j)\, y(t_{j+1} - \beta\tau) = f(t_j), \quad (n-1)\,\tau \leq t_{j+1} \leq T\,. \tag{29}$$

Hier sind die C_β im linearen normierten Raum H_h definierte lineare Operatoren. Um die Lösung des n-Schicht-Schemas festzulegen, sind die $n-1$ Anfangsvektoren $y(0), \ldots, y((n-2)\,\tau)$ vorzugeben. Die vorhandenen ökonomischen Verfahren für mehrdimensionale Aufgaben legen es nahe, folgende Verallgemeinerung des obigen Schemas (29) zu betrachten:

$$\sum_{\beta=1}^{m} C_{\alpha\beta}(t_j)\, y(t_j + \beta\tau) = \sum_{\beta=0}^{n-2} D_{\alpha\beta}(t_j)\, y(t_j - \beta\tau) + f_\alpha(t_j)\,. \tag{30}$$

Hier durchläuft α die Werte $1, 2, \ldots, m$, es gilt $t_j = (n-2)\,\tau + km\tau$, $k = 0, 1, 2, \ldots$, und als Anfangswerte sind die Vektoren $y(0)$, $y(\tau)$, ..., $y((n-2)\,\tau)$ vorgegeben. Um die neuen Werte $y(t_j + \beta\tau) = y^{j+\beta/m}$, $\beta = 1, \ldots, m$, zu finden, ist ein Gleichungssystem der Art

$$\sum_{\beta=1}^{m} C_{\alpha\beta}\, y^{j+\beta/m} = \Phi_\alpha^j$$

zu lösen, das die $m \times m$-Matrix mit Operatorkoeffizienten $C = (C_{\alpha\beta})$ besitzt. Bei allen praktisch verwendeten ökonomischen Verfahren für die numerische Lösung von mehrdimensionalen Aufgaben der Mathematischen Physik ist die Matrix C eine (meistens: untere) Dreiecksmatrix, die vom Nulloperator verschiedene Elemente nur auf der Hauptdiagonalen und ein oder zwei benachbarten Diagonalen hat. Damit das Verfahren (30) dann tatsächlich ökonomisch ist, müssen die Diagonaloperatoren $C_{\alpha\alpha}$ ökonomisch sein, die Gleichungen $C_{\alpha\alpha}y^{j+\alpha/m} = F^j_\alpha$ sich also mit einem der Punktanzahl von ω_h proportionalen Aufwand lösen lassen.

Wenn nun der Approximationsfehler des Verfahrens (30) als Summe der Approximationsfehler ψ_α der einzelnen in (30) enthaltenen Gleichungen definiert wird, $\psi = \psi_1 + \dots + \psi_m$, so nennen wir dieses Verfahren ein *additives Schema.*

Im Spezialfall $n = 2$ erhalten wir aus (30) das additive 2-Schicht-Schema

$$\sum_{\beta=1}^{m} C_{\alpha\beta}y^{j+\beta/m} = D_{\alpha 0}y^j + f^j_\alpha, \quad 1 \leqq \alpha \leqq m, \quad y(0) = y_0 \tag{31}$$

(das wir zweischichtig nennen, weil hier beim gewöhnlichen 2-Schicht-Schema nur der eine Anfangsvektor y_0 gebraucht wird). Sind hier in der Matrix $(C_{\alpha\beta})$ z. B. nur die Hauptdiagonale und die untere Nachbardiagonale besetzt, gilt $D_{\alpha 0} = 0$ für $\alpha = 2, \dots, m$, und setzen wir $D_{10} = -C_{10}$, so erhalten wir aus (31) das Schema

$$C_{\alpha\alpha}y^{j+\alpha/m} + C_{\alpha\alpha-1}y^{j+(\alpha-1)/m} = f^j_\alpha, \quad \alpha = 1, \dots, m,$$

von dem wiederum das gewichtete Schema

$$\frac{y^{j+\alpha/m} - y^{j+(\alpha-1)/m}}{\tau} + A_\alpha(\sigma_\alpha y^{j+\alpha/m} + (1-\sigma_\alpha)\, y^{j+(\alpha-1)/m}) = \varphi^j_\alpha$$

einen Spezialfall darstellt, den wir bei $\sigma_\alpha \equiv 1$ in den vorangehenden Abschnitten untersucht haben.

Mit Blick auf diese letztere Form von (31) bemerken wir, daß sich das additive 2-Schicht-Schema (31) immer in die Gestalt

$$B\,\frac{y^{j+\alpha/m} - y^{j+(\alpha-1)/m}}{\tau} + \sum_{\beta=0}^{m} A_{\alpha\beta}y^{j+\beta/m} = \varphi^j_\alpha, \quad \alpha = 1, 2, \dots, m, \tag{32}$$

überführen läßt, die besonders bequem ist, um festzustellen, ob das Schema die Eigenschaft der summarischen Approximation besitzt, ob also $\max \|\psi(u^j_h)\| \to 0$ mit $\tau \to 0$, $h \to 0$ gilt, wobei $u_h = \mathcal{P}_h u \in H_h$ die Projektion der Lösung des Ausgangsproblems auf den Raum der Gitterfunktionen H_h ist,

$$\psi_\alpha(u^j_h) = \varphi^j_\alpha - B\,\frac{u_h^{j+\alpha/m} - u_h^{j+(\alpha-1)/m}}{\tau} - \sum_{\beta=0}^{m} A_{\alpha\beta}u_h^{j+\beta/m}$$

der Approximationsfehler der α-ten Gleichung (32) und

$$\psi(u^j_h) = \sum_{\alpha=1}^{m} \psi_\alpha(u^j_h)$$

der Approximationsfehler des additiven Schemas (32) ist.

Mit zwei heuristischen Zugängen zur Konstruktion additiver Schemata hatten wir uns in Abschnitt 8.3.3. beschäftigt, in Abschnitt 8.3.5. haben wir ein additives Schema für eine konkrete Aufgabe angegeben. Auf die Konstruktion additiver Schemata für die mehrdimensionalen Aufgaben der Mathematischen Physik kommen wir noch einmal in Abschnitt 8.3.12. zurück. Vorher behandeln wir die wichtige Frage der Genauigkeitsuntersuchung für additive Schemata.

8.3.11. Konvergenzabschätzungen für additive 2-Schicht-Verfahren. Wir haben mehrfach festgestellt, daß aus der Approximation und Stabilität eines Schemas seine Konvergenz folgt. Für das additive Schema (32) muß die Stabilitätsabschätzung eine geeignete Norm der Summe der rechten Seiten φ_α^j enthalten, damit dann bei der Abschätzung des Fehlers des Verfahrens die Eigenschaft der summarischen Approximation $\|\psi_1 + \dots + \psi_m\| \to 0$ zur Geltung kommen und man zeigen kann, daß der Fehler (bei homogenen Anfangsbedingungen) mit $\tau, h \to 0$ gegen null geht.

Solche auf die Ausnutzung der Eigenschaft der summarischen Approximation ausgerichteten Abschätzungen gibt es für additive Verfahren zur Lösung von Systemen parabolischer und hyperbolischer Gleichungen.

Wir betrachten die Fehlergleichungen des allgemeinen additiven 2-Schicht-Schemas (32)

$$B \frac{z^{j+\alpha/p} - z^{j+(\alpha-1)/p}}{\tau} + \sum_{\beta=1}^{m} A_{\alpha\beta} z^{j+\beta/p} = \psi_\alpha^j , \tag{33}$$

$$\alpha = 1, 2, \dots, p, \quad j = 0, 1, \dots, z^0 = 0 .$$

Satz 3. *B sei ein selbstadjungierter, positiv definiter und konstanter Operator, die Operatorenmatrix $(A_{\alpha\beta})$ sei nichtnegativ, d. h., für beliebige Vektoren ξ_α und ξ_β des Hilbertraums H_h der Gitterfunktionen gelte*

$$\sum_{\alpha,\beta=1}^{m} (A_{\alpha\beta}\xi_\alpha, \xi_\beta) \geqq 0 .$$

Dann genügt die Lösung der Aufgabe (33) *der a-priori-Abschätzung*

$$\|z^j\|_B \leqq \max_{0 \leqq k \leqq j} \left\{ \sqrt{e\, t_j} \left\| \sum_{\alpha=1}^{m} \psi_\alpha^k \right\|_{B^{-1}} + p\sqrt{\tau t_j} \sum_{\alpha=1}^{m} \|\psi_\alpha^k\|_{B^{-1}} \right\} .$$

Für den Beweis dieses Satzes (dessen Voraussetzungen über B und $(A_{\alpha\beta})$ recht schwach sind) verweisen wir auf [10].

Ist der Raum H_h ein Banachraum, so benutzen wir die Verallgemeinerung der in 8.3.8. gezeigten Methode zur Gewinnung einer für die Genauigkeitsuntersuchung des additiven Schemas geeigneten Abschätzung:

Das Schema (33) sei stabil, d. h. es gelte

$$\|z^j\|_{(1)} \leqq M \cdot \max_{0 \leqq k < j} \sum_{\alpha=1}^{m} \|\psi_\alpha^k\|_{(2)} , \tag{34}$$

wobei $\|\cdot\|_{(1)}$ und $\|\cdot\|_{(2)}$ Normen im Raum H_h sind.

Wir setzen nun voraus, daß man ψ_α in der Gestalt

$$\psi_\alpha = \mathring{\psi}_\alpha + \psi_\alpha^* \quad \text{mit} \quad \sum_{\alpha=1}^{m} \mathring{\psi}_\alpha = 0 \tag{35}$$

darstellen kann. Dann definieren wir $\eta^{j+\alpha/m}$ durch

$$B \frac{\eta^{j+\alpha/p} - \eta^{j+(\alpha-1)/p}}{\tau} = \mathring{\psi}_\alpha^j, \quad \alpha = 1, 2, \dots, m, \quad \eta^0 = 0 ,$$

und setzen $z^{j+\alpha/m} = \eta^{j+\alpha/m} + v^{j+\alpha/m}$. Aus der Definition von η und aus (35) folgt

$$B\eta^{j+\alpha/m} = B\eta^j + \tau \sum_{\beta=1}^{\alpha} \mathring{\psi}_\beta^j, \quad B\eta^{j+1} = B\eta^j = \dots = B\eta^0 = 0;$$

es ist also $\eta^j=0$, $z^j=v^j$ für alle j und

$$\eta^{j+\alpha/p}=\tau\sum_{\beta=1}^{\alpha}B^{-1}\mathring{\psi}_\beta^j=-\tau\sum_{\beta=\alpha+1}^{m}B^{-1}\mathring{\psi}_\beta^j,\quad \alpha=1,2,\dots,m-1\,.$$

Für $v^{j+\alpha/m}$ ergibt sich danach eine Aufgabe der Form (33), aber mit der rechten Seite

$$\tilde{\psi}_\alpha^j=\psi_\alpha^{*j}+\tau\sum_{\beta=1}^{m}A_{\alpha\beta}\sum_{\beta'=\beta+1}^{m}B^{-1}\mathring{\psi}_{\beta'}^j\,.$$

Jetzt erhalten wir aus der Ungleichung (34) die Abschätzung

$$\|z^j\|_{(1)}=\|v^j\|_{(1)}\leqq M\max_{0\leqq j'<j}\sum_{\alpha=1}^{m}\|\tilde{\psi}_\alpha^{j'}\|_{(2)}.$$

Falls das Schema (33) summarische Approximation besitzt, so gilt in der Darstellung (35) $\|\psi_\alpha^{*j}\|_{(2)}\to 0$ bei $\tau\to 0$, $h\to 0$.

Um hieraus und aus der für z hergeleiteten Abschätzung auf $\|z^j\|_{(1)}\to 0$ schließen zu können, muß $\|A_{\alpha\beta}B^{-1}\mathring{\psi}_{\beta'}^j\|_{(2)}=O(1)$ sein, was eine Forderung an die Auswahl von B und an die Glattheit der Lösung der Ausgangsaufgabe (vgl. 8.3.8.) darstellt. Diese Bemerkung trifft auch auf die Bedingung $\|\psi_\alpha^k\|_{B^{-1}}=O(1)$ zu, unter der aus der Abschätzung von Satz 3 die Konvergenz des betrachteten additiven Schemas folgt. Existenz und hinreichende Glattheit der Lösung der Ausgangsaufgabe aber setzen wir hier wie überall in diesem Buch voraus.

8.3.12. Die Approximation einer „mehrdimensionalen“ abstrakten Anfangswertaufgabe durch eine Folge „eindimensionaler“ Anfangswertaufgaben. Wir wenden uns noch einmal dem Problem der Überführung mehrdimensionaler in Folgen von eindimensionalen Aufgaben zu. Dabei gehen wir wieder von der in 8.3.3. betrachteten Anfangswertaufgabe (5) aus. Auf dem Rand Γ seien homogene Randbedingungen gestellt. Die Funktion $u(x, t)$ fassen wir bezüglich x als Element eines linearen normierten Raumes H_0 auf, und L ist dann ein in H_0 definierter linearer Operator. Statt der partiellen Ableitung von u nach t in (5) können wir nun eine gewöhnliche Ableitung schreiben, da u in t eine abstrakte Funktion auf $[0, T]$ mit Werten in H_0 ist.

So kommen wir zu der folgenden abstrakten Anfangswertaufgabe:

$$\frac{d\varphi}{dt}+\mathcal{A}u=f(t),\quad 0\leqq t\leqq t_0,\quad u(0)=u_0\in H_0\,. \tag{36}$$

Hier ist $\mathcal{A}$, ein linearer Operator im Banachraum H_0, das Definitionsgebiet $\mathfrak{D}(\mathcal{A})$ von $\mathcal{A}$ ist überall dicht in H_0 und besteht aus Funktionen, die den homogenen Randbedingungen auf Γ genügen. Der Wertebereich von $\mathcal{A}$ liegt in H_0.

Nun gelte für $\mathcal{A}$ die Darstellung

$$\mathcal{A}=\sum_{\alpha=1}^{p}\mathcal{A}_\alpha$$

mit linearen Operatoren $\mathcal{A}_\alpha$, deren Definitionsgebiete den Durchschnitt $\mathfrak{D}(\mathcal{A})$ haben. Dann gibt es zwei Möglichkeiten, die Aufgabe (36) in Folgen ebensolcher Anfangswertaufgaben mit den Operatoren $\mathcal{A}_\alpha$ zu überführen. Dazu wählen wir auf dem Intervall $[0, T]$ das äquidistante Gitter mit der Schrittweite $\tau=T/j_0$ und stellen die rechte Seite der Aufgabe (36) als Summe dar: $f=f_1+\dots+f_p$.

1) Wir betrachten die Folge der Gleichungen (vgl. Abschnitt 8.3.3.)

$$\frac{1}{p}\frac{dv_{(\alpha)}}{dt}+\mathcal{A}_\alpha v_{(\alpha)}=f_\alpha, \quad \alpha=1, 2, \ldots, p, \quad t_{j+(\alpha-1)/p}<t\leqq t_{j+\alpha/p}\,. \tag{37}$$

Diese hängen über die Anfangsbedingungen zusammen:

$$\begin{aligned} &v_{(1)}(0)=u_0, \quad v_{(1)}(t_j)=v_{(p)}(t_j), \qquad j=1, 2, \ldots, \\ &v_\alpha(t_{j+(\alpha-1)/p})=v_{(\alpha-1)}(t_{j+(\alpha-1)/p}), \quad j=0, 1, \ldots, \quad \alpha=2, 3, \ldots, p\,. \end{aligned} \tag{38}$$

Als Lösung dieser Aufgabe sehen wir die Funktion $v(t_{j+1})=v_{(p)}(t_{j+1})$ an. Im allgemeinen gilt hier $\|v(t_j)-u(t_j)\|=O(\tau)$ für alle j.

2) Auf dem Intervall $[t_j, t_{j+1}]$ lösen wir die p Gleichungen

$$\frac{dv_{(1)}}{dt}+\mathcal{A}_1(t)\, v_{(1)}(t)=f_1(t), \quad t_j\leqq t\leqq t_{j+1}\,, \tag{39}$$

. . . .

$$\frac{dv_{(\alpha)}}{dt}+\mathcal{A}_\alpha(t)\, v_{(\alpha)}(t)=f_\alpha(t), \quad t_j\leqq t\leqq t_{j+1}\,,$$

. . . .

$$\frac{dv_{(p)}}{dt}+\mathcal{A}_p(t)\, v_{(p)}(t)=f_p(t), \quad t_j\leqq t\leqq t_{j+1}\,,$$

mit den Anfangswerten

$$\begin{aligned} &v_{(1)}(0)=u_0, \qquad v_{(1)}(t_j)=v_{(p)}(t_j), \quad j=1, 2, \ldots\,, \\ &v_{(\alpha)}(t_j)=v_{(\alpha-1)}(t_{j+1}), \quad \alpha=2, 3, \ldots, p\,, \quad j=0, 1, 2, \ldots \end{aligned} \tag{40}$$

Auch hier gilt als Lösung der Aufgabe bei t_{j+1} die Funktion $v(t_{j+1})=v_{(p)}(t_{j+1})$, die wir dadurch bestimmen, daß wir die Gleichungen (39) nacheinander lösen und den bei t_{j+1} gefundenen Wert jeweils als Anfangswert für die nächste Gleichung nehmen.

Bei $f\equiv 0$ und von t unabhängigem $\mathcal{A}$ sind die beiden Aufgaben (37), (38) und (39), (40) äquivalent.

Wir zeigen, daß die zweite Aufgabe die Ausgangsaufgabe (36) im summarischen Sinne approximiert. Es seien also $u(t)$ die Lösung von (36) und $v_{(\alpha)}(t)$ die Lösungen von (39), (40). Wir definieren

$$\begin{aligned} &z_{(1)}(t)=v_{(1)}(t)-u(t), \qquad t\in[t_j, t_{j+1}]\,, \\ &z_{(\alpha)}(t)=v_{(\alpha)}(t)-u(t_{j+1}), \quad t\in[t_j, t_{j+1}], \quad \alpha=2, \ldots, p\,, \end{aligned}$$

und setzen $v_{(1)}(t)=z_{(1)}(t)+u(t)$ und $v_{(\alpha)}(t)=z_{(\alpha)}(t)+u^{j+1}$ in (39), (40) ein:

$$\begin{aligned} &\frac{dz_{(\alpha)}}{dt}+\mathcal{A}_\alpha(t)\, v_{(\alpha)}(t)=\psi_\alpha(t), \quad t_j\leqq t\leqq t_{j+1}, \quad 1\leqq\alpha\leqq p\,, \\ &z_{(1)}(t_j)=z_{(p)}(t_j), \qquad j=1, 2, \ldots\,, z_1(0)=0\,, \\ &z_{(\alpha)}(t_j)=z_{(\alpha-1)}(t_{j+1}), \quad j=0, 1, \ldots, \alpha=2, 3, \ldots, p\,, \\ &z(t_{j+1})=z_{(p)}(t_{j+1}) \end{aligned}$$

mit

$$\begin{aligned} &\psi_\alpha(t)=-\mathcal{A}_\alpha(t)u^{j+1}+f_\alpha(t), \quad \alpha=2, 3, \ldots, p\,, \\ &\psi_1(t)=-\mathcal{A}_1(t)\, u(t)-\frac{du}{dt}+f_1(t), \quad t\in[t_j, t_{j+1}]\,. \end{aligned}$$

Wie wir sehen, gilt

$$\psi = \psi_1(t) + \ldots + \psi_p(t) = f(t) - \frac{du}{dt} - \mathcal{A}_1(t)\, u(t) - \sum_{\alpha=2}^{p} \mathcal{A}_\alpha(t)\, u^{j+1},$$

und wegen $u^{j+1} = u(t) + O(\tau)$ für $t \in [t_j, t_{j+1}]$ folgt

$$\psi_\alpha = \mathring{\psi}_\alpha + \psi_\alpha^*, \quad \psi_\alpha^* = O(\tau), \quad \mathring{\psi}_\alpha = f_\alpha(t) - \mathcal{A}_\alpha(t)\, u(t) - \delta_{\alpha,1} \frac{du}{dt}$$

für alle α mit dem Kroneckersymbol $\delta_{\alpha,1}$. Also wird

$$\sum_{\alpha=1}^{p} \mathring{\psi}_\alpha = \sum_{\alpha=1}^{p} f_\alpha(t) - \sum_{\alpha=1}^{p} \mathcal{A}_\alpha(t)\, u(t) - \frac{du}{dt} = 0$$

und damit

$$\psi = \sum_{\alpha=1}^{p} \psi_\alpha^* = O(\tau).$$

Die Aufgabe (39), (40) approximiert daher das Anfangswertproblem (36) im summarischen Sinne mit erster Ordnung in τ (vorausgesetzt, daß $\mathcal{A}_\alpha(t)\, du/dt$ existiert und in einer geeigneten Norm beschränkt ist).

Wir bringen ohne Beweis einige weitere Ergebnisse zum Verhältnis der Lösungen von (36) und (39), (40):

a) Es sei $f \equiv 0$ (und $f_\alpha \equiv 0$ für alle α), die Operatoren $\mathcal{A}_\alpha$ seien konstant und paarweise vertauschbar, $\mathcal{A}_\alpha \mathcal{A}_\beta = \mathcal{A}_\beta \mathcal{A}_\alpha$. Dann gilt

$$v(t_j) = u(t_j) \quad \text{für alle } j. \tag{41}$$

Falls aber die Operatoren $\mathcal{A}_\alpha$ von t abhängen, so tritt (41) ein, wenn die Vertauschbarkeitsbedingungen

$$\mathcal{A}_\alpha(t')\, \mathcal{A}_\beta(t'') = \mathcal{A}_\beta(t'')\, \mathcal{A}_\alpha(t'), \quad \alpha, \beta = 1, 2, \ldots, p,$$

für beliebige $t', t'' \in [0, T]$ erfüllt sind.

In Abschnitt 8.3.4. hatten wir Beispiele aufgeführt, in denen die Gleichungen (41) galten. In diesen Beispielen waren auch immer die Bedingungen $\mathcal{A}_\alpha \mathcal{A}_\beta = \mathcal{A}_\beta \mathcal{A}_\alpha$ erfüllt.

b) Falls die Operatoren $\mathcal{A}_\alpha(t)$ und $\mathcal{A}_\beta(t)$ nicht vertauschbar sind, so genügen die Lösungen v und u der Aufgaben (39), (40) bzw. (36) der Abschätzung

$$\|v(t_j) - u(t_j)\| = O(\tau), \quad j = 1, 2, \ldots,$$

bei der zusätzlichen „Glattheitsbedingung"

$$\|\mathcal{A}_\alpha \mathcal{A}_\beta u\| \leq M, \quad \alpha, \beta = 1, 2, \ldots, p.$$

Da die Folgen eindimensionaler Aufgaben (37), (38) und (39), (40) die Ausgangsaufgabe (36) mit der Ordnung $O(\tau)$ approximieren, erhebt sich die Frage, ob man die Genauigkeit nicht verbessern kann, ohne die Folgen oder ihre Einzelaufgaben wesentlich komplizierter wählen zu müssen.

Die zweite Folge (39), (40) können wir symbolisch wie folgt darstellen:

$$\mathcal{A}_1 \to \mathcal{A}_2 \to \ldots \to \mathcal{A}_p.$$

Wir betrachten nun die symmetrisierte Folge von Anfangswertaufgaben

$$\frac{1}{2}\mathcal{A}_1 \to \frac{1}{2}\mathcal{A}_2 \to \ldots \to \frac{1}{2}\mathcal{A}_p \to \frac{1}{2}\mathcal{A}_p \to \frac{1}{2}\mathcal{A}_{p-1} \to \ldots \to \frac{1}{2}\mathcal{A}_1,$$

der eine Zerlegung des Operators $\mathcal{A}$ in die Summe

$$\mathcal{A} = \sum_{\alpha=1}^{2p} \mathcal{A}'_\alpha \quad \text{mit} \quad \mathcal{A}'_\alpha = \begin{cases} \frac{1}{2}\mathcal{A}_\alpha, & 1 \leqq \alpha \leqq p, \\ \frac{1}{2}\mathcal{A}_{2p-\alpha+1} & p < \alpha \leqq 2p \end{cases}$$

entspricht. Für diese Folge kann man $\|v^j - u^j\| = O(\tau^2)$ beweisen und benötigt dazu Glattheitsvoraussetzungen an die Operatoren $\mathcal{A}_\alpha(t)$ bezüglich t und an den Anfangsvektor u_0, wobei letztere Bedingungen die Gestalt $\|\mathcal{A}_\alpha^2 \mathcal{A}_\beta u_0\| \leqq M$ für $\alpha, \beta = 1, \ldots, p$, haben.

Nach der Überführung des Ausgangsproblems (36) in eine der betrachteten Folgen einfacherer Aufgaben kann man diese mit analytischen oder numerischen Mitteln, beispielsweise mit Differenzenverfahren, lösen. Falls dabei die Operatoren $\mathcal{A}_\alpha$ paarweise vertauschbar sind, hängt die Genauigkeit der für (36) erhaltenen Näherungslösung nur von der Genauigkeit der Lösung der Einzelaufgaben ab.

Wir hatten oben vorausgesetzt, daß die Randbedingungen homogen sind. Bei inhomogenen Randbedingungen hängt die Genauigkeit der Lösung $v(t_j)$ einer Folge der Form (39), (40) wesentlich von den für die Zwischenwerte $v_{(\alpha)}$ vorgegebenen Randwerten ab. Das gilt natürlich auch für die zugehörigen Differenzenschemata, die additiv sind, da sie von den Folgen die Eigenschaft der summarischen Approximation übernehmen.

Bemerkung. Statt der in Abschnitt 8.3.11. angegebenen Abschätzungen für den Fehler z eines additiven Schemas könnte man auch die Dreiecksungleichung benutzen und mit $\|z\| = \|y - u_h\| \leqq \|y - v_h\| + \|v_h - u_h\|$ zur Abschätzung des Abstandes zwischen der Differenzenlösung y und $v_h = P_h v$, mit der Lösung v einer der Folgen (37), (38) oder (39), (40) sowie zwischen v_h und $u_h = P_h u$ übergehen. Während man zur Abschätzung von $\|v_h - u_h\|$ nur Informationen über die Glattheit von u braucht (s. oben), benötigt man bei der Abschätzung von $\|y - v_h\|$ noch Kenntnisse über die Glattheit von v_h, die durch eine entsprechende Untersuchung der Lösungen der jeweiligen Folge beschafft werden müßten. Insgesamt ist daher der in Abschnitt 8.3.11. gezeigte Weg vorzuziehen.

8.3.13. Verfahren der alternierenden Richtungen als additive Schemata. Wir betrachten noch einmal das Verfahren der alternierenden Richtungen aus Abschnitt 8.1.

$$\frac{y^{j+1/2} - y^j}{\tau} = \frac{1}{2}(\Lambda_1 y^{j+1/2} + \Lambda_2 y^j) + \frac{1}{2}\varphi^j,$$

$$\frac{y^{j+1} - y^{j+1/2}}{\tau} = \frac{1}{2}(\Lambda_1 y^{j+1/2} + \Lambda_2 y^{j+1}) + \frac{1}{2}\varphi^j.$$

Durch Einführung von zwei zusätzlichen Zwischenwerten $y^{j+1/4}$ und $y^{j+3/4}$ bringt man es ohne Schwierigkeiten auf die Gestalt

$$\begin{aligned} &\frac{y^{j+1/4} - y^j}{\tau} = \frac{1}{2}\Lambda_2 y^j + \frac{1}{2}\varphi^j, \qquad \frac{y^{j+1/2} - y^{j+1/4}}{\tau} = \frac{1}{2}\Lambda_1 y^{j+1/2}, \\ &\frac{y^{j+3/4} - y^{j+1/2}}{\tau} = \frac{1}{2}\Lambda_1 y^{j+1/2}, \qquad \frac{y^{j+1} - y^{j+3/4}}{\tau} = \frac{1}{2}\Lambda_2 y^{j+1} + \frac{1}{2}\varphi^j. \end{aligned} \tag{42}$$

Wie man sich unmittelbar überzeugen kann, hat das lokal eindimensionale Schema (42) eine summarische Approximation zweiter Ordnung,

$$\psi = \psi_1 + \psi_2 + \psi_3 + \psi_4 = O(\tau^2 + |h|^2).$$

Als weiteres Beispiel für Verfahren alternierender Richtungen führen wir das Douglas-Racheford-Schema an:

$$\frac{y^{j+1/2}-y^j}{\tau}=\Lambda_1 y^{j+1/2}+\Lambda_2 y^j,\quad \frac{y^{j+1}-y^{j+1/2}}{\tau}=\Lambda_2(y^{j+1}-y^j)\,. \tag{43}$$

Hier ist $\Lambda_\alpha y = y_{\bar{x}_\alpha x_\alpha}$. Durch Berechnung der Defekte

$$\psi_1=\Lambda_1\frac{\hat{u}+u}{2}+\Lambda_2 u-\frac{\hat{u}-u}{2\tau},\quad \psi_2=\Lambda_2(\hat{u}-u)-\frac{\hat{u}-u}{2\tau}$$

(wo $u=y$ und $\hat{u}=y^{j+1}$ ist) finden wir $\psi_1=O(1)$, $\psi_2=O(1)$ und $\psi=\psi_1+\psi_2=O(|h|^2+\tau)$, womit das Schema (43) die summarische Approximation $O(|h|^2+\tau)$ besitzt. Schließen wir den Zwischenwert $y^{j+1/2}$ aus, so erhalten wir ein y^j und y^{j+1} verbindendes faktorisiertes Schema, welches die Wärmeleitungsgleichung im üblichen Sinne mit der Ordnung $O(|h|^2+\tau)$ approximiert. Dieses faktorisierte Schema ist nur unter der Bedingung der Vertauschbarkeit von Λ_1 und Λ_2 stabil. Für das Verfahren (43), als additives Schema aufgefaßt, wird keine Vertauschbarkeitsbedingung gebraucht.

8.3.14. Lokal eindimensionale Schemata für die mehrdimensionale hyperbolische Gleichung zweiter Ordnung. Zum Abschluß konstruieren wir absolut stabile lokal eindimensionale Differenzenverfahren für die zwei- und dreidimensionale hyperbolische Gleichung

$$\frac{\partial^2 u}{\partial t^2}=\sum_{\alpha=1}^{p} L_\alpha u+f(x,t),\quad L_\alpha u=\frac{\partial}{\partial x_\alpha}\left(k_\alpha(x,t)\frac{\partial u}{\partial x_\alpha}\right), \tag{44}$$
$$k_\alpha(x,t)\geqq c_1>0,\quad c_1=\text{const}\,,$$

(wobei $x=(x_1, \ldots, x_p)$ ein Punkt des p-dimensionalen Raums ist, $p=2, 3$. Es sei G ein beliebiges p-dimensionales Gebiet mit dem Rand Γ, also $\bar{G}=G+\Gamma$; ferner sei

$$\bar{Q}_T=\bar{G}\times[0\leqq t\leqq T],\quad Q_T=G\times(0<t\leqq T]\,.$$

Gesucht ist die im Zylinder $\bar{Q}_T$ stetige Lösung der Gleichung (44), die der Randbedingung

$$u=\mu(x,t),\quad x\in\Gamma,\quad 0\leqq t\leqq T\,, \tag{45}$$

und den Anfangsbedingungen

$$u(x,0)=u_0(x),\quad \frac{\partial u(x,0)}{\partial t}=\bar{u}_0(x),\quad x\in\bar{G}\,, \tag{46}$$

genügt. Wie immer setzen wir die Existenz einer hinreichend glatten Lösung der Aufgabe (44)–(46) voraus.

Falls G ein p-dimensionales Parallelepiped ist, so läßt sich für diese Aufgabe ein faktorisiertes Schema der Genauigkeit $O(\tau^2+|h|^2)$ konstruieren, was wir für $p=2$ in Abschnitt 8.2.4. gezeigt haben.

Bei der Konstruktion eines LES gehen wir wie in Abschnitt 8.3.5. vor: Wir nehmen wieder das Gitter ω_h (unter denselben Bedingungen an G) und verwenden in Zeitrichtung das äquidistante Gitter ω_τ mit der Schrittweite $\tau=T/j_0$.

Von der mehrdimensionalen Gleichung (44) gehen wir zuerst zu einer Folge eindimensionaler Gleichungen

$$\mathcal{P}_\alpha u=\frac{1}{p}\frac{\partial^2 u}{\partial t^2}-(L_\alpha u+f_\alpha),\quad \alpha=1,2,\ldots,p\,,$$

mit $f_1 + \dots + f_p = f$ über. Zur Approximation der zweiten Zeitableitung benutzen wir die Ausdrücke

$$u_{\bar{t}_\alpha t_\alpha} = \frac{u_{(\alpha)} - 2u_{(\alpha-1)} + \check{u}_{(\alpha)}}{\tau^2} \sim \frac{1}{4}\left(\frac{\partial^2 u}{\partial t^2}\right)^{j+(\alpha-1)/2} \tag{47}$$

$\alpha = 1, 2$ für $p = 2$,

mit $u_{(\alpha)} = u^{j+\alpha/2}$, $\check{u}_{(\alpha)} = u^{j-1+\alpha/2}$, $u_{(0)} = \check{u} = u^{j-1}$, $u_{(2)} = u^j$, und

$$u_{\bar{t}_\alpha t_\alpha} = \frac{u_{(\alpha)} - u_{(\alpha-1)} - u_{(\alpha-2)} + u_{(\alpha)}}{\tau^2} \sim \frac{2}{9}\frac{\partial^2 u}{\partial t^2}, \tag{48}$$

$\alpha = 1, 2, 3$ für $p = 3$,

mit $u_{(-1)} = \check{u}_{(2)} = u^{(j-1/3)}$, $u_{(-2)} = \check{u}_{(1)} = u^{j-2/3}$.

Weiter ersetzen wir $L_\alpha u + f_\alpha$ durch die Differenzenapproximation zweiter Ordnung $\Lambda_\alpha y + \varphi_\alpha$. Dabei werden der Koeffizient in Λ_α und die rechte Seite φ_α zum Zeitpunkt

$$t'_\alpha = \frac{1}{2}\,(t_{j+\alpha/p} + t_{j-1+\alpha/p}) = t_{j+\alpha/p-1/2} = t_j + \left(\alpha/p - \frac{1}{2}\right)\tau$$

genommen, es ist also $\Lambda_\alpha = \Lambda_\alpha(t')$ und $\varphi_\alpha = \varphi_\alpha(x, t')$.

Das lokal eindimensionale Schema besteht aus den Gleichungen

$$y_{\bar{t}_\alpha t_\alpha} = \sigma_p \Lambda_\alpha(y_{(\alpha)} + \check{y}_{(\alpha)}) + 2\sigma_p \varphi_\alpha, \quad \alpha = 1, \dots, p, \quad p = 2, 3, \tag{49}$$

mit $\sigma_2 = \frac{1}{4}$ und $\sigma_3 = \frac{1}{3}$, wobei $y_{\bar{t}_\alpha t_\alpha}$ durch (47) bzw. (48) definiert ist. Damit ist das LES bei $p = 2$ dreischichtig und bei $p = 3$ vierschichtig. Im Vergleich dazu konnten wir uns bei parabolischen Gleichungen auf zweischichtige LES beschränken.

Wir können die Gleichungen (49) auch wie folgt schreiben:

$$(E - \sigma_p \tau^2 \Lambda_\alpha)\,(y_{(\alpha)} + \check{y}_{(\alpha)}) = \begin{cases} 2y_{(\alpha-1)} + 2\sigma_2 \tau^2 \varphi_\alpha, & p = 2, \\ y_{(\alpha-1)} + y_{(\alpha-2)} + 2\sigma_3 \tau^2 \varphi_\alpha, & p = 3. \end{cases}$$

Um $y_{(\alpha)}$ zu bestimmen, lösen wir die 3-Punkt-Gleichungen $(E - \sigma_p \tau^2 \Lambda_\alpha) y_{(\alpha)} = F_\alpha$ mit der verkürzten Gaußelimination längs der zur Richtung x_α parallelen Gitterlinien und verwenden dabei die Randbedingungen

$$y_{(\alpha)} = \mu(x, t_{j+\alpha/p}), \quad x \in \gamma_h^\alpha. \tag{50}$$

Während die Anfangsbedingung $u(x, 0) = u_0(x)$ unverändert aus der Ausgangsaufgabe übernommen wird,

$$y(x, 0) = u_0(x), \tag{51}$$

berechnen wir die ersten Zwischenwerte, $y^{1/2}$ bei $p = 2$ bzw. $y^{1/3}$ und $y^{2/3}$ bei $p = 3$, aus den Gleichungen

$$\left(E - \frac{\tau^2}{4}\Lambda_1\right) y^{1/2} = F_1, \tag{52}$$

$$F_1 = u_0 + \frac{\tau}{2}\bar{u}_0 + \frac{\tau^2}{4}\Lambda_1 u_0 + \tau^2\left(f_1 - \frac{1}{8}(\Lambda u + f)\right)_{t=0}$$

im Falle $p=2$, bzw. aus

$$\left(E-\frac{\tau^2}{4}\Lambda_1\right)y^{1/3}=F_1,\quad \left(E-\frac{\tau^2}{4}\Lambda_2\right)(y^{2/3}+u_0)=2y^{1/3}+F_2,$$

$$F_1=u_0+\frac{\tau}{3}\bar{u}_0+\tau^2\Lambda_1 u_0+\tau^2\left(\frac{2}{3}f_1-\frac{1}{6}(\Lambda u+f)\right)_{t=0},$$

$$F_2=\tau^2\left(\frac{2}{3}f_2-\frac{1}{9}(\Lambda u+f)\right)_{t=0}$$

für $p=3$.

Man kann zeigen, daß das LES (49)–(52) in der diskreten W_2^1-Norm mit der Geschwindigkeit $O(\tau+|h|^2)$ konvergiert, wenn die Ableitungen der Lösung $u(x, t)$ der Aufgabe (44)–(46) nach x_α bis zur vierten Ordnung einschließlich in $\bar{Q}_T$ stetig sind und dabei die Ableitungen $\partial^4 u/\partial x_\alpha^4$ bezüglich t einer Lipschitzbedingung genügen; die rechte Seite f muß zweimal nach t differenzierbar sein.

9. Methoden zur Lösung elliptischer Differenzengleichungen

Mit Hilfe von Differenzenverfahren sind wir in Kapitel 4. von der Poissongleichung $\Delta u = -f$ sowie von allgemeineren elliptischen Gleichungen zu Systemen linearer algebraischer Gleichungen übergegangen. Die Ordnung dieser Systeme ist gleich der Anzahl der inneren Punkte des zugrundeliegenden Gitters und wächst mit der Verringerung der Diskretisierungsschrittweite.

In diesem Kapitel behandeln wir ökonomische Lösungsmethoden direkter oder iterativer Art für elliptische Differenzengleichungen.

Abschnitt 9.1. ist direkten ökonomischen Verfahren zur Lösung von Randwertproblemen für die Poissongleichung im Rechteck gewidmet: dem Dekompositionsverfahren („odd-even reduction") und der schnellen Fouriertransformation (FFT).

In den darauffolgenden Abschnitten entwickeln wir eine allgemeine Konvergenztheorie für Iterationsverfahren zur Lösung der Operatorgleichung $Au=f$, wobei A ein selbstadjungierter, positiv definiter Operator im endlichdimensionalen euklidischen Raum ist, und wenden sie auf elliptische Differenzengleichungen an. Diese Konvergenztheorie erweist sich als Teil unserer Stabilitätstheorie für Differenzenverfahren. Ein neues Element ist hier die Auswahl von Iterationsparametern und des Operators B.

In Abschnitt 9.2. geben wir eine optimale Anordnung der sogenannten Tschebyscheff-Iterationsparameter an, die die numerische Stabilität des zugehörigen 2-Schicht-Iterationsverfahrens garantiert. In Abschnitt 9.3. behandeln wir das universelle Verfahren der alternierenden Dreiecksmatrizen und seine Varianten zur Lösung elliptischer Gleichungen mit veränderlichen Koeffizienten in einem allgemeinen Gebiet.

In den zwei letzten Abschnitten untersuchen wir Verfahren der alternierenden Richtungen (ADI) sowie Verfahren vom Variationstyp: die Methoden des steilsten Abstiegs und der kleinsten Defekte.

9.1. Direkte Verfahren

9.1.1. Direkte und iterative Verfahren. Als Ergebnis der Differenzenapproximation von Randwertaufgaben für elliptische Gleichungen haben wir in Kapitel 4. Systeme von linearen algebraischen Gleichungen erhalten. Die Matrix dieser Differenzengleichungen ist sehr groß: Ihre Ordnung ist gleich der Zahl der inneren Gitterpunkte N, und für ein äquidistantes Gitter mit der Schrittweite h wird $N=O(h^{-p})$ im Falle eines p-dimensionalen Gebietes. Damit kommen wir in zwei- und dreidimensionalen Aufgaben für N ohne weiteres auf Werte von 10^4 bis 10^6 (z. B. bei $h=10^{-2}$). Charakteristisch für diese Matrizen sind außerdem die große Anzahl von Nullelementen, eine spezielle Verteilung der Nichtnullelemente (eine Bandstruktur) und ihre schlechte Kondition, d. h., das Verhältnis des größten Eigenwertes der Matrix zum kleinsten ist recht groß, nämlich von der Größenordnung $O(h^{-2})$, und erreicht Werte um 10^3 bis 10^4.

Auf Grund dieser Besonderheiten elliptischer Differenzengleichungen braucht man spezielle ökonomische Algorithmen zu ihrer Lösung. Es gibt direkte ökonomische Verfahren zur Lösung der folgenden engen, aber sehr wichtigen Klasse von Differenzengleichungen: für die Differenzen-Randwertaufgaben der Poissongleichung in kartesischen Koordinaten und in Polar-, Zylinder- und Kugelkoordinaten. Die eine hier behandelte Methode ist das Dekompositionsverfahren; sie stellt eine Modifikation der Gaußelimination dar; man kann sie auch als Variante eines Mehrgitterverfahrens ansehen.

Als zweites betrachten wir die schnelle Fouriertransformation.

Für beide genannten Methoden gilt $Q=O(N^2\log_2 N)$ für die Anzahl Q der benötigten Rechenoperationen, wobei hier N die Anzahl der Gitterpunkte in einer Koordinatenrichtung ist.

Schließlich behandeln wir in diesem Abschnitt noch eine direkte Methode, das Verfahren der blockweisen verkürzten Gaußelimination, die auf elliptische Differenzen-Randwertaufgaben für allgemeine Gebiete anwendbar ist, aber $O(N^4)$ Rechenoperationen und viel Speicherplatz benötigt. Löst man jedoch eine Serie von Aufgaben mit gleichem Operator und verschiedenen rechten Seiten und Randwerten, so kommt man auf $Q=O(N^3)$ für die zweite und alle folgenden Rechnungen, indem man die in der ersten Rechnung gewonnenen Zwischenwerte abspeichert.

Die direkten ökonomischen Verfahren sind auch im Zusammenhang mit Iterationsverfahren von Bedeutung, wo sie zur Invertierung des geeignet gewählten Operators auf der neuen Iterationsschicht dienen.

Auf Iterationsverfahren für Aufgaben mit veränderlichen Koeffizienten, die in allgemeinen Gebieten betrachtet werden, gehen wir in den folgenden Abschnitten ein.

Wir wenden uns nun den direkten Verfahren zu.

In diesem Abschnitt betrachten wir Lösungsmethoden für die Differenzengleichungen des ersten Randwertproblems der Poissongleichung im Rechteck $\bar{G}=\{0\leq x_\alpha\leq l_\alpha,\ \alpha=1,2\}$ mit dem Rand Γ:

$$\Delta u=\frac{\partial^2 u}{\partial x_1^2}+\frac{\partial^2 u}{\partial x_2^2}=-f(x),\quad x=(x_1,x_2)\in G,\quad u|_\Gamma=\mu(x)\,. \tag{1}$$

in $\bar{G}$ konstruieren wir das Rechteckgitter $\bar{\omega}_h$ mit den Schrittweiten h_1 und h_2:

$$\omega_h=\{x_{i_1i_2}=(i_1h_1,\ i_2h_2)\in\bar{G},\quad i_\alpha=0,1,\ldots,N_\alpha,\ h_\alpha N_\alpha=l_\alpha,\quad \alpha=1,2\}\,.$$

Die Menge $\gamma_h=\{x_{i_1i_2}\in\Gamma\}$ nennen wir den Rand des Gitters.

Die erste Differenzen-Randwertaufgabe zu (1) hat dann die Gestalt

$$\begin{aligned}&\Lambda y=-f(x),\quad x\in\omega_h,\quad y|_{\gamma_h}=\mu(x)\,,\\ &\Lambda=\Lambda_1+\Lambda_2,\quad \Lambda_\alpha y=y_{\bar{x}_\alpha x_\alpha},\quad \alpha=1,2\,,\\ &y_{i_1i_2}=y(i_1h_1,\ i_2h_2)\,.\end{aligned} \tag{2}$$

Diese Aufgabe hatten wir in Kapitel 4. ausführlich untersucht.

9.1.2. Das Dekompositionsverfahren („odd-even reduction“). Wir überführen die Aufgabe (2) in das System von Vektorgleichungen

$$\begin{aligned}&-\mathbf{Y}_{j-1}+C\mathbf{Y}_j-\mathbf{Y}_{j+1}=\mathbf{F}_j,\quad j=1,2,\ldots,N_2-1\,,\\ &\mathbf{Y}_0=\mathbf{F}_0,\quad \mathbf{Y}_{N_2}=\mathbf{F}_{N_2}\,,\end{aligned} \tag{3}$$

wobei die Vektoren $\mathbf{Y}_j$ und $\mathbf{F}_j$ als Komponenten die Werte $y_{ij}=y(ih_1,\ jh_2)$ der Lösung bzw. der rechten Seite $f_{ij}=f(ih_1,\ jh_2)$ haben, die der j-ten waagerechten Gitterlinie von $\bar{\omega}_h$ entsprechen. Die quadratische Matrix C wird später bestimmt.

Auf die Gleichungen (3) kommen wir ausgehend von System (2), indem wir die Randwerte bei $i=0$ und $i=N_1$ in die rechten Seiten überführen. Danach können wir für $i=0,\ N_1$ formal $y_{ij}=0$ setzen und erhalten

$$\begin{aligned}&-y_{i,j-1}+(2y-h_2^2y_{\bar{x}_1x_1})_{ij}-y_{i,j+1}=h_2^2\varphi_{ij},\\ &1\leq i\leq N_1-1,\quad 1\leq j\leq N_2-1\,,\\ &y_{0j}=y_{N_1j}=0,\quad 0<j<N_2\,,\\ &y_{i0}=\mu_{i0},\quad y_{iN_2}=\mu_{iN_2},\quad 0<i<N_1\,,\end{aligned}$$

mit

$$\varphi_{ij} = f_{i,j} \quad \text{für} \quad 1 < i < N_1 - 1, \quad 1 \leqq j \leqq N_2 - 1\,,$$

$$\varphi_{1j} = f_{1j} + \frac{1}{h_1^2}\,\mu_{0j}, \quad \varphi_{N_1-1,1} = f_{N_1-1,j} + \frac{1}{h_1^2}\,\mu_{N_1j}.$$

Führen wir nun die Vektoren $\mathbf{Y}_j$ und $\mathbf{F}_j$ wie folgt ein,

$$\mathbf{Y}_j = (y_{1j}, y_{2j}, \ldots, y_{N_1-1,j}), \quad j = 0, 1, \ldots, N_2\,,$$

$$\mathbf{F}_j = \left(h_2^2 f_{1j} + \frac{h_2^2}{h_1^2}\,\mu_{0j},\ h_2^2 f_{2j}, \ldots, h_2^2 f_{N_1-2,j},\ h_2^2 f_{N_1-1,j} + \frac{h_2^2}{h_1^2}\,\mu_{N_1j}\right),$$

$$j = 1, 2, \ldots, N_2 - 1\,,$$

$$\mathbf{F}_j = (\mu_{1j}, \mu_{2j}, \ldots, \mu_{N_1-1,j}) \quad \text{für} \quad j = 0, N_2\,,$$

und definieren den Operator C durch

$$(C\mathbf{Y}_j)_i = (2y - h_2^2 y_{\bar{x}_1x_1})_{ij}, \quad 0 < i < N_1\,,$$

$$y_{0j} = y_{N_1j} = 0\,,$$

so sehen wir, daß die Aufgabe (2) dem System (3) äquivalent ist.

Wir nehmen jetzt an, daß $N_2 = 2^n$ gilt. Die Idee des Dekompositionsverfahrens besteht darin, zuerst die Vektoren $\mathbf{Y}_j$ mit ungeraden Nummern aus den Gleichungen (3) zu eliminieren und dann die, deren Nummern ungerade Vielfache von 2^k sind, $k = 1, 2, \ldots, n-1$. Nachdem die Werte auf der mittleren Gitterlinie, also für $j = 2^{n-1}$, bestimmt sind, findet man im Rückwärtsgang die Werte auf den jeweils eliminierten Linien.

Im ersten Schritt haben wir für $j = 2, 4, \ldots, N_2 - 2$ die drei Gleichungen

$$-\mathbf{Y}_{j-2} + C\mathbf{Y}_{j-1} - \mathbf{Y}_j = \mathbf{F}_{j-1}\,,$$

$$-\mathbf{Y}_{j-1} + C\mathbf{Y}_j - \mathbf{Y}_{j+1} = \mathbf{F}_j\,,$$

$$-\mathbf{Y}_j + C\mathbf{Y}_{j+1} - \mathbf{Y}_{j+2} = \mathbf{F}_{j+1}\,.$$

Auf die zweite Gleichung wenden wir den Operator C an und erhalten nach Addition der drei Gleichungen das System

$$-\mathbf{Y}_{j-2} + C^{(1)}\mathbf{Y}_j - \mathbf{Y}_{j+2} = \mathbf{F}_j^{(1)}\,,$$

$$j = 2, 4, 6, \ldots, N_2 - 2\,, \tag{4}$$

$$\mathbf{Y}_0 = \mathbf{F}_0, \quad \mathbf{Y}_{N_2} = \mathbf{F}_{N_2}\,,$$

welches nur noch die geradzahligen $\mathbf{Y}_j$ enthält. Hier haben wir die Bezeichnungen

$$C^{(1)} = [C^{(0)}]^2 - 2E\,,$$

$$\mathbf{F}_j^{(1)} = \mathbf{F}_{j-1}^{(0)} + C^{(0)}\mathbf{F}_j^{(0)} + \mathbf{F}_{j+1}^{(0)},$$

$$C^{(0)} = C, \quad \mathbf{F}_j^{(0)} = \mathbf{F}_j$$

eingeführt. Sind die geradzahligen $\mathbf{Y}_j$ aus dem System (4) bestimmt worden, so ergeben sich die ungeradzahligen $\mathbf{Y}_j$ aus den Gleichungen

$$C^{(0)}\mathbf{Y}_j = \mathbf{F}_j^{(0)} + \mathbf{Y}_{j+1} + Y_{j-1}\,, \tag{5}$$

$$j = 1, 3, 5, \ldots, N_2 - 1\,.$$

In den weiteren Schritten schließen wir aus dem System (4) die ungeraden Vielfachen von 2 aus usw. und erhalten für die Rückwärtsrechnung anstelle des Systems (5) allgemein die Gleichungen

$$C^{(k-1)}\mathbf{Y}_j = \mathbf{F}_j^{(k-1)} + \mathbf{Y}_{j-2^{k-1}} + \mathbf{Y}_{j+2^{k-1}}, \tag{6}$$

$$j = 2^{k-1}, 3 \cdot 2^{k-1}, 5 \cdot 2^{k-1}, \ldots, N_2 - 2^{k-1}\,,$$

$$k = n, n-1, \ldots, 2, 1\,,$$

$$Y_0 = \mathbf{F}_0, \mathbf{Y}_{N_2} = \mathbf{F}_{N_2}\,.$$

Die Vorwärtsrechnung besteht darin, nacheinander die $C^{(k)}$ und $\mathbf{F}_j^{(k)}$ zu berechnen. Dafür ergeben sich die Formeln

$$\begin{aligned} &C^{(k)} = [C^{(k-1)}]^2 - 2E, \quad k = 1, 2, \ldots, n-1, \\ &C^{(0)} = C, \\ &\mathbf{F}_j^{(k)} = \mathbf{F}_{j-2^{k-1}}^{(k-1)} + C^{(k-1)}\mathbf{F}_j^{(k-1)} + \mathbf{F}_{j+2^{k-1}}^{(k-1)}, \\ &\quad j = 2^k, \quad 2 \cdot 2^k, 3 \cdot 2^k, \ldots, N_2 - 2^k, \\ &\quad k = 1, 2, \ldots, n-1, \end{aligned} \tag{7}$$

die aber für den unmittelbaren Rechengang keine Rolle spielen, sondern nur eine Zwischenstation auf dem Weg zu dem unten angegebenen Algorithmus darstellen. Entscheidend für das Dekompositionsverfahren ist die folgende Faktorisierung der Operatoren $C^{(k)}$, die sich mit Hilfe der Formeln (7) beweisen läßt:

$$\begin{aligned} &C^{(k)} = \prod_{l=1}^{2^k} (C - \mu_l E), \\ &\mu_l = 2 \cos \frac{(2l-1)\pi}{2^{k+1}}. \end{aligned} \tag{8}$$

Für die laut (6) zu lösenden Gleichungen der Art $C^{(k)}v = \varphi$ können wir daher nacheinander die Hilfsgrößen $v^{(l)}$ entsprechend

$$\begin{aligned} &(C - \mu_1 E)\, v^{(1)} = \varphi, \\ &(C - \mu_l E)\, v^{(l)} = v^{(l-1)}, \quad l = 2, 3, \ldots, 2^k, \end{aligned}$$

bestimmen und erhalten als Lösung $v = v^{(2^k)}$. Dazu haben wir für die angegebenen Werte von l die 3-Punkt-Differenzengleichungen

$$2v^{(l)} - h_2^2 v_{\bar{x}_1 x_1}^{(l)} - \mu_l v^{(l)} = v^{(l-1)}, \quad h_1 \leq x_1 \leq l_1 - h_1,$$

$$v^{(l)}(0) = v^{(l)}(l_1) = 0$$

zu lösen, wofür wir uns der verkürzten Gaußelimination bedienen.

Statt die $\mathbf{F}_j^{(k)}$ nach (7) zu berechnen, führen wir mit

$$\mathbf{F}_j^{(k)} = C^{(k)}\mathbf{p}_j^{(k)} + \mathbf{q}_j^{(k)} \tag{9}$$

die Vektoren $\mathbf{p}_j^{(k)}$ und $\mathbf{q}_j^{(k)}$ ein. Durch Einsetzen in (7) ergibt sich

$$\begin{aligned} C^{(k)}\mathbf{p}_j^{(k)} + \mathbf{q}_j^{(k)} = C^{(k-1)} [\mathbf{p}_{j-2^{k-1}}^{(k-1)} + \mathbf{p}_{j+2^{k-1}}^{(k-1)} + \mathbf{q}_j^{(k-1)}] + (C^{(k-1)})^2 \mathbf{p}_j^{(k-1)} \\ + \mathbf{q}_{j-2^{k-1}}^{(k-1)} + \mathbf{q}_{j+2^{k-1}}^{(k-1)}. \end{aligned} \tag{10}$$

Wir setzen nun

$$\mathbf{q}_j^{(k)} = 2\mathbf{p}_j^{(k)} + \mathbf{q}_{j-2^{k-1}}^{(k-1)} + \mathbf{q}_{j+2^{k-1}}^{(k-1)}$$

und können dann (10) wegen $C^{(k)} = [C^{(k-1)}]^2 - 2E$ in der Form

$$(C^{(k-1)})^2 (\mathbf{p}_j^{(k)} - \mathbf{p}_j^{(k-1)}) = C^{(k-1)} (\mathbf{p}_{j-2^{k-1}}^{(k-1)} + \mathbf{p}_{j+2^{k-1}}^{(k-1)} + \mathbf{q}_j^{(k-1)})$$

schreiben, woraus wir zur Bestimmung der $\mathbf{p}_j^{(k)}$ die Gleichungen

$$C^{(k-1)}\mathbf{S}_j^{(k-1)} = \mathbf{p}_{j-2^{k-1}}^{(k-1)} + \mathbf{p}_{j+2^{k-1}}^{(k-1)} + \mathbf{q}_j^{(k-1)},$$

$$\mathbf{p}_j^{(k)} = \mathbf{p}_j^{(k-1)} + \mathbf{S}_j^{(k-1)}$$

erhalten. Mit (9) finden wir aus (6) noch

$$C^{(k-1)} [\mathbf{Y}_j - \mathbf{p}_j^{(k-1)}] = \mathbf{q}_j^{(k-1)} + \mathbf{Y}_{j-2^{k-1}} + \mathbf{Y}_{j+2^{k-1}}.$$

Durch die Einführung der Vektoren $\mathbf{p}_j^{(k)}$ und $\mathbf{q}_j^{(k)}$ anstelle von $\mathbf{F}_j^{(k)}$ haben wir nur Gleichungen mit den Operatoren $C^{(k-1)}$ zu lösen, und deren rechte Seiten ergeben sich nur durch Additionen.

Insgesamt können wir folgenden Algorithmus formulieren:

1) Die Anfangswerte $\mathbf{p}_j^{(0)}$ und $\mathbf{q}_j^{(0)}$ werden vorgegeben:

$$\mathbf{q}_j^{(0)} = \mathbf{F}_j, \quad \mathbf{p}_j^{(0)} = 0, \quad j = 1, 2, \ldots, N_2 - 1 .$$

2) Für $k = 1, 2, \ldots, n-1$ werden die Gleichungen

$$C^{(k-1)} \mathbf{S}_j^{(k-1)} = \mathbf{q}_j^{(k-1)} + \mathbf{p}_{j-2^{k-1}}^{(k-1)} + \mathbf{p}_{j+2^{k-1}}^{(k-1)}$$

gelöst und die Vektoren $\mathbf{p}_j^{(k)}$ und $\mathbf{q}_j^{(k)}$ entsprechend

$$\mathbf{p}_j^{(k)} = \mathbf{p}_j^{(k-1)} + \mathbf{S}_j^{(k-1)} ,$$
$$\mathbf{q}_j^{(k)} = 2\mathbf{p}_j^{(k)} + \mathbf{q}_{j-2^{k-1}}^{(k-1)} + \mathbf{q}_{j+2^{k-1}}^{(k-1)}$$

berechnet; hierbei durchläuft j die Werte

$$j = 2^k, 2 \cdot 2^k, 3 \cdot 2^k, \ldots, N_2 - 2^k .$$

3) Es folgt die Lösung der Gleichungen

$$C^{(k-1)} \mathbf{S}_j^{(k-1)} = \mathbf{q}_j^{(k-1)} + \mathbf{Y}_{j-2^{k-1}} + \mathbf{Y}_{j+2^{k-1}} ,$$
$$\mathbf{Y}_0 = \mathbf{F}_0, \quad \mathbf{Y}_{N_2} = \mathbf{F}_{N_2} ,$$

wonach sich die gesuchten Werte $\mathbf{Y}_j$ aus

$$\mathbf{Y}_j = \mathbf{p}_j^{(k-1)} + \mathbf{S}_j^{(k-1)}$$

ergeben; hier ist nacheinander $j = 2^{k-1}, 3 \cdot 2^{k-1}, 5 \cdot 2^{k-1}, \ldots, N_2 - 2^{k-1}$ und $k = n, n-1, \ldots, 1$ zu nehmen.

Das Dekompositionsverfahren erfordert insgesamt $O(N_1 N_2 \log_2 N_2)$ Rechenoperationen und einen (im Vergleich zur Unbekanntenzahl) anderthalbfachen Speicherplatz. Durch eine Abänderung des Algorithmus kann man auf Kosten einer nicht erheblichen Vergrößerung der Rechenzeit erreichen, daß man mit dem einfachen Speicherplatz auskommt.

9.1.3. Lösung durch Fouriertransformation. Ähnlich wie im vorigen Abschnitt können wir von Aufgabe (2) auch zu der Aufgabe

$$\Lambda y = -\varphi, \quad y|_{\gamma_h} = 0 \tag{11}$$

mit homogenen Randwerten auf dem gesamten Gitterrand übergehen. Dann unterscheidet sich φ von der rechten Seite f von (2) bei $i_1 = 1$ und $i_1 = N_1 - 1$ um die Größe $h_1^{-2}\mu$ und bei $i_2 = 1$ und $i_2 = N_2 - 1$ um die Größe $h_2^{-2}\mu$.

Jetzt seien $\mu_k(jh_2)$ und λ_k die Eigenfunktionen und Eigenwerte von Λ, also die k-ten Lösungen der Aufgabe

$$\begin{aligned} &\Lambda_2 \mu + \lambda \mu = 0, \quad h_2 \leqq x_2 \leqq l_2 - h_2 , \\ &\mu(0) = \mu(l_2) = 0 . \end{aligned} \tag{12}$$

Nach 2.3.2. gilt

$$\mu_k(jh_2) = \sqrt{\frac{2}{l_2}} \sin \frac{k\pi j}{N_2}, \quad \lambda_k = \frac{4}{h_2^2} \sin^2 \frac{k\pi h_2}{2l_2},$$
$$k = 1, 2, \ldots, N_2 - 1 .$$

Für die Lösung der Aufgabe (11) machen wir den Fourieransatz

$$y_{ij} = \sum_{k=1}^{N_2-1} c_k(ih_1)\, \mu_k(jh_2)\,,$$
$$i=1, 2, \ldots, N_1-1, \quad j=1, 2, \ldots, N_2-1\,,$$

wobei die Koeffizienten c_k von $x_1 = ih_1$ abhängen.

Durch Einsetzen dieses Ansatzes in die Aufgabe (11) folgt

$$\begin{aligned} \Lambda y &= \Lambda_1 y + \Lambda_2 y \\ &= \sum_{k=1}^{N_2-1} [\mu_k(jh_2)\, \Lambda_1 c_k(ih_1) + c_k(ih_1)\, \Lambda_2 \mu_k(jh_2)] \\ &= -\sum_{k=1}^{N_2-1} \varphi_k(ih_1)\, \mu_k(jh_2) \end{aligned} \tag{14}$$

mit den Fourierkoeffizienten $\varphi_k(ih_1)$ von $\varphi(x)$,

$$\varphi_k(ih_1) = \sum_{j=1}^{N_2-1} \varphi(ih_1, jh_2)\, \mu_k(jh_2)\, h_2\,.$$

Unter Benutzung der Orthogonalität der Eigenfunktionen μ_k erhalten wir aus den Gleichungen (14) und (12) für $c_k(x_1)$ die Aufgabe

$$\begin{aligned} \Lambda_1 c_k - \lambda_k c_k &= -\varphi_k, \quad h_1 \leqq x_1 \leqq l_1 - h_1\,, \\ c_k(0) &= c_k(l_1) = 0\,, \\ k &= 1, 2, \ldots, N_2-1\,. \end{aligned}$$

Indem wir die verkürzte Gaußelimination (N_2-1)mal anwenden, bestimmen wir hieraus alle Funktionen $c_k(x_1)$ und dann über (13) die Lösung von Aufgabe (11).

Sowohl die Berechnung der Fourierkoeffizienten von φ als auch die Berechnung der Lösung y erfordert die Bildung von Summen der Art

$$v_j = \sum_{k=1}^{N-1} z_k \sin \frac{k\pi j}{N}, \quad j=1, 2, \ldots, N-1\,.$$

Dazu wird ein spezieller Algorithmus eingesetzt, die schnelle Fouriertransformation (englische Abkürzung: FFT), für den wir auf [16] verweisen. Dieser Algorithmus gestattet die Berechnung aller $N-1$ Fourierkoeffizienten in $5N \log_2 N$ Rechenoperationen bei $N=2^n$, während man bei der üblichen Vorgehensweise $O(N^2)$ Operationen benötigt. So kommt man auf einen Gesamtaufwand von $O(N_1 N_2 \log_2 N_2)$ Rechenoperationen zur Lösung der Aufgabe (2).

Es ist vorteilhaft, das Dekompositionsverfahren mit der Fouriertransformation zu verbinden, indem man diese zur Lösung des nach dem ersten Schritt des Dekompositionsverfahrens entstandenen Systems (4) benutzt. Dadurch kommt man mit $Q \approx 5N_1 N_2 \log_2 N_2$ Rechenoperationen zur Lösung der Aufgabe (2) aus, was etwa nur halb soviel ist wie bei der ausschließlichen Verwendung der Fouriertransformation.

9.1.4. Die verkürzte Block-Gaußelimination. Das Gleichungssystem (3) ist ein Spezialfall der allgemeineren Aufgabe

$$\begin{aligned} -A_j \mathbf{Y}_{j-1} + C_j \mathbf{Y}_j - B_j \mathbf{Y}_{j+1} &= \mathbf{F}_j\,, \quad j=1, 2, \ldots, N-1\,, \\ C_0 Y_0 - B_0 Y_1 = \mathbf{F}_0, \quad -A_N \mathbf{Y}_{N-1} &+ C_N \mathbf{Y}_N = \mathbf{F}_N \end{aligned} \tag{15}$$

mit M_j-dimensionalen Vektoren $\mathbf{Y}_j$ und $\mathbf{F}_j$, den $M_j \times M_j$-Matrizen C_j und den

Rechteckmatrizen A_j und B_j der Dimension $M_j \times M_{j-1}$ bzw. $M_j \times M_{j+1}$. Zur Lösung des Systems (15) machen wir in Analogie zu Abschnitt 1.2.5. den Ansatz

$$\mathbf{Y}_j = \alpha_{j+1}\mathbf{Y}_{j+1} + \boldsymbol{\beta}_{j+1}, \quad j = N-1, N-2, \ldots, 1, 0, \tag{16}$$

wobei die α_j Rechteckmatrizen der Dimension $M_{j-1} \times M_j$ und die $\boldsymbol{\beta}_j$ Vektoren der Dimension M_{j-1} sind.

Ähnlich wie bei der gewöhnlichen verkürzten Gaußelimination erhalten wir aus (15) und (16) die folgenden Rekursionsformeln zur Bestimmung der α_j und $\boldsymbol{\beta}_j$:

$$\begin{aligned}
\alpha_{j+1} &= (C_j - A_j\alpha_j)^{-1} B_j, \\
\alpha_1 &= C_0^{-1} B_0, \quad j = 1, 2, \ldots, N-1, \\
\boldsymbol{\beta}_{j+1} &= (C_j - A_j\alpha_j)^{-1} (\mathbf{F}_j + A_j\boldsymbol{\beta}_j), \\
\boldsymbol{\beta}_1 &= C_0^{-1}\mathbf{F}_0, \quad j = 1, 2, \ldots, N-1, N, \\
\mathbf{Y}_N &= (C_N - A_N\alpha_N)^{-1} (A_N\boldsymbol{\beta}_N + \mathbf{F}_N) = \boldsymbol{\beta}_{N+1}, \\
\mathbf{Y}_j &= \alpha_{j+1}\mathbf{Y}_{j+1} + \boldsymbol{\beta}_{j+1}, \quad j = N-1, N-2, \ldots, 1, 0.
\end{aligned}$$

Dieses Verfahren nennen wir die verkürzte Block-Gaußelimination. Es ist stabil bei

$$\|\alpha_j\| \leqq 1, \quad j = 1, 2, \ldots, N,$$

wofür die Bedingungen

$$\begin{aligned}
&\|C_0^{-1}B_0\| \leqq 1, \quad \|C_N^{-1}A_N\| \leqq 1, \\
&\|C_j^{-1}A_j\| + \|C_j^{-1}B_j\| \leqq 1, \quad 1 \leqq j \leqq N-1,
\end{aligned}$$

hinreichend sind, wenn in wenigstens einer dieser Ungleichungen die strenge Ungleichheit gilt.

Im Spezialfall (3) haben wir $A_j = B_j = E$ und $C_j = C$ für $j = 1, \ldots, N-1$, sowie $B_0 = A_N = 0$, $C_0 = C_N = E$. Dann vereinfachen sich die Formeln, und wir erhalten

$$\begin{aligned}
\alpha_{j+1} &= (C - \alpha_j)^{-1}, \quad \alpha_1 = 0, \quad j = 1, 2, \ldots, N_2 - 1, \\
\boldsymbol{\beta}_{j+1} &= \alpha_{j+1}(\mathbf{F}_j + \boldsymbol{\beta}_j), \quad \boldsymbol{\beta}_1 = \mathbf{F}_0, \quad j = 1, 2, \ldots, N_2 - 1, \\
\mathbf{Y}_j &= \alpha_{j+1}\mathbf{Y}_{j+1} + \boldsymbol{\beta}_{j+1}, \quad \mathbf{Y}_{N_2} = \mathbf{F}_{N_2}, \quad j = N_2 - 1, \ldots, 2, 1.
\end{aligned} \tag{17}$$

Dabei haben die Vektoren $\mathbf{Y}_j$ und $\boldsymbol{\beta}_j$ die Dimension $N_1 - 1$, die α_j und C sind $(N_1 - 1) \times (N_1 - 1)$-Matrizen, und als Stabiliätsbedingung verbleibt nur $\|C^{-1}\| \leqq \frac{1}{2}$. Diese Ungleichung ist wegen $C \geqq 2E$ erfüllt.

Wir bestimmen jetzt die Anzahl der zur Lösung der Aufgabe (2) mit dem Verfahren (17) benötigten Rechenoperationen.

Da alle Matrizen α_j vollbesetzt sind (obwohl C eine dreidiagonale Matrix ist), benötigen wir zur Berechnung von α_{j+1} bei bekanntem α_j schon $O(N_1^3)$ Operationen, also für alle α_j insgesamt $O(N_1^3 N_2)$ Operationen. Weiter haben wir einen Aufwand von $O(N_1^2)$ Operationen bei der Berechnung von $\boldsymbol{\beta}_{j+1}$ aus $\boldsymbol{\beta}_j$, also $O(N_2 N_1^2)$ für alle $\boldsymbol{\beta}_j$, womit der Gesamtaufwand $Q = O(N_2 N_1^3)$ Rechenoperationen beträgt.

Bei der Lösung einer Serie von Aufgaben müssen die α_j nur einmal berechnet werden, so daß für die zweite und alle folgenden Aufgaben nur noch $O(N_2 N_1^2)$ Operationen erforderlich sind.

9.2. Zweischichtige Iterationsverfahren

9.2.1. Einführung. Zu lösen sei die Gleichung erster Art

$$Au = f, \tag{1}$$

wobei $A: H \to H$ ein linearer Operator im N-dimensionalen reellen Raum H mit dem Skalarprodukt $(.,.)$ und der Norm $\|y\| = \sqrt{(y, y)}$ ist; f sei ein beliebiges Element von H.

Wir setzen voraus, daß A selbstadjungiert und positiv (definit) ist: $A = A^* > 0$.

Durch ein Iterationsverfahren werden, ausgehend von einer Anfangsnäherung $y_0 \in H$, nacheinander Näherungslösungen $y_1, \ldots, y_k, \ldots$ der Gleichung (1) gewonnen; wir nennen y_k auch die k-te Iterierte. Allgemein kann y_{k+1} aus allen vorangehenden Iterierten $y_k, y_{k-1}, \ldots$ zu berechnen sein. Falls dazu aber nur y_k gebraucht wird, so heißt das Iterationsverfahren auch Einschrittverfahren, bei Benutzung von zwei vorangehenden Iterierten entsprechend Zweischrittverfahren usw. Wie wir gleich sehen werden, läßt sich jedes sinnvolle Einschrittverfahren auf die in Kapitel 6. betrachtete Form eines 2-Schicht-Schemas bringen, weshalb wir es auch 2-Schicht-Verfahren nennen.

Ein lineares Einschrittverfahren läßt sich zunächst als

$$B_k y_{k+1} = C_k y_k + F_k, \quad k = 0, 1, 2, \ldots, \tag{2}$$

schreiben, wobei die linearen Operatoren B_k und C_k den Raum H in sich abbilden, B_k invertierbar und $F_k \in H$ gegeben ist. Es ist naheliegend, zu fordern, daß die exakte Lösung u der Aufgabe (1) der Gleichung (2) für alle k genügt: $(B_k - C_k)\, u = F_k$ bzw. $(B_k - C_k) A^{-1} f = F_k$.

Diese Beziehung müssen wir also bei der Auswahl von B_k, C_k und F_k beachten; bei vorgegebenen B_k und C_k ist das eine Formel für F_k. Von der darin enthaltenen Abhängigkeit von A^{-1} können wir uns nur befreien, wenn die Operatoren $B_k - C_k$ regulär sind: Dann können wir das Einschrittverfahren (2) mit $A(B_k - C_k)^{-1}$ multiplizieren und nach entsprechender Umbenennung der Operatoren B_k, C_k und der rechten Seite F_k

$$\tau_{k+1}^{-1} (B_k - C_k) = A, \quad F_k = f \tau_{k+1}, \quad k = 0, 1, 2, \ldots,$$

setzen. Hier sind die $\{\tau_k\}$ positive Zahlen, sogenannte Iterationsparameter, die wir später in Abhängigkeit von A und B_k geeignet auswählen, um die Konvergenz des Verfahrens zu verbessern. Im Ergebnis erhalten wir aus (2) das 2-Schicht-Iterationsverfahren in der Normalform von Kapitel 6.,

$$B_k \frac{y_{k+1} - y_k}{\tau_{k+1}} + A y_k = f, \quad k = 0, 1, 2, \ldots \tag{3}$$

Bei $k = 0$ ist die Anfangsnäherung $y_0 \in H$ vorzugeben. Wegen der Existenz des Operators B_k^{-1} können wir (3) auch als

$$y_{k+1} = y_k - \tau_{k+1} B_k^{-1} (A y_k - f) \tag{4}$$

und schließlich auch in der Form

$$y_{k+1} = y_k - \tau_{k+1} B_k^{-1} r_k = y_k - \tau_{k+1} w_k \tag{5}$$

schreiben, wo $r_k = A y_k - f$ der Defekt und $w_k = B_k^{-1} r_k$ das Korrekturglied sind. Bei bekannter k-ter Iterierter berechnen wir die neue Iterierte y_{k+1} aus (4), finden also, von y_0 ausgehend, nacheinander $y_1, y_2, \ldots$ usw.

Uns interessieren natürlich nur konvergente Iterationsverfahren:

$$\|y_k - u\| \to 0 \quad \text{für} \quad k \to \infty .$$

Gibt man den relativen Fehler $\varepsilon = \|y_k - u\|/\|y_0 - u\|$ vor, mit dem die Lösung u der Aufgabe (1) bestimmt werden soll, so bricht man die Rechnung bei der Iteration ab, für die

$$\|y_k - u\| \leqq \varepsilon \|y_0 - u\|$$

oder allgemeiner

$$\|y_k - u\|_D \leqq \varepsilon \|y_0 - u\|_D$$

gilt. Hier ist D ein selbstadjungierter positiv definiter Operator. Bei $D = A^2$ erhalten wir insbesondere die direkt auswertbare Bedingung

$$\|Ay_k - f\| \leqq \varepsilon \|Ay_0 - f\| .$$

Für den Fehler $z_k = y_k - u$ ergibt sich aus (3) und (1) die Gleichung

$$B_k \frac{z_{k+1} - z_k}{\tau_{k+1}} + Az_k = 0, \quad k = 0, 1, 2, \ldots \tag{6}$$

Falls der Operator B nicht von k abhängt, so genügt das Korrekturglied $w_k = B^{-1} r_k$ ebenfalls der homogenen Gleichung:

$$B \frac{w_{k+1} - w_k}{\tau_{k+1}} + Aw_k = 0 . \tag{7}$$

Wenden wir nämlich auf (5) den Operator A an und berücksichtigen die Identitäten

$$Ay_{k+1} - Ay_k = (Ay_{k+1} - f) - (Ay_k - f) = r_{k+1} - r_k ,$$
$$r_{k+1} - r_k = B(B^{-1} r_{k+1} - B^{-1} r_k) = B(w_{k+1} - w_k) ,$$

so erhalten wir gerade Gleichung (7).

Die Fehlergleichung (6) können wir auch in der Form

$$z_{k+1} = S_{k+1} z_k, \quad S_{k+1} = E - \tau_{k+1} B_k^{-1} A \tag{8}$$

schreiben, wobei S_{k+1} der Übergangsoperator von der Iterationsschicht k zur Schicht $k+1$ ist. Daraus folgt weiter

$$z_n = T_n z_0, \quad T_n = S_n S_{n-1} \ldots S_2 S_1 \tag{9}$$

mit dem Lösungsoperator T_n der Gleichung (6). Die Beziehung (9) zeigt, daß

$$\|z_n\|_D = \|T_n z_0\|_D \leqq \|T_n\|_D \|z_0\|_D$$

oder

$$\|z_n\|_D \leqq q_n \|z_0\|_D, \quad q_n = \|T_n\|_D$$

gilt. Deshalb können wir die Abbruchbedingung für die Iteration als $q_n \leqq \varepsilon$ formulieren.

Sowohl für den Konvergenzbeweis, als auch für die Genauigkeitsabschätzung der Iteration wird daher eine Abschätzung der Norm des Lösungsoperators T_n benötigt. Wie die Definitionen (9) und (8) zeigen, hängt q_n von $\{B_k\}$ und $\{\tau_k\}$ ab. Unser Ziel besteht deshalb darin, beide Folgen so zu wählen, daß q_n minimal wird. Gleichzeitig müssen wir aber bei der Wahl der Operatoren B_k im Auge behalten, daß der Aufwand an Rechenoperationen zur Lösung der Gleichungen

$$B_k y_{k+1} = F_k, \quad F_k = B_k y_k - \tau_{k+1}(Ay_k - f)$$

möglichst klein bleibt: Bei $B_k = A$ und $\tau_k = 1$ für alle k hätten wir $q_n = 0$ und brauchten nur einen Iterationsschritt, um die exakte Lösung zu erhalten. Das ist aber im allgemeinen (vgl. Abschnitt 8.1.1.) zu aufwendig. Es geht also um die Minimierung des Gesamtaufwandes $Q(\varepsilon)$ an Rechenoperationen, der benötigt wird, um mit dem Iterationsverfahren (3) die Lösung der Gleichung (1) bei vorgegebener relativer Genauigkeit ε und für beliebige Anfangsnäherung y_0 zu erhalten, und aus dieser Forderung sind $\{\tau_k\}$ und $\{B_k\}$ auszuwählen. Es sei $n(\varepsilon)$ die Iterationszahl, bei der die Genauigkeit ε erreicht wird. Dann ist $Q(\varepsilon) = Q_1 + Q_2 + \ldots + Q_{n(\varepsilon)}$ mit dem Aufwand Q_k für die Bestimmung der k-ten Iterierten. Wir werden nur Iterationsverfahren betrachten, die, als Differenzenschemata aufgefaßt, ökonomisch sind, die also (durch entsprechende Auswahl der B_k) einen der Gitterpunktanzahl N proportionalen Aufwand Q_k an Rechenoperationen für den Übergang auf die neue Schicht haben. Dann wird $Q(\varepsilon)$ minimal für minimales $n(\varepsilon)$.

Der Unterschied zwischen den Iterationsverfahren (für die man τ_{k+1} als fiktiven Zeitschritt ansehen kann) und den Differenzenschemata für zeitabhängige Aufgaben besteht in folgendem:

a) Das Iterationsverfahren (3) besitzt – entsprechend der formulierten Forderung beim Übergang von (2) zu (3) – die Lösung u der Aufgabe (1) als exakte, von k unabhängige Lösung für alle zugelassenen B_k und τ_{k+1}.

b) Während wir für $\{B_k\}$ in beiden Fällen ökonomische Operatoren nehmen, wird $\{\tau_k\}$ beim Iterationsverfahren so gewählt, daß Konvergenz eintritt und $n(\varepsilon)$ minimal ist; beim Differenzenverfahren zur Lösung einer instationären Aufgabe aber ist der entscheidende Gesichtspunkt zur Auswahl der Schrittweite die Genauigkeit der Näherungslösung auf jeder einzelnen Zeitschicht.

Wenn B_k in (3) der identische Operator ist, so erhalten wir das *explizite Iterationsverfahren*

$$\frac{y_{k+1} - y_k}{\tau_{k+1}} + A y_k = f, \quad k = 0, 1, 2, \ldots \tag{10}$$

Falls die Operatoren B_k und die Iterationsparameter in (3) nicht von k abhängen, so spricht man von einem *stationären Iterationsverfahren*; ist das Verfahren (10) stationär, so nennt man es das *explizite Verfahren der einfachen Iteration.*

9.2.2. Das Seidelverfahren und das Überrelaxationsverfahren. Das einfachste implizite stationäre Iterationsverfahren ist das Seidelverfahren. Sind a_{ij} die Elemente von A in (1) und f_i die Komponenten der rechten Seite f, so hat es die Gestalt

$$\sum_{j=1}^{i} a_{ij} \overset{k+1}{y_j} + \sum_{j=i+1}^{N} a_{ij} \overset{k}{y_j} = f_i, \tag{11}$$

wobei $a_{ii} \neq 0$ vorausgesetzt wird und $\overset{k}{y}$ die k-te Iterierte ist. Zur Bestimmung der $(k+1)$-ten Iterierten lösen wir (11) zuerst für $i = 1$

$$a_{11} \overset{k+1}{y_1} + \sum_{j=2}^{N} a_{1j} \overset{k}{y_j} = f_1, \quad a_{11} \neq 0,$$

und finden so $\overset{k+1}{y_1}$. Für $i = 2$ gilt

$$a_{21} \overset{k+1}{y_1} + a_{22} \overset{k+1}{y_2} + \sum_{j=3}^{N} a_{2j} \overset{k}{y_j} = f_2, \quad a_{22} \neq 0.$$

Da $\overset{k+1}{y_1}$ schon bekannt ist, erhalten wir hieraus $\overset{k+1}{y_2}$ usw. Um das Verfahren in die Normalform (3) zu überführen, stellen wir die Matrix A als Summe der unteren und oberen Dreiecksmatrizen A^- bzw. A^+ und der Diagonalmatrix D dar:

$$A = A^- + A^+ + D .$$

Hier ist also $A^\pm = (a_{ij}^\pm)$ mit $a_{ij}^- = a_{ij}$ für $j < i$, $a_{ij}^+ = a_{ij}$ für $j > i$ und mit $a_{ij}^\pm = 0$ sonst.

Mit diesen Bezeichnungen können wir die Gleichungen (11) zu

$$(A^- + D) \overset{k+1}{y} + A^+ \overset{k}{y} = f, \quad y = (y_1, y_2, \ldots, y_N)$$

zusammenfassen und gelangen über

$$(A^- + D) (\overset{k+1}{y} - \overset{k}{y}) + (A^- + D + A^+) \overset{k}{y} = f$$

zur Normalform

$$(A^- + D) (\overset{k+1}{y} - \overset{k}{y}) + A\overset{k}{y} = f . \tag{12}$$

Für das Seidelverfahren gilt also

$$B = A^- + D, \quad \tau_k = 1 ,$$

wie der Vergleich mit (3) zeigt. Das Verfahren ist implizit, die Matrix B nicht symmetrisch. Für die Modellaufgabe (2) aus Abschnitt 9.1., die erste Randwertaufgabe für die diskrete Poissongleichung im Rechteck, hat das Seidelverfahren die Gestalt

$$\overset{k+1}{y}_{i_1-1} + \overset{k+1}{y}_{i_2-1} - 4 \overset{k+1}{y} + \overset{k}{y}_{i_1+1} + \overset{k}{y}_{i_2+1} = -h^2 f$$

oder

$$\overset{k+1}{y} = \frac{\overset{k+1}{y}_{i_1-1} + \overset{k+1}{y}_{i_2-1} + \overset{k}{y}_{i_1+1} + \overset{k}{y}_{i_2+1} + h^2 f}{4} . \tag{13}$$

Wir beginnen mit der Rechnung im Punkt $i_1 = i_2 = 1$. Da die Punkte $i_1 = 0$, $i_2 = 1$ und $i_1 = 1$, $i_2 = 0$ auf dem Rand liegen, sind die Werte $\overset{k+1}{y}_{i_1-1}$ und $\overset{k+1}{y}_{i_2-1}$ und damit die ganze rechte Seite des Systems (13) bekannt, und wir können den neuen Wert im Punkt $i_1 = i_2 = 1$ ausrechnen. Indem wir bei $i_1 = 1$ nun nacheinander $i_2 = 2, 3, \ldots$ setzen, bestimmen wir alle Werte von $\overset{k+1}{y}$ auf der Gitterlinie $i_1 = 1$. Ebenso gehen wir auf den weiteren Linien $i_1 = 2, 3, \ldots$ vor und erhalten so $\overset{k+1}{y}$ in allen Gitterpunkten.

Wann das Seidelverfahren konvergiert, klären wir in 9.2.3.

Um die Konvergenzgeschwindigkeit zu erhöhen, führt man in (12) einen Iterationsparameter $\omega > 0$ ein:

$$\left(A^- + \frac{1}{\omega} D\right) (\overset{k+1}{y} - \overset{k}{y}) + A\overset{k}{y} = f . \tag{14}$$

Das ist das sogenannte *Relaxationsverfahren.* Bei $\omega = 1$ ergibt sich das Seidelverfahren, und bei $\omega > 1$ nennt man (14) das *Überrelaxationsverfahren.* Der Vergleich mit (3) ergibt

$$B = A^- + \frac{1}{\omega} D, \quad \tau_k = 1$$

oder

$$B = \omega A^- + D, \quad \tau_k = \omega .$$

Wieder ist die Matrix B nicht symmetrisch, und zur Bestimmung von $\overset{k+1}{y}$ haben wir ein Gleichungssystem mit unterer Dreiecksmatrix zu lösen. Auch für dieses Verfahren beweisen wir im nächsten Abschnitt die Konvergenz.

9.2.3. Ein Konvergenzsatz für stationäre Iterationsverfahren.

Satz. *Für einen selbstadjungierten, positiven Operator A konvergiert das stationäre Iterationsverfahren* (3) *unter der Bedingung*

$$B > \frac{\tau}{2} A$$

in H_A mit der Geschwindigkeit einer geometrischen Folge mit dem Quotienten

$$\varrho = (1 - 2\delta_0 \tau / \|A^{-1/2} B\|^2)^{1/2} .$$

Hier ist δ_0 eine untere Abschätzung für den kleinsten Eigenwert von

$$C = \frac{1}{2}(B + B^*) - \frac{\tau}{2} A: \quad C \geqq \delta_0 E .$$

Beweis. Wir betrachten das stationäre Iterationsverfahren (3). Nach Abschnitt 9.2.1. gilt dann für den Fehler $z_k = y_k - u$ die Gleichung

$$B \frac{z_{k+1} - z_k}{\tau} + A z_k = 0, \quad k = 0, 1, 2, \dots . \tag{15}$$

Durch skalare Multiplikation mit $2(z_{k+1} - z_k)$ erhalten wir hieraus

$$2\tau \left(B \frac{z_{k+1} - z_k}{\tau}, \frac{z_{k+1} - z_k}{\tau} \right)$$
$$= -2(Az_k, z_{k+1} - z_k) = \tau^2 \left(A \frac{z_{k+1} - z_k}{\tau}, \frac{z_{k+1} - z_k}{\tau} \right)$$
$$- (A(z_{k+1} + z_k), z_{k+1} - z_k),$$

und daraus folgt unter Benutzung der Selbstadjungiertheit von A

$$2\tau \left(\left(B - \frac{\tau}{2} A \right) \frac{z_{k+1} - z_k}{\tau}, \frac{z_{k+1} - z_k}{\tau} \right) + (Az_{k+1}, z_{k+1}) = (Az_k, z_k) . \tag{16}$$

Wegen der Voraussetzung $B > \frac{\tau}{2} A$ ist der Operator $C = \frac{1}{2}(B + B^*) - \frac{\tau}{2} A$ nicht nur selbstadjungiert, sondern auch positiv:

$$0 < \left(\left(B - \frac{\tau}{2} A \right) v, v \right) = \left(\left(\frac{1}{2}(B + B^*) - \frac{\tau}{2} A \right) v, v \right) = (Cv, v) , \quad v \in H .$$

Der zu Beginn dieses Abschnitts eingeführte Raum H war aber endlichdimensional. Daher besitzt C einen kleinsten positiven Eigenwert, und es gibt ein δ_0 mit $C \geqq \delta_0 E$. Damit können wir von der Identität (16) zur Ungleichung

$$2 \frac{\delta_0}{\tau} \|z_{k+1} - z_k\|^2 + \|z_{k+1}\|_A^2 \leqq \|z_k\|_A^2, \quad \|v\|_A^2 = (Av, v) , \tag{17}$$

übergehen. Um hier $\|z_{k+1} - z_k\|^2$ nach unten abzuschätzen, leiten wir aus (15) die Gleichungen

$$z_k = -\frac{1}{\tau} A^{-1} B(z_{k+1} - z_k) \quad \text{und} \quad (Az_k, z_k) = \frac{1}{\tau^2} (B(z_{k+1} - z_k), A^{-1} B(z_{k+1} - z_k))$$

her. Aus der zweiten Gleichung ergibt sich die gesuchte Abschätzung:

$$\|z_k\|_A^2 \leqq \frac{1}{\tau^2} \|A^{-1/2} B\|^2 \|z_{k+1} - z_k\|^2 .$$

Zusammen mit (17) erhalten wir nun

$$\|z_{k+1}\|_A^2 \leqq \varrho^2 \|z_k\|_A^2 ,$$

wobei ϱ die oben angegebene Zahl ist, die offensichtlich im Intervall $[0, 1)$ liegt. Damit ist der Satz bewiesen.

Wir wenden unser Ergebnis auf einige spezielle stationäre Iterationsverfahren (3) an; dabei sei $A = A^* > 0$ erfüllt.

Folgerung 1. *Das explizite Verfahren der einfachen Iteration* (s. Abschnitt 9.2.1.) *konvergiert für $\tau < 2/\lambda_{\max}$, wobei $\lambda_{\max}$ den größten Eigenwert von A bezeichnet.*

Unter dieser Bedingung gilt nämlich

$$\frac{\tau}{2} A \leqq \frac{\tau}{2} \lambda_{\max} E < E = B ,$$

und damit ist der Konvergenzsatz anwendbar.

Folgerung 2. *Das Seidelverfahren* (12) *konvergiert.*

Für dieses Verfahren war $\tau = 1$ und $B = A^- + D$, hier wird also $\frac{1}{2} (B + B^*) = \frac{1}{2} (A^- + D + A^+ + D) = \frac{1}{2} A + \frac{1}{2} D$ und $C = \frac{1}{2} D$. Aus der Positivität von A folgt aber $a_{ii} = (Ae^i, e^i) > 0$, wobei e^i der Vektor $(0, \ldots, 0, 1, 0, \ldots, 0)^T$ ist. Wegen $\left(\left(B - \frac{1}{\tau} A\right) v, v\right) = (Gv, v) = \frac{1}{2} (Dv, v) \geqq \frac{1}{2} \min_i a_{ii} > 0$ können wir den Satz anwenden und erhalten die Konvergenz des Seidelverfahrens (mit der Geschwindigkeit einer geometrischen Folge).

Folgerung 3. *Das Relaxationsverfahren* (14) *konvergiert bei $\omega < 2$.*

Hier gilt nämlich $C = \frac{1}{2} \left(A^- + A^+ + \frac{2}{\omega} D - A\right) = \frac{2 - \omega}{2\omega} D.$

Die Konvergenzgeschwindigkeit des Relaxationsverfahrens hängt ganz entscheidend vom Iterationsparameter ω ab. Es gibt theoretische Ergebnisse, die eine optimale Wahl von ω bei Kenntnis des Spektrums von $D^{-1}(A^- + A^+)$ ermöglichen. Dieses Spektrum ist aber häufig nur schwer zu bestimmen, weshalb man in der Praxis ω oft durch Versuche so wählt, daß die Iterationszahl minimal wird. Für die Lösung einer Serie gleichartiger Aufgaben ist dieses Vorgehen recht günstig.

Im Falle der Modellaufgabe (2) aus 9.1.1. ist das Überrelaxationsverfahren sehr effektiv und nach der Iterationszahl $n(\varepsilon)$ zur Erreichung der relativen Genauigkeit ε mit dem im nächsten Abschnitt dargelegten Verfahren gleichwertig: Bei optimal gewähltem ω läßt sich die m-minimale Iterationszahl

$$n_0(\varepsilon) = 0 \left(\frac{1}{h} \ln \frac{1}{\varepsilon}\right)$$

erreichen.

9.2.4. Das explizite Iterationsverfahren mit den Tschebyscheff-Parametern. Wir wählen für das Verfahren (10) einen Satz von Parametern

$$\tau_1, \tau_2, \ldots, \tau_n ,$$

so daß die Iterationszahl $n(\varepsilon)$ minimal wird.

Wie vorher setzen wir voraus, daß A ein selbstadjungierter und positiver Operator ist; zusätzlich seien jetzt aber noch der kleinste und der größte Eigenwert von A, γ_1 bzw. γ_2, bekannt:

$$A = A^* > 0 ,$$
$$\gamma_1 E \leqq A \leqq \gamma_2 E, \quad \gamma_1 > 0 .$$

Die letztere Bedingung bedeutet

$$\gamma_1 \|x\|^2 \leqq (Ax, x) \leqq \gamma_2 \|x\|^2 \quad \text{für beliebiges } x \in H .$$

Aus der in Abschnitt 9.2.1. für die Verbesserung w_k gewonnenen Gleichung (7) folgt jetzt wegen $B = E$ sofort, daß auch die Defekte r_k der homogenen Gleichung

$$\frac{r_{k+1} - r_k}{\tau_{k+1}} + Ar_k = 0, \quad k = 0, 1, 2, \ldots, \quad r_0 = Ay_0 - f \in H$$

oder

$$r_{k+1} = S_{k+1} r_k , \quad S_{k+1} = E - \tau_{k+1} A$$

genügen. Daher erfüllen auch die Defekte die Gleichung (9) aus 9.2.1., wobei der Lösungsoperator T_n ein Polynom n-ten Grades in A ist,

$$T_n = \mathcal{P}_n(A) = (E - \tau_1 A)\,(E - \tau_2 A) \ldots (E - \tau_n A) . \tag{18}$$

Aus der Gleichung $r_n = \mathcal{P}_n(A) r_0$ ergibt sich die Abschätzung

$$\|r_n\| \leqq \|\mathcal{P}_n(A)\|\, \|r_0\| = q_n \|r_0\| . \tag{19}$$

Unsere Aufgabe besteht nun in der Abschätzung von $q_n = \|\mathcal{P}_n(A)\|$ durch γ_1 und γ_2 sowie in der Auswahl eines solchen Parametersatzes $\{\tau_1, \ldots, \tau_n\}$, bei dem q_n sein Minimum annimmt.

Mit A ist jede Potenz A^m und auch das Operatorpolynom (18) ein selbstadjungierter Operator, den wir durch Öffnen der Klammern auch auf die Form

$$\mathcal{P}_n(A) = \sum_{k=0}^{n} c_k A^k$$

bringen können. Wegen $\mathcal{P}_n(0) = E$ gilt hier übrigens $c_0 = 1$.

Nun seien $\{\lambda_s, \xi_s\}$ die Eigenwerte und orthonormierten Eigenvektoren von A:

$$A\xi_s = \lambda_s \xi_s, \quad s = 1, 2, \ldots, N, \quad 0 < \lambda_1 \leqq \lambda_2 \leqq \ldots \leqq \lambda_N ,$$

wobei N die Dimension von H war und

$$\lambda_1 = \min_s \lambda_s = \gamma_1, \quad \lambda_N = \max_s \lambda_s = \gamma_2$$

ist. Da die Werte λ_s^k Eigenwerte von A^k sind,

$$A^k \xi_s = \lambda_s A^{k-1} \xi_s = \lambda_s^k \xi_s ,$$

folgt

$$\mathcal{P}_n(A)\, \xi_s = \sum_{k=0}^{n} c_k A^k \xi_s = \left(\sum_{k=0}^{n} c_k \lambda_s^k \right) \xi_s = \mathcal{P}_n(\lambda_s)\, \xi_s ,$$

also

$$\lambda(\mathcal{P}_n(A)) = \mathcal{P}_n(\lambda(A)) .$$

Das Polynom $\mathcal{S}_n(\lambda)$ bildet somit die Eigenwerte von A auf die Eigenwerte von $\mathcal{S}_n(A)$ ab, und es gilt daher

$$\|\mathcal{S}_n(A)\| = \max_{1 \leqq s \leqq N} |\mathcal{S}_n(\lambda_s)| .$$

Im Interesse einer weiteren Anwendbarkeit der nachfolgenden Ergebnisse haben wir aber anfangs angenommen, daß uns nur der kleinste und der größte Eigenwert bekannt sind (dabei könnte γ_1 auch eine untere und γ_2 eine obere Schranke für λ_1 bzw. λ_N sein). Deshalb begnügen wir uns mit der Ungleichung

$$\|\mathcal{S}_n(A)\| \leqq \max_{\gamma_1 \leqq x \leqq \gamma_2} |\mathcal{S}_n(x)| . \tag{20}$$

Nun müssen wir eine Minimaxaufgabe für das Polynom $\mathcal{S}_n(x)$ lösen, nämlich die rechte Seite von (20) durch Wahl von $\{\tau_k\}$ minimal machen. Dazu transformieren wir als erstes das Intervall $[\gamma_1, \gamma_2]$ durch

$$x = \frac{1}{2}\,[(\gamma_2 - \gamma_1)t + \gamma_2 + \gamma_1] \tag{21}$$

auf das Intervall $[-1, 1]$. Dabei wird

$$\mathcal{S}_n(x) = \tilde{\mathcal{S}}_n(t), \quad t \in [-1, 1] .$$

Wir suchen jetzt also das Polynom n-ten Grades $\tilde{\mathcal{S}}_n(t)$, das im Intervall $[-1, 1]$ am wenigsten von null abweicht und das der Normierungsbedingung

$$1 = \mathcal{S}_n(0) = \tilde{\mathcal{S}}_n(t_0)$$

genügt. Hier ist t_0 der Punkt, in den $x=0$ bei der Transformation (21) abgebildet wird:

$$t_0 = -\frac{\gamma_2 + \gamma_1}{\gamma_2 - \gamma_1} .$$

Das Polynom mit den genannten Eigenschaften ist ein normiertes Tschebyscheffsches Polynom,

$$\tilde{\mathcal{S}}_n(t) = \frac{T_n(t)}{T_n(t_0)},$$

mit

$$T_n(t) = \cos\,(n \arccos t) \quad \text{für} \quad |t| \leqq 1$$

und

$$T_n(t) = \frac{1}{2}\,[(t + \sqrt{t^2 - 1})^n + (t - \sqrt{t^2 - 1})^n] \quad \text{für} \quad |t| > 1 . \tag{22}$$

Wegen $\max\limits_{|t| \leqq 1} T_n(t) = 1$ gilt

$$\min_{\{\tau_k\}} \max_{\gamma_1 \leqq x \leqq \gamma_2} |\mathcal{S}_n(x)| = \min_{\{\tau_k\}} \max_{-1 \leqq t \leqq 1} |\tilde{\mathcal{S}}_n(t)| = 1/|T_n(t_0)| = q_n .$$

Die Polynome $\tilde{\mathcal{S}}_n(t)$ und $T_n(t)$ stimmen bis auf einen Faktor überein, wenn ihre Nullstellen zusammenfallen. Diese Tatsache führt in viel bequemerer Weise als ein Koeffizientenvergleich zur Bestimmung der τ_k, da die Nullstellen des Tschebyscheffschen Polynoms bekannt sind:

$$t_k = \cos \frac{2k - 1}{2n}\,\pi, \quad k = 1, 2, \ldots, n ,$$

und wir für das Polynom $\mathcal{S}_n(x)$ die Produktdarstellung

$$\mathcal{S}_n(x) = (1 - \tau_1 x)\,(1 - \tau_2 x) \ldots (1 - \tau_n x)$$

kennen. Damit hat $\mathcal{P}_n(x)$ die Nullstellen $x_k = 1/\tau_k$, $k = 1, \ldots, n$, denen durch (21) die Nullstellen t_k von $\mathcal{P}_n(t)$ – oder, was dasselbe ist, die Nullstellen von $T_n(t)$ – zugeordnet sind. Über die Transformation (21) erhalten wir also die Formeln

$$\tau_k = 2/(\gamma_2 + \gamma_1 + (\gamma_2 - \gamma_1) t_k), \quad k = 1, 2, \ldots, n,$$

zur Bestimmung der Iterationsparameter τ_k.

Wir führen jetzt die Bezeichnungen

$$\xi = \frac{\gamma_1}{\gamma_2}, \quad \varrho_0 = \frac{1-\xi}{1+\xi}, \quad \varrho_1 = \frac{1-\sqrt{\xi}}{1+\sqrt{\xi}}, \quad \tau_0 = \frac{2}{\gamma_1 + \gamma_2}$$

ein, die wir auch später häufig benutzen werden. Darin lauten die Formeln für die optimalen Parameter

$$\tau_k = \frac{\tau_0}{1 + \varrho_0 t_k}, \quad k = 1, 2, \ldots, n. \tag{23}$$

Wir zeigen als nächstes, daß sich $q_n = 1/|T_n(t_0)|$ durch ϱ_1 ausdrücken läßt. Zunächst gilt offensichtlich $t_0 = -1/\varrho_0$, und da $|t_0| > 1$ ist, müssen wir $T_n(t_0)$ nach der Formel (22) bestimmen:

$$|T_n(t_0)| = \frac{1}{2}\left[\left(\frac{1}{\varrho_0} + \sqrt{\frac{1}{\varrho_0^2} - 1}\right)^n + \left(\frac{1}{\varrho_0} - \sqrt{\frac{1}{\varrho_0^2} - 1}\right)^n\right].$$

Nun formen wir den Klammerausdruck um:

$$\frac{1}{\varrho_0} + \sqrt{\frac{1}{\varrho_0^2} - 1} = \frac{1 + \sqrt{1 - \varrho_0^2}}{\varrho_0} = \frac{1}{\varrho_0}\left[1 + \sqrt{\frac{4\xi}{(1+\xi)^2}}\right]$$
$$= \frac{1 + \xi + 2\sqrt{\xi}}{1 - \xi} = \frac{1 + \sqrt{\xi}}{1 - \sqrt{\xi}} = \frac{1}{\varrho_1},$$

$$\frac{1}{\varrho_0} - \sqrt{\frac{1}{\varrho_0^2} - 1} = \frac{1 + \xi - 2\sqrt{\xi}}{1 - \xi} = \frac{1 - \sqrt{\xi}}{1 + \sqrt{\xi}} = \varrho_1,$$

und erhalten damit

$$q_n = \frac{2\varrho_1^n}{1 + \varrho_1^{2n}}. \tag{24}$$

Dieses Ergebnis können wir so zusammenfassen:

Für das Iterationsverfahren (10) *mit dem durch* (23) *bestimmten optimalen Parametersatz* $\{\tau_k\}$ *gilt die Abschätzung*

$$\|Ay_n - f\| \leq q_n \|Ay_0 - f\|,$$

wobei q_n *durch* (24) *gegeben ist.*

Schließlich finden wir noch einen Ausdruck für $n(\varepsilon)$, also für den Wert von n, bei dem

$$q_n = \frac{2\varrho_1^n}{1 + \varrho_1^{2n}} \leq \varepsilon$$

eintritt. Dafür ist $\varrho_1^n \leq \varepsilon/2$ hinreichend, oder, nach n aufgelöst,

$$n \geq \frac{\ln(2/\varepsilon)}{\ln(1/\varrho_1)}. \tag{25}$$

Aus der für $|x|<1$ gültigen Entwicklung

$$\ln\frac{1+x}{1-x}=2\left(x+\frac{x^3}{3}+\frac{x^5}{5}+\ldots\right)$$

folgt bei $0\leqq x<1$

$$\ln\frac{1+x}{1-x}>2x \quad \text{und damit} \quad \ln\frac{1}{\varrho_1}=\ln\frac{1+\sqrt{\xi}}{1-\sqrt{\xi}}>2\sqrt{\xi},$$

so daß die Ungleichung (25) für

$$n\geqq n_0(\varepsilon), \quad n_0(\varepsilon)=\frac{\ln(2/\varepsilon)}{2\sqrt{\xi}}=\frac{1}{2}\sqrt{\frac{\gamma_2}{\gamma_1}}\ln\frac{2}{\varepsilon} \tag{26}$$

erfüllt ist. Diese Abschätzung für die Anzahl der benötigten Iterationen ist einfacher zu benutzen als (25).

9.2.5. Ein Spezialfall: das explizite Verfahren der einfachen Iteration. Dieses Verfahren ist stationär, hat also nur einen Iterationsparameter. Setzen wir in (23) $n=1$, so erhalten wir wegen $t_1=\cos\frac{\pi}{2}=0$ gerade

$$\tau_1=\tau_0=2/(\gamma_1+\gamma_2) \tag{27}$$

und

$$q_1=\frac{2\varrho_1}{1+\varrho_1^2}=\varrho_0\,.$$

Das Iterationsverfahren ist damit durch

$$\frac{y_{k+1}-y_k}{\tau_0}+Ay_k=f \tag{28}$$

gegeben, und für den Defekt gilt

$$y_{k+1}=Sy_k, \quad S=E-\tau_0A\,.$$

Das Polynom $\mathfrak{F}_1(\lambda)=1-\tau_0\lambda$ bildet γ_1 auf ϱ_0 und γ_2 auf $-\varrho_0$ ab, weshalb hier sogar die Gleichheit

$$\|S\|=\varrho_0=\frac{1-\xi}{1+\xi}$$

eintritt. Nach n Iterationen ergibt sich

$$r_n=S^nr_0, \quad \|r_n\|\leqq\varrho_0^n\|r_0\|,$$

und die Bedingung $\varrho_0^n\leqq\varepsilon$ ist bei $n\geqq\dfrac{\ln(1/\varepsilon)}{\ln(1/\varrho_0)}$ erfüllt, d. h. bei

$$n\geqq n_0(\varepsilon), \quad n_0(\varepsilon)=\frac{\ln(1/\varepsilon)}{2\xi}\,. \tag{29}$$

9.2.6. Vergleich zweier Iterationsverfahren am Beispiel der Modellaufgabe. Wir setzen jetzt einfachheitshalber voraus, daß in der Modellaufgabe (2) aus Abschnitt 9.1.1. das Gebiet das Einheitsquadrat ist und die Schrittweiten h_1 und h_2 gleich h sind. Die Gleichungen (2) können wir kurz in der Operatorgestalt

$$Ay=f$$

schreiben, wobei $-A$ der diskrete Laplace-Operator Λ ist. Diesen Operator hatten wir in Kapitel 4. ausführlich untersucht: Im Raum der auf $\bar{\omega}_h$ definierten Gitterfunktionen, die auf dem Rand γ_h verschwinden, und bezüglich des Skalarproduktes

$$(y, v) = \sum_{x \in \omega_h} y(x)v(x)h^2$$

war A ein selbstadjungierter positiver Operator. Aus der Formel für die Eigenwerte von A,

$$\lambda_{k_1k_2} = \frac{4}{h^2}\left(\sin^2\frac{\pi k_1 h}{2} + \sin^2\frac{\pi k_2 h}{2}\right), \quad k_\alpha = 1, \ldots, N-1, \quad \alpha = 1, 2\,,$$

entnehmen wir sofort

$$\gamma_1 = \min \lambda_{k_1k_2} = \frac{8}{h^2}\sin^2\frac{\pi h}{2}, \quad \gamma_2 = \max \gamma_{k_1k_2} = \frac{8}{h^2}\cos^2\frac{\pi h}{2}. \tag{30}$$

Wir vergleichen nun die Iterationszahlen, die bei der einfachen Iteration (28) und beim Verfahren (10) mit dem Tschebyscheffschen Parametersatz (23) zur Lösung der Modellaufgabe benötigt werden.

Schreiben wir den Iterationszähler k wieder über y (wie schon in Abschnitt 9.2.2.), so lautet die Gleichung der einfachen Iteration

$$\overset{k+1}{y} = \overset{k}{y} + \tau_0(\Lambda \overset{k}{y} + f)\,,$$

aus der wir mit

$$\tau_0 = \frac{2}{\gamma_1 + \gamma_2} = \frac{h^2}{4}$$

folgende explizite Formel für die Berechnung der $(k+1)$-ten Iterierten erhalten:

$$\overset{k+1}{y}_{i_1i_2} = \frac{\overset{k}{y}_{i_1-1,i_2} + \overset{k}{y}_{i_1+1,i_2} + \overset{k}{y}_{i_1,i_2-1} + \overset{k}{y}_{i_1,i_2+1}}{4} + \frac{h^2}{4} f_{i_1i_2}.$$

Für das explizite Verfahren (10) mit den Tschebyscheff-Parametern haben wir die Rechenformel

$$\overset{k+1}{y}_{i_1i_2} = \overset{k}{y}_{i_1i_2} + \frac{\tau_{k+1}}{h^2}(\overset{k}{y}_{i_1-1,i_2} + \overset{k}{y}_{i_1+1,i_2} + \overset{k}{y}_{i_1,i_2-1} + \overset{k}{y}_{i_1,i_2+1} - 4\overset{k}{y}_{i_1i_2}) + \tau_{k+1} f_{i_1i_2}$$

mit

$$\tau_{k+1} = \frac{\tau_0}{1+\varrho_0 t_k} = \frac{h^2}{4}\cdot\frac{1}{1+\varrho_0 t_k}.$$

Nach der Anzahl der zur Bestimmung von $\overset{k+1}{y}$ benötigten Rechenoperationen unterscheiden sich die beiden Methoden nur unwesentlich, weshalb wir nur die optimalen Iterationszahlen $n_0(\varepsilon)$ vergleichen müssen. Mit Hilfe von (30) finden wir

$$\xi = \frac{\gamma_1}{\gamma_2} = \tan^2\frac{\pi h}{2} \approx \frac{\pi^2 h^2}{4} \quad \text{für} \quad h \ll 1\,,$$

womit sich bei einer relativen Genauigkeit von $\varepsilon = 2e^{-10} \approx 10^{-4}$ für das explizite Iterationsverfahren mit den Tschebyscheff-Parametern (ITP) als optimale Iterationszahl $n_0(\varepsilon) \approx 3{,}2/h$ ergibt und für das Verfahren der einfachen Iteration (VEI) $n_0(\varepsilon) \approx 2/h^2$. Wir können den erheblichen Unterschied zwischen diesen Iterationszahlen mit einem Blick aus der folgenden Tabelle entnehmen:

h	VEI	ITP
1/10	200	32
1/50	5000	160
1/100	20000	320

Die minimale Iterationszahl des Seidelverfahrens (s. 9.2.2.) ist übrigens von derselben Größenordnung wie die des VEI.

Wir weisen darauf hin, daß die Abschätzungen der Iterationszahlen für eine beliebige Anfangsnäherung y_0 gelten und daß die für eine gute Anfangsnäherung tatsächlich gebrauchte Iterationszahl merklich kleiner sein kann; der Defekt der Anfangsnäherung kommt jedenfalls noch als linearer Faktor zu der Zahl q_n in Formel (19), von der wir $q_n \leqq \varepsilon$ verlangt haben.

9.2.7. Zur numerischen Stabilität des expliziten Iterationsverfahrens. Das oben behandelte Iterationsverfahren ITP ist unter dem Namen Richardson-Verfahren schon seit langem bekannt, wurde aber bis vor kurzem zur Lösung von Differenzengleichungen auf Rechenanlagen praktisch nicht verwendet. Das liegt daran, daß dieses Verfahren, je nach der Reihenfolge, in der die optimalen Parameter genommen werden, teilweise recht instabil sein kann.

Wir haben das Verfahren faktisch für einen idealen Rechenprozeß (mit einer unendlichen Stellenzahl) untersucht. Dagegen besitzt eine Rechenmaschine natürlich nur eine recht begrenzte Stellenzahl, sie kennt nur endlich viele Zahlen, darunter gibt es eine größte, die wir mit M_∞ bezeichnen. Ergeben sich beim Rechnen Zahlen, die größer als M_∞ sind, so bricht die Maschine die Abarbeitung des Programms wegen „Überlauf" ab.

Für einen idealen Rechenprozeß sind die $n!$ möglichen Anordnungen der n Parameter τ_k (bzw. der Nullstellen t_k) gleichwertig: Die Abschätzung (26) der minimalen Iterationszahl gilt für jede Anordnung. Bei der Verwendung von EDVA aber sind verschiedene Anordnungen der Nullstellen t_k (und damit die zugehörigen Anordnungen der τ_k) durchaus nicht gleichwertig. Sowohl bei der Anordnung der t_k der Größe nach,

$$t_k = \cos\frac{2k-1}{2n}\pi, \quad k=1, 2, \ldots, n\,, \tag{31}$$

als auch in der entgegengesetzten Reihenfolge,

$$t_k = -\cos\frac{2k-1}{2n}\pi, \quad k=1, 2, \ldots, n\,, \tag{32}$$

kann bei hinreichend kleinen Werten von $\xi = \gamma_1/\gamma_2$ Überlauf eintreten. Die Zwischenwerte y_k nähern sich der gesuchten Lösung u nämlich nicht monoton, und sie können schnell anwachsen, falls Übergangsoperatoren $S_k = E - \tau_k A$ mit Normen größer als eins auftreten (was nur für negative t_k möglich ist).

Wir illustrieren das Gesagte mit Rechenergebnissen für ein einfaches Beispiel: Zu lösen sei das Gleichungssystem

$$\begin{gathered} v(x_{i-1}) - 2v(x_i) + v(x_{i+1}) = 0, \quad x_i = ih, \quad 1 \leqq i \leqq N-1\,, \\ v(0) = 1, \quad v(1) = 0, \quad h = 1/N\,, \end{gathered}$$

das die Aufgabe

$$u''=0, \quad 0<x<1, \quad u(0)=1, \quad u(1)=0$$

mit der exakten Lösung $u=1-x$ approximiert. Es wird auch $v(x_i)=1-x_i$. Hier haben wir

$$Ay=-y_{\bar{x}x}, \quad \gamma_1=\frac{4}{h^2}\sin^2\frac{\pi h}{2}, \quad \gamma_2=\frac{4}{h^2}\cos^2\frac{\pi h}{2}, \quad \xi=\tan^2\frac{\pi h}{2}.$$

Wir nehmen 19 Gleichungen und setzen $\varepsilon=10^{-4}$. Aus der Abschätzung (26) erhalten wir $n_0(\varepsilon)=63{,}2$ und wählen daher 64 Parameter $\{\tau_k\}$ entsprechend den Formeln (23) und (31). Die nächste Tabelle zeigt die Rechenergebnisse, wobei k der Iterationszähler ist und

$$\Delta_k=\|y_k-y_{k-1}\|_C=\max_{0\leq x_i\leq 1}|y_k(x_i)-y_{k-1}(x_i)|.$$

Tabelle 1

k	53	54	55	56	57	58
Δ_k	0,12	1,5	27	$6{,}3\cdot 10^2$	$1{,}9\cdot 10^4$	$7{,}2\cdot 10^5$

k	59	60	61	62	63
Δ_k	$3{,}7\cdot 10^7$	$2{,}6\cdot 10^9$	$2{,}5\cdot 10^{11}$	$3{,}3\cdot 10^{13}$	$5\cdot 10^{15}$

Bei $k=64$ trat Überlauf ein.

Nehmen wir die Parameter $\{\tau_k\}$ in der umgekehrten Reihenfolge, also nach der Vorschrift (23) und (32), so ist die Instabilität des Iterationsverfahrens noch stärker, und schon bei $k=12$ tritt Überlauf ein, s. die folgende Tabelle.

Tabelle 2

k	1	2	3	4	5	6
Δ_k	39,6	$2{,}6\cdot 10^3$	$1{,}6\cdot 10^5$	$8{,}2\cdot 10^6$	$3{,}7\cdot 10^8$	$1{,}2\cdot 10^{10}$

k	7	8	9	10	11
Δ_k	$3{,}3\cdot 10^{11}$	$7\cdot 10^{12}$	$1{,}2\cdot 10^{14}$	$1{,}7\cdot 10^{15}$	$1{,}9\cdot 10^{16}$

Die durch die endliche Stellenzahl auftretenden Rundungsfehler kann man als Störungen der rechten Seite von (10) interpretieren, und das Verfahren (10) mit den Parametern (23), (31) oder (32) ist eben instabil in bezug auf die rechte Seite. Die Abschätzung (19) mit dem durch (24) definierten q_n drückt nur die Stabilität der Iterationsvorschrift (10), (23) bezüglich der Anfangswerte aus.

Für einen realen Rechenprozeß müssen wir also, wie die obigen Beispiele zeigen, die Iterationsverfahren auch auf Stabilität bezüglich der rechten Seite untersuchen. Dazu genügt es, wie wir in Abschnitt 6.1. gesehen haben, die gleichmäßige Stabilität in bezug auf die Anfangswerte festzustellen, d. h. die Stabilität des Übergangs von einer beliebigen Iterationsschicht $k=k_1$ zu einer beliebigen anderen Schicht $k=k_2>k_1$.

9.2.8. Eine „stabile“ Reihenfolge der Iterationsparameter. Um die im vorigen Punkt dargestellten Schwierigkeiten zu überwinden, ist folgendes Problem zu lösen: Es ist eine solche Reihenfolge der Tschebyscheff-Parameter $\{\tau_k\}$ zu finden, für die die Rundungsfehler einen minimalen Einfluß auf das explizite Iterationsverfahren (10) haben und keine großen Zwischenwerte y_k auftreten.

Als Lösung des Problems geben wir hier eine solche „stabile“ Reihenfolge der Nullstellen $\{t_k\}$ an, bei der also das explizite Verfahren (10) die gewünschte Stabilitätseigenschaft besitzt.

Eine Anordnung dieser Nullstellen kann man dadurch festlegen, daß man zu der Menge

$$\mathfrak{M}_n=\left\{-\cos\beta_i,\ \beta_i=\frac{\pi}{2n}\,\vartheta_n(i),\quad i=1,2,\dots,n\right\}$$

eine Folge ungerader Zahlen

$$\vartheta_n=\{\vartheta_n(1),\vartheta_n(2),\dots,\vartheta_n(n)\},\quad 1\le\vartheta_n(i)\le 2n-1,\quad i=1,2,\dots,n\,,$$

angibt. Die Iterationsparameter $\{\tau_k\}$ ergeben sich dann aus der Formel

$$\tau_k=\frac{\tau_0}{1+\varrho_0\sigma_k},\quad \sigma_k=-\cos\left[\frac{\pi}{2n}\,\vartheta_n(k)\right],\quad k=1,2,\dots,n\,. \tag{33}$$

Es genügt daher, die Menge ϑ_n zu ordnen, d. h. eine Reihenfolge ihrer n Elemente auszuzeichnen, zu der ein gleichmäßig stabiles Iterationsverfahren (10) gehört.

Wir konstruieren die Menge ϑ_n schrittweise, wobei die einzelnen Schritte aus Übergängen von Mengen ϑ_m zu Mengen ϑ_{2m} bzw. aus Übergängen von ϑ_{2m} zu ϑ_{2m+1} bestehen.

Den Übergang von ϑ_m zu ϑ_{2m} vollziehen wir entweder durch die Formeln

$$\vartheta_{2m}(2i-1)=\vartheta_m(i),\quad \vartheta_{2m}(2i)=4m-\vartheta_{2m}(2i-1),\quad i=1,2,\dots,m\,, \tag{34}$$

oder durch

$$\vartheta_{2m}(2i-1)=\vartheta_m(i),\quad \vartheta_{2m}(2i)=4m+2-\vartheta_{2m}(2i-1),\quad i=1,2,\dots,m\,. \tag{35}$$

Von ϑ_{2m} kommen wir zu ϑ_{2m+1}, indem wir die Zahl $2m+1$ hinzufügen:

$$\begin{aligned}\vartheta_{2m+1}(i)&=\vartheta_{2m}(i),\quad i=1,2,\dots,2m\,,\\ \vartheta_{2m+1}(2m+1)&=2m+1\,.\end{aligned} \tag{36}$$

Falls n die Zweierpotenz 2^p ist, so gehen wir von $\vartheta_1=\{1\}$ aus und wenden die Formeln (34) für $m=1,2,4,\dots,2^{p-1}$ an. Bei $n=16$ erhalten wir so z. B. die Folgen

$$\begin{aligned}\vartheta_2&=\{1,3\},\quad \vartheta_4=\{1,7,3,5\}\,,\\ \vartheta_8&=\{1,15,7,9,3,13,5,11\}\,,\\ \vartheta_{16}&=\{1,31,15,17,7,25,9,23,3,29,13,19,5,27,11,21\}\,.\end{aligned}$$

Mit anderen Worten, wir setzen immer zwischen die Elemente $\vartheta_m(i)$ von ϑ_m die Zahlen $\vartheta_{2m}(i)=4m-\vartheta_m(i)$ ein.

Jetzt können wir den Fall behandeln, daß n eine beliebige natürliche Zahl ist. Dabei benutzen wir die Darstellung

$$n = 2^{k_1} + 2^{k_2} + \dots + 2^{k_t},$$

in der t eine natürliche Zahl ist und die k_i nichtnegative ganze Zahlen mit $k_i \geqq k_{i+1} + 1$, $i = 1, 2, \dots, t-1$, sind.

Als erstes bilden wir die Folge ungerader Zahlen

$$n_j = \sum_{i=1}^{j} 2^{k_i - k_j}, \quad j = 1, 2, \dots, t, \quad n_1 = 1. \tag{37}$$

Setzen wir formal $k_{t+1} = -1$, so ergibt sich hier $n_{t+1} = 2n+1$. Zwischen aufeinanderfolgenden Zahlen von (37) gibt es offensichtlich den Zusammenhang

$$n_{j+1} = 2^{r_j} n_j + 1 \quad \text{mit} \quad r_j = k_j - k_{j+1}.$$

Der Algorithmus zur Konstruktion der geordneten Menge ϑ_n besteht nun aus Regeln für den Übergang von ϑ_{n_j} zu $\vartheta_{n_{j+1}}$. Die Menge ϑ_{n_j} sei bekannt. Dann bestimmen wir r_j und unterscheiden zwei Fälle:

1) Wenn $r_j \geqq 2$ ist, so konstruieren wir nach den Formeln (34) die Folge von Mengen

$$\vartheta_{2n_j} \to \vartheta_{2^2 n_j} \to \dots \to \vartheta_{2^{r_j} n_j},$$

was den Werten

$$m = n_j, 2n_j, \dots, 2^{r_j - 1} n_j$$

entspricht. Wegen $n_{j+1} = 2^{r_j} n_j + 1$ erhalten wir schließlich $\vartheta_{n_{j+1}}$ aus (36) bei $2m = 2^{r_j} n_j$.

2) Nun sei $r_j < 2$, also $r_j = 1$ und $n_{j+1} = 2n_j + 1$. In diesem Fall benutzen wir zuerst die Formeln (35) für den Übergang zu ϑ_{2n_j} und gehen dann mit (36) zu $\vartheta_{n_{j+1}}$ über.

Wir brauchen jetzt nur noch darauf hinzuweisen, daß $n_1 = 1$ war und daß $\vartheta_{n_1} = \vartheta_1 = \{1\}$ gilt, und der Algorithmus ist vollständig beschrieben.

Es sei bemerkt, daß bei $k_t > 0$, also wenn n die gerade Zahl $2^{k_t} n_t$ ist, der Wert -1 von k_{t+1} zur Geltung kommt: Es wird $r_t \geqq 2$, und der Übergang von ϑ_{n_t} zu ϑ_n verläuft nach den Formeln (34) für

$$m = n_t, \quad 2n_t, \dots, 2^{k_t - 1} n_t = \frac{1}{2} n.$$

Die Formeln (35) werden immer nur einmal verwendet, und danach folgt (36); die Formeln (34) dagegen werden $2^{r_j - 1}$ mal angewendet.

Beispiele. 1. Es sei $n = 90$, also ist $n = 2^6 + 2^4 + 2^3 + 2$, $k_1 = 6$, $k_2 = 4$, $k_3 = 3$, $k_4 = 1$ und $n_1 = 1$, $n_2 = 5$, $n_3 = 11$, $n_4 = 45$, $r_1 = 2$, $r_2 = 1$, $r_3 = 2$.

Der Algorithmus führt daher auf die nachstehende Folge von Mengen:

$$\vartheta_1 \to \vartheta_2 \to \vartheta_4 \to \vartheta_5 \to \tilde{\vartheta}_{10} \to \vartheta_{11} \to \vartheta_{22} \to \vartheta_{44} \to \vartheta_{45} \to \vartheta_{90}.$$

Hier bezeichnet $\tilde{\vartheta}_{2m}$ $(m = 5)$ die einzige Menge, die mit den Formeln (35) berechnet wurde.

2. Jetzt sei $n = 25$. Dann gilt $n = 2^4 + 2^3 + 2^0$, $k_1 = 4$, $k_2 = 3$, $k_3 = 0$ und $n_1 = 1$, $n_2 = 3$, $n_3 = 25$, $r_1 = 1$, $r_2 = 3$, und der Algorithmus liefert die Folge

$$\vartheta_1 \to \tilde{\vartheta}_2 \to \vartheta_3 \to \vartheta_6 \to \vartheta_{12} \to \vartheta_{24} \to \vartheta_{25}.$$

Nachdem wir die Nullstellen t_k des Tschebyscheffschen Polynoms geordnet haben, ergibt sich ein dazugehöriger Satz $\{\tau_k\}$ von Iterationsparametern aus den Formeln (33). Die geordnete Menge $\{t_n\}$ der Nullstellen bezeichnen wir auch mit

$$\mathfrak{M}_n^* = \left\{ -\cos\left(\frac{\pi}{2n}\, \vartheta_n^*(i)\right), \quad i = 1, 2, \ldots, n \right\}.$$

Das explizite Iterationsverfahren (10) mit den Parametern

$$\tau_k = \tau_k^* = \frac{\tau_0}{1 + \varrho_0 \sigma_k^*}, \quad \sigma_k^* = -\cos\left(\frac{\pi}{2n}\, \vartheta_n^*(k)\right), \quad k = 1, 2, \ldots, n,$$

ist also numerisch stabil. Da wir im weiteren immer nur diesen Parametersatz benutzen, können wir auf den Stern auch wieder verzichten und einfach $\{\tau_k\}$ schreiben.

Wir zeigen nun die Ergebnisse der Iteration mit dem geordneten Parametersatz für das Gleichungssystem von 9.2.7. Dort hatten wir $n = 64 = 2^6$ für $h = 1/20$ und $\varepsilon = 10^{-4}$ gefunden. Den geordneten Parametersatz erhalten wir über die Folge $\vartheta_1 \to \vartheta_2 \to \vartheta_4 \to \vartheta_8 \to \vartheta_{16} \to \vartheta_{32} \to \vartheta_{64}$ der Nullstellenmengen mit Hilfe der Formeln (34) und (33). Die Anfangsnäherung war hier (wie dort) $y_0(0) = 1$, $y_0(x_i) = 0$, $i > 0$.

Tabelle 3

k	1	4	5	6	8	9	10	16	17	18	24
Δ_k	39,6	4,7	7,4	3,2	1,1	6,7	3,2	0,2	3,1	1,5	0,1

k	25	26	32	33	34	48	49	50	56
Δ_k	0,8	0,1	0,04	0,3	0,14	$1{,}5 \cdot 10^{-3}$	$1{,}3 \cdot 10^{-2}$	$6{,}7 \cdot 10^{-3}$	$2{,}2 \cdot 10^{-4}$

k	57	58	59	60	61	62
Δ_k	$1{,}5 \cdot 10^{-3}$	$7{,}2 \cdot 10^{-4}$	$6{,}5 \cdot 10^{-4}$	$2{,}1 \cdot 10^{-4}$	$1{,}1 \cdot 10^{-4}$	$8{,}7 \cdot 10^{-5}$

Wie man sieht, konvergiert das Verfahren nicht monoton. Beim Übergang von der Iterationsschicht $k = 4j$ zur Schicht $4j + 1$ wächst die Größe $\Delta_k = \|y_k - y_{k-1}\|_C$, während sie bei den Übergängen zu $k = 4j + 2$, $4j + 3$, $4j + 4$ fällt.

9.3. Das Verfahren der alternierenden Dreiecksmatrizen (ADM)

9.3.1. Implizite Iterationsverfahren. In diesem Abschnitt behandeln wir das implizite Iterationsverfahren

$$B\, \frac{y_{k+1} - y_k}{\tau_{k+1}} + A y_k = f, \quad k = 0, 1, 2, \ldots, n-1, \tag{1}$$

wo y_0 ein beliebiger Vektor aus H ist, und zeigen, wie man hier zu einem optimalen Iterationsparametersatz $\{\tau_k\}$ kommt.

Schon im vorigen Abschnitt hatten wir implizite Iterationsverfahren betrachtet: das Seidelverfahren und die Überrelaxation. Bei beiden war B eine untere Dreiecksmatrix, und es gab nur einen Iterationsparameter. Beim Seidelverfahren war $\tau=1$ und die zum Erreichen einer vorgegebenen Genauigkeit ε benötigte Iterationszahl weit von der minimalen Zahl des Verfahrens mit Tschebyscheff-Parametern entfernt (s. 9.2.6.), während die Auswahl des Iterationsparameters ω der Überrelaxation Informationen voraussetzt, die nur mit großem Aufwand zu beschaffen sind.

Im folgenden übertragen wir die Ergebnisse der Abschnitte 9.2.4. und 9.2.8. auf das implizite Verfahren (1), wobei wir

$$B=B^*>0, \quad A=A^*>0\,,$$
$$\gamma_1 B \leqq A \leqq \gamma_2 B, \quad \gamma_1>0 \tag{2}$$

voraussetzen. Zur Auswahl des Operators B kommen wir in den nächsten Abschnitten. Weder das Seidelverfahren noch die Überrelaxation gehören zu der durch (1), (2) bestimmten Ausgangsklasse impliziter Iterationsverfahren, da bei ihnen $B\neq B^*$ war.

Wir bemerken als erstes, daß für die Defekte $r_k=Ay_k-f$ wie in Abschnitt 9.2. die homogene Gleichung

$$B\,\frac{r_{k+1}-r_k}{\tau_{k+1}}+Ar_k=0, \quad k=0,1,2,\ldots,n-1\,, \tag{3}$$

gilt, wobei $r_0=Ay_0-f\in H$ gegeben ist.

Nun gehen wir von Verfahren (3) zu einem expliziten Verfahren über: Auf Grund unserer Annahmen über B existiert der Operator $B^{1/2}$, und dieser hat die Eigenschaften

$$(B^{1/2})^*=B^{1/2}>0\,.$$

Wir setzen

$$x_k=B^{1/2}r_k, \quad C=B^{-1/2}AB^{-1/2}$$

(in der Gleichung (1) wird entsprechend f durch $\varphi=B^{-1/2}f$ ersetzt) und erhalten damit das zu (3) äquivalente Iterationsverfahren

$$\frac{x_{k+1}-x_k}{\tau_{k+1}}+Cx_k=0, \quad k=0,1,2,\ldots,n-1\,, \tag{4}$$

wobei wieder $x_0(=B^{1/2}r_0)$ gegeben ist. Um unsere früheren Überlegungen anwenden zu können, müssen wir noch Schranken für das Spektrum von C bestimmen.

Lemma 1. *Für die Operatoren A, B und C mit*

$$A=A^*>0, \quad B=B^*>0, \quad C=B^{-1/2}AB^{-1/2}$$

sind die Operator-Ungleichungen

$$\gamma_1 B\leqq A\leqq \gamma_2 B, \quad \gamma_1>0\,,$$

und

$$\gamma_1 E\leqq C\leqq \gamma_2 E$$

äquivalent.

Beweis. Wir betrachten das Funktional

$$\begin{aligned} I&=((A-\gamma B)y,y)=(Ay,y)-\gamma(By,y)\\ &=(AB^{-1/2}(B^{1/2}y),\,B^{-1/2}(B^{1/2}y))-\gamma(B^{1/2}y,\,B^{1/2}y)\\ &=(Cx,x)-\gamma(x,x)=((C-\gamma E)\,x,x)\,,\end{aligned}$$

wo wir $B^{1/2}y=x$ gesetzt haben. Mit y ist auch x ein beliebiger Vektor aus H, so daß aus

$$I=((A-\gamma B)\,y,\,y)=((C-\gamma E)\,x,\,x) \tag{5}$$

folgt, daß die Operatoren $A-\gamma B$ und $C-\gamma E$ gleiche Vorzeichen besitzen. Wenn z. B. $A-\gamma_1 B\geqq 0$ gilt, so brauchen wir in (5) nur $\gamma=\gamma_1$ zu setzen, um $I=((C-\gamma_1 E)\,x,\,x)\geqq 0$ zu erhalten, was $C-\gamma_1 E\geqq 0$ bedeutet, usw. Damit ist das Lemma bewiesen.

Satz 1. *Die Bedingungen* (2) *seien erfüllt. Dann existiert ein optimaler Iterationsparametersatz* $\{\tau_k\}$, *der durch die Formeln* (23) *in* 9.2.4. *bestimmt ist. Die Lösung der Aufgabe* (1) *genügt der Abschätzung*

$$\|Ay_n-f\|_{B^{-1}}\leqq q_n\|Ay_0-f\|_{B^{-1}} \tag{6}$$

mit

$$q_n=\frac{2\varrho_1^n}{1+\varrho_1^{2n}},\quad \varrho_1=\frac{1-\sqrt{\xi}}{1+\sqrt{\xi}},\quad \xi=\frac{\gamma_1}{\gamma_2}.$$

Beweis. Wir gehen wie oben zum expliziten Iterationsverfahren über, und dann gilt für die Defekte die Gleichung (3). Wegen Lemma 1 erfüllt C die Ungleichung $\gamma_1 E\leqq C\leqq\gamma_2 E$, so daß wir nach 9.2.4. die Abschätzung

$$\|Cx_n-\varphi\|\leqq q_n\|Cx_0-\varphi\| \tag{7}$$

erhalten. Es war aber $\varphi=B^{-1/2}f$, $B^{-1/2}x_n=y_n$ und $C=B^{-1/2}AB^{-1/2}$, woraus

$$\begin{aligned}\|Cx_n-\varphi\|^2&=(Cx_n-\varphi,\,Cx_n-\varphi)\\&=(B^{-1/2}(AB^{-1/2}x_n-f),\,B^{-1/2}(AB^{-1/2}x_n-f))\\&=(B^{-1}(Ay_n-f),\,Ay_n-f)=\|Ay_n-f\|^2_{B^{-1}}\end{aligned}$$

folgt. Hieraus und aus der Abschätzung (7) ergibt sich die Abschätzung des Satzes.

Bei der Berechnung der Iterationsparameter $\{\tau_k\}$ ist von der in 9.2.8. konstruierten geordneten Menge $\mathfrak{M}_n^*$ der Nullstellen t_k des n-ten Tschebyscheffschen Polynoms $T_n(t)$ auszugehen. Die dadurch gegebene Numerierung der t_k und der Parametersatz $\{\tau_k\}$ sind von der Gleichung $Au=f$ und vom Operator B aus der Ausgangsklasse unabhängig und allgemein verwendbar.

9.3.2. Das Verfahren der alternierenden Dreiecksmatrizen. Damit das Verfahren (1) praktisch brauchbar wird, muß der Operator B ökonomisch sein. Dieser Forderung genügt z. B. der Operator $B=B_1B_2$, wenn die zu den Operatoren B_1 und B_2 gehörigen Matrizen Dreiecksmatrizen sind.

Wir greifen hier die in Abschnitt 8.1.1. für ein gewöhnliches Differentialgleichungssystem dargestellte Idee wieder auf, gehen von einem Operator $R=R^*>0$ aus und zerlegen ihn in eine Summe zweier „Dreiecksoperatoren“:

$$R_1+R_2=R,\quad R=R^*>0,\quad R_1^*=R_2\,. \tag{8}$$

Die dem Operator R entsprechende Matrix $\mathfrak{R}=(r_{ij})$ ist symmetrisch, $r_{ij}=r_{ji}$, und zu den Operatoren R_1 und R_2 gehören offensichtlich die Matrizen $\mathfrak{R}_1$ und $\mathfrak{R}_2$,

$$\mathfrak{R}_1=(r_{ij}^-),\quad r_{ij}^-=\begin{cases}r_{ij} & \text{für } j<i,\\ 0 & \text{für } j>i,\end{cases}\quad \mathfrak{R}_2=(r_{ij}^+),\quad r_{ij}^+=\begin{cases}0 & \text{für } j<i,\\ r_{ij} & \text{für } j>i,\end{cases}$$

$$r_{ii}^-=r_{ii}^+=\frac{1}{2}\,r_{ii}\,.$$

Wegen $r_{ij}=r_{ji}$ gilt tatsächlich $\mathfrak{R}_1=\mathfrak{R}_2^*$.

Als Operator B nehmen wir nun

$$B=(E+\omega R_1)(E+\omega R_2). \tag{9}$$

In Analogie zu 8.1.1. stellen wir fest, daß der Operator B selbstadjungiert und positiv ist.

Für das Iterationsverfahren

$$(E+\omega R_1)(E+\omega R_2)\frac{y_{k+1}-y_k}{\tau_{k+1}}+Ay_k=f, \quad k=0,1,2,\dots,n, \tag{10}$$

mit gegebenem $y_0 \in H$ haben wir zur Bestimmung von y_{k+1} die Gleichung

$$(E+\omega R_1)(E+\omega R_2)\,y_{k+1}=F_k$$

mit

$$F_k=By_k-\tau_{k+1}(Ay_k-f)$$

zu lösen, was sich auf die Lösung der zwei Gleichungen

$$(E+\omega R_1)\,\bar{y}=F_k, \quad (E+\omega R_2)\,y_{k+1}=\bar{y}$$

mit einer unteren und einer oberen Dreiecksmatrix zurückführen läßt. Daher erklärt sich auch die Bezeichnung für das Iterationsverfahren (9): Verfahren der alternierenden Dreiecksmatrizen, abgekürzt ADM-Verfahren.

Um mit Satz 1 die Konvergenz des Verfahrens beweisen zu können, brauchen wir noch die Konstanten γ_1 und γ_2.

Lemma 2. *Es seien R und B die Operatoren* (8) *und* (9). *Dann gilt unter der Bedingung*

$$R \geqq \delta E, \quad \delta>0, \quad R_1R_2 \leqq \frac{\Delta}{4}R, \quad \Delta>0, \tag{11}$$

die Abschätzung

$$\mathring{\gamma}_1 B \leqq R \leqq \mathring{\gamma}_2 B \tag{12}$$

mit

$$\mathring{\gamma}_1=\frac{\delta}{1+\omega\delta+\frac{1}{4}\omega^2\delta\Delta}, \quad \mathring{\gamma}_2=\frac{1}{2\omega}. \tag{13}$$

Dabei ist das Verhältnis $\mathring{\xi}=\mathring{\gamma}_1(\omega)/\mathring{\gamma}_2(\omega)$ am größten für

$$\omega=\omega_0=\frac{2}{\sqrt{\delta\Delta}}, \tag{14}$$

und dann wird

$$\mathring{\xi}=\frac{2\sqrt{\eta}}{1+\sqrt{\eta}}, \quad \eta=\frac{\delta}{\Delta}, \quad \mathring{\gamma}_1=\frac{\delta}{2(1+\sqrt{\eta})}, \quad \mathring{\gamma}_2=\frac{\delta}{4\sqrt{\eta}}. \tag{15}$$

Beweis. Aus (8) und (11) folgen die Beziehungen

$$\delta(y,y) \leqq (Ry,y)=2(R_2y,y), \quad (R_1R_2y,y)=(R_2y,R_1^*y)=\|R_2y\|^2 \leqq \frac{\Delta}{4}(Ry,y),$$

mit deren Hilfe man leicht $\delta \leqq \Delta$ zeigen kann, so daß $\eta \leqq 1$ wird.

Aus (9) erhalten wir

$$B=E+\omega(R_1+R_2)+\omega^2R_1R_2=E+\omega R+\omega^2R_1R_2. \tag{16}$$

Wegen der Bedingung (11) und $E \leqq \frac{1}{\delta} R$ ergibt sich nun sofort die Abschätzung

$$B \leqq \frac{1}{\delta} R + \omega R + \frac{\omega^2 \Delta}{4} R = \left(\frac{1}{\delta} + \omega + \frac{1}{4} \omega^2 \Delta\right) R = \frac{1}{\mathring{\gamma}_1} R .$$

Wir können die Beziehung (16) auch so umformen:

$$B = E - \omega(R_1 + R_2) + \omega^2 R_1 R_2 + 2\omega(R_1 + R_2) = (E - \omega R_1)(E - \omega R_2) + 2\omega R .$$

Daher gilt

$$\begin{aligned}(By, y) &= ((E - \omega R_1)(E - \omega R_2) y, y) + 2\omega(Ry, y)\\ &= ((E - \omega R_2)y, (E - \omega R_2) y) + 2\omega(Ry, y)\\ &= \|(E - \omega R_2) y\|^2 + 2\omega(Ry, y) \geqq 2\omega(Ry, y) = \frac{1}{\mathring{\gamma}_2} (Ry, y) ,\end{aligned}$$

d. h. $R \leqq \mathring{\gamma}_2 B$. Schließlich stellen wir fest, daß die Funktion

$$\mathring{\xi}(\omega) = \frac{\mathring{\gamma}_1}{\mathring{\gamma}_2} = \frac{2\omega\delta}{1 + \omega\delta + \frac{\omega^2 \delta \Delta}{4}}$$

die Ableitung

$$\frac{d\mathring{\xi}}{d\omega} = 2\delta \frac{1 - \omega^2 \delta \Delta / 4}{\left(1 + \omega\delta + \frac{\omega^2 \delta \Delta}{4}\right)^2}$$

besitzt, also für $\omega = \omega_0 = 2/\sqrt{\delta \Delta}$ maximal wird (es ist $\mathring{\xi}''(\omega) < 0$ für $\omega = \omega_0$). Setzen wir $\omega_0 = 2\sqrt{\eta}/\delta$ in (13) ein, so ergeben sich die Formeln (15).

Satz 2. *Für die Operatoren A und R seien die Bedingungen $A = A^* > 0$, (8), (11) und*

$$c_1 R \leqq A \leqq c_2 R, \quad c_1 > 0 \tag{17}$$

erfüllt. Dann gilt für das ADM-Verfahren (10) mit den Tschebyscheff-Parametern

$$\tau_k^* = \frac{\tau_0}{1 + \varrho_0 \sigma_k^*}, \quad \tau_0 = \frac{2}{\gamma_1 + \gamma_2}, \quad \varrho_0 = \frac{1 - \xi}{1 + \xi}, \quad \xi = \frac{\gamma_1}{\gamma_2}$$

bei

$$\begin{aligned}&\gamma_1 = c_1 \mathring{\gamma}_1, \qquad \gamma_2 = c_2 \mathring{\gamma}_2 ,\\ &\mathring{\gamma}_1 = \frac{\delta}{2(1 + \sqrt{\eta})}, \quad \mathring{\gamma}_2 = \frac{\delta}{4\sqrt{\eta}},\\ &\eta = \frac{\delta}{\Delta}, \quad \sigma_k^* \in \mathfrak{M}_n^*\end{aligned}$$

die Abschätzung (6), *und nach n Iterationen mit*

$$n \geqq n_0(\varepsilon), \quad n_0(\varepsilon) = \sqrt{\frac{c_2}{c_1}} \frac{\ln(2/\varepsilon)}{2\sqrt{2}\sqrt[4]{\eta}} \tag{18}$$

ist insbesondere

$$\|Ay_n - f\|_{B^{-1}} \leqq \varepsilon \|Ay_0 - f\|_{B^{-1}}$$

erfüllt.

Beweis. Aus (17) und Lemma 2 folgt

$$\gamma_1 B \leqq A \leqq \gamma_2 B$$

mit $\gamma_1 = c_1 \mathring{\gamma}_1$, $\gamma_2 = c_2 \mathring{\gamma}_2$, und für die Größe ξ (ein Maß für die Kondition der Aufgabe) ergibt sich

$$\xi = \frac{\gamma_1}{\gamma_2} = \frac{c_1}{c_2} \mathring{\xi} = \frac{c_1}{c_2} \frac{2\sqrt{\eta}}{1+\sqrt{\eta}}.$$

Nun können wir Satz 1 und die Ergebnisse von Abschnitt 9.2.4. anwenden. Danach ist die Bedingung $q_n \leqq \varepsilon$ bei $n \geqq \ln \frac{2}{\varepsilon} \Big/ (2\sqrt{\xi})$ erfüllt, woraus wir mit $\xi < 2\sqrt{\eta}\, c_1/c_2'$ auf die leichter zu überprüfende Beziehung (18) kommen.

Ein Spezialfall ist

$$A = R = R_1 + R_2, \quad R_2^* = R_1, \quad c_1 = c_2 = 1\,.$$

Hier gilt nach Satz 2 als Abschätzung für die Iterationszahl

$$n \geqq n_0(\varepsilon), \quad n_0(\varepsilon) = \frac{\ln(2/\varepsilon)}{2\sqrt{2}\,\sqrt[4]{\eta}}.$$

9.3.3. Das ADM-Verfahren für die diskrete Poissongleichung. Als Beispiel betrachten wir die erste Differenzen-Randwertaufgabe für die Poissongleichung im Rechteck $\bar{G} = \{0 \leqq x_\alpha \leqq l_\alpha,\ \alpha = 1, 2\}$:

$$\Lambda y = y_{\bar{x}_1 x_1} + y_{\bar{x}_2 x_2} = -f(x), \quad x \in \omega_h, \quad y|_{\gamma_h} = \mu(x)\,, \tag{19}$$

wo ω_h das Rechteckgitter mit den Schrittweiten h_1 und h_2 und mit dem Rand γ_h ist.

Hier haben wir

$$Ay = -\Lambda y, \quad y \in H = \mathring{\Omega},$$
$$R = A, \quad R_1 y = y_{\bar{x}_1}/h_1 + y_{\bar{x}_2}/h_2, \quad R_2 y = -y_{x_1}/h_1 - y_{x_2}/h_2\,.$$

Damit können wir die Aufgabe (19) kurz in der Gestalt

$$Ay = \varphi, \quad y \in \Omega$$

schreiben, wobei sich φ nur in den randnahen Punkten von f unterscheidet. Nun bestimmen wir die Größen δ und Δ, für die die Beziehungen (11) aus Lemma 2 erfüllt sind:

$$R \geqq \delta E, \quad \delta = 4\left(\frac{1}{h_1^2}\sin^2\frac{\pi h_1}{2l_1} + \frac{1}{h_2^2}\sin^2\frac{\pi h_2}{2l_2}\right),$$
$$(R_1 R_2 y, y) = \|R_2 y\|^2 = \left\|\frac{y_{x_1}}{h_1} + \frac{y_{x_2}}{h_2}\right\|^2 = \left(\left(\frac{y_{x_1}}{h_1} + \frac{y_{x_2}}{h_2}\right)^2, 1\right)$$
$$\leqq \left(\left(\frac{1}{h_1^2} + \frac{1}{h_2^2}\right)(y_{x_1}^2 + y_{x_2}^2), 1\right) \leqq \left(\frac{1}{h_1^2} + \frac{1}{h_2^2}\right)(Ry, y),$$

also wird

$$\Delta = \frac{4}{h_1^2} + \frac{4}{h_2^2}.$$

Oben haben wir die Cauchysche Ungleichung sowie

$$(Ry, y) = (y_{\bar{x}_1}, y_{\bar{x}_1}]_1 + (y_{\bar{x}_2}, y_{\bar{x}_2}]_2 \geqq \|y_{x_1}\|^2 + \|y_{x_2}\|^2$$

mit

$$(u, v]_1 = \sum_{i_1=1}^{N_1} \sum_{i_2=1}^{N_2-1} u_{i_1 i_2} v_{i_1 i_2} h_1 h_2$$

und analog definiertem $(u, v]_2$ benutzt.

Aus δ und Δ können wir η, γ_1, γ_2 und ξ berechnen und damit die Iterationszahl abschätzen.

Wir vergleichen das ADM-Verfahren mit der einfachen Iteration und mit dem expliziten Verfahren mit Tschebyscheff-Parametern am Beispiel $G = (0, 1) \times (0, 1)$ und für das quadratische Gitter mit der Schrittweite h.

In diesem Fall gilt

$$\eta = \sin^2 \frac{\pi h}{2}, \quad \xi = \frac{2\sqrt{\eta}}{1+\sqrt{\eta}} \approx 2\sqrt{\eta} = 2 \sin \frac{\pi h}{2},$$

und für $h \ll 1$ erhalten wir

$$\sqrt{2}\,\sqrt[4]{\eta} \approx \sqrt{\pi h} \approx 1{,}77\sqrt{h} \quad \text{sowie} \quad n_0(\varepsilon) \approx \frac{\ln(2/\varepsilon)}{3{,}54\sqrt{h}} \approx \frac{2{,}9}{\sqrt{h}}$$

bei $\varepsilon = 2e^{-10} \approx 10^{-4}$.

Damit ergibt sich (in Erweiterung der Tabelle aus Abschnitt 9.2.6.)

h	VEI	ITP	ADM
1/10	200	32	9
1/50	5000	160	21
1/100	20000	320	29

Die $(k+1)$-te Iterierte ist aus den Gleichungen

$$B\overset{k+1}{y} = (E + \omega_0 R_1)(E + \omega_0 R_2)\overset{k+1}{y} = \overset{k}{F},$$
$$\overset{k}{F} = B\overset{k}{y} - \tau_{k+1}(A\overset{k}{y} - \varphi) = B\overset{k}{y} + \tau_{k+1}(\Lambda \overset{k}{v} + f)$$

zu bestimmen, in denen $\overset{k+1}{y} = \overset{k}{y} = 0$, $\overset{k}{v} = \mu$, $x \in \gamma_h$ und $\overset{k}{v} = \overset{k}{y}$ für $x \in \omega_h$ gilt.

Dazu lösen wir nacheinander die Gleichungen

$$(E + \omega_0 R_1)\,\bar{y} = \overset{k}{F}, \quad (E + \omega_0 R_2)\overset{k+1}{y} = \bar{y}, \quad x \in \omega_h, \tag{20}$$

mit

$$R_1 y = \frac{y - y_{i_1-1}}{h_1^2} + \frac{y - y_{i_2-1}}{h_2^2} = \left(\frac{1}{h_1^2} + \frac{1}{h_2^2}\right) y - \left(\frac{1}{h_1^2}\, y_{i_1-1} + \frac{1}{h_2^2}\, y_{i_2-1}\right),$$

$$R_2 y = -\frac{y_{i_1+1} - y}{h_1^2} - \frac{y_{i_2+1} - y}{h_2^2} = \left(\frac{1}{h_1^2} + \frac{1}{h_2^2}\right) y - \left(\frac{1}{h_1^2}\, y_{i_1+1} + \frac{1}{h_2^2}\, y_{i_2+1}\right).$$

Hier ist $y = y(i_1 h_1, i_2 h_2)$, $y_{i_1 \pm 1} = y(i_1 \pm 1)\, h_1, i_2 h_2)$ und $y_{i_2 \pm 1} = y(i_1 h_1, (i_2 \pm 1)\, h_2)$.

Die Operatoren $E + \omega_0 R_1$ und $E + \omega_0 R_2$ sind jeweils auf 3-Punkt-Sternen definiert. Durch Einsetzen der Ausdrücke für $R_1 y$ und $R_2 y$ in (20) erhalten wir für die Werte von $\bar{y}$ und $\overset{k+1}{y}$ im Mittelpunkt $(i_1 h_1, i_2 h_2)$ beider Sterne die Rekursionsformeln

$$\bar{y} = \frac{\varkappa_1 \bar{y}_{i_1-1} + \varkappa_2 \bar{y}_{i_2-1} + \overset{k}{F}}{1 + \varkappa_1 + \varkappa_2}, \quad \bar{y}|_{\gamma_h} = 0, \tag{21}$$

$$\overset{k+1}{y} = \frac{\varkappa_1 \overset{k+1}{y}_{i_1+1} + \varkappa_2 \overset{k+1}{y}_{i_2+1} + \bar{y}}{1+\varkappa_1+\varkappa_2}, \quad \overset{k+1}{y}\big|_{\gamma_h} = 0, \tag{22}$$
$$\varkappa_1 = \omega_0/h_1^2, \quad \varkappa_2 = \omega_0/h_2^2 .$$

Um $\bar{y}$ auf ω_h zu berechnen, beginnen wir in der linken unteren Ecke des Rechtecks im randnahen Punkt $i_1 = i_2 = 1$. Dann liegen die Punkte $((i_1-1)h_1, i_2h_2)$ und $(i_1h_1, (i_2-1)h_2)$ auf dem Rand, so daß $\bar{y}_{i_1-1}$ und $\bar{y}_{i_2-1}$ bekannt sind und wir aus (21) $\bar{y}$ erhalten. Hierauf können wir uns z. B. in den waagerechten Gitterlinien von links nach rechts weiterbewegen, in dem wir erst $i_2 = 1$ festhalten und nacheinander $i_1 = 2, 3, \ldots, N_1 - 1$ setzen, anschließend $i_2 = 2$ nehmen und i_1 die Werte $1, 2, \ldots, N_1 - 1$ durchlaufen lassen usw.

Zur Berechnung von $\overset{k+1}{y}$ beginnen wir in der rechten oberen Ecke im Punkt $i_1 = N_1 - 1$, $i_2 = N_2 - 1$, wo $\overset{k+1}{y}_{i_1+1}$ und $\overset{k+1}{y}_{i_2+1}$ bekannt sind, und können dann z. B. die Rechnung in den senkrechten Gitterlinien von oben nach unten fortsetzen.

Die Bestimmung von $\bar{y}$ und $\overset{k+1}{y}$ aus den Formeln (21) bzw. (22) ist offensichtlich ein stabiler Prozeß.

Bei der Berechnung von $\overset{k+1}{y}$ sind zur Bestimmung von $\overset{k}{F}$ zunächst 10 Additionen und 10 Multiplikationen auszuführen und anschließend bei der Abarbeitung von (21) und (22) noch 4 Additionen und 6 Multiplikationen (die Faktoren $\varkappa_1$, $\varkappa_2$ und $1/(\varkappa_1 + \varkappa_2 + 1)$ werden vor Beginn der Iterationen berechnet). Insgesamt benötigen wir also 14 Additionen und 16 Multiplikationen pro Gitterpunkt.

Diese Zahlen lassen sich auf Kosten einer Verdopplung des Speicherplatzes verringern, wenn wir den Algorithmus

$$(E + \omega_0 R_1)\,\bar{\omega} = \Phi_k, \quad \bar{\omega}|_{\gamma_h} = 0,$$
$$(E + \omega_0 R_2)\,\overset{k+1}{w} = \bar{\omega}, \quad \overset{k+1}{w}\big|_{\gamma_h} = 0,$$
$$\overset{k+1}{y} = \overset{k}{y} + \tau_{k+1}\overset{k+1}{w}$$

mit $\Phi_k = \Lambda \overset{k}{v} + f$, $\overset{k}{v}|_{\gamma_h} = \mu$ benutzen. In diesem Fall sind zur Bestimmung von $\overset{k+1}{y}$ nämlich nur je 10 Additionen und Multiplikationen pro Gitterpunkt auszuführen, und außer den Werten von $\overset{k}{y}$ sind auch die von $\overset{k+1}{w}$ zu speichern.

9.3.4. Das ADM-Verfahren zur Lösung diskreter elliptischer Gleichungen im Falle eines allgemeinen Gebietes. Wie wir in Abschnitt 4.1. gesehen hatten, entsteht bei der Approximation elliptischer Gleichungen in einem allgemeinen Gebiet in Randnähe ein nichtäquidistantes Gitter, auch wenn im Gebietsinneren ein äquidistantes Gitter verwendet wird. Darüber hinaus kann es auch sinnvoll sein, von vornherein ein nichtäquidistantes Gitter zu benutzen, um Speicherplatz zu sparen, indem man in der Nähe starker Änderungen der Koeffizienten oder des Gebietsrandes mehr Diskretisierungspunkte nimmt als in anderen Gebietsteilen.

Andererseits können sich aber die Grenzen des Spektrums eines Differenzenoperators beim Übergang zu einem nichtäquidistanten Gitter erheblich verschieben, und als Folge verschlechtert sich die Konvergenz der betrachteten Iterationsverfahren.

Wir illustrieren das Gesagte an einem einfachen Beispiel. Zu lösen sei die Aufgabe $u'' = -f(x)$, $0 < x < 1$, $u(0) = u(1) = 0$. Wir approximieren sie mit dem 3-Punkt-

Schema

$$\Lambda y = -f(x), \quad x \in \omega_h, \quad y(0)=0, \quad y(1)=0 \tag{23}$$

und nehmen dabei ein Gitter mit zwei nichtäquidistant verteilten inneren Punkten:

$$\bar{\omega}_h = \{x_0=0,\ x_1=h_1,\ x_2=h_1+h,\ x_3=1\}.$$

Hier sei also $h_1 < h$ und $2h + h_1 = 1$. Wegen $y_0 = y_3 = 0$ gilt dann

$$\Lambda y_1 = \frac{1}{h}\left(\frac{y_2-y_1}{h} - \frac{y_1}{h_1}\right), \quad \Lambda y_2 = \frac{-2y_2+y_1}{h^2}.$$

Zur Bestimmung der Eigenwerte des Operators Λ erhalten wir die Gleichungen

$$\frac{1}{h}\left(\frac{y_2-y_1}{h} - \frac{y_1}{h_1}\right) + \lambda y_1 = 0, \quad \frac{-2y_2+y_1}{h^2} + \lambda y_2 = 0.$$

Nach Elimination von y_2 und Kürzen von y_1 ergibt sich für $\mu = \lambda h^2$ die quadratische Gleichung

$$t\mu^2 - (1+3t)\,\mu + 2 + t = 0, \quad t = h_1/h, \tag{24}$$

mit den (reellen) Wurzeln

$$\mu_{(1,2)} = \frac{1+3t \pm \sqrt{(1+3t)^2 - 4t(2+t)}}{2t}, \quad \lambda_{(1,2)} = \frac{\mu_{(1,2)}}{h^2}.$$

Für das Verhältnis von $\delta = \lambda_{\min} = \lambda_{(2)}$ zu $\Delta = \lambda_{\max} = \lambda_{(1)}$ finden wir daher

$$\eta = \frac{\delta}{\Delta} = \frac{2t(2+t)}{[(1+3t)^2 - 2t(2+t) + (1+3t)\sqrt{(1+3t)^2 - 4t\,(2+t)}]}.$$

Wie man sieht, wird $\eta = 1/3$ für $t = 1$, d. h. für ein äquidistantes Gitter, während bei $t \ll 1$

$$\eta \approx 2t = 2h_1/h$$

gilt. Die Kondition des Systems (23) verschlechtert sich also mit Verkleinerung von h_1/h. Die zur Lösung der Aufgabe (23) benötigte Iterationszahl, die beim expliziten Verfahren mit Tschebyscheff-Parametern und bei der einfachen Iteration umgekehrt proportional zu $\sqrt{\eta}$ bzw. zu η ist, wächst folglich bei $h_1 \to 0$ unbegrenzt an.

Wir betrachten nun für denselben Operator Λ die verallgemeinerte Eigenwertaufgabe

$$\Lambda y + \lambda D y = 0, \quad y_0 = y_3 = 0,$$

wobei D die Diagonalmatrix $\begin{pmatrix} d_1 & 0 \\ 0 & d_2 \end{pmatrix}$ mit $d_i > 0$ ist. Dann lauten die Bestimmungsgleichungen für λ

$$\frac{1}{h}\left(\frac{y_2-y_1}{h} - \frac{y_1}{h_1}\right) + \lambda d_1 y_1 = 0,$$

$$-\frac{2y_2+y_1}{h^2} + \lambda d_2 y_2 = 0,$$

woraus sich in Analogie zu (24) die Gleichung

$$d_1 d_2 t\mu^2 - [(1+t)\,d_2 + 2td_1]\,\mu + 2 + t = 0$$

ergibt. Wählen wir hier $d_1 = 1/t$ und $d_2 = 1$, so finden wir $\eta = 1/(2+t)$, woraus $\eta \to \frac{1}{2}$ bei $h_1 \to 0$ folgt. Lösen wir also das Gleichungssystem (23) mit dem Iterationsverfahren

$$D\,\frac{y_{k+1}-y_k}{\tau_{k+1}}=\Lambda y_k+f\,,$$

so bleibt die Iterationszahl bei $h_1\to 0$ beschränkt.

Die geschilderten Umstände müssen wir auch bei der Lösung diskreter elliptischer Gleichungen auf nichtäquidistanten Gittern mit dem ADM-Verfahren beachten. Der Ausweg besteht wie oben in der Einführung eines zusätzlichen Operators $D=D^*>0$, den wir geeignet wählen werden, so daß der Gesamtaufwand minimal wird.

Wir gehen wieder von der Situation aus, daß der Operator A der Gleichung $Au=f$ als Summe zueinander adjungierter Operatoren A_1 und A_2 darstellbar ist:

$$A=A^*>0,\quad A=A_1+A_2,\quad A_1^*=A_2\,.$$

Als Iterationsoperator B wählen wir dann

$$B=(D+\omega A_1)\,D^{-1}(D+\omega A_2)\,,$$

wobei ω der (positive) Iterationsparameter ist.

Offensichtlich ist B selbstadjungiert und positiv.

Statt der Bedingungen (11) aus Lemma 2 fordern wir nun, daß die Ungleichungen

$$A\geqq\delta D,\quad \text{d. h.}\quad (Ax,x)\geqq\delta(Dx,x),\quad \delta>0\,,$$

$$A_1D^{-1}A_2\leqq\frac{\Delta}{4}\,A,\quad \text{d. h.}\quad (D^{-1}A_2x,A_2x)\leqq\frac{\Delta}{4}\,(Ax,x),\quad \Delta>0\,,$$

für alle $x\in H$ erfüllt sind.

Dann gelten wieder Lemma 2 und Satz 2, wenn dort überall R durch A ersetzt wird.

Es bleibt die Frage zu beantworten, wie der Operator D zu wählen ist.

Wir zeigen die Konstruktion des durch die Einführung von D modifizierten Verfahrens der alternierenden Dreiecksmatrizen (MADM) am Beispiel der in einem allgemeinen Gebiet G (mit dem Rand Γ) gestellten elliptischen Randwertaufgabe

$$Lu=\frac{\partial}{\partial x_1}\left(k_1(x)\,\frac{\partial u}{\partial x_1}\right)+\frac{\partial}{\partial x_2}\left(k_2(x)\,\frac{\partial u}{\partial x_2}\right)=-f(x),\quad x=(x_1,x_2)\in G\,, \tag{25}$$
$$u(x)=\mu(x),\quad x\in\Gamma,\quad k_\alpha(x)\geqq c_1>0,\quad \alpha=1,2\,.$$

Bei dieser Aufgabe genügt es, für D eine Diagonalmatrix mit

$$Dy=d(x)y,\quad d(x)>0$$

zu wählen.

Wir setzen hier voraus, daß der Rand Γ hinreichend glatt ist und daß der Durchschnitt von G und einer beliebigen achsenparallelen Geraden durch $x\in G$ immer ein Intervall ist.

Zunächst führen wir in $\bar G=G+\Gamma$ ein nichtäquidistantes Rechteckgitter $\bar\omega_h$ ein.

Dazu nehmen wir die zwei Geradenscharen $x_\alpha=x_\alpha^{(i_\alpha)}$, $i_\alpha=0,\pm1,\pm2,\ldots$, $\alpha=1,2$, und fassen ihre Schnittpunkte $x_i=(x_1^{(i_1)},x_2^{(i_2)})$ zu dem die ganze x_1, x_2-Ebene bedeckenden Gitter R_2^h zusammen. Nun können wir die Menge $\omega_h=$ $=\{x_i\in G\cap R_2^h\}$ der inneren Gitterpunkte bilden.

Der Durchschnitt der zur x_α-Achse parallelen Geraden durch $x_i\in\omega_h$ mit dem Gebiet G war nach Voraussetzung ein Intervall; wir nennen es $\Delta_\alpha(x_i)$. Die Enden dieses Intervalls heißen Randpunkte bezüglich der Richtung x_α. Die Menge aller Randpunkte bezüglich x_α bezeichnen wir mit γ_α. Der Rand des Gitters γ_h ist dann $\gamma_h = \gamma_1 \cup \gamma_2$, und es gilt $\bar{\omega}_h = \omega_h \cup \gamma_h$. Mit $\omega_\alpha(x_\beta)$ bezeichnen wir die Menge der auf einem Intervall Δ_α liegenden inneren Gitterpunkte; hier ist $\beta = 3 - \alpha$, $\alpha = 1, 2$. Wir unterscheiden weiter die Mengen $\omega_\alpha^+(x_\beta)$ und $\bar{\omega}_\alpha(x_\beta)$ der Punkte von $\omega_\alpha(x_\beta)$ einschließlich des rechten bzw. beider Randpunkte von Δ_α.

Mit $x^{(+1_\alpha)}$ und $x^{(-1_\alpha)}$ bezeichnen wir den rechten bzw. linken Nachbarpunkt von $x \in \omega_\alpha(x_\beta)$; alle diese Punkte liegen in $\bar{\omega}_\alpha(x_\beta)$. Falls $x^{(+1_\alpha)}$ in γ_α liegt, so kann dieser Punkt von $x^{(i_\alpha+1)} \in R_2^h$ verschieden sein.

Für innere Gitterpunkte x führen wir sowohl die Abstände $h_\alpha^\pm(x)$ zu den Nachbarpunkten $x^{(\pm 1_\alpha)} \in \bar{\omega}_h$ als auch die mittleren Schrittweiten

$$\hbar_\alpha(x_\alpha) = \frac{1}{2}\,(x_\alpha^{(i_\alpha+1)} - x_\alpha^{(i_\alpha-1)})$$

ein. Falls das Gitter R_2^h in beiden Richtungen x_α äquidistant ist, also bei

$$x_\alpha^{(i_\alpha)} = i_\alpha h_\alpha, \quad i_\alpha = 0, \pm 1, \pm 2, \ldots,$$

so sind alle mittleren Schrittweiten $\hbar_\alpha$ gleich h_α, die Abstände $h_\alpha^\pm$ aber können in Randnähe kleiner als h_α sein, und wenn $\hbar_\alpha < h_\alpha$ für $x \in \omega_h$ eintritt, so liegt $x^{(+1_\alpha)}$ in γ_α, und es ist $x_\alpha^{(+1_\alpha)} \neq x_\alpha^{(i_\alpha+1)} = (i_\alpha + 1)\,h_\alpha$.

Auf dem so konstruierten Gitter $\bar{\omega}_h$ betrachten wir nun das Differenzenschema

$$\Lambda y = -\varphi(x), \quad x \in \omega_h, \quad y(x) = \mu(x), \quad x \in \gamma_h \tag{26}$$

mit $\Lambda = \tilde{\Lambda}_1 + \tilde{\Lambda}_2$,

$$\tilde{\Lambda}_\alpha y = (a_\alpha y_{\bar{x}_\alpha})_{\hat{x}_\alpha} = \frac{1}{\hbar_\alpha}\left(a_\alpha^+ \frac{y^{(+1_\alpha)} - y}{h_\alpha^+} - a_\alpha \frac{y - y^{(-1_\alpha)}}{h_\alpha^-}\right),$$

$$y^{(\pm 1_\alpha)} = y(x^{(\pm 1_\alpha)}), \quad a_\alpha^+ = a_\alpha(x^{(+1_\alpha)}),$$

$$y_{\bar{x}_\alpha} = \frac{1}{h_\alpha^-}\,(y - y^{(-1_\alpha)}), \quad y_{x_\alpha} = \frac{1}{h_\alpha^+}\,(y^{(+1_\alpha)} - y),$$

$$y_{\hat{x}_\alpha} = \frac{1}{\hbar_\alpha}\,(y^{(+1_\alpha)} - y).$$

Die Koeffizienten a_α und $\varphi(x)$ sind hier so zu wählen, daß das Schema für ein äquidistantes Gitter lokal von zweiter Approximationsordnung ist. Dann kann man in Analogie zu Abschnitt 4.3. zeigen, daß das Schema (26) in der Maximumnorm mit der Geschwindigkeit $O(|h|^2)$ konvergiert.

Wir kommen jetzt zur Beschreibung des MADM-Verfahrens zur Lösung der Differenzengleichungen (26).

Als erstes stellen wir Λ in der Form

$$\Lambda = \Lambda_1 + \Lambda_2$$

dar mit

$$\Lambda_1 y = -\sum_{\alpha=1}^{2}\left[\frac{a_\alpha}{\hbar_\alpha}\, y_{\bar{x}_\alpha} + \frac{1}{2\hbar_\alpha}\left(\frac{a_\alpha^+}{h_\alpha^+} - \frac{a_\alpha}{h_\alpha^-}\right) y\right],$$

$$\Lambda_2 y = \sum_{\alpha=1}^{2}\left[\frac{a_\alpha^+}{\hbar_\alpha}\, y_{x_\alpha} + \frac{1}{2\hbar_\alpha}\left(\frac{a_\alpha^+}{h_\alpha^+} - \frac{a_\alpha}{h_\alpha^-}\right) y\right],$$

wobei $y_{\bar{x}_\alpha} = \frac{1}{h_\alpha^-}\, y$ für $x^{(-1_\alpha)} \in \gamma_h$ und $y_{x_\alpha} = \frac{1}{h_\alpha^+}\, y$ für $x^{(+1_\alpha)} \in \gamma_h$ gilt.

Nun führen wir den Raum H der auf $\bar{\omega}_h$ definierten Gitterfunktionen ein, die auf γ_h verschwinden; das Skalarprodukt in H definieren wir durch

$$(y, v) = \sum_{x \in \omega_h} y(x)\, v(x)\, \hbar_1 \hbar_2 \,.$$

Für $y \in H$ setzen wir $A_\alpha y = -\Lambda_\alpha y$, $\alpha = 1, 2$, und erhalten $A = A_1 + A_2 = -\Lambda$. Die Operatoren A_1 und A_2 sind in H zueinander adjungiert: Es gilt $(A_1 y, v) = (y, A_2 v)$, wovon man sich mit Hilfe der Formeln der partiellen Summation unmittelbar überzeugen kann. Folglich ist der Operator A selbstadjungiert.

Als nächstes werden die Diagonalelemente $d(x)$ der für das MADM-Verfahren benötigten Diagonalmatrix D aus der Forderung bestimmt, daß $\eta = \delta/\Delta$ maximal wird.

Wir überspringen die erforderlichen Umformungen und geben gleich das Endergebnis an: Es gilt

$$d(x) = \sum_{\alpha=1}^{2} \left(\frac{a_\alpha^+}{\hbar_\alpha h_\alpha^+ \sqrt{\varphi_\alpha}} + \frac{1}{2\hbar_\alpha} \left| \frac{a_\alpha^+}{h_\alpha^+} - \frac{a_\alpha}{h_\alpha^-} \right| \right) \frac{1}{\sqrt{\varphi_\alpha} + \psi_\alpha}, \tag{27}$$

$$\varphi_\alpha(x_\beta) = \max_{x_\alpha \in \omega_\alpha} v_1^{(\alpha)}(x), \quad \psi_\alpha(x_\beta) = \max_{x_\alpha \in \omega_\alpha} v_2^{(\alpha)}(x)\,,$$

$$\beta = 3 - \alpha, \quad \alpha = 1, 2\,.$$

Dabei sind die Funktionen $v_1^{(\alpha)}(x)$ und $v_2^{(\alpha)}(x)$ die Lösungen der folgenden Aufgaben:

$$(a_\alpha v_{1 x_\alpha}^{(\alpha)})_{\hat{x}_\alpha} = -\varrho_1^{(\alpha)}, \quad x_\alpha \in \omega_\alpha(x_\beta)\,,$$

$$v_1^{(\alpha)}|_{\gamma_\alpha} = 0, \quad \varrho_1^{(\alpha)} = \frac{a_\alpha^+}{\hbar_\alpha h_\alpha^+},$$

$$(a_\alpha v_{2 x_\alpha}^{(\alpha)})_{\hat{x}_\alpha} = -\varrho_2^{(\alpha)}, \quad x_\alpha \in \omega_\alpha(x_\beta)\,,$$

$$v_2^{(\alpha)}|_{\gamma_\alpha} = 0, \quad \varrho_2^{(\alpha)} = \frac{1}{2\hbar_\alpha} \left| \frac{a_\alpha^+}{h_\alpha^+} - \frac{a_\alpha}{h_\alpha^-} \right|.$$

Insgesamt sind also vier Funktionen $v_\gamma^{(\alpha)}$ zu bestimmen, wozu wir uns wieder der verkürzten Gaußelimination bedienen können.

Anschließend werden die zwei (nur von einer Veränderlichen abhängigen) Gitterfunktionen $\varphi_\alpha(x_\beta)$ und $\psi_\alpha(x_\beta)$ berechnet, wonach sich $d(x)$ aus (27) ergibt. Dann gilt

$$\delta = 1, \quad \Delta = 4 \max_{\alpha=1,2} \left(\max_{x_\beta \in \omega_\beta} (\sqrt{\varphi_\alpha(x_\beta)} + \psi_\alpha(x_\beta)^2) \right). \tag{28}$$

Damit lassen sich nun die Iterationsparameter $\omega = \omega_0$ und $\{\tau_k\}$ für das MADM-Verfahren

$$(D + \omega A_1)\, D^{-1} (D + \omega A_2) \frac{\overset{k+1}{y} - \overset{k}{y}}{\tau_{k+1}} + A\overset{k}{y} = \varphi\,, \quad k = 0, 1, 2, \ldots\,,$$

bestimmen. Für $\overset{k+1}{y}$ haben wir die Gleichung

$$(D + \omega A_1)\, D^{-1} (D + \omega A_2)\, \overset{k+1}{y} = \overset{k}{F}$$

zu lösen, wobei $\overset{k}{F} = B\overset{k}{y} + \tau_{k+1}(\Lambda \overset{k}{v} + \varphi)$ ist mit $\overset{k}{v} = \overset{k}{y}$ für $x \in \omega_h$ und $\overset{k}{v} = \mu$ auf γ_h. Dazu benutzen wir den Algorithmus

$$(D + \omega A_1)\, \bar{y} = \overset{k}{F}, \quad \bar{y}|_{\gamma_h} = 0\,,$$

$$(D + \omega A_2)\, \overset{k+1}{y} = D\bar{y} = d(x)\, \bar{y}, \quad \overset{k+1}{y}|_{\gamma_h} = 0\,.$$

Die endgültigen Rechenformeln lauten

$$\bar{y} = \frac{1}{K}\left[\sum_{\alpha=1}^{2} \frac{\omega a_\alpha}{\hbar_\alpha h_\alpha^-} \bar{y}^{(-1_\alpha)} + \overset{k}{F}\right];$$
$$\overset{k+1}{y} = \frac{1}{K}\left[\sum_{\alpha=1}^{2} \frac{\omega a_\alpha^+}{\hbar_\alpha h_\alpha^+} \overset{k+1}{y}{}^{(+1_\alpha)} + d\bar{y}\right]$$

mit

$$K = d + \frac{1}{2}\sum_{\alpha=1}^{2} \frac{\omega}{\hbar_\alpha}\left(\frac{a_\alpha^+}{h_\alpha^+} + \frac{a_\alpha}{h_\alpha^-}\right).$$

Der Rechengang ist dabei analog zu dem in Abschnitt 9.3.3.

9.3.5. Die erste Randwertaufgabe für die Poissongleichung in einem allgemeinen Gebiet. Als erstes Anwendungsbeispiel für den im vorangehenden Abschnitt beschriebenen MADM-Algorithmus betrachten wir das Randwertproblem

$$\Delta u = \frac{\partial^2 u}{\partial x_1^2} + \frac{\partial^2 u}{\partial x_2^2} = -f(x), \quad x \in G,$$
$$u = \mu(x), \quad x \in \Gamma.$$

Wir gehen hier von einem quadratischen Gitter R_2^h aus, es gilt also $x_\alpha^{(i_\alpha+1)} = x_\alpha^{(i_\alpha)} + h$, $i_\alpha = 0, \pm 1, \pm 2, \ldots, \alpha = 1, 2$, $\omega_h = \{x_i = (i_1 h, i_2 h) \in G \cap R_2^h\}$. Die mittlere Schrittweite $\hbar_\alpha$ ist überall gleich h, und die $h_\alpha^\pm$ sind nur in Randnähe von h verschieden. Im Schema (26) setzen wir $a_\alpha(x) = 1$ und $\hbar_\alpha = h$, womit wir

$$\Lambda y = y_{\bar{x}_1 x_1} + y_{\bar{x}_2 x_2} = -\varphi, \quad x \in \omega_h, \quad y|_{\gamma_h} = \mu$$

erhalten. Um diese Differenzengleichungen mit dem MADM-Verfahren zu lösen, sind zuerst die Funktionen $v_\gamma^{(\alpha)}(x)$ als Lösungen der Aufgaben

$$\Lambda v = v_{\bar{x}_\alpha x_\alpha} = -\varrho(x), \quad x_\alpha \in \omega_\alpha(x_\beta), \quad v|_{\gamma_\alpha} = 0,$$
$$\beta = 3 - \alpha, \quad \alpha = 1, 2,$$

mit den rechten Seiten (entsprechend $\gamma = 1, 2$)

$$\varrho_1(x) = \frac{1}{h h_\alpha^+}, \quad \varrho_2(x) = \frac{1}{2h}\left|\frac{1}{h_\alpha^+} - \frac{1}{h_\alpha^-}\right|$$

zu bestimmen. Es sei Δ_α eins der in 9.3.3. eingeführten Intervalle. Wir bezeichnen seine Endpunkte mit $x_\alpha = l_\alpha(x_\beta)$ bzw. $x_\alpha = L_\alpha(x_\beta)$. Dann gilt

$$\Lambda v = \begin{cases} \dfrac{1}{h}\left(\dfrac{v^{(+1_\alpha)} - v}{h} - \dfrac{v - v^{(-1_\alpha)}}{h_\alpha^-}\right), & x_\alpha = l_\alpha + h_\alpha^-, \\[2ex] \dfrac{1}{h}\left(\dfrac{v^{(+1_\alpha)} - v}{h} - \dfrac{v - v^{(-1_\alpha)}}{h}\right), & l_\alpha + h_\alpha^- < x_\alpha < L_\alpha - h_\alpha^+, \\[2ex] \dfrac{1}{h}\left(\dfrac{v^{(+1_\alpha)} - v}{h_\alpha^+} - \dfrac{v - v^{(-1_\alpha)}}{h}\right), & x_\alpha = L_\alpha - h_\alpha^+. \end{cases}$$

Die Funktionen $v_\gamma^{(\alpha)}$ lassen sich explizit angeben. Für $\varphi_\alpha(x_\beta)$ und $\psi_\alpha(x_\beta)$ erhalten wir die Ausdrücke

$$\varphi_\alpha(x_\beta) = \frac{1}{2h^2}\left(\frac{L_\alpha(x_\beta) - l_\alpha(x_\beta)}{2}\right)^2 + 1,$$
$$\psi_\alpha(x_\beta) = \frac{1}{2}, \quad \beta = 3 - \alpha, \quad \alpha = 1, 2.$$

Damit können wir nach (28) die Größe Δ berechnen und mit Hilfe von Satz 2 aus 9.3.2. die Iterationszahl abschätzen:

$$n \geqq n_0(\varepsilon), \quad n_0(\varepsilon) = \frac{\ln (2/\varepsilon)}{3{,}4 \sqrt{h/l_0}}, \tag{29}$$

wobei l_0 der Durchmesser von G ist.

Wie wir sehen, hängt beim MADM-Verfahren im Falle eines allgemeinen Gebiets die Iterationszahl nur von der Schrittweite h des Gitters R_2^h ab und nicht von den Schrittweiten in den randnahen Gitterpunkten von ω_h.

Vergleichen wir die Iterationszahl (29) für das allgemeine Gebiet mit der Iterationszahl

$$n_0(\varepsilon) = \frac{\ln (2/\varepsilon)}{3{,}54 \sqrt{h/l_0}}$$

für ein Quadrat der Seitenlänge l_0 (vgl. Abschnitt 9.3.3.), so sehen wir, daß im Falle des allgemeinen Gebiets $3{,}54/3{,}4 = 1{,}04$mal mehr Iterationen gebraucht werden. Diese vier Prozent bedeuten praktisch ein bis zwei Iterationen mehr, wenn man $\varepsilon = 10^{-4}$ und $h = 1/100$ nimmt.

Wir kommen damit zu der Schlußfolgerung, daß bei der Benutzung des MADM-Verfahrens die Iterationszahl zur Lösung der Poissongleichung in einem allgemeinen Gebiet G unwesentlich größer ist als die Iterationszahl zur Lösung derselben Gleichung in dem kleinsten Rechteck, daß G ganz enthält. Diese Aussage wird durch Rechenergebnisse bestätigt.

9.3.6. Zur Lösung von Differenzengleichungen mit veränderlichen Koeffizienten. In 9.3.4. hatten wir die Konstruktion des MADM-Verfahrens zur Lösung diskreter elliptischer Gleichungen in einem allgemeinen Gebiet gezeigt, das wir in 9.3.5. auf die Poissongleichung angewendet haben. Nun behandeln wir die wichtige Frage, wie sich stark veränderliche Koeffizienten auf die benötigte Iterationszahl auswirken. Diese Zahl ist, wie wir für das ADM-Verfahren in Abschnitt 9.3.3. gezeigt haben, proportional zu $\sqrt{c_2/c_1}$, wo c_1 der kleinste und c_2 der größte Wert der Koeffizienten ist. Zum Operator A mit veränderlichen Koeffizienten wählen wir beim ADM-Verfahren einen Operator R (beispielsweise den diskreten Laplaceoperator), so daß

$$c_1 R \leqq A \leqq c_2 R$$

gilt; im weiteren wird dann R zur Konstruktion des faktorisierten Iterationsoperators

$$B = (E + \omega R_1)(E + \omega R_2), \quad R_1 + R_2 = R, \quad R_1^* = R_2$$

benutzt. Es kann der Fall eintreten, daß sich die Koeffizienten der Differentialgleichung zwar stark ändern, aber nur in einem kleinen Teilgebiet, und daß sich dadurch das Spektrum von A nur wenig verschiebt. Man könnte vermuten, daß sich dabei auch die Iterationszahl nur wenig verändert. Das tritt aber nicht ein: das große Verhältnis c_2/c_1 wirkt sich aus.

Falls das Gebiet z. B. ein Rechteck ist, so kann man $B = R$ setzen und zur Bestimmung von $\overset{k+1}{y}$ eins der in Abschnitt 9.1. beschriebenen direkten Verfahren verwenden. Dann wird $\xi = c_1/c_2$, und die Iterationszahl hängt nicht von h, sondern sowohl von ε als auch von c_2/c_1 ab:

$$n(\varepsilon) \approx \frac{1}{2} \sqrt{\frac{c_2}{c_1}} \ln \frac{2}{\varepsilon}.$$

Beim MADM-Verfahren wird der Operator R nicht benötigt, und als Folge spielen die Konstanten c_1 und c_2 bei der Wahl der Iterationsparameter $\{\tau_k\}$ keine Rolle: Bei der Konstruktion des Iterationsoperators B sind wir in 9.3.4. direkt von dem Operator $A(=A^*>0)$ und seiner Darstellung als $A=A_1+A_2$, $A_1^*=A_2$ ausgegangen.

Daß das MADM-Verfahren auch bei stark veränderlichen Koeffizienten effektiv arbeitet, wollen wir an der Aufgabe (26) im Falle des Einheitsquadrates und für die Koeffizienten

$$a_1(x)=1+K_0\left[\left(x_1-\frac{1}{2}\right)^2+\left(x_2-\frac{1}{2}\right)^2\right],$$

$$a_2(x)=1+K_0\left[\frac{1}{2}-\left(x_1-\frac{1}{2}\right)^2-\left(x_2-\frac{1}{2}\right)^2\right],$$

$$K_0=\text{const}>0$$

demonstrieren. Die Differenzengleichung lautet also

$$(a_1y_{\bar{x}_1})_{x_1}+(a_2y_{\bar{x}_2})_{x_2}=-\varphi,\quad x\in\omega_h,\quad y|_{\gamma_h}=0\,.$$

ω_h ist das quadratische Gitter, und die rechte Seite $\varphi(x)$ wird so gewählt, daß $y(x)=x_1(1-x_1)\,x_2(1-x_2)$ die exakte Lösung darstellt.

Die Operatoren A_1 und A_2 für $B=(D+\omega A_1)D^{-1}(D+\omega A_2)$ sind hier

$$A_1y=\sum_{\alpha=1}^{2}\left(\frac{a_\alpha}{h}\,y_{\bar{x}_\alpha}+\frac{y}{2h^2}\,(a_\alpha^+-a_\alpha)\right),$$

$$A_2y=-\sum_{\alpha=1}^{2}\left(\frac{a_\alpha^+}{h}\,y_{x_\alpha}+\frac{y}{2h^2}\,(a_\alpha^+-a_\alpha)\right),$$

und der Operator D wird wie in 9.3.4. angegeben konstruiert; dort hatten wir auch die endgültigen Rechenformeln angegeben.

Zum Vergleich wollen wir auch das ADM-Verfahren anwenden und nehmen als Operatoren R_1 und R_2

$$R_1y=y_{\bar{x}_1}/h+y_{\bar{x}_2}/h,\quad R_2y=-y_{x_1}/h-y_{x_2}/h\,,$$

womit $B=(E+\omega R_1)(E+\omega R_2)$ bestimmt ist. Mit $c_1=\min\limits_{x,\alpha} a_\alpha(x)=1$, $c_2=\max\limits_{x,\alpha} a_\alpha(x)=$ $=1+\frac{1}{2}K_0$, $\delta=\frac{8}{h^2}\sin^2\frac{\pi h}{2}$ und $\Delta=8/h^2$ können wir Satz 2 zur Berechnung der Iterationsparameter benutzen.

In der nachfolgenden Tabelle zeigen wir die Ergebnisse der für $\varepsilon=10^{-4}$, verschiedene Schrittweiten h und mehrere Werte c_2/c_1 durchgeführten numerischen Experimente.

Tabelle 4

c_2/c_1	$h=1/32$		$h=1/64$		$h=1/128$	
	MADM	ADM	MADM	ADM	MADM	ADM
2	20	23	28	32	39	45
8	23	46	33	64	47	90
32	25	92	37	128	53	180
128	26	184	39	256	57	360
512	26	367	39	512	59	720

Wie die Rechenergebnisse zeigen, ist das MADM-Verfahren nicht nur im Falle eines allgemeinen Gebietes, sondern auch bei stark veränderlichen Koeffizienten sehr effektiv.

9.4. Das Iterationsverfahren der alternierenden Richtungen (ADI)

9.4.1. Das ADI-Verfahren zur Lösung der diskreten Poissongleichung im Rechteck. Wir kehren zur Aufgabe (2) aus 9.1.1. zurück und behandeln jetzt deren Lösung mit dem Verfahren der alternierenden Richtungen (9)–(14) aus Abschnitt 8.1., wo wir damit die Wärmeleitungsgleichung $\partial u/\partial t = \Lambda u + f(x, t)$ gelöst hatten. Im Falle $f = f(x)$ und mit veränderlichen Schrittweiten $\tau_{k+1}^{(1)}$ und $\tau_{k+1}^{(2)}$ lauten die Gleichungen des Verfahrens

$$\begin{aligned} &\frac{y_{k+1/2}-y_k}{\tau_{k+1}^{(1)}} = \Lambda_1 y_{k+1/2} + \Lambda_2 y_k + f(x), \quad x \in \omega_h, \quad y_{k+1/2}|_{\gamma_h} = \mu(x)\,, \\ &\frac{y_{k+1}-y_{k+1/2}}{\tau_{k+1}^{(2)}} = \Lambda_1 y_{k+1/2} + \Lambda_2 y_{k+1} + f(x), \quad x \in \omega_h, \quad y_{k+1}|_{\gamma_h} = \mu(x)\,, \\ &\Lambda_\alpha y = y_{\bar{x}_\alpha x_\alpha}, \quad \alpha = 1, 2, \quad k = 0, 1, \ldots, \end{aligned} \tag{1}$$

wobei nun k der Iterationszähler, y_0 ein beliebiger Anfangsvektor, $y_{k+1/2}$ der Zwischenwert und ω_h das übliche Rechteckgitter mit dem Rand γ_h sind; die Auswahl der Parameter $\tau_{k+1}^{(\alpha)}$ wird im nächsten Abschnitt beschrieben. Die Bestimmung von $y_{k+1/2}$ und y_{k+1} erfolgt so wie im Abschnitt 8.1.2. durch Anwendung der verkürzten Gaußelimination längs der waagerechten bzw. senkrechten Gitterlinien, wozu $O(1)$ Rechenoperationen pro Gitterpunkt benötigt werden. In der englischsprachigen Literatur ist das Verfahren unter dem Namen alternating direction implicit iteration bekannt, und die von dort stammende obige Abkürzung ist noch weiter verbreitet.

Bei der Konvergenzuntersuchung des Verfahrens interessiert uns der Fehler z mit $z_{k+1/2} = y_{k+1/2} - u$, $z_{k+1} = y_{k+1} - u$ (hier ist u die exakte Lösung der Aufgabe (2) aus 9.1.1.). Der Fehler z ist Lösung der entsprechenden homogenen Gleichung mit homogenen Randbedingungen.

9.4.2. Die Iterationsparameterwahl für das ADI-Verfahren mit vertauschbaren selbstadjungierten Operatoren. Wie in Abschnitt 8.1. führen wir den Raum H der auf ω_h definierten Gitterfunktionen ein, die auf γ_h verschwinden; das Skalarprodukt hatten wir in 8.1.3. definiert. Für $y \in H$ führen wir jetzt die Operatoren A, A_1 und A_2 durch

$$A = A_1 + A_2, \quad A_\alpha y = -\Lambda_\alpha y$$

ein, die den Bedingungen

$$A_\alpha = A_\alpha^* > 0, \quad \alpha = 1, 2, \quad A_1 A_2 = A_2 A_1 \tag{2}$$

genügen. Gesucht ist die Lösung der Aufgabe

$$Au = f, \quad A = A_1 + A_2\,. \tag{3}$$

Wir wollen sie mit dem Verfahren (1) bestimmen, wo $-\Lambda_\alpha$ durch A_α zu ersetzen ist und die Randbedingungen fortgelassen werden können. Für den Fehler z erhalten wir dann die Gleichungen

$$\frac{z_{k+1/2}-z_k}{\tau_{k+1}^{(1)}} + A_1 z_{k+1/2} + A_2 z_k = 0\,; \tag{4}$$

$$\frac{z_{k+1}-z_{k+1/2}}{\tau_{k+1}^{(2)}}+A_1 z_{k+1/2}+A_2 z_{k+1}=0\,,$$
$$k=0,\,1,\,\ldots,\quad z_0=y_0-u\in H\,.$$

Nach Elimination von $z_{k+1/2}$ aus diesen Gleichungen erhalten wir

$$z_{k+1}=S_{k+1}z_k,\quad S_{k+1}=S_{k+1}^{(1)}S_{k+1}^{(2)}\,,$$
$$S_k^{(\alpha)}=(E+\tau_k^{(\alpha)}A_\alpha)^{-1}\,(E-\tau_k^{(\alpha)}A_\alpha),\quad \alpha=1,\,2\,.$$

Wegen $S_k^{(1)}S_k^{(2)}=S_k^{(2)}S_k^{(1)}$ folgt weiter $T_n=T_n^*>0$ für den Lösungsoperator

$$T_n=\prod_{k=1}^{n}S_k\quad\text{und}\quad z_n=T_n z_0\,.$$

Damit gilt für z die Abschätzung

$$\|z_n\|\leqq\|T_n\|\,\|z_0\|\,.$$

Wir setzen jetzt außer Bedingung (2) noch

$$0<\delta_\alpha E\leqq A_\alpha\leqq\Delta_\alpha E,\quad \alpha=1,\,2\,, \tag{5}$$

voraus, und erhalten die Aufgabe, den Iterationsparametersatz $\{\tau\}_n=\{\tau_k^{(1)},\,\tau_k^{(2)},\,k=1,\,2,\,\ldots,\,n\}$ bei vorgegebenem $n=n(\varepsilon)$ so zu bestimmen, daß für $\{\tau\}_n$ das Minimum von $\|T_n\|$ angenommen wird.

Diese Aufgabe wurde von Jordan in [10] gelöst. Die optimalen Iterationsparameter sind danach durch folgende Formeln gegeben:

$$\tau_k^{(1)}=\frac{q\omega_k+r}{1+\omega_k p},\quad \tau_k^{(2)}=\frac{q\omega_k-r}{1-\omega_k p}$$

mit

$$p=\frac{\varkappa-t}{\varkappa+t},\quad t=\left(\frac{(\Delta_1-\delta_1)\,(\Delta_2-\delta_2)}{(\Delta_1+\delta_2)\,(\Delta_2+\delta_1)}\right)^{1/2},\quad \varkappa=\frac{(\Delta_1-\delta_1)\Delta_2}{(\Delta_2+\delta_1)\Delta_1},$$
$$r=\frac{\Delta_1-\Delta_2+(\Delta_1+\Delta_2)\,p}{2\Delta_1\Delta_2},\quad q=r+\frac{1-p}{\Delta_1},\quad \omega_k=\frac{(1+2\vartheta)\,(1+\vartheta^\sigma)}{2\vartheta^{\sigma/2}(1+\vartheta^{1-\sigma}+\vartheta^{1+\sigma})},$$
$$\sigma=\frac{2k-1}{2n},\quad \vartheta=\frac{1}{16}\,\eta^2\left(1+\frac{1}{2}\,\eta^2\right),\quad \eta=\frac{1-t}{1+t},\quad k=1,\,2,\,\ldots,\,n\,.$$

Wenn dabei die relative Genauigkeit ε vorgegeben ist,

$$\|y_n-u\|\leqq\varepsilon\|y_0-u\|\,,$$

so gilt die Näherungsformel

$$n(\varepsilon)\approx\frac{1}{\pi^2}\ln\frac{4}{\varepsilon}\ln\frac{4}{\eta}.$$

Im Spezialfall $h_1=h_2=h=1/N$, $\Delta_1=\Delta_2=\Delta$, $\delta_1=\delta_2=\delta$ ergibt sich

$$\varkappa=\xi,\quad p=r=0,\quad q=\frac{1}{\Delta},\quad \xi=\frac{1-\eta}{1+\eta},\quad \eta=\frac{\delta}{\Delta}\approx\left(\frac{\pi h}{2}\right)^2\approx4\left(\frac{h}{1{,}27}\right)^2,$$

also

$$n(\varepsilon)\approx0{,}2\ln\frac{1{,}27}{h}\ln\frac{4}{\varepsilon}.$$

Bei $\varepsilon=2e^{-10}\approx10^{-4}$ erhalten wir insbesondere $n(\varepsilon)\approx6$ für $h=1/10$, $n(\varepsilon)\approx9$ für $h==1/50$ und $n(\varepsilon)\approx11$ bei $h=1/100$.

9.4.3. Das ADI-Verfahren bei nichtvertauschbaren Operatoren. Wir betrachten die Aufgabe (3) noch einmal, nun aber unter den Voraussetzungen

$$A_\alpha^* = A_\alpha, \quad 0 < \delta_\alpha E \leqq A_\alpha \leqq \Delta_\alpha E, \quad \alpha = 1, 2, \quad A_1 A_2 \neq A_2 A_1 .$$

Auch in diesem Fall kann man das ADI-Verfahren (1) anwenden. Wir zeigen, wie man dafür zwei konstante Iterationsparameter $\tau_{k+1/2}^{(\alpha)} = \omega_\alpha$ wählen kann.

Für den Fehler z erhalten wir statt der Gleichungen (4) die Gleichungen

$$(E + \omega_1 A_1) z_{k+1/2} = (E - \omega_1 A_2) z_k, \quad (E + \omega_2 A_2) z_{k+1} = (E - \omega_2 A_1) z_{k+1/2},$$
$$k = 0, 1, \ldots; \quad z_0 \in H .$$

Hier führen wir die Bezeichnung $v_k = (E + \omega_2 A_2) z_k$ ein und schließen $z_{k+1/2}$ aus:

$$v_{k+1} = S_1 S_2 v_k, \quad k = 0, 1, \ldots; \quad v_0 \in H ,$$
$$S_1 = (E + \omega_1 A_1)^{-1}(E - \omega_2 A_1), \quad S_2 = (E + \omega_2 A_2)^{-1}(E - \omega_1 A_2) .$$

Daraus folgt die Abschätzung

$$\|v_{k+1}\| \leqq \|S_1\| \, \|S_2\| \, \|v_k\| . \tag{6}$$

Schranken für $\|S_\alpha\|$ leiten wir nun über Abschätzungen der Art $\|y_{k+1}\| \leqq \varrho_\alpha \|y_k\|$ für die Lösung des Schemas

$$B_\alpha \frac{y_{k+1} - y_k}{\tau} + A_\alpha y_k = 0, \quad \tau = \omega_1 + \omega_2, \quad B_\alpha = E + \omega_\alpha A_\alpha, \quad k = 0, 1, \ldots, \tag{7}$$

her. Dazu benutzen wir den Satz 2 über die ϱ-Stabilität aus Abschnitt 6.2.6., wonach für die Lösung von (7) die Ungleichung $\|y_{k+1}\|_D \leqq \varrho_\alpha \|y_k\|_D$ mit $D = B_\alpha$ äquivalent zu der Operatorungleichung $\gamma_{1,\alpha} B_\alpha \leqq A_\alpha \leqq \gamma_{2,\alpha} B_\alpha$ mit $\gamma_{1,\alpha} = (1 - \varrho_\alpha)/\tau$, $\gamma_{2,\alpha} = (1 + \varrho_\alpha)/\tau$ ist, die wir wegen $B_\alpha = E + \omega_\alpha A_\alpha$ auch auf die Gestalt

$$\frac{\gamma_{1,\alpha}}{1 - \gamma_{1,\alpha}\omega_\alpha} E \leqq A_\alpha \leqq \frac{\gamma_{2,\alpha}}{1 + \gamma_{2,\alpha}\omega_\alpha} E \tag{8}$$

bringen können. Es gilt $\varrho_\alpha = 1 - \tau\gamma_{1,\alpha} = \tau\gamma_{2,\alpha} - 1$, so daß ϱ_α minimal wird für maximales $\gamma_{1,\alpha}$ (und damit für maximales $\gamma_{1,\alpha}/(1 - \gamma_{1,\alpha}\omega_\alpha)$) und für minimales $\gamma_{2,\alpha}$ (minimales $\gamma_{2,\alpha}/(1 + \gamma_{2,\alpha}\omega_\alpha)$). Ein Vergleich von (8) mit $\delta_\alpha E \leqq A_\alpha \leqq \Delta_\alpha E_\alpha$ ergibt als bestmögliche Werte $\gamma_{1,\alpha} = \delta_\alpha/(1 + \omega_\alpha\delta_\alpha)$, $\gamma_{2,\alpha} = \Delta_\alpha/(1 + \omega_\alpha\Delta_\alpha)$, und hieraus kann man mit $2 = \tau(\gamma_{1,\alpha} + \gamma_{2,\alpha})$ die Hilfsgrößen $\gamma_{1,\alpha}$ und $\gamma_{2,\alpha}$ eliminieren und findet nach einigen Umformungen

$$2 + (\omega_1 - \omega_2)(\delta_1 + \Delta_1) - 2\omega_1\omega_2\delta_1\Delta_1 = 0 ,$$
$$2 - (\omega_1 - \omega_2)(\delta_2 + \Delta_2) - 2\omega_1\omega_2\delta_2\Delta_2 = 0$$

zur Bestimmung der optimalen ω_α. Nehmen wir zunächst $\delta_1\Delta_1 = \delta_2\Delta_2 = \delta\Delta$ an, so folgt $\omega_1 = \omega_2 = \omega = 2/\sqrt{\delta\Delta}$. Es war $\varrho_\alpha = 1 - (\omega_1 + \omega_2)\delta_\alpha/(1 + \omega_\alpha\delta_\alpha) = (1 - \omega_\beta\delta_\alpha)/(1 + \omega_\alpha\delta_\alpha)$, $\beta = 3 - \alpha$, also gilt

$$\|S_\alpha\| \leqq \varrho_\alpha = \frac{1 - \sqrt{\eta_\alpha}}{1 + \sqrt{\eta_\alpha}}, \quad \eta_\alpha = \frac{\delta_\alpha}{\Delta_\alpha}, \quad \alpha = 1, 2 . \tag{9}$$

Mit diesen Abschätzungen gehen wir in die Ungleichung (6) ein und erhalten für $n = k + 1$

$$\|v_n\| = \|(E + \omega A_2) z_n\| \leqq \varrho^n \|(E + \omega A_2) z_0\| = \varrho^n \|v_0\| ,$$

und hieraus ergibt sich die Abschätzung $\|(E+\omega A_2)z_n\| \leqq \varepsilon \|(E+\omega A_2)z_0\|$, sobald $n \geqq \ln \frac{1}{\varepsilon} \ln \frac{1}{\varrho}$ genommen wird mit $\varrho = \varrho_1 \varrho_2$.

Für diese Iterationszahl $n = n(\varepsilon)$ folgt aus (9) weiter die Näherungsformel

$$n(\varepsilon) \approx \ln \frac{1}{\varepsilon} \Big/ \left(2\left(\sqrt{\eta_1} + \sqrt{\eta_2}\right)\right).$$

Wir werten dieses Ergebnis für unsere Modellaufgabe, die Lösung der diskreten Poissongleichung im Einheitsquadrat, zum Vergleich weiter aus, obwohl dafür die Operatoren A_1 und A_2 vertauschbar sind:

Es gilt $\eta_1 = \eta_2 = \eta \approx \left(\frac{\pi h}{2}\right)^2$ (s. den Schluß des vorangegangenen Abschnitts), so daß

$$n(\varepsilon) \approx \frac{0{,}16}{h} \ln \frac{1}{\varepsilon}$$

wird, womit das ADI-Verfahren selbst ohne Ausnutzung der Vertauschbarkeit der Differenzenoperatoren nur etwa halb soviel Iterationen benötigt wie das explizite Iterationsverfahren mit Tschebyscheff-Parametern (vgl. 9.2.6.).

Andererseits ist aber der Rechenaufwand pro Gitterpunkt beim ADI-Verfahren wesentlich höher, wodurch das Verfahren mit den Tschebyscheff-Parametern insgesamt dennoch ökonomischer ist.

Bemerkung. Die Bedingung $\delta_1 \Delta_1 = \delta_2 \Delta_2$ kann man immer erfüllen, indem man von A_1 und A_2 zu $A_1' = A_1 + \beta E$ bzw. $A_2' = A_2 - \beta E$ übergeht. Dann ist $A_1 + A_2 = A_1' + A_2'$, $\delta_1' = \delta_1 + \beta$, $\Delta_1' = \Delta_1 + \beta$, $\delta_2' = \delta_2 - \beta$, $\Delta_2' = \Delta_2 - \beta$, und die Konstante β wird aus der Forderung $\delta_1' \Delta_1' = \delta_2' \Delta_2'$ bestimmt. Der Operator $S = S_1(A_1) S_2(A_2)$ mit den Parametern ω_1 und ω_2 läßt sich auch als $S = S_1'(A_1') S_2'(A_2')$ mit den Parametern $\omega_1' = \omega_1/(1-\beta\omega_1)$, $\omega_2' = \omega_2/(1+\beta\omega_2)$ schreiben, und für diese ergibt sich wieder $\omega_1' = \omega_2' = \omega' = 2/\sqrt{\delta_1' \Delta_1'}$.

9.4.4. Kombination des ADI-Verfahrens und des impliziten Iterationsverfahrens mit faktorisiertem Operator. Unter den Voraussetzungen (2) und (5) von Abschnitt 9.4.2. benutzen wir jetzt den faktorisierten Operator $B = (E + \omega_1 A_1) \times (E + \omega_2 A_2)$ als Iterationsoperator für das Verfahren

$$B \frac{y_{k+1} - y_k}{\tau_{k+1}^*} + A y_k = f, \quad k = 0, 1, \ldots; \quad y_0 \in H, \tag{10}$$

mit den Tschebyscheff-Parametern $\{\tau_k^*\}$. Aus unseren Voraussetzungen folgt $B = B^* > 0$, so daß das Verfahren in die in Abschnitt 9.3. betrachtete Ausgangsklasse fällt. Um Satz 1 aus Abschnitt 9.3.1. anwenden zu können, müssen wir noch die Konstanten γ_1 und γ_2 (bzw. das Verhältnis $\xi = \gamma_1/\gamma_2$) finden, für die $\gamma_1 B \leqq A \leqq \gamma_2 B$ eintritt, wobei wir im Interesse einer minimalen Iterationszahl gleichzeitig ein maximales ξ anstreben. Wir berufen uns wieder auf Satz 2 aus 6.2.6., nach dem die Ungleichungen $\|y_{k+1}\|_D \leqq \varrho \|y_k\|_D$ und $\frac{1-\varrho}{\tau} B \leqq A \leqq \frac{1+\varrho}{\tau} B$, $\tau = \tau_{k+1}^*$, äquivalent sind, und da weder $\xi = (1-\varrho)/(1+\varrho)$ noch B von τ abhängen, können wir zur Bestimmung der optimalen ω_1 und ω_2 in (10) τ_{k+1}^* durch $\tau = \omega_1 + \omega_2$ ersetzen.

Damit sind wir zur Situation von Abschnitt 9.4.3. zurückgekehrt, setzen gleich $\delta_1 \Delta_1 = \delta_2 \Delta_2$ voraus und finden $\omega_1 = \omega_2 = 2/\sqrt{\delta_1 \Delta_1}$, $\varrho = \varrho_1 \varrho_2$, $\varrho_\alpha = (1 - \sqrt{\eta_\alpha})/(1 + \sqrt{\eta_\alpha})$

$\eta_\alpha = \delta_\alpha/\Delta_\alpha$, $\alpha = 1, 2$. Für unsere Modellaufgabe im Einheitsquadrat ist $\eta_1 = \eta_2 = \eta$, und nun wird $\xi = 2\sqrt{\eta}/(1+\eta)$. Mit Satz 1 aus Abschnitt 9.3.1. folgt daher

$$n(\varepsilon) \approx \ln \frac{2}{\varepsilon} \Big/ (2\sqrt{2}\sqrt[4]{\eta}), \quad \eta = \delta/\Delta,$$

was mit der Iterationszahl für das ADM-Verfahren von Abschnitt 9.3.2. übereinstimmt.

Das ADM-Verfahren ist demnach ökonomischer, denn es benötigt wesentlich weniger Rechenoperationen für die Durchführung eines Iterationsschrittes.

9.5. Andere Iterationsverfahren

9.5.1. Dreischichtige Iterationsverfahren. Bisher haben wir nur 2-Schicht-Iterationsverfahren zur Lösung der Operatorgleichung

$$Au = f, \quad A : H \to H, \tag{1}$$

untersucht. Wir kommen jetzt zur Behandlung von 3-Schicht-Verfahren, bei denen also die neue Iterierte y_{k+1} aus den Werten y_k und y_{k-1} bestimmt wird.

Wir setzen wieder voraus, daß die Bedingungen

$$A = A^*, \quad \gamma_1 E \leqq A \leqq \gamma_2 E, \quad \gamma_1 > 0 \tag{2}$$

erfüllt sind, wobei γ_1 der kleinste und γ_2 der größte Eigenwert von A ist.

Wir beginnen mit dem expliziten Schema

$$\begin{aligned} y_{k+1} &= (1+\alpha) S y_k - \alpha y_{k-1} + (1+\alpha)\tau_0 f, \quad k = 1, 2, \ldots, \\ y_1 &= S y_0 + \tau_0 f, \end{aligned} \tag{3}$$

für beliebiges $y_0 \in H$. Hier ist $S = E - \tau_0 A$ der Übergangsoperator des expliziten Verfahrens der einfachen Iteration und τ_0 der zugehörige optimale Iterationsparameter:

$$\tau_0 = \frac{2}{\gamma_1 + \gamma_2}, \quad \alpha = \varrho_1^2, \quad \varrho_1 = \frac{1-\sqrt{\xi}}{1+\sqrt{\xi}}, \quad \xi = \frac{\gamma_1}{\gamma_2}. \tag{4}$$

Die erste Iterierte y_1 wird also durch einen Schritt mit der einfachen Iteration gewonnen.

Das 3-Schicht-Verfahren (3) kann man wie folgt herleiten: Zunächst wird die Gleichung (1) in der Form

$$u = u - \tau A u + \tau f = S(\tau) u + \tau f, \quad S(\tau) = E - \tau A$$

aufgeschrieben und der Parameter τ so gewählt, daß $\|S\|$ minimal ist. Dazu ist nach Abschnitt 9.2.5. gerade $\tau = \tau_0$ zu wählen

$$u = S(\tau_0) u + \tau_0 f. \tag{5}$$

Diese Gleichung multiplizieren wir mit $1 + \alpha$ und bringen αu auf die rechte Seite. Dann ergibt sich

$$u = (1+\alpha) S u - \alpha u + (1+\alpha)\tau_0 f.$$

Hier ersetzen wir $(1+\alpha) Su$ durch $(1+\alpha) S y_k$, αu durch αy_{k-1} und berechnen daraus y_{k+1}. Der Parameter α wird aus der Forderung einer minimalen Iterationszahl gewählt, worauf wir hier nicht eingehen. Man erhält folgendes Endergebnis:

Der Defekt $r_k = Ay_k - f$ genügt den homogenen Gleichungen

$$r_{k+1} = (1+\alpha) Sr_k - \alpha r_{k-1}, \quad k=1, 2, \ldots, \quad r_1 = Sr_0$$

(wo $r_0 = Ay_0 - f \in H$ ein beliebiger Vektor ist) und bei $\alpha = \varrho_1^2$ der Abschätzung $\|r_n\| \leqq q_n \|r_0\|$ mit

$$q_n = \varrho_1^n \left(1 + \frac{1-\varrho_1^2}{1+\varrho_1^2} n\right) \tag{6}$$

oder anders gesagt: Es gilt die Abschätzung

$$\|Ay_n - f\| \leqq q_n \|Ay_0 - f\| . \tag{7}$$

Im Falle des expliziten Iterationsverfahrens mit Tschebyscheff-Parametern hatten wir für q_n den Ausdruck $q_n = 2\varrho_1^n/(1+\varrho_1^{2n})$. Der Vergleich mit (6) zeigt, daß beide Verfahren bei $\xi \to 0$ asymptotisch die gleiche Größenordnung an Iterationszahlen benötigen:

$$n = n(\varepsilon) = O\left(\frac{1}{\sqrt{\xi}} \ln \frac{1}{\varepsilon}\right).$$

Das 2-Schicht-Verfahren mit Tschebyscheff-Parametern ist aber dem beschriebenen 3-Schicht-Verfahren vorzuziehen, da dieses folgende Nachteile hat: Es benötigt praktisch etwas mehr Iterationen als das 2-Schicht-Verfahren und hängt stärker von einer genauen Vorgabe der Konstanten γ_1 und γ_2 ab, der benötigte Speicherplatz ist doppelt so groß.

Bemerkung. Vom expliziten kann man zum impliziten 3-Schicht-Verfahren übergehen, indem man in (3) A durch $B^{-1}A$ und f durch $B^{-1}f$ ersetzt:

$$y_{k+1} = (1+\alpha)(E - \tau_0 B^{-1}A) y_k - \alpha y_{k-1} + (1+\alpha) \tau_0 B^{-1} f .$$

Durch Multiplikation mit B erhalten wir hieraus das Verfahren

$$\begin{aligned} By_{k+1} &= (1+\alpha)(B - \tau_0 A) y_k - \alpha B y_{k-1} + (1+\alpha) \tau_0 f , \\ By_1 &= By_0 - \tau_0 A y_0 + \tau_0 f, \quad k=1, 2, \ldots, \quad y_0 \in H , \end{aligned} \tag{8}$$

das man herleiten kann, indem man statt (5) die Identität

$$Bu = (1+\alpha)(Bu - \tau_0 Au) - \alpha Bu + (1+\alpha)\tau_0 f$$

benutzt und hier u durch die k-ten bzw. $(k \pm 1)$-ten Iterierten ersetzt. Die Formeln (4) bleiben gültig, die Konstanten γ_1 und γ_2 bezeichnen jetzt aber die Grenzen des Spektrums von A in dem energetischen Raum H_B:

$$\gamma_1 B \leqq A \leqq \gamma_2 B, \quad \gamma_1 > 0, \quad B = B^* > 0 .$$

Die Lösung der Aufgabe (8) genügt dementsprechend auch nicht der Abschätzung (7), sondern der Ungleichung

$$\|Ay_n - f\|_{B^{-1}} \leqq q_n \|Ay_0 - f\|_{B^{-1}} ,$$

wo q_n wie vorher durch (6) definiert ist.

9.5.2. Die Methode der minimalen Defekte. Bis jetzt haben wir immer die Grenzen des Spektrums von A (in H oder in H_B) als bekannt vorausgesetzt. Es kann aber eintreten, daß sie a priori unbekannt oder nur sehr ungenau bekannt sind. Dann ist es vorteilhaft, sogenannte Iterationsverfahren vom Variationstyp zu benutzen, die keine Anfangsinformation über die Konstanten γ_1 und γ_2 benötigen. Hierzu gehören die Methode der minimalen Defekte, die Verfahren des steilsten Abstiegs und der konjugierten Gradienten (ein 3-Schicht-Verfahren) und weitere. Die beiden erstgenannten sind 2-Schicht-Verfahren, die wir hier kurz beschreiben werden, wobei wir mit den entsprechenden expliziten Verfahren beginnen.

Der expliziten Methode der kleinsten Defekte (wie auch dem Verfahren des steilsten Abstiegs) liegt die Iterationsvorschrift

$$\frac{y_{k+1}-y_k}{\tau_{k+1}}+Ay_k=f, \quad k=0, 1, 2, \ldots, \quad \text{mit vorgegebenem } y_0 \in H$$

zugrunde, die man auch in der Gestalt

$$y_{k+1}=y_k-\tau_{k+1}(Ay_k-f)=y_k-\tau_{k+1}r_k$$

mit dem Defekt $r_k=Ay_k-f$ schreiben kann. Dabei wird der Parameter τ_{k+1} im Falle der Methode der minimalen Defekte nach der Formel

$$\tau_{k+1}=\frac{(Ar_k, r_k)}{\|Ar_k\|^2}$$

berechnet, die sich aus der Forderung ergibt, daß die Norm des Defektes r_{k+1} minimal sein soll. Durch diese Formel ist der Rechenaufwand der Methode der minimalen Defekte größer als bei der einfachen Iteration. Um mit beiden Verfahren die gleiche Konvergenzgeschwindigkeit zu erzielen – die dann durch die Abschätzung

$$\|Ay_n-f\| \leqq \varrho_0^n \|Ay_0-f\|, \quad \varrho_0=(\gamma_2-\gamma_1)/(\gamma_2+\gamma_1) \tag{9}$$

gekennzeichnet ist – muß man für die einfache Iteration den kleinsten und den größten Eigenwert (γ_1 bzw. γ_2) von A kennen. Die implizite Methode der kleinsten Defekte (auch *Methode der kleinsten Korrekturen* genannt) ist durch die Formeln

$$y_{k+1}=y_k-\tau_{k+1}w_k, \quad w_k=B^{-1}(Ay_k-f),$$

$$\tau_{k+1}=\frac{(Aw_k, w_k)}{(B^{-1}Aw_k, Aw_k)}, \quad w_k=B^{-1}r_k$$

gegeben. Statt der Abschätzung (9) gilt dann offensichtlich

$$\|Ay_n-f\|_{B^{-1}} \leqq \varrho_0^n \|Ay_0-f\|_{B^{-1}}. \tag{10}$$

9.5.3. Das Verfahren des steilsten Abstiegs. Bei diesem Verfahren wird die neue Iterierte wieder aus

$$y_{k+1}=y_k-\tau_{k+1}(Ay_k-f)=y_k-\tau_{k+1}r_k, \quad k=0, 1, \ldots, \quad y_0 \in H,$$

berechnet, der Parameter τ_{k+1} aber aus

$$\tau_{k+1}=\frac{(r_k, r_k)}{(Ar_k, r_k)}.$$

Diese Formel ergibt sich aus der Forderung des Minimums der Norm des Fehlers $z_k=y_k-u$ in H_A, also aus der Bedingung

$$\|z_{k+1}\|_A=\min_{\tau_{k+1}} \|z_{k+1}(\tau_{k+1})\|_A, \quad \|z\|_A=(Az, z)^{1/2}.$$

Das Verfahren des steilsten Abstiegs konvergiert in H_A mit derselben Geschwindigkeit wie die Methode der minimalen Defekte in H_{A^2} (die Abschätzung (9) kann man als Abschätzung in diesem energetischen Raum auffassen, die Konvergenz der Methode der minimalen Defekte erfolgt also in einer stärkeren Norm).

Das implizite Verfahren des steilsten Abstiegs ist durch die Gleichungen

$$B\frac{y_{k+1}-y_k}{\tau_{k+1}}+Ay_k=f, \quad k=0, 1, 2, \dots,$$

und

$$\tau_{k+1}=\frac{(r_k, w_k)}{(Aw_k, w_k)}, \quad w_k=B^{-1}r_k, \quad r_k=Ay_k-f$$

definiert; $y_0 \in H$ wird vorgegeben. Bei

$$0<\gamma_1 B \leqq A \leqq \gamma_2 B$$

gilt dann wieder die Abschätzung (10).

Bibliographische Kommentare

Zu 1.1.: Die Darstellung folgt [9]; für den Begriff der verallgemeinerten Lösung s. [12], [20].

Zu 1.2.: Die benötigten Kenntnisse aus der linearen Algebra kann man [16] entnehmen. Die Formeln zur Auflösung tridiagonaler Gleichungssysteme wurden zu Beginn der 50er Jahre von vielen Autoren unabhängig voneinander gefunden. Für Literaturhinweise s. [30] (dort Kap. 1, § 2, Punkt 9), [24], [7] sowie auch [2], wo gezeigt wird, daß es sich bei diesen Formeln um die Realisierung der Gauß-Elimination handelt. Die „Stromvariante" der verkürzten Gauß-Elimination wurde in [18] entwickelt. Für auf Graphen gestellte Aufgaben s. [45].

Zu 2.2.: Der Begriff der Stabilität eines Differenzenschemas in der heutigen Form wurde von A. F. Filippov eingeführt, s. [44], [8] sowie [30], [37]. Eine ausführlichere Darstellung der von uns benutzten Fakten aus der Funktionalanalysis kann man in [5], [6] und [13] finden.

Zu 2.3.: Mehr Raum ist dem mathematischen Apparat der Theorie der Differenzenverfahren in den Kapiteln V und VI von [36] gewidmet. Dort werden in den Kapiteln II und IV auch andere Beispiele für Differenzenapproximationen der einfachsten Differentialoperatoren zweiter und vierter Ordnung angegeben.

Zu 3.: Die Theorie der homogenen Differenzenverfahren wird vom Autor gemeinsam mit A. N. Tichonov ausführlich in [43] dargelegt. Dort wird (s. auch [36]) die Notwendigkeit der Eigenschaft der Konservativität für die Konvergenz homogener Schemata in der Klasse stückweise stetiger Koeffizienten gezeigt. Entsprechende Literaturhinweise finden sich in [30]. Die Integro-Interpolationsmethode wurde vom Autor ebenfalls gemeinsam mit A. N. Tichonov zu Beginn der 50-er Jahre entwickelt, weiter ausgearbeitet und veröffentlicht (für einen Überblick dazu s. [43]), aber auch von G. I. Marčuk (s. z. B. [25]), I. V. Frjasinov und anderen liegen dazu Veröffentlichungen vor.

Zu 3.6.: Für Methoden zur Konstruktion von Differenzenverfahren s. auch [36]. Dort sind auch Beispiele dafür angegeben, wie über die Methode der finiten Elemente Differenzenschemata für Gleichungen vierter Ordnung gewonnen werden.

Zu 4.1. und 4.4.: Die Approximation der Poissongleichung in Kugel-, Polar- und Zylinderkoordinaten wird in [36] behandelt. Dort findet man auch die Approximation von Randbedingungen zweiter und dritter Art für Gleichungen mit veränderlichen Koeffizienten auf nichtäquidistanten Gitternetzen sowie Schemata erhöhter Genauigkeitsordnung.

In [36], Kap. IV, werden Differenzenverfahren für elliptische Gleichungen vierter Ordnung mit verschiedenen Rand- und Übergangsbedingungen konstruiert und auf Aufgaben der Elastizitätstheorie (Gleichgewicht von Stäben und Platten) angewendet.

Zu 4.2.: Für Darstellungen des Maximumprinzips s. [32], [30], [37] und [36].

Zu 5.1. und 5.2.: Der Stabilitätstheorie allgemeiner 2-Schicht-Verfahren, darunter Schemata mit Gewichten, ist Kapitel 6. gewidmet. Zur asymptotischen Stabilität s. [37].

Zu 5.4.: Vgl. [37].

Zu 5.5.3.: Die Stabilitätsbedingungen $\tau \leqq h/a$ geht auf [1] zurück.

Der Abschnitt 5.5.4. enthält Resultate aus [26]; für den benutzten Begriff der verallgemeinerten Lösung s. [9].

Zu Kap. 6.: Eine vollständigere Darstellung der allgemeinen Stabilitätstheorie von Differenzenverfahren zusammen mit vielen Beispielen und einem Überblick über Arbeiten zu diesem Thema findet sich in [37]. Ihre Darlegung in Kap. 6. folgt Arbeiten des Autors zusammen mit A. V. Gulin.

Asymmetrische Schemata (s. 6.2.10.) wurden 1960 von V. K. Sauljev vorgeschlagen.

Zu 6.4. und 6.5.: Hier stützt sich die Darstellung auf Arbeiten des Autors, die in [30] verzeichnet sind.

Zu 7.1.5.: Siehe [35].

Zu 7.1.6.: Differenzenverfahren durchlaufender Rechnung werden in [41] untersucht. Für die in 7.1.7. gezeigte Idee s. [38]; vgl. dazu auch [15].

Zu 7.2.: Differenzenschemata zur Lösung ein- und zweidimensionaler instationärer Aufgaben der Gasdynamik und Magnetohydrodynamik sind in [40] ausführlich dargestellt. Die Konvergenz des Newtonverfahrens, angewendet auf die Differenzengleichungen der Gasdynamik, wird in [29] bewiesen.

Zu 8.1. und 8.2.: Ökonomischen Methoden zur Lösung mehrdimensionaler Aufgaben ist eine große Anzahl von Arbeiten gewidmet; für Literaturhinweise s. [30], [24], [4]. Die ersten ökonomischen Schemata waren die Verfahren der alternierenden Richtungen von Peaceman und Rachford, Douglas (1955) und Sauljev (1956). Janenko (1959) gab als erster die Approximation des mehrdimensionalen Schemas für die Wärmeleitungsgleichung durch ein System von eindimensionalen Schemata mit Gewichten an und nannte dieses Vorgehen „Aufspaltungsverfahren" und „Zwischenschrittmethode". Zur Klärung der Stabilitäts- und Konvergenzfragen ging er vom System eindimensionaler Schemata durch Ausschließen der Hilfsfunktionen $y^{j+\alpha/p}$ zum Schema in „ganzen Schritten" über, das y^j und y^{j+1} verbindet. Dieses letztere Schema ist ein faktorisiertes Schema; es ist stabil bei paarweiser Vertauschbarkeit der eindimensionalen Differenzenoperatoren (s. dazu [4], [30]). Später wurden verschiedene Methoden zur Gewinnung ökonomischer, faktorisierter Schemata vorgeschlagen: 1. die Methode des aufgespaltenen Operators (J. G. Djakonov, 1962), 2. die Methode der näherungsweisen Faktorisierung (G. I. Marčuk und N. N. Janenko, 1966), 3. die Faktorisierungsmethode (bezüglich des Operators auf der neuen Zeitschicht; in Arbeiten des Autors aus den Jahren 1963–1966, s. 8.2.), die auf der Regularisierungsmethode für Differenzenverfahren basiert (dazu s. 8.5.). Schließlich erwähnen wir noch die Arbeit [14].

Zu 8.3.: Der Begriff der summarischen Approximation wie auch die eindimensionalen Modelle

$$\frac{1}{p}\,\frac{dv_{(\alpha)}}{dt}+A_\alpha v_{(\alpha)}=f_\alpha(t), \quad t\in[t_{j+(\alpha-1)/p},\, t_{j+\alpha/p}]\,, \tag{1}$$

und

$$\frac{dv_{(\alpha)}}{dt}+A_\alpha v_{(\alpha)}=f_\alpha(t), \quad t\in[t_j,\, t_{j+1}], \quad \alpha=1,2,\ldots,p, \tag{2}$$

der mehrdimensionalen Aufgabe

$$\frac{du}{dt}+(A_1+A_2+\ldots+A_p)\,u=f, \quad f=f_1+f_2+\ldots+f_p\,, \tag{3}$$

wurden zuerst vom Autor dieses Buches angegeben (1962 bzw. 1965) und später von vielen Autoren benutzt. Für das erste Modell schätzte N. N. Janenko (1964) den Fehler als $v_{(p)}-u=$ $=O(\tau)$ ab und bediente sich dabei der Eigenschaft der summarischen Approximation (für die er den Ausdruck „schwache Approximation" einführte). Das erste Modell wird weiterhin auch in einer Arbeit von D. G. Gordesiani (1965) untersucht. Als Methode zur Zurückführung einer mehrdimensionalen Aufgabe auf eine Folge von eindimensionalen Aufgaben (1) oder (2) mit anschließender Differenzenapproximation derselben wurde die summarische Approximation von einer Reihe von Autoren, vor allem G. I. Marčuk und N. N. Janenko, benutzt, um Probleme der Hydrodynamik, Meteorologie, Strahlungsübertragung usw. zu lösen.

Eine große Anzahl von Artikeln von I. V. Frjasinov ist der Entwicklung und Anwendung der Methode der summarischen Approximation gewidmet. Darin konstruierte und untersuchte er additive Differenzenverfahren erhöhter Genauigkeitsordnung, Schemata auf Graphen und additive Vektorschemata für parabolische Gleichungen allgemeiner Gestalt und mit veränderlichen Koeffizienten, in Gebieten beliebiger Form, mit Randbedingungen erster bis dritter Art (für Literaturhinweise s. [42]).

Zu Kap. 9.: Hier wurden Arbeiten des Autors zusammen mit J. S. Nikolajev benutzt, s. [30], [31], [27], sowie auch Veröffentlichungen von Peaceman, Douglas und Rachford (9.4.); zu 9.5. s. Arbeiten von M. A. Krasnoselskij und S. G. Krein (Methode der minimalen Defekte) und weitere Zitate in [30].

Zu 9.2.: Dargestellt ist das Verfahren zur Umordnung der Iterationsparameter nach [28]; ein etwas anderes Verfahren wurde in [23] angegeben.

Zu 9.3.: Das Verfahren der alternierenden Dreiecksmatrizen wurde vom Autor dieses Buches in [34] vorgeschlagen und in [30] weiterentwickelt; das modifizierte Verfahren wurde in [19] untersucht.

Zum gesamten Kapitel 9. s. auch das Buch [39].

Zum Abschluß der bibliographischen Kommentare sei folgendes bemerkt.

In diesem Buch haben wir im allgemeinen hinreichende Glattheit der betrachteten Aufgaben vorausgesetzt. Eine Ausnahme bildet Kapitel 3., wo Differenzenverfahren für Gleichungen mit stückweise glatten Koeffizienten und rechten Seiten behandelt wurden. Die Übertragung der dort für den eindimensionalen Fall vorgestellten Genauigkeitsuntersuchung auf den mehrdimensionalen Fall ist zwar möglich, erwies sich aber als wenig effektiv.

Bei der Untersuchung mehrdimensionaler Aufgaben mit unstetigen Daten ist es natürlicher, verallgemeinerte Lösungen aus den Sobolevräumen $W_p^l(\Omega)$ zu betrachten und den Approximationsfehler nicht mehr mit Hilfe der Taylorentwicklung abzuschätzen.

In der letzten Zeit gelang der Konvergenzbeweis von Differenzenverfahren für eine Reihe mehrdimensionaler Aufgaben mit unstetigen Daten über a-priori-Abschätzungen, in denen die Konvergenzordnung mit der Glattheit der Lösung der entsprechenden Differentialgleichung abgestimmt ist, also über Abschätzungen der Art

$$\|y_h - u\|_{W_2^s(\omega_h)} \leq M|h|^{l-s}\|u\|_{W_2^l(\Omega)}, \quad l > s \geq 0,$$

wo $\|\cdot\|_{W_2^s(\omega_h)}$ und $\|\cdot\|_{W_2^l(\Omega)}$ Sobolevnormen für Funktionen diskreten bzw. stetigen Arguments sind. Hierfür verweisen wir u. a. auf die Arbeiten [11], [21], [22].

Literaturhinweise

(Für ausführlichere Literaturverzeichnisse s. [30], [24], [4]. Ein Überblick zu Arbeiten sowjetischer Autoren über Differenzenverfahren wurde vom Autor in [33] gegeben.)

[1] *Courant, R.; Friedrichs, K.; Lewy, H.:* Über die partiellen Differenzengleichungen der Mathematischen Physik. Math. Annalen **100** (1928), 32–74. (Russ. Übers.: УМН, вып. 8 (1940); engl. Übers.: IBM J. Res. Develop. **11** (1967), 215–234).

[2] *Faddejew, D. K.; Faddejewa, W. N.:* Numerische Methoden der linearen Algebra (Übers. a. d. Russ.). 5. Aufl. Berlin: VEB Deutscher Verlag der Wissenschaften 1979.

[3] *Forsythe, G. E.; Wasow, W. R.:* Finite-difference Methods for Partial Differential Equations. New York: J. Wiley 1960.

[4] *Janenko, N. N.:* Die Zwischenschrittmethode zur Lösung mehrdimensionaler Probleme der mathematischen Physik (Übers. a. d. Russ.). Berlin: Springer-Verlag 1969.

[5] *Kantorowitsch, L. W.; Akilow, G. P.:* Funktionalanalysis in normierten Räumen (Übers. a. d. Russ.). 2. Aufl. Berlin: Akademie-Verlag 1978.

[6] *Ljusternik, L. A.; Sobolew, W. I.:* Elemente der Funktionalanalysis (Übers. a. d. Russ.). 6. Aufl. Berlin: Akademie-Verlag 1968.

[7] *Richtmyer, R. D.: Morton, K. W.:* Difference Methods for Initial-Value Problems (Sec. ed.) New York: Interscience 1967.

[8] *Rjabenki, V. S.; Filippow, A. F.:* Über die Stabilität von Differenzengleichungen (Übers. a. d. Russ.). Berlin: VEB Deutscher Verlag der Wissenschaften 1960.

[9] *Tychonoff, A. N.; Samarski, A. A.:* Differentialgleichungen der mathematischen Physik (Übers. a. d. Russ.). Berlin: VEB Deutscher Verlag der Wissenschaften 1959.

[10] *Wachspress, E. L.:* Extended application of alternating direction implicit iteration on a model problem. J. SIAM, **11**, 4 (1963), 994–1016.

[11] *Weinelt, W.:* Untersuchungen zur Konvergenzgeschwindigkeit bei Differenzenverfahren. Wiss. Ztschr. TH Karl-Marx-Stadt, **20**, 6 (1978), 763–769.

[12] *Wladimirow, W. S.:* Gleichungen der mathematischen Physik (Übers. a. d. Russ.). Berlin: VEB Deutscher Verlag der Wissenschaften 1972.

[13] *Wulich, B. S.:* Einführung in die Funktionalanalysis, Teil 1, 2 (Übers. a. d. Russ.). Leipzig: B. G. Teubner 1961/62.

[14] *Багриновский, К. А.; Годунов, С. К.:* Разностные схемы для многомерных задач. Доклады АН СССР, **115**, 3 (1957), 431–433.

[15] *Будак, Б. М.; Соловьева, Е. Н.; Успенский, А. Б.:* Разностный метод со сглаживанием коэффициентов для решения задачи Стефана. Ж. вычисл. матем. и матем. физ., **5**, 5 (1965), 828–840.

[16] *Воеводин, В. В.:* Линейная алгебра. Москва: Наука 1980.

[17] *Годунов, С. К.; Рябенький, В. С.:* Разностные схемы (введение в теорию). Москва: Наука 1972.

[18] *Дегтярев, Л. М.; Фаворский, А. П.:* Потоковой вариант метода прогонки. Ж. вычисл. матем. и матем. физ., **8**, 3 (1968), 679–684, **9**, 1 (1969), 211–218.

[19] *Кучеров, А. Б.; Николаев, Е. С.:* Попеременно-треугольный итерационный метод решения сеточных эллиптических уравнений в прямоугольнике. Ж. вычисл. матем. и матем. физ., **16**, 5 (1976), 1164–1174.

[20] *Ладыженская, О. А.:* Краевые задачи математической физики. Москва: Наука 1973.

[21] *Лазаров, Р. Д.:* К вопросу о сходимости разностных схем для обобщенных решений уравнения Пуассона. Дифф. Уравнения, **17**, 7 (1981), 1285–1294.

[22] *Лазоров, Р. Д.; Макаров, В. Л.; Самарский, А. А.:* О построении и исследовании однородных разностных схем. Мат. сб., **117** (159), № 4, 1982, 469–480.

[23] *Лебедев, В. И.; Финогенов, С. А.:* Решение проблемы упорядочения параметров в чебышевских итерационных методах. Ж. вычисл. матем. и матем. физ., **13**, 1 (1973), 18–33.

[24] *Марчук, Г. И.:* Методы вычислительной математики. Новосибирск: Наука 1973.

[25] *Марчук, Г. И.:* Методы расчета ядерных реакторов. Москва: Атомиздат 1961.

[26] *Москальков, М. Н.:* Об одном свойстве схемы повышенного порядка точности для одномерного волнового уравнения. Ж. вычисл. матем. и матем. физ., **14**, 2 (1974), 390–401, **15**, 1 (1975), 254–260.

[27] *Николаев, Е. С.; Самарский, А. А.:* Выбор итерационных параметров в методе Ричардсона. Ж. вычисл. матем. и матем. физ., **12**, 4 (1972), 960–973.

[28] *Николаев, Е. С.; Самарский А.А.:* О вычислительной устойчивости двухслойных и трехслойных схем. Ж. вычисл. матем. и матем. физ., **12**, 5 (1972), 1197–1207.

[29] *Попов, Ю. П.; Самарская, Е. А.:* О сходимости итерационного процесса Ньютона для решения разностных уравнений газовой динамики. Ж. вычисл. матем. и матем. физ., **17**, 1 (1977), 276–280.

[30] *Самарский, А. А.:* Введение в теорию разностных схем. Москва: Наука 1971.

[31] *Самарский, А. А.:* Двухслойные итерационные схемы. Доклады АН СССР, **185**, 3 (1969), 524–527. Итерационные двухслойные схемы для несамосопряженных уравнений. Доклады АН СССР, **186**, 1 (1969), 35–38.

[32] *Самарский, А. А.:* Лекции по теории разностных схем. Москва: ВЦ АН СССР 1969.

[33] *Самарский, А. А.:* О работах по теории разностных схем. В: История отечественной математики, т. 4., 68–105. Киев: Наукова думка 1971.

[34] *Самарский, А. А.:* Об одном экономичном алгоритме численного решения систем дифференциальных и алгебраических уравнений. Ж. вычисл. матем. и матем. физ., **4**, 3 (1964), 580–585.

[35] *Самарский, А. А.:* Однородные разностные схемы для нелинейных уравнений параболического типа. Ж. вычисл. матем. и матем. физ., **2**, 1 (1962), 25–56.

[36] *Самарский, А. А.; Андреев, В. Б.:* Разностные методы для эллиптических уравнений. Москва: Наука 1976.

[37] *Самарский, А. А.; Гулин, А. В.:* Устойчивость разностных схем. Москва: Наука 1973.

[38] *Самарский, А. А.; Моисеенко, Б. Д.:* Экономичная схема сквозного счета для многомерной задачи Стефана. Ж. вычисл. матем. и матем. физ., **5**, 5 (1965), 816–827.

[39] *Самарский, А. А.; Николаев, Е. С.:* Методы решения сеточных уравнений. Москва: Наука 1978.

[40] *Самарский, А. А.; Попов, Ю. П.:* Разностные газовой динамики. Москва: Наука 1980.

[41] *Самарский, А. А.; Содоль, И. М.:* Примеры численного расчета температурных волн. Ж. вычисл. матем. и матем. физ., **3**, 4 (1963), 702–719.

[42] *Самарский. А. А.; Фрязинов, И. В.:* О разностных методах аппроксимации задач математической физики. УМН **31**, 6 (1976), 176–197.

[43] *Тихонов, А. Н.; Самарский, А. А.:* Однородные разностные схемы. Ж. вычисл. матем. и матем. физ., **1**, 1 (1961), 1–57.

[44] *Филиппов, А. Ф.:* Об устойчивости разностных уравнений. Доклады АН СССР, **100**, 6 (1955), 1045–1048.

[45] *Фрязинов, И. В.:* Алгоритм решения разностных задач на графах. Ж. вычисл. матем. и матем. физ., **10**, 2 (1970), 474–477.

[46] *Штойан, Г.:* К устойчивости аддитивных разностных схем по краевым данным. Ж. вычисл. матем. и матем. физ., **11**, 4 (1971), 934–947.

Ergänzende Literatur

Bohl, E.: Finite Modelle gewöhnlicher Randwertaufgaben. Stuttgart: B. G. Teubner Verlag 1981.

Bunch, J. R.; Rose, D. J. (eds.): Sparse Matrix Computations. New York: Academic Press 1976.

Ciarlet, P. G.: The finite element method for elliptic problems. Amsterdam: North-Holland 1978.

Douglas, J.: Effective time-stepping methods for the numerical solution of nonlinear parabolic problems. In: The Mathematics of Finite Elements and Applications III. MAFELAP 1978. London: Academic Press 1979, S. 289–304.

Gorenflo, R.; Kuban, A.: Numerische Simulation von Diffusionsprozessen mit nichtnegativitätserhaltenden konservativen Differenzenverfahren. Z. Naturforsch. **37a** (1982), 759–768.

Hackbusch, W.: On the multi-grid method applied to difference equations. Computing, 1978, **20**, s. 291–306.

Jacobs, D. A. (ed.): The state of the art in numerical analysis. London: Academic Press 1977.

Lorenz, J.: Zur Inversmonotonie diskreter Probleme. Numer. Math. **27** (1977), 227–238.

Meis, Th.; Marcowitz, U.: Numerische Behandlung partieller Differentialgleichungen. Berlin: Springer 1978.

Mitchell, A. R.; Griffith, D. F.: The finite difference method in partial differential equations. New York: Weley-Interscience 1980.

Reutersberg, H.; Schröder, J.; Trottenberg, U.: Reduktionsverfahren für Differenzengleichungen bei Randwertaufgaben II. Numer. Math. **26** (1976), 429–459.

Schröder, J.; Trottenberg, U.: Reduktionsverfahren für Differenzengleichungen bei Randwertaufgaben I. Numer. Math. 22 (1973), 37–68.
Strang, B.; Fix, G. J.: An analysis of the finite element method. Englewood Cliffs, N. J.: Prentice Hall 1973. Russ. Ausgabe 1977 Moskau: Verlag Mir.
Törnig, W.: Monoton konvergente Iterationsverfahren zur Lösung nichtlinearer Differenzen-Randwertprobleme. Beiträge zur Numer. Math. 4 (1975), 245–257.
Дрыя, М.: Абсолютная устойчивость разностных схем с расщепляющимся оператором для систем параболических и гиперболических уравнений в выпуклых областях. Ж вычисл. матем. и матем. физ. 15 (1975), 4, 966–976.
Дьяконов, Е. Г.: Разностные методы решения краевых задач. Нестационарные задачи. Выпуск II. Москва: МГУ 1972.
Дьяконов, Е. Г.: Разностные методы решения краевых задач. Стационарные задачи. Выпуск I. Москва: МГУ 1971.
Корнеев, В. Г.: Схемы метода конечных элементов высоких порядков точности. Ленинград: ЛУ 1977.
Марчук, Г. И.; Шайдуров, В. В.: Повышение точности решений разностных схем. Москва: Наука 1979.
Оганесян, Л. А.; Ривкинд, В. Я.; Руховец, Л. А.: Вариационно-разностные методы решения эллиптических уравнений. Дифф. ур. и их прим. Выпуск 5, 8, Вильнюс 1973, 1974.

Register